T0281669

Physikdidaktik | Methoden und Inhalte

Ernst Kircher
Raimund Girwidz
Hans E. Fischer
(Hrsg.)

Physikdidaktik | Methoden und Inhalte

4. Auflage

Hrsg.
Ernst Kircher
Universität Würzburg
Würzburg, Deutschland

Hans E. Fischer
Universität Duisburg-Essen
Essen, Nordrhein-Westfalen, Deutschland

Raimund Girwidz
Didaktik der Physik
Ludwig-Maximilians-Universität München
München, Bayern, Deutschland

ISBN 978-3-662-59495-7 ISBN 978-3-662-59496-4 (eBook)
https://doi.org/10.1007/978-3-662-59496-4

Die Deutsche Nationalbibliothek verzeichnet diese Publikation in der Deutschen Nationalbibliografie; detaillierte bibliografische Daten sind im Internet über ► http://dnb.d-nb.de abrufbar.

Planung/Lektorat: Lisa Edelhäuser
Springer Spektrum ist ein Imprint der eingetragenen Gesellschaft Springer-Verlag GmbH, DE und ist ein Teil von Springer Nature.
Die Anschrift der Gesellschaft ist: Heidelberger Platz 3, 14197 Berlin, Germany

Vorwort zur 4. Auflage

Seit den TIMS- und PISA-Studien um die Jahrtausendwende stehen Bildung und Ausbildung im Blickpunkt der bundesrepublikanischen Gesellschaft, denn nach den internationalen Schulleistungstests lagen deutsche Schülerinnen und Schüler nur im Mittelfeld. Die Position hat sich aus unterschiedlichen Gründen etwas gebessert, bezüglich des monetären Aufwands für Bildung und Ausbildung liegt die Bundesrepublik Deutschland allerdings auch heute noch nur im Mittelfeld – gemessen am Bruttosozialprodukt eines Staates. Aber die technologische und wirtschaftliche Zukunft eines an Rohstoffen armen Staates wie die Bundesrepublik entscheidet sich in der Politik der Gegenwart, und auch daran, in welchem Umfang und in welcher Qualität in Bildung und Ausbildung investiert wird, vor allem in die naturwissenschaftlichen Fächer.

Die mathematisch-naturwissenschaftlichen Fächer haben seit den Ergebnissen der oben genannten internationalen Studien eine gewisse Aufwertung im Fächerkanon unseres dreigliedrigen Schulsystems erfahren: Das Bundesministerium für Bildung und Forschung und die Deutsche Forschungsgemeinschaft haben Programme für Forschungsförderung und zur Verbesserung der Qualität der Lehrerbildung ausgeschrieben und darüber viele Projekte zur Klärung der Lehr- und Lernbedingungen auf allen Ebenen des Bildungssystems finanziert. Außerdem haben Stiftungen aus der Industrie den mathematisch-naturwissenschaftlichen Unterricht intensiver als bisher durch Sachspenden, durch Gelder für Lehrerfortbildungsmaßnahmen in den Bundesländern oder durch die Einrichtung von „Schülerlaboren" gefördert. Diese Änderungen der Rahmenbedingungen und der dadurch bedingte Fortschritt in der physikalischen und der physikdidaktischen Forschung und Lehre sind ein Motiv für eine weitere, nun in zwei Bänden erscheinende Auflage.

Aufgrund der zentralen Rolle von Lehrkräften für das Wissen und Können von Schülerinnen und Schülern (siehe Voss et al. 2014; oder Meyer 2004) bleibt insbesondere die Lehrerbildung im Blickpunkt und damit auch die aktuellen Bemühungen um administrative und inhaltliche Verbesserungen in Schulen und Hochschulen (siehe z. B. die „Qualitätsoffensive Lehrerbildung" des Bundesministeriums für Bildung und Forschung). Wegen der Länderhoheit in Bildungsangelegenheiten waren notwendige Anpassungen (wie die Realisierung von einheitlichen Prüfungsanforderungen für das Abitur) nur über Jahre voranzubringen (zu Problemen der deutschen Lehrerbildung s. auch Kap. 3 im vorliegenden Band). Von den Bundesländern wurde das „Institut zur Qualitätsentwicklung im Bildungswesen" (IQB) an der Humboldt Universität Berlin gegründet; es soll die Bundesländer in Bildungsfragen unterstützen. Das IQB kooperiert z. B. in Forschungsfragen mit Kolleginnen und Kollegen an den Hochschulen.

Die „Physikdidaktik" erscheint mittlerweile in der vierten Auflage (berücksichtigt man die Vorgeschichte beim Vieweg-Verlag, bereits in der fünften Auflage). Die Kapitel wurden überarbeitet, ergänzt, und einige neue Themen sind mit aufgenommen. Bei dem gewachsenen Seitenumfang war die Herausgabe in einem Band nicht mehr praktikabel. Die neue Auflage erscheint deshalb in zwei Bänden.

Band 1: „Grundlagen“ enthält überarbeitete Themenbereiche der *Lehrerausbildung* an den Hochschulen und im Referendariat, speziell natürlich auch zur Vorbereitung auf Abschlussprüfungen. Aufgenommen ist der aktuelle wissenschaftliche Diskussionsstand aus der qualitativen und quantitativen Unterrichtsforschung – insbesondere aus der Physikdidaktik. Aktualisierte Beiträge betreffen auch die „Sprache im Physikunterricht“ (Kap. 10), was beim „Erklären“ im Physikunterricht zu bedenken ist (Kap. 11), wie Diagnostik und Leistungsbeurteilungen zu realisieren sind (Kap. 14) und wie Lehrkräfte in der Primarstufe „Physikalische Fachkonzepte anbahnen“ können (Kap. 15).

Der vorliegende zweite Band behandelt bis zum 6. Kapitel Themen aus der physikdidaktischen Forschung und zur Lehrerausbildung, die das gesamte Spektrum des Professionswissens deutlich machen. Lehrkräfte sollten z. B. die Grundlagen fachdidaktischer Forschung kennen, damit sie neue Forschungsergebnisse verstehen und sich an der physikdidaktischen Forschung beteiligen können (Kap. 1 und 2), aber auch die philosophischen Grundlagen der Erkenntnisgewinnung auf unterrichtliche Lernprozesse anwenden können (Kap. 6). Der Kompetenzbegriff wird in Kap. 4 erklärt, weil Kompetenzen die Grundlage für die in den Schulen benutzten Lehrpläne bilden. Aktuelle Themen aus der physikalischen Forschung gehen speziell auf „Moderne Teilgebiete der Physik“ ein. Moderner Physikunterricht soll auch Einblicke in aktuelle Arbeitsgebiete und Forschungsbereiche der Physik vermitteln können. Deshalb stellen Experten aus verschiedenen Bereichen der Physik zentrale Inhalte aus ihren Arbeitsgebieten vor. Dabei werden auch aktuelle physikalische Forschungsmethoden und experimentelle Verfahrensweisen skizziert, die neue Erkenntniswege in der Physik erschließen. Sehr gut erkennbar werden beispielsweise neue Erkenntniswege und messtechnische Vorgehensweisen bei den Gravitationswellen (Kap. 14). Die Elementarisierung ist dabei immer eine wichtige Zielsetzung – zunächst in Form einer inhaltlichen Elementarisierung, bei der wesentliche fachliche Inhalte ausgewiesen werden. Zudem wird immer wieder direkt deutlich, wie fachwissenschaftliche Kommunikation und spezielle, fachspezifische Darstellungen aussehen und dass jedes Forschungsgebiet eigene Möglichkeiten für die Entwicklung von fachspezifischen Kompetenzen bietet, aber auch besondere Anforderungen an Lehrkräfte stellt.

Die Beiträge sollen nicht nur einen Überblick über aktuelle Forschungsgebiete geben, sondern auch fachliche Reduktionen aufzeigen, die Wege für Erklärungen im Unterricht vorbereiten. Häufig werden Analogien und Einordnungen von Größen und Relationen angeboten, was bei besonders großen physikalischen Dimensionen, z. B. in der Astronomie hilfreich ist, aber auch bei sehr kleinen Messwerten wie in der Nanophysik oder bei den Gravitationswellen (s. Kap. 9, 11, 14). Bei dem letzten Beispiel wird auch deutlich wie heute empfindlichste Messungen der Physik weltweit und vernetzt realisiert werden müssen.

Um die „Physikdidaktik“ stetig zu verbessern, setzen wir auf die Kommunikation mit Ihnen. Teilen Sie uns Ihre Vorstellungen, Erfahrungen und neuen Ideen zur Verbesserung des Physikunterrichts und der Ausbildung von Physiklehrkräften mit:

Ernst Kircher - kircher@physik.uni-wuerzburg.de
Raimund Girwidz - girwidz@physik.uni-muenchen.de
Hans E. Fischer - hans.fischer@uni-due.de

Wir verwenden hier die weiblichen und männlichen Formen von Lernenden und Lehrenden in den verschiedenen Ausbildungsphasen. Aus sprachlichen und aus Platzgründen werden nicht in jedem Falle beide Ausdrücke verwendet.

Unser herzlicher Dank gilt den Autorinnen und Autoren, sowie der Fachabteilung des Springer Verlags.

Ernst Kircher
Raimund Girwidz
Hans E. Fischer
Würzburg
Februar 2020

Literatur

Meyer, H. (2004). Was ist guter Unterricht? Berlin: Cornelsen.
Voss, T., Kunter, M., Seiz, J., Hoehne, V. & Baumert, J. (2014). Die Bedeutung des pädagogisch-psychologischen Wissens von angehenden Lehrkräften für die Unterrichtsqualität. Zeitschrift für Pädagogik, 60(2), 184–201.

Inhaltsverzeichnis

Autorenverzeichnis

Dominika Boneberg
Helmholtz-Zentrum Potsdam
Deutsches GeoForschungsZentrum GFZ
Potsdam, Deutschland

Manfred Euler, Prof. Dr.
Leibniz-Institut für die Pädagogik der Naturwissenschaften und Mathematik
Didaktik der Physik, Universität Kiel
Kiel, Deutschland

Hans E. Fischer, Prof. i.R. Dr.
Fakultät für Physik, Universität Duisburg-Essen
Essen, Deutschland

Helmut Fischler, Prof. Dr.
Didaktik der Physik, FU Berlin
Berlin, Deutschland

Alexander Kauertz, Prof. Dr.
Institut für naturwissenschaftliche Bildung
Universität Koblenz-Landau
Landau, Deutschland

Ernst Kircher, Prof. Dr.
Fakultät für Physik und Astronomie
Universität Würzburg
Würzburg, Deutschland

Heiko Krabbe, Prof. Dr.
Fakultät für Physik und Astronomie
Ruhr-Universität Bochum
Bochum, Deutschland

Josef Küblbeck, Dr.
Seminarleiter Gymnasium Ludwigsburg
Ludwigsburg, Deutschland

Harald Lesch, Prof. Dr.
Fakultät für Physik, Universität München
München, Deutschland

Andreas Müller, Dr.
Redaktion Sterne und Weltraum
Spektrum der Wissenschaft
Heidelberg, Deutschland

Volkhard Nordmeier, Prof. Dr.
Didaktik der Physik, FU Berlin
Berlin, Deutschland

Burkhard Priemer, Prof. Dr.
Didaktik der Physik, HU Berlin
Berlin, Deutschland

Joachim Rädler, Prof. Dr.
Fakultät für Physik, Universität München
München, Deutschland

Matthias Rief, Prof. Dr.
Physik – Department E 22/E 27
TU München
München, Deutschland

Jochen Schieck, Prof. Dr.
Österreichischen Akademie der Wissenschaften Institut für Hochenergiephysik und TU Wien
Wien, Österreich

Hans-Joachim Schlichting, Prof. Dr.
Didaktik der Physik, Universität Münster
Münster, Deutschland
schlichting@uni-muenster.de

Tobias Schüttler
DLR_School_Lab Oberpfaffenhofen
Weßling, Deutschland

Cecilia Scorza, Dr.
Fakultät für Physik, Universität München
München, Deutschland

Moritz Strähle
Fakultät für Physik, Universität München
München, Deutschland

Michaela Vogt, Prof.in Dr.
Fakultät für Erziehungswissenschaften
Universität Bielefeld
Bielefeld, Deutschland

Günther Woehlke, Priv. Doz. Dr.
Physik Department E 22, TU München
München, Deutschland

Wolfgang Zinth, Prof. Dr.
Fakultät für Physik, Universität München
München, Deutschland

Empirische Forschung in der Physikdidaktik

Hans Ernst Fischer und Heiko Krabbe

E. Kircher et al. (Hrsg.), *Physikdidaktik | Methoden und Inhalte*,
https://doi.org/10.1007/978-3-662-59496-4_1

Trailer

Wenn Lehrerinnen und Lehrer Veröffentlichungen aktueller Unterrichtsforschung folgen wollen, sollten sie beurteilen können, ob die Ergebnisse Aussagekraft besitzen. Die gängigen Kriterien seriöser Forschung werden zwar immer neu diskutiert, sie enthalten aber immer Maße der Objektivität, Reliabilität und Validität. In diesem Kapitel wird erklärt welche Bedingungen erfüllt sein müssen, damit Messergebnissen und Verallgemeinerungen getraut werden kann.
Im Falle einfacher Mittelwertbestimmungen, die auch zum Handwerkszeug von Physiklehrkräften gehören, sind die Kriterien einfach, aber schon bei Korrelationen zwischen unterschiedlichen Variablen muss man wissen, welche Aussagen überhaupt gemacht werden können. Um Beziehungen zwischen mehreren Variablen aufzuklären, wie z. B. welche Einflüsse zwischen Migrationshintergrund, Sozialstatus und kognitiven Fähigkeiten festzustellen sind und wie diese Variablen wiederum auf Schulerfolg wirken, müssen komplexere Rechenmodelle herangezogen werden.
Ausgangspunkt für alle Untersuchungen muss ein valides theoretisches Modell sein, in dem die zu untersuchenden Variablen mit den vermuteten Einflüssen und Einflussrichtungen aufgeführt sind. In den nächsten Jahren werden wir immer genauere Aussagen über den Zusammenhang zwischen bestimmten Maßnahmen im Unterricht und ihren Wirkungen erhalten, deshalb ist es für (angehende) Lehrerinnen und Lehrer besonders wichtig, Forschungsergebnisse zu verstehen, um die Relevanz und die Qualität empirischer Forschung für ihre Arbeit im Klassenraum einschätzen zu können.

1.1 Grundlagen empirischer Forschung

Empirische Untersuchungen produzieren keine definitiven Aussagen

Nach den KMK-Standards für die Lehrerbildung ist Bildungswissenschaften der umfassende Begriff für die Fächer Pädagogik, Psychologie, Politikwissenschaften, Soziologie, Philosophie und Fachdidaktiken (KMK 2004). Diese Zuordnung kann, trotz der kontroversen Diskussion in den Fächern (Kiper 2009), als eine Orientierung zur Einordnung des Forschungsfeldes der Fachdidaktiken benutzt werden. Die Untersuchungsmethoden der Fachdidaktiken stammen häufig aus diesen Fächern. Eine weitere Orientierung gelingt durch die Zielbestimmung fachdidaktischer Forschung. Um Lehrerinnen und Lehrern Hilfen für effektive Unterrichtsführung geben zu können, um für Politiker brauchbare Hinweise zu entwickeln, welche Maßnahmen zur Systemsteuerung sinnvoll sind und welche nicht, um Unterrichtsforscherinnen und -forschern Anhaltspunkte für neue Forschungsfragen und theoretische Weiterentwicklungen zu geben und, nicht zuletzt, um die curricularen Inhalte der Lehrerausbildung an den Universitäten begründen zu können, benötigen wir Forschungsergebnisse, denen wir trauen können. Die empirische fachdidaktische Forschung versucht deshalb, in einem Interaktionsprozess zwischen der Entwicklung theoretischer Modelle und empirischer Untersuchungen glaubwürdige Aussagen über Effekte unterrichtlicher Maßnahmen zu machen. Da es bei der empirischen Forschung immer darum geht, die Passung zwischen Theorie und Forschungsergebnissen zu optimieren, können prinzipiell keine definitiven Aussagen produziert werden. Die Ergebnisse sind immer als Hinweise zu verstehen, wie z. B. für Lehrerinnen und Lehrer die Wahrscheinlichkeit des Erfolgs der unterrichtlichen Aktivität erhöht werden kann. Im Einzelfall kann Unterricht dann immer noch erfolglos sein, weil z. B. Einflussfaktoren der Untersuchung, deren Ergebnisse angewendet wurden, nicht berücksichtigt wurden oder wegen der Vielzahl der Variablen und ihrer komplexen Zusammenhänge nicht berücksichtigt werden konnten.

Unterscheidung von empirischer Forschung in der Physik und empirischer Forschung in den Fachdidaktiken

Daraus ergibt sich eine Unterscheidung alltäglicher empirischer Forschung in der Physik und den Fachdidaktiken. In der Physik kann man häufig die Anzahl der zu betrachtenden abhängigen und unabhängigen Variablen durch Laborsituationen oder Annahmen über ihre Relevanz für die angestrebte Aussage oder Vorhersage so weit reduzieren, dass die Situation überschaubar und die Vorhersage sehr zuverlässig wird. Forschung im oder für den Unterricht hat dagegen immer mit Systemen zu tun, die durch die Beteiligung vieler Individuen mit sehr unterschiedlichen Eigenschaften viel komplexer sind als physikalische Systeme. Vergleichbar werden die Konstellationen, wenn es in der Physik um Gebiete geht, die gerade neu erforscht werden. Hier sind, wie häufig in den Fachdidaktiken, die Theorien nur ansatzweise ausgeschärft, die möglichen Variablen nicht benennbar, und man weiß noch nicht, ob die Messgeräte überhaupt das messen, was sie messen sollen. In den letzten Jahren wurde z. B. herausgearbeitet, dass die Materie, aus der unsere bisher bekannte Welt bestehen soll, nur etwa 5 % der Energiedichte im Universum ausmacht. Die restlichen 95 % werden von Dunkler Energie und Dunkler Materie gebildet, ein Sammelbegriff für Strukturen, funktionale Beziehungen und Materialeigenschaften, die noch nicht befriedigend zugänglich sind. Unklar ist sogar, wie diese dunkle Seite der Physik in die bisher entwickelten Theorien integriert werden kann und womit Dunkle Energie und Materie überhaupt gemessen werden sollen. Ein Nachteil der Physik gegenüber der Physikdidaktik besteht beim Forschen in solchen unbekannten Feldern darin, dass die Untersuchungsobjekte nicht direkt befragt werden können, um sich einen ersten Eindruck zu verschaffen. Allerdings muss bei direkten Befragungen in den empirischen Fachdidaktiken berücksichtigt werden, dass Antworten subjektive Komponenten enthalten, die mitunter den Blick auf sinnvolle Beschreibungen der untersuchten Systeme verstellen.

Standards für wissenschaftliches Arbeiten

In allen empirischen Wissenschaften werden durch Messungen oder Beobachtungen Daten gesammelt und ausgewertet, um zu glaubwürdigen Aussagen zu kommen. Die zugrunde liegenden Untersuchungen müssen dabei bestimmten Kriterien genügen, die in den unterschiedlichen Fachgemeinden der Wissenschaftlerinnen und Wissenschaftler als Standards für wissenschaftliches Arbeiten ausgehandelt wurden. Diese Standards sind nicht immer verbindlich und nicht immer veröffentlicht, und sie werden immer wieder neu verhandelt. Sie folgen aber bestimmten Prinzipien, die *Objektivität, Validität, Reliabilität* und *Signifikanz* genannt werden. Sie werden im Folgenden näher erläutert (◘ Abb. 1.1; für eine Einführung in die Forschung zur Instruktionspsychologie s. Klauer und Leutner 2012).

Überblick über die weiteren Inhalte

Hinzu kommen eine Beschreibung des Untersuchungsfeldes fachdidaktischer Forschung und typischer Forschungsfragen, eine exemplarische Beschreibung der Auswahl von Designs (inklusive der Messmethoden), die Stichprobenwahl von Untersuchungen und die passenden Messgeräte (Tests, Frageinstrumente). Die vier genannten Prinzipien hängen unmittelbar davon ab, dass die gewählten Ausführungsbedingungen der Untersuchungen und die Forschungsprozeduren einer Theorie folgen und davon, dass es eine theoriebasierte Forschungsfrage geben muss, die mit dem zur Frage passend entwickelten Design, der Stichprobe und den gewählten oder entwickelten Instrumenten beantwortet werden kann.

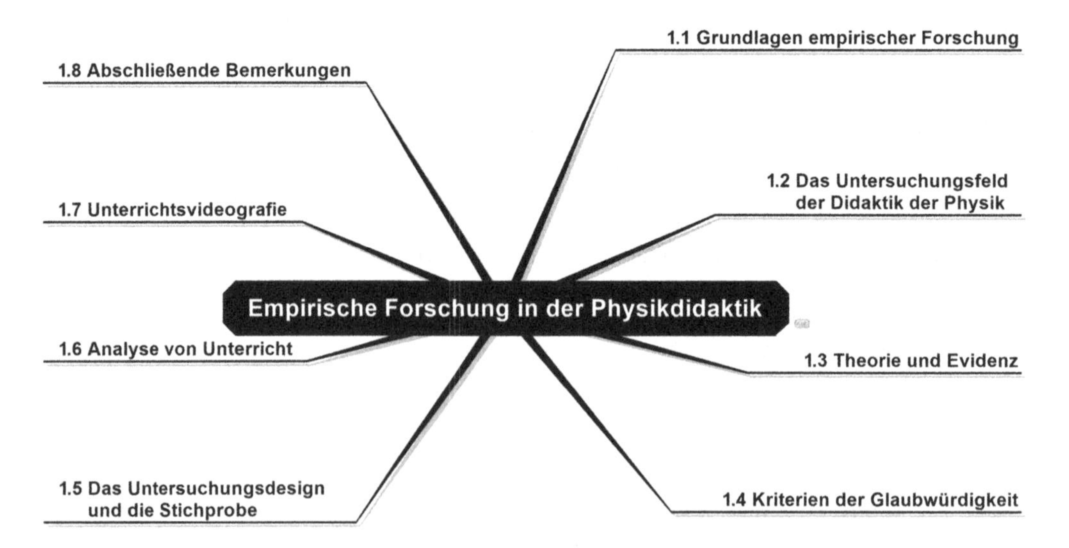

◘ **Abb. 1.1** Übersicht über die Teilkapitel

1.2 Das Untersuchungsfeld der Didaktik der Physik

Beschreibung und Verbesserung von Unterricht

Allgemeines Ziel fachdidaktischer Forschung ist u. a. die Beschreibung und die Verbesserung der Qualität von (Physik-) Unterricht. Dazu müssen erst einmal die grundlegenden Bedingungen für das Lehren und Lernen physikalischer Inhalte geklärt werden, und es muss geklärt werden, wovon der Erfolg von Unterricht allgemein und spezifisch der Erfolg von Physikunterricht abhängen können. Einige Pädagogen haben Modelle zur Beschreibung von pädagogischen, didaktischen und fachdidaktischen Zusammenhängen entwickelt, die sich in der Regel durch eine hohe Komplexität auszeichnen. Häufig ist die Basis solcher Modelle eine Annahme darüber, nach welchen Regeln Unterricht ablaufen soll, um die Unterrichtsprozesse überhaupt beschreiben zu können (Fischer et al. 2003).

Lehr-Lern-Modelle als Grundlage der Beschreibung von Unterricht

1. Um Unterricht zu beurteilen, benötigt man ein Modell, das Lehren und Lernen beschreibt (zu Lehr-Lern-Paradigmen s. u. a. Riedl 2004; Zimbardo und Gerrig 2004). Bis in die 1970ger-Jahre wurde Lehren und Lernen von vielen Forschern als Informationsweitergabe gedacht und deshalb mit einem Sender-Empfänger-Modell beschrieben. Probleme in diesem Prozess wurden untersucht und gelöst, indem nach der Encodierung und Decodierung von Informationen auf Lehrer- bzw. Schülerseite gesucht wurde, um diese Vorgänge zu optimieren. Heute gehen Wissenschaftler davon aus, dass die beiden Partner eines Lehr-Lern-Prozesses unabhängig voneinander agieren und sich auch weitgehend unabhängig voneinander kognitiv entwickeln. Merrill (1991) bezeichnet dieses Modell als instruktionales Design der zweiten Generation (Merrill 1991; Weidenmann 1993). Der Lernprozess wird als Verhältnis von Konstruktion und Instruktion beschrieben, der Prozess des Lehrens stellt die Balance zwischen Selbst- und Fremdbestimmung im Sinne einer adaptiven Gestaltung der Lernumgebung in den Vordergrund (Leutner 1992). Das zugehörige Lehr-Lern-Modell fasst den Prozess als eine Gestaltung eines Angebots der Lehrenden an den Lerner auf und eine Nutzung dieses Angebots mit einem bestimmten Ergebnis des Lernprozesses, das mit einem vorher festgelegten Ziel optimiert werden kann. Optimierung kann spezifisch dadurch geschehen, dass der Lehrende als Moderator eingreift oder, genereller, durch die Erforschung und anschließende Veränderung einzelner Bedingungen. Ein solches Modell und die Faktoren, die den Kernprozess des Unterrichtens beeinflussen können, ist in ◘ Abb. 1.2 dargestellt.

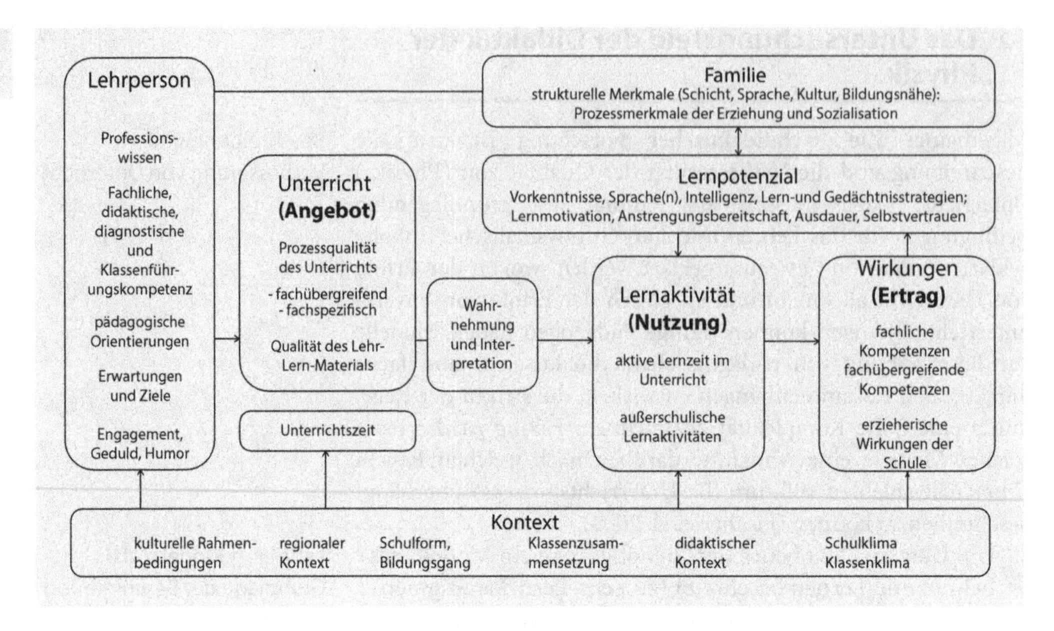

Abb. 1.2 Theoretischer Rahmen für die Einflussfaktoren auf Unterricht. (Nach Helmke 2009)

Die unterschiedlichen Ebenen von Aktionen im Gesamtsystem werden von Fischer et al. (2003) benannt. Sie haben den Forschungsrahmen für Unterricht auf drei Ebenen gesehen: der Unterrichtsebene (Angebot, Nutzung, Ertrag), die als Zentrum der fachdidaktischen Forschungstätigkeit das Lehren und Lernen von Physik verbindet (z. B. Prozessqualität, Lernaktivitäten, Kompetenz), der Systemebene (Kontext, Familie) als der Ebene, die unterrichtsrelevante Rahmenbedingungen festlegt (z. B. Lehrpläne, Zentralabitur, Ausstattung der Physik in einer Schule, kulturelle Bedingungen) und der Ebene des Lernens (Lehrperson, Lernpotenzial), auf der erforscht wird, welche besonderen kognitiven und emotionalen Bedingungen beim Lernenden und auch beim Lehrenden im Unterrichtsprozess oder bei der Gestaltung von Lernmaterialien zu berücksichtigen sind (z. B. Vorkenntnisse, Motivation, Professionswissen).

Physikunterricht erfordert andere instruktionelle Sachstrukturen als das Studium der Physik

2. Diese Faktoren fordern für den Unterricht zwangsläufig eine instruktionelle Sachstruktur, die von der fachlichen Sachstruktur der Wissenschaft (Physik) zu unterscheiden ist (Brückmann 2009). Ein besonders eindrucksvolles Beispiel ist die parallele Entwicklung der mathematischen Fertigkeiten und der eigentlich notwendigen Fertigkeiten zur Beschreibung und zum Verstehen physikalischer Sachstrukturen in der Mittelstufe. Die fehlenden mathematischen Voraussetzungen haben bis in unser Jahrhundert dazu geführt, dass in manchen Bundesländern

die Mathematisierung physikalischer Sachverhalte in den Lehrplänen der Mittelstufen möglichst vermieden wurde. In allen Schulstufen findet Mathematisierung in der Physik auf einem Niveau statt, das der fachlichen Sachstruktur nicht entsprechen kann. Deshalb sind besondere fachdidaktische Anstrengungen nötig, um eine Transformation der fachlichen Sachstruktur in eine angemessene instruktionelle Sachstruktur zu leisten (Grundlagen-Band ▶ Kap. 3).

Zentrale Forderung: Glaubwürdigkeit der Aussagen fachdidaktischer Forschung

Die fachdidaktische Forschung befindet sich also in einem Spannungsfeld zwischen allgemeiner Didaktik, Instruktionspsychologie, pädagogischer Systemforschung und fachlicher Sachstruktur, um den am Anfang formulierten Anspruch der Optimierung von Lernprozessen im Unterricht zu erfüllen (Reusser 2008). Sie muss, unter Berücksichtigung der Erkenntnisse auf mehreren Forschungsebenen, wie der Ebene des individuellen Lernens und der Ebene der Schulorganisation in ◘ Abb. 1.2, empirisch fundierte Ergebnisse über das Lehren und Lernen von Physik liefern. So kann das Ziel erreicht werden, Politikerinnen und Politikern relativ sichere Entscheidungshilfen zu geben, Forscherinnen und Forschern die Beantwortung weiterführender Fragestellungen in Grundlagenforschung und Anwendung zu ermöglichen, einigermaßen gesicherte Inhalte für die Lehrerausbildung zur Verfügung zu stellen und vor allem Lehrerinnen und Lehrern für individuelle Fortbildung eine glaubwürdige Grundlage für die eine glaubwürdige Grundlage für die Optimierung ihres Unterrichts zu geben. Die Glaubwürdigkeit der Aussagen fachdidaktischer Forschung ist deshalb eine zentrale Forderung.

1.3 Theorie und Evidenz

Expertenmeinungen sind nicht immer zuverlässig
Orientierung an Forschungsstandards
Vertrauenswürdigkeit durch Replikation der Ergebnisse

Wie gehen wir vor, wenn wir ein möglichst sicheres Urteil über ein für unser tägliches Leben wichtiges Ereignis erhalten wollen, wir aber unserer eigenen Wahrnehmung nicht trauen?

1. Naheliegend ist es, Experten zu befragen oder in einer Zeitschrift oder im Internet nach Expertenmeinungen zu suchen. Wie man allerdings immer wieder erfährt, ist der Meinung von Experten oft nicht zu trauen, häufig gibt es keine einheitliche Meinung, wenn man mehrere Expertenmeinungen miteinander vergleicht. Erst recht, wenn neue Forschungsfragen beantwortet werden sollen, gibt es keine andere Möglichkeit, als die Expertenmeinungen mit Standards zu beurteilen, die in der jeweiligen Wissenschaftlergemeinde, in diesem Fall der empirisch arbeitenden Unterrichtsforscher, akzeptiert werden, oder diese Methoden selbst anzuwenden. Neue Untersuchungen müssen deshalb bekannte theoretische Modelle und bereits gesicherte

Forschungsergebnisse berücksichtigen, Methoden benutzen, die sich bewährt haben oder die aus bewährten Methoden abgeleitet werden können, und die Qualitätskriterien einhalten, die gerade als Standards akzeptiert sind. Teil des Forschungsprozesses ist die Veröffentlichung der neuen Ergebnisse in Fachzeitschriften, damit sie wiederum diskutiert und repliziert werden können. Vertrauenswürdigkeit der Ergebnisse und Replikation von Untersuchungen gehören untrennbar zusammen. In älteren Wissenschaften wie der Physik wird Ergebnissen erst dann geglaubt, wenn sie mehrfach in unabhängigen Untersuchungen bestätigt werden konnten.

Möglichkeiten und Grenzen empirischer Forschung

2. Die Beschreibung des Forschungsprozesses macht deutlich, dass es bei allen empirisch forschenden Wissenschaften, auch der Physik, der Biologie oder der Chemie, niemals darum gehen kann, etwas zu beweisen. Am Ende einer Untersuchung sollte ein Forscher mit größerer Wahrscheinlichkeit als vorher einschätzen können, ob eine besondere Maßnahme im Physikunterricht dem zugrunde liegenden theoretischen Modell entspricht. Eine Unterrichtseinheit oder neu entwickeltes Unterrichtsmaterial sollten deshalb den Lernprozess, das Verhalten, die Motivation oder die Kompetenzen wie intendiert beeinflussen können. Wenn ein theoretisches Modell nicht in diesem Sinne getestet wird, darf es nicht auf andere Fälle angewendet werden, das Ergebnis muss auf den untersuchten Fall beschränkt werden (Olson 2004). Dies ist eine grundsätzliche Forderung wissenschaftlicher Forschung, die unmittelbar mit der Glaubwürdigkeit der erarbeiteten Ergebnisse zusammenhängt. Insbesondere gilt diese Bedingung auch für Untersuchungen an sehr kleinen Stichproben, sog. Fallstudien. Sie sind, da eine wissenschaftlich abgesicherte Verallgemeinerung wegen der Beschränkung auf einzelne Fälle nicht möglich ist, auf diese jeweils untersuchten Fälle zu begrenzen (Mayring 1993).

Idealfall: Lehrkräften Hinweise geben, wie sie die Qualität ihres Unterrichts verbessern können

3. Empirische Unterrichtsforschung sollte Lehrerinnen und Lehrern im Idealfall Hinweise geben können, wie sie die Qualität ihres Unterrichts mit großer Wahrscheinlichkeit verbessern können. Bedingt durch die hohe Komplexität der zu untersuchenden Situationen kann in der Lehrerausbildung die empirische Fundierung nicht immer gesichert werden, wodurch intuitive Ansichten verfestigt und Mythen produziert werden können. Es wird z. B. viel Ausbildungszeit auf sog. Schülervorstellungen (auch Alltagsvorstellungen, Fehlvorstellungen, Misskonzepte, usw.) verwandt, obwohl nur geringe Evidenz besteht, dass das Wissen der Lehrpersonen darüber den Unterricht tatsächlich besser macht. Es gibt eine Untersuchung von Staub

und Stern (2002), in der für den Mathematikunterricht der Grundschule ein Zusammenhang zwischen den Überzeugungen von Lehrpersonen (Konstruktivismus versus Informationstheorie) und Schülerleistung hergestellt werden konnte. Ein positiver Zusammenhang zwischen Unterrichtserfolg und fachdidaktischem Wissen der Lehrpersonen über Fehlkonzepte konnte bisher nicht gefunden werden. In einem Vergleich finnischen und deutschen Unterrichts wurde festgestellt, dass finnische Lehrpersonen weniger über typische Schülervorstellungen wissen als deutsche, sie können sie z. B. nicht explizit benennen. Die finnischen Schülerinnen und Schüler lernen aber nach einer Intervention mit einer Unterrichtseinheit über elektrische Energie wesentlich mehr dazu als die deutschen (Olszewski et al. 2009; Olszewski 2010). Kontrolliert wurden u. a. die kognitiven Fähigkeiten der Schülerinnen und Schüler und das fachdidaktische Wissen der Lehrpersonen. Der Sozialindex der verglichenen Schülergruppen war fast identisch.

Mangelnde Qualität empirischer fachdidaktischer Forschung

4. Eine Ursache dafür, dass darüber hinaus auch problematische, nicht glaubwürdige Ergebnisse der Forschung in die Lehrerausbildung gelangen, ist die teilweise nicht zufriedenstellende Qualität empirischer Forschung. In einer Metaanalyse über forschendes Lernen im Experimentalunterricht haben Furtak et al. (2012) in Fachzeitschriften etwa 5800 Artikel mit diesem Thema gefunden. Nachdem die Untersuchungen ausgeschlossen wurden, die trotz des einschlägigen Titels das Thema nicht bearbeitet hatten, blieben 59 Veröffentlichungen übrig, die mit Kriterien guter Forschung beurteilt wurden. Am Ende konnten 22 Studien in die Analyse einbezogen werden. Ruiz-Primo et al. (2008) haben die Auswirkung fachdidaktischer Innovationen auf Physikunterricht ebenfalls in einer Meta-Analyse untersucht. Von mehr als 400 Artikeln erfüllten am Ende 51 die Qualitätskriterien für eine quantitative Synthese der gemessenen Effekte. Deutlich wird aus solchen Meta-Untersuchungen, dass ohne Wissen über Qualitätskriterien empirischer Forschung die Glaubwürdigkeit von Ergebnissen nicht beurteilt werden kann. In allen Metaanalysen werden Untersuchungen ausgewertet, die in begutachteten Zeitschriften veröffentlicht worden sind.

Theorienbildung als Ausgangspunkt für Untersuchungen und die Auswahl der Methoden

5. Praktisches Ziel empirischer Untersuchungen ist es, theoretische Annahmen, die meist aus vergangener Forschung entwickelt wurden, zu bestätigen oder zu widerlegen, um die zugrunde liegende Theorie weiter zu entwickeln und auf immer mehr Fälle anwenden zu können (Generalisierbarkeit). Theorien und theoretische Modelle bilden deshalb sowohl den Rahmen für eine Untersuchung als auch für die

1

Neue Methoden verbessern die Theoriebildung

Fortschritt durch technische Neuerungen und bessere Testinstrumente

Auswahl und Anwendung angemessener Untersuchungsmethoden (Ditton 2000; Neumann et al. 2012).
Die Weiterentwicklung der Theorie der Unterrichtsqualität ist ein Beispiel für die korrespondierende Entwicklung von Theorie und Methode. Modelle zur Unterrichtsqualität konnten in den 1960er-Jahren nur schwer über Beobachtungen des Unterrichts bestätigt werden. In der Regel saßen Beobachter mit einem Bogen zum Ankreuzen theoriekonformer Kategorien in der Klasse. Ausgewertet wurde die Zahl der Nennungen der Kategorien, in seltenen Fällen waren die Nennungen zeitlich zuzuordnen. Erst mit der technischen Möglichkeit, durch Videoaufnahmen dieselbe Unterrichtsstunde mit unterschiedlichen Fragestellungen immer wieder analysieren zu können, und durch die Entwicklung immer besserer Testinstrumente und Kategoriensysteme für die Auswertung, konnten die komplexen Strukturen des Physikunterrichts immer genauer abgebildet werden (Neumann et al. 2012). Aus der Theorie kann hierbei der Rahmen für Untersuchungen abgeleitet werden, und die Ergebnisse führen dazu, das theoretische Modell zu festigen, zu modifizieren oder – häufig nur in einzelnen Annahmen – zurückzuweisen. Die Verbindung zwischen Theorie und Forschung wird darüber hergestellt, dass ein bestimmtes Verhalten der Schülerinnen und Schüler (Leistung, Motivation, Lernprozess) als Resultat des Eingreifens in den Unterricht theoretisch postuliert und dieses Verhalten theoriekonform in einem Experiment erzeugt und durch Testergebnisse, Fragebogenergebnisse oder Kategorien zu Interaktionen im Unterricht nachgewiesen wird. Da Physikunterricht immer sehr komplex und in hierarchischen Abhängigkeiten geordnet ist (Schulsystem-Lehrpersonen-Schüler), muss das theoretische Modell möglichst viele Variablen berücksichtigen, die die hierarchische Struktur unabhängig voneinander abbilden können. Als evident werden diejenigen empirischen Befunde bezeichnet, die die zugrunde liegende Theorie oder theoretische Modelle bestätigen oder widerlegen. Bei der Überprüfung der Evidenz müssen Analysen diskutiert werden, die Beziehungen zwischen unterschiedlichen Variablensätzen untersuchen, um zu klären, welche Art von Beziehung zwischen den Variablen dafür herangezogen werden kann, dass die erzeugten Ergebnisse für einen bestimmten Sachverhalt sprechen. Die Beziehungen können beschreibend, kausal und/oder probabilistisch sein.

Abschätzung der Evidenz

6. Nach Clausen (2000) ergeben sich bei der Abschätzung von Evidenz im Rahmen von Modellen zur Unterrichtsqualität drei wichtige Aspekte, die bei Untersuchungen berücksichtigt werden sollten. Die Variablen des Modells sollten

die Unterrichtsqualität valide abbilden („Validität" wird in ► Abschn. 1.4.3 ausführlicher beschrieben), es sollten hypothetische Beziehungen zwischen den Variablen in einem Strukturmodell beschrieben werden, und es sollte ein Messmodell entwickelt werden, das Messgrößen enthält, die das theoretische Modell möglichst umfassend und wiederum valide darstellen können (Fischer und Neumann 2012, S. 118). Unter welchen Bedingungen eine Messung als glaubwürdig betrachtet werden kann, wird in ► Abschn. 1.4 behandelt.

1.4 Kriterien der Glaubwürdigkeit

Es gibt grundsätzlich vier Kriterien für die Glaubwürdigkeit empirischer Untersuchungen: Objektivität, Reliabilität, Validität und Signifikanz. Diese Kriterien gelten in unterschiedlichen Ausprägungen für quantitative und theoriebasierte qualitative Forschung. Es wird vorausgesetzt, dass die erzeugten Daten, wie z. B. die Schülerergebnisse in einem Physik-Kompetenztest oder die Ergebnisse einer qualitativen Analyse unterrichtlicher Strukturen und Merkmale, normalverteilt sind. Grundlage hierfür ist die Annahme, dass jede Personenfähigkeit bezüglich eines Merkmals (z. B. Physikkompetenz) normalverteilt vorliegt, wenn die Stichprobe (Schülerinnen und Schüler neunter Klassen Deutschlands) groß genug ist. Nicht normalverteilte Daten werden in diesem Artikel nicht behandelt (s. hierzu z. B. Bortz 2005; Field 2005; Shavelson und Towne 2002).

1.4.1 Objektivität

Objektivität durch präzise Durchführungsvorschriften

Objektivität bedeutet die Minimierung subjektiver Einflüsse bei der Messung oder auch schon bei einer theoriegeleiteten Beobachtung. Sir Francis Bacon (1904) hat bereits um 1600 die Prinzipien einer objektiven Forschung als sogenannte Idole *(idola)* formuliert. Die *idola tribus* erkennen die menschliche Wahrnehmung als subjektiv und formulieren die Notwendigkeit, Wahrnehmungsmodi intersubjektiv zu vereinbaren. Die *idola specus* fordern die Unabhängigkeit wissenschaftlicher Untersuchungen von der Ausbildung, der Sozialisation und der Alltagserfahrung der Wissenschaftler. Die *idola fori* berücksichtigen das, was wir heute als soziale Erwünschtheit bezeichnen, und die *idola theatri* beziehen sich auf die Unabhängigkeit von Dogmen und Ideologien. In empirischen Untersuchungen kann Objektivität u. a. dadurch hergestellt werden, dass die Durchführung aller Untersuchungsschritte präzise vorgeschrieben und dass auch dafür gesorgt wird, dass alle Beteiligten an der Untersuchung diesen Vorschriften folgen. Dies betrifft die

Durchführung von Tests oder Interviews, den gesamten Prozess der Datenverarbeitung und -auswertung und die Interpretation der Ergebnisse. Die Vorschriften für die Durchführung einer wissenschaftlichen Untersuchung und die exakte Beschreibung ihrer Anwendung (Versuchsprotokoll) sind außerdem die Grundlage für ihre Replizierbarkeit.

1.4.2 Reliabilität

Verlässlichkeit der Messergebnisse durch Stabilität und interne Konsistenz
Stabilität des statistischen Fehlers

Unter der Reliabilität wird die Verlässlichkeit der Messergebnisse verstanden, die sich in der internen Konsistenz der Messverfahren und der Stabilität der Ergebnisse bei vergleichbaren Messungen zeigt. Die Stabilität bezieht sich auf den Messfehler oder den Anteil der Abweichung (Varianz) eines einzelnen Wertes bezogen auf die Gesamtvarianz der Messung. Dieser Anteil sollte sich bei einer objektivierten Messwiederholung nicht ändern. Um den wahren Wert W einer Messung zu erklären, müssen wir statistische und systematische Fehler berücksichtigen. Der *statistische Fehler F* entsteht durch Varianzen im Verhalten der Individuen einer Stichprobe, z. B. durch unterschiedliche Antworten, unterschiedliche Aufmerksamkeit, Disziplinunterschiede, Störungen von außen, aber auch durch Fehler bei der Auswertung der Test- oder Frageinstrumente. Ein *systematischer Fehler S* hat, im Gegensatz zum statistischen, keinen Einfluss auf die Reliabilität, sondern auf die Validität (► Abschn. 1.4.3). Er kommt z. B. dadurch zustande, dass die befragten Schülerinnen und Schüler Angst davor haben, dass ihr Lehrer oder ihre Lehrerin die Befragungsergebnisse erfährt. Deshalb muss für die Probanden glaubhaft gesichert sein, dass dies nicht passieren kann. Antwort nach sozialer Erwünschtheit ist eine weitere Quelle für einen systematischen Fehler. Der Anteil experimenteller Arbeiten im eigenen Unterricht wird von Lehrpersonen in der Regel überschätzt. In Untersuchungen wird diese Auskunft deshalb oft durch direkte Beobachtung oder Befragung der Schülerinnen und Schüler kontrolliert.

Interne Konsistenz als Kriterium quantitativer Messungen
Cronbachs α

Wenn X der Messwert ist, der z. B. bei einem Physiktest herauskommt, W der wahre Wert, F der statistische Fehler und S der systematische Fehler, kann der wahre Wert als $W = X + F + S$ ausgedrückt werden. Zum quantitativen Messen werden in der Physikdidaktik Tests und Frageinstrumente benutzt, deren Konsistenz überprüft werden muss. Konsistenz ist Bestandteil der Reliabilität. Die verschiedenen Items eines Tests oder eines Fragebogens zum gleichen theoretischen Konstrukt sollten möglichst hoch korrelieren, d. h. sie sollten im Test möglichst dem theoretischen Modell, z. B. dem zu untersuchenden Kompetenzprofil, entsprechen. Konsistenz wird bei dichotomen Items (z. B. ja/nein, stimmt/stimmt nicht) mit der Kuder-Richardson-Formel und bei Items einer Intervallskala mit Cronbachs α gemessen

(Bühner 2006; Wirtz und Caspar 2002; Lienert und Raatz 2001). Der Wert von α liegt zwischen 0 und 1 und gibt die durchschnittliche Korrelation zwischen den Items an. Er spiegelt wider, wie einheitlich das Instrument das gedachte Konstrukt (eine bestimmte Kompetenz, Motivation usw.) misst. Je nach Untersuchung sollte α größer sein als ,7, manchmal sind die Forscher aber auch mit niedrigeren Werten zufrieden. (Werte, die nur zwischen 0 und 1 liegen können, werden ohne Null vor dem Komma angegeben (,34), alle anderen Werte, wie z. B. Cohens κ (s. u.) mit einer Null (0,57). Statt des Dezimalkommas wird häufig der in der englischen Schreibweise übliche Dezimalpunkt benutzt.) Wird z. B. vor und nach der Einführung einer neuen Unterrichtseinheit die Schülerleistung mit demselben Test gemessen, muss Cronbachs α beim Vortest kleiner sein als beim Nachtest, da die Schülerinnen und Schüler wegen fehlenden Wissens häufig zufällig antworten, sie deshalb das Konstrukt des Tests, z. B. die Kompetenz im Umgang mit dem Kraftkonzept, mit ihren Antworten nicht treffen können. Im Nachtest sollte sich das geändert haben.

Urteilerübereinstimmung bei qualitativen Analysen

Bei qualitativen Analysen müssen Interpretationen von Situationen möglichst genau die wahre Situation beschreiben. Reliabilität wird durch den Vergleich der Interpretationen unterschiedlicher Urteiler (Rater, Codierer) überprüft. Vorausgesetzt wird die theoretische Modellierung der relevanten Kategorien, die das Feld bezogen auf das Forschungsziel abbilden.

Beurteilung von Unterrichtsqualität

Oberflächenmerkmale von Unterricht

Tiefenmerkmale von Unterricht

Sollen z. B. Unterrichtsstunden bezüglich ihrer Qualität beurteilt werden, muss ein Modell für Unterrichtsqualität entwickelt oder herangezogen werden, das die relevanten Variablen enthält. Nach Neumann et al. (2012) könnten dies u. a. die *Sequenzierung der Fachinhalte, „time on task“, Unterrichtsführung* oder *kognitive Aktivierung* sein. Sequenzierung bezieht sich auf die Orientierung einer Stunde auf den intendierten Lernprozess, *time on task* ist die Zeit in einer Unterrichtsstunde, in der die Schülerinnen und Schüler sich mit einer zum Ziel führenden Aufgabe beschäftigen, Unterrichtsführung beschreibt die Maßnahmen der Lehrperson, um diese Beschäftigung zu ermöglichen und kognitive Aktivierung bezieht sich auf die zum Denken anregenden und führenden Elemente im Unterricht. Man nennt sie Oberflächenmerkmale von Unterricht. Oberflächenmerkmale lassen sich einfach und, wenn mehrere Beobachter dieselbe Stunde beobachten (Urteilerübereinstimmung), mit hohem Konsens klassifizieren (niedrig-inferent). Sequenzierung und kognitive Aktivierung sind Tiefenmerkmale von Unterricht, weil die Unterrichtsstrukturen sehr komplex sind oder weil indirekt von Aktivitäten der Lehrpersonen und der Schülerinnen und Schüler auf nicht direkt beobachtbare kognitive Prozesse geschlossen werden muss. Die Urteilerübereinstimmung ist in solchen Fällen niedriger, weil das Beurteilen einen hohen Anteil an Interpretation enthält. Das Ratingverfahren wird deshalb auch hoch-inferent genannt. Für die Urteilerübereinstimmung bzw. Interrater-Reliabilität, also als Maß für die Güte des Verfahrens, das zur Messung einer bestimmten Variablen (z. B. der kognitiven Aktivität) benutzt wurde, gibt es mehrere statistische Verfahren. Am einfachsten ist die prozentuale Übereinstimmung zu bestimmen, die aber verschiedene Fehlerquellen nicht berücksichtigt, wie z. B. den zufälligen Anteil an der Übereinstimmung. Bei zwei unabhängigen Urteilern, die bestimmte Kategorien (z. B. Schüler sind aufmerksam/nicht aufmerksam) für mehrere Probanden (z. B. die Schülerinnen und Schüler einer Klasse) bewerten, wird die Interrater-Reliabilität mit Cohens κ und für mehr als zwei Urteiler mit Fleiss' κ bestimmt; κ liegt zwischen +1,0 (bei vollständiger Übereinstimmung) und <0 (kleinere Übereinstimmung, als zufällig zu erwarten ist). Werte von κ, die größer als 0,6 sind, werden in der Regel akzeptiert.

Interrater-Reliabilität: Cohens κ

Es gibt für unterschiedliche Datenlagen (z. B. für ordinalskalierte Daten) weitere Verfahren, die hier nicht diskutiert werden können. Für eine detaillierte Beschreibung s. Wirtz und Caspar (2002).

1.4.3 Validität

Passung zwischen Design, Messinstrumenten und theoretischen Annahmen

Validität bezieht sich auf die Umsetzung einer wissenschaftlichen Theorie oder eines theoretischen Modells in Messungen. Ein Instrument sollte das untersuchte theoretische Konstrukt tatsächlich messen können. Voraussetzung für eine Validitätsprüfung ist deshalb die Passung zwischen Design, Messinstrumenten und theoretischen Annahmen. Wenn z. B. Kompetenz gemessen werden soll, muss das Instrument ein Kompetenztest sein und kein Intelligenztest. Bei Messungen in der Physik muss man zur Bestimmung der Stromstärke ein Ampèremeter benutzen, ein Voltmeter wäre nicht geeignet. Im theoretischen Kompetenzmodell, das dem Test zugrunde liegt, stecken weitere Annahmen, wie z. B. eine Ordnung der Aufgaben nach Schwierigkeit oder ein bestimmter Inhaltsbereich. Die Modellierung und Testkonstruktion eines Kompetenztests ist in Neumann et al. (2007) und Kauertz et al. (2010) detailliert beschrieben. Die Belastbarkeit eines theoretischen Modells kann aus unterschiedlichen Perspektiven beurteilt werden, es gibt deshalb unterschiedliche Bezüge von Validität, von denen einige im Folgenden erklärt werden.

Inhaltsvalidität

Die *Inhaltsvalidität* bezieht sich auf das abzubildende inhaltliche Konstrukt. Beispielsweise müssen bei einem Professionswissenstest für Lehrpersonen die Inhaltsbereiche Fachwissen, fachdidaktisches Wissen und pädagogisches Wissen mit entsprechenden Items repräsentiert sein, wenn das theoretische Modell es fordert (Tepner et al. 2012). Ein Kompetenztest für den mittleren Schulabschluss muss die Kompetenzen abfragen, die Schülerinnen und Schüler bis zur 9. oder 10. Klasse erworben haben können (Kauertz et al. 2010). Der Inhalt des Tests muss deshalb mit den Fachinhalten der Curricula aller Bundesländer oder mit denen der Schulbücher übereinstimmen.

Augenscheinvalidität

Augenscheinvalidität (face validity) ist eine Vorform der Inhaltsvalidität. Sie gibt an, inwieweit ein Messverfahren einem Laien zum Erreichen des Messziels unmittelbar, das heißt ohne statistische Überprüfung, anwendbar erscheint (Moosbrugger und Kelava 2007).

Kriteriumsvalidität

Kriteriumsvalidität vergleicht die Testergebnisse z. B. mit einem konkurrierenden Kriterium, etwa mit den Ergebnissen eines Interviews zum selben Thema, das vor dem Test oder im Anschluss durchgeführt wird (konkurrierende Validität) oder mit einem zukünftigen Kriterium, z. B. den in drei Jahren erworbenen Abiturnoten (prognostische Validität). Gold und Souvignier (2005) haben z. B. mittlere Korrelationen zwischen Abiturnoten in bestimmten Fächern und Noten im Jura- und Medizinstudium ermittelt, für beide Leistungen werden also offensichtlich ähnliche Fähigkeiten benötigt, und die Fähigkeiten sind anscheinend über einen längeren Zeitraum stabil.

Interne Validität

Eine *interne Validität* liegt vor, wenn alternative Erklärungen und Modellierungen für die Ergebnisse einer Untersuchung ausgeschlossen werden können, die gemessenen Werte der abhängigen Variablen ausschließlich oder wenigstens hauptsächlich von der Änderung der unabhängigen Variablen verursacht wurden. Die Messung der Physikkompetenz sollte deshalb nur von den Physikfähigkeiten der Probanden abhängen und nicht von Rechenfähigkeiten, Lesefähigkeiten, Intelligenz, Testmotivation, kognitiver Entwicklung, Lerneffekten (z. B. bei einem Prä- Post-Test mit demselben Instrument), Unterschieden in Experimental- und Kontrollgruppe, Ausfall von Probanden aus Angst vor der Untersuchung, Interaktion zwischen den gemessenen Gruppen und unterschiedlichen Versuchsbedingungen der verschiedenen Probandengruppen (Wetter, Temperatur im Raum, Störungen von außen usw.). Die für die jeweilige Untersuchung wahrscheinlichsten möglichen Einflüsse müssen ausgeschlossen oder beschrieben und kontrolliert werden.

Konstruktvalidität

Die *Konstruktvalidität* bezieht sich als ein Teilbereich interner Validität auf das theoretische Modell. Um zu validieren, ob mit einem Test tatsächlich Kompetenz und nicht Leseverstehen getestet wird, wird er mit einem bereits vorhandenen Kompetenztest (konvergente Validität) und/oder mit einem Test zum Leseverstehen (diskriminante Validität) korreliert. Im ersten Fall sollte die Korrelation hoch sein, im zweiten niedrig. Korreliert der Test mittel oder hoch mit dem Leseverstehen, ist seine Aussage redundant, der Test unterscheidet nicht zwischen beiden Fähigkeiten.

Externe Validität

Die *externe Validität* ist die Frage nach der Generalisierbarkeit der Ergebnisse. Die Aussage über Physikkompetenz am Ende des „Mittleren Schulabschlusses" sollte sich z. B. für alle Zehntklässler in Deutschland verallgemeinern lassen, und die Untersuchung sollte sich, nach einer angemessenen Modifizierung der Instrumente, auf andere Situationen (z. B. die Messung der Physikkompetenzen am Ende der 9. Klassen in Gymnasien) und Designs (Nutzung als Kontrollinstrument in einer Interventionsstudie) übertragen lassen. Die Auswahl der Versuchspersonen ist deshalb besonders wichtig. Um verallgemeinerbare Aussagen über die Physikkompetenz der genannten Population machen zu können, muss die untersuchte Stichprobe die Gesamtheit mit allen Merkmalen repräsentieren. Die ausgewählten Schulen müssen deshalb z. B. aus allen Bundesländern stammen und die jeweiligen Eigenheiten des Schulsystems repräsentieren, also alle Schultypen und die unterschiedlichen sozialen Hintergründe der Schülerinnen und Schüler (Kauertz et al. 2010). Je öfter die Ergebnisse einer Untersuchung mit unterschiedlichen Probandengruppen repliziert und in der Tendenz bestätigt werden können, desto größer ist die externe Validität. Ist die Stichprobe eng auf besondere Gruppen begrenzt, z. B. auf Physikleistungskurse in der Oberstufe oder auf Physikstudierende, kann mit kontrastierenden Stichproben extern validiert werden. Werden z. B. Studierende der Fächer Physik und Deutsch mit einem Test verglichen, der vorgibt Physikkompetenz zu messen, sollte die Stichprobe der Germanistikstudierenden deutlich schlechter abschneiden. Ist dies der Fall, erhöht sich die Wahrscheinlichkeit, dass tatsächlich Physikkompetenz gemessen werden kann. Ist dies nicht der Fall, wird der Test eher Kompetenzen abfragen, die nicht im Physikunterricht, sondern vielleicht schon im Alltag gebildet wurden und dort zur Lösung von Problemen benötigt werden.

Wird mit dem Kompetenzmodell ein kompetenznahes Konstrukt erfasst?
Hypothese 1: Die geschätzte Personenfähigkeit im Kompetenztest korreliert hoch mit der geschätzten Personenfähigkeit im TIMSS -Test.
Hypothese 2: Die Korrelation der geschätzten Personenfähigkeit im Kompetenztest zu weiteren Teilaspekten der Physikkompetenz (Physiknote, Mathematiknote, kognitive Fähigkeit) ist höher als die Korrelation zur Deutschnote.

Abb. 1.3 Eine Forschungsfrage und abgeleitete Hypothesen für eine Studie zur Messung der Validität des Messinstruments (1 konvergent, 2 diskriminant)

1.4.4 Signifikanz

Signifikanzniveau: Wahrscheinlichkeit, mit der die Nullhypothese fälschlicherweise verworfen werden kann

Signifikanz bezeichnet einen mehr als zufälligen Zusammenhang zwischen Messgrößen oder Variablen.

Vor der Messung (a priori) wird eine Schwelle in Form einer Irrtumswahrscheinlichkeit, z. B. $\alpha = ,01$, festgelegt, mit der die Nullhypothese (es gibt keinen Effekt) fälschlicherweise abgelehnt, also ein Effekt angenommen werden kann, obwohl kein Effekt vorliegt. Welche Schwelle akzeptiert wird, wird vom jeweiligen Forscher festgelegt, allerdings ist die nicht vom Zufall abhängige Information der Messung umso größer, je kleiner α ist; $\alpha = ,05$ ist in den meisten Untersuchungen ein akzeptierter Wert. Zur Überprüfung der Signifikanz gibt es geeignete Tests (Bortz 2005). Für $\alpha = ,01$ wäre diese Schwelle bei 1 % anzunehmen. Ein Fehler 1. Art (α-Fehler) liegt vor, wenn die Nullhypothese nicht angenommen wird, obwohl sie in Wirklichkeit wahr ist, wenn also ein Effekt angenommen wird, obwohl es keinen gibt.

Im oben genannten Beispiel der Kompetenzmessung von Studierenden der Physik lauten z. B. eine Forschungsfrage und die daraus abgeleiteten Hypothesen wie in ◘ Abb. 1.3 dargestellt.

Wird in Hypothese 1 die Korrelation bei $\alpha = ,05$ signifikant, wäre sie mit 95-prozentiger Sicherheit bestätigt worden. Ein Fehler 2. Art (β-Fehler) liegt vor, wenn die Nullhypothese und damit kein Zusammenhang angenommen wird, obwohl in Wirklichkeit ein Zusammenhang existiert. Die Wahrscheinlichkeit, dass der in der Stichprobe des Beispiels entdeckte signifikante Zusammenhang auch tatsächlich existiert, wird durch die Teststärke („Power“) der Messung bestimmt. Sie ist durch den β-Fehler festgelegt und hängt nicht nur von der Irrtumswahrscheinlichkeit ab, sondern auch von der Effektstärke (▶ Abschn. 1.4.5) und der Stichprobengröße.

1.4.5 Relevanz und Effektstärke

Die Relevanz von Ergebnissen zeigt sich nur in Bezug auf vergleichbare Untersuchungen

Obwohl in der Literatur Richtwerte z. B. für die Interpretation von Korrelationswerten angegeben werden, gibt es keine allgemein gültigen Kriterien. So kann auch eine signifikante schwache Korrelation von z. B. $r = ,35$ den Erwartungen entsprechen. Forscher müssen deshalb nicht nur den Schwellwert α für die Signifikanz festlegen, sondern auch überzeugend darlegen, mit welcher Korrelation sie zufrieden sind. Das wird meist aus ähnlichen vorhergehenden Untersuchungen abgeleitet.

Effektstärken als standardisiertes Vergleichsmaß

Zur Beurteilung der praktischen Relevanz eines Ergebnisses wird zusätzlich oft die Effektstärke (oder Effektgröße) als standardisiertes Maß angegeben, die u. a. von der Größe der Stichprobe abhängt. Damit kann man z. B. Unterschiede zwischen Gruppen oder in Metaanalysen die Ergebnisse verschiedener Studien in einem einheitlichen Maß miteinander vergleichen. Da, wie bereits beschrieben, der Physikunterricht und seine Ergebnisse (abhängige Variablen: Wissen, Kompetenz, Motivation usw.) immer von einer Vielzahl von Bedingungen (unabhängige Variablen: Alter, Geschlecht, Schulart, sozialer Hintergrund, Professionswissen der Lehrpersonen usw.) beeinflusst werden, sind die relativen Effekte der untersuchten unabhängigen Variablen meist nicht sehr groß. Deshalb ist es sehr wichtig, eigene Untersuchungsergebnisse mit Effektstärken anderer Untersuchungen abzugleichen. Man bekommt dadurch einen Eindruck davon, welche Werte allgemein akzeptiert werden und wie bedeutsam eigene Resultate sind, sodass man entsprechend argumentieren kann. Allerdings werden bei kleinen Stichproben nur große Effekte signifikant, sodass es wichtig ist, die Untersuchungen mit großen Stichproben durchzuführen. Das gelingt z. B. bei Untersuchungen auf Ebene der Lehrpersonen nicht immer, da sich oft nur wenige Lehrerinnen und Lehrer für eine Untersuchung zur Verfügung stellen.

1.5 Das Untersuchungsdesign und die Stichprobe

Deskriptive, korrelative, kausale Untersuchungen

Eine detaillierte Beschreibung unterschiedlicher Designs mit ihren Möglichkeiten und Randbedingungen findet man u. a. in Schnell et al. (2005). Man unterscheidet grundsätzlich *deskriptive, korrelative und kausale Untersuchungen.*

Mit deskriptiven Untersuchungen wird eine bestimmte Gruppe (z. B. alle Physiklehrerinnen und -lehrer der Gymnasien oder alle Schülerinnen und Schüler am Ende der 10. Klasse) bezüglich eines Merkmals (z. B. Physikkompetenz) beschrieben. In korrelativen Studien werden unterschiedliche Merkmale (z. B. Kompetenz und Motivation) in einer Gruppe korreliert. Experimentelle Studien versuchen darüber hinaus, kausale Beziehungen zwischen unabhängigen und abhängigen Variablen (z. B. zwischen Frontalunterricht und Schülerkompetenz) zu finden. Hinzu kommen Unterscheidungen bezüglich der Stichprobengestaltung (z. B. querschnittlich oder längsschnittlich), mit denen zusätzliche Ziele erreicht werden können und Untersuchungen, die Unterrichtsprozesse oder Lernprozesse beschreiben, korrelieren oder kausal begründen.

1.5.1 Deskription und Korrelation – über internationale Vergleichstests

Sorgfalt bei der Konstruktion von Vergleichstests

Erst wenn die Ziele einer Untersuchung nach einem theoretischen Modell entwickelt sind, werden das Untersuchungsdesign und die Stichprobe festgelegt. Soll z. B. der Unterschied in Physik in Schulsystemen unterschiedlicher Länder beschrieben werden, muss, nachdem Physikkompetenz theoretisch modelliert wurde, ein Messinstrument entwickelt werden, das diese Kompetenz messen kann (z. B. OECD 2009). Dazu muss der Test (manchmal mehrfach) selbst getestet (pilotiert) und ggf. verändert werden, damit er die oben genannten Qualitätskriterien erfüllt. Bei einem internationalen Vergleichstest spielen kulturelle Unterschiede eine große Rolle. Sie werden bei der Testkonstruktion dadurch berücksichtigt, dass Verantwortliche aus allen beteiligten Ländern die Aufgaben bezüglich ihrer kulturellen Tauglichkeit für die jeweiligen Länder bewerten. Kritische Aufgaben werden geändert oder gestrichen. Die Inhalte der Aufgaben und die curriculare Validität werden von Lehrenden, Physikdidaktikern und Physikern der beteiligten Länder überprüft. Erfüllt der Test alle Qualitätskriterien, wird er nach strengen Regeln (Objektivität) an einer repräsentativen Stichprobe (Generalisierbarkeit) angewendet.

Auswahl einer repräsentativen Stichprobe für vergleichende Untersuchungen

Im Fall des Ländervergleichs muss die Stichprobe zufällig aus einer Gruppe von Schulen gezogen werden, die nach festgelegten Auswahlkriterien geordnet ist. In Schulsystemen wie in Deutschland oder der Schweiz müssen zusätzlich alle Bundesländer oder Kantone vertreten sein, weil sie unterschiedliche Bildungssysteme repräsentieren. Ein Vergleich der Bundesländer ist allerdings nur dann möglich, wenn die Auswahlkriterien für die Stichprobe auf jedes einzelne Bundesland angewendet werden, was die Stichprobe erheblich vergrößert (Prenzel et al. 2007). Da nur Zustände, in diesem Fall mittlere Kompetenzen, beschrieben und verglichen werden, muss der Test nur einmal durchgeführt werden. Mit den mittleren Kompetenzen für jedes Land können die Schülerinnen und Schüler der Länder aber nur verglichen werden, was zu einer Qualitätsaussage durch die Rangfolge führt. Aussagen über die Ursachen der Qualität des Unterrichts und damit über konkrete Maßnahmen zur Qualitätssteigerung in einem Land sind ohne zusätzliche Untersuchungen nicht möglich, selbst wenn Korrelationen der Unterrichtsqualität zu bestimmten Ländermerkmalen gefunden werden.

Vergleichende Untersuchungen und Korrelationen erlauben keine kausalen Aussagen

Zur Beschreibung der unterschiedlichen Schulsysteme der teilnehmenden Länder ist es z. B. wichtig zu wissen, wie hoch der sozioökonomische Status (unabhängige Variable) mit der Physikkompetenz der Schülerinnen und Schüler korreliert, um im Vergleich Unterschiede festzustellen, zu bewerten und, bei einer Messwiederholung nach drei Jahren, ggf. eine Entwicklung des Systems festzustellen. Korrelationen sind allerdings grundsätzlich nicht kausal, d. h. eine Beziehung zwischen Ursache und Wirkung oder die Richtung des Effekts ist durch eine Korrelation nicht festgelegt. Wird z. B. in einer Population eine hohe Korrelation zwischen Motivation in einer Physikstunde und Physikkompetenz festgestellt, ist damit nicht auszusagen, ob die Kompetenz hoch ist, weil die Motivation groß ist, oder ob hohe Physikkompetenz zu einer höheren Motivation führt.

1.5.2 Intervention und Kausalität – experimentelle und quasi-experimentelle Forschung

Fachdidaktische Forschung ist daran interessiert, Bedingungen für die Verbesserung von Schülerleistung, Motivation oder Interesse zu erforschen. Solche Designs heißen *experimentell* oder *quasi-experimentell.*

Experimentelle Untersuchung kausaler Zusammenhänge
Elimination und Kontrolle sonstiger Einflüsse

1. Experimentell ist eine Untersuchung, wenn zwischen abhängigen und unabhängigen Variablen unterschieden werden kann. Damit geht die Untersuchung deutlich über eine reine Beschreibung hinaus, die vermuteten Zusammenhänge werden in mindestens zwei Probandengruppen untersucht und deren Daten verglichen. Experimente überprüfen Hypothesen immer, indem die Lernergebnisse (abhängige Variable), z. B. durch eine gezielte Intervention in einer Schulklasse (unabhängige Variable), verändert werden. Störvariablen müssen möglichst ausgeschlossen und die Versuchsbedingungen in den zu vergleichenden Gruppen konstant gehalten werden.
   Alle sonstigen Variablen sollten kontrolliert werden (Kontrollvariablen): Die zu untersuchenden Gruppen werden entweder randomisiert ausgewählt oder parallelisiert, d. h. sie werden so zusammengestellt, dass sie vergleichbare Eigenschaften haben. Die Schülerinnen und Schüler der Gruppen müssen z. B. ein ähnliches mittleres Vorwissen bzgl. des Testinhalts (Physikkompetenz Mechanik), eine ähnliche mittlere Intelligenz und ähnliche mittlere Werte bezüglich anderer Kontrollvariablen besitzen. Die weitgehende Übereinstimmung der entsprechenden Mittelwerte reicht aber nicht aus, da gleiche Mittelwerte aus ganz unterschiedlichen Verteilungen (Varianz) der individuellen Werte (z. B. Kompetenz einzelner Schülerinnen und Schüler) hervorgegangen sein können. Die Wertemengen {11, 13, 15, 17, 19} und {21, 23, 15, 7, 9} ergeben z. B. denselben

Mittelwert, obwohl die Verteilungen unterschiedlich sind und deshalb von unterschiedlichen Personenmerkmalen der Probanden ausgegangen werden kann. Die Varianz der zu vergleichenden Gruppen muss deshalb ebenfalls überprüft werden und ähnlich sein. Experimente können sowohl im Labor als auch im Feld durchgeführt werden. Bei Laborexperimenten lassen sich Störvariablen leichter ausschließen und Kontrollvariablen leichter kontrollieren als im Feld (z. B. im Unterricht).

Eingeschränkte Kausalität quasi-experimenteller Untersuchungen

2. Ein Experiment heißt quasi-experimentell, wenn die Stichprobe nicht randomisiert oder parallelisiert zusammengestellt wird (oder werden kann), sondern z. B. die Schulklassen genommen werden müssen, deren Schulleiterinnen und Schulleiter oder Physiklehrkräfte und deren Eltern einer Untersuchung zustimmen. Fachdidaktische Forschung ist deshalb häufig quasi-experimentell. Es können deshalb oft prinzipiell keine kausalen Zusammenhänge aufgeklärt werden, da nie auszuschließen ist, dass gerade die Stichprobenzusammenstellung für die gemessenen Effekte verantwortlich war.

Beispiel für das Design einer kausalen Untersuchung

3. In einer experimentellen Untersuchung im Klassenraum soll die Wirksamkeit einer Unterrichtsmaßnahme möglichst kausal getestet werden. Der Unterrichtserfolg sollte deshalb auf die Maßnahme zurückgeführt werden können und nicht auf zufällige oder durch die Intervention selbst verursachte konfundierende Variablen. Wenn z. B. in einer neuen Unterrichtseinheit der Einfluss der Sachstruktur auf die Konzeptbildung zur Newton'schen Mechanik untersucht wird (s. z. B. Wilhelm et al. 2012), muss zunächst, nachdem die Stichprobe randomisiert ausgewählt wurde, festgelegt werden, bei welchen Ergebnissen der Einsatz als erfolgreich bezeichnet werden kann. Beispielsweise sollte die Unterrichtseinheit im Vergleich mit anderen, bisher üblichen, einen ähnlichen, besser einen größeren Lernzuwachs bei den Lernenden erzeugen und deren Motivation im Verlaufe des Unterrichts nicht verringern. Gleichzeitig muss theoretisch und aus vorherigen empirischen Untersuchungen geklärt werden, welche Variablen für den Unterrichtserfolg verantwortlich sein können. Hierzu benötigt man immer eine Kontrollgruppe, die ebenfalls Unterricht erhält, aber ohne die zu testende Maßnahme anzuwenden. Ein Design, bei dem zwei Gruppen verglichen werden, die unterschiedlich behandelt wurden, nennt man eine Intervention, die Gruppen heißen Interventions- und Vergleichs- oder Kontrollgruppe. Ist der Lernzuwachs bei der Interventionsgruppe im Vergleich mit einer anderen Lerngruppe, der Kontrollgruppe, tatsächlich größer, kann dies unterschiedliche Gründe haben.

Voraussetzungen für die kausale Interpretation

4. Um die Ergebnisse tatsächlich auf die Intervention zurückführen zu können, sollten mindestens die folgenden Kriterien erfüllt sein:
   I. Der Erfolg der Interventionsgruppe kann tatsächlich an der neuen Strukturierung der Fachinhalte liegen. Um dies zu belegen, muss die Kontrollgruppe Unterricht mit einer anderen Struktur erhalten, der ebenso sorgfältig geplant und dessen Durchführung ebenso intensiv betreut wird wie in der Interventionsgruppe.
   II. Der Erfolg kann am Material liegen, das den Lehrenden zur Verfügung gestellt wird. Um dies zu kontrollieren, muss das Material von Interventions- und Kontrollgruppe ähnlich sorgfältig hergestellt und den Lehrenden in beiden Gruppen gleich intensiv erklärt werden.
   III. Die Materialien können sich zusätzlich in Merkmalen unterscheiden, die nicht direkt etwas mit der physikalischen Sachstruktur zu tun haben, z. B. in den Anforderungen an das Leseverstehen, in den grafischen Repräsentationen oder den benötigten mathematischen Fähigkeiten. Solche Variablen müssen deshalb ebenfalls in beiden Gruppen kontrolliert oder parallelisiert werden (Kontrollvariablen). Dies geschieht in der Regel durch entsprechende Tests zum Leseverstehen oder zu mathematischen Fähigkeiten. Die Korrelationen der Physikkompetenz mit diesen Kontrollvariablen sollten nicht zu groß sein.
   IV. Soll die Kompetenz der Lernenden in einem bestimmten Inhalt ein Unterscheidungsmerkmal der beiden Gruppen sein, müssen immer die Differenzen zwischen den mittleren Kompetenzen vor und nach der Intervention zugrunde gelegt werden, da jede Leistung zu einem bestimmten Thema nach einer bestimmten Lernzeit von der Vorleistung abhängt. Generelles Interesse an Physik muss in einer Intervention dagegen nur einmal gemessen werden, da Interesse als eine Disposition gesehen wird, die sich durch Unterricht nicht schnell ändert (Krapp 1996).
   V. Der Test, mit dem vor und nach der Intervention die Leistung gemessen wird, muss bezüglich des Inhalts der Intervention für beide Gruppen fair sein. Er darf deshalb nicht Inhalte abfragen, die nicht unterrichtet wurden (Borsboom et al. 2004).
   VI. Die Lehrenden sollten ein vergleichbares Professionswissen besitzen. Auch hierfür gibt es Tests, die eingesetzt werden können, um die Gruppen vergleichbar zu machen (Fischer et al. 2012).
   VII. Der sozioökonomische Status der Schülerinnen und Schüler sollte in beiden Gruppen vergleichbar sein, da

er in Deutschland sehr zum Lernerfolg beiträgt. Dies kann mit unterschiedlichen Indizes überprüft werden (Baumert und Maaz 2006; OECD 2010).

Datenanalyse durch multivariate Verfahren
Einfachste Form der Varianzanalyse

5. Die Datenanalyse erfolgt bei experimentellen Designs oft mit Methoden aus einer großen Gruppe statistischer Verfahren (multivariate Verfahren), z. B. der Analyse der Varianz (*analysis of variance* – ANOVA), bei der die Varianz als Maß für die Streuung der Daten als Prüfgröße benutzt wird, um Gesetzmäßigkeiten aufzuklären, die sich hinter den Daten verbergen. Die Varianz einer oder mehrerer Zielvariable(n) wird dabei durch den Einfluss einer oder mehrerer Einflussvariablen (Faktoren) erklärt. Die einfachste Form der Varianzanalyse testet den Einfluss einer nominalskalierten unabhängigen Variablen (die diskreten Werte besitzen keine natürliche Rangfolge wie z. B. bei Gruppenbezeichnungen) auf eine metrisch skalierte abhängige Variable (Intervallskala, Verhältnisskala, Absolutskala), bei der die Abstände zwischen den Werten gleich groß sind. Beispielsweise kann in einer ANOVA mit der Gruppierung (Interventions- und Kontrollgruppe) als unabhängiger Variable und der Kompetenz der Schülerinnen und Schüler als abhängiger Variable untersucht werden, inwiefern sich Unterschiede in der Kompetenz zwischen den Gruppierungen zeigen. Die Mittelwertveränderungen der abhängigen Variablen (Kompetenz) werden für verschiedene Gruppen gemessen und sind ein Effekt der unabhängigen Variablen (Intervention). In einer mehrfaktoriellen Varianzanalyse wird der gleichzeitige Einfluss mehrerer unabhängiger Variablen auf eine abhängige Variable überprüft (zu multivariater Statistik s. Sedlmeier und Renkewitz 2007).

1.5.3 Längsschnitt und Quasi-Längsschnitt

Längsschnittuntersuchung individueller Entwicklung

Wird z. B. eine deskriptive Untersuchung nach einer bestimmten Zeit wiederholt (OECD 2000, 2003, 2006, 2009, 2010, ...), sind Aussagen über die Entwicklung des Systems möglich, aber nicht über die kognitive Entwicklung der Schülerinnen und Schüler, da bei jeder Erhebung die jeweils 16-jährigen einer Population getestet werden und nicht eine Gruppe von Schülerinnen und Schülern über eine längere Zeit.

Eingeschränkte Kausalität beim Quasi-Längsschnitt

1. Die Erfassung der Entwicklung von Schülerkompetenzen ist dagegen nur in einem echten Längsschnitt möglich, in dem dieselben Probanden nach bestimmten Zeiten erneut befragt werden (Allmendinger et al. 2011; Ohle et al. 2011; Viering et al. 2010). Ein Problem von Längsschnittstudien sind die großen Zeitspannen von mehreren Jahren für die Datenerhebung und dadurch bedingte hohe Ausfallquoten (Mortalität), weil nicht alle Probanden auf Dauer erreicht werden können. Deshalb

muss die Stichprobe zu Beginn groß genug gewählt werden, um Ausfälle hinnehmen zu können.

2. Werden zu einem Zeitpunkt unterschiedliche Klassenstufen (unterschiedliche Schülerinnen und Schüler) getestet, ist dies eine Quasi-Längsschnittuntersuchung, die nur bedingt Aussagen über die Entwicklung der Kompetenz zulässt, da die gemessenen Kompetenzunterschiede Ursachen haben können, die nicht kausal auf die Veränderung der Fähigkeiten der Schülerinnen und Schüler zurückzuführen sind. Beispielsweise kann sich für die einzelnen Jahrgänge das System unterschiedlich geändert haben (Prüfungsordnungen, Lehrpläne, die Ausstattung der Schulen usw.) oder das Interesse hat sich durch Ereignisse geändert, die auf unterschiedliche Altersgruppen unterschiedlich wirken, wie z. B. Programme des Ministeriums zur Förderung des naturwissenschaftlichen Unterrichts für die 9. Klassen, aber nicht für die ebenfalls getesteten 7. Klassen. Der gemessene Kompetenzunterschied kann deshalb von vielen altersabhängigen Ereignissen beeinflusst worden sein, die als konfundierende Variablen (nicht oder nur schwer zu kontrollierende Störfaktoren) nicht in der Messung berücksichtigt werden können.

1.5.4 Zur Auswahl der Stichprobe

Mindestanzahl an Probanden pro Gruppe

Für die Auswahl und Zusammenstellung der Stichproben gibt es ebenfalls einige grundlegende Regeln. Wie auch in einem Physikpraktikum üblich, benötigen wir mindestens 20 unabhängig voneinander durchgeführte Messungen, mit denen der Mittelwert, der statistische Fehler und die Varianz bestimmt werden können. Je größer die Stichprobe ist, desto besser gelingt dies. Soll die mittlere Physikkompetenz einer bestimmten Altersgruppe bestimmt werden, müssen ebenfalls mindestens 20 Schülerinnen und Schüler einen entsprechenden Test bearbeiten.

Repräsentativität der Stichprobe

Um eine Aussage über eine bestimmte Altersgruppe machen zu können, reicht dieses Auswahlkriterium nicht aus. Die Stichprobe muss die Gruppe auch repräsentieren, für die die Aussage gemacht werden soll, in diesem Fall vielleicht alle 15-Jährigen in Deutschland. Um Jungen und Mädchen bezüglich eines Merkmals (z. B. Physikkompetenz) zu vergleichen, werden deshalb mindestens 20 männliche und 20 weibliche 15-jährige Testpersonen benötigt. Ist aus anderen Untersuchungen bekannt, dass sich die beiden Gruppen bezüglich des zu messenden Merkmals nicht unterscheiden, reichen zunächst 20 Testpersonen. Da die Stichprobe die entsprechenden Schülerinnen und Schüler Deutschlands repräsentieren soll, müssen außerdem alle Schulformen in den 16 Bundesländern und die Länder selbst in der Stichprobe berücksichtigt werden, da sich ihre Bildungssysteme unterscheiden. Je nach theoretischem Modell von den Zusammenhängen zwischen Eigenschaften der Probanden und der abhängigen Variablen ergeben sich unterschiedliche Stichprobengrößen. Mit vier Schulformen und 16 Bundesländern kommen wir auf 2560 Testpersonen, wenn wir u. a. feststellen wollen, ob sich Jungen und Mädchen in ihrer Physikkompetenz unterscheiden. Werden nun noch Unterschiede zwischen städtischen und ländlichen Gegenden berücksichtigt, kommen wir auf etwa 5000 Probandinnen und Probanden.

Kleinere Effektstärken erfordern größere Stichproben

Wenn Unterschiede zwischen Lehrerinnen und Lehrern untersucht und dafür Korrelationen zwischen ihrem fachdidaktischen Wissen und der Physikkompetenz ihrer Klassen hergestellt werden sollen, werden ebenfalls mindestens 20 Lehrerinnen und 20 Lehrer einer bestimmten Schulform mit ihren Klassen benötigt. Soll zusätzlich zwischen Lehrpersonen mit einer regulären Ausbildung und Seiteneinsteigern unterschieden werden, benötigen wir in jeder der Ausbildungsgruppen je 20 Lehrerinnen und 20 Lehrer. Auf der Ebene der Schülerinnen und Schüler bedeutet das bei einer Klassengröße von mindestens 25 Kindern, dass bei mehr als 2000 Probanden verteilt auf 80 Klassen die Physikkompetenz erhoben werden muss. Bei komplexen Modellen mit mehreren Ebenen ist man also sehr schnell bei großen Stichproben.

Die Ausgangsgröße $N = 20$ pro Gruppe erfordert allerdings große Effekte, um überhaupt Aussagen über Unterschiede zwischen diesen Gruppen, also z. B. zwischen Mädchen und Jungen, feststellen zu können (s. Effektstärke). Um schon mittlere Effekte erkennen zu können, benötigt man $N = 40$ als Ausgangsgröße und damit in diesem Fall bereits etwa 10000 Testpersonen. Diese Ausgangsgröße ist auch für andere Untersuchungsebenen anzunehmen.

1.6 Analyse von Unterricht

Beispiel: Analyse des Zusammenhangs von Professionswissen und Unterrichtsqualität

Wie am Anfang festgestellt, geht es bei der physikdidaktischen Forschung wesentlich darum, die Bedingungen für eine hohe Unterrichtsqualität zu klären (eine Übersicht zu Unterrichtsqualität s. Neumann et al. 2012). Wir wissen zurzeit z. B. wenig darüber, ob das an der Universität erworbene fachdidaktische, fachliche und pädagogische Wissen etwas mit der Fähigkeit der Lehrerinnen und Lehrer zu tun hat, effektiv zu unterrichten. Aufklärung darüber würde zu genaueren Zielformulierungen in der Lehrerausbildung an den Universitäten führen.

Merkmale eines guten Unterrichts

Einige Merkmale eines guten Unterrichts sind natürlich bekannt. Beispielsweise korreliert die Unterrichtsführung mit Lernerfolg (Fricke et al. 2012), sowie die kognitive Aktivierung (Baumert et al. 2010), die geeignete Rückmeldung des Lehrers an den lernenden Schüler über seinen Lernprozess (Hattie und

Timperley 2007) oder die langfristige Stabilität des Unterrichtskonzepts (Seidel und Prenzel 2006).

Theoretischer Rahmen als Ausgangspunkt

1. Um Schlussfolgerungen über die Effekte von Professionswissen auf Unterrichtsqualität ziehen zu können, muss zunächst die Unterrichtsqualität beschrieben werden, und es muss theoretische Annahmen darüber geben, wie Professionswissen zur Unterrichtsqualität beiträgt.

Entwicklung eines Messmodells

2. ◘ Abb. 1.4 zeigt ein solches Modell, mit den Lernergebnissen als abhängiger Variable. Wie im Modell zu erkennen, ist jeder unabhängigen Variablen ein Messinstrument (Test, Fragebogen) zugeordnet, das Modell ist also gleichzeitig ein Messmodell.
   Mit diesem Messmodell sollte zwischen Klassen unterschieden werden können, die im Mittel hohe oder niedrige Lernergebnisse zeigen, und es sollte nach der Theorie ein mindestens mittlerer Zusammenhang zwischen Testergebnissen der Schülerinnen und Schüler und den Testergebnissen ihrer Lehrpersonen herzustellen sein. Ist dies nicht der Fall, muss über mögliche andere Einflüsse nachgedacht werden, die bisher nicht berücksichtigt wurden, oder über eine Modifizierung des Modells. Selbst wenn es einen Zusammenhang gibt, ist es für die Lehrerausbildung wichtig zu wissen, welche Lehreraktivitäten genau mit einzelnen Merkmalen des Professionswissens verbunden werden können. Eine Analyse des Unterrichts nach den Kriterien des Professionswissens ist in einem solchen Fall die Methode der Wahl.

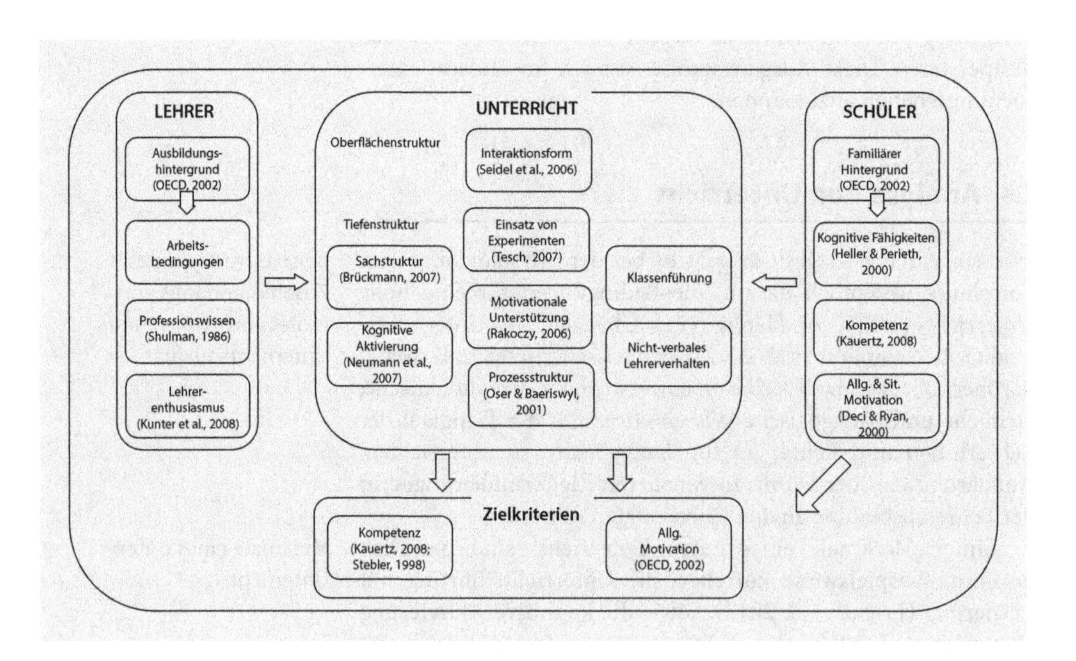

◘ **Abb. 1.4** Messmodell für die Unterrichtsanalyse

1.7 Unterrichtsvideografie

1. Um den Unterricht besser analysieren zu können, wird er zunächst videografiert. Unter anderen haben Hiebert et al. (2003) und Stigler und Hiebert (1997) bei international vergleichenden Untersuchungen des Mathematikunterrichts festgestellt, dass es für die einzelnen Länder spezifische Unterrichtsmuster gibt, sogenannte *kulturelle Skripte*. Der Unterricht hatte innerhalb der einzelnen Länder eine hochgradig ähnliche Struktur. In vielen weiteren Untersuchungen wurden sowohl die Aufnahmebedingungen als auch die Auswertungsmethoden standardisiert (Fischer und Neumann 2012; Roth et al. 2006; Seidel et al. 2005; Stigler und Hiebert 1997).

Spezifische Unterrichtsmuster in verschiedenen Ländern

2. Ursprünglich wurden videogestützte Unterrichtsanalysen zur qualitativen Beschreibung von Unterrichtssituationen als Beispiele für soziale Interaktion eingesetzt. Induktive Verfahren, wie die Suche nach Verhaltensmustern, eigenen sich für qualitative Inhaltsanalysen. Sie führen eventuell zu theoretischen Aussagen, die danach erst mit quantitativen Verfahren validiert werden müssen.

Qualitative Inhaltsanalyse mittels induktiver Verfahren

3. Um aus eher qualitativen Interpretationen quantitative Daten zu generieren, kann nach Mayring (2007) deduktiv vorgegangen werden. Die Entwicklung deduktiver, kategorienbasierter Analyseverfahren hat die videogestützte Unterrichtsanalyse für quantitative Verfahren zugänglich gemacht. Dadurch wurde der Interpretationsprozess standardisiert, und es wurde möglich, die Reliabilität und die Validität des eingesetzten Kategoriensystems zu kontrollieren. Deduktive Verfahren können zur Analyse von Unterrichtsprozessen und Unterrichtsstrukturen genutzt werden.

Quantitative Analyse mittels deduktiver Kategorien

4. Analysiert wird, je nach Kategorie, in Ereignissen, sog. *Turns*, oder in Intervallen, die vor der Analyse festgelegt werden. *Turns* umfassen immer abgeschlossene Ereignisse, wie z. B. eine bestimmte Phase im Schülerexperiment. Je nach Schülergruppe oder Stunde sind die Ereignisse unterschiedlich lang, sie werden nach der *operationalisierten Kategorie* festgelegt und beurteilt. Bei intervallbasierter Codierung wird entschieden, ob ein bestimmtes Ereignis (z. B. eine Unterrichtsstörung) in einem Intervall stattgefunden hat oder nicht. Die Intervalllängen werden so festgelegt, dass darüber eindeutig entschieden werden kann.

Turnbasierte oder intervallbasierte Codierung

5. Die Entwicklung eines Kategoriensystems, z. B. zur Sequenzierung des Unterrichts, zur Bestimmung der kognitiven Aktivierung der Schülerinnen und Schüler, zum Umgang der Lehrpersonen mit physikalischen Experimenten

Entwicklung eines Kategoriensystems

oder zur Beschreibung ihrer Fähigkeiten, den Unterricht zu führen, erfordert ein theoretisches Modell. Es muss zunächst theoretisch dargelegt werden, was unter Sequenzierung von Unterricht usw. verstanden werden soll.

Codierertraining

6. Wenn die Codieranleitung nach dem theoretischen Modell erstellt ist, werden Codierer nach den festgelegten Regeln für die Codierung geschult, bis eine akzeptable Interrater-Reliabilität erreicht ist. Um dies zu erreichen, kann es notwendig sein, die Codieranleitung weiter auszudifferenzieren, um systematische Auffassungsunterschiede zwischen den Codierern zu regeln.

Standardisierung der Videoaufnahmen

7. Vor den Videoaufnahmen müssen die Anzahl und die Positionen der Kameras und der Mikrofone festgelegt und Kamerapersonen geschult werden, damit die Aufnahmen dem Kategoriensystem entsprechen. Sollen z. B. Schülerexperimente analysiert werden, sind mehr Kameras nötig, und ihre Position muss dem Analyseziel angepasst werden. Fischer und Neumann (2012) beschreiben unterschiedliche Bedingungen und entsprechende Arrangements.

Transkripte

8. Häufig werden zur Analyse Transkripte benötigt, die, je nach Ziel der Analyse, nur die Verschriftlichung der Äußerungen oder weitere Angaben über den Ablauf des Unterrichts oder sogar über Gestik und Mimik der Akteure enthalten. Mayring (2007, S. 49) gibt Beispiele für Transkriptionsregeln, die beachtet werden müssen, um die Basis für reliable Textinterpretationen zu erhalten.

Interrater-Reliabilität

9. Am Ende der Analyse wird die Qualität der Daten abgeschätzt. In der Regel werden 10 % der Unterrichtszeit von zwei unabhängigen Codierern interpretiert, damit die Interrater-Reliabilität bestimmt werden kann (► Abschn. 1.4.2; Wirtz und Caspar 2002).

Validität

10. Die Validität des gemessenen Konstrukts wird durch Korrelationen mit Test- und/oder Fragebogendaten bestimmt, die die behaupteten Zusammenhänge überprüfen. Wenn z. B. die konsequente Sequenzierung von Unterricht ein Maß für Unterrichtsqualität sein soll, müssen die Lernergebnisse, also u. a. Physikkompetenz und Motivation, damit zufriedenstellend korrelieren. Ist dies nicht der Fall, müssen die theoretischen Annahmen überprüft und ggf. die Kategoriensysteme modifiziert werden, mit Konsequenzen für das Codiermanual und die Ausbildung der Codierer (Fischer und Neumann 2012).
11. ◘ Tab. 1.1 zeigt beispielhaft einen Auszug aus dem Kategoriensystem zur Sequenzierung von Unterricht aus einer Studie von Trendel et al. (2007).

Tab. 1.1 Kategoriensystem zur Sequenzierung von Unterricht nach Trendel et al. (2007)

	Handlungsschritt	Unterrichtsphase	Umsetzungsstufe	Umsetzungsstufe	Kontrolle
		(Und Erläuterungen zu wichtigen Merkmalen)	Lehrer	Schüler	
1	…	…	…	…	…
2	Sie formulieren daraus ein Problem, bestehend aus den Ausgangsbedingungen und einem anzustrebenden Ziel; die Mittel (Lösungsweg) sind unbekannt (Problemformulierung, möglichst exakt)	Problempräzisierung:	Der Lehrer formuliert eine unpräzise Problemstellung	Die Schüler fixieren eine Problemfrage	Wie lautet die Problemstellung?
			Der Lehrer präzisiert eine verständliche und eindeutige Problemfrage oder fixiert sie	Die Schüler zeigen, dass sie eine Problemfrage verstanden haben oder verlangen nach Präzisierung	2.; 3. Was sind die Lösungskriterien?
		Die Fragestellung wird präzisiert und eingegrenzt	Der Lehrer hält zu einer Problemstellung Ausgangslage und Lösungsziel fest oder lässt sie festhalten	Die Schüler formulieren das Problem und nennen klare Kriterien für ein Lösungsziel	3. Was gibt es für Schwierigkeiten?
			Der Lehrer vergewissert sich, dass allen Schülern das Lösungsziel, die Ausgangsbedingungen und die Schwierigkeiten bewusst sind	Die Schüler fixieren zu einer Problemfrage Ausgangsbedingungen, Kriterien für Lösungsziele und Schwierigkeiten, die auf einem Lösungsweg überwunden werden müssen	
		Das Problem soll klar benannt werden, indem man den Anfangszustand, das Lösungsziel und die dazwischen liegende Barriere festhält			

1

1.8 Abschließende Bemerkungen

Weitere Analysemethoden der empirischen Unterrichtsforschung

1. Dieses Kapitel ist als eine Einführung in die empirische Unterrichtsforschung gedacht. Die heute eingesetzten Methoden empirischer Unterrichtsforschung umfassen ganz wesentlich probabilistische Methoden (Item Response Theory, IRT), u. a. mit dem Rasch-Modell als wichtigem Verfahren der Testauswertung (Kempf und Langeheine 2012; Walter 2005) und Mehrebenmodellen (hierarchisch lineares Modellieren, HLM), um Beziehungen zwischen Variablen aufzuklären, die sich, wie in Unterrichtssystemen üblich (◘ Abb. 1.2), auf unterschiedlichen, aber miteinander in Beziehung stehenden Ebenen befinden (Ditton 1998).
2. Außerdem spielen lineare Strukturgleichungsmodelle (LISREL) und die konfirmatorische Faktorenanalyse (CFA) zur empirischen Überprüfung von theoretischen Annahmen über komplexe Ursache-Wirkungs-Beziehungen (Backhaus et al. 2008) eine Rolle. Diese Analysemethoden haben Auswirkungen auf die Aussagen, die in der fachdidaktischen empirischen Unterrichtsforschung gemacht werden können, sie sprengen aber den Rahmen eines einführenden Artikels.

Bedeutung empirischer fachdidaktischer Forschung für die Lehrerbildung

3. Ob eine neu entwickelte Unterrichtseinheit zu einem modernen Gebiet der Physik oder neues Material zur Newton'schen Mechanik tatsächlich die gewünschten Effekte zeigt, ist sicher von der instruktionellen Sachstruktur abhängig. Es wird aber vielleicht auch von Personenmerkmalen der Lehrperson abhängen, wie etwa seinem Professionswissen oder anderen Eigenschaften, die sein Verhältnis zur jeweiligen Klasse beeinflussen, vom sozioökonomischen Hintergrund der Schülerinnen und Schüler oder von ihrem Vorwissen und ihren kognitiven Fähigkeiten. Um alle Einflüsse in der fachdidaktischen Forschung berücksichtigen zu können, um am Ende Aussagen machen zu können, die die Wahrscheinlichkeit guten Unterrichts erhöhen, wenn viele Lehrpersonen sie befolgen, benötigen wir zunächst ein Modell, das alle diese Faktoren berücksichtigt und in Beziehung setzt. Erst mit validierten theoretischen Modellen können Aussagen über die Qualität der eingesetzten Unterrichtsstrukturen und die Struktur der neuen Inhalte gemacht werden.

Mythen zur Wirkung von Unterrichtsmaßnahmen

4. Die Umsetzung empirischer Erkenntnisse in die Praxis des Unterrichts oder in die Ausbildung von Lehrerinnen und Lehrern wurden in diesem Kapitel nicht diskutiert. Da die fachdidaktische und pädagogische Forschung noch nicht sehr lange empirisch betrieben werden, gibt es instruktionelle Strukturen, Unterrichtsmethoden, Unterrichtsinhalte an Universitäten und Studienseminaren und Verhaltensempfehlungen für Lehrerinnen und Lehrer, von denen wir

nicht sicher sind, ob sie die beabsichtigte Wirkung haben. Diese Situation lässt Mythen zur Wirkung von Unterrichtsmaßnahmen und intuitive Glaubenssätze entstehen, die nur schwer zu widerlegen sind. Begründet werden sie häufig mit persönlicher Erfahrung und Fallbeispielen, die aus Sicht der empirischen Forschung auf diese Fälle beschränkt werden müssen.

5. Die Lage wird sich in den nächsten Jahren zugunsten evidenter Aussagen über Unterrichtsqualität ändern, dennoch ist es für (angehende) Lehrerinnen und Lehrer besonders wichtig, Forschungsergebnisse zu verstehen, um die Relevanz und die Qualität empirischer Forschung einschätzen zu können.

Für (angehende) Lehrerinnen und Lehrer ist es besonders wichtig, Forschungsergebnisse zu verstehen

Literatur

Allmendinger, J., Kleinert, C., Antoni, M., Christoph, B., Drasch, K., Janik, F., Leuze, K., Matthes, B., Pollak, R., & Ruland, M. (2011). Adult education and lifelong learning. In H.-P. Blossfeld, H.-G. Roßbach, & J. von Maurice (Eds.), Education as a Lifelong Process – The German National Educational Panel Study (NEPS). (Zeitschrift für Erziehungswissenschaft; Special Issue 14) Heidelberg: VS Verlag für Sozialwissenschaften, 283–299.

Backhaus, K., Erichson, B., Plinke, W., & Weiber, R. (2008). Multivariate Analysemethoden. Eine anwendungsorientierte Einführung, 12. Aufl., Springer, Berlin und Heidelberg.

Bacon, F. (1904). Novum Organum, translated by W. Wood. In J. Devey (Ed.). The Physical and Metaphysical Works of Lord Bacon, Including The Advancement of Learning and Novum Organum. London: Bell and Sons, 380–567.

Baumert, J., Kunter, M., Blum, W., Brunner, M., Voss, T., Jordan, A., Klusmann, U., Krauss, S., Neubrand, M., Tsai, Y.-M. (2010). Teachers' mathematical knowledge, cognitive activation in the classroom, and student progress. American Educational Research Journal, 47, 133–180.

Baumert, J., Maaz, K. (2006). Das theoretische und methodische Konzept von PISA zur Erfassung sozialer und kultureller Ressourcen der Herkunftsfamilie: Internationale und nationale Rahmenkonzeption.In: Baumert, J., Stanat, P., Watermann, R. (Hrsg.): Herkunftsbedingte Disparitäten im Bildungswesen. Wiesbaden: VS Verlag für Sozialwissenschaften, 11–29.

Borsboom, D., Mellenbergh, G.J., Van Heerden, J. (2004). The concept of validity. Psychology.

Bortz, J. (2005). Statistik für Human- und Sozialwissenschaftler. Berlin: Springer.

Brückmann, M. (2009). Sachstrukturen im Physikunterricht. Ergebnisse einer Videostudie. Studien zum Physik- und Chemielernen, Band 94, Logos Verlag, Berlin.

Brückmann, M., Duit, R., Tesch, M., Fischer, H. E., Kauertz, A., Reyer, T., Gerber, B. Knierim, B. Labudde, P. (2007). The Potential of Video Studies on Teaching and Learning Science. In R. Pintó & D. Couso (Eds.). Contributions from Science Education Research. Dordrecht: Springer, 77–89.

Bühner, M. (2006): Einführung in die Test- und Fragebogenkonstruktion. München: Pearson Studium.

1

Clausen, M. (2000). Wahrnehmung von Unterricht, Übereinstimmung, Konstruktvalidität und Kriteriumsvalidität in der Forschung zur Unterrichtsqualität (Dissertation). Freie Universität Berlin: Berlin.

Deci, E. L., Ryan, R. M. (2000). The "what" and "why" of goal pursuits: Human needs and the self-determination of behavior. Psychological Inquiry, 11, 227–268.

Ditton, H. (1998). Mehrebenenanalyse. Grundlagen und Anwendungen des Hierarchisch Linearen Modells.

Ditton, H. (2000). Qualitätskontrolle und Qualitätssicherung in Schule und Unterricht: Ein Überblick zum Stand der empirischen Forschung. In: A. Helmke, W. Hornstein. & E. Terhart (Eds.). Qualität und Qualitätssicherung im Bildungsbereich: Schule, Sozialpädagogik, Hochschule. Zeitschrift für Pädagogik, 41. Beiheft, Weinheim: Juventa, 73–92.

Field, A. (2005). Discovering Statistics Using SPSS. London: Sage Publications.

Fischer, H. E. & Neumann, K. (2012). Video analysis as tool for understanding science instruction. In D. Jorde & J. Dillon (Eds.). Science Education Research and Practice in Europe. Rotterdam: Sense Publishers, 115–140.

Fischer H. E., Klemm, K., Leutner, D., Sumfleth, E., Tiemann, R. & Wirth, J. (2003). Naturwissenschaftsdidaktische Lehr-Lernforschung: Defizite und Desiderata, Zeitschrift für Didaktik der Naturwissenschaften, Jg. 9, 179–208.

Fischer H. E, Borowski A. & Tepner O. (2012). Professional knowledge of science teachers. In B. Fraser, K. Tobin & C. McRobbie (Eds.). Second International Handbook of Science Education (S. 435–448). New York: Springer.

Fricke, K., van Ackeren, I., Kauertz, A. & Fischer, H. E. (2012): Students' Perceptions of Their Teacher's Classroom Management in Elementary and Secondary Science Lessons. In T. Wubbels, J. van Tartwijk, P. den Brok and J. Levy (Eds.), Interpersonal Relationships in Education. Rotterdam: SensePublishers, 167–185.

Furtak, E.M, Seidel, T., Iverson, H., Briggs, D. (2012). Experimental and Quasi-Experimental Studies of Inquiry-Based Science Teaching: A Meta-Analysis. Review of Educational Research, 82(3), 300–329.

Gold, A. & Souvignier, E. (2005). Prognose der Studierfähigkeit. Ergebnisse aus Längsschnittanalysen. Zeitschrift für Entwicklungspsychologie und Pädagogische Psychologie, 37 (4), 214–222.

Hattie, J., & Timperley, H. (2007). The power of feedback. Review of Educational Research, 77, 81–112.

Heller, K.A. & Perleth, C. (2000). KFT 4–12+R – Kognitiver Fähigkeits-Test für 4. bis 12. Klassen, Revision. Göttingen: Beltz.

Helmke, A. (2009). Unterrichtsqualität und Lehrerprofessionalität. Diagnose, Evaluation und Verbesserung des Unterrichts. Seelze: Klett-Kallmeyer.

Hiebert, J., Gallimore, L., Garnier, H., Givvin, K.B., Hollingsworth, H., Jacobs, J., Chui, A.M.Y., Wearne, D., Smith, M., Kersting, N., Manaster, A., Tseng, E., Etterbeek, W., Manaster, C., Gonzales, P. & Stigler, J. (2003). Teaching Mathematics in Seven Countries: Results from the TIMSS 1999 Video Study. Washington DC: U.S. Department of Education, National Center for Education Statistics.

Kauertz, A. (2008). Schwierigkeitserzeugende Merkmale physikalischer Leistungstestaufgaben. Studien zum Physik- und Chemielernen. Berlin: Logos Verlag.

Kauertz, A., Fischer, H. E., Mayer, J., Sumfleth, E. & Walpuski, M. (2010). Standardbezogene Kompetenzmodellierung in den Naturwissenschaften der Sekundarstufe I. Zeitschrift für Didaktik der Naturwissenschaften, Jg. 9, 135–153.

Kempf, W. & Langeheine, R. (2012). Item-Response-Modelle in der sozialwissenschaftlichen Forschung. Berlin: Regener.

Klauer, K. J. & Leutner, D. (2012). Lehren und Lernen. Einführung in die Instruktionspsychologie (2., überarbeitete Auflage). Weinheim: Beltz-PVU.

Kiper, H. (2009). Bildungswissenschaften – Begriff – Profile – Perspektiven. PÄD-Forum: unterrichten erziehen 37/38, 3, 127–131.

KMK (2004). Standards für die Lehrerbildung: Bildungswissenschaften. Sekretariat der Ständigen Konferenz der Kultusminister der Länder in der Bundesrepublik Deutschland. Dezember 2004.

Krapp, A. (1996). Psychologische Bedingungen naturwissenschaftlichen Lernens: Untersuchungsansätze und Befunde zur Motivation und. In R. Duit, R., & Chr. v.Rhöneck, (Eds.). Lernen in den Naturwissenschaften. Kiel: IPN, 37–68.

Kunter, M., Tsai, Y.-M., Klusmann, U., Brunner, M., Krauss, S., & Baumert, J. (2008). Students' and mathematics teachers' perceptions of teacher enthusiasm and instruction. Learning and Instruction, 18(5), 468–482.

Leutner, D. (1992). Adaptive Lehrsysteme. Instruktionspsychologische Grundlagen und experimentelle Analysen. Weinheim: Beltz – Psychologie Verlags Union.

Lienert, G. & Raatz, A. (2001): Testanalyse und Testkonstruktion. Weinheim: Beltz.

Mayring, P. (1993). Qualitative Inhaltsanalyse, Grundlagen und Techniken, Weinheim, Beltz.

Mayring, P. (2007). Mixing qualitative and quantitative methods. In P. Mayring, G. L. Huber, L. Gürtler & M. Kiegelmann (Eds.), Mixed methodology in psychological research (S. 27–36). Rotterdam: Sense Publishers.

Merrill, M. D. (1991). Constructivism and Instructional Design. Educational Technology 31, 45–53.

Moosbrugger, H. & Kelava, A. (2007). Qualitätsanforderungen an einen psychologischen Test (Testgütekriterien). In H. Moosbrugger & A. Kelava (Hrsg.). Testtheorie und Fragebogenkonstruktion. Heidelberg: Springer, 7–26.

Neumann, K., Kauertz, A., Lau, A., Notarp, H. & Fischer, H. E. (2007). Die Modellierung physikalischer Kompetenz und ihrer Entwicklung. Zeitschrift für Didaktik der Naturwissenschaften, 3, 125–143.

Neumann, K., Kauertz, A. & Fischer, H. E. (2012). Quality of Instruction in Science Education. In B. Fraser, K. Tobin & C. McRobbie (Eds.). Second International Handbook of Science Education. New York: Springer, 247–258.

OECD (2000). Literacy in the information age: Final report of the international adult literacy survey. Paris: OECD.

OECD (2002). PISA 2000 technical report. Paris: OECD.

OECD (2003). The PISA 2003 assessment framework: Mathematics, reading, science and problem solving knowledge and skills. Paris: OECD.

OECD (2006). Assessing scientific, reading and mathematical literacy: A framework for PISA 2006. Paris: OECD.

OECD (2009). PISA 2009 assessment framework. Key competencies in reading, mathematics and science. Paris: OECD.

OECD (2010). PISA 2009. Overcoming social background: Equity in learning opportunities and outcomes. Volume 2. Paris: OECD.

Ohle, A., Fischer, Hans E. & Kauertz, A. (2011). Der Einfluss des physikalischen Fachwissens von Primarstufenlehrkräften auf Unterrichtsgestaltung und Schülerleistung. Zeitschrift für Didaktik der Naturwissenschaften, 17, 357–389.

Olson, D. R. (2004). The Triumph of Hope Over Experience in the Search for "What Works": A Response to Slavin. Educational Researcher, Vol. 33, No. 1, 24–26.

Olszewski, J. (2010). The Impact of Physics Teachers' Pedagogical Content Knowledge on Teacher Action and Student Outcomes. (Dissertation), Essen: University of Duisburg-Essen.

1

Olszewski, J., Neumann, K. & Fischer, H.E. (2009). Measuring physics teachers' declarative and procedural PCK. In: Proceedings of the7th International ESERA Conference, Istanbul, Turkey.

Oser, F. K. & Baeriswyl, F. J. (2001). Choreographies of Teaching: Bridging Instruction to Learning. In V. Richardson (Ed.), AERA's handbook of research on teaching, 4th ed. Washington, DC: American Educational Research Association, 1031–1065.

Prenzel, M., Artelt, C., Baumert, J., Blum, W., Hammann, M., Klieme, E. & Pekrun, R. (Hrsg.) (2007). PISA 2006 in Deutschland. Die Kompetenzen der Jugendlichen im dritten Ländervergleich. Die Ergebnisse der dritten internationalen Vergleichsstudie. Waxmann, Münster.

Rakoczy, K. (2006). Motivationsunterstützung im Mathematikunterricht. Zur Bedeutung von Unterrichtsmerkmalen für die Wahrnehmung von Schülerinnen und Schüler. Zeitschrift für Pädagogik, 52(6), 822–843.

Reusser, K. (2008). Empirisch fundierte Didaktik – didaktisch fundierte Unterrichtsforschung. Zeitschrift für Erziehungswissenschaft, Sonderheft 9, 21 9–237.

Riedl, A. (2004). Grundlagen der Didaktik. Stuttgart: Franz Steiner Verlag Wiesbaden GmbH.

Roth, K. J., Druker, S. L., Garnier, H. E., Lemmens, M., Chen, C., Kawanaka, T., et al. (2006). Teaching science in five countries: Results from the TIMSS 1999 video study statistical analysis report. (NCES 2006-011). U.S. Department of Education, National Center for Education Statistics. Washington, DC: U.S. Government Printing Office.

Ruiz-Primo, M. A., Briggs, D., Shepard, L., Iverson, H., & Huchton, M. (2008). Evaluating the impact of instructional innovations in engineering education. In M. Duque (Hrsg.). Engineering education for the XXI Century: Foundations, strategies and cases (S. 241–274). Bogotá, Colombia: ACOFI Publications.

Schnell, H., Hill, P. B., & Esser, E. (2005). Methoden der empirischen Sozialforschung. Oldenbourg, München, 211–263.

Sedlmeier, P. & Renkewitz, F. (2007). Forschungsmethoden und Statistik in der Psychologie. München: Pearson Education.

Seidel, T. & Prenzel, M. (2006). Stability of teaching patterns in physics instruction: Findings from a video study. *Learning and Instruction*, *16*(3), 228–240.

Seidel, T., Prenzel, M. & Kobarg, M. (Eds) (2005). How to run a video study. Technical report of the IPN Video Study. Münster: Waxmann.

Shavelson, R.J., & Towne, L. (Eds.) (2002). Scientific research in education. Washington, DC: National Academy Press.

Shulman, L. (1986). Those who understand: Knowledge growth in teaching. Educational Researcher, 15, 4–14.

Staub, F. & Stern, E. (2002). The nature of teachers' pedagogical content beliefs matters for students' achievement gains: quasi-experimental evidence from elementary mathematics. Journal of Educational Psychology, 93, 144 - 155.

Stigler, J. & Hiebert, J. (1997). Understanding and Improving Mathematics Instruction: An Overview of the TIMSS Video Study. Phi Delta Kappa, 79(1), 14 - 21.

Tepner, O., Borowski, A., Dollny, S., Fischer, H. E., Jüttner, M., Kirschner, S. et al. (2012). Modell zur Entwicklung von Testitems zur Erfassung des Professionswissens von Lehrkräften in den Naturwissenschaften. Zeitschrift für Didaktik der Naturwissenschaften, 18, 7–28.

Trendel, G., Wackermann, R., & Fischer, H. E. (2007). Lernprozessorientierte Lehrerfortbildung in Physik. Zeitschrift für Didaktik der Naturwissenschaften (ZfDN), 13, 9–31.

Tesch, M. (2005). Das Experiment im Physikunterricht – Didaktische Konzepte und Ergebnisse einer Videostudie. Berlin: Logos.

Viering, T., Fischer, H. E., & Neumann, K. (2010). Die Entwicklung physikalischer Kompetenz in der Sekundarstufe I. In E. Klieme (Ed.), Kompetenzmodellierung. Zwischenbilanz des DFG-Schwerpunktprogramms und Perspektiven des Forschungsansatzes. 56. Beiheft der Zeitschrift für Pädagogik, Heft 2. Weinheim [u. a.]: Beltz, 92–103.

Walter, O. (2005). Kompetenzmessung in den PISA-Studien. Simulationen zur Schätzung von Verteilungsparametern und Reliabilitäten. Lengerich: Pabst Science Publishers.

Weidenmann, B. (1993). Multicodierung und Multimodalität im Lernprozess. In L. J. Issing & P. Klimsa (Hrsg.), Information und Lernen mit Multimedia. Weinheim: Psychologie Verlags Union, 65–84.

Wilhelm, T., Tobia, V., Waltner, C., Hopf, M. & Wiesner, H. (2012). Einfluss der Sachstruktur auf das Lernen Newtonscher Mechanik. In: H. Bayrhuber, U. Harms, B. Muszynski, B. Ralle, M. Rothgangel, L.-H. Schön, H. Vollmer & H.-G. Weigand (Hrsg.): Formate Fachdidaktischer Forschung. Empirische Projekte – historische Analysen – theoretische Grundlegungen, Fachdidaktische Forschungen, Band 2, Waxmann, Münster/New York/München/Berlin, 237–258.

Wirtz, M. & Caspar, F. (2002). Beurteilerübereinstimmung und Beurteilerreliabilität. Göttingen: Hogrefe.

Zimbardo, P. G. & Gerrig R. J. (2004). Psychologie. München: Pearson.

Qualitative Forschung in den naturwissenschaftlichen Fachdidaktiken

Michaela Vogt

E. Kircher et al. (Hrsg.), *Physikdidaktik | Methoden und Inhalte*,
https://doi.org/10.1007/978-3-662-59496-4_2

Trailer

> » Empirische Untersuchungen sollten nicht nach der Art der verwendeten Untersuchungsmethode, sondern nach ihren Ergebnissen, ihrer Funktion und ihrem Stellenwert für den Wissenschaftsprozess beurteilt werden. (Bortz und Döring 2015)

Dieses einführende Zitat soll die in zahlreichen Methodenhandbüchern nachzulesenden Gegenüberstellungen von qualitativem und quantitativem Paradigma abkürzen (vgl. u. a. Flick 2016; Lamnek und Krell 2016) und auf folgende, zentrale Aussage reduzieren: Eine Untersuchungsmethode ist dann adäquat, wenn sie die geeignetste ist, um einem Forschungsinteresse nachzugehen. Tendenziell kommt das qualitative Paradigma dabei dann zum Einsatz, wenn es um die Interpretation von nichtnumerischen Daten geht, die in einem eher offenen, nicht hypothesengeleiteten, *prozesshaften Forschungsprozess* gewonnen wurden (vgl. Bortz und Döring 2015). Über diese pragmatische Abkürzung der paradigmatischen Perspektive hinaus soll gleich zu Beginn betont werden, dass die nachfolgenden Ausführungen auf einem Grundverständnis von qualitativer Forschung im Sinne eines *mehrdimensionalen Baukastensystems* basieren (◘ Abb. 2.1). Die Einzelbestandteile dieses

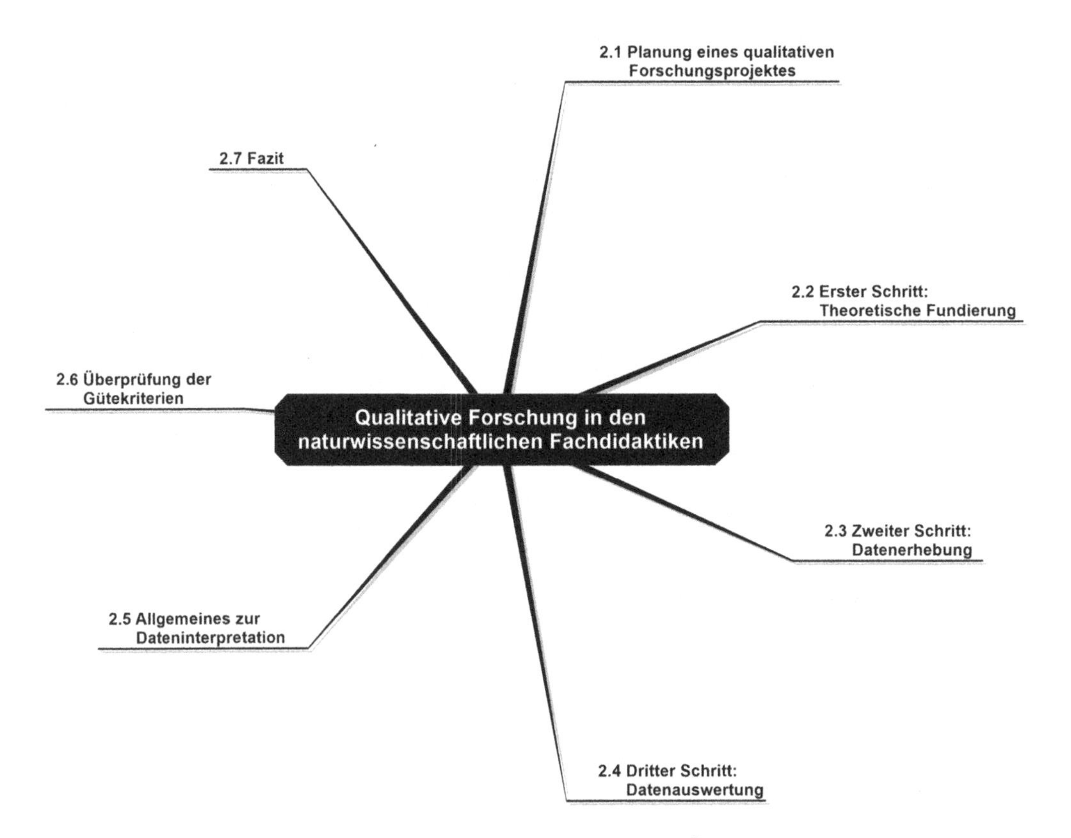

◘ **Abb. 2.1** Planung eines qualitativen Forschungsprojektes – ein erster Überblick

Systems können bei ausreichender Passung flexibel eingesetzt und kombiniert werden. Dies muss jedoch auf der zwingend nötigen Basis eines soliden theoretischen Fundaments und unter dem Primat der Orientierung am Untersuchungsgegenstand bzw. den Forschungsfragen erfolgen.

2.1 Planung eines qualitativen Forschungsprojektes – ein erster Überblick

Planung eines qualitativen Projektes

Die Planung eines qualitativen Projektes geht i. Allg. von einer fachdidaktischen Problemlage und damit verbundenen Forschungsfragen aus. Passende Forschungsfragen ergeben sich in Abhängigkeit vom erhobenen Forschungsstand und ziehen ggf. definitorische Reflexionen und Festlegungen zentraler Begrifflichkeiten nach sich. Zudem müssen passend zum Forschungsinteresse und in Überleitung zum konkreten methodischen Vorgehen *wissenschaftstheoretische und methodologische Festlegungen* getroffen werden (◘ Abb. 2.2; ► Abschn. 2.1). Derartige theoretische Fundierungen dienen anschließend als Begründung für Schritte der *Datenerhebung* (► Abschn. 2.3), der *Datenauswertung* (► Abschn. 2.4) wie auch der damit verbundenen *Dateninterpretation* ((► Abschn. 2.5; vgl. Dieckmann 2010; Schnell et al. 2011). Auch ist die Überprüfung der Gütekriterien von enormer Bedeutung, um die Qualität des eigenen Forschungsprozesses zu verbessern und offenzulegen (► Abschn. 2.5). Ob und inwiefern die fachdidaktischen Naturwissenschaften die qualitative Forschung mit ihren Standards bereits in ihr Forschungsrepertoire aufgenommen haben, wird in einem *Abschlussfazit* kurz zusammenfassend beleuchtet (► Abschn. 2.6).

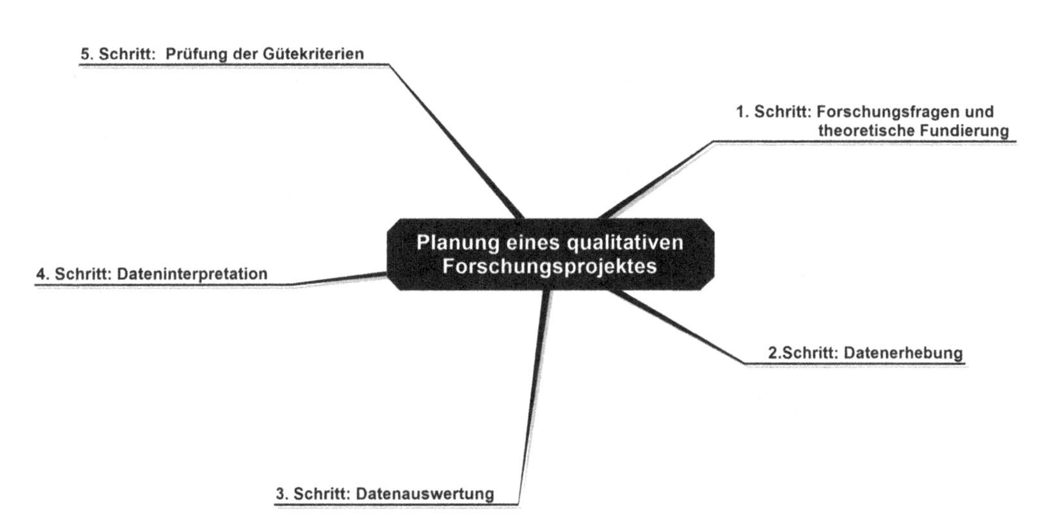

◘ **Abb. 2.2** Planungsschritte für ein qualitatives Forschungsprojekt (Übersicht)

Schritte der Durchführung

Die eben aufgeführten Schritte der Durchführung eines qualitativen Forschungsvorhabens, welche im Folgenden näher ausgeführt und anhand naturwissenschaftlich fachdidaktischer Projekte konkretisiert werden, stehen in einem starken, wechselseitigen Abhängigkeitsverhältnis zueinander. Zudem zeichnet sich gerade die qualitative Forschung aufgrund ihres *Primats der Gegenstandsadäquatheit* prinzipiell dadurch aus, dass im Normalfall nicht einfach ein bestehendes Schema Anwendung findet. Stattdessen sind meist Anpassungen bereits vorhandener Methoden und Vorgehensweisen notwendig, die dann im Laufe der konkreten Forschung nachjustiert werden, sobald sich Unstimmigkeiten ergeben. Insofern stellt die im Folgenden konkretisierte Vorgehensweise der einzelnen Schritte qualitativen Forschens eine prinzipiell variierbare Orientierung für die Konzeptionierung qualitativer Forschungsarbeiten dar.

2.2 Erster Schritt: Theoretische Fundierung eines Forschungsprojektes

Projektgrundlage:
- Forschungsstand
- Forschungsfragen
- theoretische Auseinandersetzung mit dem Untersuchungsgegenstand

Die Herausarbeitung eines Forschungsdesiderates macht zuerst eine intensive Auseinandersetzung mit bereits vorliegenden themennahen Untersuchungen nötig (◘ Abb. 2.3). Dies erfolgt in Form der Erhebung des *Forschungsstandes*. Wichtig ist hierbei die interdisziplinäre Perspektive, da ein möglicher Untersuchungsgegenstand im Regelfall von verschiedenen Disziplinen behandelt und erforscht wird. Nachdem ein Desiderat durch die Erhebung des Forschungsstandes identifiziert und erste *Forschungsfragen* (nicht Hypothesen wie beim quantitativen Paradigma!) festgelegt werden konnten, muss vor der Entscheidung für ein konkretes Vorgehen, das die Datenerhebung, -auswertung und -interpretation betrifft, eine *theoretische Auseinandersetzung mit dem Untersuchungsgegenstand* erfolgen. Zwar spielt diese theoretische Fundierung auch in der quantitativen Forschung eine Rolle. Gerade beim qualitativen Forschen ist sie jedoch zentral, da die Gegenstandsadäquatheit und prinzipielle Offenheit der konkreten Methodik im Mittelpunkt stehen. Allgemein betrachtet, fundiert die theoretische Reflexion die weiterführenden Entscheidungen im Rahmen der Untersuchung und umfasst folgende Teilaspekte, die im Folgenden noch konkreter ausgeführt werden:

1. die Klärung zentraler, untersuchungsrelevanter Termini
2. die methodologische Fundierung als Basis späterer Entscheidungen der Datenerhebung und -auswertung
3. die epistemologische und wissenschaftstheoretische Fundierung als Grundlage der finalen Dateninterpretation

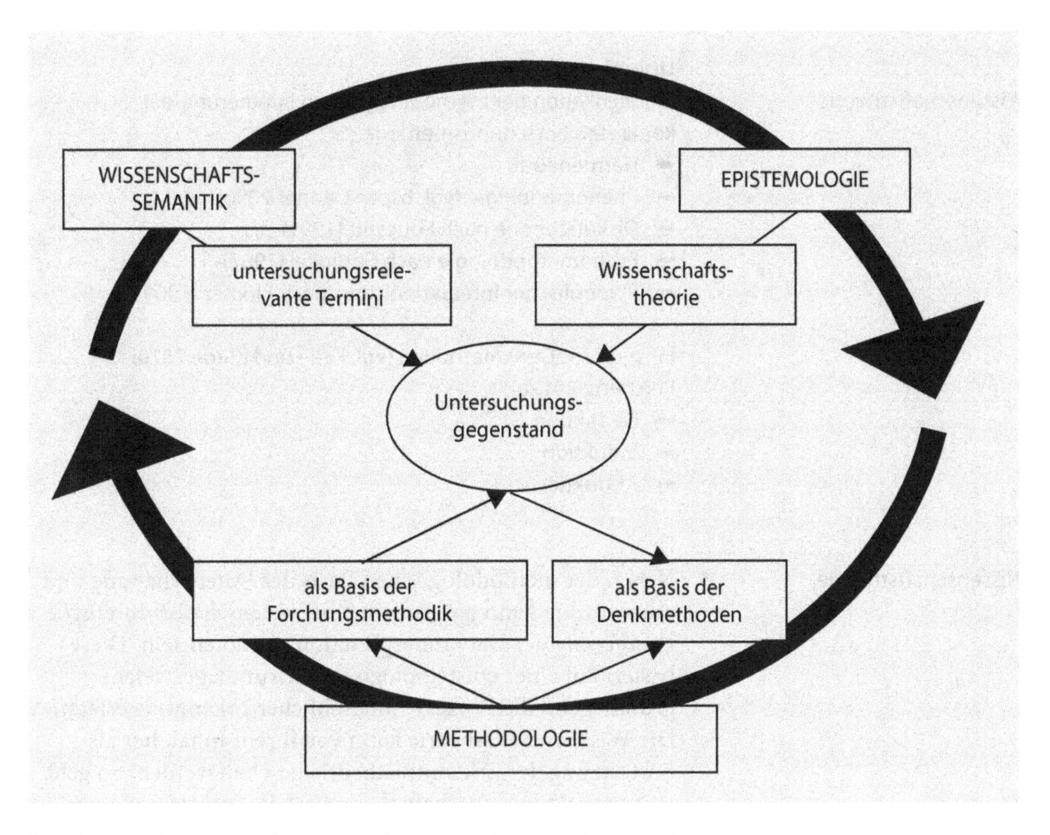

Abb. 2.3 Theoretische Fundierung eines qualitativen Forschungsprojekts

1. Bei der Klärung zentraler, projektrelevanter Termini kann eine doppelte definitorische Annäherung nötig sein. Zum einen müssen mithilfe einer *wissenschaftssemantischen Annäherung* die Begrifflichkeiten an und für sich projektbezogen festgelegt werden. Zum anderen sind jedoch auch mit den Begrifflichkeiten verbundene Strukturen angrenzender wissenschaftlicher Theorien von Relevanz (vgl. Carrier 2004a). Hierfür können u. a. Kontexttheorien, semantische oder auch strukturalistische Theorieauffassungen hilfreich sein (vgl. Carrier 2004b).

Wissenschaftssemantik

2. Des Weiteren muss eine zu den Forschungsfragen und den definitorischen Klärungen passende *methodologische Basis* gefunden werden. Diese fundiert prinzipiell sowohl die eigentliche Forschungsmethode als auch die damit zusammenhängende Methode des Denkens und liefert damit den Ausgangspunkt für konkrete Schritte der Datenerhebung und -auswertung.

Methodologie

Wissenschaftstheorie

Übersicht

Möglichkeiten der methodologischen Fundierung der konkreten Forschungsmethode:

- Hermeneutik
- Phänomenologie (vgl. bspw. Danner 2006)
- Diskurstheorie nach Foucault (1991)
- Ethnomethodologie nach Garfinkel (1967)
- Symbolischer Interaktionismus nach Blumer (1969)

Einsetzbare Denkmethoden (vgl. Kelle und Kluge 2010; Reichertz 2012a):

- Deduktion
- Induktion
- Abduktion

Wissenschaftstheorie

3. Neben der methodologischen Basis der Datenerhebung und -auswertung kann ggf. zudem eine *wissenschaftstheoretische Fundierung* der Dateninterpretation vonnöten sein. Diese basiert auf einer epistemologischen Grundlage, welche grundlegend die Prozesse menschlicher Erkenntnis erfasst. Die Wissenschaftstheorie kann von ihrem Inhalt her als Fortsetzung der Erkenntnistheorie gesehen werden. So geht es innerhalb wissenschaftstheoretischer Ansätze um eine Fokussierung auf wissenschaftliche Erkenntnisse und damit um die Möglichkeiten und Grundlagen wissenschaftlicher Forschung (vgl. u. a. Lamnek und Krell 2016). Im engeren Sinne umfassen wissenschaftstheoretische Ansätze nach Tschamler (1996) den Bereich der Erkenntnislogik mit dem Ziel der Klärung begrifflicher Strukturen. Diese Logik wird auf die Konstitutionsprobleme des jeweiligen Objektbereichs der Untersuchung übertragen. Dadurch fungiert sie als Erklärungsgrundlage für die Interpretation der im konkreten Projekt gewonnenen Forschungsergebnisse über den Untersuchungsgegenstand.

Übersicht

Möglichkeiten der epistemologischen Grundlegung eines Forschungsprojektes (vgl. u. a. Tschamler 1996; Wolf und Priebe 2003):

- Rationalismus
- Empirismus
- Konstruktivismus
- Strukturalismus

Möglichkeiten der wissenschaftstheoretischen Fundierung der Datenauswertung und -interpretation:
- Sozialkonstruktivismus (vgl. Berger und Luckmann 1980)
- Systemtheorie (vgl. Luhmann und Baecker 2017)
- kritischer Rationalismus (vgl. Popper 1974)

Initial sollte für ein Forschungsprojekt sowohl eine methodologische als auch eine wissenschaftstheoretische Basis des konkreten Vorgehens gesucht werden. Nach ordentlicher Prüfung können diese Ebenen ggf. jedoch auch zusammengenommen werden. Ein Beispiel einer theoretischen Projektfundierung liefert Reinhoffer (2000). Dieser hat unter Einschluss naturwissenschaftlicher Themenfelder eine diachrone Lehrplananalyse für das Fach Heimatkunde bzw. Sachunterricht in Baden-Württemberg durchgeführt. Ebenso verknüpft Weddehage (2016) ihren Untersuchungsgegenstand – die Auseinandersetzung mit Forscherbiografien in Lehr-Lern-Prozessen des Sachunterrichts – umfänglich mit Theorieannahmen wie ebenso methodologischen Referenzen.

Im Allgemeinen muss zur theoretischen Fundierung eines Forschungsprojekts noch angemerkt werden, dass sie nur dann sinnhaft ist, wenn im Rahmen der Datenerhebung, -auswertung und -interpretation ein ständiger Rückbezug auf die festgelegten Grundannahmen stattfindet. Auch die argumentative Struktur der Auswertungen und Interpretationen sollte auf den gesetzten theoretischen Überlegungen aufbauen. Geschieht dies nicht, verliert die theoretische Fundierung der Untersuchung ihren Sinn und die durchgeführte Forschung an wissenschaftlicher Qualität und innerer Konsistenz!

2.3 Zweiter Schritt: Datenerhebung

Prinzipiell können und sollten Schritte der Datenerhebung von solchen der Datenauswertung getrennt betrachtet werden, da es im qualitativen Arbeiten keine feste Zuordnung bestimmter Datenerhebungs- und -auswertungsmethoden gibt. Es besteht jedoch die Forderung, diese sinnvoll miteinander zu verknüpfen. Maßnahmen der Datenerhebung umfassen prinzipiell Schritte zur Sammlung und auch Begrenzung eines auf die Forschungsfrage bezogenen Datenpools. Sie schaffen die Grundlage für die daran anschließenden Möglichkeiten der Datenauswertung (vgl. Bortz und Döring 2015; Flick 2016).

Datenerhebung:
- Festlegung des Samples
- Datenerhebungsmethode
- technische Untersuchungsmittel

Im Rahmen der Datenerhebung betreffen wichtige Entscheidungen für die konkrete Vorgehensweise die Festlegung des Samples, die Auswahl der konkreten Datenerhebungsmethode wie auch ggf. die Planung des Einsatzes technischer Hilfsmittel.

2.3.1 Festlegung des Samples

Exemplarisch werden hier zum einen eine Auswahl an gängigen Samplingstrategien des qualitativen Paradigmas, zum anderen jedoch auch Formen der Stichprobenbildung vorgestellt (◘ Abb. 2.4). Letztere sind traditionell eher bei quantitativen Ansätzen von Relevanz. Sie können bei entsprechender Fragestellung und Begründung aber auch in qualitativen Forschungsprojekten von Nutzen sein. In diesem Fall steht jedoch üblicherweise nicht das Ziel der Repräsentativität im Vordergrund (vgl. u. a. Flick 2016). Neben der Frage nach der Festlegung eines Samples spielt die Kontextualisierung der Daten mit ergänzenden Materialien eine Rolle im Rahmen der Datenerhebung. Dies soll hier ebenfalls kurz angesprochen werden.

Willkürliche versus zufallsgesteuerte Samplingstrategien

Im qualitativen Bereich am bekanntesten ist die schrittweise Festlegung des Samples in Form des Theoretical Sampling nach Glaser und Strauss (1967), das in Verbindung mit der Grounded Theory steht (► Abschn. 2.4). Diese Vorgehensweise beschreibt eine schrittweise Aufeinanderfolge von Auswahlentscheidungen in Orientierung an einer entwickelten Theorie, die parallel in der Untersuchung entsteht. Zentral ist hierbei v. a. ein ständiges Vergleichen der neu gewonnenen Erkenntnisse mit den bereits vorliegenden Daten (vgl. Strauss und Corbin 1996). Daneben gibt es aber auch *weitere, bewusste und damit willkürliche Auswahlverfahren* (z. B. analytische Induktion, Auswahl typischer Fälle; vgl. Kromrey et al. 2016; Lamnek und Krell 2016). Mit einer entsprechenden gegenstandsadäquaten Begründung können zudem *zufallsgesteuerte Auswahlverfahren* gewinnbringend in der qualitativen Forschung eingesetzt werden. Diese laufen

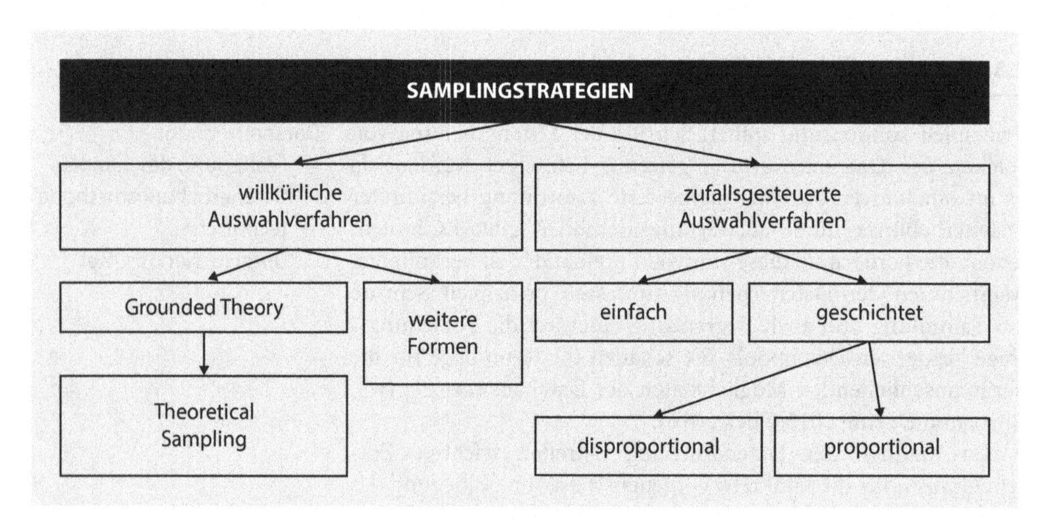

◘ **Abb. 2.4** Samplingstrategien im Überblick

bspw. einfach oder geschichtet ab und verhalten sich im Falle einer Schichtung nach bestimmten Kriterien proportional oder disproportional zu der ursprünglichen Verteilung innerhalb der Grundgesamtheit (vgl. Kromrey 2016). Betrachtet man Untersuchungen aus dem naturwissenschaftlich-fachdidaktischen Bereich, so nutzt z. B. Dunker (2016) das Theoretical Sampling, um für die Erhebung von Überzeugungen von Lehrkräften zum Experimentieren von Schülern im naturwissenschaftlichen Unterricht die Kontrastfälle auszuwählen. Günther et al. (2004) verwenden zur Analyse des Wissenschaftsverständnisses von Lehramtsanwärter/-innen und Lehrer/-innen im naturwissenschaftlichen Bereich hingegen eine disproportional geschichtete Stichprobe. Zinn (2008) konzeptioniert wiederum für eine Erhebung der Deckungsgleichheit zwischen erlebtem Physikunterricht und Interessen der Schüler/-innen der 11. Jahrgangsstufe eine proportional geschichtete Stichprobe in Orientierung an der Gesamtpopulation des Projekts THINK ING.

Zum Projektbeispiel Zinn (2008)
Aufgrund der Einbettung des Teilprojekts von Zinn in das Gesamtprojekt THINK ING orientiert sich auch die Auswahl der Fallbeispiele an der festgelegten Gesamtpopulation. Dafür wurden zentrale Merkmale ihrer Zusammensetzung (z. B. Geschlecht, Alter, Präferenz für bestimmte Unterrichtsformen unter den Lehrern) berücksichtigt und in Orientierung daran eine merkmalsspezifische repräsentative Stichprobe für die vorliegende Studie zusammengestellt. Diese bestand aus 10 Schülern, 14 Schülerinnen, 4 Lehrerinnen und 7 Lehrern.

Kontextualisierung als zentraler Aspekt

Ergänzend muss noch erwähnt werden, dass prinzipiell auch eine Kombination verschiedener Samplingverfahren im gegebenen Falle angebracht sein kann, um die Auswahl sukzessive einzugrenzen.
Zu den erhobenen Daten einer qualitativen Untersuchung gehören im Regelfall auch kontextuale Ergänzungen, die in ihrer Reichweite definiert und ihrer Struktur erschlossen werden müssen. Insbesondere bei historisch ausgerichteten fachdidaktischen Projekten spielt der Kontext eine bedeutende Rolle. Aber auch bei anderen Themenstellungen muss dieser sinnvoll in das Sample integriert bzw. mit ihm verbunden werden (z. B. soziale Daten oder andere, interviewergänzende Materialien, Beobachtungs- oder Intervieweinflüsse). Im historischen Bereich kann die Untersuchung von Lind (1999) angeführt werden, der den Physikunterricht an deutschen Gymnasien vom Beginn des 18. bis zum Beginn des 20. Jahrhunderts beispielhaft analysiert. International-vergleichend werden im Projekt INTeB

die schulischen Rahmenbedingungen für den gelingenden Einsatz von Lernkisten zu physikalisch-technischen Aspekten des Themas Fliegens erhoben (vgl. Wagner 2016). Eine strukturierte Auseinandersetzung mit schulischen sowie ebenso nationalen Kontextfaktoren spielt hierbei eine wichtige Rolle.

2.3.2 Festlegung der Datenerhebungsmethode

Befragungen

Einen genauen Einblick in die einzelnen Möglichkeiten der Datenerhebung zu geben, ist im Rahmen dieses Artikels nicht möglich. Stattdessen sollen u. a. nach Flick (2016) und Dieckmann (2010) die drei Hauptverfahren qualitativer Datenerhebung kurz erläutert und sowohl voneinander als auch ggf. von quantitativen Pendants abgegrenzt werden.

1. Die erste Möglichkeit qualitativer Datenerhebung stellen *Befragungen* dar, die im Gegensatz zur quantitativen Alternative mit offener oder maximal halbstandardisierter Orientierung meist mündlich (jedoch ggf. auch in Form eines Fragebogens) durchgeführt werden. Zentral sind subjektive Sichtweisen der interviewten Akteure, was u. a. bei Schüler/-innen ihre subjektiven Erklärungen zu beobachteten physikalischen Vorgängen, Experimenten und Phänomenen betreffen kann. Der Interviewer fungiert bei einer solchen Befragung auch selbst als „Erhebungsinstrument" (Bortz und Döring 2015, S. 309) und nimmt ggf. seine eigenen Gedanken, Gefühle und Reaktionen während des Interviews mit in die Analyse auf. Beispiele für derartige qualitative Befragungen sind u. a. Leitfadeninterviews, narrative Interviews, fokussierte Interviews, ethnografische Interviews, Experten-Interviews oder im entfernteren Sinne auch Gruppendiskussionen (vgl. u. a. Flick 2016).

Bei der Durchführung einer Befragung sollten u. a. folgende Aspekte bekannt sein:

- Argumente für die Wahl einer bestimmten Befragungsform, die vor allem am Erkenntnisinteresse orientiert sein müssen
- Unterschiede zwischen verschiedenen Fragentypen
- Befragungs- und Dokumentationstechniken
- mögliche Fehlerquellen einer mündlichen oder schriftlichen Befragung
- adäquater Einsatz von Transkriptionsregeln (vgl. u. a. Dieckmann 2010).

Ein konkretes Beispiel für eine durchgeführte Befragung liefert Grygier (2008), die für ihre Analyse des Wissenschaftsverständnisses von Grundschülern im Sachunterricht u. a. qualitative Interviews einsetzt. Menger (2011) befasst sich mit Schülervorstellungen zu einfachen mechanischen Maschinen, die nach einer Phase des praktischen Handelns anhand von problemzentrierten Gruppeninterviews rekonstruiert werden. Halbstandardisierte Interviews nutzt Schick (2000), um die physikbezogenen Selbstkonstrukte von Gymnasiasten der 8. Klasse und den Zusammenhang dieser Konstrukte mit dem Verhalten der Schüler/-innen im Physikunterricht zu erheben.

Zum Projektbeispiel Schick (2000)
Im Rahmen der unter Einsatz vielfältiger Datenerhebungsmethoden durchgeführten Untersuchung anhand der Unterrichtseinheit „Strom und Wasser" wurden u. a. zwei halbstandardisierte, mit Videokamera dokumentierte Interviews mit den Schüler/innen durchgeführt. Davon fokussierte eines vor allem die Vorkenntnisse der Probanden in der Elektrizitätslehre wie auch Teile ihres Selbstkonzepts und das andere primär auf die selbstbezogenen Kognitionen. Darüber hinaus kamen folgende weitere Datenerhebungsmethoden zum Einsatz:

- Fragebogen zur Dokumentation der eigenen Kompetenzeinschätzung zu Beginn der Unterrichtseinheit
- Videodokumentation, die die Aktivitäten der beiden beobachteten Schüler/innengruppen während der Unterrichtseinheit festgehalten hat
- Sammlung von schriftlichen Äußerungen (z. B. Klassenarbeiten, Arbeitsblätter) der Schüler/innen
- Meinungsfragenbogen, den die Schüler/innen hinsichtlich des Unterrichtsverlaufs nach der Unterrichtseinheit ausfüllen sollten

Qualitative Daten durch Beobachtungen

2. Des Weiteren können qualitative Daten durch *Beobachtungen* gewonnen werden, die sich auf die direkte Analyse menschlicher Handlungen, sprachlicher Äußerungen, nonverbaler Reaktionen, aber auch anderer sozialer Merkmale beziehen können (vgl. Dieckmann 2010; Flick 2016). Im Unterschied zu den quantitativen Alternativen stehen bei qualitativen Beobachtungen vor allem das natürliche Lebensumfeld, die prinzipielle Offenheit der Forschenden für neue Einsichten sowie die zusätzliche Erhebung von latenten Bedeutungsstrukturen (die teilweise nur indirekt erschließbar sind) bei der Untersuchung im

Mittelpunkt. Es soll herausgefunden werden, wie etwas tatsächlich funktioniert oder abläuft. Bedeutend für eine derartige Untersuchung sind vor allem Varianten der Position, die der Beobachter hierbei einnimmt (vom vollständigen Teilnehmer bis hin zum vollständigen Beobachter). Besonders ethnografische Ansätze haben im Rahmen dieser Datenerhebungsmethode innerhalb der letzten Jahre an Bedeutung zugenommen.

Bei der Durchführung einer Beobachtung sollten u. a. folgende Aspekte bekannt sein:

- Unterschiede zwischen verschiedenen Beobachtungstechniken
- Vor- und Nachteile der unterschiedlichen Beobachtungstechniken
- ggf. Kenntnisse von Transkriptionsregeln (vgl. u. a. Flick 2016)

Beispielhaft für den Einsatz dieser Datenerhebungsmethode in Unterrichts- bzw. Lehr-Lern-Situationen erfassen Kaiser und Dreber (2010) mithilfe einer teilnehmenden Beobachtung das naturwissenschaftlich-technische Verständnis von Kindern im Kindergartenalter.

Zum Projektbeispiel Kaiser und Dreber (2010)
Im Rahmen des Projektes „Wissenschaft im Kindergarten" wurden Kindergartenkinder beim Experimentieren mithilfe eines halbstandardisierten Beobachtungsverfahrens von den Forschenden beobachtet und die gewonnenen Daten in Forschertagebüchern dokumentiert. Darüber hinaus entstanden Gesprächsprotokolle über die anschließenden Unterhaltungen der Kinder bezüglich ihrer Experimente. Die Auswertung der gewonnenen Daten erfolgte unter Einsatz einer skalierend strukturierenden Inhaltsanalyse (▶ Abschn. 2.4.1) und der Verwendung der QDA-Software MAXQDA (▶ Abschn. 2.4.2)

Nonreaktive Verfahren

Den Einsatz von Videokameras nutzen Mathis et al. (2015) in ihrer deutsch-schweizerischen Studie, um im Sachunterricht Lehrerimpulse und -fragen zu analysieren, die den Schülern Anregungen zum Perspektivenwechsel liefern.

3. Als dritte Möglichkeit spielen innerhalb qualitativer Datenerhebungsmethoden *nonreaktive Verfahren* eine wichtige Rolle. Diese zeichnen sich dadurch aus, dass die Untersuchenden

die untersuchten Personen und Ereignisse nicht beeinflussen können, da Untersuchungsobjekt und Untersuchender nicht in Kontakt miteinander treten. Stattdessen findet der Untersuchende die Untersuchungsobjekte in fertiger Form vor. Zentrale Grundlage nonreaktiver Datenerhebungsmethoden sind Dokumente, die entweder extra für die Untersuchung erstellt wurden (z. B. Tagebücher oder Kinderzeichnungen) oder per se vorhanden sind (z. B. Archivakten, Verzeichnisse, Sitzungsprotokolle, aber auch Lehrpläne, Lehrbücher oder andere Unterrichtsmaterialien). Im Groben können nonreaktive Verfahren nach verschiedenen Dokumentformen unterschieden werden, die als jeweilige Quellenmaterialien dienen. Charakterisierbar sind diese Dokumentformen vor allem nach Autorenschaft und Zugänglichkeit (vgl. u. a. Flick 2016; Scott 1990).

Beim Einsatz nonreaktiver Verfahren sollten u. a. folgende Aspekte bekannt sein:

- Wege zur Konstruktion eines Textkorpus, der die Forschungsfragen abbildet
- Festlegung adäquater Auswahlkriterien für die Reduktion eines Textkorpus
- Möglichkeiten der Kombination verschiedener Datenquellen

Dokumentanalysen im Bereich der naturwissenschaftlichen Fachdidaktik sind häufig mit einer historischen Perspektive verknüpft, wie bspw. die Analyse der paradigmatischen Wechsel innerhalb der Darstellungen des Phänomens „Gewitter“ in Naturlehrebüchern des 19. Jahrhunderts von Sauer (1992). Mit Gegenwartsbezug untersuchen Altenburger und Starauschek (2012) Klassenbücher von 30 LehrerInnen u. a. hinsichtlich Niederschriften zur Bandbreite der physikalischen Themen, die von ihnen über zwei Schuljahre hinweg in der dritten und vierten Klasse in Baden-Württemberg unterrichtet wurden.

2.3.3 Festlegung der technischen Unterstützung

Varianz vor dem Hintergrund der Passung zur Datenerhebungs- und -auswertungsmethode

Der mögliche Einsatz unterschiedlicher Techniken zur Unterstützung der Datenerhebung variiert je nach ausgewählter Vorgehensweise. Bei *Befragungen* werden meist Diktiergeräte eingesetzt und anhand der Aufnahmen unter Berücksichtigung bestimmter Transkriptionsregeln (bei Bedarf mit Unterstützung einer Transkriptionssoftware) anschließend digitale Transkripte erstellt. Darüber hinaus können jedoch auch ergänzende Notizen des Interviewers und bei Bedarf weitere Materialien eine Rolle spielen. Hierzu zählen z. B. Fotos, Videodateien oder auch Zeichnungen, die vom Interviewten übergeben oder vom Interviewer erstellt wurden (vgl. Bortz und Döring 2015). Die Dokumentation von *Beobachtungen* erfolgt im Normalfall in Form von strukturierten Notizen in einem Notiz- bzw. Feldtagebuch. Ergänzend sind ggf. auch hier Fotos, Videodateien oder Zeichnungen bzw. Skizzen von Relevanz – insbesondere bei Beobachtungen aus zweiter Hand (vgl. Flick 2016). Da die Daten bei *nonreaktiven Verfahren* bereits in Schrift- bzw. Bildform vorliegen, geht es in diesem Fall eher um ihre Digitalisierung und Aufbereitung. Hierbei können ein Bookeye-Scanner und eine OCR-Texterkennungssoftware eine wichtige Rolle spielen wie auch eine Datenbank- bzw. Literaturverwaltungssoftware zur strukturierten digitalen Speicherung.

2.4 Dritter Schritt: Datenauswertung

Datenauswertung:
- Datenauswertungsmethode
- technische Unterstützung

Die Schritte der Datenauswertung schließen an die der Datenerhebung an bzw. erfolgen mehr oder weniger im ständigen Wechsel mit ihnen (◘ Abb. 2.5). Zwar gibt es Datenerhebungs- und – auswertungsformen, die häufiger miteinander kombiniert werden und besser zusammenpassen. Dennoch existiert im Regelfall keine starre Zuordnung dieser beiden Teilbereiche des Forschungsprozesses zueinander.

Für die Auswahl des konkreten Umganges mit den erhobenen Daten sollte – wie bereits bei der Datenerhebung – *allein das Forschungsinteresse bzw. die Gegenstandsadäquatheit* leitend sein und dadurch ebenso die Passung zu den methodologischen Grundannahmen. Damit geht letzten Endes auch die Möglichkeit der Variation vorhandener Methoden einher, wie

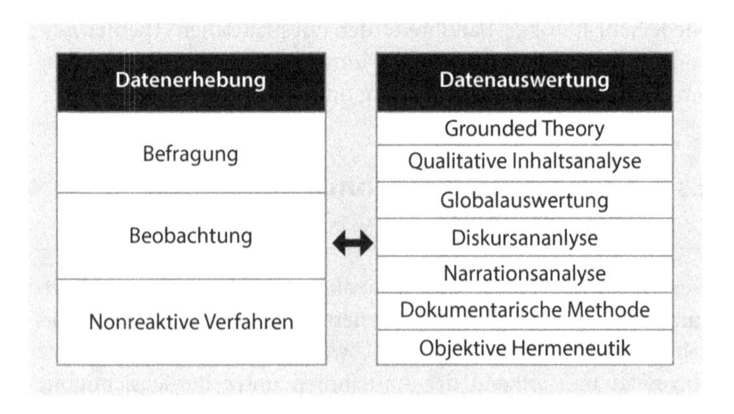

◘ **Abb. 2.5** Datenerhebungs- und – auswertungsverfahren im Überblick

dies z. B. Lechte (2008) demonstriert. Darüber hinaus müssen Schritte der Datenauswertung gleich bei der Planung des Projektes auch mit Ansätzen der Dateninterpretation im Verbund gedacht werden, da diese letztlich das Ziel jeder qualitativen Arbeit darstellt (vgl. Bortz und Döring 2015; Flick 2016).

Zur Datenauswertung gehört neben der gewählten (bzw. konzeptionierten) Methode auch der entsprechende Technikeinsatz.

2.4.1 Festlegung der Datenauswertungsmethode

Wie bei der Darstellung verschiedener Formen der Datenerhebung kann auch im Rahmen der Datenauswertung nur ein grober Einblick in mögliche Varianten gegeben werden. Dieser erhebt zudem aufgrund der Vielfalt qualitativer Forschung und ihrer vorhandenen Variabilität zur Anpassung an das projektbezogene Forschungsinteresse nicht den Anspruch der Vollständigkeit. Der Schwerpunkt der folgenden Darstellung liegt dabei auf solchen Datenauswertungsmethoden, die im Bereich der qualitativen naturwissenschaftlich-didaktischen Forschung bereits zum Einsatz gekommen sind oder eine prinzipielle Eignung für Projekte in diesem Bereich aufweisen.

Grounded Theory

1. Eine Form der Datenauswertung ist die von Glaser und Strauss (1967) zuerst gemeinsam veröffentlichte und dann von beiden Forschern separat in eine eher theoretische und eine eher praktische Richtung weiterentwickelte *Grounded Theory* (vgl. u. a. Glaser 1978; Strauss und Corbin 1996). Diese findet parallel zur Datenerhebung statt und zeichnet sich vor allem durch verschiedene Formen des Codierens aus.

Glaser und Strauss (1967) unterscheiden folgende Formen des Codierens:

- initiales, offenes Codieren, dass sich an Sinneinheiten innerhalb der textualen Daten orientiert
- selektives Codieren zur Auswahl und Anreicherung vielversprechender Codes
- axiales Codieren für die Herausarbeitung der Kernkategorie und damit des Phänomens mit darauffolgender Inbeziehungsetzung dieser Kategorie zu den anderen Codes

Zum Einsatz kommt die Grounded Theory z. B. bei Kaier und Schönknecht (2016), die über diesen Ansatz Think-aloud-Protokolle analysieren und so das schülerseitige Verständnis von visualisierten Prozessdarstellungen u. a. in Schulbüchern erschießen. Ebenso nutzt Landwehr (2002) die Grounded Theory und erforscht auf der Basis von episodischen Interviews Ursachen für die überproportional geringe Wahl des Schwerpunktbereichs Physik unter Grundschullehrer/-innen.

Zum Projektbeispiel Landwehr (2002)
Um sich dem Verhältnis von Lehrenden und Studierenden des Grundschullehramtes zum Fach Physik zu nähern, wendete Landwehr zur Datenauswertung im Rahmen der Grounded Theory ein mehrschrittiges Codiersystem an: Zuerst wurden im „offenen Codieren" zeilenweise Paraphrasen aus dem transkribierten Datenmaterial gewonnen und diese zu einem hierarchischen Codesystem zusammengefasst. Danach erfolgten ein „axiales" Codieren, in dem die Codes themenbezogen neu geordnet wurden, und ein „selektives Codieren", das vor allem an der Kernkategorie der „Bildungsrelevanz" orientiert war und im Sinne einer Anreicherung entsprechende Subkategorien implizierte.

Qualitative Inhaltsanalyse

2. Die *qualitative Inhaltsanalyse* als weitere Form der qualitativen Datenauswertung liefert relativ genaue Vorgaben über das schrittweise Vorgehen bei der Erschließung der gewonnenen Daten (vgl. u. a. Mayring 2015; Mayring und Gläser-Zikuda 2008). Die Datenerhebung erfolgt bei dieser Methode vor der eigentlichen Auswertung.
   Grundlage des Vorgehens ist wie bei der Grounded Theory ebenfalls die Orientierung an einem festgelegten Codierschema. Dieses wird jedoch zusätzlich durch ein allgemeines Ablaufschema, das für die gesamte Datenanalyse gilt, ergänzt.

Mayring (2015) unterteilt seine Variante der qualitativen Inhaltsanalyse in drei Unterformen:
- die zusammenfassende Inhaltsanalyse, bei der paraphrasiert und reduziert wird, um zu Generalisierungen auf einem höheren Abstraktionsniveau zu kommen,
- die explizierende Inhaltsanalyse, die durch Anreicherung mehrdeutiger Textstellen mithilfe von Kontextanalysen explizierende Paraphrasen generiert, und
- die strukturierende Inhaltsanalyse, bei der je nach Variante formale, inhaltliche, triangulierende oder skalierende Strukturierungen aus dem Material herausgefiltert werden.

Neben Mayring (2015) existieren auch offenere Formen der qualitativen Inhaltsanalyse (vgl. u. a. Früh 2017). Im Rahmen der naturwissenschaftlich-fachdidaktischen Forschung kommt jedoch in qualitativen Projekten, in denen generell häufig die Inhaltsanalyse als Datenauswertungsmethode ausgewählt wird, meist die Variante nach Mayring (2015) zum Einsatz. Dies trifft beispielsweise auf Wagener (2016) zu, die schulische Rahmenbedingungen für die Vermittlung physikalischer Lerninhalte in der Grundschule ausgehend von einer deduktiven Grobstrukturierung mit induktiven Ergänzungen inhaltsanalytisch auswertet. Ebenso gilt dies für Hempel (2008), die leitfadengestützte Interviews mit Grundschulkindern in Hinblick auf das Wissenschaftsverständnis (mit natur- oder sozialwissenschaftlicher Orientierung) der Schüler/-innen hin auswertet, und auch auf Zinn (2008).

Zum Projektbeispiel Hempel (2008)
Die Ergebnisse der leitfadengestützten, problemzentrierten Interviews mit je zwei Kindern aus vierten und zweiten Klassen zweier Vechtaer Schulen wurden wörtlich transkribiert und mithilfe einer Variante der qualitativen Inhaltsanalyse ausgewertet. Dies implizierte eine kategorial-hierarchische Erschließung der Daten, die mit Schritten der Verdichtung und Reduktion auf zentrale Aspekte einherging. So konnte eine Annäherung an die Erlebnis- und Gedankenwelt der Kinder erfolgen. Das konkrete, methodische Vorgehen stellte dabei jedoch lediglich eine Annäherung an Mayring (2015) dar.

Globalauswertung

3. Bei der *Globalauswertung* nach Lengwie (1994) geht es v. a. darum, im Groben einen Überblick über die thematische Bandbreite des zu interpretierenden Textes zu gewinnen. Sie umfasst zehn verschiedene Gliederungs- und Reduktionsschritte, um die Daten letztlich auf zentrale Schlüsselbegriffe und Aussagen zu fokussieren.

Lengwie (1994) beschreibt folgende zehn Schritte:
1. Erste Orientierung innerhalb des Textes verschaffen
2. (Entstehungs-)Kontext des Textes aktivieren
3. Text unter Markierung wichtiger Stellen durcharbeiten
4. Einfälle zum Text ausarbeiten
5. Stichwortverzeichnis über zentrale Themen des Textes anlegen
6. Text analytisch-thematisch oder sequenziell zusammenfassen

7. Bewertung des Textes (z. B. Glaubwürdigkeit)
8. Auswertungsstichwörter zur Einstufung des Textes hinsichtlich seiner Relevanz für die Fragestellung festlegen
9. Relevanz des Textes für die weitere Analyse bewerten
10. Darstellung der zentralen Auswertungsergebnisse (z. B. bewertende Stellungnahme, thematisches Stichwortverzeichnis)

Im Rahmen dieser Vorgehensweise werden Texte bis zum Umfang von ca. 20 Seiten bewertet und ggf. hinsichtlich ihrer Eignung als Bestandteil des Samples überprüft. Damit dient die Methode häufig als Ergänzung anderer Datenauswertungsverfahren (z. B. „Grounded Theory" oder qualitative Inhaltsanalyse) und eher selten als alleinige Datenauswertungsmethode innerhalb eines Forschungsprojektes.

Diskursanalyse

4. Die stark an Inhalten und Themen orientierte *Diskursanalyse* dient der Analyse diskursiver Phänomene und damit v. a. der Erhebung der „Konstruktion von Versionen des Geschehens in Berichten und Darstellungen" (Flick 2016, S. 428). Datengrundlage können hier Alltagsgespräche genauso wie Interviews, Medienberichte oder im Spezifischeren bspw. Schulbuchtexte sein. Auch der Kontext, in dem diese entstanden sind, zählt zur Datengrundlage. Die Synthese aus textuellen und kontextualen Daten ist bei der Diskursanalyse von hoher Relevanz. Damit spielen sowohl die Zusammenhänge von sprachlichem Handeln und sprachlicher Form, wie auch die Verbindungen zwischen sprachlichem Handeln und gesellschaftlichen Strukturen eine Rolle. Innerhalb verschiedener Disziplinen hat die Diskursanalyse in einer jeweils etwas anderen Konkretisierungsform Niederschlag gefunden.

Beispiele für disziplinär spezifische Varianten der Diskursanalyse:
- kritische Diskursanalyse nach Parker (2012)
- sozialwissenschaftliche Diskursanalyse nach Keller et al. (2011)
- historische Diskursanalyse nach Landwehr (2008)

In der naturwissenschaftlich-didaktischen Forschung wurde der Diskursanalyse bislang keine große Beachtung geschenkt, obwohl sie sich beispielsweise für den Nachvollzug der kommunikativen und kooperativen Prozesse eignen würde, die der Entstehung naturwissenschaftlicher Themenkonjunkturen und -veränderungen in Lehrplanwerken oder Lehrbüchern zugrunde liegen.

5. In der ursprünglich von Schütze (1983) entwickelten *Narrationsanalyse* steht die vom Befragten erfasste soziale Wirklichkeit im Mittelpunkt. Das Ziel der Datenauswertung derartiger Narrationsanalysen kann aufgrund der möglichen Orientierung an der Rekonstruktion faktischer Verläufe wie auch an der Analyse der jeweiligen Konstruktionsprozesse, die zu den Erzählungen führen, verschieden sein (vgl. z. B. Rosenthal und Fischer-Rosenthal 2012). Im Konkreten werden bei dieser Datenauswertungsmethode folglich verschiedene Schwerpunkte und Vorgehensweisen verbunden. Trotzdem orientieren sich alle an einer sequenzanalytischen Betrachtung der im Normalfall im narrativen Interview erhobenen Daten nach Schlüsseleinheiten und an einer Synthese dieser Daten mit den Sozialdaten. Im Normalfall spielt ergänzend auch der Vergleich mehrerer Fallgeschichten eine Rolle. Insbesondere in der Biografieforschung kommt die Narrationsanalyse oft zum Einsatz, da sie hier der Erforschung von Lebensverläufen dient (vgl. Kleemann et al. 2009). Hierzu kann beispielhaft Lechte (2008) angeführt werden, die narrationsanalytische Elemente innerhalb ihrer Datenauswertung verwendet, um die Erfahrungen von Schüler/-innen der 11. Jahrgangsstufe mit Physik im Physikunterricht und den Zusammenhang dieser Erfahrungen mit ihrer Einstellung zu diesem Wissensfeld vor allem auf der Basis durchgeführter Interviews zu erheben.

Narrationsanalyse

Zum Projektbeispiel Lechte (2008)
In Anlehnung an die Narrationsanalyse, jedoch in ergänzender Referenzierung auf die dokumentarische Methode, wurden die erhobenen Interviewdaten paraphrasiert, strukturell analysiert und verdichtet. Das Ziel dieser Vorgehensweise war es, im chronologischen Fluss des Erzählens die persönlichen Physik-Geschichten der Schüler/innen in komprimierter Form festzuhalten, ohne dabei Stimmungen, den Gesprächsablauf oder die Sichtweisen der erzählenden Personen aus den Augen zu verlieren. Diese Verdichtungen mussten die Interviewten im Sinne einer kommunikativen Validierung (► Abschn. 2.5) abschließend autorisieren. Insbesondere bei der weiteren Interpretation der auf diese Weise komprimierten Daten kam dann durch die Fokussierung auf die subjektive Lebenspraxis wie auch die objektiven Strukturen hinter den eigentlichen Äußerungen zudem die dokumentarische Methode zum Tragen. Ergänzende Materialien hierzu stellten von den Interviewten gezeichnete Bilder dar, die ihre Vorstellungen über Physik beschrieben.

Dokumentarische Methode

2

6. Der Einsatz der *dokumentarischen Methode* überwindet dem Selbstanspruch nach die Aporie zwischen Subjektivismus und Objektivismus, da das Wissen der Akteure als empirische Basis der Analyse verwendet wird. Trotzdem werden die Handlungspraxen mit den zugrunde liegenden Prozessstrukturen, die sich der Perspektive der Akteure selbst entziehen, erschlossen (vgl. Bohnsack et al. 2007).

Analyseschritte der dokumentarischen Methode (vgl. Bohnsack 2001)
- formulierende Interpretation zur Erschließung der gesellschaftlichen Realität aus der Perspektive der einzelnen Akteure
- reflektierende Interpretation zur Rekonstruktion der Herstellung dieser Praxis und damit der zugrunde liegenden Orientierungsmuster
- komparative Analyse zum Vergleich zwischen unterschiedlichen Fällen, um so die Orientierungsrahmen klarer zu erfassen
- ggf. Analyse des Diskursverlaufs zur Aufschlüsselung der unterschiedlichen Entfaltungsformen eines Themas

Mit ihren mittlerweile entstandenen Unterformen und Varianten kann die dokumentarische Methode nicht nur für Gruppendiskussionen und Beobachtungen, sondern auch häufig für Bild- und Videointerpretationen eingesetzt werden (vgl. Panofsky 1987). Relevant ist diese Methode z. B. bei Lechte (2008), die Narrationsanalyse und dokumentarische Methode im Rahmen ihrer Datenauswertung kombiniert.

Objektive Hermeneutik

7. Bei der *objektiven Hermeneutik* geht es um die Erfassung von „latenten Sinnstrukturen“ als objektive Bedeutungen einer Äußerung oder Handlung. Diese entspricht jedoch nicht der subjektiven Bedeutung für das handelnde Subjekt (vgl. Oevermann et al. 1979). Die Erschließung dieser Sinnstrukturen erfolgt sequenziell durch Gruppen von Interpreten nach einem festen Ablauf.

Analyseschritte der objektiven Hermeneutik
- sequenzielle Grobanalyse der äußeren Kontexte, in die eine Äußerung eingebettet ist
- sequenzielle Feinanalyse in mehreren Schritten durch Verfahren der Hypothesenbildung und -falsifikation zur Herauskristallisierung von Strukturen der Interaktion
- Überprüfung der aufgefundenen Interaktionsstrukturen an weiterem Material

Das Analysematerial kann neben Schriftdokumenten auch Bilder und Fotos umfassen. Die Entschlüsselung von subjektiven Bedeutungen von Äußerungen und Handlungen spielt bei der objektiven Hermeneutik hingegen eine untergeordnete Rolle (vgl. Flick 2016). Andere hermeneutische Zugänge wie die sozialwissenschaftliche Hermeneutik oder die hermeneutische Wissenssoziologie legen ihren Akzent stärker auf die soziale Konstruktion von Wissen und weisen auch methodische Vorgehensvariationen auf (vgl. Reichertz 2012b). Mit Bezug auf naturwissenschaftliche Inhalte des Sachunterrichts in der Primarschule finden sich hermeneutische Züge beispielsweise in der von Vogt et al. (2011) durchgeführten Analyse von Zeichnungen von Erst- und Viertklässlern, die Hände von Personen verschiedenen Alters (Baby bis 65-jährige Person) aufmalen. Ziel hierbei ist die Erschließung der bei Grundschulkindern vorherrschenden Alterungskonzepte. Mit dem Zeichnen als Hilfe zum Verstehen im Sachunterricht befasst sich zudem auch Biester (1991).

2.4.2 Festlegung der technischen Unterstützung

Dreischritt zur Auswahl einer adäquaten technischen Unterstützung bei der Datenauswertung

Der Einsatz von unterstützender Software im Bereich der Datenauswertung qualitativer Projekte nimmt in den letzten Jahren an Bedeutung immer mehr zu. Mittlerweile hat sich dieser Einsatz in weiten Bereichen anwendbarer Methodenvariationen zum Standard guter Forschung entwickelt. Bevor sich ein qualitativer Forscher jedoch für den Einsatz bestimmter Programme entscheidet, sollte er in einem mehrstufigen Prozess Möglichkeiten einer adäquaten Programmauswahl reflektieren (vgl. Flick 2016; Kuckartz 2010).

In einem *ersten Schritt* muss zuerst über den prinzipiellen Einsatz einer unterstützenden Software während des Datenauswertungsprozesses entschieden werden.

Aspekte, die bei der Entscheidung für oder gegen eine Software zur Datenauswertung beachtet werden sollten:

- Manchmal ist Software im Vergleich zu ihrem Nutzen im Projekt zu teuer und benötigt eine zu lange Einarbeitungszeit.
- Softwareeinsatz führt nicht zwingend zur Verbesserung der Untersuchungsqualität.
- Entscheidungsleitend sollten nicht die evtl. bereits vorhandenen Kenntnisse hinsichtlich eines bestimmten Programmes sein, sondern der Forschungsgegenstand.

Wird prinzipiell eine Entscheidung für den Einsatz einer unterstützenden Analysesoftware gefällt, muss in einem *zweiten Schritt* das passende Programmniveau eruiert werden. Hier besteht erstens die Möglichkeit, die vorhandenen Funktionen von Textverarbeitungsprogrammen methodisch zielgerichtet einzusetzen (z. B. Kommentarfunktion, Suchfunktion, Erweiterungsmöglichkeiten durch den Einsatz von Makros usw.), zweitens die Option, mit Datenbankprogrammen zu arbeiten, mit denen Codierungen außerhalb des Textes in separaten Datenbanken organisiert werden können (die jedoch meist ohne weitere, ausgefeilte Funktionen auskommen) und als dritte, optionale Variante die Verwendung einer speziell für die Analyse qualitativer Daten entwickelten QDA-Software.

Vorteile beim Einsatz einer QDA-Software

Als Vorteile beim Einsatz einer QDA-Software können u. a. genannt werden (vgl. John und Johnson 2000):

- Verwaltung des Textkorpus
- Einsatz verschiedener Kategorisierungsmöglichkeiten
- direkte Verknüpfung des Quellenkorpus mit den entwickelten Kategorien
- Hierarchisierungsmöglichkeiten und andere Verknüpfungsformen innerhalb entwickelter Kategoriensysteme
- verschiedene visuelle Darstellungsformen der Daten
- diverse Suchfunktionen und weitere Verwaltungsmöglichkeiten

Sofern es sich für ein Forschungsprojekt als angemessen herausgestellt hat, dass eine QDA-Software zum Einsatz kommt, muss in einem *dritten Schritt* noch die konkrete Entscheidung für eine spezielle Software fallen. Hierbei ist prinzipiell zu beachten, dass die QDA-Programme von ihrer Struktur her an unterschiedlichen

Methoden der Datenauswertung orientiert sind wie auch an prinzipiell differierenden, methodologischen Grundannahmen.

> Die doch großen Diskrepanzen zwischen den verschiedenen Softwareprogammen machen ein Einarbeiten mit der jeweiligen Trial-Version, ein gründliches Einlesen anhand der Fachliteratur und ggf. den Besuch von Workshops unverzichtbar. Aktuell am Markt weit verbreitet sind MAXQDA, Atlas.ti, NVivo (vgl. Bazely und Jackson 2013; Friese 2018; VERBI Software 2018). Diese können tendenziell wie folgt charakterisiert werden:
> - MAXQDA gilt als benutzerfreundliche, einfach verstehbare Software, die jedoch weniger Funktionen als manch andere QDA-Software bietet
> - Atlas.ti ist eine relativ variable und anpassungsfähige Software mit besonders ausgeprägter Netzwerkfunktion
> - NVivo gilt als methodisch breites Programm, das in vielfältiger Form auch für unterschiedlichste Dateiformate einsetzbar ist

Beispiele für den Einsatz von MAXQDA oder des Vorläufers WINMAX finden sich u. a. bei Kaiser und Dreber (2010) oder bei Landwehr (2002). Auch Kalcsics et al. (2016) setzen für die Auswertung von Studierendenüberzeugungen zum Sachunterrichts in ihrer explorativen Studie MAXQDA ein.

2.5 Allgemeines zur Dateninterpretation

Dateninterpretation unter ständigem Rückbezug

Da die Dateninterpretation eng mit der Datenauswertung verbunden ist, direkt auf dieser aufbaut und je nach ausgewählter Auswertungsmethode damit differiert, sollen hier zusammenfassend nur Grundlagen genannt werden, die bei einer die Forschungsarbeit abschließenden Dateninterpretation von besonderer Relevanz sind:

- Basis der Dateninterpretation muss die wissenschaftstheoretische Perspektive sein, die die Interpretationsrichtung der Daten und auch die Grenzen der Interpretation vorgibt.
- Die Grundorientierung der Dateninterpretation ergibt sich zwingend aus den anfänglich gestellten Forschungsfragen, die alle mit direktem Verweis im Rahmen der Interpretation behandelt werden müssen.
- Wichtig bei der Dateninterpretation ist, dass sie in einer transparenten Form auf den gewonnenen und ausgewerteten Daten aufbaut und dass sich die gewonnen, interpretativen Ansätze mit entsprechenden Belegen und Querverweisen auf die Daten jederzeit nachvollziehen lassen.

2

2.6 Überprüfung der Gütekriterien

Die Überprüfung der Gütekriterien nimmt bei qualitativen Forschungsprojekten einen genauso hohen Stellenwert ein wie im Rahmen der quantitativen Forschung (◘ Abb. 2.6). Dabei orientieren sie sich ebenfalls an den Kriterien der *Validität, Objektivität* und *Reliabilität,* umfassen innerhalb dieser Trias jedoch im Vergleich zu den quantitativen „Testgütekriterien" differente Möglichkeiten und werden zudem durch die notwendige Nähe zum Gegenstand als Primat aller Forschungsaktivitäten fundiert.

Validität

1. Um die *Validität* eines Forschungsprojekts zu überprüfen, können verschiedene Varianten eingesetzt werden. Durch *triangulierende Maßnahmen* (Daten-, Forscher-, Theorien- bzw. Methodentriangulation) werden die Mängel einer methodischen Zugriffsweise über die Vorteile einer anderen ausgeglichen. Es entsteht die Möglichkeit eines Vergleichs unterschiedlicher Ergebnisse (vgl. Lamnek und Krell 2016). Die Form der *kommunikativen Validierung* kann bei reaktiven Verfahren (Beobachtungen und Befragungen) dazu dienen, die gewonnenen Erkenntnisse durch Gespräche mit den betreffenden Personen zu validieren. Eine *argumentative Validierung* zielt hingegen darauf ab, durch den Dialog mit anderen Forschenden eine Intersubjektivität der Interpretationsergebnisse herzustellen (vgl. Mayring 2016).

Objektivität

2. Die *Objektivität* kann auch im Rahmen qualitativer Forschungsprojekte in entsprechenden, dem Forschungsparadigma angemessenen Varianten gewährt werden.

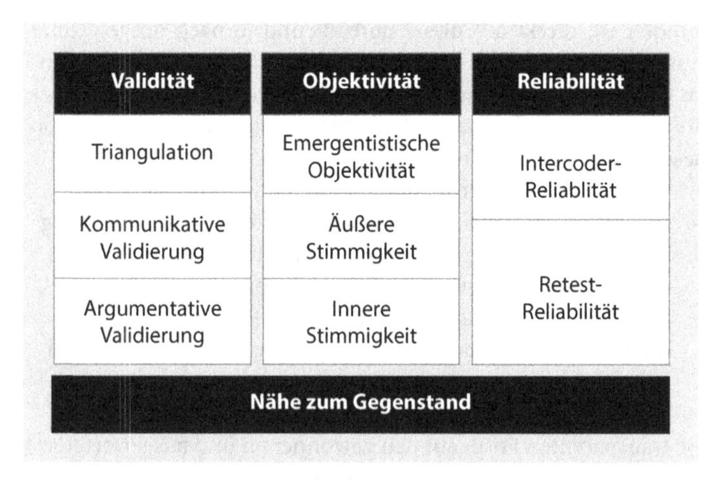

◘ **Abb. 2.6** Gütekriterien der qualitativen Forschung im Überblick (u. a. Lamnek und Krell 2016; Mayring 2016)

Hierzu dient z. B. die *emergentistische Objektivität* nach Kleining (1982), die vor dem Hintergedanken des Konstruktivismus die *intersubjektive Nachvollziehbarkeit* als zentrales Kriterium betont. Auch die Überprüfung der *äußeren Stimmigkeit*, die einen Abgleich mit untersuchungsexternem Wissen über den Untersuchungsgegenstand impliziert, und der *inneren Stimmigkeit*, die die Konsistenz innerhalb der Datenerhebung, -auswertung und -interpretation erfasst, zählen zu den Kriterien der Objektivität im qualitativen Sinne (vgl. Lamnek und Krell 2016; Mayring 2016).

3. Bezogen auf die Bestimmung der *Reliablität* stehen für die Überprüfung der *Intercoderreliabiltät* unterschiedliche Koeffizienten zur Verfügung. Bei Krippendorffs α als am häufigsten genutztem Koeffizienten werden bspw. die richtigen gegen die zufälligen Übereinstimmungen aufrechnet (vgl. Mayring 2015). Parallel zur Intercoderreliabilität kann mit denselben Koeffizienten bei nur einem Forscher auch die Bestimmung einer *Retestreliablität* erfolgen.

Reliabilität

Letztliches Ziel und damit zentrale Orientierung, die allen Gütekriterien voransteht bzw. in Ergänzung zu diesen von höchster Relevanz ist, stellt jedoch nach Mayring (2016) die *Nähe der Forschung zum Gegenstand* dar, die zu jedem Untersuchungszeitpunkt gewährleistet sein muss.

Nähe zum Gegenstand

2.7 Fazit

Resümierend kann im Sinne einer Bestimmung des Status quo der *naturwissenschaftlich-fachdidaktischen, qualitativen Forschung* festgestellt werden, dass diese aktuell nur eingeschränkt und im gegebenen Fall meist in Form *triangulativ angelegter Projekte* zum Einsatz kommt.

Rein qualitativ angelegte Ansätze sind hingegen eher selten. Vielleicht liegt eine Ursache hierfür auch in den bislang ungenutzten *Vorteilen beim Einsatz einer QDA-Software*, die im Transfer durchaus die Erkenntnismöglichkeiten der naturwissenschaftlich-fachdidaktischen Forschung über das aktuell genutzte Maß hinaus bedeutend erweitern könnten (vgl. Garz 1997).

Literatur

Altenburger, P., Starauschek, E. (2012). Physikalische Themen im Sachunterricht Baden-Württembergs in den Jahrgangsstufen 3 und 4. In H. Giest, E. Heran-Dörr & Archie, C. (Hrsg.) Lernen und Lehren im Sachunterricht. Zum Verhältnis von Konstruktion und Instruktion. Bd. 22. Bad Heilbrunn: Klinkhardt, 71–78.

Bazeley, P., Jackson, K. (2013). Qualitative Data Analysis with NVIVO. Australia: SAGE Publications Ltd.

Berger, P. L., Luckmann, T. (1980). Die gesellschaftliche Konstruktion der Wirklichkeit. Frankfurt a. M.: Fischer.

Biester, W. (1991). Zeichnen als Hilfe zum Verstehen im Sachunterricht der Grundschule. In R. Lauterbach, W. Köhnlein, K. Spreckelsen & H. Bauer (Hrsg.). Wie Kinder erkennen. Probleme und Perspektiven des Sachunterrichts, Bd. 1. Kiel: IPN, 82–97.

Blumer, H. (1969). Symbolic Interactionism. Perspective and Method. New Jersey: Englewood Cliffs.

Bohnsack, R. (2001). Dokumentarische Methode: Theorie und Praxis wissenssoziologischer Interpretation. In T. Hug (Hrsg.). Wie kommt Wissenschaft zu Wissen? Einführung in die Methodologie der Sozial- und Kulturwissenschaften, Bd. 3. Baltmannsweiler: Schneider, 326–345.

Bohnsack, R., Nentwig-Gesemann, I., Nohl, A.-M. (Hrsg.) (2007). Die dokumentarische Methode und ihre Forschungspraxis. Grundlagen qualitativer Sozialforschung. Wiesbaden: VS-Verlag.

Bortz, J., Döring, N. (2015). Forschungsmethoden und Evaluation. Für Human- und Sozialwissenschaftler. Heidelberg: Springer Medizin.

Carrier, M. (2004a). Wissenschaftstheorie. In J. Mittelstraß (Hrsg.). Enzyklopädie Philosophie und Wissenschaftstheorie. Bd. 4: Sp-Z. Stuttgart, Weimar: J.B. Metzler, 738–745.

Carrier, M. (2004b). Theoriesprache. In J. Mittelstraß (Hrsg.). Enzyklopädie Philosophie und Wissenschaftstheorie. Bd. 4: Sp-Z. Stuttgart, Weimar: J.B. Metzler, 283–289.

Danner, H. (2006). Methoden geisteswissenschaftlicher Pädagogik. Einführung in die Hermeneutik, Phänomenologie und Dialektik. München, Basel: Reinhardt (UTB).

Diekmann, A. (2010). Empirische Sozialforschung. Grundlagen, Methoden, Anwendungen. Reinbek b. Hamburg: Rowohlt.

Dunker, N. (2016): Überzeugungen von Sachunterrichtslehrkräften zum Experimentieren im Unterricht. In H.-J. Fischer, H. Giest & M. Peschel (Hrsg.). Lernsituationen und Aufgabenkultur im Sachunterricht, Bd. 24. Bad Heilbrunn: Klinkhardt, 107–115.

Flick, U. (2016). Qualitative Sozialforschung. Eine Einführung. Reinbek b. Hamburg: Rowohlt.

Foucault, M. (1991). Die Ordnung des Diskurses. Frankfurt a. M.: Fischer.

Friese, S. (2018). Atlas.ti 8. User Guide and Reference. ► http://downloads.atlasti.com/docs/manual/atlasti_v8_manual_en.pdf (24.04.2018)).

Früh, W. (2017). Inhaltsanalyse. Theorie und Praxis. Konstanz: UVK Verlagsgesellschaft mbH.

Garfinkel, H. (1967). Studies in Ethnomethodology. Malden/ MA: Polity Press/ Blackwell Publishing.

Garz, D. (1997). Qualitative Forschungsmethoden für die Sachunterrichtsdidaktik. In B. Marquardt-Mau, B., W. Köhnlein & R. Lauterbach (Hrsg.). Forschung zum Sachunterricht. Probleme und Perspektiven des Sachunterrichts, 7. Bad Heilbrunn: Klinkhardt, 43–60.

Glaser, B. G. (1978). Theoretical Sensitivity. Advances in the Methodology of Grounded Theory. Mill Valley: Sociology Press.

Glaser, B. G., Strauss, A. L. (1967). The Discovery of Grounded Theory. Strategies for Qualitative Research. New York: Aldine.

Grygier, P. (2008). Wissenschaftsverständnis von Grundschülern im Sachunterricht. Bad Heilbrunn: Klinkhardt.

Günther, J., Grygier, P., Kircher, E., Sodian, B., Thoermer, B. (2004). Studien zum Wissenschaftsverständnis von Grundschullehrkräften. In J. Doll, J. & M. Prenzel (Hrsg.). Bildungsqualität von Schule: Lehrerprofessionalisierung, Unterrichtsentwicklung und Schülerförderung als Strategien der Qualitätsverbesserung. Münster, New York, München, Berlin, 93–113.

Hempel, M. (2008). Zum (Vor)Wissen von Wissenschaft bei Grundschulkindern. In H. Giest & J. Wiesemann (Hrsg.). Kind und Wissenschaft. Bad Heilbrunn: Klinkhardt, 83–95.

John, St. W., Johnson, P. (2000). The Pros and Cons of Data Analysis Software: A Review." In: Journal of nursing scholarship, 32, Heft 4, 393–397.

Kaier, L., Schönknecht, G. (2016). Lernhilfe oder Hindernis? Visualisierungen im Sachunterricht. In H. Giest, T. Goll & A. Hartinger (Hrsg.). Sachunterricht – zwischen Kompetenzorientierung, Persönlichkeitsentwicklung, Lebenswelt und Fachbezug, Bd. 26. Bad Heilbrunn: Klinkhardt, 49–57.

Kaiser, A., Dreber, I. (2010). Empirische Effizienzüberprüfung eines Kindergartenprojektes zum elementaren naturwissenschaftlich-technischen Lernen. In H.-J. Fischer, P. Gansen & K. Michalik (Hrsg.). Sachunterricht und frühe Bildung. Forschungen zur Didaktik des Sachunterrichts, Bd. 9. Bad Heilbrunn: Klinkhardt, 81–92.

Kalcsics, K., Moser, A.-S., Stirnimann, A. (2016): „Es ist sehr wichtig, dass die Schülerinnen und Schüler sich selbst kennen lernen..." – die Auswahl von Sachunterrichtsthemen durch Studierende. In H. Giest, T. Goll & A. Hartinger (Hrsg.). Sachunterricht – zwischen Kompetenzorientierung, Persönlichkeitsentwicklung, Lebenswelt und Fachbezug, Bd. 26. Bad Heilbrunn: Klinkhardt, 124–131.

Kelle, U., Kluge, S. (2010). Vom Einzelfall zum Typus: Fallvergleich und Fallkontrastierung in der qualitativen Sozialforschung. Opladen: Leske + Budrich.

Keller, R., Hirseland, A., Schneider, W., Viehöver, W. (2011) (Hrsg.): Handbuch sozialwissenschaftliche Diskursanalyse. Theorien und Methoden, Bd. 1. Wiesbaden: VS-Verlag.

Kleemann, F., Krähnke, U., Matuschek, I. (2009). Interpretative Sozialforschung. Eine praxisorientierte Einführung. Wiesbaden: VS-Verlag.

Kleining, G. (1982). Umriß zu einer Methodologie der qualitativen Sozialforschung. In: Kölner Zeitschrift für Soziologie und Sozialpsychologie, 4, 724–750.

Kromrey, H., Roose, J., Strübing, J. (Hrsg.) (2016). Empirische Sozialforschung. Modelle und Methoden der standardisierten Datenerhebung und Datenauswertung mit Annotationen aus qualitativ-interpretativer Perspektive. Konstanz: UVK/Verlagsgesellschaft mbH mit München: UVK/Lucius.

Kuckartz, U. (2010). Einführung in die computergestützte Analyse qualitativer Daten. Wiesbaden: VS-Verlag.

Lamnek, S., Krell, C. (2016). Qualitative Sozialforschung. Lehrbuch. Basel: Beltz.

Landwehr, A. (2008). Historische Diskursanalyse. Frankfurt a. M.: Campus.

Landwehr, B. (2002). Distanzen von Lehrkräften und Studierenden des Sachunterrichts zur Physik. Eine qualitativ-empirische Studie zu den Ursachen. Berlin: Logos.

Lechte, M.-A. (2008). Sinnesbezüge, Interesse und Physik – Eine empirische Untersuchung zum Erleben von Physik aus Sicht von Schülerinnen und Schülern. Studien zur Bildungsforschung, Bd. 23. Opladen: Budrich.

Lengwie, H. (1994). Globalauswertung. In A. Böhm, T. Muhr & A. Mengel (Hrsg.). Texte verstehen: Konzepte, Methoden, Werkzeuge. Konstanz: Universitätsverlag, 100–114.

Lind, G. (1999). Der Physikunterricht an den deutschen Gymnasien vom Beginn des 18. Jahrhunderts bis zum Beginn des 20. Jahrhunderts. In I. F. Goodson, S. Hopmann & K. Riquarts (Hrsg.). Das Schulfach als Handlungsrahmen. Vergleichende Untersuchung zur Geschichte und Funktion der Schulfächer. Köln, Weimar, Wien: Böhlau, 109–150.

Luhmann, N., Baecker, D. (Hrsg.) (2017). Einführung in die Systemtheorie. Heidelberg: Carl-Auer-Systeme.

Mathis, C., Siepmann, K., Duncker, L. (2015). Anregungen zum Perspektivenwechsel – Eine Pilotstudie zur Unterrichtsqualität. In H.-J. Fischer, H. Giest & K. Michalik (Hrsg.) Bildung im und durch Sachunterricht, Bd. 25. Bad Heilbrunn: Klinkhardt, 73–80.

Mayring, P. (2015). Qualitative Inhaltsanalyse. Grundlagen und Techniken. Weinheim, Basel: Beltz.

Mayring, P. (2016). Einführung in die qualitative Sozialforschung. Weinheim, Basel: Beltz.

Mayring, P., Gläser-Zikuda, M. (Hrsg.) (2008). Die Praxis der Qualitativen Inhaltsanalyse. Weinheim, Basel: Beltz.

Menger, J. (2011). Das Modell der zirkulären Entfaltung von Denkwegen als Basis technischer Verstehensprozesse. In H. Giest, A. Kaiser & C. Schomaker (Hrsg.): Sachunterricht – Auf dem Weg zur Inklusion, Bd. 21. Bad Heilbrunn: Klinkhardt, 163–167.

Oevermann, U., Allert, T., Konau, E., Krambeck, J. (1979). Die Methodologie einer „objektiven Hermeneutik" und ihre allgemeine forschungslogische Bedeutung in den Sozialwissenschaften. In H. G. Soeffner (Hrsg.). Interpretative Verfahren in den Sozial- und Textwissenschaften. Stuttgart: Metzler, 352–433.

Panofsky, E. (1987). Zum Problem der Beschreibung und Inhaltsdeutung von Werken der bildenden Kunst. In E. Kaemmerling (Hrsg.). Ikonographie und Ikonologie. Theorien, Entwicklung, Probleme. Köln: DuMont Literatur und Kunst, 185–206.

Parker, I. (2012). Die diskursanalytische Methode. In U. Flick, E. v. Kardorff, & I. Steinke (Hrsg.). Qualitative Forschung. Ein Handbuch. Reinbek b. Hamburg: Rowohlt, 546–555.

Popper, K. R. (1974). Objektive Erkenntnis. Ein evolutionärer Entwurf. Hamburg: campe paperback.

Reichertz, J. (2012a). Abduktion, Deduktion und Induktion in der qualitativen Forschung. In U. Flick, E. v. Kardorff, & I. Steinke (Hrsg.). Qualitative Forschung. Ein Handbuch. Reinbek b. Hamburg: Rowohlt, 276–285.

Reichertz, J. (2012b). Objektive Hermeneutik und hermeneutische Wissenssoziologie. In U. Flick, E. v. Kardorff, & I. Steinke (Hrsg.). Qualitative Forschung. Ein Handbuch. Reinbek b. Hamburg: Rowohlt, 514–523.

Reinhoffer, B. (2000). Heimatkunde und Sachunterricht im Anfangsunterricht. Entwicklungen, Stellenwert, Tendenzen. Bad Heilbrunn: Klinkhardt.

Rosenthal, G., Fischer-Rosenthal, W. (2012). Analyse narrativ-biographischer Interviews. In U. Flick, E. v. Kardorff, & I. Steinke (Hrsg.). Qualitative Forschung. Ein Handbuch. Reinbek b. Hamburg: Rowohlt, 456–467.

Sauer, M. (1992). „Vom Nutzen des Gewitters". Paradigmen elementarer naturkundlicher Unterweisung im 19. Jahrhundert. In: Neue Sammlung, 32, Heft 1, 134–153.

Schick, A. (2000). Der Einfluss von Interesse und anderen selbstbezogenen Kognitionen auf Handlungen im Physikunterricht. Berlin: Logos.

Schnell, R., Hill, P., Esser, E. (2011). Methoden der empirischen Sozialforschung. München: Oldenbourg.

Schütze, F. (1983). Biographieforschung und narratives Interview. In: Neue Praxis, 13, Heft 3, 283–293.

Scott, J. (1990). A Matter of Record – Documentary Sources in Social Research. Cambridge: Polity.

Strauss, A. L., Corbin, J. (1996). Grundlagen qualitativer Sozialforschung. München: Beltz.

Tschamler, H. (1996). Wissenschaftstheorie. Eine Einführung für Pädagogen. Bad Heilbrunn: Klinkhardt.

VERBI Software (2018). MAXQDA The Art of Data Analysis. Einführung. ► https://www.maxqda.de/hilfe-max18/willkommen (24.0.2018).

Vogt, H., Mogge, S., Wolfram, A. (2011). „Oma hat Falten, ich nicht" – Konzepte von Grundschulkindern über das Altern des Menschen. In F. Heinzel (Hrsg.). Generationenvermittlung in der Grundschule. Ende der Kindgemäßheit? Bad Heilbrunn: Klinkhardt, 223–238.

Wagner, K. (2016). Schulische Rahmenbedingungen aus der Sicht von Sachunterrichtslehrkräften: Ein empirischer Beitrag zur Identifikation von Gelingensbedingungen von Unterrichtsentwicklung. In H. Giest, T. Goll & A. Hartinger (Hrsg.). Sachunterricht – zwischen Kompetenzorientierung, Persönlichkeitsentwicklung, Lebenswelt und Fachbezug, Bd. 26. Bad Heilbrunn: Klinkhardt, 167–174.

Weddehage, K. (2016). Lernen an (Forscher-)Biografien – Zum Zusammenwirken von kindlicher Perspektive und Sache. In H. Giest, T. Goll & A. Hartinger (Hrsg.). Sachunterricht – zwischen Kompetenzorientierung, Persönlichkeitsentwicklung, Lebenswelt und Fachbezug, Bd. 26. Bad Heilbrunn: Klinkhardt, 84–90.

Wolf, B., Priebe, M. (2003). Wissenschaftstheoretische Richtungen. Forschung, Statistik & Methoden, Bd. 8. Landau: Empirische Pädagogik.

Zinn, B. (2008). Physik lernen, um Physik zu lehren. Eine Möglichkeit für interessanteren Physikunterricht. Kassel: Logos.

Aus- und Fortbildung von Physiklehrerinnen und Physiklehrern

Helmut Fischler

E. Kircher et al. (Hrsg.), *Physikdidaktik | Methoden und Inhalte*,
https://doi.org/10.1007/978-3-662-59496-4_3

Trailer

In Deutschland gibt es 16 landesspezifische Konzepte der Lehreraus- und Fortbildung, die nur durch Beschlüsse der Ständigen Konferenz der Kultusminister der Länder (KMK) ein Minimum an Vergleichbarkeit erhalten. Interessenten an bundeslandspezifischen Bedingungen müssen die regionalen Informationsquellen hinzuzuziehen. Einen Zugang hierzu vermittelt die Ständige Konferenz der Kultusminister (KMK) mit dem regelmäßig aktualisierten Sachstand in der Lehrerbildung. Die KMK sieht eine wesentliche Aufgabe z. B. darin, zur Gleichwertigkeit von Studienbedingungen und Studienabschlüssen beizutragen.
In diesem Kapitel werden deshalb Tendenzen identifiziert und das Gemeinsame von Reformen der deutschen Lehrerausbildung der letzten Jahre herausgearbeitet (◘ Abb. 3.1). Sowohl die organisationsstrukturellen Reformen in der ersten Phase der Lehrerausbildung und die physikbezogenen inhaltlichen Veränderungen in den Lehramtsstudiengängen werden dargestellt als auch die Entwicklungen und Perspektiven der Lehrerfortbildung.

Die Konferenz der Kultusminister (KMK) beschließt gemeinsame Bildungsmaßnahmen der Länder

Deutschland ist ein föderaler Staat mit 16 Bundesländern. Die Kulturhoheit der Länder hat zur Konsequenz, dass dort alle wesentlichen Entscheidungen in den Bereichen Schule und Lehrerbildung getroffen werden. Daher gibt es eine große Vielfalt inhaltlicher und organisatorischer Konzepte, die jeweils landesspezifische Ausprägungen besitzen und nur durch Beschlüsse der Ständigen Konferenz der Kultusminister der Länder (KMK) ein Minimum an Vergleichbarkeit erhalten. In dieser Situation macht es keinen Sinn, in einer Übersichtsdarstellung den vielfältigen Verästelungen im Detail zu folgen, vielmehr kann es nur die Aufgabe sein, Tendenzen zu identifizieren und das Gemeinsame der Reformen hervorzuheben, die in der Lehrerausbildung in den letzten Jahren stattgefunden haben. Interessenten an bundeslandspezifischen Bedingungen der Lehreraus- und -fortbildung werden nicht umhinkönnen, regionale Informationsquellen hinzuzuziehen. Eine knappe Darstellung der wichtigsten bundeslandspezifischen Regelungen bietet die KMK mit dem regelmäßig aktualisierten „Sachstand in der Lehrerbildung“ an (KMK 2017) (◘ Abb. 3.1).

Sachstand in der Lehrerbildung informiert über bundeslandspezifische Regelungen

In der Ständigen Konferenz der Kultusminister (KMK) arbeiten die für Bildung und Erziehung, Hochschulen und Forschung sowie kulturelle Angelegenheiten zuständigen Ministerinnen und Minister bzw. Senatorinnen und Senatoren der 16 Bundesländer zusammen. Eine wesentliche Aufgabe der KMK besteht z. B. darin, in Konsensbildungen zur Gleichwertigkeit von Studienbedingungen und Studienabschlüssen beizutragen.

Der folgende Text berichtet ausführlich über die Reformen in der ersten Phase der Lehrerausbildung, und zwar sowohl über die allgemeinen organisationsstrukturellen als auch über

Abb. 3.1 Übersicht über die Teilkapitel

die physikbezogenen inhaltlichen Veränderungen in den Lehramtsstudiengängen. Einen weiteren Schwerpunkt bildet die Lehrerfortbildung, da auch in diesem Bereich Entwicklungen zu beobachten sind bzw. noch erwartet werden können.

3.1 Lehrerausbildung

3.1.1 Besonderheiten in der Lehrerausbildung in der Bundesrepublik Deutschland

Drei besondere Merkmale unterscheiden die Lehrerausbildung in der Bundesrepublik Deutschland von den entsprechenden Modellen in vielen anderen Ländern:

- An den Universitäten, in der ersten Phase der Lehrerausbildung, müssen zukünftige Lehrerinnen und Lehrer zwei Fächer studieren. Die Studienfächer beziehen sich in der Regel auf Schulfächer und können zumeist in beliebigen Kombinationen studiert werden. Ausnahmen gibt es vor allem für die Vorbereitung auf die Lehrtätigkeit in Grundschulen. Gerade für diesen Schultyp gibt es zwischen den Bundesländern erhebliche Unterschiede bei den Regelungen für das Studium. In allen Bundesländern sind außerdem für alle Studierenden schulbezogene Veranstaltungen in der Bildungswissenschaft und in den Fachdidaktiken der Unterrichtsfächer obligatorischer Bestandteil der Ausbildung. An der Universität werden Lehrer in der Regel theoretisch ausgebildet, Praxisphasen bis zu einem Semester Länge werden inzwischen überall eingeführt. Das Universitätsstudium dauert 8–10 Semester, die Verantwortung für die Inhalte liegt bei den Universitäten.
- An die Studien an einer Universität schließt sich eine zweite Phase an, in der die schulpraktische Ausbildung im

Bildungswissenschaft und Fachdidaktik bieten in der ersten Phase der Lehrerausbildung schulbezogene Veranstaltungen an

Mittelpunkt steht. Sie wird von den Schulministerien der Bundesländer verantwortet, die zukünftigen Lehrer (Referendare) werden von sog. Fachleitern (ehemalige Lehrer) in einer Schule ausgebildet, der sie zugeordnet sind. Während in der ersten Phase (in der Regel an einer Universität) die Studien der berufsbezogenen Grundlegung des Wissens in den beiden Fächern, in den fachbezogenen Didaktiken und in den pädagogisch-psychologischen Disziplinen dienen, ist die Ausbildung in der zweiten Phase eher pädagogisch-praktisch orientiert. Diese Aufteilung bedeutet aber nicht, dass die Ausbildung aus einem nur theoretischen und einem nur unterrichtspraktischen Teil besteht. Bereits in der ersten Phase erhalten die Studierenden vielfältige Möglichkeiten, beobachtend und aktiv an der Gestaltung von Unterricht teilzunehmen. In der zweiten Phase stehen die Erweiterung und die Vertiefung der während des Studiums erworbenen fachlichen, fachdidaktischen und bildungswissenschaftlichen Kompetenzen in engem Bezug zum Unterricht im Vordergrund. Wöchentliche Veranstaltungen, in denen fachspezifische didaktische und allgemeine unterrichtsbezogene Fragen erörtert werden, sind wesentlicher Ausbildungsteil in dieser Phase, die in den meisten Bundesländern 1,5 Jahre dauert.

Die zweite Phase der Lehrerausbildung ist schulpraxisorientiert

- In der zweiten Phase haben die Anwärter auf ein Lehramt regelmäßigen eigenverantwortlichen Unterricht durchzuführen (etwa 6–12 Unterrichtsstunden pro Woche). Während dieser Zeit erhalten die Anwärter ein Gehalt, das etwa ein Drittel der anfänglichen Bezahlung für ausgebildete Lerkräfte beträgt.

Lehrerfortbildung gehört zum professionellen Handeln der Lehrkräfte, ist aber nicht obligatorisch

- Die dritte Phase, die Lehrerfortbildung, ist nicht zentral organisiert und nicht obligatorisch. Die Lehrkräfte können sich in Fächern und Inhalten ihrer Wahl fortbilden, angeboten werden die Fortbildungen von Fachverbänden (z. B. der DPG), Universitäten und Landesinstituten für Lehrerfortbildung.

3.1.2 Die Vereinbarung von Bologna: Bachelor und Master

Die erste Dekade dieses Jahrhunderts ist von zahlreichen Reformen innerhalb der ersten Phase der Lehrerbildung gekennzeichnet. Als wichtigste Impulse für diese Veränderungen können zwei internationale Entwicklungen bezeichnet werden, die in Deutschland zunächst unabhängig voneinander wirkten, schließlich aber in einen integrierten Prozess mündeten. Als europapolitische Komponente dieses Prozesses kann die sog. Bologna-Erklärung von 1999 gelten, in der die europäischen Bildungsminister Grundsätze für abgestimmte Innovationen in den Hochschulen ihrer Länder festlegten (BMBF 1999). Eine deutsche Angelegenheit bildeten dagegen die vielfältigen Reaktionen auf die enttäuschenden Schülerleistungen, die zunächst in der TIMS-Studie, dann in verstärktem Maße in den PISA-Vergleichsstudien sichtbar wurden. Die Frage nach Möglichkeiten der Verbesserung der Schülerkompetenzen führte auch zu Überlegungen über notwendige Reformen in der Lehrerausbildung.

Die Vereinbarungen von Bologna sollen die Ausbildung an den europäischen Hochschulen vereinheitlichen

Im Zentrum der Bologna-Erklärung steht die Absicht, bis zum Jahr 2010 ein System „leicht verständlicher und vergleichbarer Abschlüsse" (BMBF 1999, S. 3) einzuführen und diese Vergleichbarkeit durch zwei Studienabschnitte zu bewirken, deren erster mindestens drei Jahre dauern soll. Der erfolgreiche Abschluss dieses Abschnitts (Bachelor) ist Voraussetzung für die Zulassung zum zweiten Abschnitt, der in der Regel mit dem Master abschließt. Ein Leistungspunktesystem soll im Verbund mit Ausbildungsmodulen, die jeweils durch Kompetenzziele beschrieben werden, den Wechsel der Hochschule erleichtern und damit die Mobilität der Studierenden fördern.

Der Vorschlag, für alle Studien ein Zwei-Stufen-Modell vorzusehen, hat für den Bereich der Lehrausbildung zu einer intensiven Kontroverse zwischen Vertretern zweier verschiedener Strukturmodelle geführt: In dem *konsekutiven Modell* wird zunächst durch die Konzentration auf das Fachstudium eine fachbezogene Wissensbasis (Bachelor) angeeignet, die in der zweiten Stufe (Magister) durch Kenntnisse aus den Fachdidaktiken und Bildungswissenschaften sowie durch Unterrichtserfahrungen in Praktika pädagogisch erweitert wird. In dem *integrierten Strukturmodell* findet das Fachstudium parallel zu den fachdidaktischen und erziehungswissenschaftlichen Studien statt.

Polyvalenz versus Professionalisierung

Die Diskussion über Vor- und Nachteile beider Modelle wurde lange Zeit von der Kontroverse Polyvalenz versus Professionalisierung beherrscht. Eine nicht zu starke Orientierung des Bachelorstudiums an den Anforderungen der Schule soll den Absolventen verschiedene Berufsoptionen offenhalten, den Bachelorabschluss also mehrfach verwertbar (polyvalent) gestalten. Die Gegenposition verweist auf die besonderen Schwierigkeiten des Lehrberufs und hebt hervor, dass sich professionelle Kompetenz umso eher entwickelt, je früher die im Studium zu erwerbenden fachwissenschaftlichen Inhalte mit didaktischen Aspekten verknüpft werden. Zwei Stellungnahmen, die nicht lange nach der Bologna-Erklärung erschienen, markierten die unterschiedlichen Standpunkte: In einem Bericht einer von der KMK zum Thema „Perspektiven der Lehrerbildung in Deutschland" eingesetzten Kommission wird für die Beibehaltung der integrierten Ausbildungsstruktur plädiert, da „eine ausgeprägte, am Lehrerberuf ausgerichtete

Professionalität eine gute Voraussetzung bietet, auch außerhalb des schulischen Bereichs beruflich Fuß zu fassen“ (Terhart 2000, S. 72). Ganz anders wird in einer Empfehlung des Wissenschaftsrats argumentiert. Bessere „Berufsperspektiven für verschiedene Handlungsfelder auch außerhalb der Schule“ sowie international einschlägige Qualifizierungsmöglichkeiten seien Gründe für die Einführung konsekutiver Modelle zumindest für die Lehrämter an Realschulen und Gymnasien (Wissenschaftsrat 2001, S. 46).

Die Kontroverse hat sich im Grunde bis heute nicht aufgelöst. Die verschiedenen Positionen zeigen, dass nicht nur über die möglichen Funktionen des Bachelor-Abschlusses im Beschäftigungssystem keine Klarheit herrscht, sondern dass es generell keine empirische Basis für Entscheidungen bezüglich der grundlegenden Frage nach einer optimalen Ausbildungsstruktur für zukünftige Lehrerinnen und Lehrer gibt. Unabhängig von empirischen Unterstützungen ist das Gegenüber der Positionen inzwischen in der Praxis zugunsten eines fast als Synthese zu bezeichnenden Ausbildungsmodells aufgelöst worden: In den meisten Bundesländern folgen die Studienordnungen für den Bachelor eher einer polyvalenten Ausrichtung, während im Masterstudium professionsorientierte Studienanteile vorherrschen.

Die lehrerausbildenden Hochschulen beklagen in einer Stellungnahme des Jahres 2006 die sich in der Vielfalt der Studienmodelle widerspiegelnde Unsicherheit, die aus dem Mangel an empirischen Daten resultiert. Sie sehen aber in dieser Situation, d. h. der Konkurrenz der Modelle – z. B. in der unterschiedlichen Auslegung des Begriffes Polyvalenz – eine profilbildende Möglichkeit für die Hochschulen (KMK 2005; HRK 2006).

3.1.3 Lehrerausbildung und Unterrichtskompetenz

Der von der Hochschulrektorenkonferenz (HRK) beklagte Mangel an sicherem Wissen über die Wirksamkeit verschiedener Ausbildungsmodelle betrifft nicht nur die erwähnten organisationsstrukturellen Alternativen, sondern auch die inhaltliche Gestaltung der Programme. Selbst die einfachsten Fragen können nur mit Vermutungen beantwortet werden: Welches Niveau des Fachwissens ist für Lehrkräfte notwendig? Auf das Physikstudium bezogen: Wie intensiv sollte die Quantenphysik studiert werden, damit der Oberstufenunterricht später fachlich kompetent gestaltet werden kann? Welchen Einfluss hat ein ausgeprägtes fachdidaktisches Wissen einer Lehrkraft auf ihr Unterrichtshandeln und schließlich auf das Lernen der Schülerinnen und Schüler? Welche Faktoren bestimmen das pädagogische Können einer Lehrkraft?

In diesen Fragestellungen sind einige Schlüsselbegriffe enthalten, die in der Diskussion über Konsequenzen des professionellen Wissens von Lehrenden oder über mögliche Folgen fehlenden Wissens eine wichtige Rolle spielen. *Fachliche Inhalte* bilden die Basis jeglichen Unterrichts, daher ist das Fachwissen der Lehrkraft zweifellos eine für den Unterricht zentrale Facette des Lehrerwissens. *Fachdidaktisches Wissen* ist involviert in die Überlegungen über intendierte und realisierte Lehr- und Lernprozesse, und *allgemeines pädagogisches Wissen* bildet den Hintergrund für Entscheidungen zu nicht fachbezogenen didaktischen und methodischen Aspekten des Unterrichts. Die Aufteilung des Lehrerwissens in diese drei Komponenten ist in der Forschung weitgehend unbestritten. In der Literatur zum Lehrerwissen findet man immer wieder Bezüge zu dem Vorschlag von Shulman (1986), der in einer Topologie des Lehrerwissens noch weitere Differenzierungen vorgenommen hat, die sich in der nachfolgenden Diskussion aber nicht durchgesetzt haben (Fischer et al. 2012).

Der Konsens über eine geeignete Klassifizierung des Lehrerwissens ist größer als der über den Zusammenhang zwischen Wissen und professioneller Handlungskompetenz. Daher gibt es vor allem hinsichtlich der Frage, in welchem Verhältnis praktisches Können und handlungsorientiertes Wissen zueinander stehen, grundverschiedene Betrachtungsweisen. Diejenigen Bildungsforscher, die davon ausgehen, dass das Handeln von Lehrkräften im Unterricht im Wesentlichen von ihrem Professionswissen (also vom Fachwissen, fachdidaktischen Wissen und allgemein-pädagogischen Wissen) bestimmt wird, betrachten praktisches Können als prozedurales Wissen und damit als eine im Prinzip analysierbare Komponente der professionellen Handlungskompetenz (Baumert und Kunter 2006; Cauet et al. 2015). „Könnerschaft (ist) niemals bloße Wissensapplikation", sondern erfordere die „Kunst der Kontextualisierung dieses Wissens auf besondere Fälle" (Neuweg 2005, S. 206; Neuweg 2006), mit dieser Aussage wird dagegen eine Position beschrieben, in der praktisches Können nicht allein aus dem prozeduralen Wissen erwächst, sondern wesentlich von Intuition und Improvisation geprägt ist. Entscheidungen in problembehafteten Unterrichtssituationen finden nämlich in der Regel unter Zeitdruck statt, in dem ein wohlüberlegter Rückgriff auf systematisch geordnetes Wissen nicht möglich ist. In diesem *Handeln unter Druck* (Wahl 1991) muss auf das in vergleichbaren Handlungen erworbene Repertoire von Beispielen rekurriert werden. Nach Schön (1983, S. 49; 1987, S. 66) geschieht das in intuitiv-improvisierender Weise, indem nämlich in der Situation selbst über deren charakteristische Kennzeichen und über mögliche Problemlösungen nachgedacht wird *(reflection in action)* und dabei Erfahrung, Reflexionsfähigkeit und Persönlichkeit

3

Der Zusammenhang zwischen Professionswissen und professionellem Handeln im Unterricht

des Akteurs mitwirken. Ergebnisse empirischer Untersuchungen unterstützen diese Sichtweise. Bei angehenden Lehrkräfte fand man nur wenige Zusammenhänge zwischen dem an der Universität erworbenen Fach- und fachdidaktischen Wissen auf der einen Seite und der Qualität des Unterrichts (Vogelsang 2014; Kirschner et al. 2016).

Die Bedeutung von Professionswissen für das Unterrichtshandeln einer Lehrkraft wird offensichtlich unterschiedlich gewichtet, auch wenn unbestritten ist, dass eine Wissensbasis notwendig ist, zu deren Aufbau die Lehrerausbildung beizutragen hat. Dieses Wissen ist etwa in der Planungsphase bei der Vorbereitung des Lehrerhandelns bedeutsam, leitet die Wahrnehmungen der Lehrenden in Unterrichtssituationen und hilft den Lehrenden, ihre Entscheidungen im Unterricht zu rechtfertigen. Die Vorstellung jedoch, fachdidaktisches Wissen steuere das Unterrichtshandeln mehr oder weniger vollständig, ist der Komplexität des Verhältnisses zwischen Wissen und Können nicht angemessen. Jegliche Planung für eine optimale organisatorische Struktur des Lehrerstudiums und ein an den Anforderungen des Lehrberufs orientiertes inhaltliches Angebot steht daher unter dem Vorbehalt fehlender empirischer Evidenz (Cauet 2016).

3.1.4 Reform der Studieninhalte

In dem selben Jahr, in dem die Hochschulrektorenkonferenz in ihrer Stellungnahme postulierte, dass „ohne eine stärkere Anerkennung von Fragen der Lehrerbildung in den Fachwissenschaften" eine Reform nicht gelingen kann, stellte die Deutsche Physikalische Gesellschaft Vorschläge für eine Reform der fachwissenschaftlichen Studien im Rahmen der Lehrerausbildung vor (DPG 2006). Ausgehend von der Erkenntnis, dass die bisher gemeinsame Ausbildung der Lehramtsstudenten mit Studierenden, die eine Karriere in Wissenschaft, Industrie oder Wirtschaft anstreben, „zu Lasten der Qualität der Lehrerausbildung" geht, befürwortet die DPG für das Fach Physik ein Studium *sui generis,* das sich in seiner eigenen Art an den „hohen Anforderungen eines modernen und zeitgemäßen Schulunterrichts orientiert" (DPG 2006, S. 4). Als wichtigste Konsequenzen aus dieser allgemeinen Zielsetzung können zwei Forderungen gelten, die den Lehrenden der Physik an den Hochschulen, bei begrenzten personellen Ressourcen der Gruppe der Physiklehrenden insgesamt, ein nicht unerhebliches Engagement für die Belange der Lehramtsstudierenden abverlangt: Hochschullehrer im Fachbereich Physik sollten solche Lehrformen entwickeln und anwenden, mit denen die Studierenden nach ihren eigenen Erfahrungen während ihres Studiums später als Lehrerinnen und Lehrer ihren

Unterricht „schülergerecht, mitreißend und begeisternd gestalten können" (DPG 2006, S. 9). Die wichtigste inhaltliche Komponente der DPG-Vorschläge ist in der Anregung enthalten, die Lehre nicht in der herkömmlichen Systematik zu strukturieren (Mechanik, Wärmelehre, Elektrodynamik, …), sondern die physikalischen Inhalte an übergreifenden Themen zu orientieren, z. B. an Themenbereichen wie Schwimmen-Strömen-Fliegen oder Erde-Wetter-Umwelt (s. auch Grossmann 2008).

Die DPG-Studie war nicht der erste Entwurf einer inhaltlichen Neuorientierung im Zuge der Reformanstrengungen in der Lehrerausbildung. „Beliebigkeit" sei kennzeichnend für das erziehungswissenschaftliche Studium der Lehramtsstudierenden, dieser vom Wissenschaftsrat (2001) als Vorwurf gedachten Charakterisierung des allgemein-pädagogischen Studienanteils treten die Deutsche Gesellschaft für Erziehungswissenschaft (DGfE 2004) mit einem (konsekutiven) Strukturmodell einschließlich eines Kerncurriculums und die KMK mit Standards für die Lehrerausbildung in den „Bildungswissenschaften" (KMK 2004) entgegen. In den KMK-Standards werden „theoretische Ausbildungsabschnitte" von „praktischen Ausbildungsabschnitten" unterschieden, wobei diese Teile schwerpunktmäßig, aber nicht prinzipiell den beiden Ausbildungsphasen Studium und Referendariat (zweite Phase) zugeordnet werden. Vier Kompetenzbereiche bilden die Grobstruktur: *Unterrichten, Erziehen, Beurteilen und Innovieren.* Mit elf Kompetenzen werden diese Felder konkretisiert. So heißt z. B. die dritte der im Kompetenzbereich „Unterrichten" aufgelisteten Kompetenzen: „Lehrerinnen und Lehrer fördern die Fähigkeiten von Schülerinnen und Schülern im selbstbestimmten Lernen und Arbeiten". Ein Beispiel aus dem Kompetenzbereich *Beurteilen* zeigt noch deutlicher, dass „sich Erziehung und Unterricht an fachlichen Inhalten vollziehen" (KMK 2004, S. 5): *Lehrerinnen und Lehrer diagnostizieren Lernvoraussetzungen und Lernprozesse von Schülerinnen und Schülern; sie fördern Schülerinnen und Schüler gezielt und beraten Lernende und deren Eltern.*

Die DPG fordert für den Lehrerberuf ein Studium, das keinem höheren Konzept untergeordnet werden kann *(sui generis)*

Jede der elf Kompetenzen umfasst jeweils bis zu fünf theoriebezogene und bis zu sieben praxisbezogene Standards. Da eine Gewichtung nicht zu erkennen ist, ist die Befürchtung nicht grundlos, dass bei der Auswahl von Themen für ein in begrenzter Zeit realisierbares Curriculum der Aspekt „Beliebigkeit" wiederum zum Problem wird.

Die angegebenen Kompetenzbeispiele sowie der zitierte Hinweis auf die Fachbezogenheit von Unterricht und Erziehung deuten darauf hin, dass in dem Verständnis der KMK-Standards der Sammelbegriff „Bildungswissenschaften" auch solche Themen umfasst, die gewöhnlich von den Fachdidaktiken als ihre Domänen angesehen werden. Vollends aus der Perspektive der Fachdidaktiken wurde von der Gesellschaft für Fachdidaktik (GFD) ein Kerncurriculum vorgelegt, das als Orientierungsrahmen für die fachdidaktischen Studienteile gedacht ist. Die mehr als zwanzig fachdidaktischen Fachgesellschaften haben sich als Mitglieder der GFD auf diese Grundstruktur verständigt.

Das Kerncurriculum Fachdidaktik (GFD 2004) enthält drei Module, mit zwei Alternativen für das erste Modul:

- Modul 1a: Grundlagen fachbezogenen Lernens und Lehrens
- Modul 1b: Grundlagen fachbezogenen Reflektierens und Kommunizierens
- Modul 2: Fachunterricht – Konzeptionen und Gestaltung
- Modul 3: Fachdidaktisches Urteilen und Forschen sowie Weiterentwickeln von Praxis

Zwischen den Bundesländern ist ein Kerncurriculum vereinbart

Eine wichtige Stellung in dem Curriculum nehmen die ersten Praxiserfahrungen im Fachunterricht ein (Modul 2). „Fähigkeiten zur reflektierten und kompetenten Bewältigung konkreter unterrichtspraktischer Aufgaben" stehen im Fokus, daher wird der Erwerb solcher Kompetenzen angestrebt, die mit der Vorbereitung, Durchführung und Analyse des Fachunterrichts zusammenhängen. Mit der Entwicklung der „Fähigkeit zum (exemplarischen) Planen und Gestalten eines strukturierten Lehrgangs" ist auch der Aufbau der Kompetenz verbunden, aus der Vielzahl von Planungs- und Gestaltungsfaktoren sinnvoll auswählen und die Einzelentscheidungen angemessen miteinander verknüpfen zu können.

Einen gewissen Endpunkt in der Entwicklung inhaltlicher Standards für die Lehrerausbildung stellt der Katalog von Anforderungen dar, den die KMK für die Bereiche Fachwissenschaften und Fachdidaktiken beschlossen hat (KMK 2008). Die als „Fachprofile" verstandenen Auflistungen, die für diejenigen Fächer vorgelegt wurden, die in den Prüfungsordnungen (nahezu) aller Bundesländer vorkommen, sollen „einen Rahmen inhaltlicher Anforderungen für das Fachstudium" bilden, innerhalb dessen Länder und Universitäten Schwerpunkte setzen, Differenzierungen vornehmen und Ergänzungen festlegen können.

Die Texte gliedern sich für jedes Fach in zwei Abschnitte: Die im Studium zu erreichenden Kompetenzen werden den für die Erlangung der Kompetenzen notwendigen inhaltlichen Schwerpunkten vorangestellt. Das Kompetenzprofil für die Physik spiegelt eine erhebliche Wendung von einem bisher vorherrschenden fachsystematisch geordneten Wissenskorpus zu einem professionsorientierten Profil wider.

Um zu ermessen, welche Wendung in der Physik das Verständnis einer angemessenen fachlichen Ausbildung genommen hat, nämlich vom fachsystematisch geordneten Wissenskorpus in der traditionellen Auffassung hin zu einer professionsorientierten Konzeption, müsste man herkömmliche Prüfungsordnungen für Staatsexamen mit dem fachspezifischen Kompetenzprofil der KMK-Standards vergleichen. Aber auch ohne vergleichende Analyse zeigt die Wiedergabe des Kompetenzprofils für die Physik die Orientierung an den vermuteten späteren beruflichen Anforderungen:

» Die Studienabsolventinnen und -absolventen verfügen über die grundlegenden Fähigkeiten für gezielte und nach wissenschaftlichen Erkenntnissen gestaltete Vermittlungs-, Lern- und Bildungsprozesse im Fach Physik. Sie
- verfügen über anschlussfähiges physikalisches Fachwissen, das es ihnen ermöglicht, Unterrichtskonzepte und -medien fachlich zu gestalten, inhaltlich zu bewerten, neuere physikalische Forschung in Übersichtsdarstellungen zu verfolgen und neue Themen in den Unterricht einzubringen,
- sind vertraut mit den Arbeits- und Erkenntnismethoden der Physik und verfügen über Kenntnisse und Fertigkeiten im Experimentieren und im Handhaben von (schultypischen) Geräten,
- kennen die Ideengeschichte ausgewählter physikalischer Theorien und Begriffe sowie den Prozess der Gewinnung physikalischer Erkenntnisse (Wissen über Physik) und können die gesellschaftliche Bedeutung der Physik begründen,
- verfügen über anschlussfähiges fachdidaktisches Wissen, insbesondere solide Kenntnisse fachdidaktischer Konzeptionen, der Ergebnisse physikbezogener Lehr-Lern-Forschung, typischer Lernschwierigkeiten und Schülervorstellungen in den Themengebieten des Physikunterrichts, sowie von Möglichkeiten, Schülerinnen und Schüler für das Lernen von Physik zu motivieren,
- verfügen über erste reflektierte Erfahrungen im Planen und Gestalten strukturierter Lehrgänge (Unterrichtseinheiten) sowie im Durchführen von Unterrichtsstunden.

(KMK 2008, S. 30).

Die Studieninhalte zeigen in den ersten Blöcken die üblichen Themenbereiche: Experimentalphysik, theoretische Physik, physikalische Praktika, Mathematik für Physik, wobei in der Regel zwischen Angaben für die Lehrämter der Sekundarstufe I und solchen für das Lehramt an Gymnasien/Sekundarstufe II unterschieden wird. Ein durchgängiges Kriterium für die Differenzierung ist ein „größerer Vertiefungsgrad" für die Inhalte der gymnasialen Vorbereitung. Im Bereich „Mathematik für Physik" ist dieser Vertiefungsaspekt aufgegeben zugunsten zusätzlicher Inhalte: Vektoranalysis, partielle Differenzialgleichungen, Hilbert-Räume, nichtlineare Dynamik. In einem Themenblock „Angewandte

Physik“ wird sichtbar, dass die vielfältigen Vorschläge für inhaltliche Reformen des Lehrerstudiums, etwa in der DPG-Studie, nun eine bildungspolitische Resonanz gefunden haben: Themen wie „Physik und Sport“ und „Klima und Wetter“ sind Beispiele für die Verknüpfung der Physik mit Kontexten des Alltags.

3

Physik in der Schule soll an Alltagskontexten orientiert sein

Ob allein mit dem Themenblock „Angewandte Physik“ und einer gebührenden Berücksichtigung physikdidaktischer Themen bereits ein Studium *sui generis* erreicht ist, wird wohl vor allem von den konkreten Ausgestaltungen an den Hochschulen abhängen. Erhebungen, die darüber Auskunft geben, gibt es noch nicht, aber vermutlich werden Probleme der Lehrkapazitäten vielfach verhindern, dass wesentliche Teile des Physikstudiums professionsorientiert gestaltet werden. Erste Umfragen, deren Ergebnisse in der Fortschreibung der DPG-Thesen von 2006 erscheinen werden, deuten an, dass am ehesten die Veranstaltungen zur theoretischen Physik lehramtsspezifisch angeboten werden, im Übrigen aber Engpässe in der Lehre grundlegende Reformen nicht möglich machen. Die Hochschulrektorenkonferenz (HRK 2006) argumentiert sicherlich im Sinne der meisten lehrerausbildenden Hochschulen, wenn sie deren Möglichkeiten von den Notwendigkeiten abgrenzt:

» Fachwissenschaftliche Lehre für künftige Lehrerinnen und Lehrer muss stärker als bisher auf ihre Qualifikationsziele abgestimmt werden, neue Lehr- und Lernformen sind auch hier notwendig. Jedoch erlauben die Ressourcen der Hochschulen es kaum, zusätzlich lehrerbildungsspezifische Lehre in den Fachwissenschaften anzubieten. (HRK 2006, S. 5)

Die Inhalte des Themenblocks „Physikdidaktik“ im von der KMK vorgelegten Fachprofil gehen sowohl in der Ausführlichkeit ihrer Beschreibung als auch im Spektrum der thematischen Breite nicht über das „Kerncurriculum Fachdidaktik“ der GFD hinaus (GFD 2004):

- fachdidaktische Positionen und Konzeptionen
- Motivation und Interesse
- Lernprozesse, Diagnose von Lernschwierigkeiten
- Planung und Analyse von Physikunterricht
- Aufgaben, Experimente und Medien
- fachdidaktische Forschung

3.1.5 Schulpraktische Studien

Besonderen Nachdruck legt der KMK-Abschlussbericht zu Perspektiven der Lehrerbildung (Terhart 2000) auf die Feststellung, dass alle drei Phasen der Lehrerbildung (erste und zweite Phase, Fort- und Weiterbildung) im Sinne eines lebenslangen Lernens als Einheit zu betrachten sind, die insgesamt eine „kohärente und kumulative Entwicklung der Kompetenz“ zu gewährleisten haben (Terhart 2000, S. 61).

Die berufsrelevanten wissenschaftlichen Grundlagen bilden den Schwerpunkt der ersten Phase, während die schulnahe Ausbildung in den Studienseminaren und Ausbildungsschulen des Vorbereitungsdienstes die Lehrer und Lehrerinnen zu selbstständigem professionellen Arbeiten befähigen soll. Trotz dieser tendenziellen Aufteilung in spezifische Theorie- und Praxisaufgaben haben schulpraktische Studien auch in der ersten Phase ihren unbestrittenen Platz. Von ersten Kontakten zur Berufsfelderkundung, „über begrenzte vorbereitete und angeleitete Versuche unterrichtlichen und erzieherischen Handelns bis zur Möglichkeit, dass Studierende sich selbst und ihre Ideen praktisch ausprobieren“ (Terhart 2000, S. 108), dieses breite Spektrum an Aufgaben wird den schulpraktischen Studien der ersten Phase zugewiesen.

Schulpraktische Studien und Praxissemester sollen Studierende wissenschaftlich an die Unterrichtspraxis heranführen

Auf die immer stärker werdenden Forderungen nach Ausweitung des schulpraktischen Angebots reagieren mehrere Hochschulen (vielfach nach Vorgabe der für die Lehrkräfteausbildung zuständigen Ministerien) inzwischen mit *Praxissemestern* in der Masterphase. In dieser längeren Praxisphase können die Studierenden die im Studium erworbenen fachwissenschaftlichen, fachdidaktischen und bildungswissenschaftlichen Kenntnisse und Fähigkeiten mit handlungsbezogenen Kompetenzzielen des Lehrerberufs verknüpfen.

Im Praxissemester kooperieren Dozenten der Hochschulen mit Lehrkräften (Mentoren) der Schulen und Fachleitern der zweiten Phase

An solche Praktika über den Zeitraum eines Semesters werden hohe Erwartungen geknüpft. Es gibt allerdings auch bereits Stimmen, die vor einem „Mythos Praktikum“ warnen (Hascher 2011) oder sogar eine deprofessionalisierende Wirkung solcher Praktika nicht ausschließen (Weyland 2014). Die wenigen empirischen Untersuchungen über die Wirkungen eines solchen Praxissemesters zeigen, dass auch in dieser Form Erfolge ganz stark von der Qualität der Betreuung, der Zusammenarbeit zwischen Hochschule und Schule und der Vor- und Nachbereitung der Praktika abhängen (Schubarth et al. 2012; Schied 2015; König et al. 2018). Ein Beispiel für eine differenzierte Betreuungsstruktur ist etwa die Zuordnung der an der Förderung der Studierenden beteiligten Verantwortlichen zu spezifischen Aufgaben der Betreuung: Sowohl die Dozenten der Hochschule als auch die für diese Aufgabe vorbereiteten Mentoren an den Schulen sowie Fachberater aus der zweiten Phase sind verantwortlich für die Förderung von Kompetenzen des Planens, Durchführens und Reflektierens von Unterricht, jeweils mit unterschiedlichen Schwerpunkten. Für Universitätsdozenten steht die Planung im Vordergrund, für Mentoren die Durchführung und für die Fachberater das Reflektieren von Unterricht.

Lehr-Lern-Labore werden entwickelt

In kleinerem Maßstab wird die Trias Planung-Durchführung-Reflexion in einigen Hochschulen durch die Aufgabenerweiterung der vielfach bereits vorhandenen Lern-Labors für Schülerinnen und Schüler angestrebt: Studierende erhalten das Angebot, in Lehr-Lern-Laboren mit Seminarcharakter (Dohrmann und Nordmeier 2016) mit kleineren Schülergruppen und der Teilnahme sowohl der anderen Studierenden des Seminars als auch der Expertise einbringenden Seminarleitung die Prozesse der Planung, Durchführung und Reflexion von Unterricht in komplexitätsreduzierter Praxis zu erleben. Die durch Reflexionen unterstützte Verknüpfung von Theorie und Praxis wird als entscheidender Vorteil dieses Formats angesehen. Untersuchungen ergaben signifikante Verbesserungen bei den Selbstwirksamkeitserwartungen und dem fachdidaktischen Wissen (Dohrmann et al. 2017; Dohrmann 2019).

3.1.6 Die zweite Phase der Lehrerbildung

Das Staatsexamen ist notwendige Voraussetzung für den Beruf als Lehrer oder Lehrerin

„Berufsfähigkeit“, nicht bereits „Berufsfertigkeit“, sollte die Kompetenz der Lehrerinnen und Lehrer am Ende der zweiten Phase kennzeichnen (Terhart 2000, S. 115). In den länderspezifischen Prüfungsordnungen für die Staatsprüfung am Ende des Vorbereitungsdienstes (Referendariats) sind Vorbereitung, Durchführung und Analyse von Unterricht, die gründliche Kenntnis der tragenden Aussagen in den Didaktiken der vertretenen Fächer sowie ein Überblick über wichtige Erkenntnisse der allgemeinen Didaktik und der pädagogischen Psychologie die wichtigsten Säulen im erwarteten Kompetenzspektrum der zukünftigen Lehrerinnen und Lehrer. Generell kann beobachtet werden, dass inhaltliche und strukturelle Prinzipien der Ausbildung während der Universitätsphase auch in der zweiten Phase ihren Niederschlag gefunden haben. Das betrifft vor allem die Kompetenzorientierung bei der Beschreibung der Ziele und die Aufteilung der Inhalte in Modulen. Als typisches Beispiel für die in den Ausbildungs- und Prüfungsordnungen formulierten Anforderungen kann eine Passage aus dem Lehrkräftebildungsgesetz in Berlin gelten. Der Vorbereitungsdienst „hat das Ziel, die während des Studiums erworbenen fachlichen, didaktischen und pädagogischen Kompetenzen, Erfahrungen und Fähigkeiten in engem Bezug zum Unterricht und zur Erziehungsarbeit zu erweitern und zu vertiefen“ (Senatsverwaltung Berlin 2014, § 10).

> Grundlage des Berliner Vorbereitungsdienstes sind zwei Module, das Modul „Unterrichten“ und das Modul „Erziehen und Innovieren“, die aus sechs bzw. vier Pflichtbausteinen bestehen … (Senatsverwaltung Berlin, 2017, S. 11)

Für jeden Baustein sind mehrere Standards und mögliche Inhalte angegeben (Senatsverwaltung Berlin 2017, 35–44). Die Bausteine für das Modul *Unterrichten* heißen: Grundlagen des Lehrerberufs, Grundsätze der Planung von Unterricht, Sprachbildung/

Sprachförderung, Unterrichtsarrangement, Leistung, Reflexion und Evaluation, Inklusion – Heterogenität wahrnehmen.

Das Modul *Erziehen und Unterrichten* umfasst die Inhaltsfelder: Erkennen von Entwicklungsprozessen von Schülerinnen und Schülern, Konflikte und Gewaltprävention, Entwicklung der Berliner Schule, Reflexion und Entwicklung von Werthaltungen.

Entsprechende Reformen haben in den meisten Bundesländern stattgefunden. Im Zusammenhang mit einer intensiveren Verschränkung von Masterphase und Referendariat, die z. B. durch die Einbeziehung von Fachberatern der zweiten Phase in das von der Hochschule verantwortete Praxissemester deutlich wird, wird es zu inhaltlichen Abstimmungen und evtl. zu einer Verkürzung des Vorbereitungsdienstes dort kommen, wo er zurzeit noch zwei Jahre umfasst. In den meisten Ländern dauert der Vorbereitungsdienst 18 Monate.

Kompetenzorientierung und Modularisierung strukturieren die erste und zweite Phase der Lehrerausbildung

Die zu beobachtende Verschränkung zwischen der Masterphase und der zweiten Phase, dem Vorbereitungsdienst, kann als zumindest partielle Realisierung einer Idee angesehen werden, die einen langjährigen Versuch an der Universität Oldenburg begleitete, die in den 1970er-Jahren des vorigen Jahrhunderts noch starke Trennung zwischen den beiden Ausbildungsabschnitten durch eine Integration in Form einer ‚einphasigen' Lehrkräfteausbildung zu überwinden. Die wissenschaftliche Begleitung ergab durchaus positive Effekte bei den Studierenden (Kriszio 1986). Dass dieser Versuch dennoch abgebrochen wurde, hatte eher politische als wissenschaftlich erhärtete Gründe. Dem Staat war die Alleinverantwortung der Universität in der Lehrkräftebildung nicht akzeptabel (Busch 1982).

3.2 Lehrerfortbildung

3.2.1 Lernen im Beruf

„Alle Lehrkräfte sind verpflichtet, sich regelmäßig fortzubilden", so heißt es lapidar im Berliner Lehrkräftebildungsgesetz (Senatsverwaltung Berlin 2014, § 17). Mit *Fortbildung* ist hier die Erweiterung theoretischer und praktischer Kenntnisse und Fähigkeiten innerhalb des fachlichen Rahmens, der durch die Ausbildung einer Lehrkraft gegeben ist, gemeint. Weiterbildung bedeutet dagegen in der üblichen Sprachregelung eine Zusatzqualifizierung, die über diesen fachlichen Rahmen hinausreicht, z. B. mit der Qualifizierung für das Fach Informatik zusätzlich zur vorhandenen Mathematik-Fakultas. Wegen der größeren Bedeutung für die meisten Lehrenden konzentriert sich die nachfolgende Erörterung auf die Fortbildung.

> Die Fortbildung der Lehrkräfte dient der Erhaltung und Erweiterung der für die Ausübung ihres Lehramtes erworbenen Kompetenzen, Kenntnisse und Fähigkeiten für die jeweiligen Anforderungen in ihrem Lehramt. Die Fortbildung ist ein unverzichtbarer Bestandteil der professionellen Entwicklung von Lehrkräften in ihrem pädagogischen Handeln. (Senatsverwaltung Berlin 2014, §17)

Diese Formulierung lässt offen, für welche Kompetenzen bei Lehrerinnen und Lehrern ein Fortbildungsbedarf und als Konsequenz daraus eine Fortbildungsauflage gesehen wird. Ist es das Fachwissen, sind es fachdidaktische Kenntnisse oder betrifft es allgemeine pädagogische Fähigkeiten, wenn erwartet wird, dass Lehrerinnen und Lehrer nach Studium und Referendariat auch weiterhin lernen? Auch über Formen, innerhalb deren Fort- und Weiterbildung stattfinden sollte, wird nichts ausgesagt. Die Erfahrungen innerhalb des gesamten Fortbildungsbereichs zeigen, dass diese Offenheit durchaus ihren Sinn hat, denn sowohl in den Physikthemen als auch bezüglich unterrichtsmethodischer Fragen sind in den letzten Jahren Anpassungen an jeweils aktuelle fachwissenschaftliche Entwicklungen (z. B. Nano-Physik) oder fachdidaktische Erkenntnisse (z. B. Rolle des Experiments) vollzogen worden. Die zunehmenden Bemühungen, Fortbildungsprojekte empirisch zu begleiten, haben darüber hinaus bereits Ergebnisse gebracht, die Hinweise auf geeignete Formen und Themen der Fortbildung liefern (Zander et al. 2013; Hofmann und von Aufschnaiter 2014). Die relativ geringen strukturellen Vorgaben in der Fortbildung ermöglichen flexible Antworten auf kurzfristig entstehende Bedarfssituationen.

Dem „Lernen im Beruf" (Terhart 2000, S. 125) wird von vielen Seiten eine immer intensiver werdende Aufmerksamkeit gewidmet, da die in den letzten Jahren gewonnenen empirischen Befunde in der Unterrichtforschung erhebliche Defizite sichtbar gemacht haben, auf die vor allem Lehrkräfte reagieren müssen. Die „dritte Phase" der Lehrerbildung zeichnet sich gegenüber den ersten beiden Phasen u. a. dadurch aus, dass sie einen wesentlich größeren Zeitraum innerhalb der Berufsbiografie der Lehrkraft umfasst, einen stärkeren Praxisbezug aufweist und in dem Fall, dass keine Funktionsstellen angestrebt werden, von einer größeren Selbstbestimmung bei der Wahl von Zeiträumen und Themen gekennzeichnet ist (von der generellen Auflage, sich um Fortbildung zu kümmern, abgesehen).

Während es für die Erstausbildung diverse Vereinbarungen zwischen den Bundesländern für Strukturen und Inhalte gibt und für die zweite Phase mit den Standards Bildungswissenschaften (KMK 2004) wenigstens ein Rahmen für die praktischen Ausbildungsabschnitte existiert, ist der Bereich Fort- und

Weiterbildung gänzlich den länderspezifischen Regelungen überlassen. In dieser Situation ist es nicht einfach, eine allgemeine Orientierung zu geben, und an Fort- und Weiterbildung Interessierte werden sich über lokale und regionale Bedingungen fallweise informieren müssen. In den einzelnen Bundesländern wird das Angebot in der Regel durch schulbezogene Landesinstitute koordiniert, die jeweils unterschiedliche Aufgaben und Strukturen haben. Eine Übersicht bietet der Bildungsserver des Deutschen Instituts für Pädagogische Forschung an (DIPF 2018). Generell kann aber festgestellt werden, dass das Angebot nicht gerade üppig ist; gemessen an der Bedeutung, die dem Lernen im Beruf allgemein zugewiesen wird, ist es geradezu dürftig. Infolge dieser Mangelsituation wächst die Verantwortung der Lehrenden, Formen der Fort- und Weiterbildung zu finden, die die Möglichkeiten ihres engeren Arbeitsumfeldes in der Schule ausschöpfen.

3.2.2 Kriterien für erfolgreiche Lehrerfortbildung

Lehrerfortbildung ist heterogen und oft ohne übergeordnete Ziele

Berichte über empirisch kontrollierte Fortbildungsprojekte zeichnen kein einheitliches Bild. Das gilt auch für Projekte aus dem naturwissenschaftlichen Bereich. Letztlich kommt es auf die konkreten Bedingungen an, unter denen Veranstaltungen zur Fortbildung stattfinden. Erfolgreiche Projekte weisen auf förderliche Faktoren hin: In einem Kurs, der anderthalb Jahre dauerte und in dem sich Theoriephasen mit praktischen Demonstrationen und Erprobungen abwechselten, konnte ein Abbau der Kluft zwischen Handlungsabsichten und Unterrichtshandeln erreicht werden (Luft 2001). Dass diese Veränderung als wichtiger Erfolg gebucht werden kann, wird deutlich, wenn man die zahlreichen Berichte über erhebliche Diskrepanzen zwischen Absicht und Handeln auch bei erfahrenen Lehrkräften zur Kenntnis nimmt (Rodriguez 1993; Fischler 1994). In dem von Luft (2001) beschriebenen Kurs waren es offensichtlich die Langfristigkeit der Bemühungen und die Nähe zur Praxis, die als positive Faktoren das Ergebnis beeinflussten. Generell lassen sich der Forschungsliteratur die folgenden förderlichen Kennzeichen entnehmen (Carle 2000; Darling-Hammond und McLaughlin 1995; Garet et al. 2001; Loucks-Horsley et al. 1998):

- Es bedarf größerer Zeiträume für Veränderungen im Denken und Handeln von Lehrenden. Herkömmliche Kursformen, in denen oft ein kontinuierliches Engagement der Teilnehmer sowie eine Rückkopplung aus der Praxis fehlen, haben nur geringe Aussichten auf nachhaltige Wirkungen.

- Denken und Handeln von Lehrenden sind in der Regel tief verwurzelt in pädagogischen und didaktischen Überzeugungen, die sich in der Einschätzung der Lehrenden bisher bestens bewährt haben. Neue Ideen haben daher nur dann eine Chance, auf den Unterricht einzuwirken, wenn Lehrende bei der Umsetzung dieser Anregungen in die Praxis gute Erfahrungen sammeln können.
- Veränderungsprozesse im Denken und Handeln von Lehrenden sind nur dann zu erwarten, wenn sie bei den vorhandenen Vorstellungen und Erfahrungen ihren Ausgang nehmen (Tillema 1994; Borko und Putnam 1995).
- Dem Argument vieler Lehrender, Fortbildung stelle eine zusätzliche berufliche Belastung dar, kann mit Inhalten und Verfahren der Fortbildung begegnet werden, die eine Integration der Fortbildungsarbeit in die täglichen Arbeitsprozesse ermöglichen (Garet et al. 2001).
- Es macht wenig Sinn, wenn eine Lehrkraft in einer Veranstaltung zur Fortbildung wichtige Anregungen erhält, zu deren Umsetzung im eigenen Unterricht aber nur wenig Unterstützung erfährt. Eine kollegiale Zusammenarbeit als *peer coaching* in Fachgruppen oder in Tandems ist für die Festigung neuer Ideen in der Praxis unabdingbar (Carle 2000; Burbank und Kuchak 2003).

3.2.3 Bundesweite Fortbildungsprogramme

Neben zahlreichen regional angebotenen Veranstaltungen zur Fortbildung gibt es einige Projekte, die bundesweite Bedeutung besitzen und auch in den Fällen, in denen die länderübergreifende Arbeit eingestellt wurde, immer noch Hilfen anbieten, und zwar entweder durch ein Materialangebot im Internet oder durch länderspezifische Ausschlussprojekte. Die folgende Übersicht und die sich anschließenden Kurzbeschreibungen zeigen, dass sich der interessierten Lehrkraft durchaus zahlreiche Möglichkeiten anbieten. Das Hauptkriterium für die Auswahl der nachfolgend aufgelisteten Projekte und Projektträger ist ihre überregionale Verbreitung und damit die Zugänglichkeit der Angebote:
- SINUS-Transfer (Bund-Länder-Kommission)
- Physik im Kontext (Bundesministerium für Bildung und Forschung)
- fobi-Φ (vormals fobinet; Deutsche Physikalische Gesellschaft, DPG)
- Physikzentrum der DPG
- Deutscher Verein zur Förderung des mathematischen und naturwissenschaftlichen Unterrichts (MNU)

SINUS-Transfer hatte als vom Bund und den Ländern unterstütztes Programm die „Steigerung der Effizienz des mathematisch-naturwissenschaftlichen Unterrichts" zum Ziel (IPN 2007). Es lief im Jahr 2007 aus und wird seitdem in einigen Ländern in Eigenverantwortung fortgesetzt. Die Fülle der in diesem Projekt entwickelten Materialien ist weiterhin (im Internet) zugänglich.

Das Projekt folgte im Wesentlichen den oben beschriebenen Kriterien und erreichte mit der Kombination von zentraler Unterstützung und verschiedenen Formen der Kooperation – innerhalb der Schulen und auch zwischen den Schulen einer Region – bemerkenswerte Erfolge. Die inhaltlichen Schwerpunkte sind in elf Modulen beschrieben, die jeweils Teilaspekte einer zu verändernden Unterrichtskultur betreffen. Beispiele sind: Weiterentwicklung der Aufgabenkultur, kumulatives Lernen, Förderung von Jungen und Mädchen, Erfassen von Kompetenzzuwachs. Ostermeier (2004) berichtet über eine große Akzeptanz des Programms bei den Lehrkräften, über die erreichte Kooperation zwischen ihnen und über die Verwendbarkeit der angegebenen Materialien.

Physik im Kontext (Piko) lief als Projekt des Bundesministeriums für Bildung und Forschung bis zum Jahre 2007, bietet aber im Internet immer noch Materialien für weiterführende Aktivitäten an (IPN 2010; Mikelskis-Seifert und Duit 2007). Als Leitlinien galten folgende Ziele:

- Eine neue Lehr-Lern-Kultur entwickeln
- naturwissenschaftliches Denken und Arbeiten fördern, Anwenden von Wissen unterstützen
- Grundideen moderner Physik und moderner Technologien vermitteln

Die organisatorische Struktur war der bei SINUS-Transfer ähnlich: Zentrale Koordination und Eingabe von Arbeitshilfen, Bildung von Schulsets als Rahmen für die Kooperation zwischen Lehrerteams unter Mitarbeit von Fachdidaktikern.

fobi-Φ: Das von der Deutschen Physikalischen Gesellschaft (DPG) und von der Wilhelm und Else Heraeus-Stiftung geförderte Projekt verfolgt die folgenden Ziele:

» Durch fobi-Φ sollen Veranstalter physikbezogener Fortbildungen für Lehrerinnen und Lehrer aller Schularten (einschließlich Grundschule) unterstützt werden. Insbesondere sollen Lehrkräfte und Schulen ermutigt werden, interne Fortbildungen zu initiieren und dafür Referenten einzuladen. Auch Universitäten, Forschungseinrichtungen, Schülerlabore etc. sollen motiviert werden, regelmäßige Fortbildungstage oder Vortragsreihen für Lehrerinnen und Lehrer durchzuführen. (DPG 2012)

Ein Flyer der DPG nennt Beispiele für Lehrerfortbildungen, die von fobinet finanziell unterstützt wurden und in dem Nachfolgeprojekt fobi-Φ weiterhin gefördert werden können:

- Physik fachfremd unterrichten
- Schwimmen, Schweben, Sinken – eine Fortbildung für Grundschullehrkräfte
- Schulastronomie mit modernen zur Verfügung stehenden Technologien

Physikzentrum der DPG: Seit Längerem sieht die Deutsche Physikalische Gesellschaft die Lehrerfortbildung als ein wichtiges Mittel an, durch die Qualifizierung der Lehrenden den Physikunterricht attraktiver zu machen und damit sowohl das Interesse an Physik und Technik in der Bevölkerung insgesamt anzuheben als auch die Entwicklung des wissenschaftlichen Nachwuchses zu fördern. Im Tagungshaus (Physikzentrum, Bad Honnef) werden in jedem Jahr mehrere in der Regel einwöchige Lehrerfortbildungen angeboten (▶ www.pbh.de/index.shtml).

MNU: Als „Verband zur Förderung des MINT-Unterrichts" (MNU) betrachtet dieser Verband die Fortbildung von Lehrerinnen und Lehrer als eines seiner wichtigsten Anliegen (▶ www.mnu.de). Im Mittelpunkt der Jahreshauptversammlungen steht ein mehrtägiges, umfangreiches Fortbildungsprogramm, während die Landesverbände Veranstaltungen anbieten, die mit regionalen Erfordernissen abgestimmt sind.

3.2.4 Regionale Lehrerfortbildung

Die oben genannten Kriterien für eine erfolgreiche Lehrerfortbildung deuten darauf hin, dass die Regionalisierung der Fortbildung eine wichtige Maßnahme zur Verstärkung ihrer Effizienz sein kann, wobei das Erfolgsmaß die dauerhafte Verbesserung des Unterrichts einer Lehrkraft ist. In den letzten Jahren ist daher eine Tendenz in der Entwicklung von Fortbildungsmodellen zu beobachten, und zwar in Richtung auf eine Dezentralisierung der Angebote. Dass damit das gesamte Fortbildungssystem noch heterogener und unübersichtlicher wird, ist verständlich, und die Beschreibung eines Beispiels ist daher mit der Unsicherheit verknüpft, ob es repräsentativ wenigstens für einen Teil des gesamten Angebots ist.

In den meisten Bundesländern sind die einzelnen Verwaltungsbezirke für die Lehrerfortbildung zuständig, das wird wohl als geeignete regionale Einheit angesehen. Qualifizierte Lehrkräfte werden teilweise von ihrem Stundendeputat entlastet und übernehmen als Multiplikatorinnen bzw. Multiplikatoren Aufgaben, die schul- und regionalbezogen sind.

Die Multiplikatorinnen und Multiplikatoren setzen vor allem fachliche Vorgaben sowie schulische Entwicklungsvorhaben und Querschnittsaufgaben bedarfsgerecht um.

- Zu Regionalkonferenzen werden die in den Schulen für das Fach oder den Fachbereich Verantwortlichen eingeladen, damit sie Erfahrungen über aktuelle Probleme in ihren Schulen austauschen und Hinweise auf die Gestaltung von Konferenzen innerhalb ihrer Lehrergruppe(n) erhalten können.
- Schulinterne Fortbildungen, die dem internen Austausch dienen und, evtl. mit externer Hilfe, Entwicklungsprozesse fördern, werden mit Beratung unterstützt.
- Kooperation in Schulteams wird von Multiplikatoren angeregt, begleitet und unterstützt. Auch die koordinierte Arbeit von Lehrerteams verschiedener Schulen einer Region gehört in dieses Konzept, das die Einrichtung und Pflege regionaler Netzwerke anstrebt (Senatsverwaltung 2020).

Organisation und Durchführung von Veranstaltungen zur Fortbildung, die Einberufung und Leitung von Konferenzen, Beratung von Schulen und Lehrergruppen, Initiierung von Kooperationen, Mitarbeit bei der Akquise von Fortbildungsangeboten und Teilnahme an Fortbildungsveranstaltungen anderer Anbieter, diese Palette von Aufgaben erfordert besondere Fähigkeiten der Multiplikatoren. Ihre Qualifizierung geschieht in den meisten Bundesländern in entspechenden Landesinstituten.

Die Idee der regionalen Fortbildung verspricht, die Lehrkräfte in ihrer täglichen Arbeit zu erreichen, sie bei der Planung von Unterricht zu unterstützen und ihnen Hilfen für nachhaltige Verbesserungen ihres Unterrichtshandelns anzubieten. Dass dieses Versprechen in vielen Fällen eingelöst wird, liegt daran, dass die Anregungen für die Lehrkräfte sehr unterrichtsnah sind und zugleich, über den Horizont ihrer eigenen Arbeit hinausreichend, die Erfahrungen anderer einbeziehen.

3.2.5 Schulinterne Lehrerfortbildung

Nicht immer ist es möglich und manchmal von den Lehrkräften einer Schule auch nicht gewünscht, außerschulische Kooperationen zu etablieren. Die schulinterne Lehrerfortbildung konzentriert sich auf die Bedingungen und Erfordernisse des direkten Arbeitsumfeldes der beteiligten Lehrkräfte. Für die konkrete Ausgestaltung von individuellen oder in Gruppen geplanten Vorhaben, die im Rahmen der schulischen Arbeit eine Weiterentwicklung der Unterrichtskompetenz zum Ziele haben, gibt es verschiedene Möglichkeiten. Allen Verfahren gemeinsam ist, dass jede Bemühung einer Lehrkraft, allein oder in kollegialer Zusammenarbeit dauerhafte Veränderungen im

Unterrichtshandeln zu erreichen, der Unterstützung in Form eines Feedbacks bedarf. Rückmeldungen geben Impulse für Reflexionen über getroffene Entscheidungen und ihre Konsequenzen, indem sie eingeschlagene Wege bestätigen, korrigierend dort wirken, wo die geplanten Veränderungsprozesse nicht optimal verlaufen, oder Signale senden, wenn die beobachteten Abläufe sich von den Intentionen, mit denen Veränderungen begonnen wurden, allzu weit entfernen. Als Quelle für Rückmeldungen kommen sowohl Schüler(innen) als auch Lehrer(innen) infrage.

Schülerrückmeldungen liefern einer Lehrkraft wichtige Informationen sowohl über die Resonanz auf ihre Bemühungen, den Unterricht zu verändern, als auch generell über die Einschätzungen der Schülerinnen und Schüler zum erlebten Unterricht (Fischler 2006a). Fühlen sich meine Schülerinnen und Schüler gefördert und gefordert? Sind meine Anforderungen angemessen? Unterstütze ich die Lernenden, sodass sie den Eindruck haben können, ich kümmere mich um ihre Lernprobleme? Wird das Lernklima positiv gesehen? Antworten auf diese und viele andere Fragen können in „Gesprächsrunden" oder mit Fragebögen gesammelt werden (weiterführende Literatur und Beispiele finden sich bei Fischler 2006a und Schröder 2006).

Kollegiale Rückmeldungen setzen voraus, dass Einblick in das eigene Unterrichtshandeln gewährt wird. Das ist eine Bedingung, für die in deutschen Schulen die Basis fehlt, d. h. es ist hierzulande nicht gerade üblich, dass Lehrkräfte ihre Klassenzimmer für den Besuch von Kolleginnen und Kollegen öffnen. Dort jedoch, wo dieses geschieht, sind die Chancen für kooperative Unternehmungen, die allen Teilnehmern Vorteile bringen, beträchtlich, zumal dann, wenn für Unterrichtsbeobachtungen und Gespräche darüber vorweg Vereinbarungen getroffen werden:

- Die Festlegung von Beobachtungskriterien fokussiert auf Aspekte des Unterrichts, die Unterrichtenden und Beobachtern gleichermaßen wichtig sind, und erschwert pauschale Urteile über die Qualität des gesehenen Unterrichts. Solche Urteile können leicht zu Missverständnissen und Verstimmungen führen. Eine Liste möglicher Beobachtungskriterien wird bei Labudde (2006) wiedergegeben.
- Vorab festgelegte Regeln für eine kollegiale Rückmeldung beinhalten konstruktive Rückmeldungen und aktives Zuhören. Was das im Einzelnen heißt, kann der Literatur über eine erstrebenswerte Gesprächskultur entnommen werden (Labudde 2006).

Feedback kann auf der Basis von Beobachtungen, aber auch mithilfe von Videoaufzeichnungen stattfinden. Letztere bieten die Chance, Details des Unterrichts in aller Ruhe und in

Wiederholungen zu betrachten. Beides ist weder Selbst- noch Fremdbeobachtern während des Unterrichts oder danach möglich. Die Vorteile solcher Aufzeichnungen sind offensichtlich, und weder die nicht schwer zu überwindenden technischen Probleme noch die nur anfänglich vorhandene Hemmschwelle sind akzeptable Gründe, auf dieses hilfreiche Werkzeug zu verzichten (Brophy 2004; Welzel und Stadler 2005; Krammer und Reusser 2004). Sind die Hürden für die Herstellung eigener Aufzeichnungen wirklich zu hoch, kann auf Unterrichtsvideos zurückgegriffen werden, die an anderen Stellen entstanden und Interessierten zugänglich sind (Fischler 2006b). Holodynski et al. (2013) haben eine Reihe von Unterrichtsvideos hergestellt, die zwar primär als Hilfen für Lehrkräfte der Grundschule gedacht sind, aber wegen der Themen (z. B. Magnetismus, Schall, Schweben und Sinken) durchaus auch für Erörterungen von fachdidaktischen Aspekten der Sekundarstufe I geeignet sind.

Videofeedback wird neues Element aller Ausbildungsphasen

Eine fragen- und zielorientierte Beobachtung von Unterrichtsvideos kann man sich mindestens in drei verschiedenen Konstellationen vorstellen:

- Eine Lehrkraft nimmt ihren eigenen Unterricht auf und erhält damit die Möglichkeit, einzelne Szenenfolgen des Unterrichts in Ruhe zu beobachten und Details in einer Gründlichkeit zu beobachten, die unter dem Handlungsdruck des Unterrichts nicht annähernd erreichbar ist.
- Die Lehrkraft stellt ausgewählte Szenen ihres aufgezeichneten Unterrichts in einer Gruppe von Kolleginnen und Kollegen zur Diskussion. Gesprächsfördernd sind Impulse aus einer ersten Analyse, die die Richtung weiterer Erörterungen vorgeben kann. Besonders hilfreich für alle Beteiligten ist es, wenn der aufgenommene Unterricht Teil eines von allen Diskussionsteilnehmern getragenen Projekts ist.
- Den an der Diskussion über konkreten Unterricht interessierten Lehrerinnen und Lehrern steht keine eigene Aufnahme zur Verfügung. In diesem Fall können sie eines der Videos verwenden, die auf dem kleinen Markt der Aufzeichnungen angeboten werden. Bei hinreichend gründlicher Prüfung der auf den Videos angesprochenen inhaltlichen Schwerpunkte können die darin präsentierten Unterrichtsthemen und die Erörterungswünsche aufeinander abgestimmt werden.

Feedbacks in den beschriebenen Kontexten, im Anschluss an gegenseitige Unterrichtsbesuche oder bei Gesprächen mit eigenen oder fremden Aufzeichnungen von Physikunterricht, „bieten sehr günstige Voraussetzungen, um die in uns Lehrkräften steckenden Potenziale vermehrt auszuschöpfen, um untereinander, voneinander und übereinander zu lernen, um uns neue Wege des Lehrens zu eröffnen, um den Schülerinnen und Schülern neue Wege des Lernens der Physik zu erschließen" (Labudde 2006, 32).

3.2.6 Unterrichtsvideos in der Lehrerausbildung

Die in ▶ Abschn. 3.2.5 erwähnten Vorteile bei der Verwendung von Unterrichtsvideos gelten nicht nur für den Bereich der schulinternen Fortbildung, sondern generell für alle Phasen der Lehrerbildung. Als Resümee aus zahlreichen Berichten über Projekte mit aufgezeichnetem Unterricht gibt Brophy (2004) weit mehr als ein Dutzend Begründungen für die Einbeziehung videobasierter Arbeitsverfahren in die Lehrerbildung an. Eine kleine Auswahl soll die Breite der Verwendungsmöglichkeiten illustrieren:

- Bei der wiederholten Analyse von Unterrichtsvideos kann auf jeweils verschiedene Aspekte des Geschehens im Unterricht fokussiert werden.
- Videos zeigen Lehrende und Lernende, sodass das Unterrichtsgeschehen aus beiden Perspektiven betrachtet werden kann.
- Aufzeichnungen über längere Zeiträume geben Auskunft über Entwicklungen der professionellen Kompetenz von Lehrenden und über Veränderungen in der Mitarbeit von Lernenden.
- Unterrichtsvideos, die in anderen Zusammenhängen aufgenommen wurden, können einer Lehrkraft Lernumgebungen zeigen, die sie als Anregungen für den eigenen Unterricht wahrnimmt (z. B. methodische Arrangements, die zu höherer Schülerbeteiligung motivieren).
- Geplante Variationen eines Unterrichtskonzepts ermöglichen Vergleiche und Analysen.
- Aufzeichnungen können im Detail auch nonverbale Interaktionen zwischen den im Unterricht Agierenden wiedergeben.

Dem breiten Spektrum der Anwendungsmöglichkeiten für Unterrichtsaufzeichnungen in der Lehrerausbildung entspricht eine große Vielfalt von Einsätzen in der fachdidaktischen Unterrichtsforschung. Kaum ein Projekt, das Lehr- und Lernprozesse gerade in den Naturwissenschaften untersucht, arbeitet ohne dieses Werkzeug (Seidel et al. 2006; Fischer und Neumann 2012).

3.3 Zusammenfassung und Ausblick

Die PISA-Studien und die Bologna-Erklärung wurden im einleitenden Abschnitt als Impulsgeber für inhaltliche und organisatorische Reformen der Lehrerausbildung in der ersten Phase bezeichnet. Die Entwicklungen in beiden Reformbereichen haben zu einer Situation geführt, in der zwar gewisse Tendenzen sichtbar sind, aufgrund der Zuständigkeit der Bundesländer aber erhebliche Unterschiede in den Strukturen und Curricula der

Studienangebote bestehen. Das in der Vereinbarung von Bologna festgelegte Ziel, in Europa ein System „leicht verständlicher und vergleichbarer Abschlüsse“ einzuführen, konnte innerhalb Deutschlands nur begrenzt realisiert werden. Unter dem Dach der Bachelor-Master-Struktur, die in den meisten, aber nicht allen Bundesländern eingeführt wurde, hat sich eine Vielfalt von Modellen etabliert. Unterschiede gibt es z. B. in der Gewichtung der Studienfächer in den beiden Studienabschnitten sowie im Umfang und in der Platzierung fachdidaktischer Studienanteile.

Die Reformimpulse haben jedoch ziemlich durchgängig zu einer stärkeren Professionsorientierung in vielen Studienplänen der lehrerausbildenden Hochschulen geführt. Freilich gab es und gibt es immer noch Widerstände bei der praktischen Umsetzung. Zu den reformhemmenden Faktoren gehören primär Kapazitätsprobleme in der Lehre, in dem Studienfach Physik und in der Physikdidaktik gleichermaßen. In der Physik ist diese Situation mehr als bedauerlich, da mit den Vorschlägen der DPG für eine Reform des Lehramtsstudiums eine erstaunliche Neujustierung der Vorstellungen über die für den Physikunterricht notwendigen Kompetenzen einer Lehrkraft stattgefunden hat. Mit konsequenteren Veränderungen in den Curricula bestünde die Aussicht, dass die auch nach Einführung der Bachelor-/Masterstruktur immer noch hohen Abbrecherquoten reduziert werden könnten (Schmidt und Nordmeier 2009).

Professionsorientierung entwickelt sich in allen Ausbildungsphasen

Die Fachdidaktiken haben generell an Bedeutung gewonnen, nicht nur in den Stellungnahmen von KMK, HRK und landesspezifischen Regelungen, sondern auch in den Studienplänen der Hochschulen. Aber auch hier schränken Kapazitätsprobleme und die in manchen Physik-Fachbereichen noch anzutreffende Zurückhaltung bei der Ausstattung der Physikdidaktik mit Professuren die in den Empfehlungen angeratenen Standards der Lehre stark ein.

Studierende, die sich für ihre Arbeit als Physiklehrerin oder Physiklehrer vorbereiten, werden trotz der stärker gewordenen Professionsorientierung des Studienangebots der ersten Phase immer noch Defizite in der Ausbildung erkennen. Eine der bisher am häufigsten vorgebrachten Klagen der Studierenden betrifft die geringen Möglichkeiten, unterrichtspraktisch tätig zu sein, sodass Studierende schon während des Studiums befürchten, den späteren Anforderungen an die Fähigkeit zu unterrichten, nicht erfüllen zu können, oder bei Beginn ihrer beruflichen Tätigkeit von einem Gefühl beherrscht werden, schlecht vorbereitet worden zu sein („Praxisschock“). Die Situation ändert sich gerade durch die Einführung eines Praxissemesters, für das allerdings noch keine robusten empirischen Belege vorliegen. Generell gilt für jedes Modell der Lehrerausbildung, dass die empirische Basis eindeutige Präferenzen für die eine oder andere Lösung der Ausbildungsprobleme nicht zulässt.

Literatur

Baumert, J. & Kunter, M. (2006). Stichwort: Professionelle Kompetenz von Lehrkräften. *Zeitschrift für Erziehungswissenschaft, 9*, 469–520.

BMBF (1999). Der Europäische Hochschulraum. Gemeinsame Erklärung der Europäischen Bildungsminister, 19. Juni 1999. Bologna. ► https://www.bmbf.de/files/bologna_deu.pdf Englische Version: ► http://media.ehea.info/file/Ministerial_conferences/02/8/1999_Bologna_Declaration_English_553028.pdf (Zugriff Febr. 2020).

Borko, H. & Putnam, R. T. (1995). Expanding a teacher's knowledge base: A cognitive psychological perspective on professional development. In T. Guskey & M. Hubermann (Hrsg.), *Professional development in education: New paradigms and practices* (S. 35–65). New York: Teachers College Press.

Brophy, J. (Hrsg.) (2004). *Using Video in Teacher Education.* Amsterdam: Elsevier.

Burbank, M. D. & Kuchak, D. (2003). An alternative model for professional development: investigations into effective collaboration. *Teaching and Teacher Education, 19*, 499–514.

Busch, F. (1982). The ‚One-Phase' Approach to Teacher Education in West Germany. *European Journal of Teacher Education, 5* (3), 169–177.

Carle, U. (2000). *Was bewegt die Schule?* Hohengehren: Schneider.

Cauet, E. (2016). *Testen wir relevantes Wissen? Zusammenhang zwischen dem Professionswissen von Physiklehrkräften und gutem und erfolgreichem Unterrichten.* Berlin: Logos.

Cauet, E., Liepertz, S., Borowsky, A. & Fischer, H. E. (2015). Does it matter what we measure? Domain-specific professional knowledge of physics. *Revue suisse des sciences de l'éducation, 37* (3), 463–480.

Darling-Hammond, L. & McLaughlin, M. W. (1995). Policies that Support Professional Development in an Era of Reform. *Phi Delta Kappan, 76*, 597–604.

DGfE (2004). Deutsche Gesellschaft für Erziehungswissenschaft. *Strukturmodell für die Lehrerbildung im Bachelor/Bakkalaureus- und Master/Magister-System.* ► http://www.dgfe.de/fileadmin/OrdnerRedakteure/Stellungnahmen/2005_Strukturmodell_BA_MA_Lehramt.pdf (Zugriff Febr. 2020).

DIPF (2018). Deutsches Institut für Internationale Pädagogische Forschung. deutscher bildungsserver. *Der Wegweiser zur Bildung. Landesinstitute.* ► http://www.bildungsserver.de/Landesinstitute-600.html (Zugriff Febr. 2020).

Dohrmann, R. (2019). *Professionsbezogene Wirkungen einer Lehr-Lern-Labor-Veranstaltung. Eine multimethodische Studie zu den professionsbezogenen Wirkungen einer Lehr-Lern-Blockveranstaltung auf Studierende der Bachelorstudiengänge Lehramt Physik und Grundschulpädagogik (Sachunterricht).* Berlin: Logos.

Dohrmann, R. & Nordmeier, V. (2016). Lehr-Lern-Labore (LLL) als Orte komplexitätsreduzierter Praxis: Erste Professionalisierungsschritte im Lehramtsstudium Physik. *PhysDid B – Didaktik der Physik – Beiträge zur DPG-Frühjahrstagung.* ► http://www.phydid.de/index.php/phydid-b/article/view/732/860 (Zugriff Febr. 2020).

Dohrmann, R., Rehfeldt, D. & Nordmeier, V. (2017). Wirkungen des Formats Lehr-Lern-Labor. *PhysDid B – Didaktik der Physik – Beiträge zur DPG-Frühjahrstagung.* ► http://www.phydid.de/index.php/phydid-b/article/view/816 (Zugriff Febr. 2020).

DPG (2006). Deutsche Physikalische Gesellschaft. *Thesen für ein modernes Lehramtsstudium im Fach Physik.* Bonn. ► http://www.dpg-physik.de/static/info/lehramtsstudie_2006.pdf (Zugriff Febr. 2020).

DPG (2012). Deutsche Physikalische Gesellschaft. *fobi-Φ – Das DPG-Programm zur Förderung von Lehrerfortbildungen im Bereich Physik.* Bonn. ► https://www.dpg-physik.de/programme/fobi-phi/index.html (Zugriff Febr. 2020).

Fischer, H. E. & Neumann, K. (2012). Video analysis as a tool for understanding science instruction. In D. Jorde & J. Dillan (Hrsg.), *The World of Science Education* (S. 115–140). Rotterdam: Sense Publishers.

Fischer, H. E., Borowski, A. & Tepner, O. (2012). Professional knowledge of science teachers; In B. Fraser; K. Tobin, & C. McRobbie (Eds.), *Second International Handbook of Science Education* (S. 435–448). New York: Springer.

Fischler, H. (1994). Concerning the Difference Between Intention and Action: Teachers' Conceptions and Actions in Physics Teaching. In I. Carlgren, G. Handal, & S. Vaage (Eds.), *Teachers' Minds and Actions: Research on Teachers' Thinking and Practice* (S. 165–180). London: Falmer.

Fischler, H. (2006a). Schüler-Feedback. Anregungen zum Nachdenken und Verändern. *Naturwissenschaften im Unterricht Physik, 17* (92), 12–13.

Fischler, H. (2006b). Videoaufnahmen von fremdem oder eigenem Unterricht. Videos als reiche Quelle für fachdidaktische Reflexionen. *Naturwissenschaften im Unterricht Physik, 17* (92), 19–23.

Garet, M. S., Porter, A. C., Desimone, L., Birman, B. F. & Yoon, K. S. (2001). What makes professional development effective? Results from a national sample of teachers. *American Educational Research Journal, 38*, 915–945.

GFD (2004). Gesellschaft für Fachdidaktik. *Kerncurriculum Fachdidaktik. Orientierungsrahmen für alle Fachdidaktiken.* ► http://fachdidaktik.org/cms/download.php?cat=Ver%C3%B6ffentlichungen&file=Publikationen_zur_Lehrerbildung-Anlage_3.pdf (Zugriff Febr. 2020).

Grossmann, S. (2008). Überlegungen zur Physikausbildung für das Lehramt. *Der mathematische und naturwissenschaftliche Unterricht MNU, 61* (3), 132–136.

Hascher, T. (2011): Vom „Mythos Praktikum" … und der Gefahr verpasster Lerngelegen-heiten. *Journal für lehrerinnen- und lehrerbildung, 11* (3), 8–16.

Hofmann, J. & von Aufschnaiter, C. (2014). Wirkung einer videogestützten Lehrerfort- und -weiterbildung. In S. Bernholt (Hrsg.), *Naturwissenschaftliche Bildung zwischen Science- und Fachunterricht* (S. 153–155). Kiel: IPN.

Holodynski, M., Möller, K., Steffensky, M. & Glaser (2013). *ViU: Early Science – Videobasierte Unterrichtsanalyse.* Universität Münster.

HRK (2006). Hochschulrektorenkonferenz. *Empfehlung zur Zukunft der Lehrerbildung in den Hochschulen.* Bonn. ► https://www.hrk.de/positionen/gesamtliste-beschluesse/position/convention/empfehlung-zur-zukunft-der-lehrerbildung-in-den-hochschulen/ (Zugriff Febr. 2020).

IPN (2007). Institutfür die Pädagogik der Naturwissenschaften. *SINUS-Transfer.* ► http://www.sinus-transfer.de/startseite.html (Zugriff Febr. 2020).

IPN (2010). Leibniz-Institut der Pädagogik der Naturwissenschaften und Mathematik. *Physik im Kontext.* ► http://www.ipn.uni-kiel.de/de/das-ipn/abteilungen/didaktik-der-physik/piko (Zugriff Febr. 2020).

Kirschner, S., Borowski, A., Fischer, H. E., Gess-Newsome, J. & von Aufschnaiter, C. (2016). Developing and evaluating a paper-and-pencil test to assess components of physics teachers' pedagogical content knowledge. *International Journal of Science Education, 38* (8), 1343-1370.

KMK (2004). Kultusministerkonferenz der Länder in der Bundesrepublik Deutschland. *Standards für die Lehrerausbildung: Bildungswissenschaften.* ► https://www.kmk.org/fileadmin/Dateien/veroeffentlichungen_beschluesse/2004/2004_12_16-Standards-Lehrerbildung-Bildungswissenschaften.pdf (Zugriff Febr. 2020).

KMK (2005). Kultusministerkonferenz der Länder in der Bundesrepublik Deutschland. *Eckpunkte für die gegenseitige Anerkennung von Bachelor- und Masterabschlüssen in Studiengängen, mit denen die Bildungsvoraussetzungen für ein Lehramt vermittelt werden.* ▶ http://www.kmk.org/fileadmin/Dateien/veroeffentlichungen_beschluesse/2005/2005_06_02-gegenseitige-Anerkennung-Bachelor-Master.pdf (Zugriff Febr. 2018).

KMK (2008). Kultusministerkonferenz der Länder in der Bundesrepublik Deutschland. *Ländergemeinsame inhaltliche Anforderungen für die Fachwissenschaften und Fachdidaktiken in der Lehrerbildung.* ▶ http://www.kmk.org/fileadmin/Dateien/veroeffentlichungen_beschluesse/2008/2008_10_16-Fachprofile-Lehrerbildung.pdf (Zugriff Febr. 2020).

KMK (2017). *Sachstand in der Lehrerbildung. Stand 07.03.2017.* ▶ https://www.kmk.org/themen/allgemeinbildende-schulen/lehrkraefte/lehrerbildung.html (Zugriff Febr. 2020).

König, J., & Rothland, M. (2018). Das Praxissemester in der Lehrerbildung: Stand der Forschung und zentrale Ergebnisse des Projekts Learning to Practice. In J. König, M. Rothland, & N. Schaper (Hrsg.), *Learning to Practice, Learning to Reflect?: Ergebnisse aus der Längsschnittstudie LtP zur Nutzung und Wirkung des Praxissemesters in der Lehrerbildung (S. 1–62).* Wiesbaden: Springer Fachmedien Wiesbaden.

König, J., Rothland, M. & Schaper, N. (Hrsg.), (2018). *Learning to Practice, Learning to Reflect?.* Berlin: Springer Nature. ▶ https://doi.org/10.1007/978-3-658-19536-6_1.

Krammer, K. & Reusser, K. (2004). Unterrichtsvideos als Medium der Lehrerinnen- und Lehrerausbildung. *Seminar – Lehrerbildung und Schule, 4,* 80–101.

Kriszio, M. (1986). *Der Modellversuch Einphasige Lehrerausbildung an der Universität Oldenburg.* Universität Oldenburg.

Labudde, P. (2006). Gemeinsam Feedback realisieren. Empfehlungen für konstruktive Gespräche. *Naturwissenschaften im Unterricht Physik, 17* (92), 30–32.

Loucks-Horsley, S., Hewson, P. W., Love, N. & Stiles, K. E. (1998). *Designing Professional Development for Teachers of Science and Mathematics.* Thousand Oaks, CA: Corwin.

Luft, J. A. (2001). Changing inquiry practices and beliefs: The impact of an inquiry-based professional development programme on beginning and experienced secondary science teachers. *International Journal of Science Education, 23* (5), 517–534.

Mikelskis-Seifert, S. & Duit, R. (2007). Physik im Kontext – Innovative Unterrichtsansätze für den Schulalltag. *Der mathematische und naturwissenschaftliche Unterricht, 60* (5), 265–274.

Neuweg, G.H. (2005). Emergenzbedingungen pädagogischer Könnerschaft. In H. Heid & G. Harteis (Hrsg.) *Verwertbarkeit. Ein Qualitätskriterium (erziehungs-)wissenschaftlichen Wissens?* (S. 205–228). Wiesbaden: VS Verlag für Sozialwissenschaften.

Neuweg, G.H. (2006). *Das Schweigen der Könner. Strukturen und Grenzen des Erfahrungswissens.* Linz: Trauner.

Ostermeier, C. (2004). *Kooperative Qualitätsentwicklung in Schülernetzwerken.* Münster: Waxmann.

Rodriguez, A. J. (1993). A Dose of Reality: Understanding the Origin of the Theory/Practice Dichotomy in Teacher Education from the Students' Point of View. *Journal of Teacher Education, 44,* 213–222.

Schied, M. (2015). Das Praxissemester auf dem Prüfstein. Eine qualitativ-quantitative Studie. Journal für LehrerInnenbildung, 15 (1), 46–51.

Schmidt, A. & Nordmeier, V. (2009). Studienerfolg im Fach Physik – eine Längsschnittstudie. In V. Nordmeier & H. Grötzebauch (Hrsg.): *Didaktik der Physik*. Berlin: Lehmanns Media.

Schön, D.A. (1983). *The reflective practitioner. How professionals think in action*. New York: Teachers College Press.

Schröder, H.-J. (2006). Was denken Schülerinnen und Schüler über den Unterricht? *Naturwissenschaften im Unterricht Physik, 17* (92), 14–18.

Schubarth, W., Speck, K., Seidel, A., Gottmann, C., Kamm, C. & Krohn, M. (2012). Das Praxissemester im Lehramt – ein Erfolgsmodell? Zur Wirksamkeit des Praxissemesters in Brandenburg. In W. Schubarth, K. Speck, A. Seidel, C. Gottmann, C. Kamm & M. Krohn (Hrsg.), *Studium nach Bologna: Praxisbezüge stärken?! Praktika als Brücke zwischen Hochschule und Arbeitsmarkt* (137–169). Wiesbaden: Springer VS.

Seidel, T., Prenzel, M., Rimmele, R., Dalehefte, I. M., Herweg, C., Kobarg, M. & Schwindt, K. (2006). Blicke auf den Physikunterricht. Ergebnisse der IPN Videostudie. *Zeitschrift für Pädagogik, 52*, 798–821.

Senatsverwaltung (2020). Regionale Fortbildung in Berlin, Blz, 07/08. ▶ https://www.fortbildung-regional.de/suchen/index.php (Zugriff Febr. 2020).

Senatsverwaltung Berlin (Hrsg.) (2014). Lehrkräftebildungsgesetz – LBiG. Berlin. ▶ http://gesetze.berlin.de/jportal/portal/t/ukg/page/bsbeprod.psml?pid=Dokumentanzeige&showdoccase=1&js_peid=Trefferliste&documentnumber=1&numberofresults=1&fromdoctodoc=yes&doc.id=jlr-LehrBiGBE2014rahmen&doc.part=X&doc.price=0.0 (Zugriff Febr. 2020).

Senatsverwaltung Berlin (Hrsg.) (2017). *Handbuch Vorbereitungsdienst*. Berlin. ▶ https://www.berlin.de/sen/bildung/fachkraefte/lehrerausbildung/vorbereitungsdienst/ (Zugriff Febr. 2020).

Shulman, L.S. (1986). Those who understand: Knowledge growth in teaching. *Educational Researcher, (15)* (2), 1–22.

Terhart, E. (Hrsg.) (2000). *Perspektiven der Lehrerbildung in Deutschland. Abschlussbericht der von der Kultusministerkonferenz eingesetzten Kommission*. Weinheim und Basel: Beltz.

Tillema, H. H. (1994). Training and professional expertise: Bridging the gap between new information and pre-existing beliefs of teachers. *Teaching and Teacher Education, 10* (6), 601–615.

Vogelsang, C. (2014). *Validierung eines Instruments zur Erfassung der professionellen Handlungskompetenz von (angehenden) Physiklehrkräften*. Berlin: Logos.

Wahl, D. (1991). *Handeln unter Druck. Der weite Weg vom Wissen zum Handeln bei Lehrern, Hochschullehrern und Erwachsenenbildnern*. Weinheim: Deutscher Studien Verlag.

Welzel, M. & Stadler, H. (Hrsg.) (2005). *„Nimm doch mal die Kamera!" Zur Nutzung von Videos in der Lehrerbildung – Beispiele und Empfehlungen aus den Naturwissenschaften*. Münster: Waxmann.

Weyland, U. (2014). *Schulische Praxisphasen im Studium: Professionalisierende oder deprofessionalisierende Wirkung?* ▶ www.bwpat.de/profil3/weyland_profil3.pdf (Zugriff Febr. 2020).

Wissenschaftsrat (2001). *Empfehlungen zur künftigen Struktur der Lehrerbildung*. Berlin. ▶ http://www.wissenschaftsrat.de/download/archiv/5065-01.pdf (Zugriff Febr. 2020).

Zander, S., Krabbe, H., Fischer, H. E. (2013). Lehrerfortbildung und Lernzuwächse im Fachwissen. In S. Bernholt (Hrsg.), *Inquiry-based Learning – Forschendes Lernen* (S. 503–505). Kiel: IPN-Verlag.

Kompetenzen und Anforderungen an Lehrkräfte

Hans E. Fischer und Alexander Kauertz

E. Kircher et al. (Hrsg.), *Physikdidaktik | Methoden und Inhalte*,
https://doi.org/10.1007/978-3-662-59496-4_4

Der Kompetenzdefinition von Weinert folgend entsteht Professionskompetenz von Lehrkräften aus der Fähigkeit, die grundlegenden Konzepte und Wissensbestände der beteiligten Fachwissenschaften, der Fachdidaktik der Bildungswissenschaft und der Sozialwissenschaft so anwenden zu wollen, dass die Lernprozesse der Schülerinnen und Schüler eine optimale Basis haben. Professionskompetenz kann also, wie in den Standards der Kultusministerkonferenz der Länder für den Mittleren Schulabschluss formuliert, in Kompetenzbereichen strukturiert werden. Neben *Fachwissen*, das wiederum aus fachdidaktischem, fachlichem (physikalischem) und bildungswissenschaftlichem Wissen zusammengesetzt ist, zählen aktuell die *motivationale Orientierung, Überzeugungen und Werthaltungen* und *selbstregulative Fähigkeiten* zu den Bereichen, in denen Lehrkräfte kompetent sein müssten, um gut zu unterrichten. Das Fachwissen und darin besonders das fachliche Wissen, ist damit eine notwendige, aber nicht hinreichende Bedingung für gutes Unterrichten. Die anderen Kompetenzbereiche formulieren weitere Rahmenbedingungen, wie den Umgang mit den vielfältigen Belastungen der Profession, die Erhaltung der Belastbarkeit, Stressbewältigung, die Reflexion der eigenen Einstellungen und Werthaltungen gegenüber Schülerinnen und Schülern, Eltern, Schulsystem und Lernen. Speziell in der Physik als empirischem Fach zählt dazu ebenfalls die epistemologische Reflexion der individuellen Wissensgenerierung und der philosophisch-historischen Entwicklung des fachlichen Wissens. Die Forderung zur umfassenden Selbstreflexion der eigenen Einstellungen, Werthaltungen und psychischen und physischen Gesundheit berührt Bereiche der Identität, die allerdings, wie bei Führungskräften in Betrieben, Ärzten oder Richtern, in eigener Verantwortung umgesetzt werden sollte.

Im naturwissenschaftlichen Unterricht der Schulen sind viele wissenschaftliche Disziplinen beteiligt. Es geht u. a. darum, dass Lehrkräfte in der Lage sind, Schülerinnen und Schülern einen systematischen und erfahrungsbasierten (empirischen) Bezug zur Welt zu vermitteln. Ausgehend von in den Schulen organisierten Lernprozessen (Bildungswissenschaft) werden deshalb die kognitiven Voraussetzungen und der Entwicklungsstand von Lernenden unterschiedlichen Alters (Entwicklungspsychologie, Lehr-Lern-Psychologie) mit Inhalten und Erkenntniswegen der Physik (Physik, Erkenntnistheorie) kombiniert. Um diesen Prozess zu beschreiben und erfolgversprechende Lernumgebungen anbieten zu können, benötigt die Physikdidaktik mehrere wissenschaftliche Disziplinen (Bezugswissenschaften,

Grundlagen-Band ► Kap. 1), die sowohl bei der fachdidaktischen Lehre als auch bei der fachdidaktischen Forschung und der Entwicklung von Unterrichtsumgebungen eine Rolle spielen.

Physiklehrerausbildung ist interdisziplinär

Lehrerbildung in einzelnen Fächern ist deshalb immer interdisziplinär, was inzwischen in der Lehrerausbildung aller Bundesländer dadurch berücksichtigt wird, dass neben dem jeweiligen Fach auch die zugehörige Fachdidaktik und die Bildungswissenschaft an der Ausbildung beteiligt sind. Die Fachdidaktik adaptiert das akademische Fachwissen, damit es überhaupt angemessen unterrichtet werden kann, und sie berücksichtigt dabei Teilbereiche der Bildungswissenschaft, hieraus hauptsächlich die Lehr-Lern-Psychologie und die Allgemeine Didaktik, aber auch die Sozialwissenschaften und die Epistemologie und andere Bereiche der Philosophie. Bei Anwendungsbeispielen und Betrachtungen von Erkenntnisprozessen kommen im Unterricht weitere Bezüge hinzu, z. B. aus der Kunst, der Musik oder der Geschichte (Blömeke 2003; Hößle et al. 2004). Neuerdings rückt die Sprachentwicklung der Schülerinnen und Schüler in den Fokus des Fachunterrichts und der Fachdidaktiken und damit auch die Sprachwissenschaft (Linguistik; Grundlagen-Band ► Kap. 10; Rincke 2010; Tajmel 2017).

Die Physikdidaktik wendet die allgemeinen Erkenntnisse dieser Wissenschaften auf die Entwicklung geeigneten Unterrichts an, und sie erforscht die spezifischen Bedingungen des Physikunterrichts, um Unterricht und Lehrerausbildung zu optimieren. Dadurch entstehen neue fachbezogene Erkenntnisse, Unterrichtsumgebungen und Forschungsfragen, die ohne die Physikdidaktik nicht entstehen könnten (siehe ◘ Abb. 4.1).

Angehende Lehrerinnen und Lehrer der Physik aller Altersgruppen und Lernumgebungen müssen deshalb u. a. auch

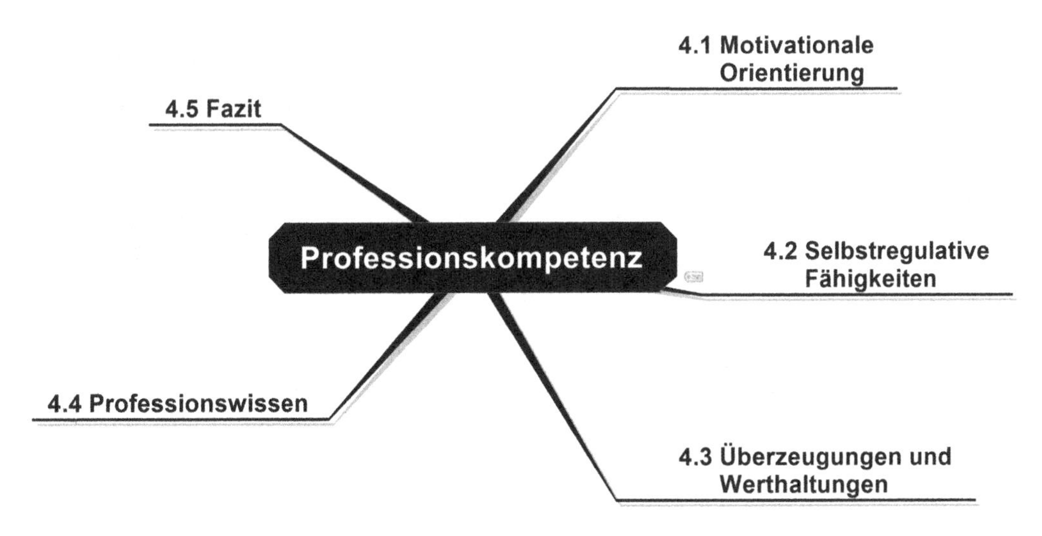

◘ **Abb. 4.1** Übersicht über die Teilkapitel

studieren, wie physikalisches Wissen beim Lernen in kognitiven Prozessen aufgebaut wird, wie es zur Lösung von Aufgaben und Problemen eingesetzt werden kann oder wie Interesse oder Motivation die von der Lehrkraft organisierten Lernprozesse beeinflussen (Fischer et al. 2003; Krapp 1996).

4.1 Professionskompetenz

Jede Handlung ist eine Tätigkeit, die sich auf einen bestimmten Inhalt bezieht, ein bewusstes Ziel besitzt und die zeitlich begrenzt ist (Blömeke 2003). Handlung als kognitiv gesteuerte Tätigkeit ist ein psychischer Vorgang, der den Charakter einer Aufgabe hat, die von Individuen oder Gruppen (zielgerichtet) gelöst werden soll. Weinert (2001) spricht bei der Lösung solcher Aufgaben durch Individuen in Schulen von kognitiven, motivationalen und volitionalen Anforderungen und Fähigkeiten, er nennt sie Kompetenz. Um Professionskompetenz beschreiben zu können, benötigen wir also ein Modell für die Unterrichtshandlungen, die durch diese Kompetenzen und die zuzuordnenden Fähigkeiten ermöglicht werden sollen.

Kompetenz ist die Fähigkeit, auf die Sache und die sozialen Zusammenhänge bezogenes Wissen motiviert anwenden zu wollen

Nach Roth (1971, S. 180) ist das Ziel des Unterrichts nicht der Erwerb von abfragbarem Wissen, sondern die Entwicklung von „Mündigkeit als Kompetenz für verantwortliche Handlungsfähigkeit“. Die Definition von Roth bezieht sich zunächst auf Schülerinnen und Schüler, lässt sich aber auf alle Ausbildungsbereiche und Ebenen, also auch auf Lehrkräfte, verallgemeinern. Wissen über die Fachinhalte, über die Organisation von Unterricht oder über Lernprozesse und kognitive Fähigkeiten zur handelnden Umsetzung im Unterricht werden von der Lehrkraft benötigt, um Handlungen im Unterricht erfolgreich durchführen zu können. Dieses Ziel schließt ein, dass der Erfolg des Handelns möglichst in jedem Fall beurteilt (diagnostiziert) und antizipiert werden kann (Grundlagen-Band ▸ Kap. 14), was Fähigkeiten zur Diagnose und Bewertung von Leistungen betrifft. Damit es zur adäquaten professionellen Handlung kommt, sollte die Lehrkraft also über das nötige Fachwissen und das nötige psychologische Wissen verfügen und Unterrichtsführung kreativ und zielführend beherrschen. Außerdem sollte sie motiviert sein, die Aufgabe lösen wollen (volitional) und über die sozialen Fähigkeiten verfügen, diesen Lösungsprozess durchzuführen (Weinert 2001, S. 27). Dieser Kompetenzbegriff ist auf den Physikunterricht und jeden anderen Unterricht in je spezifischer Weise anwendbar (Fähigkeit, Unterrichtshandlungen kompetent durchzuführen). Aus diesem Anwendungsfeld ergeben sich mehrere Handlungsfelder, die in der Regel in den Fachdidaktiken und der Bildungswissenschaft getrennt unterrichtet werden, obwohl sie sich empirisch nicht trennen lassen:

Abb. 4.2 Kompetenzbereiche der Professionskompetenz von Lehrpersonen nach Baumert und Kunter (2006)

Um Unterrichtshandeln zu systematisieren, werden zwischen Lehrerhandeln und Schülerhandeln eine Fachebene, eine Ebene individueller Interaktion und eine soziale Ebene angenommen, in denen von der Lehrkraft das Ziel verfolgt wird, durch Unterrichtsorganisation (Klassenführung und Organisation der Lernumgebung) Wissenskonstruktionen zu ermöglichen und Lernstrategien anzuwenden, um dadurch adäquates Schülerhandeln zu erreichen. Professionelle Handlungskompetenz von Lehrkräften umfasst also neben fachlichen auch soziale Wissenselemente und die Fähigkeit, diese im Unterricht langfristig und erfolgreich anzuwenden, was besondere Einstellungen und motivationale Orientierungen erfordert. Nach Baumert und Kunter (2006) kann Professionskompetenz, der Definition Weinerts entsprechend, mit den in Abb. 4.2 genannten Bereichen dargestellt werden. Im Folgenden werden die Bereiche beschrieben.

4.1.1 Motivationale Orientierungen

Durch motivationale Orientierungen wird die psychische Funktionsfähigkeit hergestellt

Über die psychologischen Konstrukte *Selbstwirksamkeitserwartung* (aufgrund eigener Kompetenzen erforderliche Handlungen erfolgreich ausführen zu können), *Engagement im Unterricht* und *Distanzierungsfähigkeit* lassen sich motivationale Orientierungen von Lehrkräften operationalisieren, um ihre Auswirkungen auf die Qualität des Unterrichts einzuschätzen. Danach benötigen Lehrkräfte auf die langfristige Erhaltung ihrer Arbeitsfähigkeit orientierte Motivation und dazu erforderliche Fähigkeiten zur Selbstregulation.

Nach Stangl (2018, S. 315) ist

> … Ziel der Psychohygiene (…), im Rahmen der Gesundheitsvorsorge und gesunden Lebensführung, psychische Belastungen zu reduzieren bzw. nach Möglichkeit auszuschalten. Belastungen lassen sich in Leistungsdruck, beruflicher Beanspruchung, starken Emotionen, Aufregung, Spannung und Angst differenzieren, wobei diese Auswirkungen auf die psychische, physische und soziale Integrität des Menschen haben und als Stressfaktoren bezeichnet werden. Stangl (2018, S. 315)

Person-Environment Fit: der Fit zwischen Normen und Werten von Organisationen und den Werten der in ihnen arbeitenden Personen

Die Auswirkung von Belastung auf Motivation und Qualität des Unterrichtens wird nach Klusmann et al. (2006) mit drei Faktoren der Regulation beschrieben, dem *Arbeitsengagement*, der *Widerstandsfähigkeit* und den berufsbegleitenden *Emotionen*. Erfolgreiche Lehrpersonen können danach in der *Umgebung Schule* durch eine Kombination aus hohem Engagement und guter Distanzierungsfähigkeit, positiver Schülerwahrnehmung und kognitiver Unterstützung der Schülerinnen und Schüler charakterisiert werden. Der Zusammenhang zwischen persönlichen (motivationalen) und Umgebungsmerkmalen wird als Person-Environment Fit bezeichnet und z. B. von Chatman (1989) als Fit zwischen Normen und Werten von Organisationen und den Werten der in ihnen arbeitenden Personen definiert.

Arbeitsbezogenes Verhaltens- und Erlebensmuster (*AVEM)*

Nach Holland (1997) und Chatman (1989) wirkt diese Kongruenz auf die Zufriedenheit der Personen mit dem Beruf, auf die beruflichen Leistungen, auf das Engagement und auf die Kündigungsintention. In die Zukunft gerichtet wird daraus die Motivation, weitere erfolgreiche Handlungen im Beruf zu organisieren. Nach Schaefer (2012) kumulieren die schulischen Aufgaben für Lehrkräfte zu einem hohen Ausmaß an empfundener Belastung. Werden auftauchende Schwierigkeiten mit einer passiv getönten, resignativ-grüblerisch-konsumierenden Haltung beantwortet, steigt offenbar das Risiko, körperlich oder psychisch zu erkranken. Schaarschmidt und Kieschke (2007) untersuchen Belastung individuell und unabhängig von Fach- und Umweltprofilen. Sie identifizieren in der *Potsdamer Belastungsstudie* mit dem Frageinstrument Arbeitsbezogenes Verhaltens- und Erlebensmuster (*AVEM;* ◘ Tab. 4.1) vier zentrale Muster, die Aussagen über Motivation und Ressourcenmanagement von Lehrkräften im Beruf erlauben.

▪ Umgang mit Belastungserleben

Rothland (2009) gibt eine Übersicht über Belastungen im Lehrberuf, in die sich die Bereiche der Professionskompetenz einordnen lassen (◘ Abb. 4.3).

Die personenbezogenen Einflussfaktoren (3 in ◘ Abb. 4.3) und mittelfristigen Beanspruchungsfolgen (6) wurden bisher empirisch untersucht. Hauptsächlich die personenbezogenen

Tab. 4.1 Verhaltens- und Erlebensmuster nach Schaarschmidt (2006)

Gesundheitsmuster G	Engagement, ausreichende Distanz, geringe Resignationstendenz, gute Problembewältigung, innere Ruhe und soziale Unterstützung Erfolgserleben im Beruf und Lebenszufriedenheit hoch ausgeprägt
Schonmuster S	Geringe Bedeutsamkeit der Arbeit und wenig beruflicher Ehrgeiz, Verausgabungsbereitschaft und Perfektionsstreben Hohe Distanzierungsfähigkeit, innere Ruhe, Lebenszufriedenheit und soziale Unterstützung
Risikomuster A	Überhöhtes Engagement und hohe Bedeutsamkeit der Arbeit Verausgabungsbereitschaft und Perfektionsstreben Geringe Distanzierungsfähigkeit, innere Ruhe und Lebenszufriedenheit
Risikomuster B	Geringe Bedeutsamkeit der Arbeit, geringer beruflicher Ehrgeiz, geringe Distanzierungsfähigkeit Hohe Resignationstendenz, innere Ruhe Niedrige Lebenszufriedenheit und soziale Unterstützung aber offensive Problembewältigung (diesem Muster wird Nähe zum Burnout-Syndrom zugeschrieben)

Einflussfaktoren sind der eigenen Gestaltung direkt zugänglich, Umgebungsfaktoren wie System- oder Arbeitsbedingungen, lassen sich nur eingeschränkt direkt beeinflussen, können aber als Beanspruchung oder Belastung unterschiedlich wahrgenommen werden. Die Beanspruchungsreaktionen (5 in ◘ Abb. 4.3) enthalten deshalb ebenfalls individuell beeinflussbare Merkmale. Psychische und physiologisch-körperliche Reaktionen wirken sich unmittelbar auf das Belastungsempfinden und die präventive psychische Hygiene aus, und sie sind über Lebensführung und Training beeinflussbar.

Belastungsempfinden und präventive psychische Hygiene sind durch Lebensführung und Training beeinflussbar

Es ist mit dem AVEM möglich, Lehrkräfte in Belastungstypen einzuteilen und dazu passende Fortbildungen anzubieten. Unter anderem Lehr et al. (2013) bieten mit dem *Präventionsprogramm Arbeit und Gesundheit im Lehrerberuf* (AGIL) ein Stress-Bewältigungs-Training an, und Storch et al. (2013) stellen mit dem *Zürcher Ressourcen Modell* (ZRM) Lehrkräften eine Anleitung zum ressourcenorientierten Selbstmanagement zur Verfügung. Inzwischen ist unbestritten, dass schon angehende Lehrkräfte in den Praxisphasen ihrer Ausbildung an der Universität und im Studienseminar lernen

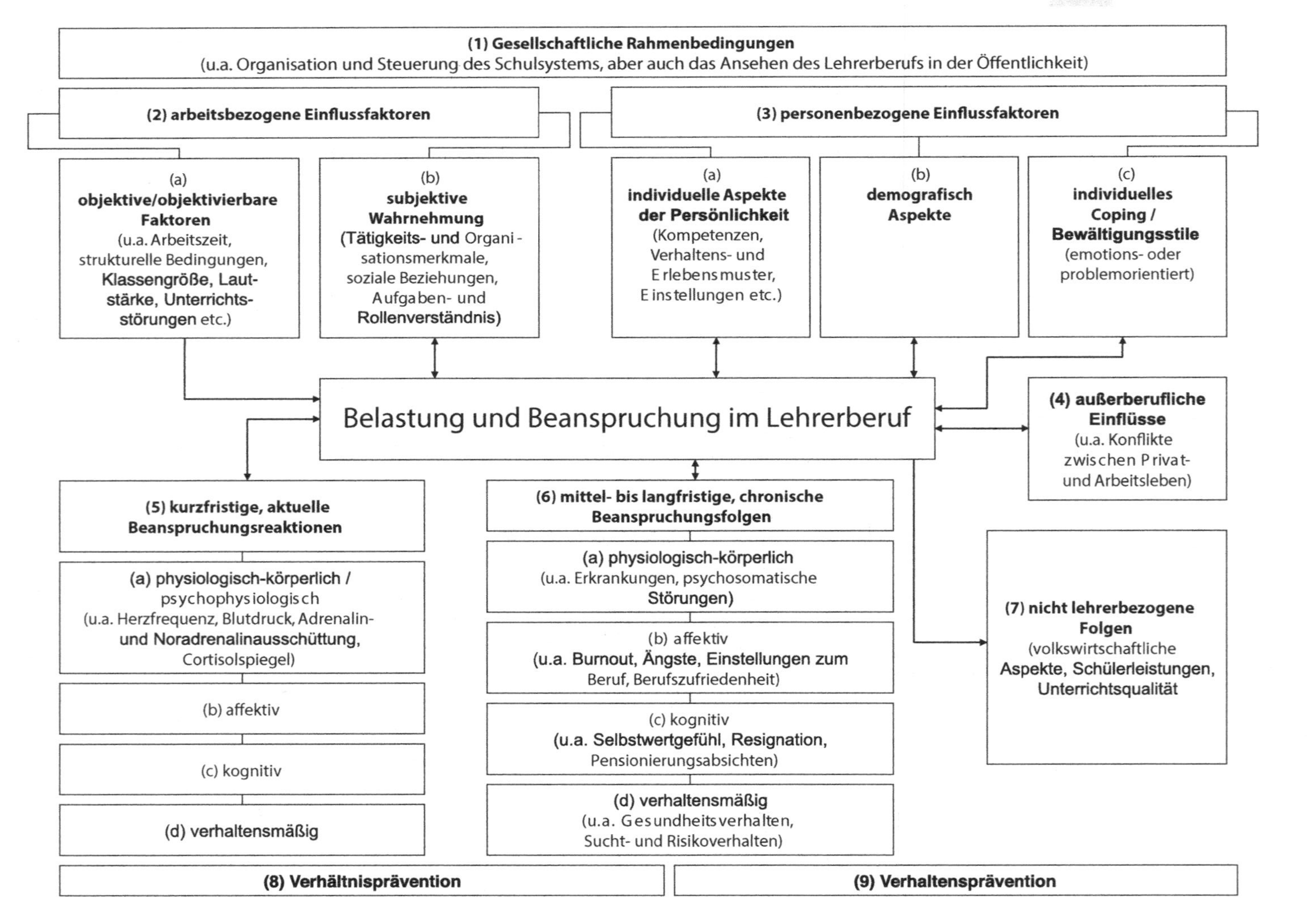

Abb. 4.3 Bereiche der Lehrerbelastungsforschung. (Nach Krause und Dorsemagen 2007; Rothland 2019, S. 632)

müssen, wie sie ihre Motivation und die präventive mentale Hygiene in ihrem (zukünftigen) Berufsalltag erhalten und stärken können.

4.1.2 Selbstregulative Fähigkeiten

Wie dargestellt, sind die Befunde eindeutig. Die Bedingungen an Schulen, u. a. die durch Inklusion oder kulturelle Heterogenität zusätzlich benötigten Unterrichts- und Betreuungskonzepte für zunehmend heterogene Lernvoraussetzungen von Schülerinnen und Schülern erzeugen neue Aufgaben für die Lehrkräfte. Es entstehen im Schulsystem über den studierten Beruf hinausgehende neue Inhalte und Anforderungsbereiche, und sie erfordern zur Bewältigung der Anforderungen neue Fähigkeiten. Unterricht muss z. B. durch größere Differenzierung und größeren Diagnosebedarf auf die neuen Anforderungen eingehen (Wolfswinkler et al. 2014). Dies ist nicht zu vermeiden, da sich Schulsysteme in jeder Kultur und zu jeder Zeit mehr oder weniger schnell entwickeln. Zurzeit stehen wir im Physikunterricht z. B. vor einer Digitalisierungswelle, die sicher Auswirkungen auf zukünftigen Unterricht haben wird (Grundlagen-Band ► Kap. 13). Je nach Anspruch der politischen Akteure in einem Land, in Deutschland sind das u. a. die Bildungsministerien der 16 Bundesländer, gibt es deshalb mehr oder weniger große Anstrengungen zur Ausbildung und zur Fortbildung der Lehrkräfte an den Universitäten, den Studienseminaren und den zuständigen Landesinstituten für Fortbildung und Schulentwicklung. Die Expertise von Daschner et al. (2018) gibt einen Überblick über die Fortbildungsbedingungen der Bundesländer. Danach ist das Bild sehr heterogen, es kann aber fast überall von einer geringen Fortbildungsdichte ausgegangen werden (Kerstan 2018). Unabhängig von der im Umfeld angebotenen Fortbildung sollte jede Lehrkraft deshalb, wie z. B. bei Medizinern und Juristen üblich, um Fortbildung zur Erhaltung der eigenen professionellen Kompetenzen bemüht sein.

Selbst organisierte Fortbildung und Unterstützung gehört zum professionellen Arbeiten

Individuelle oder im Kollegium individuell organisierte Fortbildung ist zwar kein Ausweg, sie kann aber die Orientierung in der Komplexität der Anforderungen erhöhen, die eigene Lage bewusster machen und, durch den Erwerb von Fähigkeiten in allen unterrichtsrelevanten Bereichen, die Belastung durch den Beruf verringern. Darüber hinaus gibt es wissenschaftlich fundierte Ratschläge für verhaltensbedingte Belastungsregulation. Lehr et al. (2013) und Storch et al. (2013) nennen Methoden zur Ordnung der Anforderungen und der *Selbstregulation* der Belastungen, die die folgenden Themen umfassen:

» *Information, Psychoedukation und Motivierung der Teilnehmer.* Die Vermittlung von Wissen über Ursachen und gesundheitliche Auswirkungen von Stress stehen meist am Beginn von Trainings. Dem folgt die Vermittlung eines plausiblen Erklärungsmodells für Stress und die stringente Ableitung notweniger Veränderungsschritte. (…) Diese Modelle dienen dazu dem Training eine innere Logik zu verleihen (…)
Entspannung. (Körperliche) Spannungszustände können durch Entspannungstrainings, Autogenes Training, Meditation, Biofeedback, Musik (…) oder körperliche Aktivität (…) abgebaut werden. (…) Zunehmend populär werden Achtsamkeitsmeditationen, wie z. B. der Body-Scan, die zwar nicht unmittelbar auf Entspannung abzielen, aber von Teilnehmern letztlich in diesem Sinne erlebt und eingesetzt werden können (…)
Kognitive Interventionen. (…) Dysfunktionale Einstellungen zeigen sich z. B. in Übergeneralisierung, Über- und Untertreibung, Katastrophisieren, Alles-oder-nichts-Denken, Muss-Denken oder Internalisierung von Misserfolgen. (…) (z. B. bei) Stressimpfungstraining (Stress Inoculation Training) (…) wird die Bedeutung von dysfunktionalen Selbstverbalisationen oder inneren Monologen für das Auftreten von negativen Gefühlen und problematischen Verhaltensweisen herausgearbeitet. Über die Formulierung und Einübung günstiger Selbstverbalisationen in Realsituationen wird eine Stressreduktion erreicht. (Lehr et al. 2013, S. 252)

Mit selbstregulativen Fähigkeiten kann Belastungserleben reguliert werden

Selbstregulative Fähigkeiten werden nicht nur zum Umgang mit Belastungserleben, sondern auch zum verantwortungsvollen Umgang mit persönlichen Ressourcen und die Entwicklung und den Einsatz eigener Lernstrategien mit Bezug auf die Verweildauer im Beruf benötigt.

Umgang mit persönlichen Ressourcen

Systembedingungen sind nur schwer individuell zu beeinflussen

Wie oben bereits thematisiert, gehört das Achten auf psychische Hygiene oder Gesundheit zur Professionskompetenz einer Lehrkraft. Nach Schaarschmidt und Kieschke (2013) ergeben sich aus der genannten Belastungs- und Stressforschung mehrere Handlungsoptionen, die individuelle psychische Hygiene präventiv zu erhalten und zu stärken (◘ Abb. 4.4). Sie bilden zunächst drei Kategorien, um die selbstregulativ zugänglichen Variablen und die Systembedingungen zu trennen.

Arbeitsbedingungen vor Ort werden durch das soziale Klima im Kollegium und die Schulleitung gestaltet

Zu den *Systembedingungen*, die nur bedingt individuell beeinflussbar sind, gehört die *Einflussnahme auf die Rahmenbedingungen des Berufs*. Hierzu zählt der adäquate Umgang mit destruktivem Schülerverhalten. Das Empfinden der Belastung der Lehrkräfte ist eine wichtige Bedingung für erfolgreiches Unterrichten (Klusmann et al. 2006).

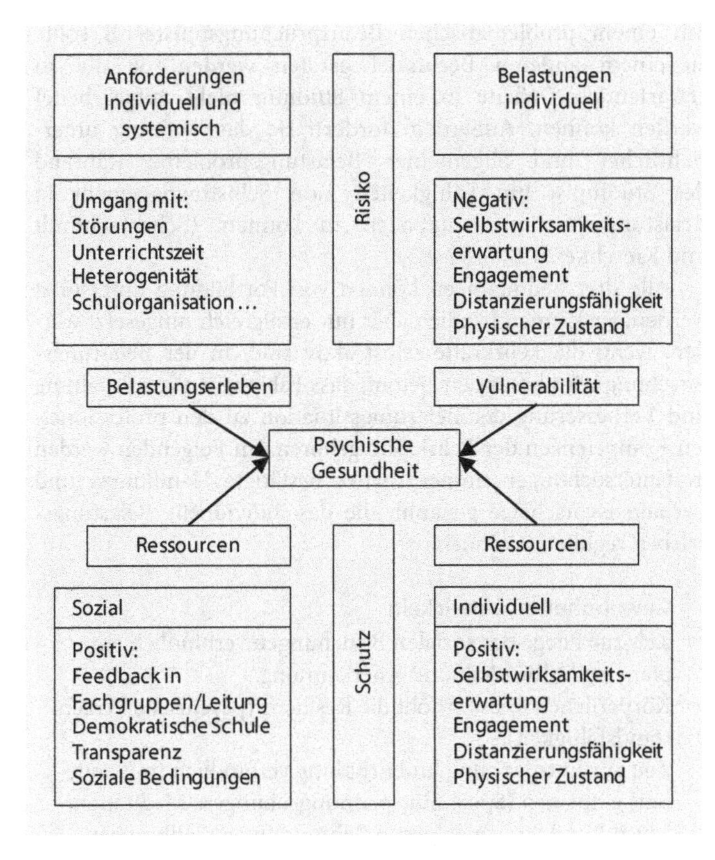

Abb. 4.4 Psychische Gesundheit als Ergebnis einer Wechselwirkung von Anforderungen, Belastungen und Ressourcenmanagement

Die *Gestaltung der Arbeitsbedingungen vor Ort* wird maßgeblich durch das soziale Klima im Kollegium an der jeweiligen Schule bestimmt. Ist es durch *Offenheit, Interesse füreinander und gegenseitige Unterstützung* gekennzeichnet, können unterrichtsbezogene Normen und Ziele besser durchgesetzt werden. Gerade in Fächern mit kleinen Fachgruppen, wie der Physik, kann leicht das Gefühl entstehen, *als Einzelkämpfer auf verlassenem Posten zu stehen.* Die Schulleitungen spielen beim Aufbau eines kooperativen Schulklimas eine besondere Rolle. Die Autoren weisen außerdem auf eine die Lehrkräfte entlastende Gestaltung der schulischen Rahmenbedingungen hin. Hierzu gehören z. B. der Erholungswert von Pausen und die Flexibilität organisatorischer Abläufe. Auch diese Bedingungen werden durch den Schüler/Lehrer-Quotienten und die Schulleitung beeinflusst.

Arbeitsbezogenes Verhaltens- und Erlebensmuster müssen bereits in der Ausbildung behandelt werden

Als dritte Bedingung wird die *Verbesserte Rekrutierung und Vorbereitung des Lehrernachwuchses* genannt. Die Autoren weisen darauf hin, dass der Eignungsnachweis vor Beginn des Studiums um die Komponente *Arbeitsbezogenes Verhaltens- und Erlebensmuster* (AVEM) erweitert werden sollte. Studierenden mit einem problematischen Beanspruchungsmuster B sollte zu einem anderen Berufsziel geraten werden, da die zu erwartenden Defizite in einem Studium nicht aufgearbeitet werden können. Außerdem fordern sie das Training unterrichtlicher und allgemeiner Belastungsprobleme während des Studiums, um Fähigkeiten zum Selbstmanagement in Belastungssituationen aufbauen zu können. (Schaarschmidt und Kieschke 2013, S. 92–95).

Alle drei Bedingungen können von Fortbildung unterstützt werden, sie können letztlich aber nur erfolgreich umgesetzt werden, wenn die Lehrkräfte selbst aktiv sind. In der Belastungsforschung wird besonders betont, dass Fähigkeiten zur Erhaltung und Verbesserung der Belastungssituation zu den professionellen Kompetenzen der Lehrkräfte gehören. Im Folgenden werden in Untersuchungen immer wieder bestätigte Handlungs- und Verhaltensvorschläge genannt, die das individuelle Belastungserleben regulieren können.

- **Gewohnheiten entwickeln**
  - Zeit zur Pflege der sozialen Beziehungen verbindlich einplanen gibt Rückhalt und Anerkennung.
  - Körperliche Fitness erhöht die Resilienz (psychische Widerstandsfähigkeit).
  - Zeit zur Entspannung und Erholung verbindlich (mit anderen) einplanen (Sport, Entspannungsübungen, Meditation, Musik) und Strategien gegen Behinderungen fallbezogen vorher planen.
  - Entspannung und Erholung als soziale Verpflichtung planen (in Gruppen, Mannschaften, Vereinen, …).
  - Arbeitszeit in einem Plan kontingentieren und den Plan strikt einhalten.
  - Regelmäßigen und ausreichenden Schlaf anstreben.
  - Einen privaten Raum schaffen und erhalten.

- **Hilfe suchen**
  - Mit einer Vertrauensperson über Probleme im Beruf reden.
  - Erfahrungen reflektieren, angemessen erklären und Schlussfolgerungen für weiteres Handeln ziehen.
  - Wenn nötig, professionelle Hilfe suchen – (von Berufsumfeld und Familie) unabhängiger Coach oder Berater.

Lernstrategien

Zum Umgang mit persönlichen Ressourcen gehört die Fähigkeit, Lernstrategien anzuwenden. Zum Beispiel müssen das Unterrichtshandeln, aber auch die gerade beschriebenen Verhaltensweisen und Entspannungstechniken gelernt werden. Der Begriff Lernstrategien wird in der Literatur nicht einheitlich verwendet, sondern je nach Handlungsbereich unterschiedlich konnotiert. Allgemein werden darunter nach Klauer (1988) oder Friedrich und Mandl (1992) Handlungssequenzen zur Erreichung von Lernzielen verstanden. Einen Überblick über im Unterricht benötigte Lernstrategien geben Mandl und Friedrich (2006) sowie ◘ Abb. 4.5.

Diese sehr vielschichtige Beschreibung macht deutlich, dass die Handlungen sehr unterschiedlichen Gebieten zugeordnet werden müssen. Da es viele Lernziele gibt (Grundlagen-Band Kap. 4), gibt es entsprechend unterschiedliche Lernstrategien.

Lernstrategien beziehen sich auf Schüler- und Lehrer-Lernprozesse und auf Schüler- und Lehrer-Handeln

Lernstrategien beschreiben sowohl die Lernprozesse und Handlungen der Lehrkraft als auch die der Lernenden. Es ergeben sich danach vier verschiedene Funktionen: Sie sind:

1. eine selbstregulative Fähigkeit beim Planen von Unterricht und beim Umgang mit persönlichen Ressourcen,
2. auf das Professionswissen bezogen, bei der eigenen Fortbildung,
3. ein Bereich des fachdidaktischen Wissens zur Organisation der Lernprozesse von Schülerinnen und Schülern und
4. selbst Unterrichtsziel und Lernziel für Schülerinnen und Schüler (Grundlagen-Band Kap. 4).

Lernstrategien müssen also auf die Planungen und Lernhandlungen der Lehrkraft selbst angewandt werden, sie dienen der Unterrichtsplanung und Unterrichtsorganisation, und sie werden unterrichtet, um den Schülerinnen und Schülern selbstbestimmtes Lernen zu ermöglichen.

Die Strategien können nicht unabhängig wirksam sein

Der Belastungsbegriff lässt sich nicht ohne die Bereiche Organisation, Selbstkontrolle/Selbstregulation, Wissensnutzung usw. elaborieren, die Bereiche scheinen nicht unabhängig voneinander zu sein. Hinzu kommen fachspezifische Strategien, die sich aus spezifischen Lernzielen ergeben. Eine physikalische Theorie zu erarbeiten erfordert eine andere Strategie als eine linguistische, da sich die Methoden und die Eigenschaften der Prototypen grundlegend unterscheiden. Im Unterricht kann das Erreichen von Lernzielen bei den Lernenden z. B. durch mangelndes Fachwissen, mangelndes fachdidaktische Wissen, mangelndes bildungswissenschaftliches Wissen der Lehrkraft oder dadurch verhindert werden, dass, obwohl die Lehrkraft in ruhigen Situationen über diese Wissensbereiche adäquat verfügt, dies in Stresssituationen des Unterrichts nicht (jederzeit) gelingt. Die beschriebene Situation macht deutlich, dass die oben genannten Ebenen Lehrkraft/Schüler und Anwendung/Lernziel im Unterricht und seiner Vorbereitung nicht immer zu trennen sind. Lernstrategien anzuwenden erfordert deshalb komplexe kognitive Operationen, die den aufgabenspezifischen Prozeduren übergeordnet sind (Lompscher 1992; Pressley et al. 1985). Zum Beispiel kann ein Lerner eine sinnerzeugende

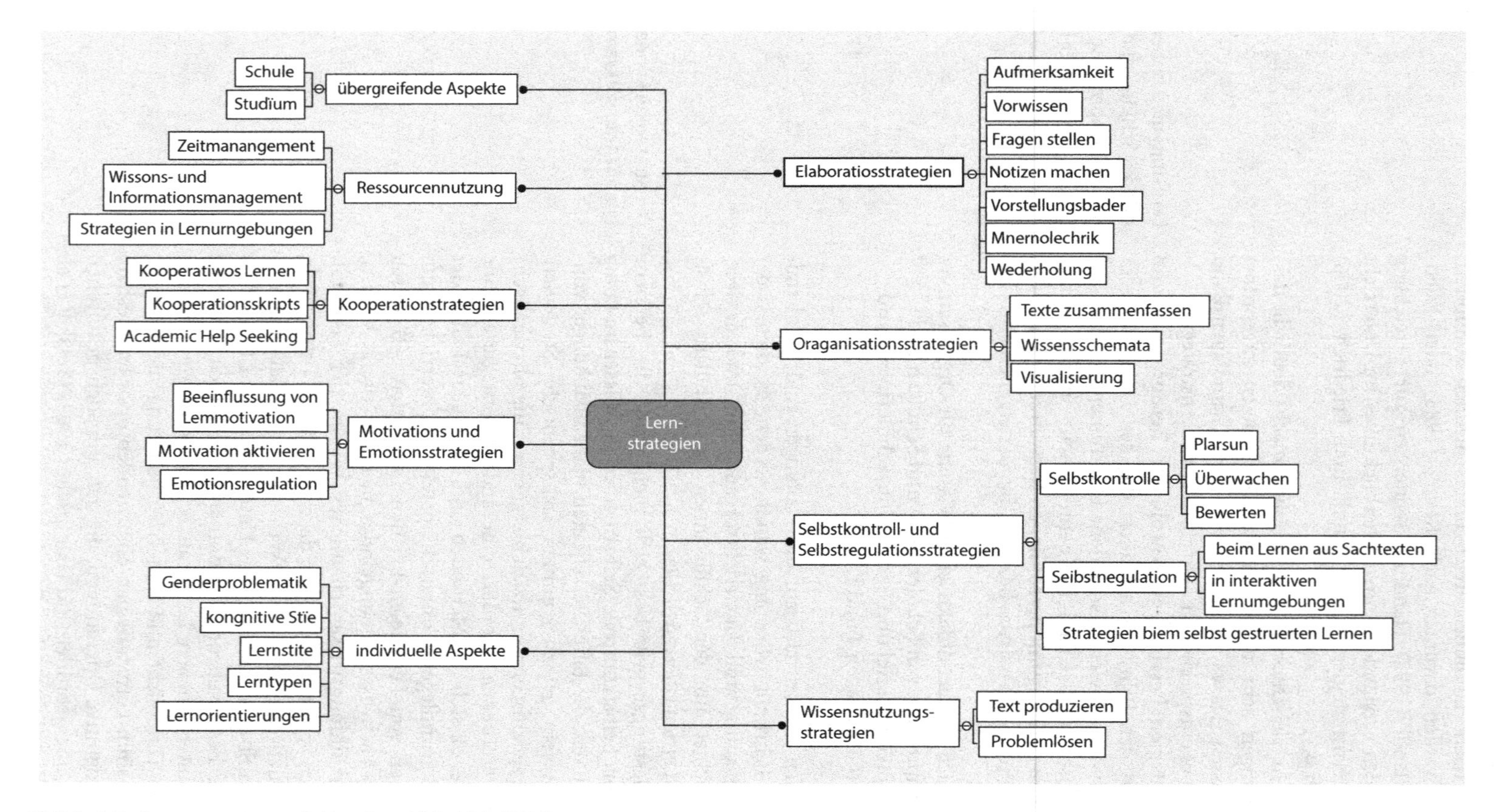

Abb. 4.5 Lernstrategien nach Mandl und Friedrich (2006)

Elaborationsstrategie verfolgen und dabei sehr unterschiedliche Handlungsschritte vollziehen, wie Anknüpfungspunkte zwischen Bekanntem und Neuem suchen, praktische Beispiele finden oder Hauptgedanken herausarbeiten. Es wird angenommen, dass Lernstrategien als individuelle Handlungspläne mental repräsentiert sind, umfassender erforscht sind bisher allerdings nur Strategien beim Lernen aus Texten und Bildern und beim multimedialen Lernen (Grundlagen-Band ▶ Kap. 1 und Renkl 2009; Richter und Schnotz 2018; Scheiter et al. 2016).

4.1.3 Überzeugungen und Werthaltungen

Überzeugungen und Werthaltungen werden durch psychologische Modelle dargestellt, die je nach Perspektive und Forschungsziel variieren. In der bildungswissenschaftlichen Forschung wird davon ausgegangen, dass Überzeugungen und Werthaltungen sowohl durch wissenschaftliche Theorien und Modelle, z. B. durch epistemologische, als auch durch subjektive oder naive Theorien, im Laufe des Berufslebens entwickelt werden.

Werthaltungen enthalten Berufsmoral, Fürsorge für die Lernenden und Wahrhaftigkeit

Werthaltung wird nach Oser (1998) mit Berufsmoral und der Verpflichtung auf Fürsorge (Fördern und Fordern), Gerechtigkeit und Wahrhaftigkeit modelliert. Oser nimmt an, dass diese Werthaltungen oder -bindungen den Unterrichtsstil und die Wirkung von Lehrkräften auf Schülerinnen und Schüler beeinflussen.

Subjektive Theorien entstehen im Schulalltag, unabhängig von wissenschaftlichen Theorien

Patrick und Pintrich (2001) identifizieren Zusammenhänge von *Subjektiven Theorien* über Lehren und Lernen, über allgemeine Zielvorstellungen im Unterricht, Wahrnehmung und Deutung von Unterrichtssituationen und Erwartungen an Schülerinnen und Schüler (Baumert und Kunter 2006). Subjektive Theorien der Lehrkräfte entstehen in der Ausbildung, aber auch durch persönliche Erfahrungen im gesamten Leben und durch gesellschaftliche und berufliche Praxis. Wenn der Entschluss gefasst wird, Lehrerin oder Lehrer zu werden, bestehen bereits Denkgewohnheiten, Überzeugungen und Vorstellungen vom Unterrichten in der Schule und von schulischen Regeln, die in der eigenen Schulzeit entstanden sind (Reusser und Pauli 2014, S. 644).

Epistemologie wird in der Psychologie als individuelle Entstehung von Überzeugungen, Wissen und Erkenntnis erforscht. Sie ist aber auch ein Teilgebiet der Philosophie, das sich, quasi als Philosophie einer Wissenschaft, mit der Frage nach den Bedingungen und der Entwicklung von begründetem Wissen beschäftigt. Insbesondere die Physik hat enge Beziehungen zur Philosophie und speziell zur Epistemologie (▶ Kap. 6).

Epistemologie ist in der Psychologie die individuelle Entstehung von Überzeugungen, Wissen und Erkenntnis. In der Philosophie wird darin die Struktur, Genese und Wirksamkeit von Wissensbeständen beschrieben

Epistemologische Überzeugungen beeinflussen die Unterrichtsführung und die Inhalte direkt

Unterricht besteht aus Planung, Operationalisierung und Durchführung

Nach Schraw (2001) beziehen sich epistemologische Überzeugungen von Lehrkräften u. a. auf die Natur des Wissens, die Entwicklung von Wissen in der Gesellschaft (Nature of Knowledge) und die Entwicklung individuellen Wissens (Nature of Knowing). Nature of Knowledge hat z. B. die Entwicklung des Zeitbegriffs oder die Organisationsstruktur von Forschung zum Thema, Nature of Knowing beschäftigt sich z. B. mit Quellen und Rechtfertigungen von individuellem Wissen der Forschenden und damit, wie Forschung organisiert wird. Seifried (2009, S. 36) beschreibt die Struktur, die Entstehung (Genese) und die Wirksamkeit (Validierung) von zum Unterrichten benötigten Wissensbeständen.

Die Überzeugungen von Lehrkräften beziehen sich also auf epistemologische Überzeugungen, die die Entwicklung der Wissenschaft ihrer Fächer betreffen und auf solche, die sich auf Lehren und Lernen beziehen. Sie werden, da sie meist im wissenschaftlichen Studium nicht gelehrt und explizit gelernt werden, als implizite, naive oder subjektive Theorien bezeichnet. Sie enthalten im Schulalltag und während des Studiums entwickelte Annahmen und Erfahrungen, die meist unbewusst das Lehrerhandeln im Unterricht rechtfertigen und prägen (Bromme et al. 2006). Meyer (2011b, S. 28) nennt subjektive Theorien vom Unterrichten *Unterrichtsbilder.* Er bezeichnet sie als „sinnlich-ganzheitliche, parteilich-wertende und untheoretisch-pragmatische Vorstellungen über den in der Vergangenheit erfahrenen, aktuell erlebten und für die nahe oder ferne Zukunft prognostizierten Unterricht“. Teilweise bilden sie eigene Erfahrungen als Schülerin oder Schüler ab, und sie enthalten zwangsläufig nicht validierte Spekulationen, die sehr stabil sind und nur schwer geändert werden können.

Auf Inhalte des (Physik-)Unterrichts bezogen, haben Lehrkräfte bestimmte *epistemologische Überzeugungen (epistemologiocal beliefs),* die sich direkt auf die im Unterricht geplanten Lernziele auswirken. Ob eine Lehrkraft z. B. als Realist die Physik als wahrhafte Abbildung der Natur oder als Konstruktivist die Veränderung naturwissenschaftlicher Erkenntnisse und ihren Charakter als individuelle kognitive Konstruktion versteht, erzeugt unmittelbar unterschiedliche Unterrichtsinhalte und methodische Schwerpunkte. Im ersten Fall geht es eher darum, die Wahrheiten der Physik nachzuvollziehen, im zweiten sollen die Lernenden vielleicht eher die kognitiv entstandenen Konzepte der Physik selbst konstruieren.

Unterricht, subjektive Theorien und Reflexion

Unterricht verlangt Zielorientierung und Orientierung auf Lernprozesse (Grundlagen-Band Kap. 4). Die Ziele, die Lehrkräfte im Unterricht verfolgen, sind in einem *Planungsprozess* oft selbst aus

Lehrplänen *operationalisiert,* meist selbst entwickelt (als Unterrichtseinheit) und immer in einer Wechselwirkung zwischen Lehrkraft und Lernendem *umgesetzt.* In allen drei Phasen (Planung, Operationalisierung und Umsetzung) werden subjektive Theorien in sehr komplexen Situationen eingesetzt. Die Strukturierung und Durchführung einer Unterrichtshandlung ist besonders problematisch. Sie erfolgt teilweise bewusst kognitiv (nach Planung), teilweise aber auch spontan, da die Situation schnelle Reaktionen erfordert. Im besten Fall kommt die notwendige Handlung nach einer Situationsanalyse zustande. Jede Unterrichtshandlung ist also idealtypisch wissensbasiert und analytisch, mit einer Analyse, die sich auf theoretisches Wissen und Reflexion der Praxis bezieht. Das Wissen ist akademisch und praktisch erworbenes Professionswissen. Dazu gehören das Fachwissen sowie bildungswissenschaftliches und fachdidaktisches Wissen und Wissen, das durch mehr oder weniger reflektierte Unterrichtspraxis im sozialen und beruflichen Umfeld individuell entstanden ist. Dieses Wissen insgesamt steuert das Lehrerhandeln, und es hat sich, inklusive der nicht akademischen subjektiven Anteile, tagtäglich bewährt. Subjektive Theorien sind deshalb sehr konservativ, und es gehört zum professionellen Handeln, sie aufzuspüren, infrage zu stellen und, wenn nötig, durch Konfrontation mit wissenschaftlichen Theorien zu ändern. Nach Dann und Haag (2017, S. 97) kann Lehrerhandeln zusätzlich in drei Gruppen unterteilt werden:

Handlungskategorien: originär zielgerichtet, Routine und unter Druck

- *Originär-zielgerichtete Handlungen* sind geplant, bewusst, steuernd und hierarchisch gegliedert.
- *Routinehandlungen* werden mit hoher Geschwindigkeit, nicht bewusst gesteuert durchgeführt, und sie haben sich immer wieder bewährt. Routinebildung entlastet die kognitive Belastung (Grundlagen-Band ► Kap. 1).
- *Handeln unter Druck* entsteht, wenn schnelle Entscheidungen durch Ereignisse erzwungen werden, die den Unterrichtszielen widersprechen.

Im besten Fall werden sie im Laufe der Unterrichtspraxis zu Routinehandlungen, wenn sie das noch nicht sind, sind sie unkontrolliert und sehr fehleranfällig. Sie müssen deshalb unbedingt, möglichst gemeinsam mit erfahrenen Kolleginnen und Kollegen, reflektiert werden, um eine praktikable und fehlerfreie Reaktion zu entwickeln.

Jede dieser Handlungskategorien erfordert unterschiedliche methodische Zugänge bei der Ausbildung mit je unterschiedlichen Wissensbeständen. Für zielgerichtete Handlungen wird das Wissen akademisch erworben und, idealerweise, in Rückkopplung mit universitären schulpraktischen Veranstaltungen relativiert und gefestigt. Routinehandlungen und Handeln unter

Druck werden dagegen in echten, gespielten oder videobasierten Praxisbezügen trainiert, damit die Handlungen von der subjektiven Theorie entkoppelt und brauchbare theoriebasierte Handlungsschemata entwickelt werden können.

Überzeugungen von Physiklehrkräften

Es gibt nur sehr wenige Untersuchungen, die Überzeugungen und Werthaltungen von Physiklehrkräften herauszufinden suchen, und keine Untersuchung, die versucht hat, sie im Unterricht zu identifizieren.

Einstellungen von Lehrkräften

Draxler (2006) untersucht Einstellungen von Lehrkräften aller Schulformen zu Fortbildung, Kooperation, Arbeitszufriedenheit, Selbstwirksamkeitserwartung, Lerntheorie, Zielorientierung, Bedingungen der Unterrichtsplanung und physikalisches Fachwissen. Es wurden 631 Lehrkräfte aus Grund-, Haupt-, Real- und Gesamtschulen sowie Gymnasien in NRW untersucht, davon 265 an Grundschulen. Die Lehrkräfte an Grundschulen und weiterführenden Schulen unterscheiden sich signifikant in mehreren untersuchten Merkmalen, wobei nicht getrennt werden konnte, ob der Unterschied zwischen weiblichen und männlichen Lehrkräften als Kovariable relevant war:

Fast alle untersuchten Lehrkräfte nahmen 2006 regelmäßig an Fortbildungen teil und lasen Fachzeitschriften, sie kooperierten intensiv informell, sie diskutierten regelmäßig über ihren Unterricht, waren mit ihrer Arbeit sehr zufrieden, gingen der Arbeit gerne nach, schätzten die Zusammenarbeit im Kollegium und hatten das Gefühl, die eigenen Fähigkeiten gut einsetzen zu können.

Sie maßen der Alltagsrelevanz der Physik eine sehr hohe Bedeutung bei und sahen die Allwissenheit der Naturwissenschaften kritisch. Ihre Vorstellungen zum Lehren und Lernen kamen einer kognitivistischen/konstruktivistischen Sichtweise nahe, weniger einer behavioristischen; auch die Unterrichtsziele ließen sich eher dem Konstruktivismus bzw. Kognitivismus zuordnen, wurden aber auch mit eigenen Erfahrungen begründet. Naturwissenschaftliche Arbeitsweisen zu vermitteln war ebenfalls Unterrichtsziel. Bei ihrer Unterrichtsplanung orientierten sie sich an einem übergeordneten Lehrziel und an den Vorkenntnissen der Schülerinnen und Schüler. Die Unterrichtsplanung wurde Rahmenbedingungen flexibel angepasst, und erfahrungsbasiertes Arbeiten und die Vermittlung naturwissenschaftlicher Arbeitsweisen gehörten zum Repertoire. Nicht tragfähige Schülerkonzepte wurden in der Unterrichtsplanung berücksichtigt. Das physikalische Fachwissen ist bei Grundschullehrkräften (Sachunterricht) nicht gut ausgebildet, bei Lehrkräften der weiterführenden Schulen dagegen besser.

4.2 Professionswissen

Dem an den Universitäten gelehrten Professionswissen (Professionswissen ist das Wissen, das benötigt wird, um kompetent Handeln zu können, ▶ Abschn. 4.1) werden u. a. nach Shulman (1987), Baumert und Kunter (2006), Fischer et al. (2012) und Riese et al. (2015) die Bereiche Bildungswissenschaft (Pädagogik), Fachdidaktik, Fach, Organisation und Beratung zugeordnet, aber auch Metawissen, u. a. über Epistemologie, Lernprozesse und selbstreguliertes Lernen (Schraw et al. 2006) zugeordnet. Heute wird unter Professionswissen hauptsächlich Fachwissen (*content knowledge* – CK, Walzer et al. 2013), fachdidaktisches Wissen (*pedagogical content knowledge* – PCK, Baumert et al. 2018) und pädagogisches Wissen (*pedagogical knowledge* – PK, Kunter et al. 2017) verstanden, in dem die anderen genannten Aspekte enthalten sind.

Professionswissen besteht aus Fachwissen, fachdidaktischem Wissen und bildungswissenschaftlichem Wissen

In einem ersten Ansatz bezieht sich das Modell vom Professionswissen auf das theoretische Wissen, das während der Lehrerausbildung gelernt wurde. Zu den Orten, an denen dieses Lernen stattfindet, gehören in Deutschland die erste Phase an den Universitäten und – in einzelnen Bundesländern – den Pädagogische Hochschulen (mit unterschiedlich ausgeprägten Praxisphasen), die Studienseminare der zweiten Phase (von den Ländern verantwortet und eher praxisorientiert) und die Unterrichtspraxis mit Fortbildungen und kollegialen Diskussionen (dritte Phase). Die Inhalte umfassen also theoretisches wissenschaftliches Wissen und die zugehörige Unterrichtspraxis. Professionswissen ist deshalb mehr, als ein Lehrplaninhalt sein kann. Ziel aller Ausbildungsphasen ist es, Lerngelegenheiten für bestimmte Komponenten des Professionswissens zu schaffen, zu denen nicht nur die theoretischen Fachinhalte von CK, PCK und PK gehören, sondern auch Routinen und Handlungsmuster, Einstellungen, Werthaltungen und Motivation. Im Folgenden werden die drei Bereiche des Professionswissens zusammenfassend beschrieben (Grundlagen-Band ▶ Kap. 1).

4.2.1 Fachwissen

Das Fachwissen (engl. *content knowledge*, CK) stellt eine Grundvoraussetzung für erfolgreichen Fachunterricht dar (vgl. z. B. Ball et al. 2001; Shulman 1987). Dennoch fand es in der empirischen Unterrichtsforschung bisher wenig Berücksichtigung. Stattdessen wird die Qualität des Fachwissens nach Analysen von Baumert und Kunter (2006) häufig indirekt über Drittvariablen wie staatliche Zertifizierungen, Abschlussnoten oder die Zahl der

Fachwissen besteht für Lehrkräfte aus akademischem Wissen, vertieftem Schulwissen und Schulwissen

besuchten Fachkurse gemessen. Im Projekt „Professionswissen in den Naturwissenschaften" (ProwiN) wird das physikalische Fachwissen von Lehrkräften z. B. als vertieftes Hintergrundwissen über die Inhalte des Schulstoffes verstanden (Borowski und Tepner 2009) und durch Fragebögen erhoben. Für erfolgreichen Unterricht scheint es von Bedeutung, inwieweit und in welcher Tiefe die Lehrkräfte den Schulstoff ihres Faches durchdringen.

Im Projekt „Professionswissen von Lehrkräften, naturwissenschaftlicher Unterricht und Zielerreichung im Übergang von der Primar- zur Sekundarstufe" (PLUS, Ohle et al. 2011) wurde das Professionswissen von Grundschullehrkräften und Lehrern der Sekundarstufe I verglichen. Das Fachwissen wird auf dem Schülerniveau der Grundschule, der Sekundarstufe I und dem universitären Niveau erfasst, da Lehrerinnen und Lehrer über Fachwissen verfügen sollten, das über das zu unterrichtende Wissen hinausgeht. Dies ist nötig, um Unterricht adäquat vorbereiten zu können und um einen konzeptuellen Überblick über das zu unterrichtende Gebiet zu bekommen, der für eine flexible und lernprozessorientierte Unterrichtsführung benötigt wird. Bei einer Frage zum Fachwissen auf universitärem Niveau wird z. B. ein Phänomen abgefragt (◘ Abb. 4.6), welches auf der Dichteanomalie des Wassers beruht. Die Dichteanomalie des Wassers ist nicht expliziter Unterrichtsinhalt im Sachunterricht der Grundschule. Mit Schülerfragen wie „Warum ist auf Seen zuerst oben eine Eisschicht?" oder „Warum schwimmt das Eis in meiner Cola oben?" muss aber in einer Unterrichtseinheit zu Aggregatzuständen gerechnet werden, um auf diese Fragen und die damit verbundenen Probleme souverän und variabel reagieren zu können.

Neben Fakten müssen Lehrpersonen nach Shulman (1987) auch wissen, warum ein Fachinhalt unterrichtet wird. Die Begründung umfasst z. B. unterschiedliche Systematisierungen des Wissens eines Faches, z. B. die themenspezifische Aufteilung der Fachinhalte, aber auch die Aufteilung der Unterrichtsinhalte in Basiskonzepte, wie sie z. B. in den Kerncurricula der Bundesländer für die Mittelstufen nach den Standards der Konferenz der Kultusminister umgesetzt wurden (KMK 2004a).

4.2.2 Fachdidaktisches Wissen

Das fachdidaktische Wissen (engl. *pedagogical content knowledge*, PCK) stellt im Gegensatz zum Fachwissen das Wissen dar, das der Lehrperson hilft, den Schülerinnen und Schülern Lerngelegenheiten zum Wissensaufbau zu schaffen. Shulman (1987) bezeichnet das fachdidaktische Wissen als eine Verschmelzung von Fachwissen und pädagogischem Wissen. Lee und Luft (2008) fassen verschiedene Ansätze zur Beschreibung von fachdidaktischem Wissen in den Naturwissenschaften zusammen.

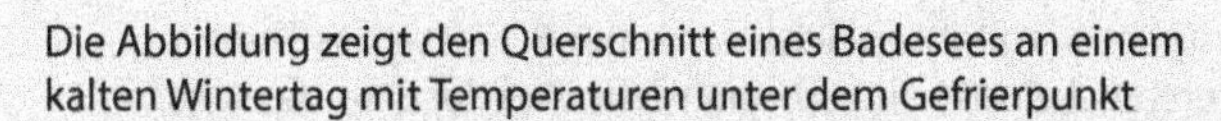
Die Abbildung zeigt den Querschnitt eines Badesees an einem kalten Wintertag mit Temperaturen unter dem Gefrierpunkt

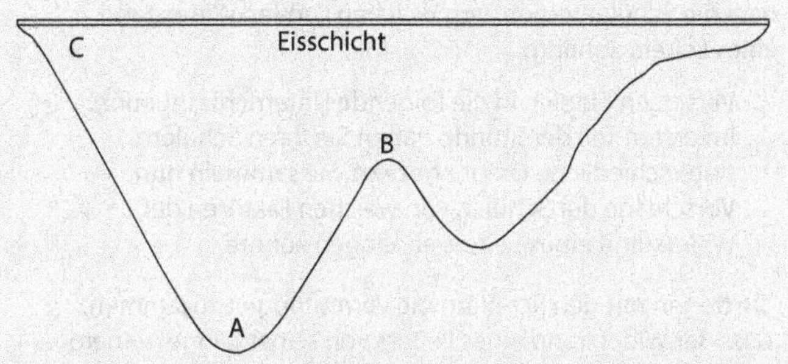

An welchen Stellen an welcher Stelle ist das Wasser des Sees am wärmsten

	Richtig Falsch
An der Stelle A, weil sich hier relativ warmes Wasser mit hoher Dichte sammelt	
An der Stelle B, weil sich warmes Wasser zwischen den kalten Wasserschichten am Boden und an der Oberfläche sammelt	
An der Stelle C, weil das Eis eine isolierende Wirkung hat.	
An der Stelle D, weil flaches Gewässer besser erwärmt werden kann.	

Abb. 4.6 Eine Frage zum Fachwissen auf universitärem Niveau

Fast allen Ansätzen ist gemein, dass sie das Wissen über Schülerlernprozesse und -vorstellungen und das Wissen über Lehrstrategien und Darstellungsformen im naturwissenschaftlichen Unterricht als zentralen Inhaltsbereich beinhalten.

Fachdidaktisches Wissen bezieht sich auf das Lehren und Lernen des Faches

Auf internationaler Ebene wird im Projekt Quality of Instruction in Physics Education – Comparing Instruction in Finnland, Germany and Switzerland (QuIP) das Professionswissen von Lehrpersonen in Deutschland, Finnland und der Schweiz miteinander verglichen (Fischer et al. 2014). Bei einer Aufgabe aus dieser Studie geht es darum, eine Unterrichtsstunde zu planen bzw. adäquat fortzusetzen (Abb. 4.7). In der Aufgabe wird nach der Fortführung einer Unterrichtsstunde zur Abhängigkeit des elektrischen Widerstandes eines Leiters gefragt, nachdem eine Serie von Demonstrationsexperimenten durchgeführt wurde.

Sie möchten mit Ihren Schülern einer 8. Klasse das Thema Widerstand eines Leiters behandeln. Ziel der Stunde ist es, dass die Schüler lernen, von welchen Größen Widerstand eines Leiters abhängt.

Versetzen Sie sich in die folgende Unterrichtssituation: Im ersten Teil der Stunde haben Sie Ihren Schülern unterschiedliche Drähte gezeigt. Sie sammeln nun Vorschläge der Schüler, von welchen Faktoren der Widerstand eines Leiters abhängen könnte.

Sie tragen mit den Schülern die Vermutungen zusammen, dass der Widerstand eines Leiters von seiner Länge, seinem Querschnitt, seinem Material und seiner Farbe abhängt und testen diese Vermutungen jeweils in einem Lehrerexperiment, indem jeweils die zu testende Größe variiert und die anderen konstant gehalten werden müssen.

Frage: Bitte geben Sie an, wie Sie diese angefangene Unterrichtsstunde fortsetzen würden. Bitte beschreiben Sie NICHT die komplette Unterrichtsstunde, sondern NUR den nächsten Abschnitt (die nächste Aufgabe an die Schüler oder ihre nächste Handlung) der Stunde.

Abb. 4.7 Eine Frage zum fachdidaktischen Wissen

Als Antwort wird eine Auseinandersetzung mit den Ergebnissen des Experiments erwartet. Dies kann durch eine Zusammenfassung der Ergebnisse erfolgen, die mit den Schülern erarbeitet wurden, oder dadurch, dass der Lehrer oder die Lehrerin den Schülerinnen und Schülern erklärt, von welchen Faktoren der Widerstand abhängt und von welchen nicht.

Das fachdidaktische Wissen (der Mathematik) wird von Krauss et al. (2008) um die Facette des kognitiven Potenzials von Aufgaben erweitert. Begründet wird die Erweiterung damit, dass so die drei Seiten eines *didaktischen Dreiecks* (Cohn und Terfurth 1997) abgebildet werden:

- die Lehrperson mit spezifischen fachbezogenen Darstellungsaktivitäten und Interventionsmöglichkeiten,
- die Schülerinnen und Schüler mit fachbezogenen Vorstellungen und
- der fachbezogene Unterrichtsinhalt, bezüglich dessen insbesondere das kognitive Potenzial der eingesetzten Aufgaben betrachtet wird.

Das Wissen über alle drei Seiten dieses Dreiecks ist nötig, um aus fachdidaktischer Sicht Lerngelegenheiten so anzulegen, dass Schülerinnen und Schüler kognitiv aktiviert werden und auf diese Weise optimal lernen können. Eine angemessene kognitive

Aktivierung führt bei Schülerinnen und Schülern zu einer aktiven Nutzung von Lerngelegenheiten und dadurch zu verständnisvollem Lernen (Brunner et al. 2006).

4.2.3 Zusammenhang zwischen Fachwissen, fachdidaktischem Wissen und Unterricht

Für die naturwissenschaftlichen Fächer gibt es bisher keine Ergebnisse über einen Zusammenhang zwischen Fachwissen, fachdidaktischem Wissen und Unterricht. Riese und Reinhold (2010) konnten aber für Physik-Lehramtsstudierende zeigen, dass das Fachwissen eine notwendige Voraussetzung für die Entwicklung von fachdidaktischem Wissen ist. Hierzu untersuchten sie das Professionswissen im Inhaltsbereich Mechanik, da dieses Wissen als ein guter Prädiktor für physikalisches Wissen insgesamt angesehen werden kann. Ein weiteres Ergebnis dieser Studie ist, dass sowohl das Fachwissen im Bereich Mechanik als auch das fachdidaktische Wissen in diesem Bereich mit der Anzahl der Semesterwochenstunden zunimmt, auch wenn Mechanik nicht mehr studiert wird.

Für Mathematik konnte in der COACTIV-Studie gezeigt werden, dass für Nicht-Gymnasiallehrkräfte Fachwissen und fachdidaktisches Wissen getrennt nachgewiesen werden. Für Gymnasiallehrkräfte sind die Bereiche statistisch nicht mehr unterscheidbar (Krauss et al. 2008). Für beide Lehrergruppen gilt aber, dass „das fachdidaktische Wissen einer Lehrkraft [...] eine entscheidende Größe für das Lernen der Schüler“ ist (Krauss et al. 2008, S. 250). Bei Lehrkräften mit hohem fachdidaktischem Wissen ist der Unterricht kognitiv herausfordernder und lernunterstützender. Hierbei wurde der Unterricht nicht direkt beobachtet, sondern anhand von Klassenarbeiten, Haus- und Unterrichtsaufgaben rekonstruiert.

Zurzeit wird mit verschiedenen Schwerpunkten die Auswirkung des Professionswissens von Lehrpersonen auf Physikunterricht und Schülerleistungen untersucht. Für genauere Aussagen wird hierbei der Unterricht videografiert, um ihn dann gezielt im Hinblick auf die einzelnen Wissensbereiche und die Schülerleistung zu untersuchen (Cauet 2016; Fischer et al. 2014).

Pädagogisches Wissen bezieht sich auf Klassenorganisation, Klassenmanagement und allgemeine Rahmenbedingungen des Unterrichts

4.2.4 Pädagogisches Wissen

Pädagogisches Wissen (*pedagogical knowledge*, PK) umfasst nach Shulman (1987) Wissen über allgemeine Prinzipien der Klassenorganisation und des Klassenmanagements. Etwas detaillierter definieren Krauss et al. (2008) pädagogisches Wissen als deklaratives und prozedurales Professionswissen, das für den reibungslosen und effektiven Ablauf des Unterrichts und für die Aufrechterhaltung eines lernförderlichen sozialen Klimas in der Klasse grundlegend ist. Pädagogisches Wissen wird in der Regel als *allgemein* bezeichnet, was bedeutet, dass es fachunabhängig bzw. fächerübergreifend konzipiert ist. Darüber hinaus wird es als *grundlegend* bezeichnet, was bedeutet, dass es ausschließlich als Grundlage für die optimale Gestaltung von Unterricht anzusehen ist. Der Blick auf nicht nur deklaratives, sondern auch prozedurales Wissen macht darüber hinaus deutlich, dass es sich bei pädagogischem Wissen um Wissen über Maßnahmen und Strategien und die Bedingungen ihres effektiven Einsatzes handelt. Inhaltlich beziehen sich diese Maßnahmen und Strategien auf eine effektive Klassenführung und auf die Schaffung eines lernförderlichen sozialen Klimas. Pädagogisches Wissen lässt sich demnach zusammenfassend konzipieren als fächerübergreifendes Wissen über Maßnahmen und Strategien sowie ihre Anwendungsbedingungen, die die Grundlage dafür schaffen, den Einsatz von Fachwissen und fachdidaktischem Wissen zu einer optimalen Lernsituation zu führen. Pädagogisches Wissen wird in diesem Sinne daher als notwendige, nicht aber als hinreichende Voraussetzung für die fachlich und fachdidaktisch optimale Gestaltung von Fachunterricht angesehen.

Pädagogisches Wissen umfasst Wissen über Strategien und Maßnahmen, die nicht durch Fachinhalte oder fachdidaktisches Wissen geprägt sind und damit unabhängig von Fachwissen und fachdidaktischem Wissen zu erreichen sind. Dazu zählt als erstes Wissen über Strategien und Maßnahmen der *Klassenführung*, die zum Ziel haben, möglichst viel von der zur Verfügung stehenden Unterrichtszeit als effektive Lernzeit zu nutzen (Clausen et al. 2003; Seidel und Shavelson 2007).

Renkl (2008) fasst die in der Literatur beschriebenen Maßnahmen und Faktoren einer effektiven Klassenführung zu sechs wichtigen Prinzipien zusammen:
- Etablieren eines effizienten Regelsystems
- Verhindern von Leerlaufphasen
- Störungskontrolle
- Auslagerung nicht fachbezogener Aktivitäten
- zügiger Unterrichtsfluss
- Klarheit und angemessenes Anforderungsniveau

Diese Prinzipien umfassen sowohl Strategien der Störungsprävention als auch korrektive Maßnahmen im Umgang mit aufgetretenen Störungen.

Grossmann (1990) zählt außerdem Wissen über *allgemeine Instruktionsprinzipien*, Wissen über *Lernprozesse* und Personenmerkmale, die Lernprozesse beeinflussen (Selbstwirksamkeitserwartung, Motivation usw.) sowie Wissen über *Lehrziele* zu den weiteren Teilbereichen pädagogischen Wissens (vgl. Shulman

1987). Wissen über allgemeine Instruktionsprinzipien besteht zum einen aus der Kenntnis und Beherrschung einer Vielzahl von Unterrichtsformen, um in Abhängigkeit vom curricularen Inhalt, den Lehrzielen (Seidel und Shavelson 2007) und den Merkmalen der Lernenden die angemessene Unterrichtsmethode verfügbar zu haben (Klauer und Leutner 2012). Wissen über Lernprozesse umfasst das Wissen über verschiedene Lerntheorien sowie deren Anwendbarkeit auf unterschiedliche Lernsituationen (Tulodziecki et al. 2017). Wissen über die Formulierung von Lehrzielen, über Lernprozesse und über Instruktionsprinzipien ist Voraussetzung für die Gestaltung eines kognitiv angemessen aktivierenden Unterrichts, dem wiederum, neben einer effektiven Klassenführung, eine besondere Bedeutung für den Lernerfolg beizumessen ist (Kunter et al. 2017).

Die Wirkung von pädagogischem Wissen auf Unterrichtsqualität und Klassenführung ist bisher nicht umfassend untersucht. Die bisher bekannten Effekte deuten aber darauf hin, dass ein hohes pädagogisches Wissen eine effiziente Unterrichtsführung unterstützt.

4.3 Fazit

Soziales und psychisches Wohlbefinden kann also als notwendige Voraussetzung für guten Unterricht angenommen werden. Dadurch wird deutlich, dass neben dem Kompetenzbereich *Fachwissen* auch die Kompetenzbereiche *Motivationale Orientierung, Selbstregulative Fähigkeiten* und *Überzeugungen und Werthaltungen* in die Ausbildungsprogramme von Physiklehrkräften an den Universitäten (1. Phase), in den Studienseminaren (2. Phase) und im Beruf (Fortbildung als 3. Phase) gehören. Diese Forderung klingt sehr apodiktisch und sie muss sehr vorsichtig umgesetzt werden, da sie Bereiche der individuellen Psyche tangiert, die nicht ohne Weiteres unterrichtet werden können. Deshalb gehören sowohl die Evaluation der eigenen Belastbarkeitsgrenzen zur Berufswahl und zur Entscheidung, Lehrerin oder Lehrer zu werden (Schaarschmidt und Kieschke 2013), als auch die Fortbildung in den genannten Bereichen, da die psychische und soziale Situation über lange Zeiträume nicht konstant bleiben muss. Davon ist, angesichts sich verändernder Schulsituationen und der altersbedingt anzunehmenden Änderung der individuellen Belastbarkeitsgrenzen, auszugehen. Deshalb besteht immer die Notwendigkeit, die genannten Kompetenzbereiche individuell zu pflegen, was als Eingriff in die persönliche Freiheit aufgefasst werden kann. Die in diesen Kompetenzbereichen geforderte Notwendigkeit zur Selbstreflexion der eigenen Einstellungen zum Unterrichten, zu Schülerinnen und Schülern, zum Lernen und sogar zur Auffassung von wissenschaftlichem Fortschritt in der Physik, ist ohne Zweifel eine Forderung, die sehr intime Bereiche der Identität berührt. Entsprechend heikel sind offizielle Angebote der Fortbildungsinstitutionen der Schulministerien der Bundesländer. Was an einer Universität vielleicht gerade akzeptiert wird, da die entsprechenden Angebote unabhängig von Berechtigungsnachweisen organisiert werden können und in den Optionalbereichen und von den Zentren für Lehrerbildung bereits oft vorgehalten werden, ist im Referendariat oder in der Fortbildung nur schwer zu realisieren. Sind die Angebote institutionalisiert, kann immer der Verdacht bestehen, dass die dort produzierten Daten z. B. auch für Beförderungsentscheidungen genutzt werden. Es bleibt, wie z. B. bei Führungskräften in Betrieben, Ärzten oder Richtern, die individuelle Verantwortung für die eigene Professionskompetenz und die eigene mentale Hygiene, die auch individuell, durch die Wahrnehmung nicht staatlich institutionalisierter Fortbildungsangebote, umgesetzt werden kann.

Ergänzende Literatur

Schmaltz (2019), Rothland (2019), Klauer und Leutner (2012), Schaarschmidt und Kieschke (2013), Meyer (2011a), Reusser und Pauli (2014), KMK (2004b).

Literatur

Ball, D. L., Lubienski, S. T., & Mewborn, D. S. (2001). Research on teaching mathematics: The unsolved problem of teachers' mathematical knowledge. In V. Richardson (Ed.), *Handbook of research on teaching* (4 ed., S. 433–456). New York, NY: Macmillan.

Baumert, J., Blum, W., Brunner, M., Voss, T., Jordan, A., Klusmann, U., … Tsai, Y.-M. (2018). *Professionswissen von Lehrkräften, kognitiv aktivierender Mathematikunterricht und die Entwicklung von mathematischer Kompetenz (COACTIV): Dokumentation der Erhebungsinstrumente.*

Baumert, J. & Kunter, M. (2006). Stichwort: Professionelle Kompetenz von Lehrkräften. [journal article]. *Zeitschrift für Erziehungswissenschaft, 9*(4), 469–520.

Blömeke, S. (2003). Lehrerausbildung – Lehrerhandeln – Schülerleistungen: Humboldt-Universität zu Berlin, Philosophische Fakultät IV.

Borowski, A., Tepner, O. (2009). *Projektskizze: Professionswissen in den Naturwissenschaften.* In D. Höttecke (Hrsg.), GDCP Jahrestagung (S. 377–379), Schwäbisch Gmünd Lit.

Bromme, R., Rheinberg, F., Minsel, B., Winteler, A., Weidenmann, B. (2006). Die Erziehenden und Lehrenden. In A. Krapp & B. Weidenmann (Hrsg.), *Pädagogische Psychologie. Ein Lehrbuch.* (S. 268–355). Weinheim/Basel: Beltz.

Brunner, M., Kunter, M., Krauss, S., Klusmann, U., Baumert, J., Blum, W., … Tsai, Y.-M. (2006). Die professionelle Kompetenz von Mathematiklehrkräften: Konzeptualisierung, Erfassung und Bedeutung für den Unterricht. Eine Zwischenbilanz des COACTIV-Projekts. In M. Prenzel & L. H.

Allolio-Näcke (Hrsg.), *Untersuchungen zur Bildungsqualität von Schule. Abschlussbericht des DFG-Schwerpunktprogramms* (S. 54–82). Münster: Waxmann.

Cauet, E. (2016). *Testen wir relevantes Wissen? – Zusammenhang zwischen dem Professionswissen von Physiklehrkräften und gutem und erfolgreichem Unterrichten*. Berlin: Logos Verlag.

Chatman, J. A. (1989). Improving Interactional Organizational Research: A Model of Person-Organization Fit. *Academy of Management Review, 14*(3), 333–349.

Clausen, M., Reusser, K., Klieme, E. (2003). Unterrichtsqualität auf der Basis hoch-inferenter Unterrichtsbeurteilungen: Ein Vergleich zwischen Deutschland und der deutschsprachigen Schweiz. *Un-terrichtswissenschaft, 31*, 122–141.

Cohn, R., Terfurth, C. (1997). *Lebendiges Lehren und lernen. TZI macht Schule* (3 Aufl.). Stuttgart: Klett-Cotta.

Dann, H.-D., Haag, L. (2017). Lehrerkognitionen und Handlungsentscheidungen. In M. K. W. Schweer (Hrsg.), *Lehrer-Schüler-Interaktion: Inhaltsfelder, Forschungsperspektiven und methodische Zugänge* (S. 89–120). Wiesbaden: Springer Fachmedien Wiesbaden.

Daschner, P., Grothus, I., Imschweiler, V., Renz, M., Schlamp, K., Schoof-Wetzig, D., Steffens, U. (2018). *Recherchen für eine Bestandsaufnahme der Lehrkräftefortbildung in Deutschland*. Berlin: Deutscher Verein zur Förderung der Lehrerinnen und Lehrerfortbildung e. V. (DVLfB).

Draxler, C. (2006). *Facetten professioneller Handlungskompetenz von Physik- und Sachunterrichtslehrerinnen und -lehrern*. Unveröffentlichte Dissertation, Universität Duisburg-Essen.

Fischer, H. E., Klemm, K., Leutner, D., Sumfleth, E., Tiemann, R., Wirth, J. (2003). Naturwissenschaftsdidaktische Lehr-Lernforschung: Defizite und Desiderata. *Zeitschrift für Didaktik der Naturwissenschaften*(9), 179–208.

Fischer, H. E., Borowski, A., Tepner, O. (2012). *Professional knowledge of science teachers*. New York: Springer.

Fischer, H. E., Labudde, P., Neumann, K. (Hrsg.). (2014). *Quality of Instruction in Physics: Comparing Finland, Germany and Switzerland*. Münster Waxmann.

Friedrich und Mandl (1992).

Grossmann, P. (1990). *The making of a teacher: Teacher knowledge and teacher education*. New York: Teachers College Press.

Holland, J. L. (1997). *Making vocational choices: A theory of vocational personalities and work environments* (3 Aufl.). Odessa, FL: Psychological Assessment Resources.

Hößle, C., Höttecke, D., Kircher, E. (2004). *Lehren und Lernen über die Natur der Naturwissenschaften – Wissenschaftspropädeutik für die Lehrerbildung und die Schulpraxis*. Baltmannsweiler: Schneider-Verlag, Hohengehren.

Kerstan, T. (2018). Nichts Genaues weiß man nicht – Warum Fortbildungen für Lehrer mehr Systematik brauchen, *DIE ZEIT*.

Klauer, K. J. (1988). Teaching for learning-to-learn: a critical appraisal with some proposals. [journal article]. *Instructional Science, 17*(4), 351–367.

Klauer, K. J., Leutner, D. (2012). *Lehren und Lernen. Einführung in die Instruktionspsychologie* (2 Aufl.). Weinheim Basel: Beltz/PVU.

Klusmann, U., Kunter, M., Trautwein, U., Baumert, J. (2006). Lehrerbelastung und Unterrichtsqualität aus der Perspektive von Lehrenden und Lernenden. *Zeitschrift für Pädagogische Psychologie, 20*(3), 161–173.

KMK (2004a). *Bildungsstandards im Fach Physik für den Mittleren Schulabschluss*.

KMK (2004b). *Standards für die Lehrerbildung: Bildungswissenschaften*.

Krapp, A. (1996). Psychologische Bedingungen naturwissenschaftlichen Lernens: Untersuchungsansätze und Befunde zu Motivation und Interesse. In R. Duit, C. v. Rhöneck (Hrsg.), *Lernen in den Naturwissenschaften* (S. 37–68). Kiel: IPN.

Krause, A., Dorsemagen, C. (2007). Ergebnisse der Lehrerbelastungsforschung. Orientierung im Forschungsdschungel. In M. Rothland (Hrsg.), *Belastung und Beanspruchung im Lehrerberuf* (S. 52–80). Wiesbaden: VS Verlag für Sozialwissenschaften.

Krauss, S., Neubrand, M., Blum, W., Baumert, J., Brunner, M., Kunter, M., Jordan, A. (2008). Die Untersuchung des professionellen Wissens deutscher Mathematik-Lehrerinnen und -Lehrer im Rahmen der COACTIV-Studie. [journal article]. *Journal für Mathematik-Didaktik, 29*(3), 233–258.

Kunter, M., Kunina-Habenicht, O., Baumert, J., Dicke, Th., Holzberger, D., Lohse-Bossenz, H., Leutner, D. Schulze-Stocker, F., Terhart, E. (2017). Bildungswissenschaftliches Wissen und professionelle Kompetenz in der Lehramtsausbildung. In C. Gräsel & K. Trempler (Hrsg.), *Entwicklung von Professionalität pädagogischen Personals: Interdisziplinäre Betrachtungen, Befunde und Perspektiven* (S. 37–54). Wiesbaden: Springer Fachmedien Wiesbaden.

Lee, E., Luft, J. A. (2008). Experienced Secondary Science Teachers' Representation of Pedagogical Content Knowledge. *International Journal of Science Education, 30*(10), 1343–1363.

Lehr, D., Koch, S., Hillert, A. (2013). Stress-Bewältigungs-Trainings Das Präventionsprogramm AGIL „Arbeit und Gesundheit im Lehrerberuf" als Beispiel eines Stress-Bewältigungs-Trainings für Lehrerinnen und Lehrer. In M. Rothland (Hrsg.), *Belastung und Beanspruchung im Lehrerberuf: Modelle, Befunde, Interventionen* (S. 251–271). Wiesbaden: Springer Fachmedien Wiesbaden.

Lompscher, J. (1992). Lehr- und Lernstrategien im Unterricht – Voraussetzungen und Konsequenzen. In G. Nold (Hrsg.), *Lernbedingungen und Lernstrategien. Welche Rolle spielen kognitive Verstehensstrukturen?* (S. 97–104). Tübingen: Gunter Narr Verlag.

Mandl, H., Friedrich, H. F. (2006). *Lernstrategien nach Mandl & Friedrich (2006).* Heruntergeladen am 05.02.2020 von ► https://commons.wikimedia.org/wiki/File:Lernstrategien.png.

Meyer, H. (2011a). *Praxisband* (14 Aufl.). Berlin: Cornelsen Scriptor.

Meyer, H. (2011b). *Unterrichts-Methoden: II: Praxisband* (14 Aufl.). Berlin: Cornelsen Verlag.

Ohle, A., Fischer, H. E., Kauertz, A. (2011). Der Einfluss des physikalischen Fachwissens von Primarstufenlehrkräften auf Unterrichtsgestaltung und Schülerleistung. *Zeitschrift für Didaktik der Naturwissenschaften, 17*, 357–389.

Oser, F. (1998). Ethos – die Vermenschlichung des Erfolgs. Zur Psychologie der Berufsmoral von Lehrpersonen *Schule und Gesellschaft*. Opladen: Leske und Budrich.

Patrick, H., Pintrich, P. R. (2001). Conceptual change in teachers' intuitive conceptions of learning, motivation, and instruction: The role of motivational and epistemological beliefs. In B. Torff & R. J. Sternberg (Hrsg.), *Understanding and teaching the intuitive mind* (S. 117–143). Hillsdale, NJ: Lawrence Erlbaum.

Pressley, M., Forrest-Pressley, D. L., Elliott-Faust, D., Miller, G. (1985). Children's Use of Cognitive Strategies, How to Teach Strategies, and What to Do If They Can't Be Taught. In M. Pressley & C. J. Brainerd (Hrsg.), *Cognitive Learning and Memory in Children: Progress in Cognitive Development Research* (S. 1–47). New York, NY: Springer New York.

Renkl, A. (2008). *Lehrbuch Pädagogische Psychologie.* Bern: Huber.

Renkl, A. (2009). Wissenserwerb. In E. Wild & J. Möller (Hrsg.), *Pädagogische Psychologie* (S. 3–26). Berlin: Springer.

Reusser, K., Pauli, C. (2014). Berufsbezogene Überzeugungen von Lehrerinnen und Lehrern. In E. Terhart, H. Bennewitz & M. Rothland (Hrsg.), *Handbuch der Forschung zum Lehrerberuf* (S. 642–661). Münster: Waxmann.

Richter, T., Schnotz, W. (2018). Textverstehen. In S. Buch, D. Rost & J. Sparfeldt (Hrsg.), *Handwörterbuch Pädagogische Psychologie* (4 Aufl., S. 826–837). Weinheim: Beltz.

Riese, J., Reinhold, P. (2010). Empirische Erkenntnisse zur Struktur professioneller Handlungskompetenz von angehenden Physiklehrkräften. *Zeitschrift für Didaktik der Naturwissenschaften*(16), 167–187.

Riese, J., Kulgemeyer, C., Zander, S., Borowski, A., Fischer, H. E., Gramzow, Y., ... Tomczyszyn, E. (2015). Modellierung und Messung des Professionswissens in der Lehramtsausbildung Physik *Kompetenzen von Studierenden.* (Bd. 61, S. 55–79). Weinheim u. a.: Beltz Juventa.

Rincke, K. (2010). Alltagssprache, Fachsprache und ihre besonderen Bedeutungen für das Lernen. *Zeitschrift für Didaktik der Naturwissenschaften, 16*, 235–260.

Roth, H. (1971). *Pädagogische Anthropologie*. Hannover: Schroedel.

Rothland, M. (2009). Das Dilemma des Lehrerberufs sind ... die Lehrer? Anmerkungen zur persönlichkeitspsychologisch dominierten Lehrerbelastungsforschung. *Zeitschrift für Erziehungswissenschaft, 12*, 111–125.

Rothland, M. (2019). Belastung, Beanspruchung und Gesundheit im Lehrerberuf. In M. Gläser-Zikuda, M. Harring, C. Rohlfs (Hrsg.), *Handbuch Schulpädagogik* (S. 631–641). Münster u. a.: Waxmann.

Schaarschmidt, U. (2006). AVEM – ein persönlichkeitsdiagnostisches Instrument für die berufsbezogene Rehabilitation. In A. K. P. i. d. R. BDP (Hrsg.), *Psychologische Diagnostik – Weichenstellung für den Reha-Verlauf* (S. 59–82). Bonn: Deutscher Psychologen Verlag GmbH.

Schaarschmidt, U., Kieschke, U. (2007). Beanspruchungsmuster im Lehrerberuf. In M. Rothland (Hrsg.), *Belastung und Beanspruchung im Lehrerberuf: Modelle, Befunde, Interventionen* (S. 81–98). Wiesbaden: VS Verlag für Sozialwissenschaften.

Schaarschmidt, U., Kieschke, U. (2013). Beanspruchungsmuster im Lehrerberuf Ergebnisse und Schlussfolgerungen aus der Potsdamer Lehrerstudie. In M. Rothland (Hrsg.), *Belastung und Beanspruchung im Lehrerberuf: Modelle, Befunde, Interventionen* (S. 81–97). Wiesbaden: Springer Fachmedien Wiesbaden.

Schaefer, C. (2012). *„Gestärkt für den Lehrerberuf": psychische Gesundheit durch Förderung berufsbezogener Kompetenzen.* Universität Potsdam.

Scheiter, K., Eitel, A., Schüler, A. (2016). Lernen mit Texten und Bildern. *67*(2), 87–93.

Schmaltz, C. (2019). *Heterogenität als Herausforderung für die Professionalisierung von Lehrkräften: Entwicklung der Unterrichtsplanungskompetenz im Rahmen einer Fortbildung.* Wiesbaden: Springer Fachmedien Wiesbaden.

Schraw, G. (2001). Current themes and future directions in epistemological research: A commentary. *Educational Psychology Review, 14*, 451–464.

Schraw, G., Crippen, K. J., Hartley, K. (2006). Promoting self-regulation in science education: Metacognition as part of a broader perspective on learning. *Research in Science Education, 36*, 111–139.

Seidel, T., Shavelson, R. J. (2007). Teaching Effectiveness Research in the Past Decade: The Role of Theory and Research Design in Disentangling Meta-Analysis Results. *Review of Educational Research, 77*(4), 454–499.

Seifried, J. (2009). *Unterricht aus der Sicht von Handelslehrern.* Frankfurt a. M.: Lang.

Shulman, L. (1987). Knowledge and teaching: foundations of the new reform. *Harvard Educational Review, 57*, 1–22.

Stangl, W. (2018). Stichwort: ‚Psychohygiene' *Online Lexikon für Psychologie und Pädagogik.*

Storch, M., Krause, F., Küttel, Y. (2013). Ressourcenorientiertes Selbstmanagement für Lehrkräfte Das Zürcher Ressourcen Modell ZRM. In M. Rothland (Hrsg.), *Belastung und Beanspruchung im Lehrerberuf: Modelle,*

Befunde, Interventionen (S. 273–288). Wiesbaden: Springer Fachmedien Wiesbaden.

Tajmel, T. (2017). Texte im Physikunterricht *Naturwissenschaftliche Bildung in der Migrationsgesellschaft: Grundzüge einer Reflexiven Physikdidaktik und kritisch-sprachbewussten Praxis* (S. 217–229). Wiesbaden: Springer Fachmedien Wiesbaden.

Tulodziecki, G., Herzig, B., Blömeke, S. (2017). *Gestaltung von Unterricht. Eine Einführung in die Didaktik* (3 Aufl.). Bad Heilbrunn: Klinkhardt/utb.

Walzer, M., Fischer, H. E., Borowski, A. (2013). Fachwissen im Studium zum Lehramt der Physik. In S. Bernholt (Hrsg.), *Inquiry-based Learning – Forschendes Lernen.* (S. 530–532). Kiel: IPN-Verlag.

Weinert, F. E. (2001). *Vergleichende Leistungsmessung in Schulen – eine umstrittene Selbstverständlichkeit.* Weinheim und Basel: Beltz.

Wolfswinkler, G., Fritz-Stratmann, A., Scherer, P. (2014). Perspektiven für ein Lehrerausbildungsmodell „Inklusion". In I. v. Ackeren & M. Heinrich (Hrsg.), *Die Deutsche Schule* (Bd. 106, S. 373–385). Münster Waxmann Verlag.

Schülerlabore

Manfred Euler und Tobias Schüttler

E. Kircher et al. (Hrsg.), *Physikdidaktik | Methoden und Inhalte*,
https://doi.org/10.1007/978-3-662-59496-4_5

Trailer

Schülerlabore ermöglichen als außerschulische Lernorte intensive Begegnungen mit modernen Natur- und Ingenieurwissenschaften. Dies erfolgt in geeigneten Lernumgebungen mit Laborcharakter. Schülerlabore erweitern die schulischen Möglichkeiten zur Förderung naturwissenschaftlicher Bildungsprozesse und bieten vielfältige Lernanreize und Möglichkeiten zur Anreicherung und Ergänzung des Unterrichts. Authentische Arbeitsweisen, lebensweltbezogene, naturwissenschaftlich-technische Themenfelder werden in neuen Umfeldern erlebt. Die vielfältigen Konzepte und Angebote zum Lernen durch Experimentieren erweisen sich für die Breiten- ebenso wie für die Spitzenförderung als bedeutsam.
Dazu gibt es mittlerweile auch Erkenntnisse aus der Wirkungsforschung und Folgerungen für modernen Physikunterricht. Über eine verbesserte Vernetzung mit der Schulpraxis und der Lehrerbildung bieten die Labore weitergehende Potenziale. Insbesondere verstärken sie die Rolle des kontext- und erfahrungsbasierten Lernens.
Einen Überblick über die Themen des Kapitels gibt ◘ Abb. 5.1.

Schülerlabore haben sich mittlerweile als wirksame außerschulische Instrumente zur Förderung naturwissenschaftlicher Bildungsprozesse etabliert. Die Labore bieten vielfältige Lernanreize und komplementäre Möglichkeiten zur Anreicherung und Ergänzung des Unterrichts vor allem in Bezug auf authentische, lebensweltbezogene naturwissenschaftlich-technische Themenfelder und Arbeitsweisen. Die Angebote zum Lernen durch Experimentieren erweisen sich für die Breiten- ebenso wie für die Spitzenförderung als bedeutsam. Über eine verbesserte Vernetzung mit der Schulpraxis und der Lehrerbildung

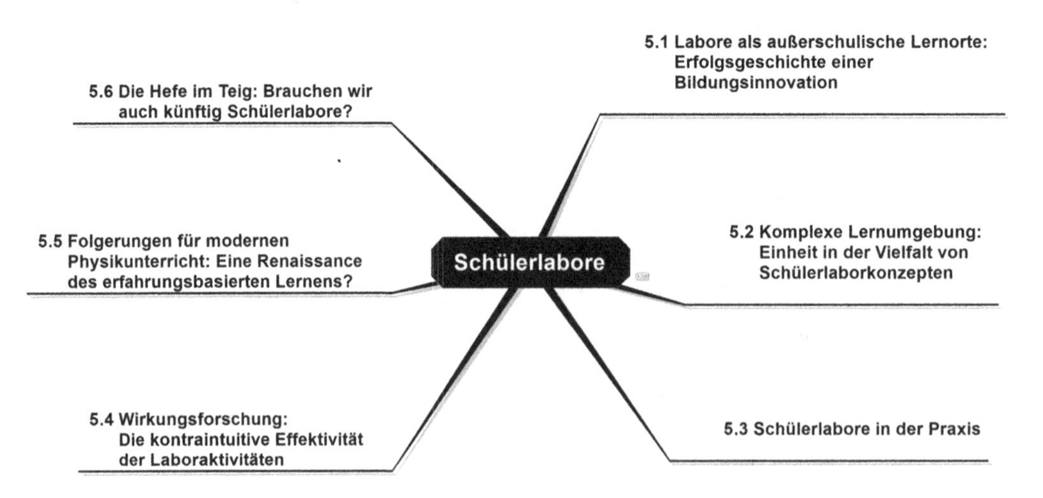

◘ **Abb. 5.1** Übersicht über die Teilkapitel

■ **Abb. 5.2** Schülerlabore im deutschsprachigen Raum. (Quelle: LernortLabor)

Derzeitige Schülerlaborangebote in Deutschland
Die unter ▶ www.lernort-labor.de verfügbare interaktive Laborkarte stellt Informationen über die einzelnen Labore bereit

bieten die Labore weitergehende Potenziale für Entwicklung der Qualität von Lehr- und Lernprozessen. Insbesondere verstärken sie die Rolle des kontext- und erfahrungsbasierten Lernens (■ Abb. 5.2).

5.1 Labore als außerschulische Lernorte: Erfolgsgeschichte einer Bildungsinnovation

In Deutschland ist unter dem Eindruck der teilweise unzureichenden Qualität des naturwissenschaftlichen Unterrichts und der geringen Attraktivität vieler naturwissenschaftlich-technischer Studienfächer und Berufe eine vielfältige außerschulische Bildungslandschaft entstanden, die dieser Befundlage entgegenzuwirken sucht (Ringelband et al. 2001) (■ Abb. 5.3). Schülerlabore spielen dabei eine besondere Rolle (Engeln und Euler 2004).

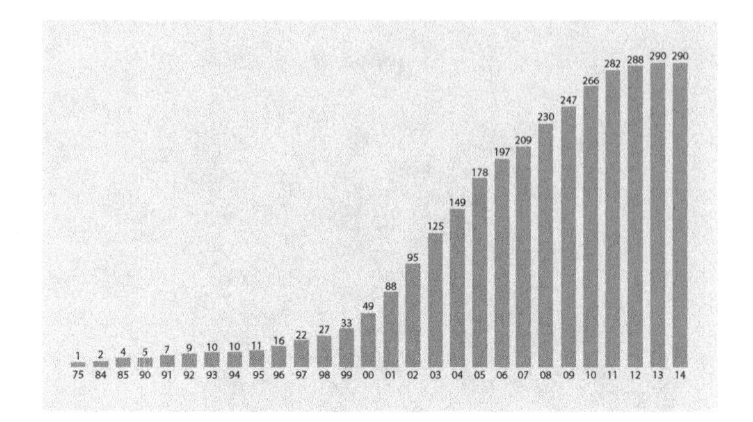

Abb. 5.3 Entwicklung der Schülerlabore in den letzten 20 Jahren. (Quelle: LernortLabor)

Schülerlabore bringen Lernende im Rahmen von mehr oder weniger stark geleitetem, eigenständigem Experimentieren in Kontakt mit modernen Natur- und Ingenieurwissenschaften. In geeigneten Lernumgebungen mit Laborcharakter, die Schülerinnen und Schüler zur aktiven Auseinandersetzung mit naturwissenschaftlichen und technischen Fragestellungen und Methoden anregen, stehen die Authentizität der Arbeitsweisen und Lernerfahrungen im Zentrum (Euler 2004).

Nach zaghaften Anfängen haben diese außerschulischen Initiativen einen bemerkenswerten Aufschwung genommen. Mittlerweile existieren laut dem Bundesverband der deutschen Schülerlabore „Lernort Labor e. V." in Deutschland knapp 400 Schülerlabore mit Schwerpunkten in den naturwissenschaftlichen Fächern Biologie, Chemie, Physik, in der Technik, in Mathematik und Informatik sowie mit multi- und transdisziplinären Zielen (Abb. 5.2; LernortLabor 2015). Die Zahl steigt nach wie vor – auch deshalb, weil derzeit vermehrt nichtnaturwissenschaftliche Labore aus den Geisteswissenschaften und mit Fokus auf Fremdsprachen entstehen. Die Mehrzahl der Schülerlabore (etwa 50 %) wird von Universitäten betrieben, den nächst größeren Anteil von ca. 20 % stellen Forschungseinrichtungen. So verfügen beispielsweise allein die Helmholtz-Forschungszentren über mehr als 30 Schülerlabore bundesweit.

Hauptsächliche Betreiber von Schülerlaboren: Universitäten Forschungsinstitute Science Center und Museen Industrie und Technologiezentren

Die Grundidee der Labore, Wissenschaft durch erfahrungsbasierte Zugänge erlebbar zu machen, die so weit als möglich auf eigenständigen experimentellen Tätigkeiten und Projekten aufbauen, hat sich als tragfähig und höchst erfolgreich erwiesen. Viele Schülerlabore haben lange Wartelisten und müssen interessierte Klassen abweisen. Die Erfolgsgeschichte der Labore spiegelt den gesellschaftlichen Bedarf an derartigen außerschulischen Angeboten, die komplementär zum etablierten formalen System vorwiegend informelle Bildungsprozesse anstoßen und den Unterricht anreichern und vertiefen. Dies geschieht vor allem in Hinblick auf die Vermittlung vielfältiger Erfahrungen der lebensweltlichen Bezüge des Entdeckens, Forschens und Entwickelns im Rahmen weitgehend authentischer Arbeitsweisen und Kontexte aus Naturwissenschaften und Technik. Mittlerweile gibt es auf alle Altersstufen zugeschnittene Laborangebote, vom Kindergarten und der Grundschule bis Studieneingangsphase (◘ Abb. 5.4).

Die Ausdifferenzierung der Schülerlabor-Landschaft ist ein nach wie vor andauernder Prozess, der sich in Wechselwirkung mit den gesellschaftlichen Erfordernissen vollzieht. Viele Laborgründungen der ersten Generation lassen sich als wissenschaftsgetrieben charakterisieren. Sie zielen darauf ab, eine Brücke zwischen Schule und moderner Wissenschaft herzustellen, um die abstrakte und häufig als lebensfern geltende Wissenschaft besser zugänglich und erlebbar zu machen. Schülerlabore, vor allem an Universitäten, werden mittlerweile in einem steigenden Maß in die Ausbildung künftiger Lehrkräfte eingebunden. Auch für die Weiterbildung von Lehrkräften spielen die Labore eine wachsende und noch ausbaufähige Rolle. In thematisch viel offeneren sog. Schülerforschungszentren schließlich werden Schüler selbst zum wissenschaftlichen Forschen animiert, was insbesondere für leistungsstarke und motivierte Jugendliche eine Bereicherung darstellt.

Im Zuge der Weiterentwicklung der Schülerlabore verschiebt sich der Fokus vom Wissenschafts- und Technologiebezug zunehmend auch auf berufsorientierende Ziele und Bezüge zur Wirtschaft. Dies ist eine Reaktion auf den Mangel an qualifizierten

Nutzung und Reichweite der Labore in Deutschland pro Jahr:
ca. 0,5 Mio. Schülerinnen und Schüler und ca. 20.000 Lehrkräfte

◘ **Abb. 5.4** Frühe, spielerische Begegnung mit Optik: Science Center „phaeno" in Wolfsburg

Fachkräften mit einem technisch-naturwissenschaftlichen Hintergrund, eine Entwicklung, die sich in Deutschland durch den demografischen Wandel künftig noch verschärfen wird. Das Angebot an entsprechenden Industrie-Laboren, die Tätigkeiten in Forschung, Entwicklung, Konstruktion und Design und die entsprechenden Berufsbezüge projektartig erfahrbar machen, ist allerdings derzeit noch recht gering.

5.2 Komplexe Lernumgebung: Einheit in der Vielfalt von Schülerlaborkonzepten

5.2.1 Gemeinsame Ziele und Gestaltungsmerkmale

Trotz unterschiedlicher Entstehungsgeschichte und spezifischer Schwerpunktsetzung stimmen die Schülerlabore in ihren zentralen Zielen weitgehend überein:
- Förderung von Interesse und Aufgeschlossenheit von Kindern und Jugendlichen für Naturwissenschaften und Technik
- Vermittlung eines zeitgemäßen Bildes dieser Fächer und ihrer Bedeutung für unsere Gesellschaft und deren Entwicklung
- Ermöglichen von Einblicken in Tätigkeitsfelder und Berufsbilder im naturwissenschaftlichen und technischen Bereich
- Nachwuchsförderung für MINT-Berufe und zum Teil auch direkt für den eigenen Nachwuchsbedarf

Zum Erreichen dieser anspruchsvollen Zielstellungen setzen die Laborbetreiber auf folgende Prinzipien und Gestaltungsmerkmale beim Design der Labore als Lern- und Erfahrungsräume für Kinder und Jugendliche:
- Begegnung mit moderner Naturwissenschaft und Technik durch erfahrungsbasierte Zugänge zu Prozessen der Forschung und Entwicklung. Dabei spielen Experimente, praktische Aktivitäten und projektartige Arbeitsformen eine zentrale Rolle.
- Schaffen eines Lernumfelds, das zur aktiven Auseinandersetzung mit möglichst lebensweltbezogenen, authentischen Problemen aus Forschung und Entwicklung anregt (▶ Abschn. 11.5).
- Bieten von Lerngelegenheiten und Möglichkeiten zur Erfahrung und Entfaltung individueller Stärken im Rahmen von Team- und Projektarbeit mit dem Ziel, fachliche und überfachliche Kompetenzen (Hard und Soft Skills) gleichermaßen zu fördern.
- Ermöglichen von Kontakten mit Personen, die in Forschung und Entwicklung tätig sind, sowie die Erfahrung von

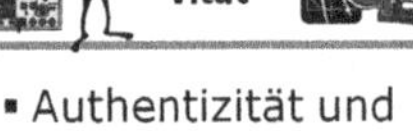

- Authentizität und Lebensweltbezug
- Kognitive Aktivierung
- Multiple Perspektiven & Kontexte
- Ermöglichen von Freiheitsgraden
- Soziale Kontexte

Laborrelevante Merkmale konstruktivistischer Lernumgebungen

möglichen Rollenmodellen, insbesondere für Mädchen und junge Frauen.

Die Gestaltungsprinzipien der Schülerlabore erfüllen viele der Kriterien, die unter der Perspektive der Lehr-Lern-Theorie als relevant für eine aktive Wissenskonstruktion durch die Lernenden angesehen werden (vgl. Gerstenmeier und Mandl 1995). Die Labore setzen dabei vor allem auf die Authentizität der angebotenen Laboraktivitäten und das Gewinnen eigener Erfahrungen in einem neuen Lernumfeld. Die Verknüpfung des von der Schule mehr oder minder vertrauten Wissens mit Anwendungszusammenhängen sowie mit der Lebens- und Berufswelt stehen im Zentrum der Tätigkeiten.

Authentizität ist ein zentraler Aspekt der Schülerlabore. Sie ist durch die Verortung an einem Forschungsinstitut, einer Universität oder in der Industrie nahezu unmittelbar greifbar. Die zu bearbeitenden Laborprojekte stehen oft in einem direkten Bezug zu Forschung, Entwicklung oder Produktion der betreibenden Institution. Der Laborbesuch wird zumeist auch mit einer Besichtigung der Institution verbunden. Personen, die in die jeweiligen Forschungs- und Arbeitszusammenhänge eingebunden sind, stehen als Betreuer oder als Ansprechpartner zur Verfügung und geben Information aus erster Hand (vgl. Euler 2005; LernortLabor 2015).

Die Lernumgebung „Schülerlabor" ist vergleichsweise komplex. Sie bettet die praktische Arbeit in interessante thematische und methodische Kontexte ein und geht vielfältige Wege, um die Lernenden anzuregen, selbst aktiv zu werden. Die zu bearbeitenden Aufgaben und Projekte sind oft relativ anspruchsvoll und stellen für die Lernenden eine Herausforderung dar, die unter Nutzung geeigneter Werkzeuge zumeist kooperativ zu lösen ist. Je nach Zielgruppe variieren die Aufgaben in Schwierigkeit, Offenheit und Unterstützung durch die Betreuenden.

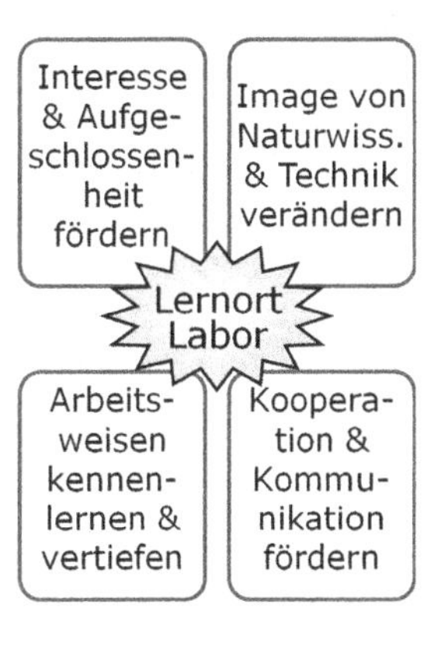

Schülerlabore als komplexe Lernumgebungen

5.2.2 Fachspezifische Differenzierungen der Angebote

Obwohl alle Schülerlabore in ihrem Hauptziel der Interesseförderung übereinstimmen, zeigt das Spektrum der Laborkonzepte deutliche fachbezogene Ausdifferenzierungen und Schwerpunkte, welche die spezifische Problemlage der jeweiligen Fachrichtung abbilden.

Physikalisch orientierte Labore betonen besonders, auf die Gewinnung von potenziellem Nachwuchs abzuzielen und das Image dieses notorisch „harten" Fachs zu verbessern. Sie setzen dabei auf das Erfahren von Arbeitsweisen im Rahmen interessanter lebensweltbezogener Probleme und Projekte, die mit

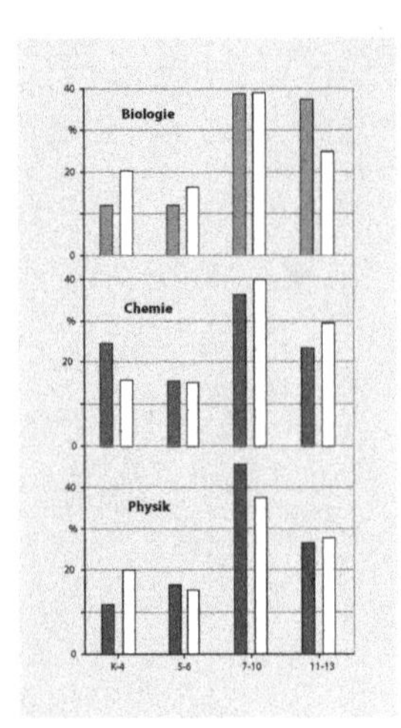

Zielgruppen der Schülerlabore nach Angaben der Betreiber. Vergleich der Fächer mit dem Mittelwert aller Labore (dunkle und helle Balken Bestandsaufnahme 2005)

weitgehend authentischen Werkzeugen und Verfahren bearbeitet werden. Physik- und Techniklabore stellen vor allem die kreativen und innovativen Aspekte der Forschungs- und Entwicklungstätigkeit und deren gesellschaftliche Bedeutung heraus. Das gilt auch für die Chemielabore, wobei hier überdurchschnittlich viele Angebote auf eine möglichst frühe Förderung zielen. Diese Labore betonen besonders den Spaß am Experimentieren und die Rolle der Chemie im Alltag.

Die Problemlage in der Biologie ist eine andere: Das Schulfach muss nicht gegen das Image einer „harten" Naturwissenschaft ankämpfen und hat keine Nachwuchssorgen. Defizite bestehen dagegen in der Vertrautheit biologisch interessierter Jugendlicher mit experimentellen naturwissenschaftlichen Methoden. Entsprechend setzen Biologie-Labore stärker als die anderen in der Sekundarstufe II an. Sie zielen dabei besonders auf die Vermittlung von Methodenkenntnissen und von einem authentischen Bild der modernen Biologie als experimenteller Naturwissenschaft. Die Schwerpunkte der Laborangebote liegen vor allem in den Bereichen Molekularbiologie und Gentechnik. Diese Gebiete entwickeln sich besonders rasant weiter und lassen sich mit schulischen Mitteln nur schwer experimentell erschließen. Darüber hinaus sind sie Gegenstand gesellschaftlicher Kontroversen. Die Labore sehen ihre Aufgabe auch darin, Jugendliche zur Teilhabe an den Diskursen zu befähigen.

5.2.3 Schülerlabore – ein deutsches Phänomen?

Die Schülerlaborbewegung begann in Deutschland Ende der 1990er-Jahre unter dem Eindruck nachlassenden Interesses an Naturwissenschaften, insbesondere an Physik und Chemie, und wurde durch die ernüchternden Ergebnisse deutscher Schüler in den Naturwissenschaften bei internationalen Vergleichstests wie TIMSS und PISA stark beschleunigt (Wessnigk 2013), so wurden allein in den Jahren nach dem sog. PISA-Schock 2001–2005 über 100 neue Schülerlabore gegründet. Dass die mangelnde Attraktivität der sog. harten Naturwissenschaften im Schulunterricht kein allein deutsches Phänomen ist, zeigt eine Vielzahl von Studien, welche die geringe Begeisterung von Schülern für den Physikunterricht auch in anderen europäischen Ländern belegen und thematisieren (◘ Abb. 5.5; vgl. auch OECD 2006).

Und so überrascht es nicht, dass auch andere europäische Länder auf diese beunruhigende Entwicklung reagieren. Die Bemühungen sind vielfältig und beziehen sich auf schulinterne und außerschulische Maßnahmen. Jedoch zeigen sich auch deutliche Unterschiede zwischen den Maßnahmen der einzelnen Länder (vgl. MARCH-Studie, Galev et al. 2015)

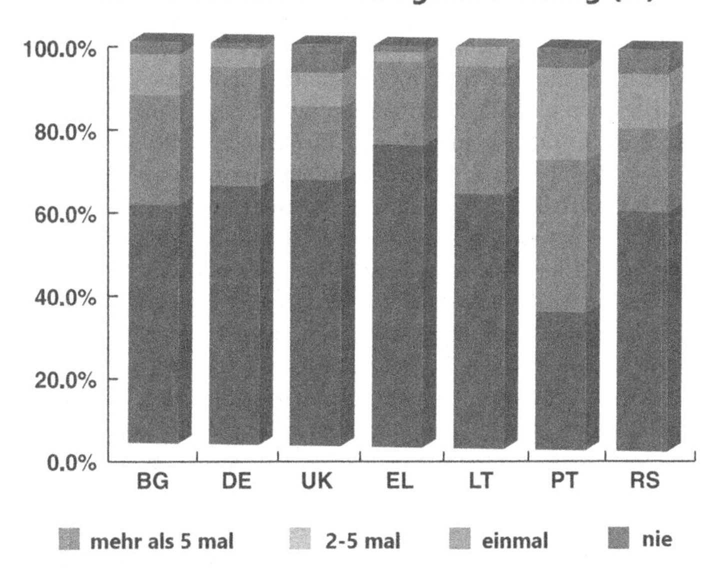

Abb. 5.5 In Europa werden Forschungseinrichtungen als außerschulische Lernorte unterschiedlich häufig genutzt

Die in Deutschland mittlerweile sehr beliebten Schülerlabore findet man in anderen Ländern nur vereinzelt und nicht in einer derart organisierten Form (Lloyd et al. 2012). Im englischsprachigen Ausland sind hingegen sogenannte Science Center deutlich populärer. Diese im deutschsprachigen Raum am ehesten mit Technikmuseen vergleichbaren Einrichtungen erlauben es Besuchern, aus den Naturwissenschaften stammende Exponate nicht nur anzusehen, sondern damit zu experimentieren. Aufgrund der fehlenden Instruktion durch Tutoren und des offenen Charakters dieser Einrichtungen kann man sie jedoch nicht mit Schülerlaboren, wie sie sich in Deutschland etabliert haben, vergleichen. In diesem Sinne kann man durchaus behaupten, die Schülerlaborbewegung sei ein deutsches Phänomen – wie sehr dies gilt, zeigt auch, dass der Begriff „Schülerlabor“ mittlerweile auch in der englischsprachigen Literatur übernommen wird (Garner et al. 2014).

5.2.4 Begriffsklärung und Kategorien von Schülerlaboren

Ebenso wenig wie es „die Forschung“ gibt, gibt es „das Schülerlabor“ – zu unterschiedlich sind die Themen und auch die methodischen Ansätze der jeweiligen Einrichtungen. Um Missverständnissen oder gar Pauschalisierungen vorzubeugen, wurden von LernortLabor gewisse Mindestanforderungen und ein Kategoriensystem für Schülerlabore vorgeschlagen (Haupt et al. 2013).

Dabei werden Schülerlabore als außerschulische Lernorte beschrieben, bei denen das eigenständige Experimentieren der Schülerinnen und Schüler einen zentralen Schwerpunkt darstellt. Der Begriff „außerschulisch" wird hier jedoch weiter gefasst als die zum Teil übliche, rein auf die Örtlichkeit bezogene Sichtweise (vgl. Karpa et al. 2015). So können Schülerlabore auch an Schulen beheimatet sein, wenn ihr Angebot sich klar vom regulären Schulunterricht abgrenzen lässt und beispielsweise auch anderen Schulen zur Verfügung steht. Zur besseren Abgrenzung von eher singulären Veranstaltungen, wie einem Tag der offenen Tür, wird zudem betont, dass das Angebot eines Schülerlabors eine gewisse Mindesthäufigkeit der Aktivität aufweisen sollte.

Schülerlabore: außerschulische Lernorte mit Schwerpunkt auf Experimentieren mit einem regelmäßigen Angebot

Über diese recht allgemeine Abgrenzung des Begriffs Schülerlabor hinaus sollen verschiedene Kategorien eine bessere Unterscheidbarkeit und damit auch eine weniger pauschale Diskussionsgrundlage zur Wirkung von Schülerlaborbesuchen liefern. Haupt et al. (2013) unterscheiden zwischen sechs verschiedenen Kategorien von Laboren.

Klassische Schülerlabore: lehrplankonforme Breitenförderung für Schulklassen und -kurse

- **Klassische Schülerlabore** richten sich mit einem klar vorgegebenen Experimentierangebot an ganze Schulklassen und -kurse, welche das Labor meist im Rahmen von Exkursionen besuchen. Die Inhalte sind eher stark an die Curricula angepasst, Experimente stehen im Vordergrund. Die häufig an Universitäten angesiedelten Labore betreiben in erster Linie Breitenförderung und bieten oft auch mehrmalige Besuche zur direkten Unterstützung des Unterrichts an.

Schülerforschungszentren – Schwerpunkt: Begabtenförderung

- In **Schülerforschungszentren** finden die Schülerinnen und Schüler im Normalfall kein spezielles Kursangebot vor, sondern es werden besonders gute Rahmenbedingungen für eigenständige Schülerforschungsprojekte in Form von Laboreinrichtungen und kompetenter Betreuung angeboten. Oft sind die Aktivitäten in Schülerforschungszentren auch mit Wettbewerben wie Jugend forscht verbunden und richten sich insbesondere an leistungsstarke und hoch motivierte Schüler.
- Um Lehramtsstudierende bereits früh in ihrem Studium mit echten Unterrichtssituationen vertraut zu machen, haben viele Universitäten **Lehr-Lern-Labore** eingerichtet, bei denen die experimentierenden Schüler von Lehramtsstudierenden betreut werden. Als Tutoren schulen sie ihre didaktischen und pädagogischen Fähigkeiten und sollen insbesondere von der gegenüber dem Unterricht in einer ganzen Schulklasse stark reduzierten Komplexität der Lehrsituation profitieren, um gezielt und unter fachkundiger Anleitung bestimmte Kompetenzen zu verbessern.

- **Schülerlabore zur Wissenschaftskommunikation** sind zumeist an Großforschungseinrichtungen wie beispielsweise den Helmholtz-Zentren angesiedelt. Sie zählen zu den ältesten Schülerlaboren und verfolgen neben der Interesseförderung auch das Ziel, ihre jeweiligen Forschungsbereiche einer breiteren Öffentlichkeit zugänglich und verständlich zu machen. Hierzu setzen sie oft für Schulen unzugängliche Experimentiermaterialien ein und versuchen so, die Schülerinnen und Schüler, völlig frei von Lehrplanzwängen, für Forschung zu begeistern.
- **Weitere Kategorien** sind Schülerlabore mit Bezug zum Unternehmertum an Industriestandorten mit großem Forschungsbedarf und solche mit Berufsorientierung. Beide haben als Ziel insbesondere die Nachwuchssicherung.

Lehr-Lern-Labore: Lehramtsstudierende als Tutoren – Fokus auf Lehrerausbildung

Schülerlabore zur Wissenschaftskommunikation: Faszination Forschung hautnah erleben

Die Kategorienbildung ist derzeit noch nicht abgeschlossen und wird weiter ergänzt. So wurden beispielsweise auch für mobile Schülerlabore und solche aus den Geisteswissenschaften eigene Kategorien vorgeschlagen. Diese Entwicklung ist jedoch nicht ganz unproblematisch, da zu viele Kategorien die Gefahr der Unübersichtlichkeit beinhalten (vgl. Pawek 2019). Hinzu kommt, dass viele Schülerlabore Angebote haben, welche nicht nur einer einzigen Kategorie zugeschrieben werden können. Wenn man sich also ein aussagekräftiges Bild darüber verschaffen möchte, welche Ziele ein bestimmtes Schülerlabor verfolgt und mit welchen Mitteln es diese zu erreichen versucht, führt wohl auch in Zukunft kein Weg an einer praktischen Auseinandersetzung mit dem jeweiligen Labor vorbei.

5.3 Schülerlabore in der Praxis

5.3.1 Lernen im klassischen Schülerlabor

Klassische Schülerlabore verfolgen in erster Linie das Ziel, bei ihren Besuchern das Interesse an Naturwissenschaften zu wecken und zu fördern. Zu diesem Zweck führen die Schülerinnen und Schüler vor Ort, zumeist betreut durch Wissenschaftler oder studentische Tutoren, bestimmte Experimente durch, welche einen eher engen Lehrplanbezug aufweisen. Die Besonderheit dabei ist, dass die verwendeten technischen Geräte Schulen nicht oder nicht in ausreichender Stückzahl für Schülerexperimente zur Verfügung stehen.

Klassische Schülerlabore an Forschungsinstituten dienen zudem in der Regel auch der Wissenschaftskommunikation, da sie Einblicke in die standortspezifische Forschung geben. Ein Beispiel, wie der Schulunterricht durch einen Besuch im Schülerlabor direkt profitieren kann, gibt der Quantenphysikkurs des PhotonLab am Max-Planck-Institut für Quantenoptik (■ Abb. 5.6;

Abb. 5.6 Experimentieren mit Lasern im PhotonLab

Schüttler et al. 2018). Dabei wurde ein Experimentierprogramm für den Anfangsunterricht der Quantenphysik entwickelt, mit dem Ziel, den sonst eher theorielastigen Unterricht zu diesem Thema durch praktisches, eigenständiges Experimentieren zu bereichern.

Das sonst eher der Kategorie „Wissenschaftskommunikation" zuzuordnende und frei von Bildungsplanzwängen agierende Schülerlabor übernimmt somit unter besonderen Umständen die Rolle eines klassischen Schülerlabors mit engem Lehrplanbezug. Nach Euler und Wessnigk (2011) gibt es jedoch auch konkrete Hinweise darauf, dass komplementär zu den Lehrplänen angelegte Laborangebote, wie sie die meisten an Physik und Technik orientierten Schülerlabore bereitstellen, besser geeignet sind, um das Interesse der Schüler zu wecken.

Neben der Förderung von Interesse vermitteln alle Schülerlabore ganz zwangsläufig auch Fachinhalte und schulen Kompetenzen. Inwieweit ihnen dies gelingt, ist derzeit noch nicht hinreichend erforscht, es gibt jedoch Belege dafür, dass speziell ausgerichtete Kurse in außerschulischen Lernorten die Lernleistung steigern können, wenn sie gut strukturiert in einen regulären Unterrichts-gang eingebettet werden (vgl. u. a. Waltner und Wiesner 2009).

5.3.2 Forschen im Schülerforschungszentrum

Während sich andere Schülerlabortypen vereinfacht gesprochen eher der Breitenförderung verschrieben haben und das Interesse an Naturwissenschaften wecken und fördern, richten sich

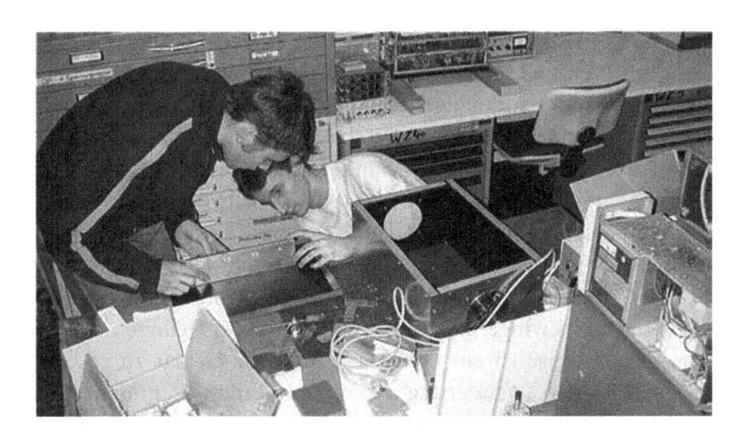

◼ **Abb. 5.7** Schülerforschungszentren, wie hier in Berchtesgaden, bieten vor allem begabten und interessierten Schülern Unterstützung und Anregungen bei eigenen Forschungsprojekten

Schülerforschungszentren in erster Linie an bereits besonders interessierte und begabte Schülerinnen und Schüler (◼ Abb. 5.7). Einschränkend sei jedoch darauf hingewiesen, dass diese Einordnung nicht allen Einrichtungen gerecht werden kann, da manche klassischen Schülerlabore auch Schülerforschung betreiben und manches Schülerforschungszentrum auch Angebote für ganze Schulklassen im Programm hat. Diese haben im letztgenannten Fall jedoch viel mehr Projektcharakter als die Experimentierprogramme klassischer Schülerlabore.

Die Projekte widmen sich dabei einer entweder vom Schülerforschungszentrum bereits vorgegebenen oder von den Schülern selbst aufgeworfenen Forschungsfrage, welche im Rahmen des Laborbesuchs untersucht wird. Der Besuch kann, je nach Komplexität der Thematik, auch eintägig ausfallen, öfter jedoch findet man langfristige Projekte, welche auch außerhalb der Schulzeit von den Jungforschern weiterverfolgt werden. Die Arbeiten erreichen dabei zum Teil ein beeindruckend hohes Niveau und sind mit Forschungsarbeiten von „echten" Wissenschaftlern durchaus vergleichbar (Hausamann 2012).

Besonders bemerkenswert ist die Rolle, welche die Betreuer in Schülerforschungszentren einnehmen: Sie haben die Aufgabe, ihren Schülern einerseits maximale kreative Freiheit einzuräumen, welche für eine selbstbestimmte Wahrnehmung und damit ein anhaltendes Interesse am Forschungsgegenstand essenziell ist. Auf der anderen Seite müssen sie ihnen aber auch die für eine tiefgehende Auseinandersetzung mit der Thematik erforderlichen Kompetenzen vermitteln, sodass sich die Lernenden auch imstande sehen, die Probleme zu lösen. Darüber hinaus ist auch die Sinnhaftigkeit der Projektaufgabe von großer Bedeutung für das Schülerinteresse, weshalb die zu bearbeitenden Forschungsthemen in einen sinnstiftenden Kontext einzubeziehen sind (Muckenfuß 1995).

Haupt (2013) vergleicht die Rolle des Betreuers mit der eines Wanderführers bei einer Bergtour: Anstatt der Gruppe auf der gesamten Strecke voranzugehen, Schwierigkeiten möglichst auszuweichen und am Ende eine Beschreibung des Weges einzufordern, sollte ein motivierender Wanderführer seiner Gruppe zwar jederzeit mit Rat und Tat zur Seite stehen – insbesondere muss er für deren Sicherheit sorgen –, den Weg zum Ziel sollten die Teilnehmer sich jedoch selbst erarbeiten. Die zentrale Aufgabe der Betreuer ist also mit Maria Montessori das Motto „Hilf mir, es selbst zu tun." Zwingende Voraussetzung für ein Gelingen dieser Herangehensweise ist ein von jedem Teilnehmer klar zu erkennendes Ziel der „Wanderung". In diesem Sinne kommt neben einer kompetenten Betreuung eben auch der Wahl der Themen entscheidende Bedeutung für ein Gelingen des Projektes zu.

In der Praxis werden Schülerforschungszentren oft von engagierten Lehrkräften und wissenschaftlichen Mitarbeitern betreut, welche zum Teil auch ehrenamtlich tätig sind. Einen in gewissem Sinne herausragenden Stellenwert nehmen bei der Betrachtung von Schülerforschungszentren naturwissenschaftliche Wettbewerbe wie Jugend forscht oder Physik-/Science-Olympiaden ein. Viele der in Schülerforschungszentren entwickelten Schülerarbeiten werden bei solchen Wettbewerben mit beachtlichem Erfolg eingereicht. So hatten beispielsweise ca. 15 % der Jugend-forscht-Bundessieger im Jahr 2018 enge Bezüge zu Schülerforschungszentren.

5.3.3 Lehren und Lernen im Lehr-Lern-Labor

Dieser dritte wichtige Schülerlabortyp richtet sich zwar ebenfalls an Schülerinnen und Schüler, die das Labor meist im Klassenverband besuchen und dabei im Idealfall wiederum motivierende Einblicke in moderne Forschungsmethoden erhalten. Die noch wichtigere Zielgruppe, deren professionelle Entwicklung im Vordergrund steht, ist jedoch die der Betreuer selbst: Lehramtsstudierende mit naturwissenschaftlichen Fächern, insbesondere Physik, Chemie und Biologie und zunehmend auch anderer Fachbereiche (Priemer und Roth 2020). Diese befinden sich seit jeher in einem nicht einfach zu lösenden Dilemma, denn auf der einen Seite fordern Pädagogen, Eltern und Politik mehr Praxisbezug für Lehramtsstudierende bereits im Studium, andererseits jedoch weisen insbesondere Fachtheoretiker auf die große Bedeutung einer fundierten fachlichen Ausbildung hin, u. a. auch, weil profunde Fachkenntnisse als ein wichtiger Prädiktor für entsprechende didaktische Fähigkeiten angesehen werden müssen (Riese und Reinhold 2010).

Synergieeffekte clever nutzen: Lehramtsstudierende profitieren durch mehr Praxisbezug in ihrer universitären Ausbildung, Laborbetreiber können auf eine Vielzahl qualifizierter Tutoren zurückgreifen und Schülerinnen und Schüler kommen in den Genuss interessanter experimenteller Angebote

Die bisherige Herangehensweise, universitäre und praktische Ausbildung in der Schule weitgehend bis auf einige wenige Praktika zu trennen, erscheint zudem problematisch. In der

Realität werden Lehramtsstudierende bei ihren ersten Lehrversuchen gewissermaßen ins kalte Wasser geworfen und mit den Herausforderungen, welche das Unterrichten einer ganzen Klasse mit sich bringt, in vollem Ausmaß konfrontiert. Dabei zeigt sich, dass solche Praxisphasen zu einer Abnahme der Lehrerselbstwirksamkeitserwartung führen können (Tschannen-Moran et al. 1998) und somit einen negativen Einfluss auf die Motivation und den Einsatz der Studierenden haben können. Unter ungünstigen Umständen, insbesondere einer zu wenig ausgeprägten oder zu wenig professionellen Begleitung der Praktikanten, können solche Ausbildungsphasen sogar einer professionellen Entwicklung der angehenden Lehrer entgegenwirken (Hascher 2006).

Experimente im Lehr-Lern-Labor finden in bekanntem Umfeld, in kleinen Gruppen und insgesamt weniger komplexen Lernumgebungen statt. Dadurch können sie eher als Erfolgserlebnisse wahrgenommen werden als häufig überfordernde Situationen im Schulalltag

Einen vielversprechenden Ansatz, wie Praxisphasen einerseits beherrschbarer und damit für die Studierenden motivierender andererseits für ihre Betreuer auch kontrollierbarer gestaltet werden können, zeigen Lehr-Lern-Labore auf. Die angehenden Lehrkräfte können sich in diesen Einrichtungen in deutlich überschaubareren Situationen mit kleinen Schülergruppen gewissermaßen auf sicherem Boden auf weniger komplexe und sehr konkrete Problemstellungen fokussieren und ihr Professionswissen erweitern. Im Vordergrund stehen dabei neben einer Schulung der fachlichen und fachdidaktischen Kompetenzen auch pädagogische Fähigkeiten sowie eine professionellere, selbstreflektierende Sichtweise der eigenen Arbeit.

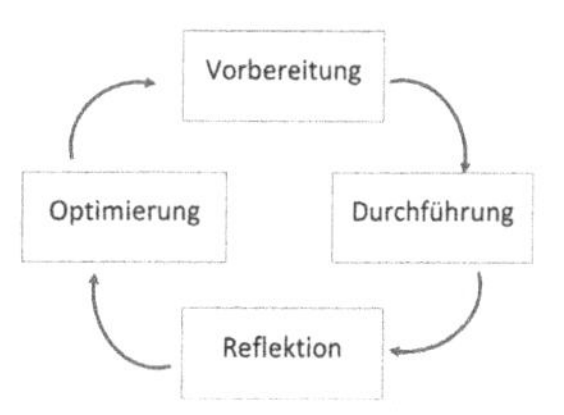

Durch wiederholte Durchführung derselben Lernsituation mit unterschiedlichen Gruppen sollen die studentischen Betreuer ihre Unterrichtskompetenz verbessern

Konkret betreuen Lehramtsstudierende in Lehr-Lern-Laboren, ähnlich wie im klassischen Schülerlabor, Schüler bei der Durchführung von Experimentiereinheiten. Diese Einheiten werden teilweise von den Studierenden theoriegeleitet als integraler Bestandteil ihres Praktikums auch selbst entworfen und fachdidaktisch evaluiert, oft werden jedoch auch bereits bestehende Module eingesetzt (Weusmann et al. 2020). Durch die intensive Auseinandersetzung mit den Inhalten der betreuten Module im Vorfeld können sich die Studierenden nach einer gewissen Einarbeitungszeit voll und ganz auf die Interaktion mit den Schülern konzentrieren. Die Labore sind oft den Fachdidaktik-Lehrstühlen von Universitäten und Hochschulen angegliedert, und die Betreuung der Schüler stellt einen bestimmten Anteil der fachdidaktischen Ausbildung der Studierenden dar. Im Gegensatz zum klassischen Schülerlabor erfahren die Studierenden im Lehr-Lern-Labor eine besondere Betreuung durch Dozenten der Hochschulen, welche ihnen einen professionellen Blick auf ihre Arbeit mit den Schülern ermöglichen und den Rollenwechsel vom Schüler zum Lehrer erleichtern soll.

Lehr-Lern-Labore findet man vor allem an Hochschulen mit Lehramtsstudiengängen, aber vereinzelt auch an anderen Forschungseinrichtungen

Gleichzeitig werden die Einrichtungen derzeit auch wissenschaftlich zu unterschiedlichen Fragestellungen der Lehrerausbildung evaluiert, um die Wirksamkeit von Lehr-Lern-Laboren zu untersuchen. Die Forschungslage ist aufgrund der noch

Die fachdidaktische Erforschung der noch recht jungen Lehr-Lern-Labor-Bewegung dauert an, erste Ergebnisse stimmen jedoch vorsichtig optimistisch

recht jungen Thematik derzeit noch eher explorativ, nicht sonderlich umfassend und noch nicht ausreichend dokumentiert. Die Vielzahl von Tagungsbeiträgen in den vergangenen Jahren zeigt jedoch eine große Bandbreite von aktuellen Forschungsvorhaben (Priemer und Roth 2020; vgl. u. a. Arbeiten um Bernholt 2014, 2015; Trefzger et al. in Maurer 2016, 2017). Die Studien geben bereits erste Hinweise auf positive Effekte beim Einsatz von Lehr-Lern-Laboren für die Lehrerausbildung, welche aber noch weiter erforscht werden müssen.

5.3.4 Das DLR_School_Lab Oberpfaffenhofen – ein besonderer außerschulischer Lernort

Das im Jahr 2003 eröffnete DLR_School_Lab Oberpfaffenhofen ist eines von derzeit dreizehn Schülerlaboren des Deutschen Zentrums für Luft- und Raumfahrt und ein typischer außerschulischer Lernort im Bereich Physik/Technik, der für eine Verkleinerung der MINT-Lücke sorgen soll: Als Schülerlabor aus der Luft- und Raumfahrtforschung wendet es sich mit High-Tech-Experimenten und authentischer Forschungsatmosphäre an Schüler/innen der Mittel- und Oberstufe, die hier die Faszination dieser Forschungsbereiche erleben und die Arbeitsmethoden und Inhalte der Hochtechnologieforschung kennen lernen können (◘ Abb. 5.8). Hierzu werden schülergerechte Experimente aus den Kerngebieten und Technologiefeldern der DLR-Institute am Standort Oberpfaffenhofen angeboten (◘ Tab. 5.1)

◘ **Abb. 5.8** DLR_School_Lab Oberpfaffenhofen

Tab. 5.1 Experimente des DLR_School_Lab Oberpfaffenhofen. Sie repräsentieren die Forschung des Standorts

Experiment	DLR-Institut
Infrarotmesstechnik	Methodik der Fernerkundung
Lasertechnologie	Physik der Atmosphäre
Radarmesstechnik	Hochfrequenztechnik und Radarsysteme
Umweltfernerkundung	Deutsches Fernerkundungsdatenzentrum
Wetter und Klima	Physik der Atmosphäre
Satellitenbildauswertung	Deutsches Fernerkundungsdatenzentrum
Satellitennavigation	Kommunikation und Navigation
Robotik	Robotik und Mechatronik Zentrum
Virtuelle Mechanik	Robotik und Mechatronik Zentrum
Flugteam-Simulator	Flugexperimente
Mobile Raketenbasis	Raumflugbetrieb
Telepräsenz	Robotik und Mechatronik Zentrum
Tunnelbohrmaschine	TUM Geodäsie/Methodik der Fernerkundung

- **Das Konzept des DLR_School_Lab Oberpfaffenhofen**

Das Konzept dieses Schülerlabors basiert auf drei Säulen:
- spannende High-Tech-Schülerexperimente
- kompetente Betreuung durch Wissenschaftler des DLR und durch speziell geschulte studentische Betreuer
- authentische Lernumgebung im DLR Oberpfaffenhofen

Experimente des DLR_School_Lab Oberpfaffenhofen und zugehörige DLR Institute. Vgl. ► dlr.de/schoollab/oberpfaffenhofen

Kern des Konzeptes sind motivierende Schülerexperimente aus der aktuellen Luftfahrt-, Raumfahrt-, Energie- und Verkehrsforschung. Das mit modernen High-Tech-Instrumenten ausgestattete Labor bietet den Schüler/innen die inspirierende Atmosphäre eines der größten Forschungszentren Deutschlands. Die Authentizität des Ortes wird erhöht durch die Begegnung mit DLR-Wissenschaftlern und Studenten der Natur- und Ingenieurwissenschaften. Die Schülerinnen und Schüler lernen pro Besuch im DLR_School_Lab zwei Themengebiete ihrer Wahl in einem jeweils zwei Stunden dauernden Experiment kennen.

Unter der Anleitung eines wissenschaftlichen oder studentischen Betreuers erarbeiten die Jugendlichen Hintergründe und Zusammenhänge physikalischer, technischer sowie geowissenschaftlicher Fragestellungen. Ein besonderes Merkmal dieses außerschulischen Lernortes ist der selbstständige Umgang mit modernen High-Tech-Geräten, welche im Schulalltag nicht zur Verfügung stehen.

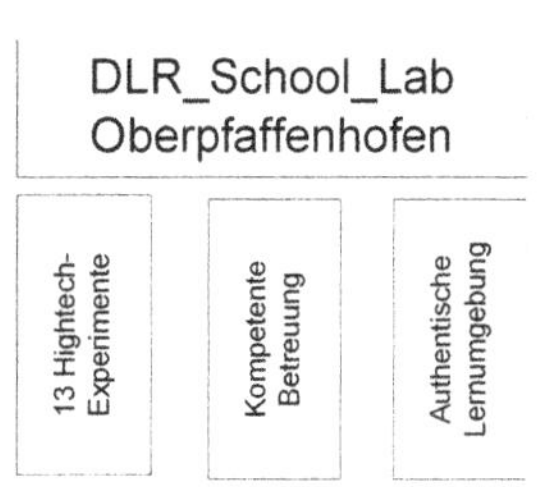

Konzept des DLR_School_Lab Oberpfaffenhofen

▪ Ein Tag im DLR_School_Lab Oberpfaffenhofen

Da Schülerlabore keinen äußeren curricularen Zwängen folgen müssen, sind die Möglichkeiten, auf Schülergruppen und deren individuelle Anforderungen einzugehen, überaus vielfältig. Dennoch hat sich über die Jahre ein bestimmter Ablauf, welcher bei etwa zwei Drittel der Gruppen vorzufinden ist, als ideal herauskristallisiert. Ein „typischer Tag" im DLR_School_Lab Oberpfaffenhofen sähe demnach in etwa wie folgt aus:

- 9:00 Uhr: Die Schülergruppe betritt den großen Multifunktionsraum des Labors – einen ehemaligen Satellitenkontrollraum, welcher mit entsprechender Multimediaeinrichtung ausgestattet ist. Die Umgebung ist bewusst so gewählt, dass durch entsprechende Beleuchtung und durch das „Ambiente" eines echten Kontrollraums eine authentische Raumfahrtumgebung abgebildet wird. In einem Einführungsvortrag erfahren die Schülerinnen und Schüler Hintergrundinformationen zum DLR und zur aktuellen Forschung am Standort Oberpfaffenhofen und werden auf die bevorstehenden Experimente vorbereitet.
- 9:45 Uhr: Die Jugendlichen teilen sich in Gruppen von vier bis sechs Personen auf, anschließend stellen sich ihre meist studentischen Betreuer vor, welche sie durch die Experimente führen werden. Als Beispiel werden im Folgenden die Experimente Satellitennavigation und Mobile Raketenbasis in dieser Reihenfolge vorgestellt.
- 10:00 Uhr: Das Experiment Satellitennavigation beginnt. Dazu haben sich sechs Schülerinnen und Schüler mit einer studentischen Betreuungsperson zusammengefunden und erhalten nach kurzem gegenseitigem Vorstellen einen theoretischen Überblick zur Thematik. Je nach Jahrgangsstufe wird dieser eher praktisch gestaltet und an der geometrischen Anschauungswelt der Jugendlichen orientiert (▣ Abb. 5.9). Bei entsprechendem Kenntnisstand können auch deutlich komplexere Probleme bis hin zu den relativistischen Korrekturen der Satellitenuhren oder der Erzeugung von Pseudo-Zufallscodes zur Datenübermittlung behandelt werden. Durch besondere Schulung der Experimentbetreuer können diese das Anforderungsniveau entsprechend anpassen.
  Im Anschluss finden praktische Übungen mit Navigationsgeräten wie Kompassen, Sextanten und insbesondere auch Satellitennavigationsempfängern statt. Als Kernstück des Experiments wird der gesamte Aufbau und die Funktionsweise des Satellitennavigationssystems Galileo in einem Analogexperiment, welches in Kooperation mit der LMU München entwickelt wurde, nachempfunden. Die so erhobenen Daten werden ausgewertet und hinsichtlich Genauigkeit und möglichen Fehlerquellen untersucht. Die

Abb. 5.9 Navigationsübung mit Satellitennavigationsempfängern

Experimentbetreuung versteht sich während des gesamten Prozesses mehr als begleitende Expertin denn als Lehrkraft. Sie gibt die Richtung vor, hilft den Schülerinnen und Schülern bei Unklarheiten und versucht dabei, im Rahmen des Experimentkonzeptes möglichst viel Freiraum für eigene Lösungsstrategien zu ermöglichen.

- 12:00 Uhr: Die Schülerinnen und Schüler gehen gemeinsam mit den Experimentbetreuern in der Kantine des DLR zum Mittagessen. Dabei sitzen sie mit Mitarbeiterinnen und Mitarbeitern des DLR zu Tisch und bekommen so wiederum einen realistischen Eindruck vom „wahren Leben in einer Forschungseinrichtung". Von nicht zu unterschätzender Bedeutung erscheint in diesem Zusammenhang der Einfluss des direkten Kontaktes zu den meist jungen und internationalen Wissenschaftlerinnen und Wissenschaftlern auf das Bild, welches die Jugendlichen typischerweise von Naturwissenschaftlern haben: Anstelle von „alten, grauhaarigen, etwas verwirrten, männlichen Nerds mit dicken Brillen" sehen sie dort eine überaus dynamische, vielsprachige Gemeinschaft von Männern und Frauen aller Altersgruppen, deren verbindendes Element ihre Begeisterung für Naturwissenschaften ist.
- 13:00 Uhr: Beim Experiment Mobile Raketenbasis werden Luft-Wasser-Raketen unterschiedlicher Bauart verwendet, um die Prinzipien der Raketenphysik experimentell zu erarbeiten. Bevor diese jedoch auf ihre Flugfähigkeit hin untersucht werden, muss sich die Gruppe bei der Flugsicherung des angrenzenden Sonderflughafens Oberpfaffenhofen eine Startfreigabe einholen – schließlich starten direkt nebenan u. a. die Forschungsflugzeuge des DLR. Diese notwendige

Maßnahme führt den Schülerinnen und Schülern deutlich vor Augen, dass sie sich auf dem Gelände einer echten Forschungseinrichtung befinden, was wiederum den authentischen Eindruck untermauert (◘ Abb. 5.10).
Neben verschiedenen Einflussgrößen der Raketenphysik erkundet die Gruppe unter fachkundiger Anleitung mithilfe moderner Kameratechnik auch die unterschiedlichen Flugphasen einer Rakete, um diese im Anschluss mit Videomaterial „echter" Raketenstarts zu vergleichen (◘ Abb. 5.11).
Der zweite Teil des Experiments befasst sich mit dem Thema Schwerelosigkeitsforschung, zu welchem Zweck die Schüler

◘ **Abb. 5.10** Die Rakete kurz vor dem Start

◘ **Abb. 5.11** Flight-on-board-camera-Aufnahme des sich öffnenden Raketenfallschirms

Abb. 5.12 Kontrollraum des Columbus-Kontrollzentrums. Quelle: DLR

mit einem Minifallturm die Entstehung und die Auswirkungen von Schwerelosigkeit an verschiedenen Experimenten untersuchen.
- 15:00 Uhr: Der Besuch im DLR_School_Lab Oberpfaffenhofen wird mit einer Führung zur Besucherbrücke des German Space Operations Center (GSOC) abgerundet. Hier erhalten die Schülerinnen und Schüler Einblicke in das europäische Satellitennavigationssystem Galileo, die Arbeit und Kommunikation mit Forschungssatelliten und die Steuerung des Betriebs im europäischen Forschungslabor Columbus auf der internationalen Raumstation (ISS; Abb. 5.12).
- 15:30 Uhr: Mithilfe von standardisierten anonymen Fragebögen werden die Eindrücke der Schülerinnen und Schüler evaluiert. Hinzu kommt ein ganz persönliches mündliches Feedback aller Teilnehmenden, bei welchem sowohl positive als auch negative Aspekte des Besuches zur Sprache kommen können. Dieses persönliche Feedback erscheint schon allein daher als sinnvoll, da es den Jugendlichen zeigt, dass sie ernst genommen werden und ihre Meinung wichtig ist. Die so erhobenen Daten fließen unmittelbar in die ständige Weiterentwicklung der Experimente, aber auch die Verbesserung der Betreuerkompetenzen mit ein.

Der positive Eindruck, den ein Besuch im Schülerlabor hinterlässt, spiegelt sich u. a. darin wieder, dass etwa 95 % der Befragten angeben, gerne wiederkommen zu wollen. Seit der Eröffnung im Sommer 2003 haben bereits mehr als 40.000 Schülerinnen und Schüler im DLR_School_Lab Oberpfaffenhofen experimentiert, vorwiegend im Rahmen von Klassenbesuchen, wie oben beschrieben, aber auch bei berufsvorbereitenden Schülerpraktika und bei der Durchführung von Fach- bzw. Seminararbeiten.

- **Lehrerbildung**

Konzept und Experimente des DLR_School_Lab Oberpfaffenhofen werden unter dem Motto „Neue Wege für den naturwissenschaftlichen Unterricht" auch im Rahmen von Lehrerbildungsveranstaltungen vermittelt. Bislang wurden über 4000 Lehrerinnen und Lehrer fortgebildet (▣ Abb. 5.13). Die Fortbildungen werden für Fachschaften einzelner Schulen, als regionale Lehrerfortbildungen und im Rahmen von Veranstaltungen zur Ausbildung von Referendarinnen und Referendaren sowie Lehramtsstudierenden angeboten. Darüber hinaus werden im Auftrag der Landesakademie Seminarlehrer- und Fachbetreuerfortbildungen durchgeführt. Alle ganztägigen Lehrerfortbildungen werden durch Fachvorträge zu aktuellen Forschungsthemen und Führungen in DLR-Institute, wie beispielsweise das Robotik- und Mechatronik-Zentrum, bereichert.

- **Begabtenförderung**

Das DLR hat als Hochtechnologie-Forschungseinrichtung ein großes Interesse an der Förderung besonders begabter Jugendlicher – nicht zuletzt auch verbunden mit dem Wunsch, möglichst qualifizierten Nachwuchs für das DLR zu gewinnen. Darüber hinaus stellt die Weltraumforschung an sich aber eben auch ein hochkomplexes, interdisziplinäres Themengebiet dar,

▣ **Abb. 5.13** Lehrer in der Schülerrolle: Bei der Fortbildung „Das fliegende Lehrerzimmer"

welches in idealer Weise dafür geeignet ist, den Geist zu beflügeln und gerade denjenigen Schülern, die im Schulalltag oft zu wenig gefordert sind, Anreize zum Weiterdenken zu bieten (Hausamann 2012; Schüttler und Hausamann 2017a).

Die Förderprogramme erstrecken sich dabei über einzelne Experimentiertage mit Begabtengruppen bis hin zu Schülerforschungsprojekten, bei welchen zum Teil echtes naturwissenschaftliche Neuland betreten wird. Beispielsweise zeigte eine Gruppe von hochbegabten Jugendlichen im Alter von 14–16 Jahren im Rahmen einer Machbarkeitsstudie, wie mithilfe von codierten akustischen Signalen das Satellitennavigationssystem Galileo nachempfunden werden kann. Die Ergebnisse dieser Grundlagenforschung wurden von den Jugendlichen auf einer Fachtagung vor Expertenpublikum präsentiert (Schüttler und Hausamann 2017b).

In seinem SchoolwideEnrichment Model definiert Renzullidrei Typen von Enrichment-Aktivitäten für Hochbegabte mit zunehmendem Schwierigkeitsgrad (Renzulli und Reis 2002). Das Typ-III-Enrichment ist die weitestgehende Stufe dieses individuellen Fördermodells mit der höchsten Komplexität

Evaluation und Qualitätssicherung

Der Erfolg der DLR_School_Labs lässt sich durch interne und externe Evaluation nachweisen. Neben der bereits erwähnten, am Ende des Besuchs durchgeführten internen Evaluation mithilfe von anonymen Bewertungsbögen und einer Abschlussdiskussion hat eine umfangreiche externe Evaluation durch das Leibniz-Institut für die Pädagogik der Naturwissenschaften der Universität Kiel (IPN) die langfristige und nachhaltige Interessensförderung bereits durch einen eintägigen Besuch im DLR_School_Lab eindeutig nachgewiesen (Pawek 2009, 2012).

Alle Experimente werden kontinuierlich von DLR-Wissenschaftlerinnen und Wissenschaftlern gemeinsam mit dem studentischen Team aktualisiert und weiterentwickelt. Hierbei arbeiten die Mitarbeiter eng mit routinierten Pädagogen zusammen und nutzen deren Erfahrungen. Die kontinuierlich durchgeführte interne Evaluation dient der Sicherung und Steigerung der Qualität des Schülerlabors.

Darüber hinaus ist es unumgänglich, sich immer wieder auftretenden Veränderungen in der Schullandschaft zu stellen. So war es beispielsweise notwendig, die Veränderungen in der gymnasialen Bildung im Rahmen der G8-Reformen auch im Konzept des DLR_School_Lab zu berücksichtigen.

Ausblick

Die derzeit 13 DLR_School_Labs werden bundesweit jährlich von über 40.000 Schülerinnen und Schülern besucht. Trotz des großen damit verbundenen personellen und finanziellen Aufwandes müssen nach wie vor viele Gruppen vertröstet werden, da die Einrichtungen teilweise für lange Zeiten ausgebucht sind. Daher bietet das DLR auf den Internetplattformen ▶ dlr.de/next und ▶ space2school.de Unterrichtsmaterialien zu einer ganzen Reihe von Themen der verschiedenen DLR_School_Labs an.

Diese sog. Exportexperimente werden derzeit ergänzt durch an den Lehrplänen orientierte Experimentiersets, welche auch solchen Lehrkräften sowie Schülerinnen und Schülern zur Verfügung stehen sollen, denen der Besuch eines DLR_School_Labs nicht möglich ist. Sie basieren auf den vielfach erfolgreich erprobten und immer wieder verbesserten Experimenten der Schülerlabore und sind ein Versuch, positive Ergebnisse aus nun bald 20 Jahren Schülerlaborbetrieb in den Schulunterricht zurückzugeben.

5.4 Wirkungsforschung: Die kontraintuitive Effektivität der Laboraktivitäten

Schülerlabore bieten verschiedene Besonderheiten und Vorzüge gegenüber dem traditionellen Unterricht vor allem in Bezug auf Authentizität, Orientierung an wissenschaftlichen und technischen Arbeitsweisen, fachliche Expertise durch Kontakt mit aktiven Wissenschaftlern und Technikern sowie das Angebot vielfältiger Aktivitäten in einem emotional ansprechenden Umfeld, das zur kreativen Entfaltung einlädt. Im Vergleich zum herkömmlichen Unterricht verfügen die Labore über große Freiheiten in der Gestaltung der Lernfelder. Sie sind nicht an die oft restriktiven Vorgaben eines Lehrplans, an die Anforderungen zentraler Prüfungen oder an den 45-min-Takt einer einzelnen Schulstunde gebunden.

Studien zu Wirkungen von Schülerlaboren mit engem Physikbezug: Engeln (2004); Guderian (2007); Mokhonko (2016); Molz (2016); Pawek (2009); Plasa (2013); Simon (2019); Streller (2015); Wessnigk (2013)

Den Vorteilen steht der singuläre Charakter gegenüber. Nach dem Laborbesuch, der in vielen Fällen kaum eine Vor- oder Nachbereitung im Unterricht erfährt, geht der Schulalltag in der gewohnten Weise weiter. Die Wirksamkeit der Maßnahmen war daher zunächst umstritten. Eine nachhaltige Wirkung anzunehmen ist sicher auch höchst kontraintuitiv: Warum sollte den Laboren durch einmalige Intervention gelingen, was sich im Unterricht als schwierig erweist?

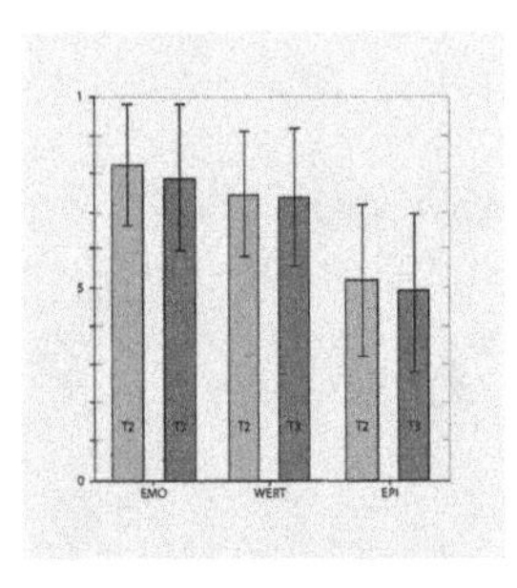

Emotionale, wertbezogene und epistemische Interessekomponenten, T2: unmittelbar nach dem Labor, T3: 8 Wochen danach (DLR_School_Labs, Pawek 2009)

Eine Reihe von Studien in verschiedenen Fächern belegen jedoch kurz- bis mittelfristige Effekte. Diese betreffen verschiedene Interessedimensionen: emotionales Interesse (Labortätigkeit hat Spaß gemacht), wertbezogenes Interesse (Bedeutsamkeit des Laborbesuchs) sowie epistemisches Interesse (Wunsch, mehr zu lernen). Einige Untersuchungen weisen auch Veränderungen im Selbstkonzept sowie im Bild von Naturwissenschaft nach, die über Monate anhalten – Wirkungen, die man von einem einmaligen Ereignis kaum erwarten würde (◘ Abb. 11.2).

Die folgenden Befunde betreffen Schülerlabore des DLR, die sich an Jugendliche aus der Oberstufe sowie aus den Abschlussklassen der Sekundarstufe I richten (Pawek 2009). Die Labore mit Experimenten aus Physik und Technik fordern ein hohes Maß an Eigenaktivität der Schüler ein (◘ Abb. 5.14). Diese

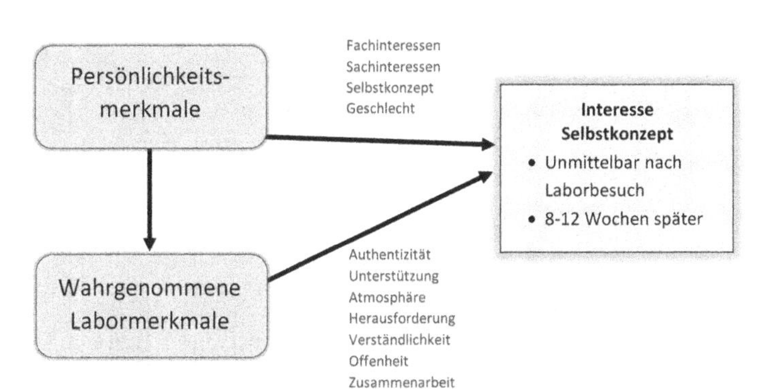

Abb. 5.14 Wirkung von Persönlichkeitsmerkmalen und Laborvariablen auf Interesse und Fähigkeitsselbstkonzept beim Schülerlaborbesuch. (Quelle Pawek 2009)

Aktivitäten werden von dem größten Teil der Schüler als interessant und bedeutsam erlebt. Wie sich am epistemischen Interesse zeigen lässt, fördern sie bei rund der Hälfte der Jugendlichen das Interesse, sich mit den im Labor aufgeworfenen naturwissenschaftlich-technischen Fragen auch weiter auseinanderzusetzen. Bei weniger interaktiven sowie bei schulnah ausgerichteten Laboren liegt dieser Wert typischerweise nur bei ca. 30 %.

Man könnte vermuten, dass die Labore nur jene Schülergruppen ansprechen und anregen, die ohnehin für die behandelten Themen und Fragen bereits hoch motiviert sind. Dazu wurde untersucht, wie viel Varianz im Interesse aus den dispositionalen Variablen der Schüler vor dem Laborbesuch und den wahrgenommenen Labormerkmalen danach aufgeklärt werden kann. Es zeigte sich, dass die Labormerkmale beim emotionalen und wertbezogenen Interesse den größten Anteil zur Varianzaufklärung beitragen und Dispositionen nur eine untergeordnete Rolle spielen.

	Aufgeklärte Varianz im epistemischen Interesse
Dispositionen alleine	32 %
Labormerkmale alleine	40 %
Dispositionen & Labormerkmale	53 %

Varianzaufklärung durch Dispositionen und Labormerkmale. (Quelle Pawek 2009)

Die praktische Projektarbeit in den Laboren spricht auch Problemgruppen an, die sich im Unterricht nur wenig einbringen. Das betrifft auch den berüchtigten „Gender-Gap" der Schulphysik, die noch immer bestehende, ausgeprägte geschlechterspezifische Polarisierung beim Fachinteresse an der Physik und beim fachlichen Selbstkonzept. Es gelingt den Laboren, Mädchen und Jungen nahezu gleichermaßen gut anzusprechen. Der Laborbesuch wird von beiden Geschlechtern mit positiven Gefühlen belegt und als persönlich bedeutsam erachtet. Mädchen übertragen ihre negativen Bewertungen des Physikunterrichts nicht auf das Lernen im Labor und profitieren tendenziell stärker als Jungen von den Lernerfahrungen. Nach dem Laborbesuch ist eine merkliche Steigerung ihres fachlichen Selbstkonzepts festzustellen. Der Unterschied zu den Jungen ist zwar immer noch vorhanden, doch der Abstand hat sich verringert (Abb. 5.15). Andere Studien kommen zu ähnlichen erfreulichen Ergebnissen, wobei

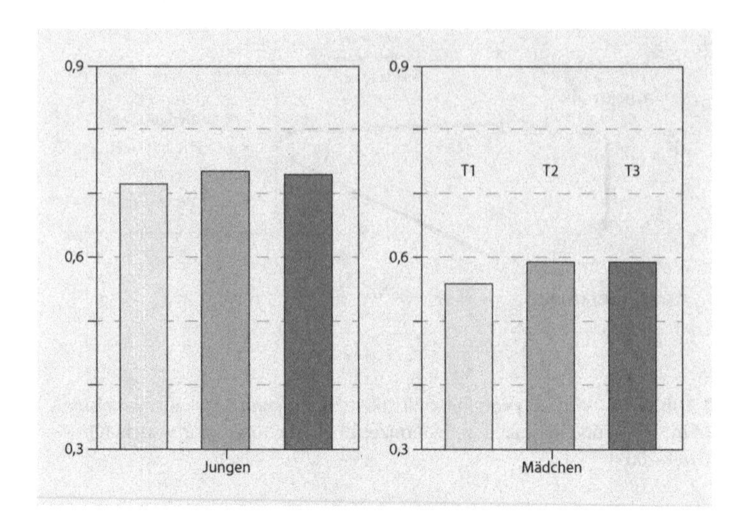

Abb. 5.15 Fähigkeitsselbstkonzept in Physik von Jungen und Mädchen. T1 – vor Laborbesuch; T2 – sofort danach; T3 – acht Wochen später. (Quelle: Pawek 2009)

hier zum Teil auch die Eingangsdispositionen eine signifikante Rolle spielen (Wessnigk 2013).

Kein Gender-Gap bei Schülerlaboren

Eine nahe liegende Vermutung zur Deutung dieses positiven Gendereffekts und der Aktivierung eher zurückhaltender Schüler liegt in der positiven Selbstwirksamkeitserfahrung durch die Tätigkeit in den Laboren. Die Teilnehmer können sich entsprechend ihrer Möglichkeiten und Stärken in die Arbeit einbringen und dabei Erfolgserlebnisse erzielen. Vor allem die Vielfalt der Interaktionsmöglichkeiten und die Gelegenheiten zum kooperativen ergebnis- bzw. produktorientierten Arbeiten an einem Projekt unterscheidet die Labortätigkeit vom eng geführten Unterricht. Lehrkräfte sind von den Leistungen der Jugendlichen in dem neuen Lernumfeld oft positiv überrascht und bestätigen, dass sie manche ihrer Schülerinnen und Schüler „nicht mehr wiedererkennen".

Untersuchungen mehrere Monate nach dem Laborbesuch belegen Einstellungsänderungen und zeigen, dass die Aktivitäten im Labor nachhaltige Prozesse in Gang setzen und manche Sichtweisen, Vorurteile und Stereotypen der Jugendlichen verändern können. Diese länger anhaltenden Effekte sind ein Beleg für die Wirksamkeit der einmaligen Intervention. Allerdings treten solche nachhaltigen Momente nicht bei allen Laboren auf bzw. sie verblassen wieder mit unterschiedlicher Geschwindigkeit. Ein Kontrollgruppenexperiment mit Follow-up-Messung weist für ein Chemielabor kurzfristige Wirkungen auf das Sachinteresse und das Selbstkonzept nach; vier Monate nach dem Laborbesuch sind diese Effekte nicht mehr feststellbar (Brandt et al. 2008). Wie die Ergebnisse an den DLR-Laboren zeigen, sind längerfristige Wirkungen offenbar bei jenen Laboren stark ausgeprägt, die ein besonders intensives Lernerlebnis ermöglichen. Bei eher schulnah ausgerichteten Laboren sind diese Effekte weniger deutlich. Zur genaueren Klärung dieser zweifellos zutiefst praxisrelevanten Fragen besteht weiterer Forschungsbedarf – sie zeigen aber auch, dass es wenig sinnvoll ist, von der „Wirkung der Schülerlabore" an sich zu sprechen: Zu unterschiedlich sind die einzelnen Angebote, Konzepte und letztlich auch die strukturellen und thematischen Bedingungen der verschiedenen Einrichtungen.

Trotz zum Teil bemerkenswerter Unterschiede in der Wirksamkeit, die mit der Zielgruppe, dem Fach und der spezifischen Laborkonzeption in Zusammenhang stehen, zeichnen die bislang durchgeführten Studien ein alles in allem optimistisch stimmendes Bild von den Wirkungen der Schülerlaborangebote in unserem Bildungssystem (Pawek 2019). In den relativ komplexen, eher offenen, informellen und handlungsorientierten Lernumgebungen der Schülerlabore lernen die Schülerinnen und Schüler nicht nur Neues kennen, sie lernen offenbar auch anders als im formalen Lernkontext der Schule. Die aktive Beteiligung an Forschungs- und Entwicklungsprojekten, die mit den entsprechenden Erfolgs- und Kompetenzerlebnissen verbunden ist, steigert nicht nur die kognitiven, emotionalen und wertbezogenen Komponenten des Interesses, sondern auch das naturwissenschaftliche Selbstkonzept. Die Laboraktivitäten stellen somit eine Bereicherung und Ergänzung des regulären Unterrichts dar mit erstaunlich vielfältigen und positiven Wirkungen, über die wir mittlerweile im Zuge der Ausdifferenzierung der Schülerlaborlandschaft immer mehr lernen.

5.5 Folgerungen für modernen Physikunterricht: Eine Renaissance des erfahrungsbasierten Lernens?

Die Schülerlaborbewegung hat insofern bedeutsame bildungspolitische Impulse gesetzt, als sie der interaktiven, praktischen Auseinandersetzung mit Naturwissenschaften und Technik und dem Lernen durch Experimentieren den gebührenden Stellenwert in der Lehre einräumt. Sie demonstriert Potenziale und Beispiele guter Praxis für das Lernen durch Erfahrung. Wie die empirischen Untersuchungen zeigen, verändern sich die Einstellungen der Jugendlichen kurz- bis mittelfristig. Aber auch für die Förderung handlungsrelevanter Kompetenzen und die Entwicklung produktiver Ideen ist diese Lernform unerlässlich. Gleichwohl sind die unmittelbaren Einwirkungsmöglichkeiten der Labore durch die zumeist nur einmalige Intervention begrenzt. Es müssen grundlegende systemische Veränderungen angestoßen und

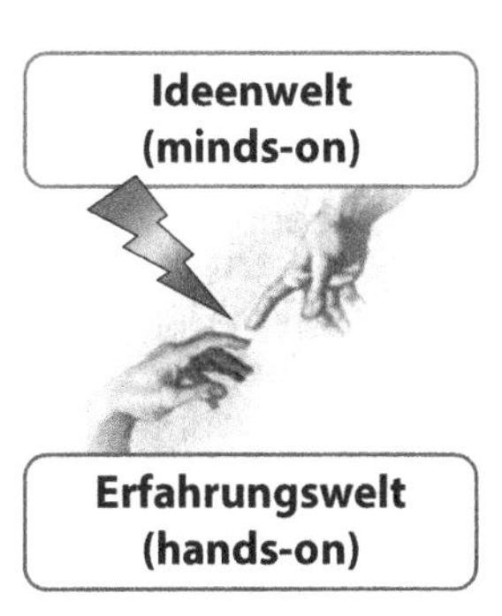

Beim Experimentieren treten Erfahrungs- und Ideenwelt in Wechselwirkung. Unter welchen Bedingungen kann der kreative Funke überspringen?

wirksam umgesetzt werden, um die Erfahrungen der Labore in die Schulpraxis zurückzukoppeln und auf eine erneuerte Kultur des naturwissenschaftlichen und technischen Arbeitens im Unterricht hinzuarbeiten. Wie kann es besser gelingen, Kinder und Jugendliche für diese Bereiche zu begeistern und den kreativen Funken überspringen zu lassen? Warum ist es so schwierig, dies in der Schule umzusetzen?

5.5.1 Experimente als Werkzeuge und Flügel des Geistes

Formale Funktion: Experimente als Testinstanz von Theorien

Experimente erfüllen vielfältige inner- und außerfachliche Funktionen. Sie wirken gleichsam als „Werkzeuge und Flügel des Geistes" und spielen eine zentrale Rolle bei der Generierung, Modellierung, Entfaltung und dem Transfer von Wissen in neuen Kontexten und Anwendungszusammenhängen (Euler 2009). In der Wissenschaftstheorie herrschte dagegen lange Zeit eine formal-logische Sicht physikalischer Forschungsprozesse vor, die auch die Lehre dominierte. Der Theorie, einem System von Axiomen und Sätzen, wird Priorität eingeräumt. Experimente erfüllen nur eine untergeordnete Funktion insofern, als sie der Überprüfung von Theorien dienen. Das tradierte Modell wissenschaftlicher Arbeitsweisen beschreibt die Rechtfertigung von Wissen; es thematisiert die produktiven Prozesse der Wissensgenese und damit auch die Funktion der Experimente in Lehr-Lern-Prozessen nur unzureichend.

Fragen & Ideen generieren
Prozedurales Wissen entfalten
Modellbildung anregen
Verhaltensmöglichkeiten simulieren
Gedankenexperimente
Experimentelle Handlungen
Konzepte verankern
Handlungswissen gewinnen
Erfahrungsraum erweitern
Ideen & abstrakte Prinzipen verkörpern

Vom Werkzeug zum Denkzeug: das produktive Eigenleben experimenteller Handlungen aus semantisch-modelltheoretischer Sicht

Demgegenüber stellen heutige Theorien vor allem semantische und modelltheoretische Aspekte physikalischer Arbeitsweisen in den Vordergrund (Giere 1999). Modelle repräsentieren Teilaspekte der Erfahrungswelt (Bailer-Jones 2003). Unser Wissen basiert auf Modellen und entfaltet sich in ihnen. Sie vermitteln intellektuelle Zugänge sowohl zu Phänomenen als auch zu Theorien. Die modelltheoretische Sicht weist dem Experimentieren vielfältige Rollen insbesondere für die Generierung von Wissen zu. Experimente entwickeln jenseits ihrer formal-logischen Funktion sozusagen ein „Eigenleben" (Hacking 1983). Bedeutsam ist vor allem die explorative Funktion des Experiments, die mit Neuem, Unerwartetem und Erklärungsbedürftigem konfrontiert. Dieses kreative Eigenleben des Experimentierens ist in besonderer Weise für das Lernen bedeutsam.

Experimente erlauben gezielte Eingriffe in Systeme. Die beim Experimentieren gewonnenen Erfahrungen verankern theoretische Begriffe in Anwendungskontexten und verkörpern praxisrelevantes prozedurales Wissen. Das „Experimentierspiel" und das „Modellierspiel" wirken produktiv zusammen. Wichtig für das Lernen ist das Anstoßen von Reflexionsprozessen: Im reflektierten experimentellen Spiel verwandeln sich allmählich experimentelle Werkzeuge in „Denkzeuge". In Gedankenexperimenten wirken simulierte experimentelle Handlungen als epistemische Werkzeuge und unterstützen die Modellbildung. Das Spiel des Experimentierens und Modellierens generiert neue Ideen und bringt sie gewissermaßen „zum Laufen". In diesem Sinn sind Experimente epistemische Werkzeuge mit explorativen und explanativen Funktionen.

5.5.2 Lernen durch Experimentieren: Ist-Zustand

Lernen durch Experimentieren und Laborarbeit im Physikunterricht: keineSelbstgänger!

Die Umsetzung der Ideen konstruktivistischen Lernens in die Lehre ist keinesfalls trivial. Obwohl die Rolle von Experimenten und Laboraktivitäten für das forschende und entwickelnde Lernen theoretisch unbestritten ist (vgl. Hofstein und Lunetta 1982, 2004), haben empirische Studien vor allem im angelsächsischen Raum gezeigt, dass das Lernen durch Experimentieren keinesfalls ein Selbstläufer ist (z. B.Harlen 1999; Hodson 1993). Die Durchführung von Experimenten im Schulunterricht hat nicht unbedingt die lern- und motivationsfördernde Funktion, die man gewöhnlich unterstellt. In der Unterrichtspraxis dominieren häufig stark geführte Experimente. Die dabei vorherrschende rezeptartige Vorgehensweise vermittelt den Lernenden implizit oder zuweilen auch explizit ein unzulängliches induktives Bild von Wissenschaft, das geradlinig von Beobachtungen und Experimenten zu der Formulierung von Gesetzen fortschreitet. Entsprechend kommt es zu empiristischen Fehlvorstellungen von naturwissenschaftlichen Methoden. Werden Schülerexperimente durchgeführt, so sind diese häufig trivial und mit starken didaktischen Reduktionen verbunden. Der Bezug zum Alltag und zur Lebenswelt ist oft kaum erkennbar, und ihr Zweck ist den Ausführenden häufig nicht transparent.

Funktion

Erwartungen äußern Ideen testen 1%

veranschaulichen 33%

vorstellen 66%

Offenheit

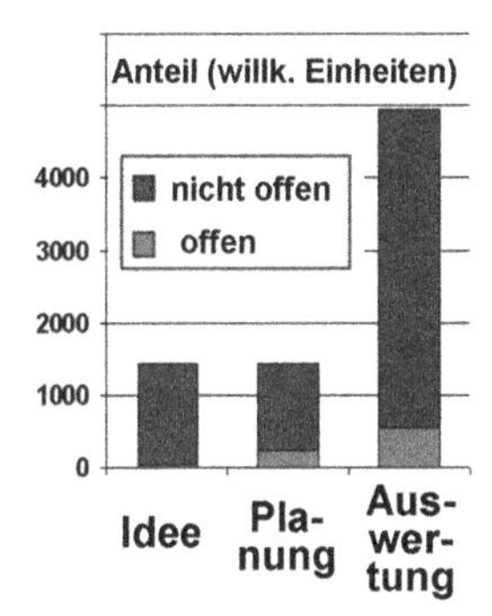

Typische Funktion von Experimenten im Physikunterricht (8. Klasse) nach Tesch (2005)

Auch für den deutschen Raum haben neuere Studien gezeigt, dass der Einsatz von Experimenten im Physikunterricht kritisch überdacht werden muss (Tesch 2005). So werden zwar im Mittel rund 70 % der Unterrichtszeit vom Experiment bestimmt (vgl. zusammenfassend Duit 2006). Auffällig war jedoch die Art, wie Experimente typischerweise stattfinden. Zum einen ist festzuhalten, dass der „klassische" Physikunterricht in den meisten Fällen überaus lehrerzentriert abläuft, auch Schülerexperimente spielen demnach eine eher untergeordnete Rolle. Zum anderen ist auch die Funktion der Experimente kritisch zu hinterfragen: Schüler erhalten nur selten die Möglichkeit, eigene Fragestellungen zu entwickeln oder Versuche selbst zu planen, die Experimente werden hingegen meist lediglich als Motivator und zur Bestätigung der von der Lehrkraft vorgegebenen Theorien genutzt, ergebnisoffene Versuche finden kaum statt (Seidel et al. 2006).

Auch wenn die Lernenden in Schülerübungen selbst praktisch arbeiten können, vollziehen sie dabei oft nur Anleitungen nach. Vor einem Experiment werden nur selten Erwartungen formuliert, Vermutungen geäußert, Hypothesen angeregt (◘ Abb. 5.16). Die mangelnde Offenheit der Lernsituation bietet wenig Raum für Autonomie und die Entfaltung eigener Ideen. Es bestehen wenige Gelegenheiten für die Schüler, ihren eigenen Vorstellungen nachzugehen, ihr Wissen selbst zu konstruieren, zu prüfen und in Kooperation mit den Mitschülern weiterzuentwickeln. Die Einbindung von Experimenten in ein Unterrichtskonzept, das die Lernenden aktiviert und zu eigenständiger Auseinandersetzung anregt, erweist sich als verbesserungsbedürftig.

Die Bedeutung von Experimenten und Schülerexperimenten im Physikunterricht wird in ► Kap. 7 beschrieben und diskutiert. Festzuhalten ist an dieser Stelle, dass auch der Einsatz problemorientierter Schülerexperimente nicht automatisch zu einem

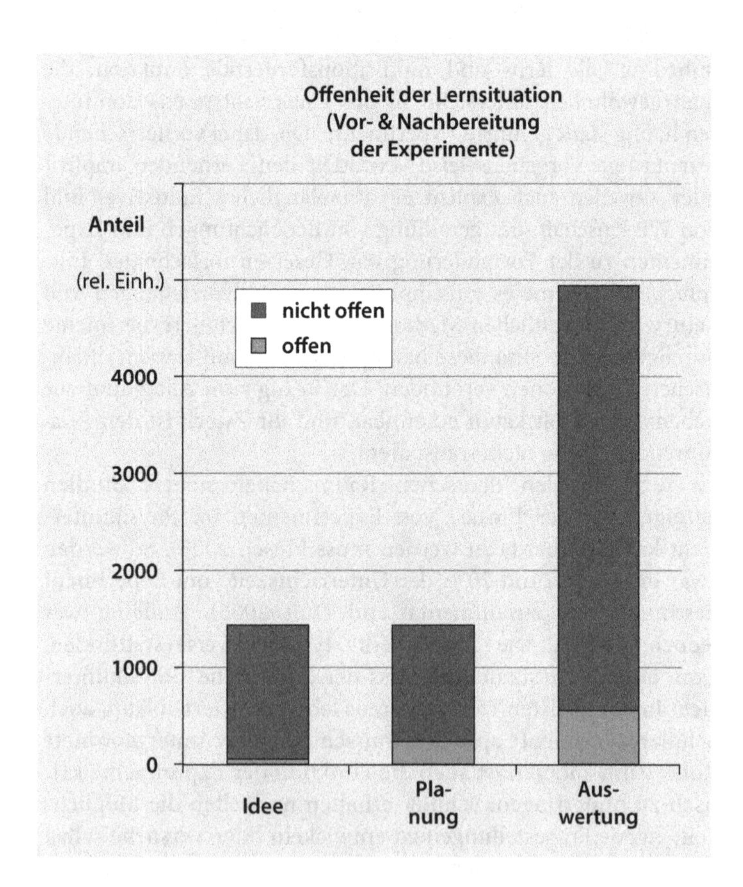

◘ **Abb. 5.16** Offenheit der Experimente im Physikunterricht der 8. Klasse nach Tesch (2005)

verbesserten, aber auch nicht zu schlechterem begrifflichem Verständnis physikalischer Inhalte führt. Er kann jedoch einem Absinken des Interesses und der Selbstwirksamkeitserwartung entgegenwirken (Hopf 2007).

Ganz ähnliche Befunde gelten interessanterweise für das Lernen naturwissenschaftlicher Inhalte, welche in realistische Kontexte eingebettet sind. Eine zusammenfassende Überblicksstudie zu solchen Konzepten kommt zu dem Schluss, dass kontextbasierter Unterricht zumindest das gleiche fachliche Niveau wie ein an der Fachsystematik orientierter Unterricht erreicht, dabei aber in der Lage ist, die Entwicklung von Interesse und Motivation stärker zu fördern und darüber hinaus zu einer positiven Einstellung gegenüber Naturwissenschaften führt (Bennett et al. 2003). Welche Schlüsse sind aus diesen Befunden für die Konzeption von Laboraktivitäten in Schülerlaboren und für den Physikunterricht in der Schule zu ziehen? Einige grundlegende Ansätze dazu sollen im Folgenden - ohne Anspruch auf Vollständigkeit - skizziert werden.

5.5.3 Gestaltung von Laborprojekten: Gelingenskriterien für forschendes Lernen

Forschend und konstruierend-entwickelnd zu lernen ist ein ebenso natürlicher wie authentischer Zugang zu Naturwissenschaften und Technik, der ein vielfältiges, offenes, herausforderndes, aber zugleich auch ein systematisch strukturiertes und unterstützendes Lernumfeld erfordert, eine Balance, die eine hohe fachbezogene pädagogische Kompetenz der Lehrkräfte voraussetzt. Die Gestaltung der experimentellen Lernumgebung erfordert klare Vorstellungen darüber, was gelernt werden soll und wie das Labordesign das Arbeitsverhalten, die Lernprozesse sowie die Kooperation und Kommunikation der Lernenden beeinflusst. Neben der Förderung allgemeiner Schlüsselkompetenzen stellt sich für die Entwicklung naturwissenschaftlich-technischer Kompetenzen insbesondere das Problem der Abstraktion: Wie kann die konkrete Laboraktivität der Lernenden das produktive Denken fördern und die Entwicklung von Ideen, Modellen und theoretischen Abstraktionen unterstützen? Fachliche, pädagogische und psychologische Dimensionen sind dabei auf nichttriviale Weise miteinander verschränkt:

Wie beeinflusst das Design der Lernumgebung die Lernprozesse?

- Bei den fachlichen Funktionen der praktischen Aktivitäten stehen vor allem die Verknüpfung des Experimentierens, Modellierens und Konstruierens bei der Generierung von Wissen im Zentrum sowie die Reflexion der Prozesse in Bezug auf Verallgemeinerung, Anwendung und Transfer von Wissen.

- Pädagogische Ziele beziehen sich insbesondere auf Arbeitshaltungen, Selbstwirksamkeitserfahrungen und den Erwerb von Schlüsselqualifikationen insbesondere im Bereich von Kooperation und Kommunikation.
- Auf psychologischer Ebene geht es vor allem um das Lernen durch praktische Erfahrungen sowie um die besondere Rolle des reflektiert eingesetzten prozeduralen Wissens bei Abstraktionsprozessen, Problemlösen und Kreativität.

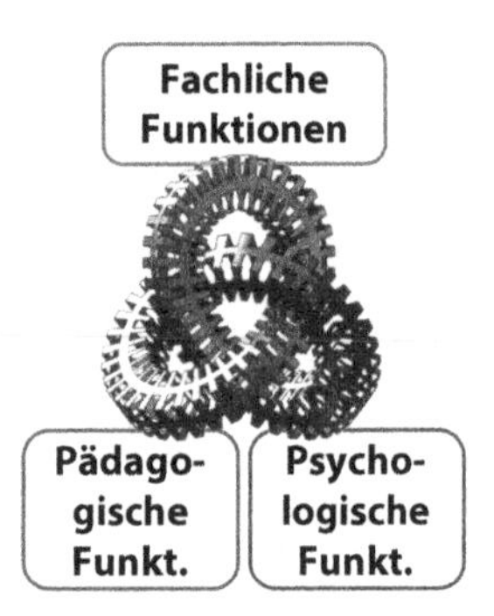

Lernumgebung Labor: Komplexe Verschränkung von verschiedenen Funktionen der Laboraktivitäten

Ausgehend von den Erfahrungen der Schülerlabore und den zuvor diskutierten Gelingensbedingungen für eine aktive Wissenskonstruktion kann man folgende Desiderate für die Gestaltung von Labor- oder projektartigen Lernumgebungen für den Unterricht formulieren:

Die Projekte sollen die Lernenden aktivieren, herausfordern und ihre Selbstständigkeit sowie Kooperations- und Kommunikationsprozesse fördern. Neben einer Einbettung in sinnstiftende und bedeutsame Kontexte (Muckenfuß 1995) ist die Bereitstellung und Nutzung von geeigneten Werkzeugen erforderlich, und zwar von Werkzeugen, die sich sowohl auf das naturwissenschaftliche und technische Arbeiten beziehen (Experimentieren, Konstruieren, Beobachten, Messen, Testen, Datenaufnahme und -analyse, Visualisieren, Modellieren, Optimieren) als auch Werkzeuge zur Unterstützung von Kooperation und Kommunikation sowie zur Präsentation der Ideen, Ergebnisse und Produkte.

Rezeptartige Experimentieranleitungen zu Versuchen, welche ganz offensichtlich zu einem bereits bekannten oder vorhersehbaren Ergebnis führen, sind ebenso zu vermeiden wie ausschließlich an den gängigen Curricula orientierte Inhalte. Außerschulische Lernorte, insbesondere Schülerlabore, leben in hohem Maße von interessanten, aktuellen Themen und einer authentischen Lernumgebung – es ist daher absolut nicht sinnvoll, zu versuchen, an diesen eine Art „besseren Schulunterricht" anzubieten. Vielmehr sollte angestrebt werden, den fachlich nachweislich hochwertigen Physikunterricht durch Laborangebote möglichst effektiv zu bereichern.

Zu diesem Zweck wird es bei der immer unübersichtlicher werdenden Schülerlaborlandschaft zukünftig umso wichtiger werden, Qualitätskriterien und Standards, wie sie beispielsweise einheitlichere interne und externe Evaluierungsverfahren bieten würden, festzulegen. Die Schülerlabore der Helmholtz-Gemeinschaft, zu denen unter anderem auch die DLR_School_Labs zählen, nutzen beispielsweise zur internen Evaluation möglichst einheitlich gestaltete Fragebögen, wodurch die Ergebnisse der Befragungen vergleichbarer werden. Ein weiterer positiver Ansatz ist der vom Verein LernortLabor herausgegebene Schülerlaboratlas, in welchem sich Schülerlabore anhand des von Haupt et al. (2013) entwickelten Kriterienkataloges bundesweit vorstellen können

(LernortLabor 2015). Über kurz oder lang wird sich jedoch wohl auch ein gewisser Selektionsprozess unter den Schülerlaboren nicht vermeiden lassen, nicht zuletzt auch wegen des großen Aufwandes, welchen der Betreib solcher Einrichtungen mit sich bringt.

5.5.4 Forschend lernen: Unterrichtsmuster verändern

Die PISA-Studie von 2006 identifiziert drei latente Typen des naturwissenschaftlichen Unterrichts, die sich vor allem darin unterscheiden, wie die Lernenden zum eigenen Handeln angeregt werden und welche Rolle Schüleraktivitäten in der Lehre spielen.

Drei empirisch unterscheidbare Muster im naturwissenschaftlichen Unterricht:
- Traditionelle lehrerzentrierte Vermittlung
- globale Schüleraktivitäten
- fokussierte Schüleraktivitäten

Es zeigt sich, dass die traditionelle stofforientierte, lehrerzentrierte Wissensvermittlung mit nur wenigen Gelegenheiten zum Nachdenken und zum Erklären durch die Schüler in jenen Ländern in einer hohen Ausprägung vorkommt, die im Test gut abschneiden. Allerdings findet bei diesem Unterrichtstyp ein starker Einbruch des Interesses an Naturwissenschaften statt. Ein dazu komplementäres Unterrichtsmuster, das umfassend viele Aktivitäten des Experimentierens und Forschens umsetzt, ist zwar motivational ansprechend, sichert aber das fachliche Verständnis nur unzureichend. Es zeigt sich, dass Unterricht, der Experimente fokussiert nutzt und dabei zum Denken anregt, am besten sowohl die Interessen- als auch die Kompetenzentwicklung der Schüler fördert. Zumindest findet bei diesem Unterrichtstypus kein starker Interesseeinbruch statt.

Erfolg traditioneller Unterrichtsstile bei Vermittlung von Faktenwissen, die Achillesferse: Interesseeinbruch

Die Herausforderung für das Lernen aus Experimenten lässt sich auf die Frage zuspitzen: Benötigen wir überhaupt das erfahrungsbasierte, forschende Lernen, wo sich testrelevantes Wissen durch Pauken offenbar doch besser vermitteln lässt, wie die länderspezifischen Unterschiede der Unterrichtsmuster offenbar nahezulegen scheinen (◘ Abb. 5.17)? Die Achillesferse des traditionellen Unterrichtstyps, der sich bei der Leistungsentwicklung im Papier-Bleistift-Test noch gut darstellt, liegt im extrem starken Einbruch des Interesses an Naturwissenschaften, der mit dem traditionellen Vermittlungsmodus von Wissen einhergeht.

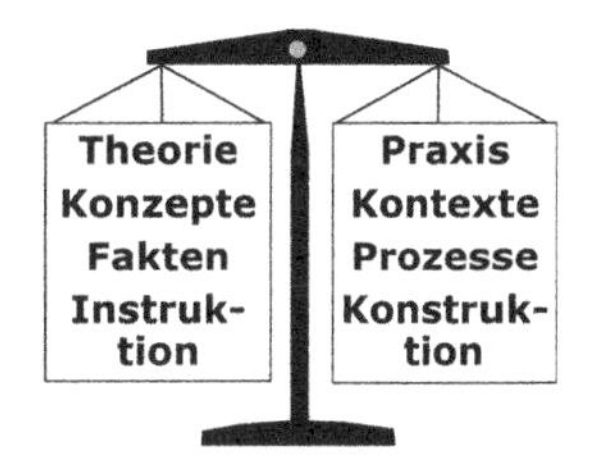

Balance komplementärer Aspekte bei Lehr-Lern-Prozessen

Obwohl diese Typisierung des naturwissenschaftlichen Unterrichts nur sehr grob beschrieben ist und fach- sowie bundeslandspezifische Besonderheiten berücksichtigen muss, zeigt sie dennoch sehr klar die Herausforderung für die Unterrichtsgestaltung. Wie gelingt eine bessere Balance zwischen der begrifflich-konzeptuellen Vermittlung und praktisch-experimentellen Zugängen, die zu einer eigenständigen und kreativen Auseinandersetzung mit Prozessen naturwissenschaftlich- technischen Arbeitens anregt und die der Entwicklung von Interesse nicht abträglich ist? Für die Qualitätsentwicklung des notorisch „harten" Physikunterrichts steht eine ausgewogene Verbindung von

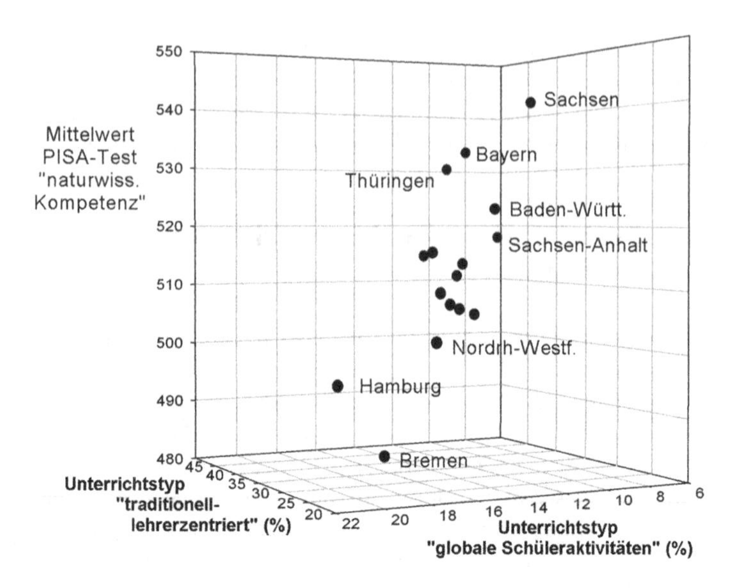

Abb. 5.17 Unterrichtsstile der unterschiedlichen Bundesländer: Der traditionell lehrerzentrierte Unterricht führt zu den höchsten naturwissenschaftlichen Kompetenzen – das Interesse bleibt dabei aber oft auf der Strecke

Instruktion und Konstruktion, von systematisch-konzeptuellen und erfahrungsbasierten Zugängen zum physikalischen Denken und Arbeiten noch immer an vorderster Stelle der Agenda.

Verschiedene Forschungsvorhaben der letzten Jahre befassten sich daher mit der Frage, wie ein interessesteigernder Besuch eines außerschulischen Lernorts in den regulären Unterricht eingebettet werden kann. Wenngleich die Ergebnisse derzeit noch nicht besonders umfangreich sind, lassen sich doch einige Schlussfolgerungen ableiten. So konnte beispielsweise nachgewiesen werden, dass der einem Unterrichtsgang zu Grundlagen der Optik (Jahrgangsstufe 7) vorangestellte Besuch eines Technikmuseums unter bestimmten Voraussetzungen zu einer – im Vergleich zur Kontrollgruppe ohne Museumsbesuch – besseren Lernleistung führte (Abb. 5.18; Waltner und Wiesner 2009). Dies war jedoch nur der Fall, wenn der Museumsbesuch durch speziell aufbereitete, gut strukturierte Unterrichtsmaterialien gesteuert wurde. Ohne diese Strukturierung schnitten die Kontrollgruppen ohne Museumsbesuch im Test besser ab!

Des Weiteren konnte in der beschriebenen Studie festgestellt werden, dass die Lernleistung der Kinder, welche im Museum zusätzlich zu stark strukturiertem Unterrichtsmaterial die Möglichkeit zu Schülerexperimenten hatten, bei gleichem Zeitaufwand größer war als bei solchen ohne Experimentiermöglichkeiten. Während bei dieser Studie kein Unterschied in der Entwicklung des Interesses am Thema Optik nachgewiesen

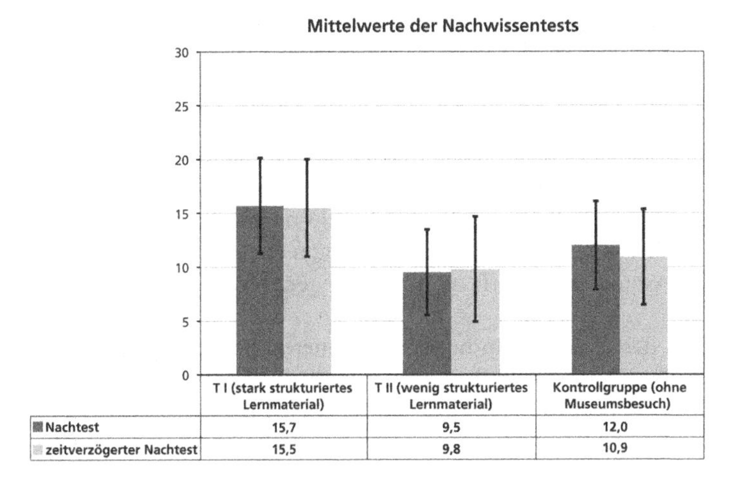

Abb. 5.18 Der Museumsbesuch fördert die Lernleistung. Voraussetzung: passend gestaltetes Begleitmaterial. Eigenes Experimentieren führt zu nochmals besseren Ergebnissen

werden konnte, zeigen neuere Befunde, dass die Einbettung von Schülerlaborbesuchen in den regulären Schulunterricht genau diesen Effekt erzielen kann: eine Stabilisierung der als positiv zu bezeichnenden Auswirkungen des Besuchs auf das Interesse der Schüler (Streller 2015).

Welche Schlüsse sind nun also aus den vorhandenen Erfahrungen mit Schülerlaboren für deren koordinierten Einsatz im und für Impulse auf den Physikunterricht zu ziehen?

Schlussfolgerungen: Schülerlaborbesuche effizienter nutzen!

- Die Laborbesuche sollten nach Möglichkeit in den Unterricht mit eingebunden sein. Dabei ist es nicht zwingend erforderlich und oft auch nicht möglich, alle Themen des Besuchs zuvor ausführlich fachlich zu erörtern, die Lehrkräfte sollten aber mit ihren Schülern zumindest im Vorfeld und im Nachhinein über die Exkursion sprechen!
- Wenn irgend möglich sollten die Themen der Laborbesuche im Unterricht aufgegriffen werden. Da die meisten Schülerlabore mit physikalisch-technischen Inhalten sich jedoch, wenn überhaupt, nur in sehr geringem Ausmaße an Lehrplaninhalten orientieren, ist zur konkreten Umsetzung dieser Forderung weiterer Forschungsbedarf vorhanden.
- Dem vielfach von Lehrern geäußerten Wunsch an Schülerlaborbetreiber, passende Materialien zur Vor- und Nachbereitung einer Exkursion bereitzustellen, sollte, im Rahmen der Möglichkeiten, entsprochen werden.
- Im Physikunterricht sollten alltagsbezogene Kontexte nicht nur als Zusatzinformationen für physikalisches Fachwissen, sondern vielmehr als integraler Bestandteil des Unterrichts genutzt werden. In die Entwicklung entsprechender

Unterrichtsgänge sollten Erfahrungen von Schülerlaboren, die sich mit den entsprechenden Themen befassen, mit einfließen.

Schülerlabore als Testbett für kreative Entwicklungen im modernen, kontextorientierten Physikunterricht

- Der hohe Stellenwert, den Experimente im Physikunterricht haben, erscheint gerechtfertigt. Jedoch sollte vermehrt zu einer ergebnisoffenen, kompetenzorientierten Durchführung derselben, welche den Schülern insbesondere Raum für eigene Ideen, das Erarbeiten von Hypothesen und Lösungsansätzen lässt, übergegangen werden.

Die der Schülerlaborbewegung innewohnenden Möglichkeiten sind derzeit noch bei Weitem nicht ausgeschöpft. Neben der direkten positiven Wirkung auf die vielen jungen Besucher der Einrichtungen ist es insbesondere das ihrer Vielfalt innewohnende kreative Potenzial, welches noch stärker genutzt werden muss, um die Entwicklung eines modernen Physikunterrichts voran zu treiben.

5.6 Die Hefe im Teig: Brauchen wir auch künftig Schülerlabore?

Das nachlassende Interesse durch zu eng geführten, theorielastigen, wenig aktuellen und lebensweltfernen Unterricht war einer der Hauptgründe, die zur Etablierung von Schülerlaboren geführt haben. Ihre Gründung ist auch eine Reaktion auf die Erfahrung, dass für alle Fächer des MINT-Bereichs die Wahrscheinlichkeit der Studienfachwahl sehr stark von der erfahrenen Unterrichtsqualität abhängig ist (Heine et al. 2006). Die erwähnten Befunde der PISA-Studie zeigen, dass hier keinesfalls Entwarnung gegeben werden kann. Auch in der Spitzengruppe der deutschen Schülerinnen und Schüler, die nach der PISA-Testleistung als hochkompetent in Naturwissenschaften zu betrachten sind, ist das Interesse kaum ausgeprägt. 43 % bezeichnen sich als nicht oder nur geringfügig an Naturwissenschaften interessiert (Prenzel et al. 2007, 2008).

Junge Menschen für Naturwissenschaft und Technik aufschließen und kreative Köpfe gewinnen

In der Umsetzung interessefördernder Zugänge, die talentierte junge Menschen ansprechen, bestehen weiterhin große Herausforderungen an die Lehre. Physik als Schulfach leidet ebenso wie Technik noch immer unter einem Image mangelnder Kreativität. Wenn wir die dringend benötigten kreativen Köpfe für Naturwissenschaft und Technik gewinnen wollen, müssen wir das Bild dieser Schulfächer verbessern. Trotz vielfältiger Unterrichtsentwicklungsprojekte der Vergangenheit geht der Fortschritt nicht unbedingt in die erwünschte Richtung, wie ◘ Abb. 5.17 sowie die Interesseentwicklung bei talentierten Jugendlichen zeigen. Dies ist vor dem Hintergrund internationaler Entwicklungen bedenklich. In vielen Ländern werden Maßnahmen umgesetzt, die in der Breite wie in der Spitze die Qualität naturwissenschaftlich-technischer Bildungsprozesse fördern. Sie wird als zentraler Faktor für eine gelingende ökonomische, ökologische und soziale Entwicklung der Gesellschaft und ihrer Innovationsfähigkeit angesehen (OECD 2008).

Im Vergleich zu den staatlichen Bildungseinrichtungen sind die von curricularen Zwängen freien Schülerlabore deutlich reaktionsschneller und in der Lage, aktuelle Probleme und Fragestellungen rasch aufzugreifen. Ein Beispiel ist die 2017 gestartete Initiative „Bildung für nachhaltige Entwicklung (BNE) in Schülerlaboren", welche Laboraktivitäten mit besonderer nachhaltiger ökologischer und ökonomischer Zielsetzung vernetzt und bekannt macht. Auf diese Weise sollen Themen wie der anthropogene Klimawandel, die Verschmutzung der Umwelt und die rücksichtslose Ressourcenausbeute im großen Fächerkontext – insbesondere auch aus naturwissenschaftlicher Sicht – thematisiert und ein Beitrag zum individuellen Umdenken geleistet werden (LernortLabor 2016).

Schülerlabore als Katalysatoren von innovativen Prozessen im Bildungssystem

Schülerlabore als produktive „Hefe im Teig" der naturwissenschaftlichen Bildung, als Katalysatoren von Innovationen außerhalb des etablierten und eher träge reagierenden schulischen Systems werden daher unbedingt auch in der Zukunft benötigt. Selbst wenn man optimistisch ist und unterstellt, dass der Unterricht sich im nächsten Jahrzehnt in der erhofften Richtung erneuert, dass er Kompetenzen besser fördert und dabei das Interesse der Lernenden unterstützt und zumindest aufrechterhält, selbst dann verlieren Labore als besondere außerschulische Lernorte für den naturwissenschaftlichen und technischen Bereich keineswegs ihre Berechtigung. Sie stellen authentische Bezüge zur Lebenswelt her, eine komplexe und dynamische Welt, die auch künftig von ähnlich schnellen Veränderungen geprägt sein wird, wie wir sie derzeit erleben. In der Verknüpfung mit ökonomischen, ökologischen und sozialen Fragestellungen machen sie die gesellschaftlichen Herausforderungen und die Möglichkeiten von Naturwissenschaft und Technik fassbar. Für die Gewinnung kreativer Köpfe werden in den Laboren sowohl die Faszination als auch die Verantwortung von Tätigkeiten in Wissenschaft und Technologie erlebbar.

Literatur

Bailer-Jones 2003 Bailer-Jones, D. (2003). „When scientific models represent". Int. Studies in the Philosophy of Science 17(1), 59–73

Bennett, J., Hogarth, S.,Lubben, F. (2003). A systematic review of the effects of context-based and Science-Technology-Society (STS) approaches in the teaching of secondary science. Version 1.1. I: Research Evidence in Education Library. London: EPPI-Centre, Social Science Research Unit, Institute of Education

Bernholt, S. (Hrsg.) (2014). Naturwissenschaftliche Bildung zwischen Science- und Fachunterricht. Gesellschaft für Didaktik der Chemie und Physik Jahrestagung in München 2013. IPN, Kiel, 2014

Bernholt, S. (Hrsg.) (2015). Heterogenität und Diversität – Vielfalt der Voraussetzungen im naturwissenschaftlichen Unterricht. Gesellschaft für Didaktik der Chemie und Physik Jahrestagung in Bremen 2014. IPN, Kiel, 2015

Brandt, A. Möller, J., Kohse-Höinghaus, K. (2008). „Was bewirken außerschulische Experimentierlabors? Ein Kontrollgruppenexperiment mit Follow up-Erhebung zu Effekten auf Selbstkonzept und Interesse". Z. Pädagog. Psychol. 22(1), 5–2

Duit, R. (2006). Initiativen zur Verbesserung des Physikunterrichts in Deutschland. Physik und Didaktik in Schule und Hochschule PhyDid 2/5 (2006) S. 83–96

Engeln, K. (2004). Schülerlabors: Authentische und aktivierende Lernumgebungen als Möglichkeit, Interesse an Naturwissenschaften und Technik zu wecken. Berlin: Logos-Verlag

Engeln, K., Euler, M. (2004). „Forschen statt Pauken". Physik Journal, 3(11), 45–48

Euler, M. (2004). "The role of experiments in the teaching and learning of physics". In Redish, E. F. and Vicentini M. (Eds.) Proceedings of the International School of Physics: Research on Physics Education, Amsterdam: IOS Press, 175–221

Euler, M. (Hrsg.) (2005). Themenheft "Lernort Labor", Naturwissenschaften im Unterricht – Physik, 16 (Nr. 90)

Euler, M. (2009). „Werkzeuge und Flügel des Geistes: Die Rolle von Experimenten in der Lehre". Physik Journal 8(4), 39–42

Euler, M.,Wessnigk, S. (2011). Schülerlabore und die Förderung kreativer Potenziale: Lernen durch Forschen und Entwickeln. *PlusLucis*, (1–2), 32–38

Galev, T., Popova, D.,Karnahl, J. (2015). Results of MA.R.CH. empirical studies. Sofia

Garner, N., Hayes, S.,Eilks, I. (2014). Linking formal and non-formal learning in science education – a reflection from two cases in Ireland and Germany. Journal of Education, 2(2), 10–31

Gerstenmeier, J., Mandl. H. (1995). „Wissenserwerb unter konstruktivistischer Perspektive". Zeitschrift für Pädagogik, 41(6), 867–888.

Giere, R. (1999). Science without laws, Chicago: Univ. Chicago Press

Guderian, P. (2007). Wirksamkeitsanalyse außerschulischer Lernorte (Dissertation), Berlin

Hacking, I. (1983). Representing and Intervening. Cambridge: Cambridge Univ. Press, (1983), dt. Einführung in die Philosophie der Naturwissenschaften, Stuttgart: Reclam

Harlen, W. (1999). Effective teaching of science – a review of research. Edinburgh: Scottish Council for Research

Hascher, T. (2006). Veränderungen im Praktikum – Veränderungen durch das Praktikum. In: Allemann-Ghionda, Cristina [Hrsg.]; Terhart, Ewald [Hrsg.]: Kompetenzen und Kompetenzentwicklung von Lehrerinnen und Lehrern. Weinheim u. a.: Beltz 2006, S. 130–148. – (Zeitschrift für Pädagogik, Beiheft; 51)

Haupt, K. P. (2013). Didaktik in einem Schülerforschungszentrum am Beispiel des Schülerforschungszentrums Nordhessen. In Lentz, R. (Hrsg.) (2013). Aufbau von regionalen Schülerforschungszentren. Darmstadt: Klett MINT GmbH

Haupt, O. et al. (2013). Schülerlabor – Begriffsschärfung und Kategorisierung. Mathematisch-naturwissenschaftlicher Unterricht, 66, 324–330

Hausamann, D., (2012). Extracurricular Science Labs for STEM Talent Support, Roeper Review, 34:3, 170–182

Heine, C., Egeln, J., Kerst, C., Müller, E., Park, S. (2006). Bestimmungsgründe für die Wahl von ingenieur- und naturwissenschaftlichen Studiengängen. Studien zum deutschen Innovationssystem Nr. 4–2006, Hrsg. BMBF, ISSN 1613–4338

Hodson, D. (1993). „Re-thinking old ways: Towards a more critical approach to practical work in school science". Studies in Science Education, 22, 85–142

Hofstein, A.,Lunetta, V. (1982). „The role of laboratory in science teaching: Neglected aspects of research". Review of Educational Research, 52(1), 201–217

Hofstein, A., Lunetta, V. (2004). „The laboratory in science education: Foundations for the twenty-first century". Int. J. Science Education, 88(1), 28–54

Hopf, M. (2007). Problemorientierte Schülerexperimente (Dissertation). Berlin: Logos Verlag

Karpa, D., Lübbecke, G., Adam, B. (2015). Außerschulische Lernorte – Theoretische Grundlagen und praktische Beispiele. *Schulpädagogik heute, 11*(2015)

LernortLabor (Hrsg.) (2015). Schülerlabor-Atlas: Schülerlabor Atlas 2015: Schülerlabore im deutschsprachigen Raum. Stuttgart: Klett MINT

LernortLabor – Bundesverband der Schülerlabore e. V. (Hrsg.) (2016). Bildung für nachhaltige Entwicklung in Schülerlaboren. Dänischenhagen: LernortLabor

Lloyd, R., Neilson, R., King, S.,Dyball, M. (2012). Review of Informal Science Learning. London: The Wellcome Trust

Maurer, C. (Hrsg.) (2017). Implementation fachdidaktischer Innovation im Spiegel von Forschung und Praxis. Gesellschaft für Didaktik der Chemie und Physik Jahrestagung in Zürich 2016. Universität Regensburg 2017

Maurer, C. (Hrsg.) (2016). Authentizität und Lernen – das Fach in der Fachdidaktik. Gesellschaft für Didaktik der Chemie und Physik Jahrestagung in Berlin 2015. Universität Regensburg 2016

Mokhonko, S. (2016). Nachwuchsförderung im MINT-Bereich. (Dissertation) Universität Stuttgart. Stuttgart: Franz-Steiner-Verlag

Mokhonko, S., Nickolaus, R., Windaus, A (2014). Förderung von Mädchen in Naturwissenschaften: Schülerlabore und ihre Effekte. Zeitschrift für Didaktik der Naturwissenschaften, Volume 20, Issue 1, S. 143–159

Molz, A. (2016). Verbindung von Schülerlabor und Schulunterricht-Auswirkungen auf Motivation und Kognition im Fach Physik. Verlag Dr. Hut.

Muckenfuß, H. (1995). Lernen im sinnstiftenden Kontext. Entwurf einer zeitgemäßen Didaktik des Physikunterrichts. Cornelsen: Berlin

OECD (2006). Evolution of Student Interest in Science and Technology Studies Policy Report. Paris: OECD Publications

OECD (2008). Economic Policy Reforms: Going for Growth. Paris: OECD Publications

Pawek, C. (2009). Schülerlabore als interessefördernde außerschulische Lernumgebungen für Schülerinnen und Schüler aus der Mittel- und Oberstufe (Dissertation), Christian-Albrechts-Universität zu Kiel. Kiel

Pawek, C. (2012). Schülerlabore als interessefördernde außerschulische Lernumgebungen [Science laboratoriesas a supportinginterestenvironment]. In D. Brovelli, K. Fuchs, R. v. Nieder-häusern, & A. v. Rempfler (Eds.), Kompetenzentwicklung an Außerschulischen Lernorten (S. 69–94). Münster/Wien/Zürich: LIT

Pawek, C. (2019). 20 Jahre Schülerlabore an Hochschulen und anderen Einrichtungen Eine wissenschaftlich fundierte Erfolgsgeschichte. In Driesen, C., Ittel, A. (Hrsg.), Der Übergang in die Hochschule. Strategien, Organisationsstrukturen und Best Practices an deutschen Hochschulen. Münster: Waxmann

Plasa, T. (2013). Die Wahrnehmung von Schülerlaboren und Schülerforschungszentren (Dissertation). Berlin: Logos

Prenzel, M. et al. (Hrsg.) (2007). PISA 2006 – Die Ergebnisse der dritten internationalen Vergleichsstudie. Münster: Waxmann

Prenzel, M. et al. (Hrsg.) (2008). PISA 2006 in Deutschland. Die Kompetenzen der Jugendlichen im dritten Ländervergleich. Münster: Waxmann

Priemer, B., Roth, J. (Hrsg.) (2020). Lehr-Lern-Labore: Konzepte und deren Wirksamkeit in der MINT-Lehrpersonenbildung. Berlin: Springer Spektrum

Renzulli, J.S., Reis, S.M. (2002). The Schoolwide Enrichment Model. In K.A. Heller, F.J. Mönks, R.J. Sternberg & R.F. Subotnik (Eds.), International handbook of giftedness and talent (2nd ed., rev. reprint, S. 367–382). Amsterdam: Elsevier/Oxford: Pergamon

Riese, J., Reinhold, P. (2010). Empirische Erkenntnisse zur Struktur professioneller Handlungskompetenz von angehenden Physiklehrkräften. Zeitschrift für Didaktik der Naturwissenschaften; Jg. 16, S. 167–187

Ringelband, U., Prenzel, M., Euler M. (Hrsg.) (2001). Lernort Labor. Initiativen zur naturwissenschaftlichen Bildung zwischen Schule, Forschung und Wirtschaft. Kiel: IPN

Schüttler, T., Hausamann, D. (2017a). Begabtenförderung am DLR_School_Lab Oberpfaffenhofen. *SchulVerwaltung Bayern, 07–08/2017.* (S. 208–210)

Schüttler, T., Hausamann, D. (2017b). MINT-Talentförderung durch innovative Schülerexperimente aus der Luft- und Raumfahrtforschung: Fallbeispiel "Galileo-Simulator". *journal für begabtenförderung, 2/2017.* (S. 67–71)

Schüttler, T., Stähler-Schöpf, S., Hack, J. (2018). Ein Quantenphysikkurs im PhotonLab – zur Nutzung eines Schülerlaborbesuchs im regulären Unterricht. *LeLamagazin, 21.* (S. 15–16)

Seidel, T.; Prenzel, M.; Rimmele, R.; Dalehefte, I.M.; Herweg, C.; Kobarg, M., Schwindt, K. (2006). Blicke auf den Physikunterricht. Ergebnisse der IPN Videostudie Zeitschrift für Pädagogik 52, 6, S. 799–821

Simon, F. (2019). Der Einfluss von Betreuung und Betreuenden auf die Wirksamkeit von Schülerlaborbesuchen. Eine Zusammenhangsanalyse von Betreuungsqualität, Betreuermerkmalen und Schülerlaborzielen sowie Replikationsstudie zur Wirksamkeit von Schülerlaborbesuchen. (Dissertation) Technische Universität Dresden

Streller, M. (2015). The educational effects of pre and post-work in out-of-school laboratories. (Dissertation) Dresden

Tesch, M. (2005). Das Experiment im Physikunterricht. Didaktische Konzepte und Ergebnisse einer Videostudie. Berlin: Logos

Tschannen-Moran, M., Woolfolk Hoy, A.,Waine K. H. (1998). Teacher Efficacy: Its Meaning and Measure. Review of Educational Research 68, Nr. 2, S. 202–248

Waltner, C., Wiesner, H. (2009). Lernwirksamkeit eines Museumsbesuchs im Rahmen von Physikunterricht. Zeitschrift für Didaktik der Naturwissenschaften, Jg. 15, S. 195–217

Wessnigk, S., (2013). Kooperatives Arbeiten an industrienahen außerschulischen Lernorten (Dissertation), Kiel

Weusmann, B., Käpnick, F., Brüning, A. K. (2020). Lehr-Lern-Labore in der Praxis: Die Vielfalt realisierter Konzeptionen und ihre Chancen für die Lehramtsausbildung. In Priemer, B., Roth, J. (Hrsg.) Lehr-Lern-Labore (S. 27–45). Berlin: Springer Spektrum

Nature of Science – Über die Natur der Naturwissenschaften lernen

Ernst Kircher und Burkhard Priemer

E. Kircher et al. (Hrsg.), *Physikdidaktik | Methoden und Inhalte*,
https://doi.org/10.1007/978-3-662-59496-4_6

Dieses Kapitel beschäftigt sich mit Wesenszügen der Naturwissenschaften – Nature of Science (NOS) bzw. „Natur der Naturwissenschaften"–, wie z. B. der Methodologie und der Entwicklung der Naturwissenschaften. Seit geraumer Zeit wird gefordert, diesen philosophischen Hintergrund im naturwissenschaftlichen Unterricht zu thematisieren. Um dies zu motivieren, wird zunächst ein Überblick über erkenntnistheoretische, wissenschaftstheoretische und wissenschaftsethische Ziele gegeben. Im Anschluss wird die naturwissenschaftliche Methodologie, insbesondere die Theoriebildung, diskutiert (◘ Abb. 6.1). Darauf aufbauend werden Unterschiede zwischen physikalischer Forschung und dem Lernen im Physikunterricht skizziert. Schließlich erläutern wir, warum NOS relevant für den Physikunterricht ist und welche inadäquaten und adäquaten Ansichten wiederholt vertreten werden. Hieraus entwickeln wir einen differenzierten Begriff angemessener Ansichten und zeigen auf, wie NOS im Unterricht vermittelt werden kann.

Kann die naturwissenschaftliche Forschungsmethode Vorbild für die Unterrichtsmethode sein?

Wissenschaftstheoretische Überlegungen zur Methodologie der Naturwissenschaften sind für die Naturwissenschaftsdidaktik bzw. Physikdidaktik in verschiedener Hinsicht relevant:

1. Die *naturwissenschaftliche Methodologie* ist sowohl ein *inhaltliches Element des Physikunterrichts* als auch eine Grundlage für wissenschaftstheoretische Reflexionen „über Physik" bzw. „über die Natur der Naturwissenschaften". Die Arbeiten z. B. von Feyerabend (1981, 1986), Kuhn (1976) und Lakatos (1974) machen deutlich, dass die *traditionellen Darstellungen* der naturwissenschaftlichen Methodologie, die sogenannte *induktive und die deduktive Methode*, unzureichend sind (▶ Abschn. 6.2). Die an der Wissenschaftsgeschichte orientierten Darstellungen dieser Wissenschaftsphilosophien relativieren u. a. die überragende Bedeutung des Experiments für die Entwicklung der Physik und geben eine neue Sicht auf die Entwicklung von physikalischen Theorien. In einem möglicherweise

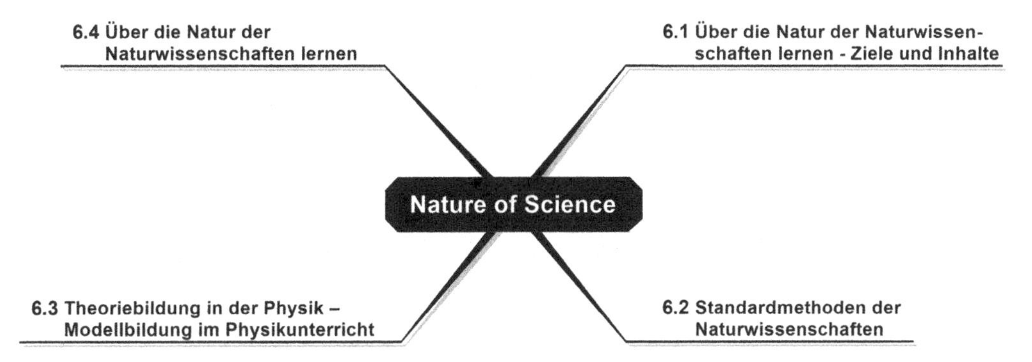

◘ **Abb. 6.1** Übersicht über die Teilkapitel

lange dauernden Prozess sind es aber letztendlich die empirischen Daten, die in den Naturwissenschaften das „letzte Wort" über eine Theorie haben, weil sie *„Spuren der Realität"* enthalten. Diese Auffassung wird als „kritischer" Realismus (Bunge 1973), „hypothetischer" Realismus (Vollmer 1988) bzw. „wissenschaftlicher Realismus" (Tschepke 2003) bezeichnet. Darstellungen über die Theorie- bzw. Modellbildung thematisieren u. a. auch das weiterhin *wichtigste Medium des Physikunterrichts,* das *Experiment:* Es ist Medium, Lernobjekt und ein grundlegender Baustein der naturwissenschaftlichen Methodologie (▶ Abschn. 6.3).

2. An Universitäten wird über *Wissenschaftsphilosophie* geforscht, insbesondere über die Physik seit Einsteins „Allgemeiner Relativitätstheorie" und der zeitlich darauf folgenden Quantentheorie. Seit den 1980er-Jahren wird versucht, diese beiden fundamentalen Theorien der modernen Physik zu vereinheitlichen als „(Super-)String-Theorie". „Strings" („Fäden") sind bisher allerdings nur theoretische Entitäten, d. h. ohne empirische Basis, weil die zugrundeliegenden Planck-Skalen weit außerhalb der gegenwärtig empirisch erreichbaren Messgenauigkeit liegen: Diese „Strings" sind von der Längenordnung 10^{-35} m, d. h. weit außerhalb gegenwärtiger Messgenauigkeit. Die String-Theorie wird vor allem in der Wissenschaftsphilosophie als „Strukturenrealismus" und als „vielversprechende Ontologie der modernen Physik" (Lyre 2013, S. 389) betrachtet. Die Diskussion in der Wissenschaftsphilosophie erscheint zugespitzt auf die Frage, welche Art von Realismus die moderne Physik des 20. Jahrhunderts angemessen beschreibt (Esfeld 2013). Vorläufig ist diese wissenschaftsphilosophische Diskussion aber noch nicht in den Kanon des Physikunterrichts aufgenommen, m. E. zu Recht. Für den thematischen Bereich „Über die Physik lernen" könnte auch Tegmarks (2015) Publikation das „Mathematische Universum" geeignet sein. Allerdings verzichtet Tegmark im Grunde auf empirische (experimentelle) Bestätigungen.
3. Die „unendlichen" Weiten der Astrophysik werden maßgeblich durch die Allgemeine Relativitätstheorie beschrieben. Deren Prognosen haben sich im messbaren astrophysikalischen Bereich bestätigt. Eine überzeugende *Vereinigung von Quantentheorie* und *Allgemeiner Relativitätstheorie* (wie von der String-Theorie intendiert) steht noch aus.
4. Zu der von Pessoa (2016) gestellten Frage *„Are untestable scientific theories acceptable?"* lautet unsere Antwort: Ja, auch z. Zt. nicht testbare naturwissenschaftliche Theorien sind akzeptabel, soweit solche Theorien naturwissenschaftliche Probleme diskutieren wie z. B. die String-Theorie,

6

durch die versucht wird, die Quantentheorie und die Allgemeine Relativitätstheorie zu vereinen. Pessoas wissenschaftsphilosophische Frage ist in der Lehrerbildung und für einen Physikunterricht der gymnasialen Oberstufe relevant, in dem „Nature of Science" thematisiert wird. Die erwähnte Publikation Tegmarks (2015) „Unser mathematisches Universum – Auf der Suche nach dem Wesen der Wirklichkeit" ist – da eine mathematische Beschreibung des Universums – unabhängig von empirischen Untersuchungen und damit außerhalb der Fragestellung von Pessoa (2016). Sind *mathematische Ansätze* über das „Universums" deshalb auszuschließen? Im Physikunterricht der Oberstufe u. E. nicht.

6.1 Über die Natur der Naturwissenschaften lernen – Ziele und Inhalte

Der Themenkomplex „Über die Natur der Naturwissenschaften lehren und lernen" lässt sich in die Bereiche *Erkenntnistheorie, Wissenschaftstheorie* sowie *Ethik* gliedern (◘ Abb. 6.2). Im Folgenden werden die dazugehörigen Inhalte detaillierter vorgestellt.

6.1.1 Naturwissenschaften und Wirklichkeit

Erkenntnistheoretische Probleme

Erkenntnistheoretische Fragen

1. Vor allem in Zeiten von naturwissenschaftlichen Revolutionen, die das bestehende naturwissenschaftliche Weltbild ändern, wird nicht nur von Philosophen, sondern auch von Naturwissenschaftlern – insbesondere von Physikern – nach dem Verhältnis von Physik und Metaphysik gefragt: Wie verhalten sich die von den Physikern entworfenen „Bilder" zu den Dingen, die diese Bilder darstellen sollen? Was ist ein „Ding", was ein physikalisches Objekt? Sind physikalische Theorien Abbilder der Wirklichkeit? Können wir die Wirklichkeit überhaupt erkennen? Sind die entworfenen Bilder nur Metaphern, weil das „Ding an sich" grundsätzlich unerkennbar bleibt? „Was ist die Wahrheit der Physik?" fragt nicht nur v. Weizsäcker (1988, S. 15).
   Die Philosophiegeschichte ist voller heterogener, sich zum Teil widersprechender Antworten auf solche Fragen. Ist damit die *Geschichte der Philosophie* ein notwendiger erkenntnistheoretischer Bestandteil von „Über die Natur der Naturwissenschaften lernen"? Die Frage ist eher mit einem „Nein" zu beantworten. Wichtiger ist die Geschichte der Naturwissenschaften (Höttecke 2001).

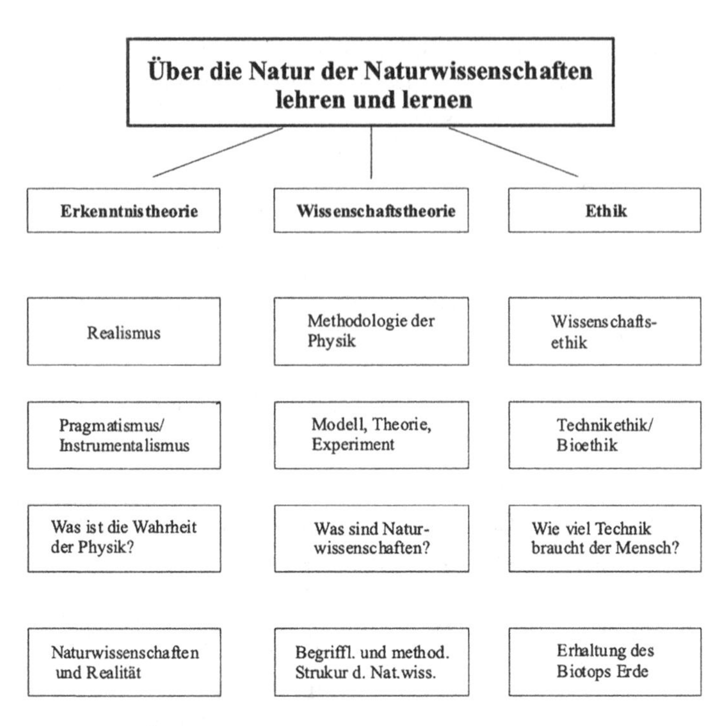

Abb. 6.2 Überblick über fachdidaktische Aspekte der Natur der Naturwissenschaften (Kircher und Dittmer 2004, S. 19)

2. Bevor wir auf Gesichtspunkte für die *Auswahl von derzeit didaktisch sinnvollen Erkenntnistheorien* eingehen, werden zunächst zwei Fragenkomplexe formuliert:

Naturwissenschaftlicher Fragenkomplex

- *Naturwissenschaftlicher Fragenkomplex:* Gibt es Erkenntnistheorien, die in der Geschichte der neuzeitlichen Naturwissenschaften eine besondere Rolle gespielt haben? Gibt es einen Zusammenhang zwischen Problemen (z. B.) der modernen Physik und diesen Erkenntnistheorien, etwa bei der Interpretation der Quantentheorie? Sind naturwissenschaftliche Theorien wahr?

Didaktischer Fragenkomplex

- *Didaktischer Fragenkomplex:* Welche Ziele werden mit erkenntnistheoretischen Aspekten im naturwissenschaftlichen Unterricht verfolgt? Kann man im Unterricht erkenntnis- und wissenschaftstheoretische Fragen sinnvoll trennen? Kann man sich auf *nur eine Erkenntnistheorie* beschränken? Welche Rolle spielen hermeneutische Verfahren? Was bedeutet „Naturwissenschaften verstehen" im Lichte verschiedener Erkenntnistheorien? Ist „über die Natur der Naturwissenschaften lernen" nur auf die gymnasiale Oberstufe beschränkt?

Realismus und Pragmatismus sind die wichtigsten Erkenntnistheorien

3. Um auf die im ersten Fragenkomplex aufgeworfenen Probleme etwas näher einzugehen, sei ein „Sprung" ins philosophische „Wasser" gewagt durch die Behauptung, dass der *Realismus* und der *Pragmatismus* (Instrumentalismus) die beiden wichtigsten Erkenntnistheorien sind, die sich Seite an Seite mit den Naturwissenschaften und durch die Naturwissenschaften entwickelt haben (Driver et al. 1996). Innerhalb der Philosophie liegen diese allerdings in permanentem Streit. Ein Streitpunkt ist z. B. die Frage: Sind naturwissenschaftliche Theorien wahr? Die Antworten des modernen Realismus (Curd und Cover 1998; Vollmer 1987) gehen davon aus, dass sich naturwissenschaftliche Theorien immer mehr der „Wahrheit" nähern, ohne aber dieses Ziel jemals zu erreichen. Denn es gibt dafür kein Kriterium, weder für „Wahrheit" noch für „Wahrheitsnähe". Die Pragmatisten (Instrumentalisten und Konstruktivisten) halten die *Frage nach der Wahrheit für sinnlos:* Man beschäftigt sich lieber mit dem Nutzen der Naturwissenschaften für den Einzelnen und die Gesellschaft (Dewey 1964). Außerdem ist nach instrumentalistischer Auffassung die „Wahrheit" der Naturwissenschaften eher gemacht als „dort draußen" (Rorty 1992, S. 23).
4. Bei diesen Problemen sind keine Entscheidungen in Sicht: „Die Natur der Wahrheit ist eine ewige Frage" (Putnam 1993, S. 153). Tschepkes (2003, S. 572) Fazit ist, „dass keine Argumente zu haben sind, die für ‚hinreichend konsequente' Anhänger instrumentalistischer oder (…) antirealistischer Positionen Überzeugungskraft haben."
   Daher geht es im Unterricht um Argumente, um Für und Wider, um Interpretationen, nicht um die „wahre" Erkenntnistheorie. Es ist außerdem aufzuzeigen, dass erkenntnistheoretische Probleme auch in der modernen Physik auftraten und vermutlich auftreten werden (Falkenburg 2006). Ein Beispiel ist die Interpretation der Kopenhagener Deutung der Quantentheorie, die Einstein aufgrund seiner realistischen Auffassung nicht akzeptierte. Seine Einwände, die er durch einen Gedankenversuch (EPR-Paradoxon) formulierte, beeinflussen die Interpretation der Quantentheorie bis auf den heutigen Tag (Spillner 2011).

Spiralcurriculum: „Über die Natur der Naturwissenschaften lernen"

5. Natürlich können auch physikalisch sehr schwierige Themen wie die Quantentheorie vor allem in der Sekundarstufe II philosophisch reflektiert werden (Fischler 1992). Philosophische Aspekte haben aber nicht nur im Physikunterricht der gymnasialen Oberstufe einen Platz (Höttecke

2008a). Untersuchungen befassen sich auch damit, wie weit erkenntnis- und wissenschaftstheoretische Aspekte bereits in der Primarstufe an physikalischen, chemischen, biologischen Inhalten unterrichtet werden können (Grygier 2008; Grygier et al. 2007; Hößle et al. 2004; Sodian et al. 2002). Daher ist die Vision für die Zukunft *ein Spiralcurriculum* „Über die Natur der Naturwissenschaften lernen", das bereits in der Grundschule beginnt.

Naturwissenschaftsdidaktische Auffassungen und Ziele

- **Leitideen und Meinungen**

1. Relevante Erkenntnistheorien sollen im Rahmen eines Konsensbildungsverfahrens für die Lehrerbildung und für den naturwissenschaftlichen Unterricht *vorgeschlagen, nicht vorgeschrieben* werden.
2. Die *ausgewählten wissenschaftshistorischen und philosophischen Beispiele* sollen zu den Naturwissenschaften *zurückführen* und nicht immer tiefer in die Wissenschaftsgeschichte und Philosophie hinein.
3. Erkenntnistheoretische Fragen sollen auf dem Hintergrund solcher Erkenntnistheorien diskutiert werden, die für die *Entwicklung der neuzeitlichen bzw. modernen Naturwissenschaften relevant waren bzw. sind.*
4. Der *moderne Realismus* (Curd und Cover 1998; Rescher 1987; Vollmer 1987) spiegelt die Tradition *der zweckfreien Forschung, d. h. Forschung, um die Realität zu erklären und zu verstehen,* wider.
5. Der moderne Pragmatismus hebt den *Nutzen der Naturwissenschaften* für die Gesellschaft und für das Individuum hervor.
6. Realismus und Pragmatismus sind in der Naturwissenschaftsdidaktik als komplementäre Erkenntnistheorien aufzufassen.

- **Erkenntnistheoretische Ziele im Unterricht**

Schülerinnen und Schüler verstehen,

- dass sich erkenntnistheoretische Aspekte mit dem *Verhältnis Naturwissenschaften und Wirklichkeit* befassen.
- dass erkenntnistheoretische Auffassungen die Arbeit der Naturwissenschaftler und damit auch die Interpretation fundamentaler *naturwissenschaftlicher Theorien beeinflussen.*
- dass bei Entscheidungsprozessen innerhalb der Naturwissenschaften (Bestätigung oder Widerlegung einer Hypothese) *experimentelle Tatsachen einen hohen Stellenwert* haben,

Erkenntnistheoretische Auffassungen beeinflussen naturwissenschaftliche Theorien

Experimentelle Tatsachen haben einen hohen Stellenwert

Naturwissenschaftliche Theorien sind prinzipiell vorläufig

Prinzipielle Vorläufigkeit bedeutet keine methodische Willkür

Paradigmawechsel in den Naturwissenschaften

(insbesondere, wenn durch verschiedene Messanordnungen und Messmethoden das gleiche experimentelle Resultat erzielt wird), aber *Theorien weder endgültig beweisen noch widerlegen.*

- dass naturwissenschaftliche Theorien *in einer bestimmten Epoche* „im Wahren" ihrer Disziplin sind. Sie sind daher *prinzipiell vorläufig.*
- dass die prinzipielle Vorläufigkeit naturwissenschaftlicher Theorien keine Willkür bedeutet (und nur einen moderaten Relativismus impliziert, der mit der Kontingenz und Unbestimmtheit der Sprache und der empirischen Unterbestimmtheit naturwissenschaftlicher Theorien zusammenhängt).
- dass durch die Naturwissenschaften gesicherte experimentelle Tatsachen hinreichen können, um *grundlegende Erkenntnistheorien* (z. B. Realismus und Instrumentalismus) *zu modifizieren und Anlass und wichtiges Argument für einen Paradigmenwechsel in den Naturwissenschaften sein können.* Auch solche wichtigen experimentellen Tatsachen können grundlegende naturwissenschaftliche Theorien und grundlegende Erkenntnistheorien weder *endgültig beweisen* noch *endgültig widerlegen.*
- dass ihr eigenes Verständnis der Physik, Chemie oder Biologie von erkenntnistheoretischen Auffassungen beeinflusst wird.
- dass erkenntnistheoretische und wissenschaftstheoretische Auffassungen nicht immer zu trennen sind (und dass z. B. aus instrumentalistischer Sicht *erkenntnistheoretische Fragen irrelevant sind.*)

6.1.2 Was sind Naturwissenschaften?

Wissenschaftstheoretische Aspekte

Wissenschaftstheorie analysiert die Naturwissenschaften

1. Erkenntnistheoretische Aspekte befassen sich mit dem *Verhältnis Wirklichkeit und Physik.* In vergleichbar allgemeiner und vereinfachender Weise kann man sagen, die Wissenschaftstheorie beschäftigt sich mit der Frage: *Was sind Naturwissenschaften?*
   Auf den ersten Blick unterscheiden sich Erkenntnis- und Wissenschaftstheorie dadurch, dass bei wissenschaftstheoretischen Problemen die Metaphysik ausgeklammert ist: Man bezieht sich auf vorliegende von Menschen entworfene, ausgearbeitete Konstrukte unter Einbeziehung der „Antworten" der Natur, nämlich die *begriffliche und methodische Struktur der Physik, Chemie, Biologie.* Die Wissenschaftstheorie analysiert die dafür verwendeten Begriffe, untersucht z. B. die Art der *Erklärungen* durch die Naturwissenschaften, untersucht deren Vorgehensweisen,

unterscheidet Umgangssprache und Wissenschaftssprache. Durch die Antworten dieser „analytischen Wissenschaftstheorie“ (Stegmüller 1973) sollen auch die Naturwissenschaften verstehbar und kritisierbar werden.

Naturwissenschaftliche Weltbilder ändern sich

2. Eine zweite wichtige Richtung der Wissenschaftstheorie befasst sich stärker mit der *historischen Entwicklung der Naturwissenschaften.* Dabei kommen der mühevolle Forschungsprozess, die Irrwege und Irrtümer in den Blick, nicht bloß die abgeschlossenen Theorien, die z. B. als Schulphysik bestimmten Lerngruppen vorgesetzt werden. Neben dem Bezug auf die Genese relevanter Theorien – vor allem der Physik – werden bei diesem wissenschaftshistorischen Ansatz die damit einher gehenden *Änderungen naturwissenschaftlicher Weltbilder* und deren *Einfluss auf die Gesellschaft* deutlich. Aber naturwissenschaftliche Gemeinschaften sowie Forscherpersönlichkeiten wie Galilei, Newton, Darwin, Einstein usw. können auch politische Gesellschaften beeinflussen. Durch die Beschäftigung mit der Geschichte der Naturwissenschaften wurde man auf Fragen aufmerksam wie: Sind die klassische Mechanik und die relativistische Mechanik vergleichbar? Wie ändert sich mit den Weltbildern die Bedeutung von physikalischen Begriffen wie „Raum“ und „Zeit“? Was bedeutet „wissenschaftlich“ bzw. „nichtwissenschaftlich“? Wie objektiv, wie subjektiv sind die Naturwissenschaften? Diese zuletzt aufgeführten Fragen berühren auch die zuvor skizzierten erkenntnistheoretischen Probleme.
   Die hier nur grob umrissenen Fragen zur *Geltung der Naturwissenschaften* und zu deren *Methodologie* sind vor allem mit den Namen Feyerabend (1981 und 1986), Kuhn (1976), Popper (1976) und Stegmüller (1973 und 1986) verknüpft. Die Antworten dieser Wissenschaftsphilosophen unterscheiden sich allerdings signifikant etwa darin, wie Theorien zu überprüfen sind, welche Geltung sie haben und welche Rolle Experimente und die damit gewonnenen experimentellen Daten dabei spielen.

Wissenschaftstheorie macht Naturwissenschaften verständlich und bewusst

3. Da sich die Wissenschaftstheorie vorwiegend mit abgeschlossenen und nicht mit aktuellen Problemen der naturwissenschaftlichen Forschung befasst, hat sie kaum Einfluss auf die Naturwissenschaften. Sie gewinnt neuerdings dadurch an Bedeutung, dass sie und die Naturwissenschaften versuchen, *der Gesellschaft die Natur der Naturwissenschaften in unserer hochtechnisierten Zivilisation verständlich zu machen.* Sowohl für die Individuen

als auch für die Gesellschaft ist das Anspruch und Notwendigkeit. Denn die Naturwissenschaften können unsere Lebensgrundlagen beeinflussen, diese schädigen, aber auch fördern: Die *Reflexion der Naturwissenschaften gewinnt eine demokratische und eine ethische Dimension.*

4. Driver et al. (1996) haben für eine Thematisierung des erkenntnis- und wissenschaftstheoretischen Hintergrunds im naturwissenschaftlichen Unterricht neben allgemeinen bildungspolitischen Argumenten auch einen lernpsychologischen Grund angeführt: Physiklernen wird gefördert, wenn von den Schülern auch die *Natur der Naturwissenschaften* gelernt wird. Baumert et al. (2000, S. 269) folgern aus den Ergebnissen der TIMS-Studie, „dass epistemologische Überzeugungen ein wichtiges, bislang nicht ausreichend gewürdigtes Element motivierten und verständnisvollen Lernens in der Schule darstellen" (▶ Abschn. 6.4.2).

Adäquate epistemologische Überzeugungen fördern das Lernen in der Schule

Wissenschaftstheoretische Inhalte und Ziele

1. Wissenschaftstheoretische Ausdrücke wie „naturwissenschaftliches Objekt", „Theorie", „Modell", „Gesetz", „Hypothese", „Experiment", „experimentelle Daten" sind Grundelemente eines *Wechselspiels, das neue* naturwissenschaftliche *Erkenntnisse* generiert.
2. Wissenschaftstheoretische Erörterungen im naturwissenschaftlichen Unterricht befassen sich kritisch mit Begriffen, die die naturwissenschaftliche *Methodologie* charakterisieren sollen wie „hypothetisch deduktive" und „induktive" Methode, mit „Falsifikation", „Verifikation", „Bestätigung" und „Bewährung" von Theorien (z. B. im Sinne Poppers).
3. Der wissenschaftsinterne Sinn naturwissenschaftlicher Theorien ist es, Phänomene zu „erklären", deren raum-zeitliche Änderungen und Veränderungen zu *prognostizieren* und die Ergebnisse der naturwissenschaftlichen Forschung zu *systematisieren.*
4. Der *moderne Relativismus* (z. B. Kuhn, Feyerabend) hat Poppers Auffassungen kritisiert und soziologische und psychologische Aspekte bei der Genese physikalischer Theorien betont. Auch *der moderne Relativismus ist zu kritisieren* (z. B. Wendel 1990).
5. Die unterschiedliche Bedeutung von Begriffen in verschiedenen Paradigmata, deren Nichtvergleichbarkeit (Kuhn, Feyerabend) kann am Beispiel der klassischen und

Kritik an der Wissenschaftstheorie

Naturwissenschaftliche Begriffe sind „theoriegeladen"

Naturwissenschaftliche Theorien sind „empirisch unterbestimmt"

relativistischen Mechanik an den Begriffen „Masse", „Raum" und „Zeit" illustriert werden. An diesen Begriffen kann z. B. auch erörtert werden, dass naturwissenschaftliche Begriffe „theoriegeladen" sind (Hanson 1965).

6. Naturwissenschaftliche Theorien sind *empirisch unterbestimmt,* d. h. sie implizieren mehr mögliche Daten, als tatsächlich je gemessen werden können. Physikalische Theorien sind außerdem *unbestimmt* wegen ihrer Darstellung und Interpretation *mittels Sprache.* Auch aus diesen Gründen sind naturwissenschaftliche Theorien *prinzipiell hypothetisch und vorläufig.*
7. Naturwissenschaften lernen und verstehen bedeutet, das gewohnte, durch die Alltagserfahrung und die Alltagssprache geprägte Paradigma des „Common Sense" bewusst zu verlassen und das Paradigma „Physik" zu verwenden. Dieses ist hinsichtlich *Erklärung und Voraussage präziser und erfolgreicher, für technische Anwendungen nützlicher und damit im Allgemeinen auch zufriedenstellender.*

6.1.3 Technik- und wissenschaftsethische Aspekte

Technik und Technikfolgen

Die klassische Ethik ist anthropozentrisch und individualistisch

1. Nach traditioneller Auffassung (Hubig 1993) ist die *Technik* in einer dienenden Funktion, *eine „Prothese" des Menschen, wertneutral, weder gut noch böse.* Die klassische Ethik befasst sich daher mit *Rechtfertigungsstrategien für individuelles Verhalten.* Technik braucht nicht als moralische Kategorie reflektiert zu werden.
   Diese klassischen Ethiken finden ihren Niederschlag in Ehrenkodizes von Wissenschaftlern und Ingenieuren. Deren Handeln steht (u. a.) *im Dienst der allgemeinen Wohlfahrt, der Beseitigung des Mangels, der Erhaltung der Freiheit und der Handlungskompetenz* (Hubig 1993, S. 18). Die im Berufsethos explizit oder implizit festgelegten Verhaltensregeln benötigen keine grundlegende Revision durch eine neue Einschätzung von Technik und Wissenschaft sowie den daraus resultierenden neuen Technik- und Wissenschaftsethiken. Zunächst wurden diese Regeln folgerichtig nur durch Zusätze ergänzt. *Die klassische Ethik ist anthropozentrisch und individualistisch.*

Verlust der Bestimmungskompetenz

2. Eine Betrachtung der modernen Technik als bloßes Mittel ist problematisch, weil der Mensch in den spezialisierten, manchmal unüberschaubar großen Produktionsanlagen nur noch ein kleines „Rädchen" ist, sodass er das Gesamte nicht

mehr versteht. Zudem werden Arbeitsrhythmus und Freizeit des Menschen durch die moderne Technik nachhaltig geprägt, wie er umgekehrt *die Dinge* prägt. Das Handeln des Menschen erscheint so weitgehend determiniert. Die Spielräume für autonomes Handeln werden kleiner oder verschwinden. Zu dem Verlust der Bestimmungskompetenz kommt die abnehmende Einsicht in viele Parameter des Maschineneinsatzes, was das Wissen um die Eigenschaften von modernen Maschinen und was die unüberschaubaren Folgen ihrer Nutzung unter veränderten Bedingungen betrifft (Hubig 1993, S. 21). Es ist ein *Handeln mit „fremdem Wissen" und „fremdem Wollen"* (Ropohl 1985, zit. nach Hubig 1993).

Technologisierung der Lebenswelt des Menschen

Es sind nicht nur die in der Industrieproduktion Beschäftigten von dieser Technik abhängig. Wir alle sind es, weil die technischen Systeme der modernen Industriegesellschaften unseren Alltag fast durchgängig bestimmen. Auch die Gegner dieser Technik können sich kaum etwa der *Versorgungstechnik, der Verkehrstechnik, der Medizintechnik* entziehen. Man spricht von der *Technisierung bzw. Technologisierung der Lebenswelt* des Menschen in den modernen Industriegesellschaften. Diese unmittelbare Abhängigkeit von der Technik passt nicht zu dem zuvor beschriebenen Bild, wonach „der" Mensch diese Technik beherrscht. Es sind wenige Spezialisten, die jeweils über wenige Ausschnitte dieser technischen Welt einigermaßen Bescheid wissen und diese Details operativ bewältigen können. Sollen oder können nur diese Experten über die Entwicklung und den Einsatz dieser modernen Technik entscheiden? Sollen demokratische Rechte eingeschränkt werden? Diese Fragen werden noch dadurch verschärft, dass mit modernen Techniken auch Risiken verbunden sind, etwa mit der Kerntechnik und der Gentechnik. Auch die Informationstechnik ist nicht frei von Risiken für das Individuum und für demokratische Gesellschaften.

Risikozumutungen und Risikoanweisungen Globale Bedrohungen Neue Dimension menschlicher Macht *und* Ohnmacht

3. Wie viel Risikobereitschaft kann und muss dem Individuum und oder der modernen technischen Gesellschaft zugemutet werden? Wie sollen diese „Risikozumutungen" und „Risikoanweisungen" (Hubig 1993) entschieden werden? Welchem Risiko darf die Biosphäre ausgesetzt werden? Welches Maß an *Entmündigung des Menschen* einerseits und *Zerstörung der Natur* andererseits ist zulässig, das heißt verantwortbar? Diese Fragen werden dadurch noch dringender, dass bei damit zusammenhängenden Entscheidungen nicht nur begrenzte lokale Folgen für die Gegenwart und die Zukunft entstehen. Die moderne physikalische, chemische,

biologische Technik kann schon jetzt solche globalen Folgen haben, dass die Erde nicht nur für den Menschen, sondern für alle Lebewesen unbewohnbar wird, nämlich durch physikalische, chemische, biologische Waffen. Weitere globale Bedrohungen entstehen speziell für den Menschen durch die Bevölkerungszunahme, durch die Vernichtung landwirtschaftlich nutzbaren Bodens, durch die Erwärmung der Biosphäre aufgrund des globalen Treibhauseffekts. Durch die Komplexität der technischen und biologischen Systeme werden rechtzeitige Handlungen für Problemlösungen erschwert: *Wir verfügen zum Zeitpunkt notwendiger Entscheidungen über neue komplexe Technologien nicht über das notwendige Wissen, um zuverlässige Prognosen für die nahe und ferne Zukunft der Biosphäre zu treffen.* Das ist eine neue Dimension menschlicher Macht *und* Ohnmacht, die eine neue Ethik erfordert.

4. Jonas' Entwurf einer neuen Ethik ist eine radikale Kritik an westlichen und östlichen Leitbildern, die bei aller Verschiedenheit z. B. über Wirtschaft, Schule, individuelle Freiheiten einen Anthropozentrismus ebenso gemeinsam haben wie ihre *Utopien über die Gesellschaft.* Statt Überfluss als Ziel ist *Bescheidenheit notwendig,* kein Hedonismus, *sondern individuelle und gesellschaftliche Genügsamkeit,* Askese, Verzicht.

Ohnmacht unseres vorhersagenden Wissens

Trotz unseres *grundsätzlich ungenügenden Wissens* und der daraus folgenden *Ohnmacht unseres vorhersagenden Wissens* (Jonas 1984) *ist naturwissenschaftliches Wissen von überragender ethischer Bedeutung:* Indem dieses Wissen und seine technische Anwendung Voraussetzung für das Dasein und das Sein einer weiter wachsenden Weltbevölkerung sind, gewinnen das naturwissenschaftliche Wissen und seine technischen Anwendungen *eine moralische Dimension.* Es muss dabei nicht nur aktuellen alltagspraktischen Vernunftprinzipien genügen, sondern muss eingebettet werden in den Kontext eines weiter greifenden, die Integrität und Würde des Menschen bewahrenden und die Verletzlichkeit und das sittliche Eigenrecht der Natur respektierenden Bewusstseins.

Reflexion von naturwissenschaftlichem Wissen und Nichtwissen

Auf diesem Hintergrund wird Jonas' Forderung *nach einer Reflexion von naturwissenschaftlichem Wissen und Nichtwissen* verständlich. Solche Reflexionen über eine neue Ethik (u. a. auch im naturwissenschaftlichen Unterricht) sind notwendige thematische *Erweiterungen der klassischen Ethiken.*

Neues ethisches Paradigma
Macht nach Innen

5. Die Thematisierung der Technik und deren Folgen führt zu *neuen überzeugenden Begründungen für naturwissenschaftlichen Unterricht,* wie das *traditionelle Motiv der Wahrheitssuche,* das bisher dominierend z. B auch hinter

Martin Wagenscheins physikdidaktischen Konzeptionen steht. Diese technik- und wissenschaftsethischen Aspekte enthalten neben dieser neuen ethischen Dimension auch die unaufkündbare Verflechtung von Technik bzw. Technologie und Naturwissenschaften und deren *Auswirkungen auf das Individuum und dessen Intimsphäre.* Auch diese neu entstandene „Macht nach Innen" – etwa durch Smartphones und unbegrenzten Kommunikationsangeboten wie Facebook – muss im Unterricht kritisch reflektiert werden.

In die Ausbildung von Naturwissenschaftslehrern werden diese *ethischen und handlungspraktischen Aspekte* nur sporadisch, wohl noch seltener als die erkenntnis- und wissenschaftstheoretischen Aspekte aufgenommen. Studierende erfahren von diesen Aspekten der Naturwissenschaften meistens nur dann, wenn Lehrende oder Studierende an den Hochschulen die Initiative ergreifen, denn in den Studienplänen bundesrepublikanischer Hochschulen fehlen bisher entsprechende Lehrveranstaltungen weitgehend.

Bildung der Nachhaltigkeit

Bisher werden im naturwissenschaftlichen Unterricht ethische Aspekte im Zusammenhang mit dem Umweltschutz und der Umwelterziehung thematisiert. Die geforderte *„Bildung der Nachhaltigkeit"* (de Haan und Kuckartz 1996) sollte zu einer allgemeineren und intensiveren Technik- und Technikfolgendiskussion im naturwissenschaftlichen Unterricht führen als dies bisher im Zusammenhang mit der Umwelterziehung der Fall war. Denn wie sonst, wenn nicht über die Bildung, können die notwendigen Einstellungs- und Verhaltensänderungen erfolgen?

Die Diskussion über die *nachhaltige Nutzung und Verteilung von Ressourcen* (erneuerbaren bzw. nicht erneuerbaren) ist auch eine Angelegenheit der Bildung, weil *Verhaltensänderungen vor allem auch in den Industrieländern* notwendig sind. Den Schulfächern Physik, Chemie, Biologie kommen neue Aufgaben, neue Herausforderungen und Verpflichtungen zu. Das gilt auch für die entsprechenden Fachdidaktiken an den Hochschulen, d. h. in der Lehrerausbildung und in der fachdidaktischen Forschung.

Technik- und wissenschaftsethische Leitideen

Kontrollen der wissenschaftlichen Arbeit durch die wissenschaftliche Gemeinschaft

1. Zum Wesen der Naturwissenschaften gehört ihre Zuverlässigkeit. Diese Eigenschaft gründet auch in internen Überprüfungen und Kontrollen der wissenschaftlichen Arbeit durch die wissenschaftliche Gemeinschaft. Berufsethische Kommissionen überwachen die Einhaltung von Ehrlichkeit, Fairness usw. und versuchen wissenschaftlichen Betrug zu verhindern.
2. Das in unserer Zeit mit neuen Erfindungen und Entdeckungen zusammenhängende Risikopotenzial mit

globalen Auswirkungen auf Mensch und Natur erfordert größere Vorsicht. Dies gilt umso mehr, weil das voraussagende Wissen bei komplexen Systemen wie unserer Biosphäre nur gering ist.

Das voraussagende Wissen ist bei komplexen Systemen gering

Das bedeutet, Jonas' (1984) Maxime des *Vorrangs der schlechten Prognose vor der guten* soll an geeigneten Beispielen aus Physik und oder Chemie und oder Biologie thematisiert werden (z. B. Waffentechnik, Agrartechnik, Gentechnik).

Eine bedeutsame Auswirkung sollen die Beschlüsse des Umweltgipfels 1992 in Rio und der Klimakonferenzen 2015 in Paris, 2016 in Marrakesch 2017 in Bonn und 2018 in Katowice auf das Weltklima und damit mittelbar auch auf den naturwissenschaftlichen Unterricht haben.

Komplexe und fachüberschreitende Themen als Projekte

3. Für eine Diskussion über eine *nachhaltigere Nutzung der Energie* bietet sich der Physikunterricht an (Stichworte: „Alternative Energiequellen", „Nullenergiehaus", „Stoffströme" – z. B. v. Weizsäcker und Lovins (1996) –, „Klimawandel", „Energiewende"). Wegen der komplexen und fachüberschreitenden Thematik ist es sinnvoll, entsprechende *Unterrichtseinheiten als Projekte* zu konzipieren.

6.2 Standardmethoden der Naturwissenschaften

6.2.1 Zur induktiven Methode

1. Nach noch verbreiteter Auffassung unter Naturwissenschaftlern und Naturwissenschaftslehrern werden naturwissenschaftliche Erkenntnisse *induktiv* gewonnen. Man beruft sich auf Galilei, der angeblich mit dieser Methode die neuen Naturwissenschaften schuf, und auf Newton, der diese Methode nach eigener Auffassung anwandte, als er seine Hauptwerke „Opticks" und „Principia" verfasste. Der französische Physiker Pierre Duhem hat um 1900 physikhistorische Quellen herangezogen und in seinen Analysen keine Bestätigung dafür erhalten, dass Newton dieser Methode tatsächlich gefolgt ist (Duhem 1908, S. 253).
Was bedeutet der Ausdruck „induktive Methode"? Üblicherweise ist damit der Weg gemeint, der von den aus *Experimenten gewonnenen Daten ausgehend zu physikalischen Gesetzen und Theorien* führt. Popper (1976, S. 3) schreibt: „Als induktiven Schluss oder Induktionsschluss pflegt man einen Schluss von *besonderen* Sätzen, die z. B. Beobachtungen, Experimente usw. beschreiben, auf *allgemeine* Sätze, auf Hypothesen oder Theorien zu bezeichnen."

Ist dieser induktive Schluss überhaupt in den Naturwissenschaften anwendbar? Popper wendet dagegen ein, dass eine solche induktive Schlussfolgerung sich auch nach noch so vielen verifizierenden Beobachtungen als falsch erweisen kann. „Bekanntlich berechtigen uns noch so viele Beobachtungen von weißen Schwänen nicht zu dem Satz, dass alle Schwäne weiß sind" (Popper 1976, S. 3). Zur Rechtfertigung des induktiven Verfahrens müsste das „Induktionsprinzip" als allgemeiner Satz eingeführt werden. Das steht aber in einem Widerspruch zur Annahme der „Induktivisten", dass allgemeine Sätze nur empirisch-induktiv hergeleitet werden können. Popper (1976, S. 5) stellt dar, dass jede Form der Induktionslogik zu einem unendlichen Regress oder zum Apriorismus führt, in der das Induktionsprinzip als „a priori gültig" betrachtet wird. Die induktive Methode führt in empirischen Systemen zu logischen Widersprüchen (Siegl 1983; Stegmüller 1986; Wolze 1989). Diese werden hier nicht weiter ausgeführt, weil sie zu weit von der Physikdidaktik wegführen würden.

Die induktive Methode führt in empirischen Systemen zu logischen Widersprüchen

2. Dem Induktionsschluss in der Physik liegen zwei protophysikalische Annahmen zugrunde:
   - Die Gleichförmigkeit des Naturgeschehens, die in der These „Die Natur macht keine Sprünge" zusammengefasst wurde.
   - Die durchgängige Kausalität im Naturgeschehen mit eindeutigen Folgen.

   Sowohl das *Gleichförmigkeitsprinzip* als auch das *Kausalitätsprinzip* können in der modernen Physik *nicht aufrechterhalten* werden: Für den Zerfall eines Atomkerns gibt es keine „Ursache" im klassischen Sinne, d. h. eine verursachende Kraft. Und die These: „Die Natur macht keine Sprünge" – eine populäre Formulierung des 19. Jahrhunderts für das „Gleichförmigkeitsprinzip" – wurde für atomare Vorgänge geradezu in ihr Gegenteil verkehrt: *Raumzeitliche Änderungen erfolgen nach der Quantentheorie nur durch „Sprünge".*

   Wenn also die beiden oben erwähnten protophysikalischen Grundlagen des Induktionsschlusses fehlen, ist dieser zumindest im atomaren und subatomaren Bereich auch nicht anwendbar. Es sei denn, man versteht das Induktionsprinzip und eine damit zusammenhängende „induktive Methode" nur als ein *heuristisches Verfahren zur Gewinnung von Hypothesen.*

Zwei physikalische Gründe gegen den Induktionsschluss in der Physik

3. Muss man also das Induktionsprinzip auf die klassische Physik einschränken? Auf die Physik der uns umgebenden Lebenswelt? Auf die Physik der „mittleren", uns unmittelbar zugänglichen Dimension, den „Mesokosmos" (Vollmer 1988, S. 41), der unsere ersten lebensweltlichen Erfahrungen

prägt und der auch den Beginn des Physikunterrichts prägen soll, der sich an Phänomenen orientiert?

Was ist ein Phänomen? Wahrnehmung ist von subjektiven Einstellungen und Erwartungen abhängig

„Phänomene" meint zunächst die den Sinnen zugängliche Naturerscheinung – eine „Äußerung" der Realität unter den in der Natur vorkommenden Bedingungen, wie etwa Blitz und Donner, der Regenbogen. Für v. Weizsäcker (1988, S. 508) sind Phänomene „sinnliche Wahrnehmungen an realen Gegenständen, die wir vorweg begrifflich interpretieren." Das heißt, dass es „keine natürliche (d. h. psychologische) Abgrenzung zwischen Beobachtungssätzen und theoretischen Sätzen" gibt (Lakatos 1974, S. 97).

6

Aus dem Naturphänomen wird ein physikalisches, wenn dieses untersucht bzw. experimentell erzeugt und erforscht wird (z. B. Brown'sche Molekularbewegung). Ein solches „physikalisches Phänomen" entsteht durch ein komplexes Zusammenwirken zwischen den verwendeten Geräten und der Realität. Dabei ist die physikalische Deutung des Phänomens von allgemeinen Theorien (in obigem Beispiel: Theorien über die Existenz von „kleinsten Teilchen") und speziellen Hypothesen über das zu untersuchende Phänomen (im Beispiel: „kleinste Teilchen" stoßen auf kolloidale Teilchen, die durch ein Mikroskop sichtbar sind) abhängig.

Reine Phänomene

Dieser Zusammenhang führt im Verlauf der Forschung in vielen Fällen dazu, *„reine" Phänomene* (Jung 1979) zu erzeugen. Aber Newtons Zerlegung des Lichts durch Prismen und Goethes prismatische Versuche (z. B. Teichmann et al. 1986) zeigen, dass die gleiche naturwissenschaftliche Fragestellung zu ganz unterschiedlichen *reinen Phänomenen* führen kann, wenn verschiedene Theorien – hier über die Farben des Lichts – der Erzeugung der Phänomene zugrunde liegen. Die Phänomene der Naturwissenschaften sind nicht nur das einfach Gegebene, sondern vor allem das in zähem Ringen Produzierte, das *Spuren der Realität* enthält – ein Produkt der Experimentierkunst und der theoretischen Phantasie. „*Phänomene sind ausgewählte und idealisierte Experimente*, deren Eigenschaften Punkt für Punkt denen der zu beweisenden Theorien entsprechen" (Feyerabend 1981, S. 174). Absichtsvoll zugespitzt formuliert Jung (1979, S. 19): „Physik ist in erster Linie ‚Produktion' reiner Phänomene". Das heißt, Goethes auch didaktisch interpretierbare Maxime *„Man suche nur nichts hinter den Phänomenen; sie selbst sind die Lehre" ist für die modernen Naturwissenschaften nicht akzeptabel,* weil sie letztlich deren Existenzberechtigung infrage stellt.

Phänomene sind in komplexer Weise mit „Theorien" verknüpft

Was bleibt angesichts dieser Fakten von der „induktiven Methode" in den Naturwissenschaften übrig, auch im Bereich der unmittelbar wahrnehmbaren Realität, wenn der Ausgangspunkt dieser Methode, die Phänomene, bereits in komplexer Weise mit „Theorien" verknüpft ist? Ich meine, im engeren Sinne dieses Begriffs: *nichts*. Bezogen auf den Physikunterricht schreibt Duhem (1908, S. 272): „Der physikalische Unterricht nach der rein induktiven Methode, wie sie Newton formuliert hat, ist eine Chimäre. Derjenige, der behauptet, diese Chimäre erreichen zu können, narrt sich selbst und seine Schüler."

In neuerer Zeit hat sich die Wissenschaftstheorie weitgehend von der hinter dem Ausdruck „Induktion" stehenden Wissenschaftsauffassung distanziert. Whitehead (1987) fasst zusammen:

» Dieser Zusammenbruch der Methode eines strikten Empirismus beschränkt sich nicht auf die Metaphysik. Er tritt immer dann ein, wenn wir nach den allgemeinen Prinzipien suchen. In den Naturwissenschaften wird dieser Rigorismus durch die Bacon'sche Induktionsmethode repräsentiert, die der Wissenschaft auch nicht den geringsten Fortschritt ermöglicht hätte, wäre sie wirklich konsequent verfolgt worden. (Whitehead 1987, S. 34)

Die experimentelle Naturwissenschaft ist nie so betrieben worden, wie es Bacon vorschwebte

Die „induktive Methode" erweist sich in den Naturwissenschaften als eine Chimäre; die experimentelle Naturwissenschaft ist nie so betrieben worden, wie es Bacon vorschwebte.

4. Ist die „induktive Methode" heute nur noch eine vereinfachende Redeweise, eine didaktische Reduktion eines komplexen naturwissenschaftlichen Methodengefüges, möglicherweise auch eine „Trivialisierung" (Kircher 1985, S. 23), von der sich die Physikdidaktik trennen sollte? Ist die Diskussion um die „induktive Methode" letztlich nur ein Streit um einen Ausdruck?

Die hier vorgetragene Kritik richtet sich vor allem gegen die der „induktiven Methode" immanente Praxis des Unterrichtens. Denn *diese Praxis manipuliert die Lernenden,* wenn sie durch sog. *generalisierende Induktion* fraglos und vorschnell, das Vorverständnis der Schülerinnen und Schüler übergehend, aus wenigen Messdaten allgemeine physikalische Gesetze „gewinnt". Lehrende können sich bei einem solchen Vorgehen bis heute für abgesichert halten, wurde diese Methode doch bis in die neuere Zeit in Schulbüchern und physikdidaktischen Lehrbüchern als wesentlicher Teil der „Methode der Naturwissenschaften" dargestellt. Neben diesen inhumanen Zügen des Unterrichtens wird durch eine solche Praxis explizit oder implizit auch ein *unzutreffendes Bild der naturwissenschaftlichen Forschung* erzeugt – im Detail und im Ganzen.

Die Praxis des „induktiven" Unterrichtens manipuliert die Schüler und zeichnet ein unzutreffendes Bild der Naturwissenschaft

6.2.2 Zur hypothetisch-deduktiven Methode

Von Popper wird das *hypothetisch-deduktive Verfahren* als angemessene Beschreibung des naturwissenschaftlichen Erkenntnisprozesses betrachtet:

> Aus der vorläufig unbegründeten Antizipation, dem Einfall, der Hypothese, dem theoretischen System, werden auf logisch-deduktivem Weg Folgerungen abgeleitet; diese werden untereinander und mit anderen Sätzen verglichen, indem man feststellt, welche logischen Beziehungen (z. B. Äquivalenz, Ableitbarkeit, Vereinbarkeit, Widerspruch) zwischen ihnen bestehen. (Popper 1976, S. 3)

Popper: Wissenschaftliche Hypothesen müssen falsifizierbar sein

Für Popper stellt sich der Sachverhalt also wie folgt dar: Die Erkenntnisgewinnung beginnt z. B. mit einer wissenschaftlichen Hypothese, aus der unter Einschluss von Randbedingungen einzelne Aussagen (Basissätze) gewonnen werden, die durch Beobachtungen *falsifizierbar sein müssen*. Die *nicht widerlegten Basissätze* sind dadurch nicht „wahr", sondern *„bewährt"* – also vorläufig.

Popper (1976, S. 69) relativiert die hypothetisch-deduktive Methode: „Niemals zwingen uns die logischen Verhältnisse dazu (…) bei bestimmten ausgezeichneten Basissätzen stehen zu bleiben und gerade diese anzuerkennen oder aber die Prüfung aufzugeben".

Popper: Ein „Experimentum crucis" widerlegt eine physikalische Theorie

Popper folgend wird trotzdem von *allen wissenschaftlichen Aussagen* deren *Falsifizierbarkeit* als „Abgrenzungskriterium" gegenüber nicht falsifizierbaren und damit auch *nichtwissenschaftlichen Aussagen* gefordert. In den empirischen Wissenschaften geschieht die Falsifikation durch ein *„entscheidendes Experiment"*. Ein solches *„Experimentum crucis"* widerlegt *eine physikalische Theorie* – ohne Wenn und Aber. Während aber beliebig viele Experimente eine Theorie nicht endgültig verifizieren können, genügt ein einziger negativer Ausgang eines Experiments, um eine Theorie zu falsifizieren. Das bedeutet auch, diese dadurch aufgeben zu müssen.

Je unwahrscheinlicher eine Aussage einer Theorie ist, desto leichter ist die Aussage und damit die Theorie *prüfbar*, desto größer ist deren empirischer Gehalt, desto mehr informiert diese über die Welt. In Poppers Theorie der Falsifikation „äußert" sich die Realität bei der empirischen Überprüfung der Basissätze in einem *negativen Sinne*, nämlich, welche *Eigenschaften und Prozesse in der Realität nicht vorkommen*. Naturgesetze haben den Charakter von Verboten. Anstatt die Realität zu beobachten, wird diese einem objektiven Prüfungsverfahren unterzogen (Popper 1976, S. 382).

2. Der naturwissenschaftliche Erkenntnisprozess stellt sich damit formal wie folgt dar (■ Abb. 6.3): Ausgehend von Hypothesen, z. B. über ein physikalisches Objekt, werden dessen

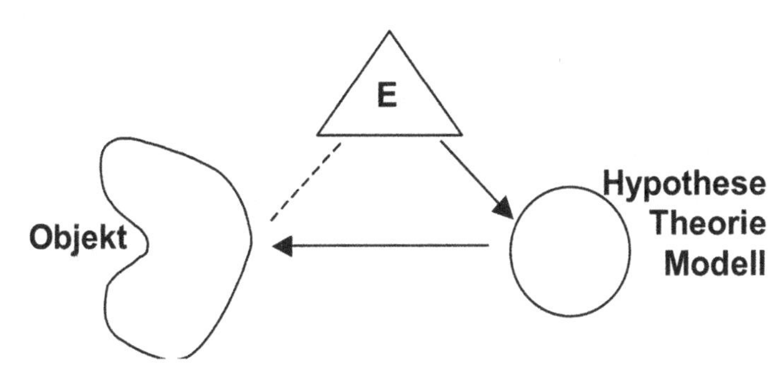

Abb. 6.3 Schematische Darstellung des hypothetisch-deduktiven Erkenntnisprozesses

Reaktionen unter bestimmten experimentellen Bedingungen prognostiziert. Im Realexperiment werden Daten gewonnen, die „Spuren der Realität" enthalten und *vorläufige Aussagen* darüber ermöglichen, wie *„sinnvoll"* die Hypothese ist. Die Frage der *Prüfbarkeit einer Hypothese*, die Entscheidung für oder gegen eine Hypothese, die Entwicklung der naturwissenschaftlichen Theorien, können aufgrund der bisherigen Darstellungen allerdings noch nicht oder nur einseitig beantwortet werden. Daher wird die hypothetisch-deduktive Auffassung des Erkenntnisprozesses hier als eine *mögliche Idealisierung* übernommen, ohne die zuvor skizzierte Art und Weise der Falsifikation von Theorien als durchgängig zutreffend anzunehmen.

Darstellungen, die sich an der *Geschichte der Naturwissenschaften* orientieren, zeichnen wohl ein zutreffenderes *Bild der physikalischen Theoriebildung, das heißt auch der naturwissenschaftlichen Methoden*. Sie unterscheiden sich von den bisher skizzierten wissenschaftstheoretischen Standardauffassungen beträchtlich (Kuhn 1976; Lakatos 1974; Popper 1976).

6.2.3 Naturwissenschaften als abstrakte und historische Tradition

Techniken als Voraussetzung der Theoriebildung
Naturwissenschaftliche Techniken

Wichtigste Voraussetzung zur Bildung von Theorien ist für den Wissenschaftler die *Beherrschung naturwissenschaftlicher Denk- und Arbeitsweisen*, die man auch als *naturwissenschaftliche Techniken* auffassen kann (Abb. 6.4).

„Techniken" als Voraussetzung der Theoriebildung

Für die Ausarbeitung z. B. von neuen Elementarteilchentheorien sind leistungsfähige Computer notwendig, also *wissenschaftlich-industrielle Techniken.* Die Überprüfung von Theorien durch Experimente ist auch heute noch ohne die *handwerklichen Techniken,* etwa in den Werkstätten der

6

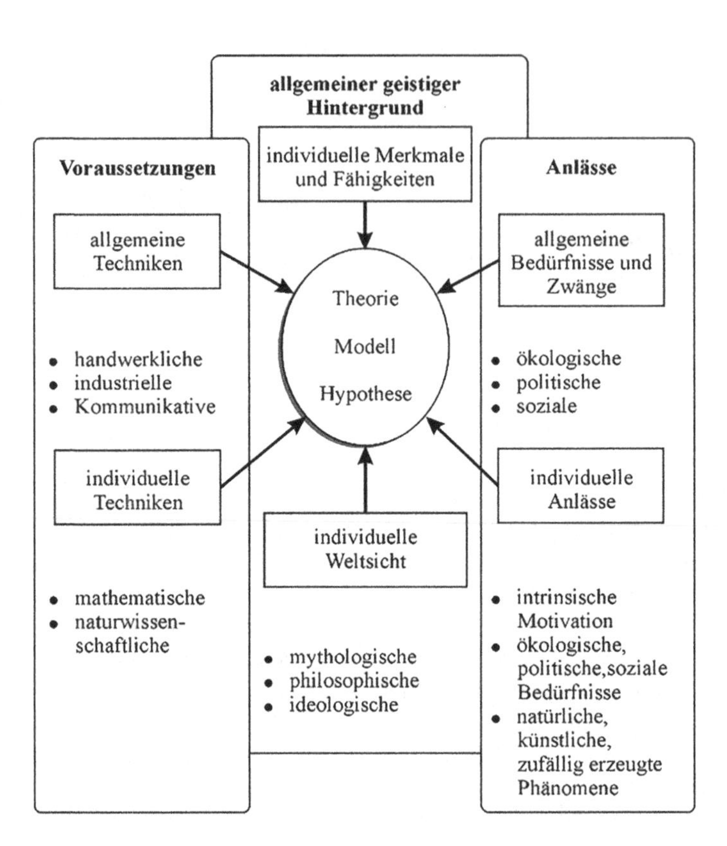

Abb. 6.4 Einflüsse auf die naturwissenschaftliche Theoriebildung (Kircher 1995, S. 86)

Universitäten, kaum möglich. Die Techniken brauchen nicht voll entwickelt zu sein. Der übliche Fall ist eher der, dass einige dieser Techniken zumindest weiterentwickelt werden müssen. Kuhn (1976) folgend, müssen selbst in der „Normalwissenschaft" – in der „Rätsel" gelöst werden – häufig noch experimentelle Techniken entwickelt werden.

Nach allgemeinen Hintergründen und individuellen Weltbildern, allgemeinen und individuellen Techniken als *Voraussetzungen,* werden die *Anlässe* naturwissenschaftlicher Theoriebildung betrachtet.

Anlässe der Theoriebildung: Intrinsische Motivation, ökonomische, politische und soziale Bedingungen

Diese *Anlässe* beruhen nach traditioneller Auffassung im Wesentlichen auf der intrinsischen Motivation des Individuums als Antrieb für naturwissenschaftliche Forschung. *Natürliche, zufällig oder künstlich erzeugte Phänomene können Anlässe für neue Theorien sein.* Ein „Gestaltwechsel" lässt bekannte Phänomene in neuem Lichte sehen und verstehen.

Auch die *ökonomischen, politischen und sozialen Bedingungen* geben Anlass zu naturwissenschaftlicher Forschung. Diese

Bedingungen beeinflussen sowohl das Individuum, etwa wegen der Perspektive des persönlichen Erfolgs, als auch *Forschungsprogramme* und damit die „wissenschaftliche Gemeinschaft". *Forschungsministerien* und *Industriekonzerne* sind über die Vergabe von Forschungsmitteln Anlass für die Wissenschaftsentwicklung, für Forschungsprogramme und damit mittelbar auch für die Theoriebildung.

Hintergründe, Voraussetzungen, Anlässe stellen zwar die *Bedingungen dar für neue Theorien,* aber sie führen nicht zwangsläufig dorthin, *weil es einen standardisierbaren Weg zur wissenschaftlichen Theorie nicht gibt.* Das gilt insbesondere für die Phase der Hypothesenbildung und der Modellbildung.

Es kann günstige Bedingungen geben und ungünstige, und die günstigen mögen häufiger zu neuen Theorien führen als die ungünstigen, *im Kern bleibt die Erfindung neuer Hypothesen ein kreativer Vorgang* eines oder mehrerer Individuen, der nicht erzwungen werden kann. Zu neuen Begriffen oder den elementaren Gesetzen der Physik „führt kein logischer Weg, sondern nur die auf Einfühlung in die Erfahrung sich stützende Intuition" (Einstein 1953, S. 109). Lakatos (1974, S. 181) formulierte: „Die Richtung der Wissenschaft ist vor allem durch die schöpferische Phantasie bestimmt und nicht durch die Welt der Tatsachen, die uns umgibt."

Einstein: Zu neuen Begriffen oder den elementaren Gesetzen der Physik führt kein logischer Weg, sondern nur die auf Einfühlung in die Erfahrung sich stützende Intuition

6.3 Theoriebildung in der Physik – Modellbildung im Physikunterricht

6.3.1 Über Theoriebildung in der Physik

1. Jeder Naturwissenschaftler wird von den vorherrschenden oder auch früheren gesellschaftlichen, kulturellen, religiösen Gegebenheiten beeinflusst. Sie werden als „allgemeiner geistiger Hintergrund" bezeichnet (◘ Abb. 6.4).
2. Dieser Hintergrund trägt auch zu den individuellen Weltsichten des Wissenschaftlers bei, die die Entwicklung einer physikalischen Theorie beeinflussen können: Aristoteles' Glaube an den *natürlichen Ort* für alle Gegenstände, Leibniz' Annahme von der *Harmonie der Welt,* politische Auffassungen, die als „allgemeiner Hintergrund" der Wissenschaftler wirkten. Die *individuellen Weltsichten der Naturwissenschaftler* des 20. und 21. Jahrhunderts sind vielfältig, beispielsweise wurde das Weltbild des jungen Heisenberg durch die Lektüre von Platon geprägt, zumindest dessen späte Arbeiten über Elementarteilchen waren von dieser „Weltsicht" beeinflusst.

3. Die naturwissenschaftliche Theoriebildung hängt auch von verschiedenartigen „Techniken" ab. Die Ausarbeitung einer Hypothese zu einer physikalischen Theorie erfordert z. B. *mathematische Techniken.* Maxwell konnte zur Formulierung seiner Theorie der Elektrodynamik auf die mathematischen Arbeiten u. a. von Gauß und Green zurückgreifen. Für die Entwicklung der Quantenmechanik erwies es sich als günstig, dass um 1925 die Theorie der Kugelfunktionen als „Handwerkzeug" vorlag.

6.3.2 Über Modellbildung im Physikunterricht

Kann trotz der Komplexität der naturwissenschaftlichen Theoriebildung (Abb. 6.4) weiterhin die traditionelle These vertreten werden, dass die Modellbildung im naturwissenschaftlichen Unterricht grundsätzlich den gleichen Bedingungen unterliegt wie die Theoriebildung in den Naturwissenschaften?

Unterschiede zwischen Wissenschaft und Unterricht

1. Wie in den Ausdrücken „Modellbildung" und „Theoriebildung" angedeutet, werden *unterschiedliche Anforderungen an die Ergebnisse* der Wissenschaft bzw. des Physikunterrichts gestellt.

Individuelle Bedingungen haben im Unterricht eine größere Bedeutung

   Ein weiterer wesentlicher Unterschied besteht darin, dass im Unterricht den *allgemeinen Bedingungen* (Voraussetzungen, Hintergründe, Anlässe der Modellbildung) eine geringere, den *individuellen Bedingungen* eine größere Bedeutung zukommt. Die allgemeinen Bedürfnisse einer Gesellschaft sind für die Schüler nicht in der Weise erfahrbar und bewusst, dass diese sich wesentlich auf die Modellbildung im Unterricht auswirken. Die allgemeinen Techniken sind für die Schüler nicht oder wenig zugänglich. Als allgemeiner geistiger Hintergrund der Modellbildung fließen bei Schülern i. Allg. andere thematische Bereiche ein als bei einem Naturwissenschaftler.

Unterschiedliches Repertoire an Techniken

Unterschiedliche Professionalität der Anwendung der Techniken

   Natürlich sind auch die individuellen Bedingungen dieser beiden Gruppen nicht identisch. Die teilweise differenzierten individuellen Weltsichten der Naturwissenschaftler werden bei Schülerinnen und Schülern und anderen Laien zutreffender als „Common Sense" oder Alltagsvorstellungen bezeichnet. Diese beeinflussen möglicherweise in stärkerem Maße die Modellbildung im Unterricht als vergleichsweise die individuellen Weltsichten eines Naturwissenschaftlers die Theoriebildung. Wenn die Hypothesen von den Schülern überprüft werden sollen, benötigen auch sie individuelle Techniken, aber natürlich ohne die Raffinesse der in den modernen Naturwissenschaften angewendeten mathematischen und experimentellen Techniken. Schüler und Naturwissenschaftler verfügen nicht nur über ein unterschiedliches Repertoire an Techniken, sondern unterscheiden sich auch in der Professionalität der Anwendung dieser Techniken.

2. Die naturwissenschaftliche Methode ist nicht in Einzelheiten im Voraus angebbar, d. h. nicht im Sinne eines Algorithmus anwendbar, ist nur in groben Zügen planbar. Ferner sind die in den Naturwissenschaften entwickelten theoretischen und experimentellen Techniken in einer Weise kompliziert geworden, dass diese selbst die Naturwissenschaftler nur noch in ihrem Spezialgebiet beherrschen. Ein Physiklehrer kennt manche moderne technische Verfahren nur vom Hörensagen (wie z. B. die Molekularstrahlepitaxie in der Nanotechnologie).

Der Physikunterricht kann bisher den modernen physikalischen Methoden nicht folgen

Angesichts dieses Sachverhalts erscheint die traditionelle These, dass der Physikunterricht der physikalischen Methode folgt, als eine Übertreibung. Die Schüler können angesichts der Entwicklung der Physik nicht deren Methodologie und nicht deren Wissensbestände erarbeiten, wie es Naturwissenschaftsdidaktiker und Naturwissenschaftler früher forderten (z. B. in den Meraner Beschlüssen 1905).

Physikalische Methoden sind nicht a priori für den Physikunterricht qualifiziert. Sie können nur über die Lernziele, vor allem als Prozessziele und Konzeptziele, Einfluss auf die Unterrichtsmethode nehmen. Die induktive Methode ist wissenschaftstheoretisch dubios; sie hat auch zu einem *unzutreffenden Bild der Naturwissenschaften* beigetragen. Gravierender erscheint allerdings, dass dadurch eine Unterrichtspraxis toleriert oder gar gefördert wird, die wesentlichen Grundsätze der allgemeinen Pädagogik und der Lernpsychologie ignoriert.

Allgemeingut der gegenwärtigen Physikdidaktik

Es ist ein Allgemeingut der gegenwärtigen Physikdidaktik, dass sich die Unterrichtsmethode in erster Linie an *methodischen Implikationen der allgemeinen und speziellen* Lernziele orientiert, an den *soziokulturellen und anthropogenen Voraussetzungen der Lernenden, an organisatorischen Gegebenheiten der Schule und vor allem an einem humanen „Bild“ des Menschen.*

6.3.3 Anmerkungen zur Bedeutung von Experimenten in der Physik und im Physikunterricht

Welche Rolle spielen Experimente bei der Theoriebildung?

1. Wir nehmen an, dass eine Hypothese zur Beschreibung und Erklärung eines physikalischen Objekts kreativ erfunden und entwickelt wurde (◘ Abb. 6.5). Anschließend wird versucht, die Hypothese durch eine Voraussage über Vorgänge und Ereignisse in der Realität (vorläufig) zu bestätigen oder (vorläufig) zu widerlegen. Zur Überprüfung wird ein spezielles Experiment entwickelt, das die Überprüfung der Aussage a aufgrund der Wirkungen b des physikalischen Objekts gestattet. Die Wirkungen b führen zu Daten c, die das Experiment liefert. Diese Daten sind qualitativer oder quantitativer Art und können mit qualitativen und oder quantitativen Voraussagen der Theorie, des Modells, der Hypothese verglichen werden.

   Weder der Zusammenhang zwischen Experiment und Hypothese noch zwischen Experiment und physikalischem Objekt ist eindeutig

   Aber: Weder der Zusammenhang zwischen Experiment und Hypothese noch zwischen Experiment und physikalischem Objekt ist eindeutig. So sind etwa die an einer Beschleunigeranlage (z. B. CERN) gewonnenen Daten nur durch das Zusammenwirken verschiedener physikalischer Theorien (nicht nur der Elementarteilchenphysik) und mithilfe von Großcomputern mehr oder weniger eindeutig zu interpretieren. Sie können auch mit unterschiedlichen Theorien kompatibel sein. Aber als Ergebnis langjähriger Forschungen wissen wir *zuverlässig* Bescheid über Quarks, und das bei empirischer Unterbestimmtheit physikalischer Theorien.

   In ▶ Abschn. 6.3.1 wurde hervorgehoben, dass eine Theorie durch ein einzelnes Experiment weder endgültig bestätigt

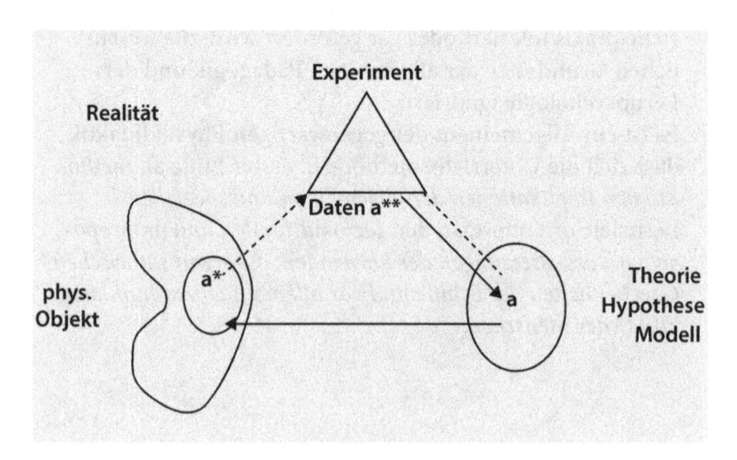

◘ **Abb. 6.5** Das Experiment als Bindeglied zwischen Theorie und Realität. (Physikalischem Objekt)

6

(bewährt) noch endgültig widerlegt ist. Eine Theorie gilt vor allem dann von der wissenschaftlichen Gemeinschaft als „bewährt", wenn sie erfolgreich ist, um für relevant erachtete physikalische Probleme zu lösen, und wenn die aus verschiedenen direkten und indirekten Messungen gewonnenen Daten kompatibel sind.
Insgesamt hat sich die Bedeutung von Experimenten in der Nano- und Femto-Welt sowie im Kosmos insofern verringert, weil die Phänomene nur durch einen immensen experimentellen und finanziellen Aufwand erzeugt und registriert werden können. Diese Experimentieranlagen sind in hohem Maße theorieabhängig konzipiert und betrieben. Spielerisches Hantieren mit „Geräten des Alltags" als Ausgangspunkt für Entdeckungen wie bei Galilei (Fernrohr), Newton (Prismen), Faraday (Magnet und Drahtspule) hat in der modernen physikalischen Forschung keinen Erfolg mehr.

Über qualitative und quantitative Experimente

2. Allgemeinbildender Physikunterricht befasst sich vor allem mit qualitativen Erklärungen; dafür genügen *qualitative Experimente.* Sie zeigen grundlegende Phänomene der Schulphysik, z. B. der Optik oder der Elektrizitätslehre.
Die qualitativen Experimente sind Grundlage für Realitätserfahrungen und für Wissen über Grundlagen unserer technischen Welt. Insofern sind *Experimente ebenso primäre Lernobjekte* des Physikunterrichts wie physikalische Begriffe, Gesetze und Theorien. *Experimente* werden *auch als Lernhilfen* eingesetzt, indem sie die begriffliche und die methodische Struktur der Physik veranschaulichen, leichter verständlich machen können.
Wissenschaftstheoretische Aspekte der Physik werden insbesondere durch quantitative Experimente illustriert:
- das Wechselspiel von Theorie und Experiment
- die Bedeutung quantitativer Experimente für die Entwicklung der Physik und der Technik
- für das Ringen um sinnvolle Daten und deren Interpretation
- für genaues Beobachten und sorgfältiges Experimentieren

Missverständnisse

Mit Experimenten im Physikunterricht sind Missverständnisse verknüpft:
- dass ein quantitatives Experiment eine Theorie endgültig beweist oder endgültig widerlegt
- dass experimentelle Daten und prognostizierte Daten vollkommen übereinstimmen müssen
- dass von experimentellen Daten „induktiv" auf ein physikalisches Gesetz geschlossen wird
- dass „überzeugende" Experimente vor allem von der Darbietung (Show) des Lehrers abhängen

Experimente haben im Physikunterricht einen herausragenden Platz

Experimente haben im Physikunterricht einen herausragenden Platz:
- weil die Schulphysik sich vorwiegend mit der anschaulicheren klassischen Physik befasst
- weil mit *Schülerexperimenten* eine Reihe relevanter Unterrichtsziele verknüpft sind (▶ Kap. 7)
- weil Experimente ein unverzichtbarer Bestandteil der physikalischen Methodologie sind
- weil Experimente den Physikunterricht erlebnisreicher und zufriedenstellender machen können

Definition „Experiment"

3. Nachtrag: Was ist ein Experiment? Eine kurze Antwort kann lauten: Bei einem Experiment werden von einem Experimentator in einem realen System bewusst gesetzte und ausgewählte natürliche Bedingungen verändert, kontrolliert und wiederholt beobachtet.
   Überlegen Sie, welche Aspekte von Experimenten in dieser „Definition" nicht enthalten sind!

6.4 Über die Natur der Naturwissenschaften lernen

6.4.1 Ansichten über die Natur der Naturwissenschaften

Definition von Ansichten über NOS

„Also, in Physik arbeiten Forscher eigentlich immer so, dass sie mit Experimenten Wissen über die Realität beweisen". Diese Aussage eines Schülers spiegelt Vorstellungen über die Praxis naturwissenschaftlichen Arbeitens wider. Zählt man weiterhin Anschauungen über die Entstehung, die Bedeutung und die Gültigkeit naturwissenschaftlicher Wissensbestände hinzu, so sind damit Ansichten umschrieben, die im Deutschen oft als *Natur der Naturwissenschaften* bezeichnet werden. Diese Auffassungen stellen damit über einzelne fachliche Inhalte hinausgehend grundsätzliche Ansichten *über* die Naturwissenschaften bzw. die Physik dar.

6.4.2 Warum NOS im Unterricht thematisieren?

Die Legitimation von NOS für den Physikunterricht

Zunächst stellt sich die Frage, welche Relevanz Ansichten von Schülerinnen und Schülern über NOS für den Physikunterricht besitzen. Zur Legitimation werden oft folgende fünf Argumente vorgebracht (Driver et al. 1996):
- *Nützlichkeitsargument.* Ein Verständnis von NOS ist wichtig, um Naturwissenschaften im Alltag zu verstehen (z. B. beim Kauf technischer Geräte wie Handys oder Kühlschränke,

bei denen es darauf ankommt, Argumente und Qualitätsbeschreibungen zu verstehen und deren Quellen zu beurteilen).

- *Demokratisches Argument.* Ein Verständnis von NOS ist wichtig, um an demokratischen Entscheidungen bzgl. gesellschaftlich relevanter naturwissenschaftlicher Fragen teilnehmen zu können (z. B. bzgl. des Abschaltens von Kraftwerken bestimmter „Energieträger" wie Kernenergie oder Kohle).
- *Kulturelles Argument.* Ein Verständnis von NOS ist wichtig, um unsere naturwissenschaftlich-technisch geprägte Kultur zu verstehen (z. B. hinsichtlich der kulturellen Bedeutung der umfassenden Implementierung automatisierter Prozesse durch Computer in vielen Bereichen des Lebens).
- *Moralisches Argument.* Ein Verständnis von NOS ist wichtig, um die generelle Bedeutung naturwissenschaftlicher Normen und Werten für die Gesellschaft zu erkennen (z. B. die detaillierte Offenlegung und das Teilen von wissenschaftlichen Erkenntnissen).
- *Lernpsychologisches Argument.* Ein Verständnis von NOS ist wichtig, um naturwissenschaftliche Inhalte besser verstehen zu können (z. B. kann Wissen über die historische Entwicklung von Atommodellen das Verständnis des Bohr'schen Atommodells fördern).

Weiterhin wird angenommen, dass ein Verständnis von NOS das Interesse an Naturwissenschaften steigern sowie das Selbstkonzept, die Nutzung von Lernstrategien, die Bereitschaft zu Konzeptwechsel und die Problemlösefähigkeit fördern kann (Lederman und Lederman 2014).

Die angeführten fünf Argumente für das Thematisieren von NOS im Physikunterricht erscheinen plausibel. Jedoch muss kritisch angemerkt werden, dass diese Argumente einer empirischen Prüfung zu unterziehen sind. Für das lernpsychologische Argument liegen bereits Untersuchungen vor, die einen positiven Einfluss von Ansichten über NOS auf Lernerfolg zeigen. Die anderen Argumente wurden bislang jedoch kaum empirisch geprüft.

6.4.3 Inadäquate Ansichten über NOS

15 Mythen über NOS

Das Eingangszitat des Schülers (► Abschn. 6.4.1) zeigt ein Verständnis von NOS, das als weitgehend inadäquat bezeichnet werden kann. Weder stellen Experimente die einzige Standardmethode und Quelle zur Gewinnung von Wissen in Physik dar, noch können die gewonnenen Aussagen als Beweise gelten.

Zahlreiche Studien haben gezeigt, dass Schülerinnen und Schüler eine Vielzahl solcher inadäquaten Ansichten äußern (Lederman und Lederman 2014). Eine Zusammenfassung „typischer“ *inadäquater Ansichten* ist in der folgenden Liste von sog. Mythen angeführt (McComas 1998):

1. Hypothesen werden zu Theorien und Theorien zu Gesetzen.
2. Die Gesetze und Prinzipien der Naturwissenschaften sind absolut und unumstößlich.
3. Hypothesen aufstellen gleicht einem gut begründeten Raten.
4. Es gibt eine generelle und universelle naturwissenschaftliche Methode.
5. Eine Sammlung von gewissenhaft erhobenen Daten führt zu sicherem Wissen.
6. Naturwissenschaften und deren Methoden liefern absolute Beweise.
7. Naturwissenschaften sind eher an feststehende Verfahren gebunden als an Kreativität.
8. Naturwissenschaften und deren Methoden können alle Fragen beantworten.
9. Naturwissenschaftler sind besonders objektiv.
10. Naturwissenschaftliche Erkenntnisse werden prinzipiell durch Experimente gewonnen.
11. Naturwissenschaftliche Ergebnisse werden grundsätzlich auf Richtigkeit hin überprüft.
12. Die Anerkennung neuer naturwissenschaftlicher Erkenntnisse erfolgt einfach und unproblematisch.
13. Modelle der Naturwissenschaften repräsentieren die Wirklichkeit.
14. Naturwissenschaften und Technik sind identisch.
15. Naturwissenschaftler arbeiten in der Regel allein.

Eine Quelle dieser inadäquaten Ansichten (die z. T. auch von Studierenden und Lehrkräften vertreten werden) ist sicherlich in der Darstellung von Physik in der Öffentlichkeit und in der Schule zu suchen. Schülerinnen und Schüler könnten z. B. die einfache und unproblematische Weise, mit der in der Schule Gesetze gewonnen werden, auf die Wissenschaft übertragen. Offensichtlich bilden sich im Unterricht adäquate Ansichten über NOS nicht einfach „automatisch“ mit dem Fachlernen aus. Oder das Fachwissen wird nicht zusammen mit dessen Genese behandelt. Das heißt, eine explizite Auseinandersetzung mit Wegen der Erkenntnisgewinnung findet nicht statt. Deshalb sind die inadäquaten Ansichten bei Schülerinnen und Schülern auch nicht zeitlich stabil bzw. in sich konsistent und logisch konstruiert, sondern werden oft erst spontan gebildet.

6.4.4 Adäquate Ansichten über NOS

Bevor im Folgenden „typische" – oft als adäquat bezeichnete – Ansichten über NOS vorgestellt werden, möchten wir einen kurzen historischen Abriss der Entdeckung des Zwergplaneten Pluto voranstellen (Genaueres bei Messeri 2010). Denn auf dieses Szenario möchten wir zurückgreifen, um die allgemein formulierten Ansichten zu illustrieren.

Die Entdeckung des (Zwerg-)Planten Pluto. Percival Lowell war davon überzeugt, dass Störungen in der Umlaufbahn von Uranus und Neptun von einem bislang unentdeckten Planeten herrühren müssen. Nach über 10-jähriger erfolgloser Suche verstarb Lowell 1916 allerdings, und die Suche nach dem neunten Planten X wurde 1929 von Clyde Tombaugh am gleichen Ort in Flagstaff (Arizona, USA) fortgesetzt. Auf Basis der dokumentierten Vorarbeiten von Lowell, in denen die vermutete Position von Pluto abgeschätzt war, fand Tombaugh 1930 einen Planeten schon nach wenigen Monaten. Allerdings stellte sich später heraus, dass die Masse des Pluto genannten neunten Planeten bei Weitem nicht ausreicht, die Bahnstörungen von Uranus und Neptun – die ja die Grundlage der Suche bildeten – zu erklären. Darüber hinaus zeigte dann eine Reanalyse der Neptunbahn, dass zusätzliche Massen gar nicht notwendig sind, um beobachtete Abweichungen zu beschreiben. Insofern war die Entdeckung von Pluto eher ein Zufall. Hinzu kam, dass weitere transneptunische Objekte (Körper, die weiter entfernt von der Sonne als Neptun im sog. Kuiper-Gürtel liegen) entdeckt wurden, insbesondere auch solche, die eine ähnliche Masse wie Pluto haben, wie z.B. Eris. Im Jahr 2006 beschloss die International Astronomical Union deshalb, Planeten neu zu definieren und damit Pluto zu einem Zwergplaneten zu (de)klassifizieren. Dieser Entscheidung gingen kontroverse Diskussionen voraus, da Pluto als Planet eine kulturelle Bedeutung erlangt hatte, sein Planetenstatus zählte zum Allgemeinwissen. Die Auseinandersetzung um Pluto hat gezeigt, dass die Festlegung einer Planetendefinition nicht nur Differenzen zwischen kulturellen und wissenschaftlichen Sichtweisen hervorbringt, sondern auch zwischen unterschiedlichen wissenschaftlichen Disziplinen und Schulen, die unterschiedliche Kosmologien nutzen. In der Öffentlichkeit wurde dadurch deutlich, dass Wissenschaft nicht so unveränderbar und objektiv richtig ist, wie oft gelehrt und angenommen wird.

13 adäquate Ansichten über NOS

Ähnlich wie bei der Liste der Mythen existiert eine Liste der oft als adäquat bezeichneten Ansichten über NOS (McComas et al. 1998), über die in der Naturwissenschaftsdidaktik ein „gewisser Konsens" besteht. Warum wir hier von einem „gewissen Konsens" sprechen, erläutern wir, nachdem wir die Liste vorgestellt haben.

1. Gesetze und Theorien dienen unterschiedlichen Zwecken, deshalb werden aus Theorien auch keine Gesetze, auch wenn zusätzliche Daten vorliegen.
   Der Entdeckung von Pluto gingen theoretische Überlegungen voraus, die auf den Newton'schen Gravitationsgesetzen beruhten. Das Auffinden von Pluto hat Pluto und seine Umlaufbahn aber nicht zu einer Gesetzmäßigkeit gemacht.
2. Menschen mit unterschiedlichen kulturellen Hintergründen tragen zu den Naturwissenschaften bei.
   Die international geführte Diskussion um den Planetenstatus von Pluto zeigt, dass kulturelle und gesellschaftliche Hintergründe die Naturwissenschaften beeinflussen.
3. Neue Erkenntnisse müssen klar und offen dargestellt werden.
   Die Dokumentation und Publikation der Entdeckung von Pluto hat es Astronomen weltweit ermöglicht, Pluto aufzufinden und eigene weitere Untersuchungen – z. B. bzgl. dessen Masse – anzustellen.
4. Naturwissenschaftliche Ergebnisse müssen nachvollziehbar dokumentiert sein, werden von Experten begutachtet und müssen replizierbar sein.
   Die Entdeckung von Pluto auf Basis der Fotoplatten lässt sich auch Jahre nach der Dokumentation rekonstruieren. Die Auswertung erfolgte nach dem damaligen Stand der Forschung.
5. Beobachtungen sind theoriegeleitet.
   Die Entdeckung von Pluto erfolgte auf Basis der Newton'schen Mechanik und beobachteten Bahnabweichungen. Es wurde mit dem damaligen Wissen folgerichtig nach einer Masse im Weltraum gesucht, die die Abweichungen hervorrufen kann.
6. Naturwissenschaftler sind kreativ.
   Die Diskussion der International Astronomical Union und das Ringen um eine einvernehmliche Definition von Planeten zeigt die Kreativität im wissenschaftlichen Arbeiten.
7. Wissen in den Naturwissenschaften ist, obwohl es zuverlässig ist, nicht unveränderlich. *Die Annahme, dass die Bahnabweichungen von Neptun und Uranus von Pluto erzeugt werden, musste verworfen werden, da die Masse von Pluto dafür zu klein war. Erklärt wurde das Phänomen dann später durch eine präzisere Bestimmung der Neptunmasse, mit deren Wert sich dann keine bedeutsame Abweichung mehr ergab.*
8. Wissen in den Naturwissenschaften beruht stark, aber nicht vollständig, auf Beobachtungen, experimentellen Resultaten, rationalen Begründungen und einer gewissen Skepsis.
   Die Geschichte zur Entdeckung von Pluto zeigt, dass auch Intuition bzw. Glück oder Pech bei der Wissensgewinnung eine Rolle spielen können.

9. Es gibt nicht nur einen Weg der naturwissenschaftlichen Erkenntnisgewinnung. Deshalb gibt es auch keine universelle naturwissenschaftliche Methode, die Schritt für Schritt abgearbeitet wird.
   Die Erklärung von Bahnabweichungen bei Uranus und Neptun kann auf unterschiedliche Weise erfolgen: durch neu zu entdeckende beeinflussende Massen, durch Korrektur bekannter Massen, durch Verbesserungen von Beobachtungsverfahren. Deshalb kann es verschiedene Wege und Methoden geben, entdeckte Anomalien zu erklären.
10. Naturwissenschaften verstehen sich als Ansatz, Phänomene der Natur zu erklären. Die Geschichte der Naturwissenschaften kennt evolutionäre und revolutionäre Entwicklungen.
   Die stetige Weiterentwicklung der Newton'schen Mechanik hat viele Phänomene erklären können, die als „evolutionär" bezeichnet werden können, wie die vorläufige Erklärung der Existenz von Pluto. Andererseits konnte die beobachtete Periheldrehung des Merkur nicht auf Basis der Newton'schen Mechanik erklärt werden, sondern nur mithilfe der Allgemeinen Relativitätstheorie. Diese ruht auf anderen Grundvoraussetzungen, die sich „revolutionär" von der klassischen Mechanik unterscheiden.
11. Naturwissenschaften sind Teile sozialer und kultureller Entwicklungen.
   Das internationale Aushandeln einer anerkannten Definition von Planeten zeigt, wie verwoben die Naturwissenschaften mit kulturellen und sozialen Einflüssen sind.
12. Naturwissenschaften und Technik beeinflussen sich gegenseitig.
   Tombaugh nutzte bei seiner Suche nach dem Planten X ein bis zu diesem Zeitpunkt völlig neues Teleskop, das dem von Lowell deutlich überlegen war. Diese neue Technik hat ihm eine systematische Untersuchung mit neuen Methoden ermöglicht.
13. Naturwissenschaftliche Ideen werden von sozialen und historischen Faktoren beeinflusst.
   Die Neuklassifizierung von Pluto zu einem Zwergplaneten war bei der Internationalen Astronomical Union umstritten. Gründe lagen hier neben kulturell gewachsenen Sichtweisen – Pluto hatte als kleiner Planet sein eigenes „Ansehen" in der Bevölkerung – z. T. auch in der Tatsache, dass Pluto der einzige Planet war, der von einem Amerikaner entdeckt wurde.

6.4.5 Warum es schwierig ist, von eindeutig adäquaten Ansichten zu sprechen

Die Notwendigkeit eines tiefgehenden kritischen Verständnisses von NOS

Obwohl die dreizehn angeführten adäquaten Ansichten über NOS auf den ersten Blick überzeugend erscheinen, sind sie dennoch nicht unproblematisch (Hodson und Wong 2017). Das liegt z. T. daran, dass die 13 Ansichten sehr kurz und allgemein formuliert sind und damit die komplexen Erkenntnisgewinnungsprozesse der Naturwissenschaften unvollständig oder gar unzutreffend abbilden. So hat z. B. die Aussage „*Naturwissenschaftliche Ergebnisse müssen replizierbar sein*“ im Lichte der Forschung am Large Hadron Collider nur beschränkte Gültigkeit. Da es keine zweite derartige Beschleunigeranlage gibt, kann eine unabhängige Durchführung des Experiments an einem anderen Ort z. B. nicht stattfinden. Auch für die Aussage, dass *neue Erkenntnisse klar und offen dargestellt werden müssen,* gibt es Beispiele aus der Praxis, in denen das nicht erfolgt ist (z. B. Robert Andrews Millikans Messungen zur Elementarladung). Auch für die Aussage, dass *naturwissenschaftliche Ergebnisse von Experten begutachtet werden,* gibt es Beispiele, in denen das zumindest nicht zu einer ausreichenden Güteprüfung geführt hat (Beispiele sind die Sokal-Affäre von 1996 über die akademischen Standards der Geisteswissenschaften, die Bogdanov-Affäre ab 2002 über die akademischen Standards der Naturwissenschaften oder die Fälschungen von Forschungsergebnissen 2002 von Jan Hendrik Schön).

Auf diese Weise lassen sich für diese adäquaten Ansichten „Gegenbeispiele“ oder „Gegenargumente“ finden, die die allgemeine Gültigkeit – die diese implizieren – anzweifeln. Es gibt somit Gründe, dieser Liste zuzustimmen, und ebenfalls gute Gründe, ihr zu widersprechen! Wie kann dann aber ein Konsens überhaupt aussehen?

Der diskursive Charakter von Ansichten über NOS

Bei der Beantwortung dieser Frage hilft die Feststellung, dass sich eine angemessene Ansicht über NOS grundsätzlich nicht als eine allgemeine, als gültig angenommene kurze Aussage formulieren lässt (wie das in den 13 Ansichten versucht wurde). Der Inhaltsbereich von NOS hat nicht die Eindeutigkeit, wie sie häufig bei mathematischen oder physikalischen Aussagen vorliegt. Vielmehr gibt es unterschiedliche Sichtweisen, aus denen eine Aussage betrachtet werden kann. Diese verschiedenen „richtigen“ Sichtweisen machen Ansichten über NOS zu einem diskursiven Inhaltsbereich ohne eindeutiges „Wahr“ oder „Falsch“.

Das Beispiel: „*Wissen in den Naturwissenschaften ist nicht unveränderlich, obwohl es zuverlässig ist*“, soll die Vielschichtigkeit einer solchen Aussage illustrieren und aufzeigen, dass es schwierig ist, solche kurzen Statements als *grundsätzlich adäquat* zu bezeichnen. Ein naives Verständnis interpretiert diese Aussage in dem Sinne, dass *Naturwissenschaften anwendbar sind, sich aber immer wieder verändern.* Ein tiefgehendes Verständnis beleuchtet diese Aussage vielfältig:

- Naturwissenschaftliche Erkenntnisse unterliegen Entwicklungsprozessen. Das ist kein Mangel, sondern ein Vorteil, ohne den Innovationen nicht möglich sind. Gerade dieser Entwicklungsprozess fasziniert viele Menschen (z. B. in der Quantenkryptologie).
- Es gibt Wissen, das aus der derzeitigen Sicht sehr verlässlich und stabil erscheint. Zum Beispiel hat sich die Relativitätstheorie in der bestehenden Form hervorragend bewährt.
- Ein Wissensbestand wird aber ggf. als abgeschlossen betrachtet, erweitert, infrage gestellt, in Details oder im Fundament geändert. Die Geschichte der Deutung des Lichts mit der Young'schen und Fresnel'schen Wellentheorie, der Korpuskeltheorie von Newton und mit dem Welle-Teilchen-Dualismus ist ein Beispiel dafür.
- Neue Konzepte erscheinen aus der neuen Perspektive den alten überlegen, eine abschließende vergleichende Bewertung ist aber nicht möglich. Die Deutung des Lichts durch Photonen zur Erklärung des Fotoeffekts erschien der Wellentheorie überlegen. Damit wurde die Wellendeutung des Lichts aber nicht verworfen.
- Das Korrigieren, Ergänzen oder Verwerfen von Theorien und Konzepten bedeutet nicht, dass diese wertlos werden. Auch nach der Entwicklung der Relativitätstheorie gibt es zahlreiche Anwendungen der klassischen Mechanik – insb. im täglichen Leben –, die wertvoll und einfach handhabbar sind.
- Die Annahme eines neuen Konzeptes erfolgt nicht notwendig aus allein rein fachlich logischen Argumentationsweisen. Galilei wurde z. B. unterstellt, Methoden der Propaganda verwendet zu haben, um seine Kontrahenten bzgl. der Nutzung des Fernrohrs zu „überzeugen" (Chalmers 2007, S. 125).

Mit den 13 adäquaten und den 15 inadäquaten Ansichten umgehen

Die 13 adäquaten und 15 inadäquaten Ansichten sind also weder Kataloge von zu memorierenden Regeln über NOS noch eine Festlegung von Lernzielen, weil sie der Diversität der Wissenschaften im Allgemeinen und der Physik im Speziellen nicht gerecht werden. Sie können aber Ausgangspunkt (nicht jedoch Resultat) einer Auseinandersetzung mit Wegen der Erkenntnisgewinnung sein. Sie bieten die Möglichkeit, Ansichten über NOS kritisch und diskursiv zu behandeln.

6.4.6 NOS im Unterricht vermitteln

Bevor wir Ziele von NOS im Physikunterricht formulieren und Möglichkeiten zu deren Umsetzung aufzeigen, richten wir den Blick auf die Bildungsstandards, da diese formale

Rahmenbedingungen für Physikunterricht vorgeben. Damit kann NOS im Kanon zu vermittelnder Kompetenzen verortet werden.

NOS und die Bildungsstandards in Deutschland

Die Bildungsstandards im Fach Physik für den Mittleren Schulabschluss begründen den Beitrag des Faches Physik zur Bildung u. a. mit Argumenten, wie sie oben zur Legitimation der Behandlung von NOS im Unterricht benannt wurden: „Naturwissenschaftliche Bildung ermöglicht dem Individuum eine aktive Teilhabe an gesellschaftlicher Kommunikation und Meinungsbildung über technische Entwicklung und naturwissenschaftliche Forschung und ist deshalb wesentlicher Bestandteil von Allgemeinbildung“ (Sekretariat der Ständigen Konferenz der Kultusminister der Länder in der Bundesrepublik Deutschland 2004, S. 6).

NOS und die „Next Generation Science Standards“ in den USA

Eine explizite Erwähnung von Themen oder Standards bzgl. NOS ist in dem Dokument aber nicht zu finden, auch nicht im Kompetenzbereich Erkenntnisgewinnung. Ganz anders stellt sich dies in den angelsächsischen Ländern dar. In den USA geben die Next Generation Science Standards (NGSS Lead States 2013, Appendix H) z. B. eine Liste von tragenden Konzepten zu NOS an, die folgende Aspekte umfasst:

- die Vielfalt von Wegen der Erkenntnisgewinnung und der wissenschaftlichen Methoden
- die zentrale Stellung empirischer Evidenz
- die Stetigkeit und Revision von Wissen
- die Bedeutung von Modellen, Gesetzen und Theorien zur Erklärung von Phänomenen
- die Auffassung von Naturwissenschaft als Weg des Wissens mit der Annahme einer Ordnung in Phänomenen
- die von Menschen geschaffenen Wissenschaften, die nach Antworten auf Fragen über die natürliche und künstlich produzierte Welt suchen

Welche NOS-Ziele lassen sich für den Unterricht formulieren?

Auf Basis der genannten beiden Listen und der Standards lassen sich unter Berücksichtigung der oben gemachten Ausführungen zu einem diskursiven und kritischen Umgang mit Ansichten über NOS folgende Themenkreise bzgl. von Unterrichtszielen über NOS identifizieren:

- Wissen, dass Modelle, Theorien und Gesetze unterschiedliche Konstrukte sind, mit denen natürliche und künstlich geschaffene Phänomene beschrieben und erklärt werden können
- Wissen um die Konstanz und Veränderlichkeit von Wissensbeständen
- Wissen um die Unterschiedlichkeit von Wegen der Wissensgenerierung, z. B. in einem sich gegenseitig bedingendem Wechselspiel von induktivem (Experimente) und deduktiven

(Herleitungen), explorativen oder auch zufälligem Vorgehen sowie dem Optimieren von Prozessen
- Wissen um den Einfluss von Theorien und Vorwissen auf Beobachtungen
- Wissen um die hohe Bedeutung empirischer Evidenz in den Naturwissenschaften
- Wissen über historische sowie aktuelle Beispiele der Wissensgewinnung
- Wissen, dass Lehrbücher in der Regel die Genese der Wissensgewinnung nicht darstellen, sondern vielmehr das fertige Wissensprodukt kompakt und nach bestimmten Strukturen präsentieren
- Wissen, dass Wissensgewinnung im Wechselspiel von Forschung, Ökonomie, Politik, Geschichte, Soziologie und Kultur entsteht
- Wissen um die Menschlichkeit der Naturwissenschaften (kultureller, politischer, persönlicher Hintergrund der Forscher, Organisationen und Gesellschaften von Naturwissenschaftlern, Fehlbarkeit und Betrug)
- Wissen um die Monotonie sowie die Kreativität der Wissensgewinnung
- Wissen, dass es vereinbarte Standards gibt, wie Wissensgewinnung in der Regel in den Naturwissenschaften dokumentiert wird, und dass diese Standards ggf. verändert werden, zwischen den Domänen variieren und vielfach – aber nicht immer – einer unterschiedlich strengen – und auch fehlbaren – Überprüfung standhalten müssen

Rahmenbedingungen der NOS-Vermittlung

Es gibt verschiedene Möglichkeiten, NOS im Unterricht zu thematisieren. Folgende Rahmenbedingungen einer Behandlung von NOS sind empfehlenswert:
- *Reflexiv.* Eine Auseinandersetzung mit NOS erfolgt *kritisch* und *diskursiv*, also verbunden mit einer vielseitigen Betrachtung.
- *Explizit.* NOS wird als Thema direkt adressiert und benannt, und es wird nicht davon ausgegangen, dass NOS quasi automatisch im Unterricht zu bestimmten physikalischen Themen mitgelernt wird.
- *In den Fachinhalt integriert.* NOS wird im Physikunterricht mit den physikalischen Themen verknüpft, sodass NOS und physikalische Inhalte gemeinsam erlernt werden.
- *Authentisch.* NOS wird anhand von realen schulischen, aktuellen oder historischen Gegebenheiten thematisiert, sodass die Relevanz von NOS erkannt wird.
- *Exemplarisch.* NOS wird anhand von typischen Beispielen thematisiert, die sich besonders für bestimmte Aspekte eignen.

Wege der NOS-Vermittlung

Grundsätzlich lässt sich NOS immer dann im Unterricht behandeln, wenn Erkenntnisgewinnungsprozesse beschritten und reflektiert werden, z. B. wenn aus experimentellen Ergebnissen auf einen allgemein gültigen Zusammenhang geschlossen wird. Vielfach werden im Unterricht nur sehr wenige Messungen mit oft vergleichsweise großen Unsicherheiten durchgeführt. Dennoch werden auf Basis dieser „geringen" Evidenz oft Gesetze gefolgert. Ohne Thematisierung dieses Induktionsschlusses (aus wenigen Einzelmessungen wird auf Allgemeingültigkeit geschlossen) kann leicht ein missverständlicher Eindruck bei Schülerinnen und Schüler von der wissenschaftlichen Erkenntnisgewinnung entstehen. Im Unterricht lässt sich aber vergleichen, kontrastieren und bewerten, wie die Wissenschaft zu der Erkenntnis des Gesetzes gekommen ist und wie das im Unterricht erfolgt ist. Dieser „ehrliche" Umgang mit Daten und deren Potenzial, daraus Folgerungen ziehen zu können, ist wichtig, um angemessene Ansichten über NOS zu vermitteln. Dies schränkt auch die Akzeptanz von Experimenten im Unterricht nicht ein, da auch Schülerinnen und Schülern verstehen, dass Schule nicht die Möglichkeiten und Aufgaben von Forschungsinstitutionen hat.

In der Physik- bzw. Naturwissenschaftsdidaktik sind über einzelne Situationen im Fachunterricht hinaus verschiedene Unterrichtsverfahren identifiziert worden, die sich besonders eignen, NOS im Unterricht zu behandeln (Höttecke 2001, S. 85):

Historische Entwicklungen und Fallbeispiele

- *Historische Entwicklungen und Fallbeispiele.* NOS kann anhand von historischen Begebenheiten der Erkenntnisgewinnung thematisiert werden. Beispiele sind die Geschichte der Pluto-Entdeckung, Konrad Röntgens durch den Zufall begünstigte Entdeckung der X-Strahlung, Lise Meitners wissenschaftliches Arbeiten und die politisch-sozialen Umstände von Frauen in der Wissenschaft zu dieser Zeit, die explorativen Experimente zur elektrischen Ladung von Charles Dufay, die Geschichte um die N-Strahlen zu Fehlschüssen und Täuschungen in der Wissenschaft, Gustav Robert Kirchhoffs Schwierigkeiten mit der Anerkennung und Publikation seiner wissenschaftlichen Arbeiten, die Atombomben-Forschung in den USA rund um den „Chicago Pile" und das Manhattan Project in Bezug auf politisch-soziale Einflüsse auf die Forschung (weitere historische Unterrichtsbeispiele siehe Höttecke 2012).

Wissenschaftsnahes oder forschungsorientiertes Arbeiten im Unterricht

- *Wissenschaftsnahes oder forschungsorientiertes Arbeiten im Unterricht.* NOS kann vermittelt werden, wenn Schülerinnen und Schüler in Lernumgebungen forschungsorientiert arbeiten, also etwas „herausfinden". Das kann reine fachliche Fragen betreffen (Untersuchen, von welchen Faktoren die Schwingungsdauer eines Fadenpendels abhängt), Alltagsgegenstände umfassen (Wie funktioniert ein Knickwärmer?)

oder Naturphänomene betreffen (Wie „funktioniert" ein Gewitter?). Hier sind u. a. Probleme zu identifizieren, Ziele zu definieren, Strategien zu entwickeln, Lösungen zu verfolgen und Bewertungen der Lösungen sowie des Lösungswegs vorzunehmen. In allen diesen „Phasen" ist eine Reflexion der eigenen Vorgehensweise gleichzeitig auch ein Einblick in NOS. So kann z. B. deutlich werden, dass Kreativität eine Rolle spielt, dass es mehrere Lösungen geben kann, dass erhaltene Ergebnisse durch neue Erkenntnisse widerrufen oder geändert werden müssen, dass Beobachtungen auf der Basis von Vorwissen erfolgen, dass ein Phänomen zunächst exploriert werden muss usw. Im Zusammenhang mit diesem Ansatz wird oft auch von forschendem Lernen gesprochen. Allerdings befinden sich Schülerinnen und Schüler in den meisten Fällen (eine Ausnahme bilden vielleicht Jugend-forscht-Projekte) nicht in einer Forschungssituation, da z. B. Ergebnisse vielfach bereits bekannt sind, die zur Verfügung stehenden Methoden sehr eingeschränkt sind, der Zeitrahmen stark begrenzt ist, die Vorkenntnisse vielfach zu gering sind usw. Das soll den Wert dieses Ansatzes nicht grundsätzlich schmälern, aber andeuten, dass hier im wissenschaftlichen Sinn keine Forschung betrieben wird. Es liegt eine aus didaktischen Erwägungen heraus konstruierte Lernsituation vor, und es sollte mit den Schülerinnen und Schülern auch thematisiert werden, worin der Unterschied zur wissenschaftlichen Forschung besteht.

Physikalisch-technische Kontexte in gesellschaftlichen Zusammenhängen

- *Physikalisch-technische Kontexte in gesellschaftlichen Zusammenhängen.* Das Wechselspiel zwischen Wissenschaft und Gesellschaft – das in verschiedenen Ansichten über NOS zur Geltung kommt – lässt sich auch im Physikunterricht thematisieren. Der Unterricht kann z. B. deutlich machen, dass Politik maßgeblich die Budgets und Inhalte ziviler und militärischer Forschung mitbestimmt (z. B. bei regenerativen Energien oder der Rüstungsentwicklung), dass die Öffentlichkeit aus ethischen, kulturellen oder religiösen Gründen zustimmend und ablehnend bestimmten Forschungszweigen gegenübersteht (z. B. bei der Gentechnik), dass präzise wissenschaftliche Erkenntnisse zu aktuellen wichtigen Fragen u. U. noch nicht ausreichend vorliegen (z. B. zum Klimawandel oder zu langfristigen Gesundheitsbeeinträchtigungen durch Mobilfunk), dass technische Errungenschaften und Entwicklungen unser Leben maßgeblich beeinflussen (Flugzeuge, Kommunikation, Internet), dass Risiken und Nutzen technischer Entwicklungen für die Gesellschaft abgewogen werden müssen (z. B. zivile Nutzung der Kernenergie, zivile Überschallflugzeuge) sowie dass der Umgang mit Daten (Erhalt, Erzeugung, Verbreitung, Veröffentlichung) einer kritischen Reflexion bedarf.

Wissenschaftstheoretische Konzepte

6

- *Wissenschaftstheoretische Konzepte.* Wenngleich unter den Rahmenbedingungen genannt wurde, dass NOS zusammen mit physikalischen Inhalten vermittelt werden sollte, kann natürlich auch eine Behandlung im Sinne von Unterricht in Erkenntnistheorie (Philosophie) erfolgen. Hier stünde dann der Inhalt über NOS im Vordergrund, die Physik dient als Beispiel. Themen wären z. B. das Induktionsproblem in der Physik (Kann aus „wenigen" experimentellen Daten auf ein allgemeines Gesetz geschlossen werden?), die Konstruktion von wissenschaftlichen Argumenten (Struktur und Logik), die Rolle von Experimenten in der naturwissenschaftlichen Erkenntnisgewinnung, die Bedeutung von Axiomen in den Naturwissenschaften (wie z. B. die nicht „beweisbare" Annahme, dass es zeitlich periodische Prozesse gibt) sowie die Frage, was Wissenschaften von Pseudowissenschaften unterscheidet. Lederman und Adb-El-Khalick (1998) haben eine Reihe von Aktivitäten für Schülerinnen und Schüler zusammengestellt, die verschiedene Aspekte von NOS handlungsorientiert thematisieren. Bei den „Tricky Tracks" wird z. B. das Bild von regelmäßig auftretenden schwarzen Gebilden auf weißem Untergrund gezeigt, die aussehen wie die Spuren zweier Vögel im Schnee (◘ Abb. 6.6). Die

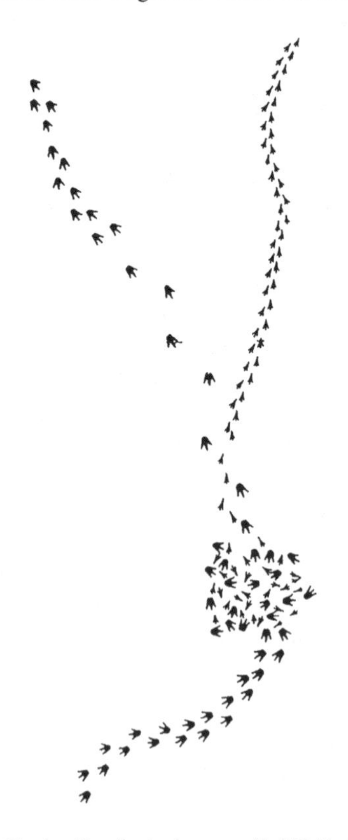

◘ **Abb. 6.6** Tricky Tracks. (Quelle: Lederman, Abd-El-Khalick)

Aufgabe, die Beobachtung dieser Muster zu beschreiben, zeigt, wie schwer es ist, ohne Vorwissen oder Annahmen objektive Aussagen zu machen: Die meisten Beschreibungen von Schülerinnen und Schüler gehen unhinterfragt von der Interpretation aus, dass es sich tatsächlich um Vogelspuren handelt, obwohl diese Annahme nie gemacht wurde.

6.4.7 Zusammenfassung

Angemessene Ansichten über die Entwicklung, die Bedeutung, die Stabilität und die Eigenschaften physikalischer Wissensbestände zählen zu dem in der Schule zu erwerbenden Wissen in Physik. Das heißt, dass im Physikunterricht neben reinen Fachinhalten auch Inhalte bzgl. der Wege der Erkenntnisgewinnung behandelt werden sollten. Dafür sprechen Argumente, die z. B. bekräftigen, dass das Fachlernen durch ein angemessenes Bild der Physik unterstützt wird. Da viele Schülerinnen und Schüler eher inadäquate Ansichten über die Naturwissenschaften besitzen, ist es Ziel des Physikunterrichts, diesem Bild über Physik entgegenzuwirken. Das gelingt am besten innerhalb eines diskursiven und kritischen Umgangs mit unterschiedlichen Ansichten, sodass die Vielschichtigkeit von NOS deutlich wird. Denn eindeutige kurze Regeln oder Merksätze, was richtige Ansichten über NOS sind, gibt es nicht. Vielmehr besteht Angemessenheit der Ansichten in der Fähigkeit, unterschiedliche Standpunkte und Beispiele bzgl. bestimmter Aussagen zu kennen und zu beurteilen. Dieses Unterrichtsziel lässt sich durch eine Instruktion verwirklichen, die nicht nur reflexiv, sondern auch explizit, in den Inhalt integriert, authentisch und exemplarisch ist. Neben Gelegenheiten im „normalen“ Unterricht lassen sich NOS-Themen insbesondere bei historischen, forschungsorientierten, physikalisch-gesellschaftlichen sowie erkenntnistheoretischen Unterrichtsverfahren behandeln. Wesentlich dabei ist, dass Lehrkräfte über Fachwissen (z. B. in Physik), Wissen über NOS sowie Wissen über schulbezogene Wege der Erkenntnisgewinnung (wie schülerzentriertes entdeckendes experimentelles Lernen) verfügen. In der Schnittmenge dieser drei Wissensbereiche liegt das fachdidaktische Wissen über NOS (Abd-El-Khalick 2013).

Literatur

Abd-El-Khalick, F. (2013). Teaching With and About Nature of Science, and Science Teacher Knowledge Domains. Science & Education 22, 2087–2107.

Baumert, J., Bos, W., Lehmann, R. (Hrsg.) (2000). TIMSS/III Bd. 2. Mathematische und physikalische Kompetenzen am Ende der gymnasialen Oberstufe. Berlin: Springer.

Bunge, M. (1973). Philosophy of physics. Dordrecht: Reidel.

Chalmers, A. F. (2007). Wege der Wissenschaft. Berlin: Springer.

Curd, M., Cover, J. A. (1998). Philosophy of Science – The Central Issues. New York & London: Norton.

de Haan, G., Kuckartz, U. (1996). Umweltbewusstsein. Opladen: Westdeutscher Verlag.

Dewey, J. (1964). Demokratie und Erziehung: Braunschweig: Vieweg.

Driver, R., Leach, J., Millar, R., Scott, P. (1996). Young People's Images of Science. Buckingham: Open University Press.

Duhem, P. (1908 Nachdruck 1978). Ziel und Struktur physikalischer Theorien. Hamburg: Meiner.

Einstein, A. (1953). Mein Weltbild. Zürich: Europa.

Esfeld, M. (Hrsg.) (2013). Philosophie der Physik. Berlin: Suhrkamp.

Falkenburg, B. (2006). Was heißt es determiniert zu sein? Grenzen der naturwissenschaftlichen Erklärung. In D. Sturma (Hrsg.). Philosophie und Neurowissenschaften (43–74). Frankfurt: Suhrkamp.

Feyerabend, P. (1986). Wider den Methodenzwang. Frankfurt: Suhrkamp.

Feyerabend, P. K. (1981). Probleme des Empirismus. Braunschweig: Vieweg.

Fischler, H. (Hrsg.) (1992). Quantenphysik in der Schule. Kiel: IPN.

Grygier, P. (2008). Wissenschaftsverständnis von Grundschülern im Sachunterricht. Bad Heilbrunn: Klinckhardt.

Grygier, P., Günther, J., Kircher, E. (2007^2). Über Naturwissenschaften lernen – Vermittlung von Wissenschaftsverständnis in der Grundschule. Baltmannsweiler: Schneider.

Hanson, N. R. (1965). Patterns of Discovery. Cambridge: University Press.

Hodson, D., Wong, S. L. (2017). Going Beyond the Consensus View: Broadening and Enriching the Scope of NOS-Oriented Curricula, Canadian Journal of Science, Mathematics and Technology Education 17(1), 3–17.

Hößle, C., Höttecke, D., Kircher, E. (Hrsg.). (2004) Lehren und Lernen über die Natur der Naturwissenschaften. Baltmannsweiler: Schneider.

Höttecke, D. (2001). Die Natur der Naturwissenschaften historisch verstehen. Berlin: Logos.

Höttecke, D. (Hrsg.) (2008a). Was ist Physik? Über die Natur der Naturwissenschaften unterrichten. Naturwissenschaften im Unterricht Physik, 19, Heft 103.

Höttecke, D. (2012). History and Philosophy in Science Teaching: A European Project, Science & Education 21(9), special issue.

Hubig, C. (1993). Technik- und Wissenschaftsethik. Berlin: Springer.

Jonas, H. (1984). Das Prinzip Verantwortung. Frankfurt: Suhrkamp.

Jung, W. (1979). Aufsätze zur Didaktik der Physik und Wissenschaftstheorie. Frankfurt: Diesterweg.

Kircher, E. (1985). Elementarisierung im Physikunterricht. Phys.did. 12, Heft 1, 17–23.

Kircher, E. (1995). Studien zur Physikdidaktik. Kiel: IPN.

Kircher, E., Dittmer, A. (2004). Lehren und Lernen über die Natur der Naturwissenschaften – ein Überblick. In C.Hößle, D. Höttecke, E. Kircher (Hrsg.). Lehren und Lernen über die Natur der Naturwissenschaften (2–22). Baltmansweiler: Schneider.

Kuhn, T.S. (1976). Die Struktur wissenschaftlicher Revolutionen. Frankfurt: Suhrkamp.

Lakatos, I. (1974). Falsifikation und Methodologie wissenschaftlicher Forschungsprogramme. In I. Lakatos & A. Musgrave (Hrsg.). Kritik und Erkenntnisfortschritt. Braunschweig: Vieweg.

Lederman, N., Abd El-Khalick, F. (1998). Avoiding De-Natured Science: Activities that Promote Understandings of the Nature of Science. In W. McComas (ed.), The Nature of Science in Science Education (83–126). Dordrecht: Springer.

Lederman, N., Lederman J. (2014). Research on Teaching and Learning of Nature of Science, In N. G. Lederman & S. K. Abell (eds), Handbook of Research on Science Education (600–620). London: Routledge.
Lyre, H. (2013). Symmetrien, Strukturen, Realismus. In M. Esfeld (Hrsg.) Philosophie der Physik (368–389). Frankfurt: Suhrkamp.
McComas, W. (1998). The Principle Elements of the Nature of Science: Dispelling the Myths, In W. McComas (ed.), The Nature of Science in Science Education (53–70). Dordrecht: Springer.
McComas, W., Almazroa, H., Clough, M. (1998). The Nature of Science in Science Education: An Introduction, Science & Education 7(6), 511–532.
Messeri, L. (2010). The Problem with Pluto: Conflicting Cosmologies and the Classification of Planets, Social Studies of Science 40(2), 187–214.
NGSS Lead States (2013). Next generation science standards: For states, by states. Washington, DC: The National Academies Press.
Pessoa Jr., O. (2016). Are Untestable Scientific Theories Acceptable? Science & Education 25, 443–448.
Popper, K. R. (1976). Logik der Forschung. Tübingen: Mohr.
Putnam, H. (1993). Von einem realistischen Standpunkt. Reinbek: Rowohlt.
Rescher, N. (1987). Scientific Realism – critical reappraisal. Dortrecht: Reidel.
Ropohl, G. (1985). Die unvollkommene Technik. Frankfurt: Suhrkamp.
Rorty, R. (1992). Kontingenz, Ironie und Solidarität. Frankfurt: Suhrkamp.
Sekretariat der Ständigen Konferenz der Kultusminister der Länder in der Bundesrepublik Deutschland (2004). Bildungsstandards im Fach Physik für den Mittleren Schulabschluss. München: Luchterhand.
Siegl, E. (1983). Das Novum Organon von Francis Bacon. Veröffentl. der Universität Innsbruck 141.
Sodian, B., Thörmer, C., Kircher, E., Grygier, P., Günther, J. (2002). Vermittlung von Wissenschaftsverständnis in der Grundschule. Zeitschrift für Pädagogik, Sonderheft, 192–206.
Spillner, V. (2011). Verstehen in der Quantenphysik. Dissertation, Uni Bonn.
Stegmüller, W. (1973). Probleme und Resultate der Wissenschaftstheorie und Analytischen Philosophie, Bd. II. Theorie und Erfahrung. Zweiter Halbband: Theoriestrukturen und Theoriedynamik. Berlin: Springer.
Stegmüller, W. (1986). Das Problem der Induktion. Darmstadt: Wiss. Buchgesellschaft.
Tegmark, M. (2015). Unser mathematisches Universum – Auf der Suche nach dem Wesen der Wirklichkeit. Berlin: Ullstein.
Teichmann, J., Ball, E., Wagmüller, J. (1986). Einfache physikalische Versuche zur Geschichte und Gegenwart. Deutsches Museum München, Kerschensteiner Kolleg.
Tschepke, F. (2003). Wissenschaftlicher Realismus. Dissertation Uni Göttingen.
v. Weizsäcker, C.F. (1988). Aufbau der Physik. München: dtv.
v. Weizsäcker, E.U., Lovins, A. B. (1996). Faktor 4. München: Droemer Knaur.
Vollmer, G. (1987). Evolutionäre Erkenntnistheorie. Stuttgart: Hirzel.
Vollmer, G. (1988). Was können wir wissen? Bd. 1. Die Natur der Erkenntnis. Stuttgart: Hirzel.
Wendel, H. J. (1990). Moderner Relativismus: Zur Kritik antirealistischer Sichtweisen des Erkenntnisproblems. Tübingen: Mohr.
Whitehead, A. N. (1987). Prozess und Realität. Frankfurt: Suhrkamp.
Wolze, W. (1989). Zur Entwicklung naturwissenschaftlicher Erkenntnissysteme im Lernprozess. Wiesbaden: Deutscher Universitätsverlag.

Weiterführende Literatur

Als gut und verständlich geschriebenen Einstieg in die erkenntnis- und wissenschaftstheoretische Literatur sind Vollmers „Was können wir wissen?“ (1988) und Chalmers „Wege der Wissenschaft“ (2007) zu empfehlen. Einen engeren Bezug zur Physik haben Kuhns „Die Struktur wissenschaftlicher Revolutionen“ (1962), Poppers „Logik der Forschung“ (1976), Feyerabends „Probleme des Empirismus“ (1981) und “Wider den Methodenzwang“ (1986). In Curd und Cover (1998) sind wichtige Beiträge der Wissenschafts- und Erkenntnistheorie des 20. Jahrhunderts abgedruckt und ausführlich kommentiert. Die Beiträge im Sammelband „Philosophie der Physik“ (Esfeld 2015) können sich für die Lehrerfortbildung der gymnasialen Oberstufe eignen. Über die hier dargestellte Interpretation von „Nature of Science“ hinaus befasst sich die von M. Matthews (1991) gegründete Zeitschrift „Science & Education“ (HPS & ST) auch ausführlich mit der Wissenschaftsgeschichte. Im Sammelband „Teaching Philosophy in School“ (Matthews 2016) sind Unterrichtsbeispiele aus den Naturwissenschaften (Physik, Chemie, Biologie) aufgeführt. Hilfreich für Theorie und Praxis ist der Sammelband von McComas (1998).

Quantenphysik

Josef Küblbeck

E. Kircher et al. (Hrsg.), *Physikdidaktik | Methoden und Inhalte*,
https://doi.org/10.1007/978-3-662-59496-4_7

Trailer

Die Quantenphysik hat unser naturwissenschaftliches Weltbild seit dem Beginn des 20. Jahrhunderts stark verändert, und sie hat sich als eine unentbehrliche Grundlage für viele Teildisziplinen der modernen Physik bewährt. Auch die moderne Chemie, Biologie und Medizin wären ohne Quantenphysik nicht vorstellbar.
Deshalb soll der Physikunterricht auch einen Überblick über grundlegende Ansätze geben. Allerdings ist die Quantenphysik nicht besonders anschaulich und deshalb für Schüler schwer zu erfassen. Dieses Kapitel zur Quantenphysik gibt einen systematischen Überblick über nützliche Bausteine für Unterrichtsgänge, eine passende Auswahl von Experimenten und Formalismen zur fach- und adressatengerechten Beschreibung (◻ Abb. 7.1). Vor- und Nachteile von didaktischen Alternativen, insbesondere von unterrichtserprobten Modellen und Formalismen, werden angesprochen. Das Themengebiet erschließt durchaus attraktive Perspektiven für eine fachgerechte Kompetenzschulung.

7.1 Vorbemerkungen

Bedeutung der Quantenphysik

Wir geben in diesem Abschnitt zur Quantenphysik einen systematischen Überblick über nützliche Bausteine für Unterrichtsgänge. Dabei zeigen wir eine Auswahl von Experimenten sowie Vor- und Nachteile von didaktischen Alternativen, insbesondere von unterrichtserprobten Modellen und Formalismen. Nicht eingehen werden wir hier auf empirische Untersuchungen (◻ Abb. 7.1).

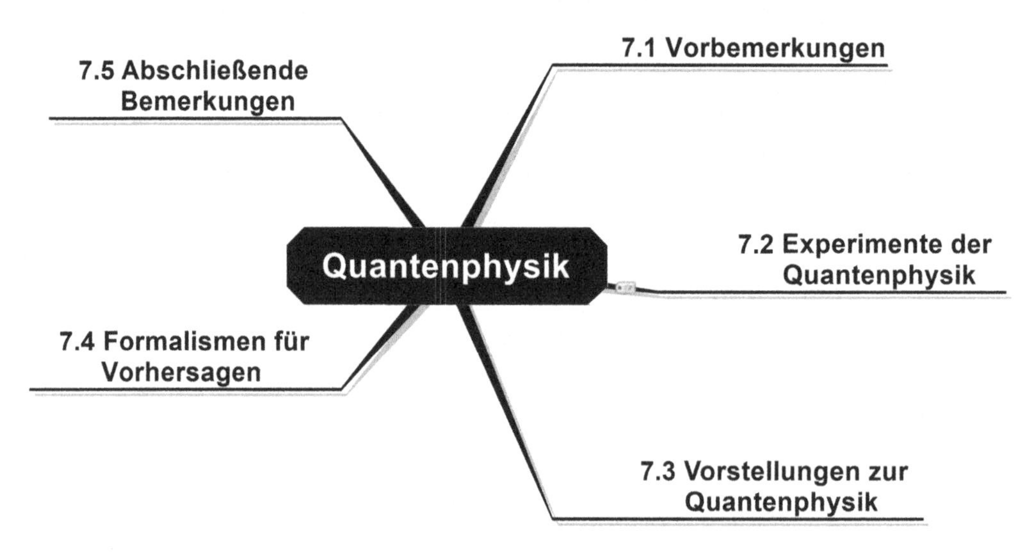

◻ **Abb. 7.1** Übersicht über die Teilkapitel

Die Quantenphysik hat unsere naturwissenschaftliche Weltsicht seit dem Beginn des 20. Jahrhunderts stark verändert. Sie ist unentbehrliche Grundlage vieler Teildisziplinen der modernen Physik. Auch die moderne Chemie, Biologie und Medizin wären ohne Quantenphysik nicht vorstellbar.

■ Probleme beim Lernen der Quantenphysik

Leider ist die Quantenphysik aber auch besonders unanschaulich und deshalb für Schüler schwer zu erfassen. Die experimentellen Ergebnisse können in der Regel nicht mit klassischen Vorstellungen erklärt werden. Ein bekanntes Beispiel dafür sind Interferenzversuche mit Photonen oder Elektronen. Weder verhalten sich Quantenobjekte wie klassische Teilchen noch wie klassische Wellen, es gibt keine Objekte aus unserer Erfahrung, die solche Eigenschaften aufweisen. Untereinander jedoch sind sich all diese Quantenobjekte in vielen Eigenschaften sehr ähnlich.

Erstaunlicherweise haben die Väter der Quantenphysik eine Theorie gefunden, welche die Ergebnisse der Experimente mit Quantenobjekten sehr gut beschreibt. Ihre theoretischen Vorhersagen stimmen mit den Messergebnissen auf bis zu acht gültige Stellen überein. Diese Quantentheorie ist jedoch eine abstrakte mathematische Theorie. Die zugrunde liegende Mathematik der Hilbert-Räume mit den komplexwertigen Zahlen kann in der Schule nicht vorausgesetzt werden.

W. Heisenberg

Die Unanschaulichkeit der Phänomene und die mathematische Schwierigkeit der Theorie lassen oft die Frage aufkommen, ob die Quantenphysik einen Platz an der Schule haben soll. Welche Inhalte der Quantenphysik sind für unsere Schüler bildend? Welche Kompetenzen können mit der Quantenphysik vermittelt werden? Dazu müssen folgende Fragen beantwortet werden:

Leitfragen dieses Beitrags

- Können Teile der Quantentheorie so elementarisiert werden, dass die Schüler damit experimentelle Ergebnisse einordnen und für ähnliche Experimente Vorhersagen machen können? Welche Vorstellungen und welche begrifflichen und mathematischen Werkzeuge stehen den Schülern dafür zur Verfügung?
- Welche Quantenexperimente können in der Schule oder in außerschulischen Einrichtungen gezeigt werden? Welche in der Forschung durchgeführten Experimente, die typische Eigenschaften der Quantenphysik zeigen, können so aufbereitet werden, dass die Schüler sie beschreiben oder sogar in einem geeigneten Modell einordnen können?
- Inwiefern bietet die Schul-Quantenphysik Möglichkeiten, Schüler so zu qualifizieren, dass sie Anschauungen über Weltbilder auf einer modernen Grundlage führen können?

Diesen Fragen wollen wir in diesem Beitrag nachgehen.

7.2 Experimente der Quantenphysik

$$H|\psi\rangle = \frac{ih}{2\pi}\frac{\partial|\psi\rangle}{\partial t}$$

An der Hochschule werden in der Quantenphysik besonders diejenigen Quantenphänomene besprochen, die man durchrechnen kann. Die dabei häufig hinter der mathematischen Technik verschwindende weltbildliche Bedeutung der Experimente wollen wir hier verstärkt herausarbeiten. Dazu ordnen wir mehrere Quantenexperimente nach einigen grundlegenden Wesenszügen, welche die Quantenphysik von der klassischen Physik besonders augenfällig abheben (s. Küblbeck und Müller 2003; Leisen 2000). Leider kann die Mehrzahl dieser Experimente nicht in der Schule durchgeführt werden.

7.2.1 Experimente, die mit Quantelung erklärt werden können

In der klassischen Physik gibt es keine Erscheinungen, zu deren Beschreibung die Quantelung von physikalischen Größen hilfreich ist. Elektrische Ladungen, Drehimpulse, Energien, magnetische Flüsse usw. können in der klassischen Physik beliebige Werte annehmen. Wenngleich im Elektrizitätslehre-Unterricht oft bereits vom Fließen von Elektronen die Rede ist, geben die gängigen elektrischen Phänomene keinen Anlass zu der Annahme einer Quantelung der Ladung.

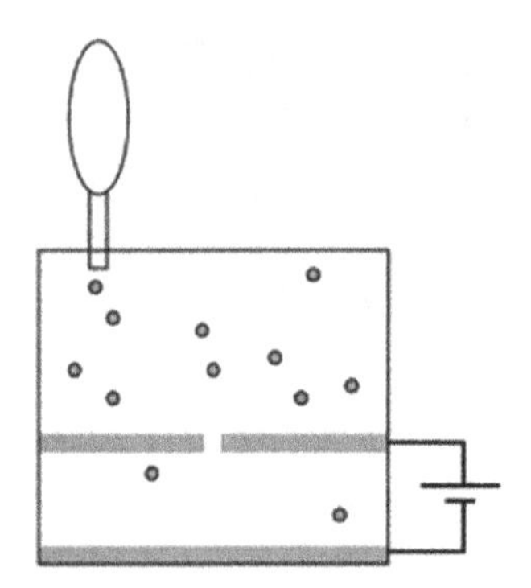

- Erst der Millikan-Versuch legt die Vorstellung einer Ladungsquantelung auf sehr kleinen Öltröpfchen nahe. Die Kräfte auf die Öltröpfchen werden dadurch erklärt, dass sich auf diesen ein Zuviel oder Zuwenig an Elektronen befindet. Die Elektronen sind dabei nicht die Ladung selbst, sondern sie tragen diese Ladung. Jeweils ein Elektron trägt eine negative Elementarladung, hat aber daneben z. B. auch eine bestimmte Masse. Auch die meisten anderen geladenen Elementarteilchen, wie Myonen oder Protonen, tragen jeweils eine negative oder eine positive Elementarladung.
- Die Phänomene beim Fotoeffekt und bei der Röntgenbremsstrahlung können mithilfe der Quantelung des Lichts beschrieben werden. Die Portionen des Lichts sind die Photonen. Sie tragen – abhängig von ihrer Frequenz – jeweils eine bestimmte Energieportion.

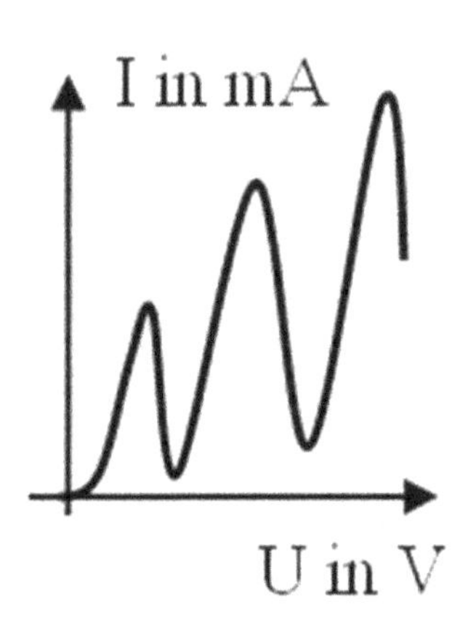

- Die Oszillationen beim Franck-Hertz-Versuch (Abb. am Rand) werden damit erklärt, dass man sich vorstellt, dass die Gasatome Energie nur in ganz bestimmten Portionen aufnehmen können. Bei der Emission von Gasatomen erklärt diese Quantelung die beobachteten Spektren. Diese Quantelung wiederum kann man konsistent mit der Vorstellung beschreiben, dass sich die Hülle der Gasatome nur in bestimmten Zuständen mit diskreten Mengen an Energie befinden kann.

Alle diese Versuche sind gängige Schulversuche und ausführlich in den Schulbüchern beschrieben, sodass wir hier nicht näher darauf eingehen.

Quantelung im Alltag

Die Quantelung ist noch keine Eigenschaft, die den Schülern besonders fremd ist. Bei Alltagsgegenständen wie Geld, Schafen oder Erbsen ist die Menge ja in der Regel auch gequantelt. Dennoch ist die Quantelung von physikalischen Größen ungewohnt. So sollen sich die Schüler nur einmal vorstellen, dass sie auf einem Drehstuhl sitzend sich nur mit einem gewissen Drehimpuls oder einem Vielfachen davon oder gar nicht drehen können.

7.2.2 Experimente, die man stochastisch beschreibt

Verschiedene Arten von Zufall

In der Quantenphysik können Messergebnisse oft nicht vorhergesagt werden. Dies ist für die Schüler zunächst nicht erstaunlich. Das Ergebnis eines Würfelwurfs kann ja auch nicht vorhergesagt werden. Allerdings ist die Unbestimmtheit der Quantenphysik von anderer Qualität als die der klassischen Physik. Die klassischen Theorien erheben den Anspruch, dass bei genügend Informationen über die Anfangsbedingung die zeitliche Entwicklung eines Systems vorhergesagt werden kann. In der Quantenphysik können die Systeme nicht wie in der klassischen Physik auf Größen wie Ort und Impuls zugleich präpariert werden.

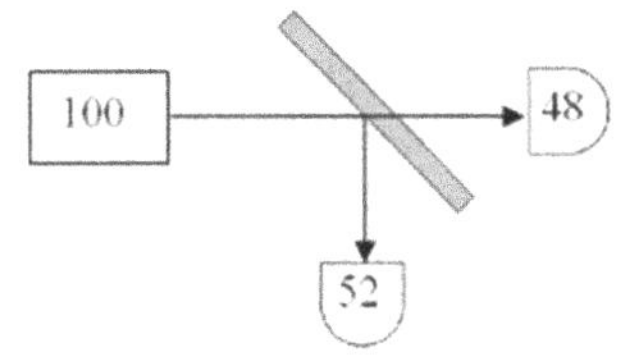

- Wenn Licht auf einen Strahlteiler (z. B. eine Glasscheibe) fällt, so wird ein Bruchteil T durchgelassen und ein Bruchteil $1 - T$ reflektiert. Man hat dieses Experiment mit einzelnen Lichtquanten durchgeführt und Detektoren in die zwei möglichen Wege gestellt. Es zeigte sich, dass stets genau einer der beiden Detektoren das ganze Lichtquant nachweist. Dabei ist eine Vorhersage für das einzelne Photon unmöglich. Allerdings beträgt bei oftmaliger Wiederholung des Experiments die relative Häufigkeit für „durchgelassen" etwa T und die relative Häufigkeit für „reflektiert" etwa $1 - T$. Um dieses Experiment sauber durchzuführen, müssen einzelne Photonen präpariert und nachgewiesen werden. Diese Möglichkeit besteht in den Schulen normalerweise nicht.
- Linear polarisiertes Licht fällt auf ein Polfilter mit Orientierung φ gegenüber der Polarisationsrichtung des Lichts. Dann wird der Anteil $\cos^2(\varphi)$ durchgelassen und der Anteil $\sin^2(\varphi)$ absorbiert. Mit der entsprechenden Wahrscheinlichkeit werden einzelne Lichtquanten entweder durchgelassen oder absorbiert. Eine Vorhersage für das einzelne Lichtquant ist nicht möglich.

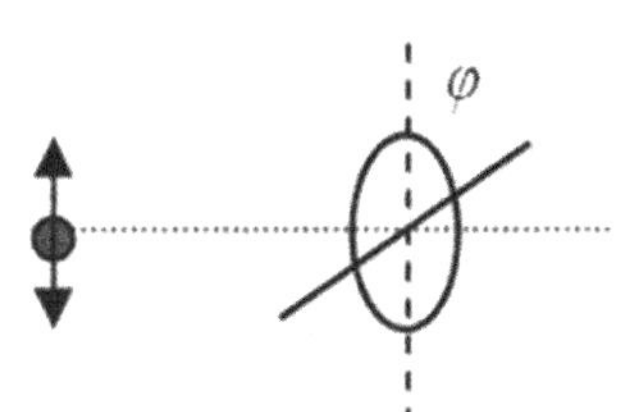

Ein Photon trifft auf ein Polfilter

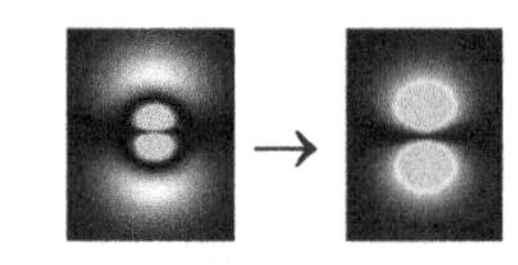

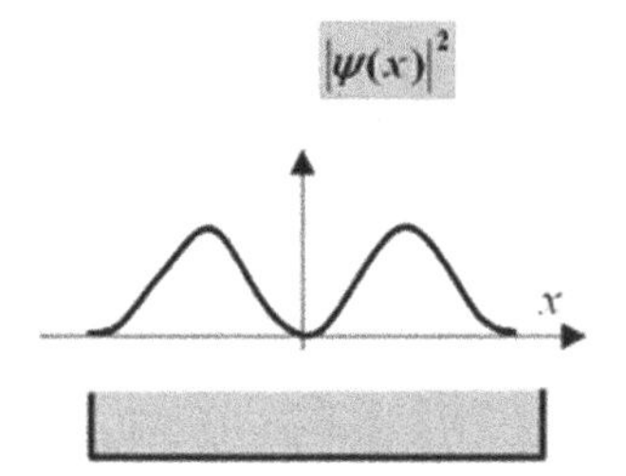

- Angeregte Atome emittieren ein Photon mit einer bestimmten Halbwertszeit. Dabei wechseln sie von einem angeregten Zustand in einen Zustand mit geringerer Energie. Das stochastische Verhalten ist genauso wie bei radioaktiven Atomkernen. Im Labor können diese Vorgänge beobachtet werden, in der Schule leider nicht.
- Wenn ein Elektron in einem bestimmten Gebiet lokalisiert ist, so kann man seine Position durch Bestrahlung mit intensiven Lichtpulsen messen. Die Wahrscheinlichkeit, das Elektron an einem bestimmten Ort zu finden, ist proportional zum Betragsquadrat $|\psi(x)|^2$. So gibt es Zustände in dem am Rand gezeigten Potenzialtopf, in denen das Elektron besonders selten in der Mitte nachgewiesen wird.

Schüler könnten an dieser Stelle einwenden, dass die Unbestimmtheit der quantenphysikalischen Systeme nur scheinbar sein könnte. Die Anfangsbedingungen für Ort und Impuls der Elektronen oder Photonen könnten ja sehr wohl bestimmt, uns aber nicht bekannt, also vor uns verborgen sein. Auf solche Interpretationen der Quantenphysik „mit verborgenen Parametern" und ihre Nachteile gehen wir weiter unten ein.

7.2.3 Experimente, die man mit Interferenz erklärt

Spaltexperimente mit verschiedenen Quantenobjekten

Interferenzmuster treten in allen Bereichen der Quantenphysik auf.

- Wenn man gleich präparierte Elektronen, Atome oder Lichtquanten durch einen Mehrfachspalt schickt, dann gibt es Bereiche hinter der Spaltanordnung, in denen die Quantenobjekte besonders häufig, und andere, in denen sie kaum nachgewiesen werden können. Wenn man die Punkte sammelt, an denen die Quantenobjekte nachgewiesen wurden, dann entstehen Verteilungen, wie man sie von der Interferenz von Wellen kennt. Dabei tragen die Quantenobjekte zu dem Interferenzmuster auch dann bei, wenn stets nur ein Quantenobjekt durch die Anordnung geht. Man kann also nicht sagen, dass die Quantenobjekte miteinander interferieren. Treffender ist die Aussage, dass jedes einzelne Quantenobjekt „mit sich selbst" interferiert.
  Prominentes Beispiel ist der Versuch von Zeilinger und Kollegen mit C_{60}-Molekülen an einem Gitter (Arndt et al. 1999). Das entstehende Interferenzmuster ist in ◘ Abb. 7.2 gezeigt.

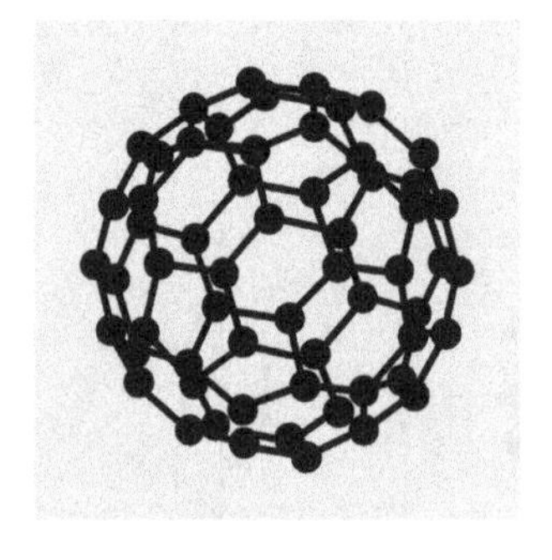

C_{60}-Molekül

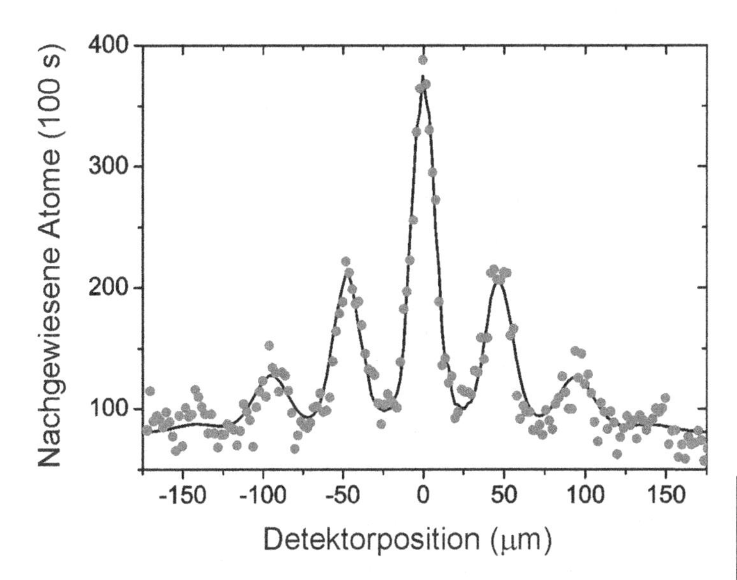

Abb. 7.2 Interferenzmuster von C_{60}-Molekülen bei der Beugung an einem Gitter (Arndt et al. 1999)

Leider sind Interferenzexperimente mit einzelnen Quantenobjekten für Schulen ebenfalls zu teuer. Es gibt jedoch Filme vom Aufbau des Doppelspaltmusters, z. B. von der Universität Leiden (Universität Leiden 2008). Außerdem kann man ebenfalls kostenlos von der Physikdidaktik-Abteilung der Universität München eine sehr flexible und schülerfreundliche Simulation zum Doppelspaltexperiment mit vielerlei Objekten herunterladen (Muthsam 1998).

- Wenn man einzelne Quantenobjekte (z. B. Atome, Neutronen, Photonen) durch eine Interferometer-Anordnung schickt und die Nachweispunkte sammelt, dann erhält man Interferenzringe. Am Rand sind die Interferenzringe mit Laserlicht gezeigt. In Labors (so auch in Schülerlabors) wird das Experiment meist mit Einzelphotonen in Lichtleitern durchgeführt. Wenn man den Gangunterschied zwischen den beiden Lichtwegen variiert, erhält man ein Interferenzmuster (Diagramm rechts, aufgetragen ist die Nachweishäufigkeit über dem Weglängenunterschied).
- Wenn ein Elektronenstrahl auf Grafitpulver trifft, kann man auf einem Schirm Beugungsringe nach Debye-Scherrer sehen. Dies ist ein bekannter Schulversuch, wenngleich auch nicht mit einzelnen Quantenobjekten:
  Dieser und die folgenden Versuche können in der Regel nicht in der Schule durchgeführt werden: Wenn man gleiche Atomkerne aneinander streut, erhält man für die Abhängigkeit der Streuwahrscheinlichkeit vom Streuwinkel ein Interferenzmuster.

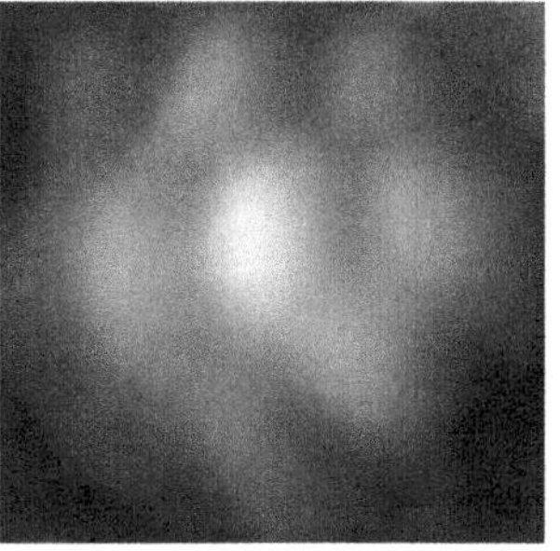

Aufnahme mit dem Rastertunnelmikroskop

Interferenzringe mit Laserlicht

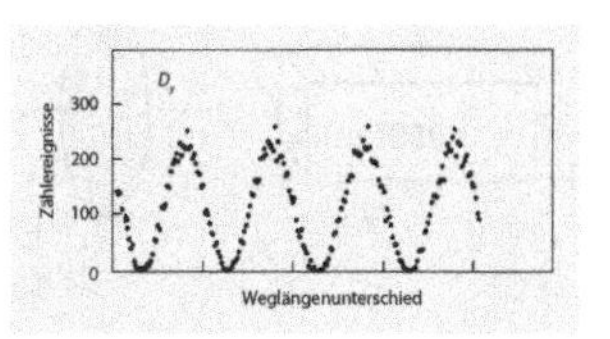

Interferenzmuster beim Interferometer

- Bei der Streuung von Gamma-Quanten oder Neutronen an Kristallen bekommt man Interferenz-Maxima.
- Bei der Kollision von Elementarteilchen kann man Interferenzeffekte beobachten.
- Hybridorbitale in Atomen oder Molekülen zeigen Stellen mit niedriger und Stellen mit hoher Nachweiswahrscheinlichkeit, die man mit Interferenz erklären kann.

7.2.4 Experimente zum Komplementaritätsprinzip

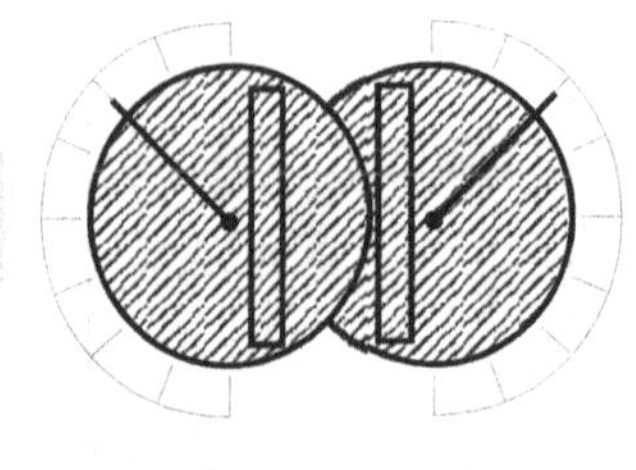

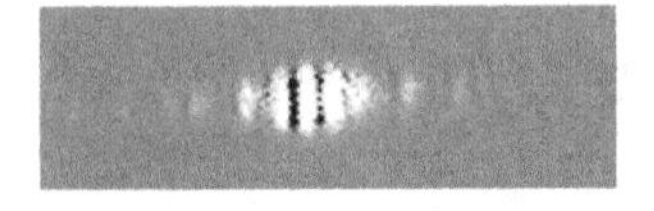

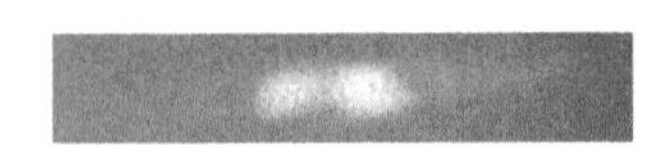

Das Komplementaritätsprinzip sagt aus, dass sich in einem Interferenzexperiment „Welcher-Weg-Information" und Interferenzmuster ausschließen. Sobald man z. B. in einem Doppelspaltversuch misst, durch welchen Spalt die Quantenobjekte gehen, beobachtet man nicht das Doppelspaltmuster, sondern die Summe von zwei Einzelspaltmustern. Das Nichtauftreten des Musters kann i. Allg. nicht durch Impulsüberträge bei der Messung erklärt werden.

- Das Interferenzmuster beim Doppelspalt für Photonen verschwindet, wenn man an die beiden Spalte Polfilter anbringt, deren Vorzugsrichtungen zueinander senkrecht stehen (◘ Abb. 7.3)
- Für Licht kann dieses Experiment in der Schule durchgeführt werden. Der Doppelspalt mit den drehbaren Polarisationsfiltern kann selbst gebaut werden oder ist über ► http://www.muero-fraeser.de/zu beziehen.

Obwohl auch klassisch erklärbar, kann dieses Experiment mit dem Komplementaritätsprinzip erklärt werden. Schülern, die mit Filmen oder Simulationen zu den Interferenzexperimenten mit einzelnen Quantenobjekten gearbeitet haben, fällt es leicht,

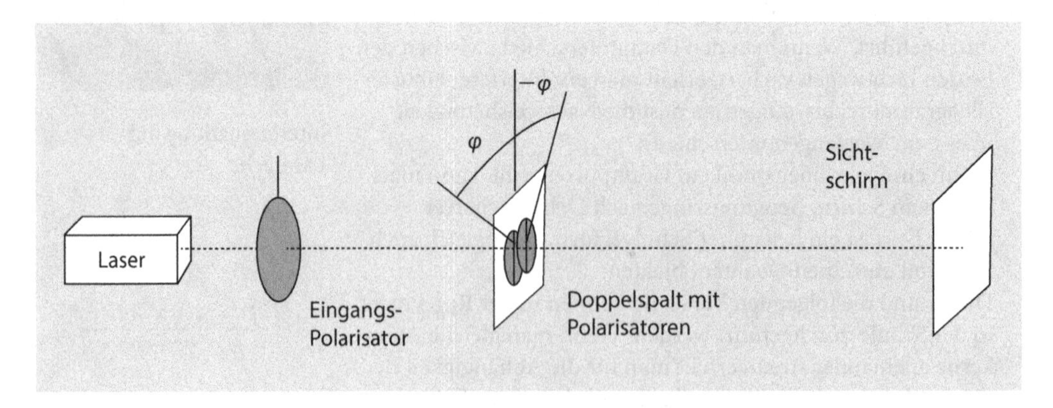

◘ **Abb. 7.3** Doppelspaltversuch zur Komplementarität: Für $2\varphi = 90°$ erhält man kein Muster

die Ergebnisse auf einzelne Quantenobjekte zu übertragen: Diese tragen für $2\varphi = 0^0$ zu einem Interferenzmuster bei, für $2\varphi = 90^0$ nicht. Für Winkel dazwischen tritt ein Interferenzmuster mit schwächerem Kontrast auf. Je größer der Winkel 2φ, umso mehr Photonen tragen zum Interferenzmuster bei.

- Im Atom-Interferometer kann man das Interferenzmuster zum Verschwinden bringen, wenn die interferierenden Atome Lichtquanten emittieren (Abb. am Rand, Dürr et al. 1998). An den emittierten Lichtquanten muss nicht einmal eine Messung vorgenommen werden, es genügt, dass sie überhaupt emittiert werden. Der Impuls der verwendeten Lichtquanten ist dabei zu klein, um das Verschwinden des Musters durch einen Rückstoßeffekt zu erklären.
- Bei der Streuung eines Neutrons an einem Kristall trägt das Neutron dann nicht zu einem Interferenzmuster bei, wenn das Neutron einen Spinflip erleidet.
- Bei der Streuung von ^{13}C- an ^{12}C-Kernen beobachtet man kein Interferenzmuster, selbst wenn der Detektor nicht zwischen ^{13}C- und ^{12}C-Kernen unterscheiden kann.

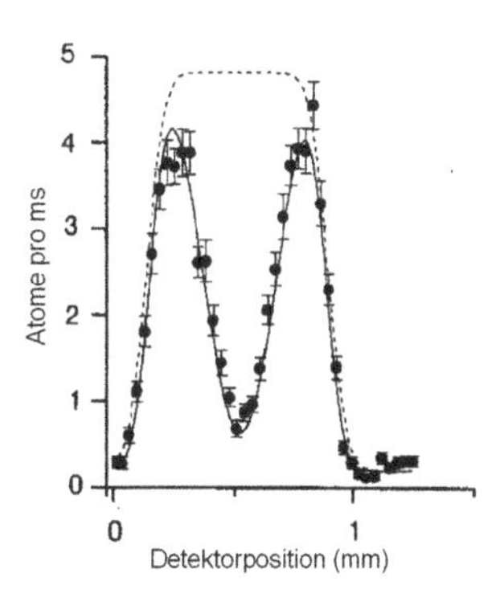

Ohne Emission eines Photons

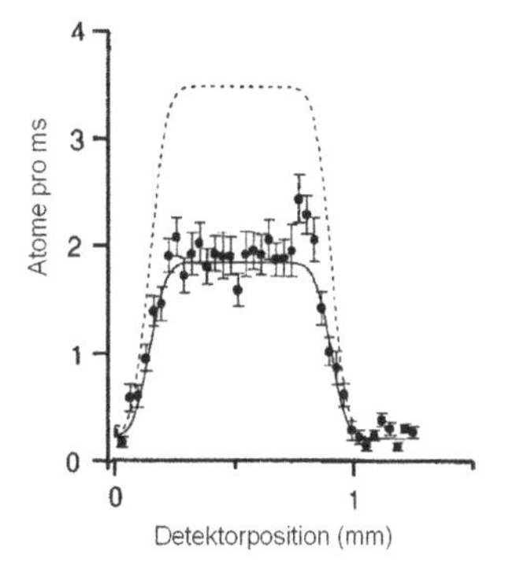

Mit Emission eines Photons

7.3 Vorstellungen zur Quantenphysik

In diesem Abschnitt zählen wir auf, welche Vorstellungen die Schüler zur Beschreibung von Quantenphänomenen erwerben können.

7.3.1 Quantenobjekte als kleine Kügelchen

Die Vorstellung kleiner Kügelchen wird sicher schon durch den Begriff „Teilchen" oder „Elementarteilchen" nahe gelegt. Viele Illustrationen stellen Elektronen als kleine Kügelchen dar. Aus Streuversuchen mit Elektronen wird oft geschlossen, Elektronen seien „punktförmig". Tatsächlich sind derartige Streuversuche jedoch Ortsmessungen. Sie sagen nichts darüber aus, welche Ausdehnung Elektronen ohne eine Ortsmessung haben.

Probleme des Kügelchenmodells

Zur Beschreibung von Interferenzversuchen ist das einfache Kügelchenmodell nicht geeignet. Man muss das Modell schon nichttrivial erweitern, um die experimentellen Ergebnisse beschreiben zu können. Die Bohm'sche Interpretation erreicht dies mithilfe eines „nichtlokalen" Quantenpotenzials. Diese Interpretation wird bislang, wenn überhaupt, sowohl in den Hochschulen als auch in den Schulen eher als exotische Variante behandelt. In ◘ Abb. 7.4 ist das Quantenpotenzial für das Doppelspaltexperiment gezeigt.

Da diese Interpretation mit demselben theoretischen Quantenformalismus rechnet wie die Standardinterpretation

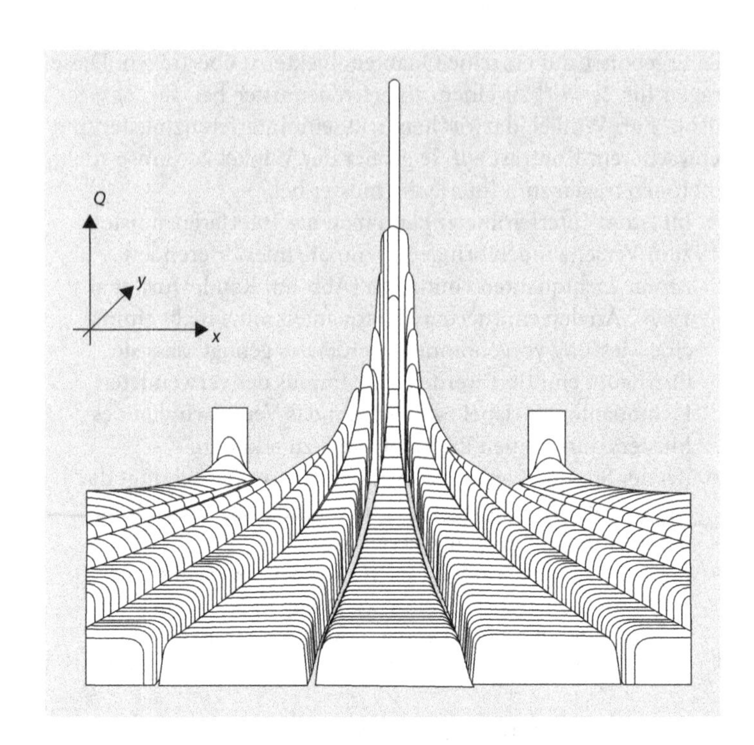

Abb. 7.4 Das Quantenpotenzial *Q* für den Doppelspaltversuch: Im Hintergrund die zwei Spalte

der Quantenphysik, kommt sie zu den gleichen Vorhersagen. Die Annahme von bestimmten Parametern wirkt zwar zunächst anschaulicher, diese Interpretation ist aber im Endeffekt durch ihre starke Nichtlokalität schließlich doch besonders unanschaulich (s. u.).

Das Kügelchenbild für Elektronen in Atomen

Auch in der Atomphysik ist die Kügelchenvorstellung von Elektronen problematisch. Zunächst musste bereits Bohr postulieren, dass die Teilchen strahlungsfrei kreisen. Außerdem müssten sich die fast leeren Atome problemlos ineinander schieben lassen. Das Pauli-Prinzip liefert keine schülergerechte Erklärung dafür, dass das nicht möglich ist. Schließlich ist kaum zu erklären, wie messbare *drei*dimensionale Strukturen (die Orbitale) von kleinen Teilchen auf *zwei*dimensionalen Kreisbahnen herrühren sollen, besonders wenn die Hülle, wie beim Wasserstoff, nur ein Elektron enthält.

Viele Schüler kommen mit der Vorstellung kleiner Kügelchen für Elektronen in den Unterricht. Dies sieht man z. B. auch daran, dass die Interferenzringe bei der Beugung an Grafit für diese Schüler überraschend sind.

7.3.2 Quantenobjekte als Wellen

Probleme beim Wellenmodell

Die Wellenvorstellung ist auch eine klassische Vorstellung, die stark an die experimentellen Ergebnisse angepasst werden muss. Wenn man sich Quantenobjekte als Wellen oder als Wellenpakete vorstellt, dann müssen sich diese Wellen bei der Detektion des Quantenobjekts sehr schnell zusammenziehen („Kollaps der Wellenfunktion".)

Ein anderes Problem des Wellenmodells ist Folgendes: Bestimmte Interferenzmuster treten nicht auf, wenn man „Welcher-Weg"-Messungen (▶ Abschn. 7.2.4) ermöglicht oder durchführt. Hinzu kommt, dass Schüler mit der Vorstellung einer Welle häufig etwas „Schwingendes" verknüpfen. Bei den Quantenobjekten gibt es keine beobachtbare Größe, die schwingt, auch wenn dies von Rastertunnelmikroskopaufnahmen nahegelegt wird (◘ Abb. 7.5). Tatsächlich sind die gezeigten Bilder jedoch stationär. Die Wellenformationen sind „starr".

◘ **Abb. 7.5** Elektronendichteverteilung in einem Quantenpferch (IBM 1995)

7.3.3 Welle oder Kügelchen, je nach Experiment

Die verbreitete Anschauung an der Hochschule

„Beim Durchgang durch einen Doppelspalt stellt man sich das Elektron als Welle vor, bei der Detektion am Schirm ist es wie ein kleines Kügelchen." Diese Denkart ist zwar an den Hochschulen verbreitet, aber für die Schulen nicht zu empfehlen. Die Wissenschaftler haben stets den Formalismus der Quantenphysik zur Verfügung, um ihre halbabstrakten Vorstellungen an die jeweilige Situation anzupassen. Schüler haben dagegen – ohne diesen Formalismus in der Hinterhand – Schwierigkeiten, sich z. B. ein Elektron als Welle und als Kügelchen mit dazwischen liegenden Metamorphosen vorzustellen.

7.3.4 Etwas verteiltes Stoffliches

Man kann sich die Quantenobjekte auch als einen verteilten Stoff darstellen (Herrmann und Laukenmann 1998). Die Dichte des Stoffes ist proportional zur Nachweiswahrscheinlichkeit $|\psi(x)|^2$, die Elektronen sind also in diesem Bild nicht punktförmig, sondern zerfließen wie das Wellenpaket im Ortraum. An einem Strahlteiler teilt sich jedes Photon nach dieser Vorstellung tatsächlich, da sich die Detektionswahrscheinlichkeit auf die Möglichkeiten aufgeteilt hat.

Merkwürdige Eigenschaften des „Stoffes"

Auch die Vorstellung eines Lichtstoffs mit Photonen als Elementarportionen oder eines Stoffs aus Elektronen muss an die experimentellen Ergebnisse angepasst werden. Dieser Stoff hat deshalb ein paar merkwürdige Eigenschaften:

Vor der Ortsmessung:

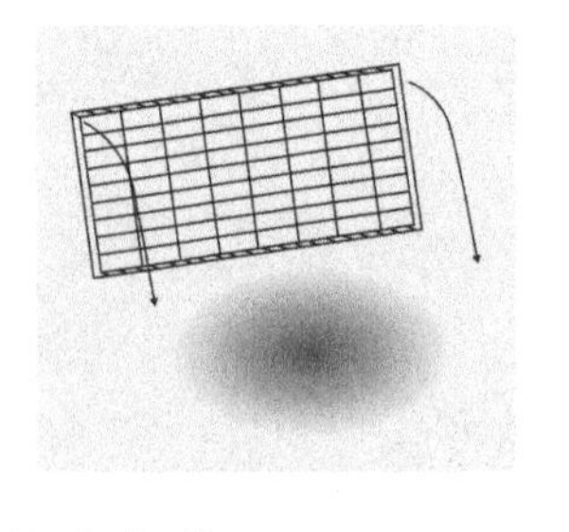

Nach der Ortsmessung:

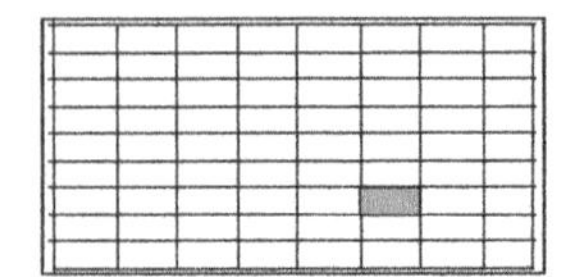

- Wenn eine Ortsmessung an einer Elementarportion des Stoffs durchgeführt wird, zieht sich der Stoff blitzschnell auf Detektorgröße zusammen – ähnlich wie dies theoretisch eine schleimige Substanz machen könnte, wenn man mit einem Schuhabstreifergitter darauf schlagen würde (Abb. am Rand).
- Wenn man aus dem Stoff einen Teil auf irgendeine Weise „herausgreift", erhält man immer ganzzahlige Vielfache einer Elementarportion. Das ist so, wie wenn man aus einem Gefäß mit Amöben eine Probe mit einem Löffel herausnehmen würde: Man würde immer entweder keine Amöbe, eine, zwei oder mehr erhalten, aber nicht 1,7 oder 12,24 Amöben.
- Bei Interferenzexperimenten „klumpt" der Stoff, wie es die Laufzeitbilder von Kurtsiefer et al. (1997) nahe zu legen scheinen (◘ Abb. 7.6), wodurch sich bei Ortsmessungen Maxima und Minima der Detektionswahrscheinlichkeit ergeben.

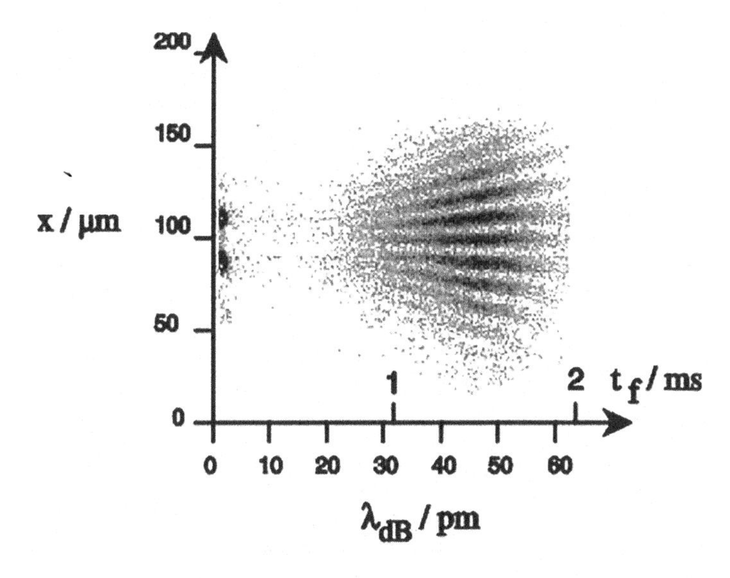

Abb. 7.6 Laufzeitmessungen beim Doppelspaltexperiment (Kurtsiefer et al. 1997)

- Um Atomkerne herum ist der Elektronenstoff in Form der Orbitale verteilt. Seine Dichte nimmt nach außen hin ab. Wenn man dem Stoff die richtige Energiemenge zuführt, verändert er seine Form. Nach einer gewissen Zeit „schnappt" er zurück in den Grundzustand und gibt dabei wieder genau die aufgenommene Energiemenge ab (Abb. am Rand).

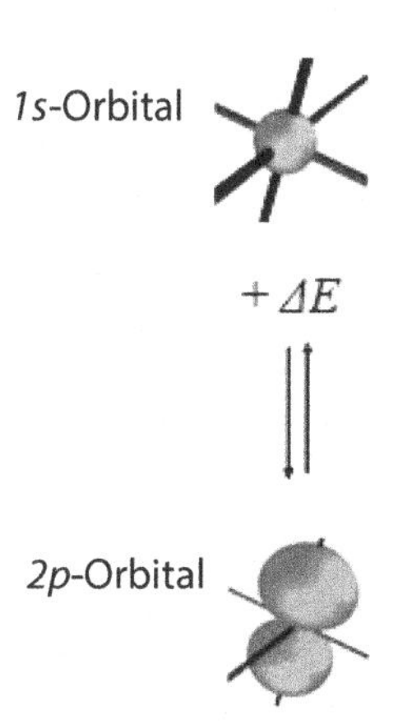

Auch dieses Modell hat seine Grenzen: Wenn das Elektron ein verschmiertes geladenes Objekt wäre, dann würde beim plötzlichen Kollaps Ladung beschleunigt. Das Elektron müsste elektromagnetische Strahlung emittieren, was aber nicht geschieht. Der Vorgang des Zusammenziehens wird nicht von der Quantentheorie überhaupt nicht beschreiben. In dieser wird nach der Messung einfach mit einer neuen Wellenfunktion weitergerechnet, welche eine Eigenfunktion des Messoperators ist.

7.3.5 Die Kopenhagener Interpretation

Sich keine Vorstellung machen

Da jede Vorstellung von den Quantenobjekten irgendwo ihre Grenzen hat, bleibt noch die Alternative, sich gar keine Vorstellung zu machen, wie in der Kopenhagener Interpretation. Dann spricht man mit den Schülern nur über die Ereignisse, von denen man direkt durch Messungen etwas weiß. So kann man von der Emission und der Detektion eines Elektrons sprechen. Was jedoch mit dem Elektron zwischen Emission und

Detektion geschieht, darüber schweigt man. Es ist z. B. nicht unproblematisch, gemäß der Kopenhagener Deutung $|\psi(x)|^2$ als „Aufenthaltswahrscheinlichkeit“ oder als „Antreffwahrscheinlichkeit“ zu bezeichnen, denn dies impliziert eine Vorstellung darüber, wo das Elektron auch ohne Messung ist.

N. Bohr

Jede über die Kopenhagener Interpretation hinausgehende Vorstellung benutzt Zusatzbilder, die nicht überprüfbar sind. Sie werden deshalb von vielen Physikern abgelehnt. Wenn man sich zwischen Emission und Nachweis gar keine Vorstellungen macht, kann man sich auch keine falschen Vorstellungen machen. Zweifellos kommen aber viele Schüler nicht ohne Vorstellungen aus. Auch wenn wir sie dazu anhalten, keine bildhaften Vorstellungen zu verwenden, so machen sie sich doch „heimliche“ falsche Vorstellungen, meistens im naiven Teilchenbild („kleine Kügelchen“).

Auch die stoffliche Vorstellung gibt den Schülern eine konkrete Hilfe, sich die Vorgänge zu veranschaulichen. Was sich die Schüler hier eigentlich vorstellen, ist die Entwicklung von $|\psi(x)|^2$, dessen zeitliche Entwicklung man ja kennt. Etwas Ähnliches macht man häufig bei der Rechengröße Energie: Sie ist eine Erfindung des Menschen. Wenn man sich die Energie jedoch wie einen Stoff vorstellt, der z. B. von einem System auf ein anderes übergehen kann, so impliziert dies die Erhaltung der Energie und hilft dies dabei, physikalische Fragestellungen zu beantworten.

Nun stellt sich die Frage, ob hilfreiche Vorstellungen in der Quantenphysik überhaupt erlaubt sind. Die Antwort muss „Ja“ lauten. Zunächst sind Modelle stets nur Modellierungen der Wirklichkeit. Sie stimmen nie ganz mit ihr überein. Es geht also nicht darum, ob ein Modell „richtig“ ist, sondern ob es „brauchbar“ ist. Dabei heißt „Brauchbarkeit“ in der Lehre nicht nur, ob es anschaulich und verständlich ist, sondern auch ob man mit dem Modell gute Vorhersagen machen kann. Am wenigsten brauchbar für Interferenzexperimente, die ja gerade das Wesentliche der Quantenphysik zeigen, erscheint in diesem Sinne das Kügelchenmodell (ohne Führungswelle).

Thematisieren der Fachmethode im Unterricht

Es ist nicht empirisch geklärt, welche Vorstellungen für die Schüler am hilfreichsten sind. Eines aber hilft stets: Die Fachmethode der Modellbildung transparent zu machen: Modelle werden gebildet, um physikalische Messergebnisse zu beschreiben und Vorhersagen zu ermöglichen. Dass man sich zur Wirklichkeit etwas dazu denkt, ist die grundlegende Methode der Physik. Allerdings hat jedes Modell seine Grenzen, die den Schülern auch deutlich gemacht werden sollten. Es geht hier also nicht nur um die Anwendung einer fachmethodischen Kompetenz, sondern auch um die Reflexion derselben.

7.3.6 Unbestimmtheit und Schrödingers Katze

Der Doppelspalt im Lichte der Interpretationen

Durch welchen Spalt ein Quantenobjekt beim Doppelspaltexperiment geht, wird also je nach Vorstellung unterschiedlich beantwortet: Im Kügelchenmodell geht ein Teilchen (mit Führungswelle) durch genau einen der Spalte. Im Wellenmodell geht ein Wellenpaket gleichzeitig durch beide Spalte, bevor die Welle am Detektor kollabiert. Im dualistischen Modell ist das Quantenobjekt bis nahe an die Detektion eine Welle, im Moment der Detektion oder kurz vorher wird die Welle zum Teilchen. Im stofflichen Modell breitet sich das verschmierte Quantenobjekt auch durch beide Spalte gleichzeitig aus, klumpt dann hinter den Spalten und zieht sich bei der Detektion blitzschnell zusammen.

Bei der Kopenhagener Interpretation wird es für Schüler schwieriger und abstrakter. Man sagt: Es ist unbestimmt, durch welchen Spalt das Quantenobjekt kommt. Dies ist prinzipiell etwas anderes als ein „Nichtwissen". Wenn wir nur nicht wüssten, durch welchen Spalt das Quantenobjekt geht, dann würden wir für die Verteilung der Nachweishäufigkeiten dennoch die Summe der Einzelspaltverteilungen erwarten.

$$\Delta x \cdot \Delta p \geq \frac{h}{4 \cdot \pi}$$

Diese über das Nichtwissen hinausgehende Unbestimmtheit gibt es nicht nur beim Ort, sondern auch bei anderen Größen der Quantenphysik. Die Tatsache, dass gewisse Größenpaare bestimmte Unbestimmtheiten nie unterschreiten, wird in verschiedenen Unbestimmtheitsrelationen formuliert. Während die Ortsunbestimmtheit durch verschmierte Objekte relativ gut anschaulich beschreibbar ist, sind Unbestimmtheiten bei der Energie und beim Drehimpuls wohl kaum anschaulich darstellbar.

Nach der Kopenhagener Deutung kann z. B. ein Photon bezüglich seiner Polarisation oder ein Atom bezüglich seiner Energie in einem unbestimmten Zustand sein. Schrödinger hat in seinem berühmten Katzenbeispiel diese Unbestimmtheit eines Quantenobjekts an den Zustand tot/lebendig einer Katze gekoppelt. Das Paradox besteht darin, dass man sich bei der Katze nicht vorstellen kann, dass sie in einem unbestimmten Zustand tot/lebendig sein soll, auch wenn sie unbeobachtet in einer Kiste eingeschlossen ist. Die teilweise Auflösung gelingt mithilfe des Komplementaritätsprinzips. Eine Messung (nachschauen), ob die Katze tot oder lebendig ist, ist gar nicht nötig. Es genügt, dass die Katze ständig so viele Wechselwirkungen mit der Umwelt (und sich selbst) hat, dass eine zwischen „tot" und „lebendig" unterscheidende Messung praktisch vom ersten Moment an möglich wäre. Dies genügt nach dem Komplementaritätsprinzip, um keine messbaren Interferenzen mehr zu haben. Man kann ausrechnen, dass der Überlagerungszustand tot/lebendig nicht einmal 10^{-30} s lang besteht. Ungeklärt bleibt durch diesen „Dekohärenz" genannten Mechanismus immer noch, wie die Entscheidung für einen der beiden Zustände „lebendig" oder „tot" fällt.

Schrödingers Katze

7.3.7 Zur Nichtlokalität

Fern- und Nahwirkung

Es gibt in der klassischen Physik keine Fernwirkungen, sondern nur Nahwirkungen, die sich maximal mit Lichtgeschwindigkeit ausbreiten. Man sagt auch, die klassische Physik verwendet nur *lokale Theorien:* Änderungen an einer Stelle wirken sich innerhalb einer kurzen Zeitspanne nur in der unmittelbaren Umgebung, also lokal, aus. Selbst wenn man mit einem Band an einem Körper zieht, tritt die Wirkung nicht instantan ein. Man kann sich dies so vorstellen: Der Impuls muss erst über die elektromagnetischen Felder von Atom zu Atom innerhalb des Bandes übertragen werden.

Verschränkte Photonen

In der Quantenphysik gibt es Phänomene, die in jeder Interpretation deutlich nichtlokalen Charakter zeigen. Ein Beispiel dafür sind Paare von verschränkten Photonen. Das Photonenpaar wird in nichtlinearen Kristallen erzeugt. Obwohl sie sich in verschiedene Richtungen auseinanderbewegen, zeigt sich bei Messungen, dass man sie als Einheit auffassen muss: Wenn man an einem der beiden Photonen eine Polarisationsmessung vornimmt, wird man anschließend am anderen Photon die gleiche Polarisation messen, und zwar instantan, auch bei großem Abstand, als ob sie durch ein „ideales Band" zusammenhingen. („Ideal" nennen wir das Band deshalb, weil ein solches Band die Wechselwirkung ohne Verzögerung von einem Ende zum anderen leiten würde.)

Nichtlokalität bei Interpretationen mit verborgenen Parametern

Doch auch einzelne Quantenobjekte verhalten sich nichtlokal. Besonders augenfällig wird dies bei Interpretationen mit verborgenen Parametern. Hier wirkt sich eine Veränderung am Experiment an einer Stelle instantan auf das Quantenpotenzial und damit auf das Quantenobjekt an einer anderen Stelle aus.

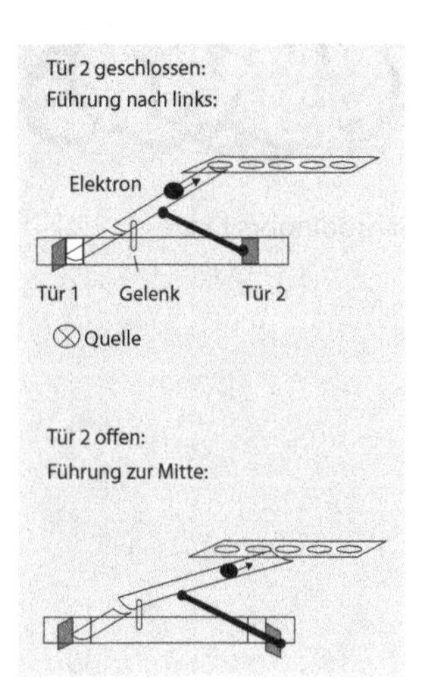

Betrachten wir als Beispiel eine vereinfachte Doppelspaltsituation: Wenn der rechte Spalt des Doppelspalts geschlossen ist, werde das Quantenobjekt links nachgewiesen. Wenn man den rechten Spalt öffnet, kann das Quantenobjekt zum Interferenzmuster beitragen, d. h. es kann auch in der Mitte des Schirms nachgewiesen werden. Wir wollen das zugehörige Quantenpotenzial durch eine schwenkbare Führungsschiene darstellen (Abb. am Rand). Durch Öffnen und Schließen des rechten Spalts durch Tür 2 ändert sich instantan die Führung für das Quantenobjekt. Das ist, als wäre der rechte Spalt durch ein „ideales Band" verbunden mit der Führung am linken Spalt, was die konkrete Bahn des Quantenobjekts instantan drastisch beeinflusst. In einer solchen Interpretation bilden also Quantenobjekt und Quantenpotenzial zusammen eine nichtlokale Einheit.

Wie kann man die Nichtlokalität eines einzelnen Quantenobjekts bei einer Interpretation ohne verborgene Parameter für Schüler deutlich machen? Ein Vorschlag: Wenn man – entgegen

Bohrs ausdrücklicher Empfehlung – eine Aussage machen wollte, wo sich das Quantenobjekt „zwischendurch" befindet, würde man wohl sagen, das Quantenobjekt sei „delokalisiert", also überall gleichzeitig, dabei nichtlokal zusammenhängend – ähnlich wie das Paar aus verschränkten Quantenobjekten. Diese Delokalisierung kann man z. B. aus der Tatsache schließen, dass das Quantenobjekt bei geöffnetem linkem Spalt auch den geschlossenen rechten Spalt „abtastet". Wie könnte es sonst „wissen", dass es zur Einzelspaltverteilung beitragen „muss"?

7.4 Formalismen für Vorhersagen

Alle hier vorgestellten Verfahren sind Ausschnitte aus dem Formalismus der Quantenphysik. Sie sind so elementarisiert, dass sie mit Schulmathematik handhabbar sind.

Anschaulichkeit des Formalismus selbst

Während es sehr schwierig ist, sich die Quantenphänomene selbst vorzustellen, kann man die in der Schule verwendeten Formalismen selbst anschaulich für die Schüler darstellen. Ein anschaulicher Formalismus sollte jedoch nicht als Aussage über die Phänomene genommen werden: So können die Schüler z. B. gut mit rotierenden Zeigern umgehen und damit Vorhersagen machen. Dies bedeutet aber nicht, dass Quantenobjekte rotierende Zeiger besitzen.

Von der Didaktik der Universität München wurde ein Internet-Quantenphysikkurs eingerichtet, der besonders viel Wert auf begriffliche Sauberkeit und auf die qualitativen Zusammenhänge der Quantenphysik legt (MILQ, Lehrstuhl für Didaktik der Physik).

7.4.1 Ein verbaler Formalismus für Interferenz und Komplementarität

Über die Komplementarität schreibt Scully: „Complementarity, perhaps the most basic principle of quantum mechanics, distinguishes the world of quantum phenomena from the realm of classical physics." Sie kann mit einem verbalen Modell beschrieben werden.

Die Regeln des verbalen Formalismus:

1. Auch einzelne Quantenobjekte können zu einem Interferenzmuster beitragen, wenn es für ein bestimmtes Versuchsergebnis mehr als eine *klassisch denkbare Möglichkeit* gibt, wie dieses Versuchsergebnis zustande kommen kann.
2. Interferenzmuster und *Unterscheidbarkeit* der klassisch denkbaren Möglichkeiten durch eine Messung schließen sich aus.

Hier sollen diese Regeln anhand einiger Beispiele erläutert und dabei die entscheidenden Begriffe etwas genauer beleuchtet werden:

- **Klassisch denkbare Möglichkeiten (zu 1.)**

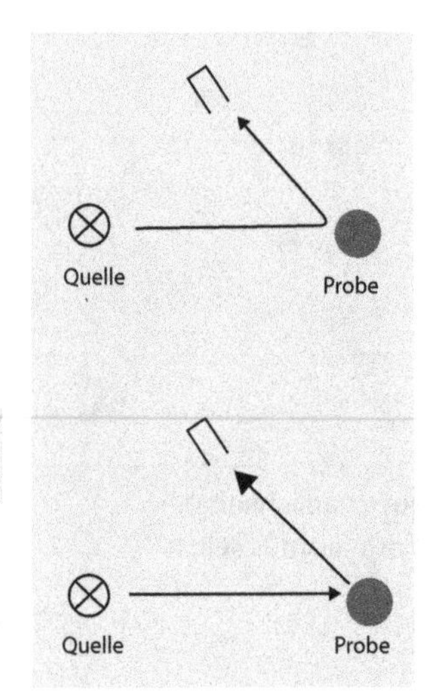

Das sind die Möglichkeiten, wie klassische Objekte zu einem bestimmten Versuchsergebnis führen würden. Beim Doppelspalt wäre das Versuchsergebnis z. B: Ein Photon wird am Ort x nachgewiesen. Dafür gibt es – klassisch gedacht – zwei Möglichkeiten, nämlich „durch den linken Spalt" und „durch den rechten Spalt". Bei der Streuung von ^{12}C-Kernen an einer ^{12}C-Probe ist das Versuchsergebnis: Der Detektor registriert einen ^{12}C -Kern. Die erste klassisch denkbare Möglichkeit ist, dass der emittierte Kern in den Detektor gestreut wird (Abb. am Rand). Die zweite klassisch denkbare Möglichkeit ist, dass der emittierte Kern den streuenden Kern aus der ^{12}C -Probe herausschlägt und dessen Platz einnimmt.

Was tatsächlich geschieht, ist nach der Kopenhagener Interpretation unbestimmt. Nach dieser ist nur sicher, dass keine der beiden klassischen Möglichkeiten realisiert wird.

- **Unterscheidbarkeit (zu 2.)**

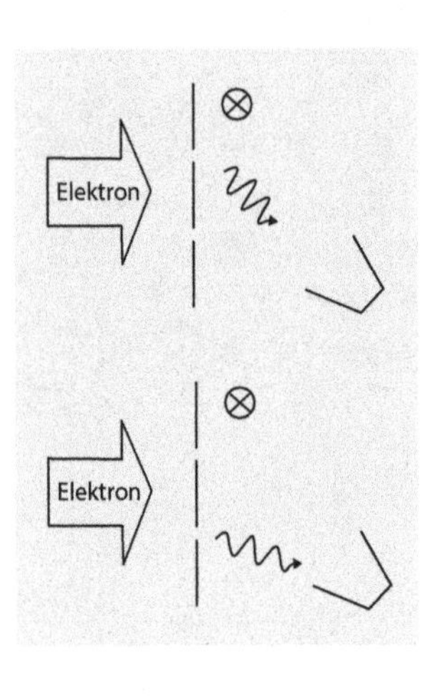

Zwei klassisch denkbare Möglichkeiten sind dann voneinander unterscheidbar, wenn eine *unterscheidende Messung* gemacht werden könnte. Beim Doppelspaltversuch mit Elektronen könnte man eine Ortsmessung des Elektrons durch Streuung eines Photons in der Nähe der beiden Spalte machen. Beim Doppelspalt ist dies zwar nur ein Gedankenexperiment, bei Interferometerversuchen gelingt dies aber tatsächlich. Je nachdem, welcher Impuls für das Photon gemessen wird, kann man eine Zuordnung zu den beiden klassisch denkbaren Möglichkeiten „durch den linken Spalt" oder „durch den rechten Spalt" machen. Schematisch ist dies in der Abbildung am Rand dargestellt.

Leider kann man nicht einmal sagen, dass im oberen Fall der Abbildung das Elektron durch den linken Spalt gegangen sein muss. (Insofern ist der Begriff Welcher-Weg-Information ein wenig irreführend.) Man kann nämlich das gestreute Photon für beide Möglichkeiten so spiegeln, dass anschließend eine Zuordnung zu den beiden klassisch denkbaren Möglichkeiten nicht mehr möglich ist. In diesem Fall kann man wieder Interferenz beobachten. Da man die Zuordnungsinformation wieder gelöscht hat, heißen solche Experimente Quantenradierer-Experimente. Die Entscheidung, ob man die Zuordnung wieder löscht oder nicht, kann man so lange hinauszögern, bis das Elektron am Schirm nachgewiesen wird. Folglich ist es in keinem der Fälle legitim zu sagen, das Elektron wäre tatsächlich durch einen der beiden Spalte gegangen.

In vielen Experimenten zeigt sich auch: Die Messung (in unserem Fall mit dem Messgerät für den Photonenimpuls) muss nicht tatsächlich durchgeführt werden, damit das Interferenzmuster verschwindet, das Messgerät muss nicht einmal aufgestellt werden. Es genügt völlig, dass die unterscheidende Messung am Photonenimpuls oder an irgendeinem anderen Teil der Umgebung möglich wäre.

Die Möglichkeit zur Messung genügt

Wir machen mithilfe des verbalen Formalismus eine Vorhersage:

Wir streuen Neutronen an einem ^{13}C-Kristall. Jeder der ^{13}C-Kerne kommt – klassisch gedacht – als mögliches Streuzentrum für ein Neutron infrage. Wir erwarten also aufgrund der vielen klassisch denkbaren Möglichkeiten zunächst einmal Interferenz.

Anwendung auf die Neutronenstreuung an ^{13}C

Nun haben aber sowohl die Neutronen als auch die ^{13}C-Kerne einen Spin. Wenn ein Neutron mit Spin „up" an einem Kern mit Spin „down" gestreut wird, dann können beide – unter Drehimpulserhaltung – ihren Spin wechseln. Wenn ein Neutron bei der Streuung den Spin wechselt, so hat im Gegenzug eines der Streuzentren den Spin ebenfalls (in die Gegenrichtung) gewechselt. Auch wenn man nicht in den Kristall kriechen und alle Spins vor und nach dem Streuvorgang vergleichen kann, so wurde doch in der Umgebung eine Information hinterlassen, welche die Streuung an dem einen Streuzentrum von den anderen klassisch denkbaren Möglichkeiten unterscheidbar macht. Dies ist ein Beispiel für Welcher-Weg-Information.

Einfluss des Spins

Wir erwarten also für Neutronen, deren Spin umgedreht wird, dass sie nicht zum Interferenzmuster beitragen. Neutronen, deren Spin sich nicht ändert, sollten zum Interferenzmuster beitragen (▫ Abb. 7.7). Genau dies wird in Messungen beobachtet.

7.4.2 Der Zeigerformalismus

Der Zeigerformalismus ist in der Schule schon lange ein bewährtes Mittel, um Interferenzphänomene in der Optik zu beschreiben.

Nach dem Huygens-Prinzip werden für ausgezeichnete „Zeigerlinien" die Phasenwinkel der Elementarwellen durch Abrollen eines Zeigerrads mit Umfang λ bestimmt. Die am Ende erhaltenen Zeiger werden vektoriell addiert. Das Betragsquadrat der Vektorsumme ist ein Maß für die Intensität $I(x)$ am Ort x. In ▫ Abb. 7.8 sind die Zeigerlinien beim Doppelspaltexperiment für $x=0$ eingezeichnet.

Der Zeigerformalismus bei klassischen Spaltexperimenten

7

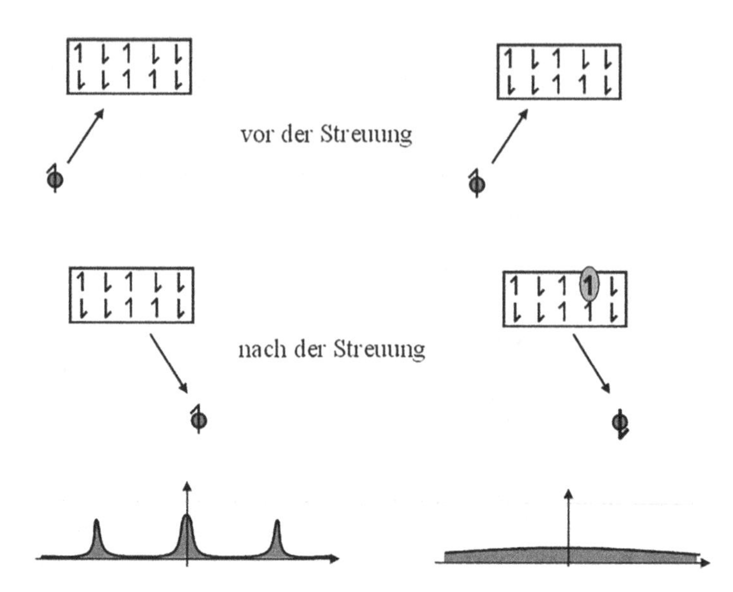

Abb. 7.7 Während ohne Umklappen des Spins (links) die Möglichkeiten nicht unterscheidbar sind, ist mit Umklappen (rechts) eine Zuordnung prinzipiell möglich. (Spinflip am vierten Kern in der oberen Reihe.)

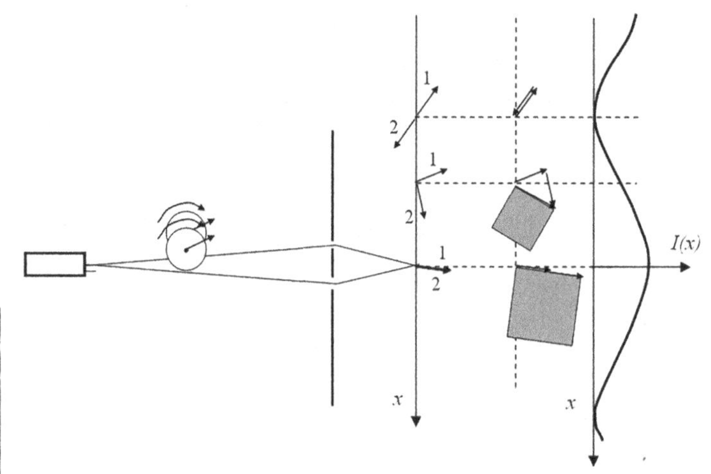

Abb. 7.8 Zeigerstellungen für verschiedene Detektorpositionen

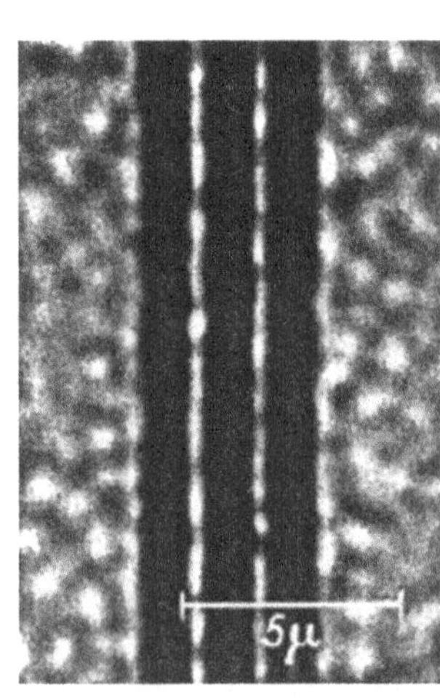

Besonders ökonomisch können mit dem Zeigerformalismus die Intensitätsverteilungen von Mehrfachspalten berechnet werden. In Abb. 7.9 sieht man die Verteilung von Elektronen bei einem Dreifachspalt. Deutlich zu erkennen: die Nebenmaxima zwischen den Hauptmaxima. Eine Aufnahme des Dreifachspalts selbst ist am Rand zu sehen.

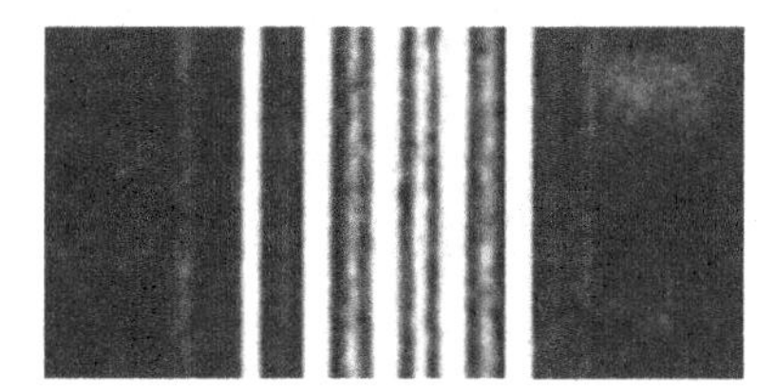

Abb. 7.9 Interferenzmuster für Elektronen in einem Dreifachspaltexperiment

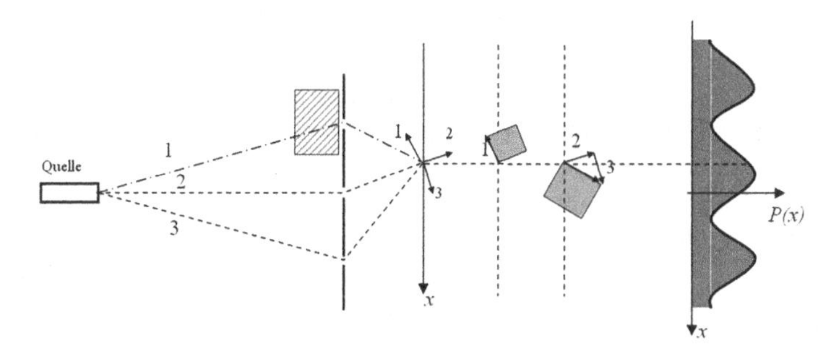

Abb. 7.10 Dreifachspalt mit Ortsmessung am obersten Spalt

Für die Quantenphysik wird der gleiche Formalismus verwendet, er wird nur anders interpretiert:

- Das Betragsquadrat des Summenzeigers ist nun ein Maß für die Nachweiswahrscheinlichkeit $P(x)$.
- Es dürfen nur Zeiger vektoriell addiert werden, die zu nicht unterscheidbaren Möglichkeiten gehören.

Die Zeigerregeln für die Quantenphysik

Die Regeln lauten demnach für die Quantenphysik: Um die Wahrscheinlichkeit dafür zu bestimmten, dass ein Quantenobjekt (emittiert von der Quelle Q) am Ort x nachgewiesen wird, müssen folgende Regeln beachtet werden:

1. Suche alle Zeigerlinien zwischen Quelle Q und Ort x.
2. Bestimme die Zeiger zu jeder Zeigerlinie.
3. Addiere die zu ununterscheidbaren Möglichkeiten gehörenden Zeiger vektoriell.
4. Quadriere alle Summenzeiger und zähle die Quadrate zusammen.

Das Ergebnis ist $P(x)$ für den Ort x.

Wir machen eine Vorhersage für $P(x)$ bei einem Dreifachspaltexperiment, wobei wir an einem Spalt eine (unterscheidende) Ortsmessung durchführen (Abb. 7.10).

Anwendungsbereich des Zeigerformalismus

Wir erhalten als Wahrscheinlichkeitskurve eine Doppelspaltverteilung (von den beiden unteren Spalten) addiert zu einer Einzelspaltverteilung (vom oberen Spalt).

Mithilfe der Zeiger können nicht nur Interferenzexperimente, sondern auch Reflexion und Brechung, gebundene Zustände und stehende Materiewellen beschrieben werden (Bader 1994; Feynman 1988; Küblbeck 1997).

7.4.3 Der Formalismus mit den Wahrscheinlichkeitspaketen

7

E. Schrödinger

Ausbreitungsphänomene wie die Interferenzversuche können mit der Schrödinger-Gleichung beschrieben werden. Dabei folgt man einem festen Algorithmus:

1. Man stelle die Schrödinger-Gleichung auf und löse sie für die gegebenen Randbedingungen. Man erhält $\psi(x)$.
2. Man bilde das Betragsquadrat $|\psi(x)|^2$ der Lösung.
3. Man interpretiere das Betragsquadrat als Nachweiswahrscheinlichkeit bei einer Ortsmessung.

Die zeitliche Entwicklung der Wahrscheinlichkeitsfunktionen ist streng determiniert. Erst bei der Interpretation von $|\psi(x)|^2$ als Wahrscheinlichkeit kommt das stochastische Element herein.

Im Schulunterricht kann man die komplexwertige Differenzialgleichung für $\psi(x)$ kaum lösen. Man kann aber einige qualitative Regeln für die zeitliche Entwicklung sehr anschaulich notieren. Statt der komplexwertigen ψ-Funktionen betrachten wir gleich deren Betragsquadrate und nennen sie Wahrscheinlichkeitspakete $P(x,y,z,t)$. $P(x,y,z,t)$ gibt die Wahrscheinlichkeit dafür an, das Quantenobjekt bei einer Ortsmessung zur Zeit t am Ort (x,y,z) nachzuweisen. Obwohl die Pakete exponentiell im Ortsraum abfallen, zeichnen wir sie für mehr Übersichtlichkeit mit scharfem Rand. Der getönte Bereich ist der Bereich, für den die Wahrscheinlichkeit merklich (also z. B. mehr als 1 % des Maximalwerts) von null verschieden ist.

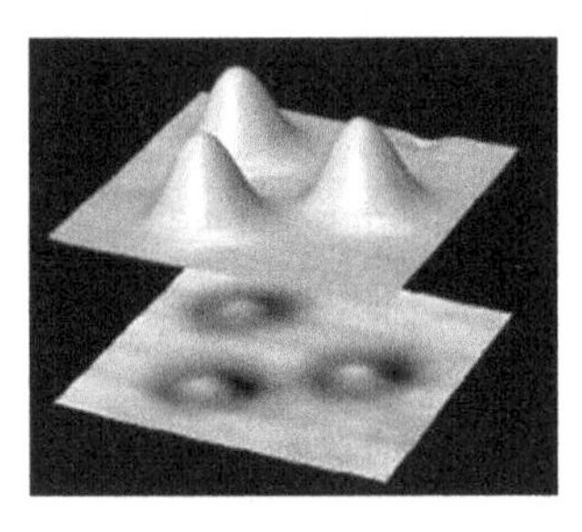

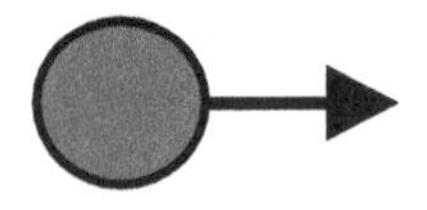

Regeln für die Wahrscheinlichkeitspakete

Für die zeitliche Entwicklung der Pakete $P(x,y,z,t)$ können Regeln aufgestellt werden (◘ Tab. 7.1). Diese Regeln entspringen direkt der zeitabhängigen Schrödinger-Gleichung für Interferenzexperimente. Sie sind so formuliert, dass die Nachweiswahrscheinlichkeiten bei Ortsmessungen richtig beschrieben werden. Mithilfe dieser Regeln gelingen Vorhersagen für Interferenzexperimente. Wir wenden sie auf ein Atominterferometerexperiment (◘ Abb. 7.11) an. Im Überlappungsbereich können Interferenzeffekte festgestellt werden.

Anwendungen für den Formalismus mit den Wahrscheinlichkeitspaketen

In einem weiteren Atominterferometer-Experiment emittiere das Quantenobjekt unterwegs ein Photon (◘ Abb. 7.12). Da dieses gleich wahrscheinlich auf beiden Wegen nachgewiesen werden könnte, müssen auch für das Photon zwei Pakete gezeichnet werden. Trotz der Überlappung der Atompakete kann kein Interferenzeffekt gemessen werden, weil die Photonenpakete

Tab. 7.1 Regeln für die die zeitliche Entwicklung der Pakete $P(x,y,z,t)$

Regel	Bild zur Zeit t_1	Bild für $t_2 > t_1$
1. Ohne Hindernis laufen die Wahrscheinlichkeitspakete geradlinig weiter		
2. An einem Spiegel werden sie reflektiert. (Im Experiment werden die Quantenobjekte praktisch nur im getönten Bereich nachgewiesen, nicht jedoch z. B. hinter dem Spiegel.)		
3. An einem Strahlteiler wird das Paket geteilt: Eine Hälfte läuft hinter dem Strahlteiler weiter, die andere wird reflektiert. (Im Experiment wird etwa die Hälfte der Quantenobjekte hinter dem Strahlteiler nachgewiesen, die andere Hälfte „unterhalb".)		
4. Genau dann, wenn sich zwei Teilpakete desselben Wahrscheinlichkeitspakets räumlich überlappen, bilden sie Verdichtungen und Verdünnungen. (Diese sind Bereiche hoher und niedriger Nachweiswahrscheinlichkeit. Damit wird also die Interferenz beschrieben.)		
5. Wenn zwei Quantenobjekte z. B. durch einen Stoß miteinander wechselwirken, dann bilden sich im Anschluss nur noch dann Verdichtungen und Verdünnungen, wenn sich die Pakete *beider* Partner überlappen.		

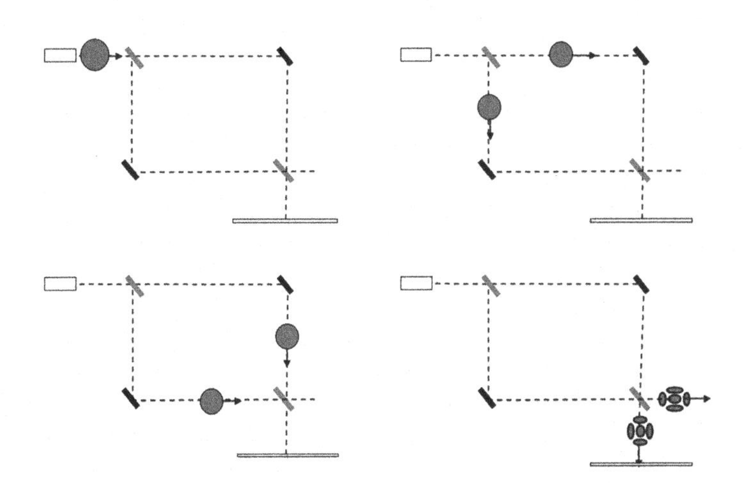

Abb. 7.11 Beschreibung eines Atoms in einem Interferometer mithilfe von Wahrscheinlichkeitspaketen. Da sich die Teilpakete am Schluss überlagern, erhält man ein Interferenzmuster

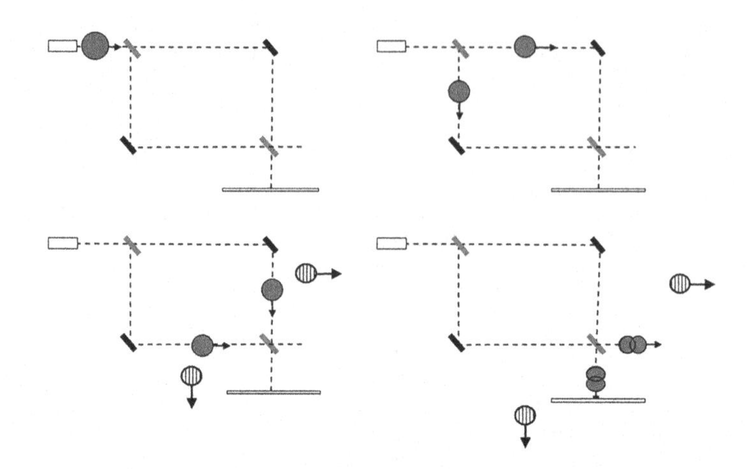

Abb. 7.12 Ein Atom in einem Interferometer emittiert ein Photon Zwar überlappen die Teilpakete des Atoms am Schluss, aber die Teilpakete des Photons (schraffiert) tun dies nicht. Dies genügt, damit das Interferenzmuster nicht mehr beobachtbar ist

nicht überlappen. Dies zeigt, dass an diesen eine unterscheidende Messung im Sinne von ► Abschn. 7.3.1 möglich wäre. Damit greift das Komplementaritätsprinzip und man kann kein Interferenzmuster mehr bekommen.

7.4.4 Lösen der stationären Schrödinger-Gleichung

Stellenwert der Schrödinger-Gleichung

Die Schrödinger-Gleichung hat für die Quantenphysik den gleichen Stellenwert wie die Newton'schen Gesetze für die Mechanik. Sie erlaubt Vorhersagen für die Zeitentwicklung von quantenphysikalischen Systemen. Die Lösungen der Schrödinger-Gleichung sind im Ortsraum ψ-Funktionen. Deren Betragsquadrat $|\psi(x)|^2$ ist ein Maß für die Nachweiswahrscheinlichkeit der beteiligten Quantenobjekte, wenn man an ihnen Ortsmessungen durchführen würde.

Mithilfe der Schrödinger-Gleichung gelingt eine Erklärung der Atomspektren. Eine wünschenswerte Kompetenz wäre, wenn Schüler das Wasserstoffspektrum plausibel erklären könnten. Die Verwendung komplexer Zahlen kann man dadurch vermeiden, dass man nur die stationäre Gleichung löst. Doch auch dann ist die Differenzialgleichung zu schwierig, um sie im Schulunterricht zu lösen. Hier bietet sich die Lösung mit dem Computer an. Das notwendige Vorverständnis dafür, was die Differenzialgleichung bedeutet, erreicht man, indem man sich ihr mit einem intuitiven Krümmungsbegriff nähert.

Bevor die Schüler mit dem Computer die Schrödinger-Gleichung lösen, sollten sie folgende Kompetenzen erreicht haben:

- Sie können erstens qualitative Lösungen $\psi(x)$ für einfache Potenziale skizzieren.
- Sie können zweitens erläutern, wie der Formalismus zu diskreten Energieniveaus führt.

Für Ersteres schreibt man die Schrödinger-Gleichung in der Form

$$\psi''(x) = K \cdot (-\boldsymbol{\psi}(\boldsymbol{x})) \cdot (\boldsymbol{E} - \boldsymbol{E}_{\mathrm{L}}(\boldsymbol{x})) \text{ mit } K = \frac{8\pi^2 m}{h^2}$$

$\psi''(x)$ könnte man „Gekrümmtheit" der Kurve nennen. (Die mathematisch definierte Krümmung ist hingegen eine Funktion von 1. und 2. Ableitung. Dieser Unterschied ist jedoch für den Unterricht nicht wesentlich.) Wenn $\psi''(x) > 0$ ist, dann macht das Schaubild für wachsende x -Werte eine Linkskurve und umgekehrt.

Man kann mit den Schülern zunächst mit einfachen Funktionalgleichungen wie $\psi''(x)=$konst. beginnen oder auch mit der Schwingungsdifferenzialgleichung einsteigen, welche ja die gleiche Form wie die Schrödinger-Gleichung für ein konstantes Potenzial

$$\psi''(x) = c \cdot (-\psi(x))$$

hat. Wenn das konstante Potenzial nun durch ein linear sich änderndes Potenzial ersetzt wird, so bekommt man qualitativ Lösungen, die schon viele Eigenschaften der Eigenfunktionen für das Wasserstoffatom zeigen. So zeigt in der Abbildung am Rand die untere Funktion eine mit wachsenden x-Werten abnehmende Krümmung, die zu dem Potenzial darüber mit dem für wachsende x abnehmenden Faktor ($E - E_{\mathrm{L}}(x)$) passt.

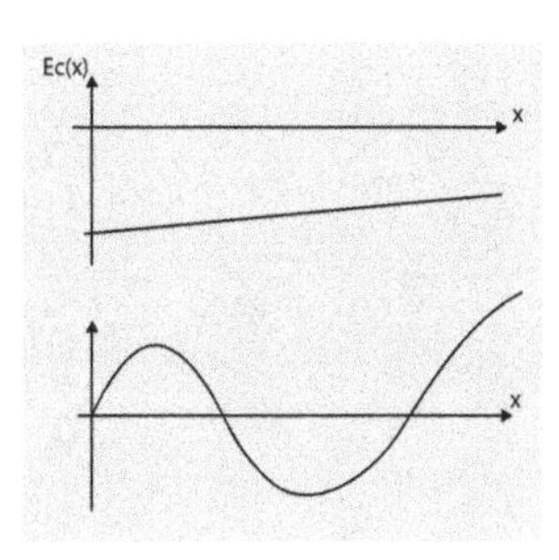

Danach muss man – zweitens – über die Randbedingungen sprechen, denn erst diese führen ja zu den Eigenfunktionen und den diskreten Energiewerten.

Computer-Modellbildungssysteme

Mithilfe von Computer-Modellbildungssystemen kann man die Eigenwerte mit ausreichender Genauigkeit finden. Mit einigen Zusatzannahmen gelingt es auf diese Weise, Moleküle bis hin zu Festkörpern und Quantenpferchen zu modellieren (Niedderer und Petri 1997).

Ein Java-Programm, das Orbitale sehr ästhetisch mit räumlich drehbaren Animationen darstellt, ist „HydrogenLab", kostenlos herunterladbar: ▶ www.hydrogenlab.de.

7.5 Abschließende Bemerkungen

Trotz der Unanschaulichkeit der Quantenphysik gibt es mittlerweile einige vielversprechende didaktische Ansätze, mit denen Schüler wichtige Kompetenzen im Bereich der Quantenphänomene vom Doppelspaltexperiment bis zum Wasserstoffatom erwerben können. Im Einzelnen sind dies die folgenden:

Erkenntnisgewinnung: Die Schülerinnen und Schüler können
- den prinzipiellen Aufbau von typischen Quantenexperimente wiedergeben,
- die auftretenden Versuchsergebnisse mithilfe von Grundprinzipien der Quantenphysik einordnen,
- die Versuchsergebnisse mithilfe der grafischen Lösungen der Schrödinger-Gleichung beschreiben,
- Experimente interpretieren im Hinblick auf Vereinbarkeit mit der klassischen Beschreibung der Physik,
- zu Quantenphänomenen, die in einem Experiment auftreten, weitere Beispielexperimente nennen.

Eine mathematische Beschreibung gelingt eher nicht, wohl aber die Interpretation der grafisch dargestellten Lösungen der Schrödinger-Gleichung.

Kommunikation: Die Schülerinnen und Schüler können
- erläutern, inwiefern Experimente mit der klassischen Beschreibung nicht vereinbar sind,
- Messdaten auf typische Quantenmerkmale hin untersuchen.

Bewertung: Die Schülerinnen und Schüler können
- einschätzen, in welchen Situationen der Mikrowelt mit Quanteneffekten zu rechnen ist,
- einschätzen, ob ein Bericht über die Mikrowelt vereinbar ist mit quantenphysikalischen Grundprinzipien.

Literatur

Arndt et al. (1999). Wave-particle duality of C_{60}. Nature 401, 680.

Bader F. (1994). Optik und Quantenphysik nach Feynmans QED. Physik in der Schule 32, 250.

Dürr S. Nonn T. & Rempe G. (1998). Origin of quantum-mechanical complementarity by a "which way" experiment in an atom interferometer. Nature 395, 33.

Feynman R. (1988). QED – Die seltsame Theorie des Lichts und der Materie. München: Piper.

Herrmann F. und Laukenmann M. (1998). Der Karlsruher Physikkurs, Gesamtband für Lehrer, Köln: Aulis.

Küblbeck J. (1997). Modellbildung in der Physik. Hrsg. v. Landesinstitut für Schulentwicklung, Stuttgart.

Küblbeck J. und Müller R. (2002; 2003). Die Wesenszüge der Quantenphysik. Köln: Aulis. vergriffen Download-Link: ▶ https://www.dropbox.com/sh/pu6rb5hgupc206a/AAASyWuO7ZfHbvOB8tDOTmkqa?dl=0

Kurtsiefer C., Pfau T.& Mlynek T. (1997). Nature 386, 150.

Leisen, J. (2000). Quantenphysik – Mikroobjekte. Handreichung zum neuen Lehrplan Physik in der Sekundarstufe II. ▶ http://www.josefleisen.de/downloads/physikdidaktik/34%20Quantenphysik%20-%20Mikroobjekte.pdf

Lehrstuhl für Didaktik der Physik, LMU München: MILQ. Münchener Internetprojekt zur Lehrerfortbildung in Quantenmechanik. ▶ http://milq.tu-bs.de/

Muthsam K. (1998). ▶ https://www.didaktik.physik.uni-muenchen.de/archiv/inhalt_materialien/doppelspalt/index.html

Niedderer H. & Petri J. (1997). Mit der Schrödinger-Gleichung vom H-Atom zum Festkörper, Unterrichtskonzept für Lehrer, Bremen. ▶ http://www.idn.uni-bremen.de/projekte.php?id=59

Universität Leiden 2008 ▶ https://www.youtube.com/watch?v=MbLzh1Y-9POQ

Elementarteilchenphysik in der Schule

Jochen Schieck

E. Kircher et al. (Hrsg.), *Physikdidaktik | Methoden und Inhalte*,
https://doi.org/10.1007/978-3-662-59496-4_8

Die Elementarteilchenphysik beschäftigt sich mit den fundamentalen Bausteinen und deren Wechselwirkung untereinander. Mit dem Standardmodell existiert eine Theorie, die konsistent alle Experimente im Bereich der Elementarteilchenphysik erklärt. Mit der Entdeckung des Higgs-Bosons 2012 am CERN wurde der letzte fundamentale Baustein experimentell nachgewiesen und damit wurden alle Teilchen beobachtet. Es gibt jedoch einige Messungen, die nicht mit dem Standardmodell der Teilchenphysik erklärt werden können. Diese Messungen sind hauptsächlich durch astrophysikalische Beobachtungen motiviert. So wird z. B. die Gravitation nicht durch das Standardmodell beschrieben, es existiert kein Teilchenkandidat für die sog. Dunkle Materie, und die Asymmetrie zwischen Materie und Antimaterie kann nicht erklärt werden. Die Entwicklung einer fundamentaleren Theorie, die auch diese Beobachtungen erklären kann, ist daher aktuell das wichtigste Forschungsziel.

Der Large Hadron Collider am CERN

Mit der Inbetriebnahme des „Large Hadron Collider"(LHC)-Experiments am CERN in Genf ist die Teilchenphysik in den Fokus der Öffentlichkeit gerückt. Die zunächst kritischen Berichte über die Produktion von mikroskopischen Schwarzen Löchern wurden bald durch Erfolgsmeldungen über die Entdeckung des seit Langem gesuchten Higgs-Bosons und die Verleihung des Nobelpreises 2013 abgelöst.

Leider wird die Elementarteilchenphysik im Schulunterricht nur am Rande behandelt. Es zeigt sich allerdings, dass das Interesse von Jugendlichen an diesen fundamentalen Fragestellungen sehr groß ist. In den letzten Jahren haben die Teilchenphysiker die Öffentlichkeitsarbeit deutlich verstärkt, und sie sprechen auch mit speziellen Programmen wie der „Masterclass" Schülerinnen und Schüler der höheren Jahrgangsstufen direkt an. Obwohl die konkreten Lösungen und experimentellen Umsetzungen in der Teilchenphysik sehr komplex sind, kann man die Fragestellungen und die Ideen bzw. Konzepte für die Lösung relativ einfach skizzieren.

Forschungs- und Diskussionsstand der Elementarteilchenphysik

▶ Abschn. 8.1 beschreibt den *gegenwärtigen Forschungs- und Diskussionsstand der Elementarteilchenphysik* – u. a. die wichtigsten *Grundbegriffe der Teilchenphysik* im Überblick, experimentelle Methoden, die fundamentalen Bausteine und deren Wechselwirkungen. Es werden neue Ergebnisse über *die Entdeckung des Higgs-Bosons* und über die *Existenz von „Dunkler Materie"* ebenso diskutiert wie bestehende *offene Fragen der Teilchenphysik.*

Inhalte für den Unterricht

In ▶ Abschn. 8.2 werden *Inhalte* für den Physikunterricht zusammengefasst, in ▶ Abschn. 8.3 wird auf die *Erkenntnismethoden* und die *experimentellen Herausforderungen* der Elementarteilchenphysik eingegangen. ▶ Abschn. 8.4 behandelt die *Feynman-Diagramme* als *spezielle Darstellungen* der Teilchenphysik und ▶ Abschn. 8.5 beschreibt zwei ausgewählte *Beispiele für den Unterricht.*

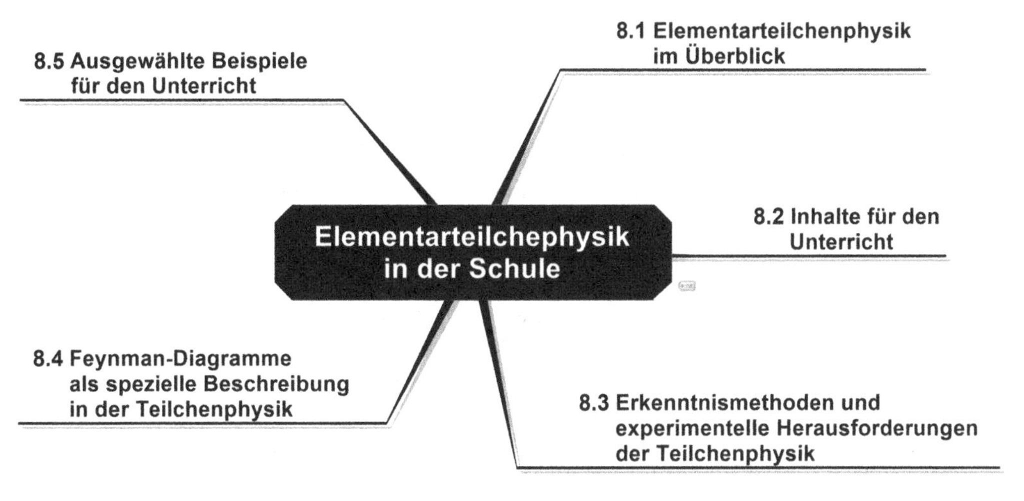

Abb. 8.1 Übersicht über die Teilkapitel

Abb. 8.1 gibt einen grafischen Überblick über das Kapitelstruktur.

8.1 Elementarteilchenphysik im Überblick

Unterteilung in immer kleinere Bausteine

Die Frage nach dem „Wohin" und dem „Woher" beschäftigt die Menschheit schon seit jeher. Antworten wurden sowohl in der nächtlichen Beobachtung der Sterne am Firmament gesucht als auch in der Frage nach den fundamentalen Bausteinen unserer Materie und der fundamentalen Wechselwirkungen, die sie verbinden. Das bekannteste Beispiel dürfte Demokrit sein, der aus Überlegungen heraus postulierte, dass die Welt aus unteilbaren Bausteinen aufgebaut ist. Der Wunsch, die vielfältigen Objekte in unserer Umgebung über die Zusammensetzung kleinerer Bausteine zu klassifizieren, zieht sich bis heute durch unsere Geschichte. Ein bekanntes Beispiel für eine solche Klassifizierung ist die Einordnung der chemischen Elemente in das Periodensystem der Elemente durch Dimitri Mendelejew und Lothar Meyer. Hundert Jahre später, im 20. Jahrhundert, konnte dann diese empirische Klassifizierung durch die Quantenmechanik erklärt werden.

Klassifizierung der elementaren Bauteile und Analogie zum Periodensystem der Elemente

Im Jahr 1897 wurde erstmals das Elektron durch J.J. Thompson als ein *Elementarteilchen,* wie wir es heute kennen, nachgewiesen. Nach und nach wurden weitere fundamentale Bausteine entdeckt, die nicht als Element im bekannten Sinne klassifiziert werden konnten. Das Proton, Neutron und Elektron wurden als Baustein des Atoms identifiziert, andere Elementarteilchen, wie das Pion oder Myon, konnten nur in der kosmischen Höhenstrahlung nachgewiesen werden. Neben der Untersuchung der kosmischen Höhenstrahlung stellte sich die natürliche Radioaktivität als ein wichtiges experimentelles Werkzeug im Bereich der Kern- und Teilchenphysik heraus. Die wohl wichtigste experimentelle Methode der modernen Elementarteilchenphysik wurde jedoch bereits 1911 durch Ernest Rutherford eingeführt. Mit dem „Rutherford'schen Streuexperiment" zog er Rückschlüsse auf den inneren Aufbau des Atoms, eine Methodik, wie sie auch heute noch bei modernen Experimenten, wie z. B. dem LHC am CERN, Genf, angewendet wird.

Die moderne Elementarteilchenphysik steht in guter Tradition zu den Entwicklungen der letzten Jahrhunderte. Analog zu Mendelejew und Meyer versucht man zunächst empirisch, die bekannten Teilchen zu klassifizieren und dann über den Aufbau aus fundamentaleren Elementarteilchen zu erklären. In den 1960er-Jahren hat Murray Gell-Mann die bisher nachgewiesenen Hadronen als aus „Quarks" zusammengesetzte Systeme postuliert. Diese Quarks bilden zusammen mit den Leptonen, zu denen das Elektron gehört, die Materiebausteine des Standardmodells der Teilchenphysik. Die Anzahl der entdeckten elementaren Bausteine ist in ◘ Abb. 8.2 als Funktion der Zeit dargestellt.

Das Standardmodell der Teilchenphysik ist eine hervorragende Theorie, die unseren kompletten Wissenstand im Bereich der elementaren Teilchen und deren Wechselwirkung zusammenfasst. In ► Abschn. 8.2 und 8.3 wird dieses Wissen zusammengefasst.

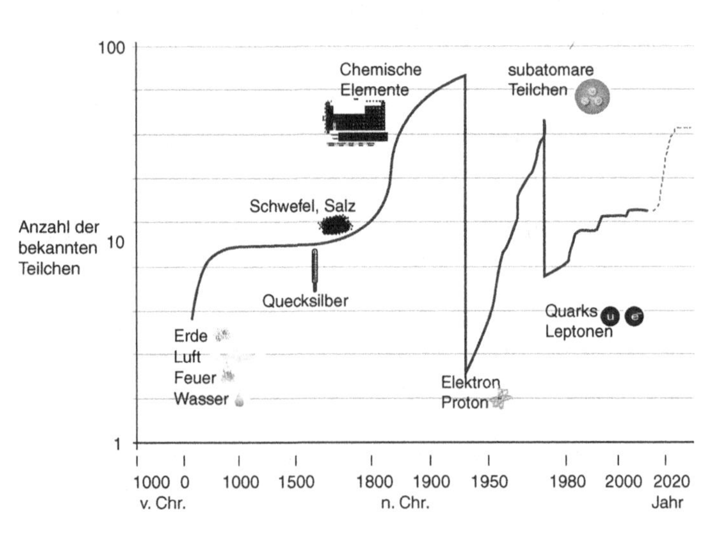

◘ **Abb. 8.2** Die zeitliche Entwicklung der Anzahl der fundamentalen Bausteine von der Antike bis zur heutigen Zeit. (© Excellence Cluster Universe 2013)

8.1.1 Experimentelle Methoden

Zusammenspiel zwischen Theorie und Experiment

Das Standardmodell der Teilchenphysik stellt eine ganze Reihe von Rechenregeln zur Verfügung, mit denen es möglich ist, exakte Berechnungen für Prozesse mit Elementarteilchen durchzuführen. Neben diesen auf dem Standardmodell basierenden Berechnungen liefern theoretische Physiker Vorhersagen für Prozesse, die auf neuen Modellen, wie z. B. der Supersymmetry (SUSY), basieren.

Die experimentelle Elementarteilchenphysik sucht mit Detektoren nach neuen, bisher unbeobachteten Phänomenen oder testet die Vorhersagen des Standardmodells bzw. Vorhersagen der verschiedenen Theoriemodelle. Bevorzugtes Mittel der Wahl sind dabei die Beschleunigerexperimente, bei denen Elementarteilchen auf höchste Energien und anschließend zur Kollision gebracht werden.

Mit hohen Energien können immer kleinere Strukturen aufgelöst werden

Diese Art von Streuexperimenten erlauben es, Rückschlüsse auf die fundamentalen Bausteine der Materie und deren Wechselwirkung zu ziehen. Drei Aspekte stehen dabei im Vordergrund:

- *Auflösung von Strukturen:* Dem beschleunigtem Elementarteilchen, der Sonde, kann über die De-Broglie-Gleichung $\lambda = h/p$ eine Wellenlänge λ zugeordnet werden, wobei h das Planck'sche Wirkungsquantum und p der relativistische Impuls der Sonde ist. Die Sonde wird an dem zu untersuchenden Objekt gestreut, und die Messung der Winkelverteilung der ausgehenden, gestreuten Sonde erlaubt Rückschlüsse auf die Struktur des Objekts. Die Wellenlänge und damit die Auflösung, mit der das Objekt untersucht werden kann, ist umgekehrt proportional zum Impuls bzw. zur Energie der Sonde. Bekanntestes Beispiel dürfte der Rutherford'sche Streuversuch sein, bei dem α-Kerne an Goldatomen gestreut wurden und damit die Größe des Atomkerns gemessen wurde. Ein jüngeres Beispiel sind die Experimente am HERA-Beschleuniger am DESY in Hamburg (1992–2007). Dabei wurden Elektronen bzw. Positronen als Sonde benutzt, um die Struktur des Protons präzise zu vermessen.

Über die Relation $E = mc^2$ können durch sehr hohe Energien neue massive Teilchen produziert werden

- *Produktion von massiven Teilchen:* Bei der Kollision von hochenergetischen Elementarteilchen können sich diese gegenseitig vernichten und die dabei frei werdende Energie wird in Form von neuen Elementarteilchen freigesetzt. Die Masse der produzierten Elementarteilchen steht über die Äquivalenzbeziehung von Masse und Energie ($E = mc^2$) mit der Energie der einfallenden Teilchen in Relation. Ein bekanntes Beispiel dürfte die Entdeckung des Higgs-Bosons am LHC (2012) sein. Dabei haben sich bei der Kollision zweier Protonen Quarks bzw. Gluonen aus den Protonen gegenseitig vernichtet, und die kinetische Energie dieser Teilchen wurde in die Masse und den Impuls des Higgs-Bosons umgewandelt.

Präzisionsmessungen erlauben den indirekten Zugang zu neuen Phänomenen

- *Produktion von neuen Teilchen in virtuellen Korrekturen:* Bei der Produktion von neuen Teilchen ist die Masse der Teilchen beschränkt durch die Energie der sich vernichtenden Teilchen. Die Quantenmechanik erlaubt allerdings über die Heisenberg'sche Unschärferelation $\Delta E \cdot \Delta t \geq h/2\pi$ eine kurzzeitige Existenz von energiereichen Teilchen (ΔE und Δt beschreiben die Energie- und Zeitunschärfe, und h ist das Planck'sche Wirkungsquantum). Die Gesamtenergie dieser virtuellen Teilchen kann kurzfristig über der im Prozess verfügbaren Gesamtenergie liegen. Diese energiereichen Teilchen sind nicht direkt nachweisbar, aber ihr Auftreten ist plausibel und kann Beobachtungen erklären, die ohne diese massiven Teilchen zu anderen Ergebnissen führen würden. Ein bekanntes Beispiel dürfte die Vorhersage der Existenz des „Charm-Quarks" im Jahr 1970 sein, die erst 1974 durch die direkte Produktion von Charm-Quarks bestätigt wurde. Das Feynman-Diagramm, das den darunterliegenden Prozess der virtuellen Produktion des Charm-Quarks verdeutlicht, ist in ◘ Abb. 8.3 gezeigt.

Durch den Zusammenhang der Wellenlänge der Sonde bzw. dem Äquivalenzprinzip von Energie und Masse wird deutlich, warum immer hochenergetischere Beschleuniger benötigt werden.

Aufbau eines Collider-Experiments

Die Erzeugung von hochenergetischen Elementarteilchen, die zur Kollision gebracht werden, stellt eine enorme technische Herausforderung dar. Die Anforderungen, die an die Detektoren zum Nachweis der Elementarteilchen gestellt werden, sind nicht minder gering. In ◘ Abb. 8.4 ist ein Beispiel für den Aufbau

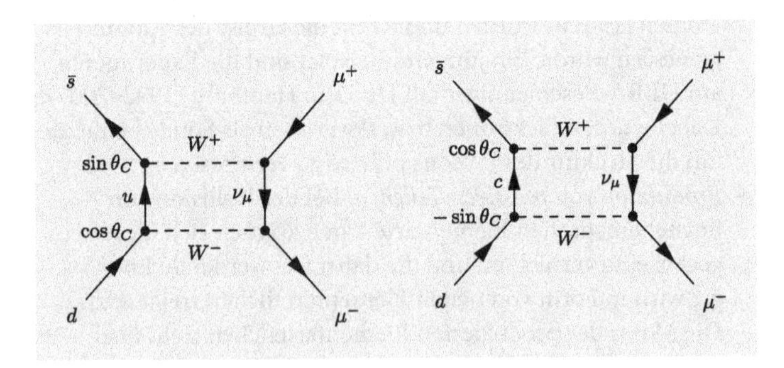

◘ **Abb. 8.3** Feynman-Diagramm des Zerfalls eines K^0_L-Mesons in ein $\mu^+\mu^-$-Paar, wobei in der Messung nur das $\mu^+\mu^-$-Paar beobachtet werden kann. Das linke und das rechte Diagramm unterscheiden sich nur durch das u- bzw. c-Quark. Eine Berechnung der Zerfallswahrscheinlichkeit, die nur das Diagramm mit dem u-Quark einbezieht, ergibt eine zur Messung inkonsistente Vorhersage. Aus diesem Grunde wurde die Existenz des c-Quarks vorhergesagt. Die Bedeutung von Feynman-Diagrammen und deren Interpretationen werden in ► Abschn. 8.4 ausführlich diskutiert

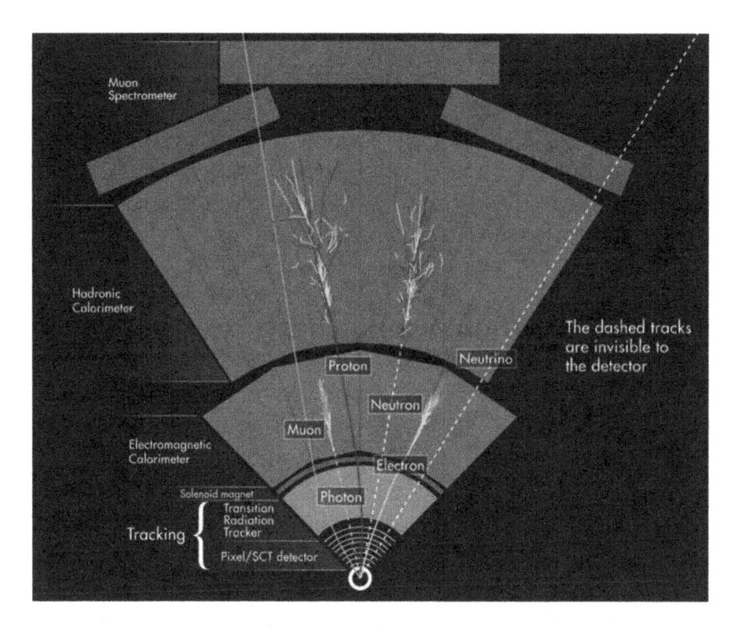

Abb. 8.4 Skizze zur Funktionsweise des ATLAS-Detektors am LHC. Dargestellt ist ein Quadrant des Detektors, die Ebene steht senkrecht zur Richtung der einfallenden Protonen. (ATLAS Experiment © 2013 CERN)

eines modernen Teilchenphysikdetektors anhand des ATLAS-Experiments am Large Hadron Collider (LHC) der Europäischen Organisation für Kernforschung, CERN, in Genf skizziert. Der Detektor besteht aus mehreren Teildetektoren, die auf die Rekonstruktion unterschiedlichen Eigenschaften bzw. kinematischen Größen der verschiedenen Elementarteilchen spezialisiert sind. Die Teildetektoren, die sich am nächsten zum Kollisionspunkt befinden, sind die Vertexdetektoren (hier: Pixel/SCT), die die endliche Lebensdauer von Elementarteilchen vermessen können. Typischerweise handelt es sich dabei um Hadronen, die ein b-Quark („Bottom-Quark" oder „Beauty") enthalten und eine Lebensdauer von $1{,}5 \cdot 10^{-12}$ s besitzen. Daran schließen sich die Spurdetektoren an (hier: „Tracking"), die sich in einem Magnetfeld befinden, um über die Krümmung der Spur den Impuls zu vermessen. Das elektromagnetische Kalorimeter absorbiert vollständig Elektronen und Photonen und bestimmt deren Energie. Das „Hadronische Kalorimeter" absorbiert und misst die Energie der Hadronen. In den beiden Kalorimetern werden fast alle Teilchen absorbiert. Die einzigen Teilchen, die nicht absorbiert werden, sind Myonen. Spuren in den Teildetektoren, die sich außerhalb des Kalorimeters befinden, müssen daher von Myonen stammen. In einem Magnetfeld kann über die Krümmung deren Impuls bestimmt werden. Vervollständigt werden die Experimente durch spezielle Detektoren zur Teilchenidentifikation, die

z. B. über eine Messung der Flugzeit verschiedene Teilchensorten identifizieren können.

Einige Technologien, die speziell für Teilchenbeschleuniger oder die Detektoren entwickelt wurden, werden auch in anderen Bereichen außerhalb der Grundlagenforschung eingesetzt. Ein sehr prominentes Beispiel dürfte der Einsatz von Beschleunigern bei der Therapie von Krebspatienten sein.

8.1.2 Die Materiebausteine des Standardmodells

Die fundamentalen Bausteine des Standardmodells lassen sich in drei Familien unterteilen

Das Standardmodell der Teilchenphysik besteht aus zwei verschiedenen Kategorien von Teilchen, die sich u. a. im Spin unterscheiden. Die Botenteilchen, die für die Wechselwirkung zwischen den Massenteilchen zuständig sind, sind sog. Bosonen und besitzen einen ganzzahligen Spin. In der Teilchenphysik werden die Spins der Elementarteilchen in Einheiten von $h/2\pi$ angegeben, wobei h das Planck'sche Wirkungsquantum ist. Die Materieteilchen hingegen sind sog. Fermionen und besitzen einen halbzahligen Spin. Das Higgs-Boson bildet eine Ausnahme und besitzt, als einziges uns bekanntes Elementarteilchen, keinen Spin („Spin 0"). Die Materieteilchen kommen in drei verschiedenen Familien vor (oft auch Generationen genannt). Die Mitglieder einer Familie besitzen unterschiedliche Eigenschaften, aber es existieren Teilchen mit ähnlichen Eigenschaften in den beiden anderen Familien. Eine Familie besteht aus zwei Quarks, einem geladenen Lepton und einem ungeladenen Lepton, einem sogenannten Neutrino. Die Leptonen und die Quarks innerhalb einer Familie sind über die schwache Wechselwirkung miteinander verbunden. Wir wissen heute aus Messungen am LEP-Beschleuniger am CERN, dass es genau drei Familien mit leichten Neutrinos gibt („leicht" meint in diesem Zusammenhang maximal die Hälfte der Masse eines Z^0-Bosons). Eine Übersicht über die fundamentalen Bausteine und deren Einordnung in Familien ist in ◘ Abb. 8.6 zusammengefasst.

Weitere Familien mit schweren Neutrinos sind nicht ausgeschlossen. ◘ Abb. 8.5 zeigt den Verlauf der Reaktionswahrscheinlichkeit für die Annihilation von einem Elektron-Positron-Paar in ein Quark-Paar (σ_{had}) als Funktion der Schwerpunktenergie (E_{CM}). Die Messungen stimmen sehr gut mit den Vorhersagen aus dem Standardmodell für drei Familien überein. Die Quarks innerhalb einer Familie unterscheiden sich in ihrer elektrischen Ladung. Das eine der beiden Quarks besitzt $-1/3$ der Elementarladung, und das andere Quark besitzt $2/3$ der Elementarladung. Die Elementarladung ist die Ladung, die ein Elektron trägt, $1602 \cdot 10^{-19}$ As. Neben der elektrischen Ladung können die Elementarteilchen auch noch Ladungen bezüglich der *schwachen* („die dritte Kom-

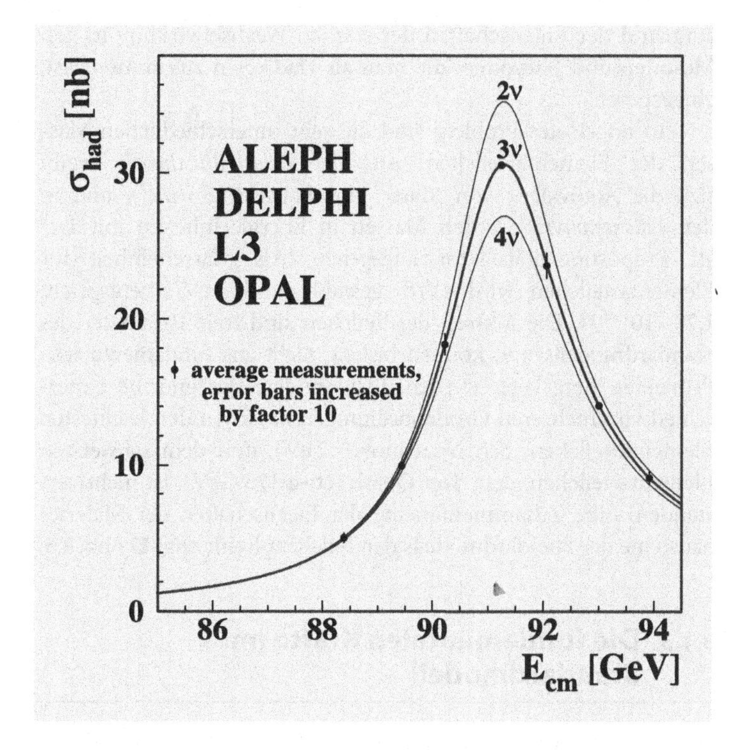

Abb. 8.5 Die hadronische Wechselwirkungsrate σ_{had} als Funktion der Schwerpunktsenergie E_{CM}. Die Punkte repräsentieren die Ergebnisse der Messung an den Detektoren am LEP-Experiment, und die Linien wurden mit Rechnungen basierend auf dem Standardmodell mit 3 (dicke mittlere Linie) und 2 bzw. 4 Familien (obere und untere dünne Linie) vorhergesagt. (© 2005 CERN, The ALEPH, DELPHI, L3, OPAL and SLD Collaborations, the LEP Electroweak Working Group, the SLD Electroweak and Heavy Flavour Groups)

ponente des schwachen Isospins") und der *starken Wechselwirkung* („Farbladung") tragen. Nur Quarks besitzen eine Farbladung, und nur sie nehmen daher an der starken Wechselwirkung teil.

Die Fermionen können neben der elektrischen Ladung auch noch Ladungen der anderen Wechselwirkungen tragen

Bei der *schwachen Wechselwirkung* ist die Sache ein wenig komplizierter. Wie bereits oben erwähnt tragen die Materieteilchen einen Spin. Dieser Spin besitzt eine Orientierung, und wenn man die Bewegungsrichtung des Elementarteilchens als ausgezeichnete Achse wählt, kann der Spin sowohl in als auch gegen die Bewegungsrichtung zeigen. Wenn der Spin und die Bewegungsrichtung entgegengesetzt orientiert sind, spricht man von „linkshändigen Teilchen", bei gleicher Orientierung von „rechtshändigen Teilchen". In Bezug auf die schwache Wechselwirkung nehmen nur alle linkshändigen Elementarteilchen an der Wechselwirkung teil, und damit kann die Natur zwischen „rechts" und „links" unterscheiden (die sog. „Paritätsverletzung"). Einzelne Quarks wurden bisher nicht experimentell beobachtet. Quarks tauchen nur in Zweier- (den Mesonen) oder Dreierkombinationen (den Baryonen) auf. Die Quarks sind aufgrund der Eigenschaften der starken Wechselwirkung in den Mesonen und Baryonen, die man als Hadronen zusammenfasst, eingesperrt.

Die Massenhierachie der Fermionen ist ein ungelöstes Problem

Ein ungelöstes Problem sind die sehr unterschiedlichen Massen der Elementarteilchen. Aus der *Relativitätstheorie* ergibt sich die Äquivalenz von Masse und Energie ($E=mc^2$), und in der *Teilchenphysik* werden Massen in Energieeinheiten mit $1/c^2$ als Proportionalitätsfaktor angegeben. Als Masseneinheit für Elementarteilchen wird eV/c^2 gewählt, und $1\,\mathrm{eV}/c^2$ entspricht $1{,}78 \cdot 10^{-36\,\mathrm{kg}}$. Die Massen der Teilchen sind freie Parameter des Standardmodells und können bislang nicht aus fundamentaleren Prinzipien hergeleitet werden. Insbesondere der enorme Unterschied von mehreren Größenordnungen zwischen den leichtesten Elementarteilchen, den Neutrinos (<2 eV), und dem schwersten Elementarteilchen, dem Top-Quark (etwa 173 GeV), ist nicht verstanden. Eine Zusammenfassung der Eigenschaften der Materiebausteine des Standardmodells der Teilchenphysik zeigt ◘ Abb. 8.6.

8

8.1.3 Die fundamentalen Kräfte im Standardmodell

Das Standardmodell beschreibt drei der vier bekannten Kräfte

Neben den fundamentalen Bausteinen der Materie beschreibt das Standardmodell der Teilchenphysik auch deren Wechselwirkung untereinander. Wir kennen momentan aus der Beobachtung der Natur vier verschiedene Kräfte:

- *Die starke Wechselwirkung* beschreibt die Wechselwirkung zwischen Quarks und bindet Quarks in Hadronen.
- *Die elektromagnetische Wechselwirkung* beschreibt die Wechselwirkung zwischen elektrisch geladenen Teilchen (Quarks und geladene Leptonen) und ist die fundamentale Beschreibung des Elektromagnetismus.
- *Die schwache Wechselwirkung:* Ist u. a. verantwortlich für den radioaktiven β-Zerfall und einzige Wechselwirkung, die den Übergang zwischen verschiedenen Generationen erlaubt.
- *Die Gravitation:* Ist die anziehende Kraft zwischen massiven Objekten.

Von diesen vier fundamentalen Kräften werden drei durch das Standardmodell der Teilchenphysik beschrieben. Die vierte Kraft, die Gravitation, ist im Vergleich zu den anderen extrem schwach, und sie wurde bisher nur auf – im Vergleich zur Teilchenphysik – makroskopischen Skalen beobachtet.

Kräfte werden durch den Austausch von Feldquanten dargestellt

Das Standardmodell ist eine Quantenfeldtheorie, bei der die Felder, wie wir sie aus der klassischen Physik kennen (z. B. das elektrische E-Feld) quantisiert sind. Diese Feldquanten bilden die Austauschteilchen der dazugehörigen Wechselwirkungen. Die Wechselwirkung („*Kraft*“) zwischen zwei Materiebausteinen wird

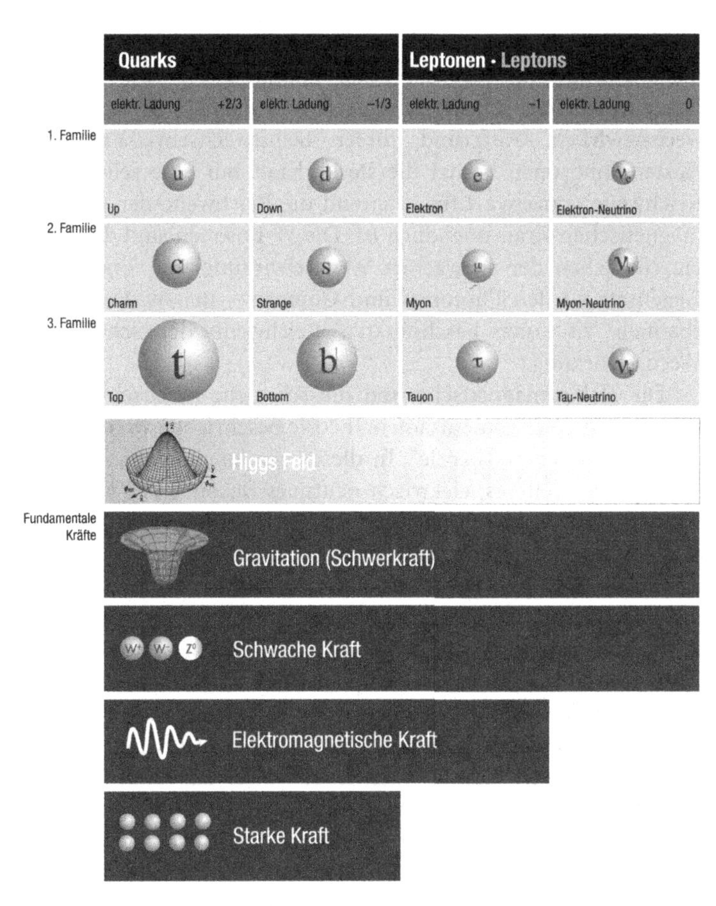

Abb. 8.6 Eine Zusammenfassung der Materieteilchen der Teilchenphysik und der vier uns bekannten fundamentalen Kräfte. Alle Kräfte, außer der Gravitation, werden durch Austauschteilchen im Standardmodell der Teilchenphysik beschrieben (© Excellence Cluster Universe 2013)

durch den Austausch dieser Feldquanten beschrieben. Die Feldquanten besitzen, im Gegensatz zu den Massebausteinen, einen ganzzahligen Spin in Einheiten von $h/2\pi$ und sind daher Bosonen. Die Wechselwirkung zwischen Elementarteilchen kann man mit Feynman-Diagrammen skizzieren. Die Materiebausteine und Austauschteilchen werden dabei mit Linien dargestellt, und Punkte, an denen ein Austauschteilchen auf einen Materiebaustein trifft („Vertex"), beschreiben eine Wechselwirkung. Die genaue Interpretation solcher Feynman-Diagramme wird in ► Abschn. 8.4 ausführlich diskutiert.

Ab bestimmten Energien scheinen unterschiedliche Kräfte durch eine einzige Kraft realisiert zu sein

Die drei Kräfte des Standardmodells werden durch den Austausch unterschiedlicher Austauschbosonen realisiert. Die elektromagnetische Kraft wird durch den Austausch von masselosen Photonen (γ-Quanten) beschrieben, und sie wirkt nur zwischen elektrisch geladenen Materieteilchen. Bei der starken

Wechselwirkung werden masselose Gluonen ausgetauscht, die allerdings im Gegensatz zum Photon selbst eine Ladung der starken Wechselwirkung tragen und daher mit sich selbst wechselwirken. Aufgrund dieser Selbstwechselwirkung der Austauschbosonen besitzt die starke Kraft nur eine sehr kurze Reichweite von etwa 1 fm, während die Reichweite der elektromagnetischen Kraft unendlich ist. Die W-Bosonen sind die Austauschteilchen der schwachen Wechselwirkung und sind – im Gegensatz zu den Photonen und Gluonen – massiv. Das führt ebenfalls zu einer beschränkten Reichweite der schwachen Wechselwirkung.

Die elektromagnetische und die schwache Wechselwirkung können mit einer gemeinsamen Theorie beschrieben werden, der „elektroschwachen Theorie". In dieser vereinheitlichten Theorie existiert ein weiteres, elektrisch neutrales Boson, das Z^0-Boson, das den Mischungszustand eines elektrisch neutralen W^0-Bosons und eines weiteren Feldquants darstellt. Dieses weitere Feldquant ist das B^0-Boson, welches nur in der Linearkombination mit dem W^0-Boson als Z^0-Boson bzw. Photon auftaucht. Der zum Z^0-Boson orthogonale Mischungszustand ist das Photon. Der Austausch eines neutralen Feldquants der schwachen Wechselwirkung durch das Z^0-Boson und in der elektromagnetischen Wechselwirkung durch das Photon ist daher nichts anderes als die orthogonalen Kombinationen aus zwei zugrunde liegenden Wechselwirkungen. Das Z^0-Boson ist im Gegensatz zum Photon sehr massiv, was die Reichweite dieser Wechselwirkung beschränkt. Bei Prozessen mit Energien, die deutlich über der Masse des Z^0-Boson liegen, spielt dieser Massenunterschied zwischen dem Z^0-Boson und dem Photon keine Rolle mehr, und man beobachtet identische Wahrscheinlichkeiten für Reaktionen. Das ist in ◘ Abb. 8.7 skizziert. Bei niedrigen Prozessenergien („Q^2") beobachtet man einen deutlichen Unterschied in der Wahrscheinlichkeit („$d\sigma/dQ^2$") zwischen Prozessen, die durch Photonen (schwarz) und massive W-Bosonen (grau) realisiert sind. Bei hohen Prozessenergien verschwindet dieser Unterschied, und die Wechselwirkung kann durch eine gemeinsame Theorie beschrieben werden.

Die drei durch das Standardmodell der Teilchenphysik beschriebenen Wechselwirkungen und deren Eigenschaften sind in ◘ Tab. 8.1 zusammengefasst.

8.1.4 Die Entdeckung des Higgs-Bosons

Der Higgs-Mechanismus verleiht den fundamentalen Teilchen eine Masse

Mit der Entdeckung des sog. Higgs-Bosons im Sommer 2012 wurde nach beinahe 50-jähriger Suche nach diesem letzten Baustein das Standardmodell der Teilchenphysik vervollständigt. Wie ► Abschn. 8.1.3 diskutiert, werden Kräfte durch den Austausch

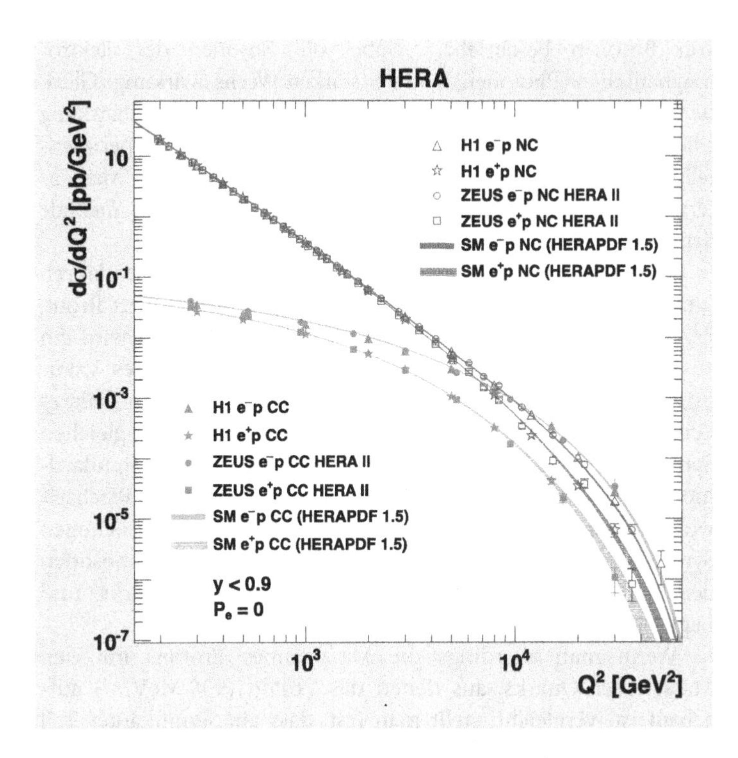

Abb. 8.7 Wahrscheinlichkeit für eine Reaktion ($d\sigma/dQ^2$) als Funktion der in dem Prozess ausgetauschten Energie (Q^2). Bei niedrigen Energien kann man deutlich unterscheiden zwischen Prozessen, die durch die schwache Wechselwirkung (graue Einträge, unterhalb) und Prozessen, die durch die elektromagnetische Wechselwirkung (schwarze Einträge, oberhalb) dominiert werden. Bei hohen Energien verschwindet dieser Unterschied. Man spricht davon, dass die Wechselwirkungen einheitlich sind. (Bildquelle: DESY Hamburg)

Tab. 8.1 Die fundamentalen Wechselwirkungen, die im Standardmodell der Teilchenphysik durch den Austausch von Bosonen beschrieben werden

Name	Schwache Wechselwirkung	Elektromagnetische Wechselwirkung	Starke Wechselwirkung
Effekt	Radioaktivität	Elektrizität	Kernkraft
Stärke relativ zur Kernkraft	10^{-5}	10^{-2}	1
Reichweite	10^{-15} cm	∞	10^{-13} cm
Feldquant	W^+- und W^--Boson (80,3 GeV)	Photon γ (masselos)	Gluon g (masselos)
	Z^0-Boson (91,2 GeV)		

von Bosonen beschrieben, wobei die Bosonen der elektromagnetischen (Photonen) und der starken Wechselwirkung (Gluonen) masselos und die Bosonen der schwachen Wechselwirkung (die W-Bosonen und das Z-Boson) massiv sind. Dieser experimentelle Fakt lässt sich nicht ad hoc mit einem zusätzlichen Massenterm in das Standardmodell einfügen, da sonst fundamentale Symmetrieeigenschaften verletzt wären.

Nobelpreis für Physik 2013 für François Englert und Peter Higgs

Eine Lösung dieses Problems wurde in den 1960er-Jahren unabhängig und fast zeitgleich durch die Physiker Robert Brout, François Englert und Peter Higgs vorgeschlagen. Dazu wird ein zusätzliches Feld eingeführt, das die Quantenzahlen des Vakuums besitzt, d. h. es besitzt keinen Spin und ist somit ein skalares Teilchen. Der Grundzustand dieses Feldes hat nicht die gleichen Symmetrieeigenschaften wie das bisher diskutierte Standardmodell, d. h. die Symmetrie ist gebrochen. Durch die Wechselwirkung dieses neuen Higgs-Feldes, mit der gebrochenen Symmetrie im Grundzustand, werden sowohl die Eichbosonen der schwachen Wechselwirkung als auch die Quarks und Leptonen massiv.

Ein Teil der Masse wird durch dynamische Prozesse realisiert

Wenn man allerdings die Masse eines Protons mit den Massen der Quarks, aus denen das Proton (938 MeV/c^2) aufgebaut ist, vergleicht, stellt man fest, dass ein signifikanter Teil der Masse durch dynamische Prozesse der starken Wechselwirkung entstehen muss. Das Higgs-Feld kann angeregt werden, und der Anregungszustand wird mit einem neuen Teilchen identifiziert, dem Higgs-Boson. Dieses Higgs-Boson wurde erstmalig am LHC am CERN nachgewiesen. Hierbei wurden zwei Protonen mit einer Gesamtenergie von 7 bzw. 8 TeV zur Kollision gebracht, und das Higgs-Boson wurde dann indirekt über seine Zerfallsprodukte nachgewiesen. Die beiden wichtigsten Zerfallskanäle waren dabei der Zerfall eines Higgs-Bosons in zwei Photonen bzw. der Zerfall in zwei Z^0-Bosonen, die sofort in jeweils zwei Leptonen zerfallen. Die invariante Masse der vier Leptonen zusammen mit der Erwartung aus simulierten Ereignissen für Untergrund- und Signalprozesse ist in ◘ Abb. 8.8 dargestellt. Die Masse des Higgs-Bosons, der angeregte Zustand des Higgs-Felds, wurde zu 125 GeV/c^2 bestimmt.

8.1.5 Neutrinos

Oszillationen zwischen den verschiedenen Neutrinogenerationen erfordern massive Neutrinos

In der ursprünglichen Form des Standardmodells sind alle drei Neutrinoarten masselos. Die absolute Masse der Neutrinos ist bis heute nicht gemessen, und wir können daher nur eine obere Schranke für die Masse der Neutrinos bestimmen. Messungen

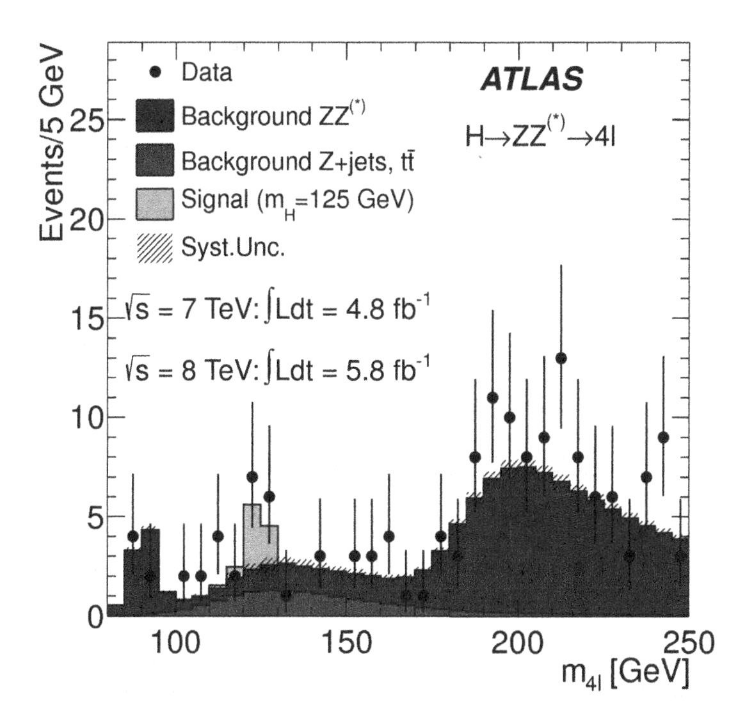

Abb. 8.8 Die invariante Masse der als Higgs-Boson-Kandidaten selektierten Ereignisse im Vergleich mit der Vorhersage aus simulierten Signal- und Untergrundereignissen. Die Daten wurden bei einer Schwerpunktsenergie ($\sqrt{s}$) von 7 TeV und 8 TeV gesammelt und entsprechen einer integrierten Luminosität ($\int L\,dt$), d. h. Anzahl der durchgeführten Teilchenkollisionen, von 4,8 bzw. 5,8 fb^{-1}. Eine Luminosität von 1 fb^{-1} entspricht etwa 10^{14} Ereignissen bei LHC. (ATLAS Experiment © 2013 CERN)

haben allerdings gezeigt, dass die verschiedenen Neutrinosorten sich mischen; aus quantenmechanischen Überlegungen folgt dann, dass Neutrinos massiv sind. Die Oszillationsfrequenz ist proportional zu der Differenz der Neutrinomassen. Massive Neutrinos sind somit der erste Hinweis für Physikeffekte jenseits des Standardmodells der Teilchenphysik. Die notwendigen Erweiterungen für massive Neutrinos können ohne Probleme in das Standardmodell eingefügt werden, allerdings gibt es mehrere Möglichkeiten. Neben der Bestimmung der absoluten Massenskala der massiven Neutrinos werden die einzelnen Parameter der Mischung zwischen den einzelnen Neutrinogenerationen genauestens vermessen und auf mögliche Hinweise auf bisher unbekannte Effekte untersucht. Die Tatsache, dass Neutrinos nur schwach wechselwirken, führt zu extrem niedrigen Reaktionsraten, und ein hoher experimenteller Aufwand ist erforderlich.

8.1.6 Verletzung der *CP*-Symmetrie

Die Verletzung der *CP*-Symmetrie ist notwendig um die Asymmetrie zwischen Materie und Antimaterie im Universum zu erklären

Zu den großen ungeklärten Fragen der modernen Physik gehört die Beobachtung der Asymmetrie zwischen der Materie- und Antimateriedichte im Universum. Naiv würde man erwarten, dass sich nach dem Urknall die Dichte für Materie und Antimaterie analog entwickelt hat; man beobachtet allerdings eine ca. 10.000-mal höhere Materiedichte relativ zur Antimateriedichte. Außerdem ist die Materiedichte um ca. 10 Größenordnungen größer, als man erwarten würde. Die notwendigen Voraussetzungen für eine solche Baryonen-Asymmetrie – die beobachtete Materie wird von Baryonen dominiert – wurden bereits von 1967 Andrei Sacharow postuliert. Neben der Forderung, dass sich das System nicht mehr im thermischen Gleichgewicht befindet, sind baryonenzahlverletzende Prozesse notwendig (als Baryonenzahl wird die Differenz zwischen der Anzahl der Baryonen und der Anti-Baryonen bezeichnet). Zusätzlich müssen sowohl die *C*- als auch die *CP*-Parität verletzt sein. Die Anwendung der *P*-Parität auf einen Prozess bedeutet, dass man den gleichen Prozess betrachtet, wobei alle Raumkoordinaten am Ursprung gespiegelt werden (vgl. auch Paritätsverletzung in ▶ Abschn. 8.1.2). Bei der Anwendung der *C*-Parität werden alle Teilchen durch ihre Antiteilchen ersetzt. Bei der *CP*-Parität werden die *P*- und die *C*-Parität nacheinander durchgeführt. Eine Verletzung der *CP*-Parität in einem Prozess liegt vor, wenn sich der Prozess unterschiedlich für Materie und Antimaterie, die man im Spiegel beobachtet, verhält. Wenn sich ein Teilchen nicht identisch wie sein Antiteilchen verhält, dann verletzt der zugrunde liegende Prozess die *CP*-Symmetrie.

CP-Verletzung ist im Standardmodell durch die CKM-Matrix realisiert

Im Standardmodell der Teilchenphysik verletzt die schwache Wechselwirkung sowohl die *C*-Parität als auch die *CP*-Parität. Diese *C*- und *CP*-verletzenden Prozesse werden im Standardmodell durch den Austausch von geladenen W-Bosonen realisiert. Dabei ist auch ein Übergang zwischen den einzelnen Quark-Generationen erlaubt, und die Wahrscheinlichkeit für solche Übergänge wird durch die sogenannte CKM-Matrix beschrieben. Diese Matrix wurde durch viele verschiedene Experimente genauestens vermessen, und bisher sind alle Ergebnisse im Rahmen des Standardmodells miteinander verträglich.

Die *CP*-Verletzung durch das Standardmodell reicht nicht aus, um die Asymmetrie im Universum zu erklären

Die Verletzung der *CP*-Symmetrie wurde zuerst 1964 als Effekt im Promillebereich beim Zerfall von K^0–Mesonen entdeckt. Im Jahr 2001 wurden erstmalig *CP*-verletzende Prozesse im Zerfall von B^0-Mesonen nachgewiesen. Im Vergleich zu der *CP*-Verletzung mit K^0–Mesonen ist in Prozessen mit B-Mesonen die *CP*-Verletzung deutlich größer. Wenn man die Stärke dieser *CP*-verletzenden Prozesse des Standardmodells mit der für die beobachtete Baryonenasymmetrie notwendigen *CP*-Verletzung vergleicht, stellt sich heraus, dass die *CP*-Verletzung im Standardmodell zu klein ist. Die Suche nach bisher unbekannten *CP*-verletzenden Prozessen, die sich nicht mit dem Standardmodell erklären lassen, ist daher ein wichtiger Bestandteil der aktuellen Forschung. Bisher gibt es keinerlei Indizien für *CP*-verletzende Prozesse, die man nicht mit dem Standardmodell erklären könnte.

Neben der *CP*-Verletzung durch die schwache Wechselwirkung würde das Standardmodell auch *CP*-verletzende Prozesse durch die starke Wechselwirkung erlauben. Bisher wurden allerdings keine experimentellen Hinweise auf eine solche gemessen („starkes *CP*-Problem").

8.1.7 Existenz von Dunkler Materie

Die Frage nach der „Dunklen Materie" gehört streng genommen nicht in dieses Kapitel über die Elementarteilchenphysik. Andererseits reflektiert dieser Abschnitt sehr deutlich die aktuellen Entwicklungen in der modernen Physik. Es ist klar, dass für eine erfolgversprechende Bearbeitung der aktuellen Fragestellungen der Elementarteilchenphysik und der Astronomie bzw. der Kosmologie diese nicht mehr separat betrachtet werden können. Probleme müssen aus verschiedenen Perspektiven betrachtet werden, und neue Lösungsvorschläge müssen den Betrachtungen aus allen Blickwinkeln standhalten. In dieser Hinsicht ist die Frage nach der Dunklen Materie ein sehr gutes Beispiel.

„Dunkle Materie" wurde bisher nur in der Kosmologie und Astronomie gemessen

Was bedeutet „Dunkle Materie"? „Dunkel" heißt in unserem Zusammenhang „nicht sichtbar" bzw. dass die „Dunkle Materie" nicht an der elektromagnetischen Wechselwirkung teilnimmt. Die „Dunkle Materie" wurde bisher nur indirekt in der Astronomie und der Kosmologie über ihre gravitative Wechselwirkung mit der sichtbaren Materie nachgewiesen. Es gibt verschiedene, komplementäre astrophysikalische Beobachtungen, die sehr stark auf die Existenz dieser Materieform hinweisen. Der erste Hinweis für dieses neue *missing mass problem* lieferten bereits in den 1930er-Jahren Messungen der Geschwindigkeitsverteilungen von Galaxienhaufen. Die gemessene Geschwindigkeit ist aufgrund der Gravitation von Galaxienhaufen nicht in Einklang mit der zu erwartenden Geschwindigkeit. Um die beobachtete Geschwindigkeitsverteilung zu erreichen, wäre deutlich mehr Materie notwendig. Inzwischen gibt es viele weitere Messungen, die in ähnlicher Weise auf eine neue, nur über die Gravitation wechselwirkende Materieart hindeuten. ◘ Abb. 8.9 fasst das Energie- Materie-Budget unseres Universums zum heutigen Zeitpunkt zusammen. Unser Universum wird zu über zwei Dritteln dominiert von der „Dunklen Energie", einer Energieart, die

Dunkle Materie nimmt nicht an der elektromagnetischen Wechselwirkung teil

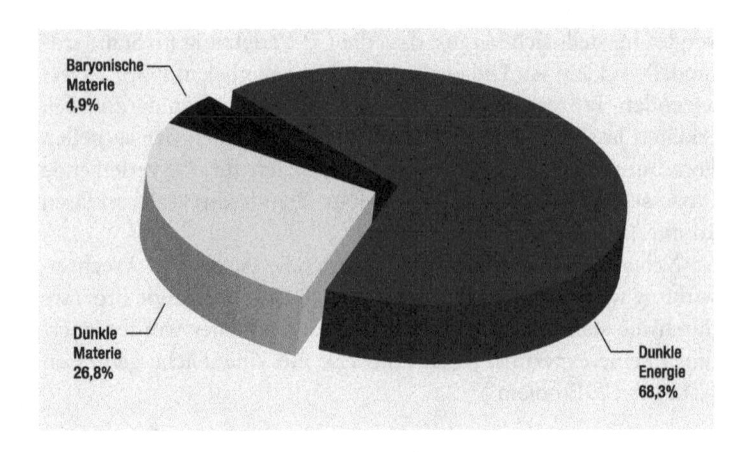

Abb. 8.9 Das heutige Energie- Materie-Budget des Universums. (© Excellence Cluster Universe 2013)

unser Universum immer weiter auseinander treibt. Der Ursprung dieser Energieart ist nicht verstanden. Das restliche Drittel Materie ist zu fünf Sechsteln dominiert von der „Dunklen Materie". Wir können daher nur etwa 5 % (!) des gesamten Energie-Materie-Budgets unseres Universums mit dem Standardmodell der Teilchenphysik erklären (und diese 5 % sollte aufgrund der fehlenden CP-Verletzung im Standardmodell eigentlich gar nicht existieren).

Neue, bisher nicht beobachtete Teilchen liefern eine mögliche Erklärung für die Dunkle Materie

Ein neues, nur schwach wechselwirkendes massives Elementarteilchen wäre sicherlich ein sehr aussichtsreicher, wenn nicht sogar der aussichtsreichste Kandidat für die Lösung dieses Problem. Damit wird auch der Zusammenhang zwischen der mithilfe der Gravitation neu entdeckten Materieart und der Elementarteilchenphysik deutlich. Motiviert durch den möglichen Teilchencharakter der „Dunklen Materie" wird in einigen Experimenten versucht, schwach wechselwirkende massive Teilchen („WIMP" – *weakly interacting massive particle*) nachzuweisen. Die Ergebnisse aus diesen Experimenten mit unterschiedlichen experimentellen Ansätzen sind momentan nicht konsistent. Es gibt Experimente, die Ereignisse beobachten, die nicht mit den bekannten Untergrundhypothesen erklärt werden können, andere Experimente schließen dagegen diese Ereignisse als „Dunkle-Materie"-Kandidaten aus. Neben der direkten Beobachtung könnten mögliche „Dunkle-Materie"-Kandidaten auch am LHC produziert werden, jedoch gibt es am LHC bisher auch kein positives Signal. „Dunkle-Materie"-Teilchen könnten sich auch gegenseitig annihilieren und Lichtblitze aussenden, die man mit astronomischen Experimenten beobachten könnte. Leider gibt es auch hier keinen eindeutigen Hinweis für „Dunkle Materie".

Auch wenn die Erklärung der „Dunklen Materie“ durch neue Elementarteilchen die überzeugendsten Argumente liefert, gibt es keine eindeutigen experimentellen Hinweise für diese Hypothese. Die „Dunkle Materie“ wurde bisher nur mit astronomischen Messungen bei großen Längenskalen nachgewiesen.

Das Standardmodell der Teilchenphysik ist eine extrem erfolgreiche Theorie, die es erlaubt, exakte Vorhersagen für Messungen zu machen und alle Beobachtungen konsistent zu beschreiben. Es gibt keine einzige Messung im Bereich der Elementarteilchenphysik, die im Widerspruch zu den Vorhersagen des Standardmodells steht.

Das Standardmodell kann nur eine effektive Theorie sein, die Bestandteil einer umfassenderen, uns bisher nicht bekannten Theorie ist

Offene Fragen des Standardmodells der Teilchenphysik

Wir wissen jedoch auch, dass das Standardmodell nur eine effektive Theorie bzw. eine Niederenergienäherung einer umfassenderen Theorie sein kann. Prominentestes Beispiel für die Unvollständigkeit des Standardmodells dürfte die fehlende Beschreibung der Gravitation sein. Wir beobachten die Gravitation, wir können sie jedoch nicht konsistent in das Standardmodell einbauen. Neben diesem offensichtlichen Problem gibt es noch weitere Eigenheiten, die den Physikern Kopfzerbrechen bereiten. So wissen wir z. B., dass die Gravitation ab einer gewissen Energie bzw. einem gewissen Abstand eine signifikante Rolle spielen muss („Planck-Skala“). Wäre das Standardmodell die korrekte Beschreibung der Natur, die bis zu dieser Skala eine Gültigkeit besitzt, müssten verschiedene Parameter des Standardmodells unnatürlich über etliche Nachkommastellen genau bestimmt sein („Hierarchieproblem“).

Supersymmetrie (SUSY)

Es gibt einige theoretische Modelle, die versuchen, diese Probleme zu lösen. So bietet z. B. die Supersymmetry („SUSY“) Lösungen für die diskutierten Probleme. In dieser Theorie wird jedem Teilchen aus dem Standardmodell ein supersymmetrischer Partner zugeordnet, der sich in Spin und Masse vom Standardmodellteilchen unterscheidet. „SUSY“ besitzt einen natürlichen Kandidaten für die „Dunkle Materie“, löst das „Hierarchieproblem“ und sagt auch eine gemeinsame Beschreibung aller bekannten Wechselwirkungen bei einer bestimmten Energie voraus. Beim LHC wird intensiv nach der „SUSY“ gesucht, aber leider wurden noch keine Effekte jenseits des Standardmodells beobachtet, die mit „SUSY“ zu erklären wären. Es gibt aber verschiedene Realisierungen von „SUSY“, d. h. die Suche wird fortgesetzt.

Extradimensionen als Lösungsansatz können die Schwäche der Gravitation erklären

Neben der „SUSY“ könnte die Existenz von zusätzlichen, bisher nicht beobachteten Raumdimensionen die bekannten Probleme des Standardmodells lösen. Die Schwäche der Gravitation würde in dieser Theorie dadurch erklärt, dass sie hauptsächlich in den zusätzlichen Dimensionen auftaucht. Eine mögliche Konsequenz dieser Theorie wäre die Existenz *mikroskopischer* Schwarzer Löcher. Auch zu dieser Theorie gibt es *bisher keinerlei positive Messung,* die einen Hinweis auf zusätzlichen Raumdimensionen liefert.

Die Suche nach Effekten jenseits des bekannten Standardmodells wird die Elementarteilchenphysik in den nächsten Jahren dominieren. Dabei wird die Notwendigkeit für eine neue Beschreibung durch Messungen aus der Astronomie und Kosmologie immer deutlicher.

8.2 Inhalte für den Unterricht

In diesem Abschnitt werden die wichtigsten Inhalte zusammengestellt, die im Unterricht zum Thema Teilchenphysik vermittelt werden sollen. Abhängig von den zeitlichen Rahmenbedingungen lassen sich die Themen im Überblick darstellen oder weiter vertiefen. Die wesentlichen Bestandteile können in drei verschiedene Punkte unterteilt werden:

Die fundamentalen Bausteine

- *Die fundamentalen Bausteine:* Wir unterteilen die fundamentalen Teilchen in drei Familien, wobei jede Familie aus zwei Quarks und zwei Leptonen besteht. Die Bausteine aus der zweiten und dritten Generation sind kurzlebig und zerfallen über die schwache Wechselwirkung in Teilchen aus der ersten Generation. Die Materie, die uns umgibt, ist daher aus Bausteinen der ersten Generation aufgebaut – aus den Up- und Down-Quarks und den Elektronen.

Die Kräfte im Standardmodell der Teilchenphysik

- *Die Kräfte im Standardmodell der Teilchenphysik:* Das Standardmodell kennt drei der vier uns bekannten fundamentalen Kräfte. Die Gravitation ist nicht Teil des Standardmodells. Die Kräfte werden durch den Austausch von Teilchen beschrieben. Die uns umgebenden Phänomene, außer der Gravitation, sind fast ausschließlich elektromagnetischer Natur, und die beiden anderen Kräfte, die starke und die schwache Kraft, können nur in speziellen Experimenten nachgewiesen werden.

Offene Fragen

- *Offene Fragen in der Teilchenphysik:* Das Standardmodell der Teilchenphysik beschreibt erfolgreich alle Messungen mit Elementarteilchen. Es existieren keine signifikanten Abweichungen zwischen der Beobachtung und der Vorhersage durch die Theorie. Es gibt jedoch einige Naturphänomene, die sich nicht durch das Standardmodell beschreiben lassen. So stellen die Elementarteilchen nur einen Bruchteil des gemessenen Energie-Materie-Budgets des Universums. Man hofft, dass diese fehlende Materie und Energie durch bisher noch nicht beobachtete Elementarteilchen ausgeglichen wird und das bisherige Standardmodell erweitert. Es gib allerdings in den bisherigen Messungen keinen eindeutigen Hinweis auf solche neuen Teilchen.

8.3 Erkenntnismethoden und experimentelle Herausforderungen der Teilchenphysik

Die moderne Teilchenphysik ist geprägt durch langjährige Experimente an internationalen Großforschungsanlagen. Die technischen Herausforderungen für die Durchführung der Experimente können in vielen Fällen nur in extrem großen Kollaborationen bewältigt werden. Bekanntestes aktuelles Beispiel dürften die Detektoren am „Large Hadron Collider“ am CERN in Genf sein. Der Bau dieses Beschleunigers wurde bereits Mitte der 1990er-Jahre beschlossen; erste Kollisionen sind im Jahr 2009 aufgezeichnet worden. Die Detektoren wurden von internationalen Kollaborationen aus mehr als hundert Universitäten und Forschungseinrichtungen mit mehreren tausend Physikern entwickelt und gebaut.

8.3.1 Teilchenbeschleuniger

Hochenergetische Beschleuniger sind notwendig um neue Phänomene in der Teilchenphysik zu studieren

In der Teilchenphysik liegt der Schlüssel zum Erfolg in der Bereitstellung von hochenergetischen Teilchenströmen mit hoher Intensität. Typischerweise werden Protonen und Elektronen bzw. deren Antiteilchen beschleunigt. Es gibt allerdings auch Beschleuniger, die Atomkerne mit hoher Kernladungszahl, wie z. B. Bleikerne, verwenden. Elektronen sind Elementarteilchen, und daher ist bei einer Reaktion der Anfangszustand wohldefiniert. Protonen sind aus Quarks und Gluonen zusammengesetzte Systeme. Daher nimmt z. B. auch nur ein Bruchteil der Protonenenergie an der Reaktion teil. Die geladenen Teilchen werden mithilfe von elektromagnetischen Wellen beschleunigt, und durch Magnetfelder werden die Strahlen fokussiert bzw. auf eine definierte Bahn gelenkt. Es kommen sowohl Beschleuniger zum Einsatz, bei denen Elementarteilchen mit hoher Energie mit Teilchen in Ruhe kollidiert werden („Fixed-Target-Experimente“) und Beschleuniger, bei denen beide zu kollidierenden Elementarteilchen eine kinetische Energie besitzen. Bei der Kollision zweier Teilchenpakete wechselwirkt nur ein Bruchteil der Elementarteilchen, d. h. die allermeisten Teilchen verlassen den Wechselwirkungspunkt ungestört.

Um diese Teilchen erneut einer Kollision zuzuführen, werden die Teilchenströme in sog. „Collider-Experimenten“ auf einer Kreisbahn geführt und immer wieder zur Kollision gebracht. Die technischen Herausforderungen in „Collider -Experimenten“ sind unterschiedlich für Teilchen mit geringer Masse (wie z. B. den Elektronen) und Teilchen mit hoher Masse (wie den Protonen oder den Atomkernen).

Werden geladene Teilchen auf einer Kreisbahn geführt, verlieren sie ständig Energie durch die Emission von Synchrotronstrahlung. Dabei ist der Energieverlust umgekehrt proportional zur vierten Potenz der Masse des Teilchens, d. h. leichte Teilchen verlieren deutlich mehr Energie als schwere Teilchen. Die geladenen Teilchen werden mithilfe von Magnetfeldern auf einer Kreisbahn geführt. Die dabei notwendige Feldstärke ist proportional zur Masse des Teilchens, d. h. für Protonen werden höhere Magnetfelder benötigt. Beide Aspekte führen dazu, dass es leichter ist, „Collider-Experimente" mit Protonen zu bauen als mit Elektronen.

Aus physikalischen Gründen ist es allerdings wünschenswert, Elementarteilchen, wie Elektronen und Positronen, zu kollidieren. Es gibt verschiedene Ansätze, Elementarteilchen mit höheren Energien als bisher möglich zur Kollision zu bringen. Um den Energieverlust durch die Synchrotronstrahlung zu minimieren, könnte der nächste e^+e^--Beschleuniger ein Linearbeschleuniger sein. Bei einer linearen Beschleunigungsstrecke strahlen die Elektronen keine Synchrotronstrahlung ab, und der Energieverlust ist minimal. Allerdings können Teilchenpakete nur einmal zur Kollision gebracht werden, und ein Großteil der Elektronen und Positronen bleibt unbenutzt. Die Herausforderung liegt in der Bereitstellung von hohen Teilchenintensitäten. Bei einem anderen Ansatz werden Myonen anstatt Elektronen zur Kollision gebracht. Myonen sind schwerer, und der Energieverlust durch Synchrotronstrahlung ist wesentlich geringer. Allerdings zerfallen Myonen nach einer kurzen Lebensdauer. Daher müssen die Myonen dicht beieinander im Phasenraum liegen, um einen hochenergetischen Teilchenstrahl zur Kollision zu bringen – d. h. man muss den Strahl „kühlen". Die „Kühlung" der Myonen und deren Beschleunigung muss durchgeführt werden, bevor die Myonen zerfallen – eine Herausforderung, an der die Beschleunigerexperten noch arbeiten.

8.3.2 Detektoren

Um neue Teilchen bzw. Prozesse zu messen, werden sehr hohe Anforderungen an die Detektoren gestellt

Die Kollisionen und insbesondere die dabei entstehenden Elementarteilchen werden mithilfe von Detektoren aufgezeichnet. Die Elementarteilchen werden grundsätzlich nicht direkt in den Detektoren nachgewiesen, sondern nur indirekt über deren meist elektromagnetische Wechselwirkung mit dem Detektor. Geladene Teilchen können beim Durchgang durch Materie diese ionisieren und die frei werdenden Ladungsträger induzieren ein elektrisches Signal in der Ausleseelektronik. Die Signale werden aufbereitet, digital verarbeitet, und mithilfe von speziellen Computerprogrammen werden daraus die Flugbahnen bzw. die Energien der erzeugten Teilchen rekonstruiert.

Eine der großen Herausforderungen ist dabei die exakte Rekonstruktion der fundamentalen Eigenschaften der Teilchen. So ist die Lebensdauer einiger Hadronen extrem kurz, und Hadronen mit b-Quarks zerfallen schon nach $1{,}5 \cdot 10^{-12}$ s, was einer Flugstrecke von wenigen Millimetern entspricht. Diese Lebensdauer entspricht der Lebensdauer im Bezugsystem des Hadrons. Im Laborsystem ist die Lebensdauer durch Effekte der speziellen Relativitätstheorie länger.

Um die Lebensdauer präzise zu vermessen, braucht man daher Messinstrumente, die Signale mit einer Genauigkeit von wenigen Mikrometern Länge rekonstruieren. Eine solche Präzision wird mit Halbleiterdetektoren aus Silicium realisiert, die als Dioden in Sperrrichtung mit extrem feiner Segmentierung betrieben werden.

Eine weitere Herausforderung ist die Selektion der interessanten Ereignisse aus der Gesamtzahl aller produzierten Ereignisse in Echtzeit („Trigger"). Bei den Teilchenphysikexperimenten handelt es sich um quantenmechanische Experimente, und alle möglichen Prozesse finden nur mit einer gewissen statistischen Wahrscheinlichkeit statt. Das bedeutet, dass man nicht exakt vorhersagen kann, welches Teilchen in der nächsten Wechselwirkung produziert wird, sondern nur die Wahrscheinlichkeit, mit der die Produktion stattfinden könnte. Viele der interessanten Ereignisse besitzen im Vergleich zu allen produzierten Ereignissen extrem kleine Wahrscheinlichkeiten. Oftmals können nicht alle Ereignisse aufgrund von technischen Anforderungen gespeichert werden, und man muss in Echtzeit eine Entscheidung treffen, ob dieses Ereignis gespeichert oder nicht gespeichert werden soll. Am „Large Hadron Collider" wird etwa nur eines aus 100.000 Ereignissen gespeichert. Für den Erfolg des Experiments ist es wichtig, die richtige Entscheidung zu treffen, da verworfene Ereignisse für immer verloren sind. Die gespeicherten Daten werden viel später ausgewertet und nach verschiedenen Fragenstellungen analysiert.

Bei hohen Ereignis- und damit einer hohe Teilchenrate sind der Detektor und auch die Ausleseelektronik einer nicht zu vernachlässigenden Strahlenbelastung ausgesetzt. Spezielle „strahlungsharte" Detektorkomponenten müssen eingesetzt werden, um den Betrieb über die Laufzeit des Experiments zu garantieren.

Die oben aufgezählten Anforderungen an die Detektoren können typischerweise nicht mit kommerziell erhältlichen Komponenten erfüllt werden. Ein wesentlicher Bestandteil der Arbeit eines experimentellen Teilchenphysikers besteht daher in die Entwicklung der passenden Detektortechnologie, die der eigentlichen Durchführung des Experiments oft viele Jahre vorausgeht.

8.4 Feynman-Diagramme als spezielle Beschreibung in der Teilchenphysik

Mithilfe von Feynman-Diagrammen kann man die Prozesse einfach darstellen

Im Folgenden wird eine in der Teilchenphysik typische Darstellungsweise vorgestellt, die immer wieder in der Kommunikation von Fragestellungen und von Ergebnissen benutzt wird. Bei den Feynman-Diagrammen werden mathematisch komplizierte Rechnungen mit einfachen grafischen Mitteln verständlich dargestellt. In ► Abschn. 8.1 wurden Feynman-Diagramme bereits als Kurzschreibweise für Teilchenphysikreaktionen eingeführt. Die Interpretation dieser Diagramme ist intuitiv, und man kann auch ohne große Vorkenntnisse der Teilchenphysik sehr schnell erkennen, welche Wechselwirkung stattgefunden hat und welche Elementarteilchen vor bzw. nach der Reaktion existieren.

Explizite Berechnungen in der Teilchenphysik sind aufwendig und kompliziert

Das Standardmodell der Teilchenphysik erlaubt präzise Vorhersagen für den Ablauf von fundamentalen Prozessen. Die für diese Vorhersagen verwendeten mathematischen Hilfsmittel sind allerdings komplex, und die Berechnungen erfordern sehr viel Geschick und Erfahrung. Simple Reaktionen, wie die Annihilation zweier Teilchen, können mit einem einfachen Text beschrieben werden. Kompliziertere Prozesse, wie Prozesse mit virtuellen Schleifenkorrekturen, können jedoch nicht immer mit einem einfachen Text beschrieben werden. In der Mathematik ist eine eindeutige Beschreibung solcher Prozesse jedoch immer möglich, allerdings können diese Beschreibungen nicht von allen „gelesen" und richtig interpretiert werden. Feynman-Diagramme bieten einen Ausweg und ermöglichen eine intuitive Verbildlichung von Reaktionen der Teilchenphysik. Jedem einzelnen Abschnitt der Berechnung werden grafische Symbole zugeordnet, die den darunterliegenden Prozess vermitteln. Elementarteilchen und Austauschbosonen werden mit Linien beschrieben, und die Wechselwirkung zwischen diesen wird mit Punkten an deren Schnittstelle („Vertex") angedeutet. Die Beschreibung einer Reaktion ist eindeutig und kann als Grundlage für die exakte Berechnung dienen. Feynman-Diagramme werden in der Teilchenphysik häufig in Vorträgen und Veröffentlichungen benutzt, um Problemstellungen bzw. deren Lösungen einzuführen. Der intuitiven Benutzung von Feynman-Diagrammen sind allerdings Grenzen gesetzt. Nicht jedes Feynman-Diagramm ist auch physikalisch erlaubt. Symmetrien und Erhaltungssätze müssen beachtet werden und als externes Wissen bei der Erstellung einfließen.

◘ Abb. 8.10 skizziert exemplarisch ein Feynman-Diagramm, das virtuelle Schleifenkorrekturen beinhaltet. Experimentell sind diese virtuellen Schleifen nicht beobachtbar; man beobachtet nur den Anfangszustand und den Endzustand des

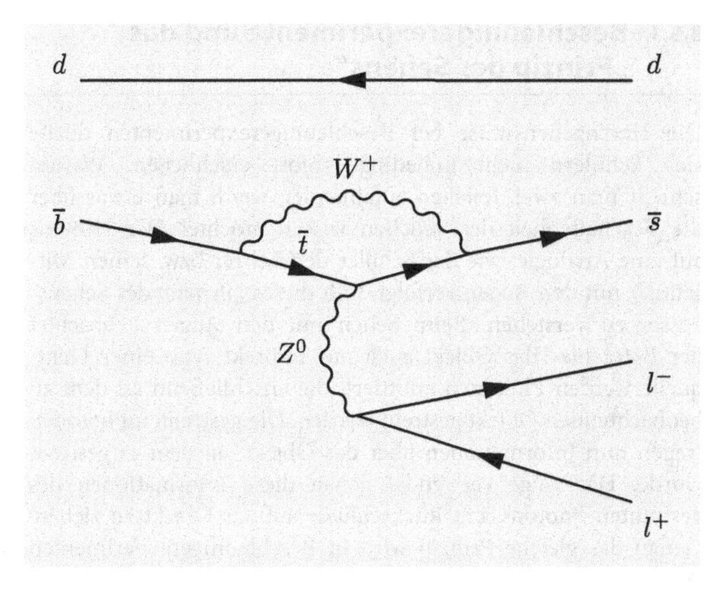

Abb. 8.10 Feynman-Diagramm eines sog. Pinguin-Prozesses mit einer virtuellen Schleifenkorrektur. Es wird der Übergang eines B-Mesons (im Quarkbild ein $\bar{b}\,d$ -Zustand) in ein K*-Meson (im Quarkbild ein $\bar{s}\,d$ -Zustand) unter der Abstrahlung eines Lepton-Paares dargestellt

Prozesses. In diesem sogenannten „Pinguin"-Diagramm emittiert ein Quark kurzzeitig ein virtuelles W-Boson und absorbiert es anschließend wieder. In der kurzen Zeit kann das Quark ein Z-Boson emittieren, das in ein Leptonpaar zerstrahlt. Das Quark ändert seinen „Geschmack" und verwandelt sich somit über eine Schleifenkorrektur von einem b-Quark in ein Quark einer anderen Generation (s-Quark). Experimentell werden nur der Anfangszustand und die beiden Quarks und Leptonen im Endzustand beobachtet. Eine mathematisch exakte Beschreibung des Prozesses ist nicht trivial und ist auch nicht einfach berechenbar. Mit dieser simplen Skizze wird jedoch deutlich, um welchen Prozess es sich handelt.

8.5 Ausgewählte Beispiele für den Unterricht

In diesem Abschnitt soll anhand von zwei konkreten Beispielen die Vermittlung von spezifischen Aspekten der Teilchenphysik präsentiert werden. Es soll dabei die experimentelle Herangehensweise anhand makroskopischer Vergleiche verständlich gemacht werden. In einem zweiten Beispiel soll das erworbene „theoretische" Wissen anhand von Übungen mit echten Daten gefestigt werden.

8.5.1 Beschleunigerexperimente und das „Prinzip des Sehens"

Die experimentelle Herangehensweise von Beschleunigerexperimenten kann über eine Analogie zu Beobachtungen mit dem Auge erklärt werden

Die Herangehensweise bei Beschleunigerexperimenten dürfte sich Schülern nicht unbedingt sofort erschließen. Warum schießt man zwei Teilchen aufeinander, wenn man etwas über die Beschaffenheit der Teilchen wissen möchte? Der Hinweis auf eine Analogie, wie der Schüler den Lehrer bzw. seinen Mitschüler mit den Augen verfolgt, hilft dieses „Prinzip des Sehens" besser zu verstehen. Beim Sehen mit den Augen beobachtet der Betrachter das Objekt auch nur indirekt. Von einer Lichtquelle werden Photonen emittiert, die anschließend an dem zu beobachtenden Objekt gestreut werden. Die gestreuten Photonen tragen nun Informationen über das Objekt, an dem es gestreut wurde. Das Auge verwendet genau diese Informationen des gestreuten Photons, um Rückschlüsse auf das Objekt zu ziehen. Genau das gleiche Prinzip wird in Beschleunigerexperimenten angewendet: Man streut ein Teilchen an einem anderen Teilchen, und aus dem Streuverhalten des gestreuten Teilchens kann man etwas über die Struktur des Objekts lernen. Die Auflösung dieses Prozesses ist nur beschränkt durch die Größe des gestreuten Teilchens und das Auflösungsvermögen des Detektors, – im unserem Falle durch die Wellenlänge des Lichts und das Auge.

8

Analogie:
Aus dem Streuverhalten von Bällen an einem Objekt kann man etwas über die Größe des Objektes lernen

Mit einem makroskopischen Beispiel kann das einfach verdeutlicht werden: Wirft man Bälle auf ein Objekt, das man genauer untersuchen möchte, kann man aus dem Streuverhalten der Bälle etwas über die Größe des Objektes lernen. Die Genauigkeit der Bestimmung der Größe ist allerdings beschränkt durch die Größe des Balls (entspricht der Wellenlänge oder der Energie des Teilchens). Wenn man sehr kleine Bälle benutzt, kann man das Objekt besser bestimmen. In Teilchenphysikexperimenten hat man genau das gleiche Phänomen: Je kleiner die De-Broglie-Wellenlänge des Teilchens ist, d. h. je höher die Energie ist, umso besser kann man das Objekt untersuchen.

8.5.2 Auswahl von Ereignissen

Im Rahmen der „Masterclasses" finden jährlich Veranstaltungen in Schulen statt

Seit dem Jahr 2005 finden jedes Jahr sogenannte „Masterclasses" über das Thema Teilchenphysik für Schüler statt. Dabei sollen die Schüler u. a. Ereignisse anhand ihrer Signatur im Detektor klassifizieren. Bei einer Datenanalyse von Experimentdaten werden prinzipiell die gleichen Schritte angewendet, um Rückschlüsse auf den zugrunde liegenden Prozess schließen zu können. Verschiedene Elementarteilchen hinterlassen unterschiedliche

Signale im Detektor und anhand von Ereignisbildern, bei denen die Signale der einzelnen Detektorkomponenten grafisch herausgearbeitet werden, sollen die zugrundeliegenden Prozesse identifiziert werden. ◘ Abb. 8.11 zeigt ein solches Ereignisbild, das für die „Masterclass" erstellt wurde.

Die Schüler identifizieren anhand echter Ereignisbilder verschiedene Teilchenphysikprozesse

Unterschiedliche Prozesse können identische Signaturen im Detektor hinterlassen, d. h. man kann bei einem einzelnen Ereignis nicht unterscheiden, ob es sich um einen Signal- oder um einen Untergrundprozess handelt. Teilchenphysikalische Prozesse basieren auf den Prinzipien der Quantenmechanik und besitzen daher statistischen Charakter. Man kann den genauen Ablauf einer Reaktion nicht deterministisch vorhersagen, sondern kann nur Vorhersagen, mit welcher Wahrscheinlichkeit ein bestimmter Prozess abläuft. Man muss daher das Experiment mehrmals wiederholen, um eine Aussage treffen zu können, z. B. zu welchem Bruchteil die selektierten Prozesse aus Signal- und Untergrundereignissen bestehen.

Teilchenphysikalische Prozesse basieren auf den Prinzipien der Quantenmechanik; sie besitzen daher statistischen Charakter

Beide Aspekte, sowohl die Selektion von Prozessen anhand ihrer Signale im Detektor als auch der statistische Aspekt von Teilchenphysikexperimenten, sollen mit dieser Art Übung vertieft werden. Die Ereignisbilder und die Anleitung dazu finden sich im Internet unter: ► http://atlas.physicsmasterclasses.org/de/wpath.htm und können im Unterricht benutzt werden.

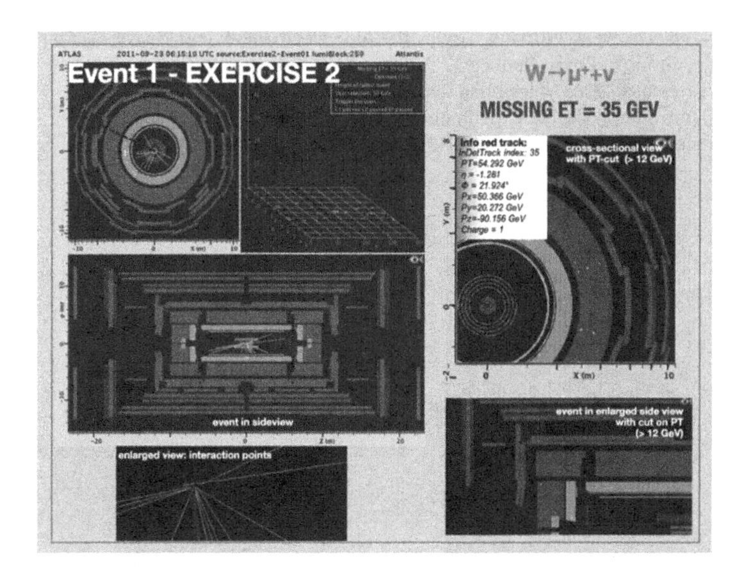

◘ **Abb. 8.11** Ereignisbild eines W-Boson-Zerfalls, wie er am ATLAS-Experiment am LHC aufgezeichnet wurde. (ATLAS Experiment © 2013 CERN und International Masterclass – Hands on Particle Physics © 2013)

Weiterführende Literatur

Amsler, C. (2007). Kern- und Teilchenphysik. Zürich: VDF Hochschulverlag AG.

Berger C. (2006). Elementarteilchenphysik. Berlin: Springer Verlag.

Bleck-Neuhaus, J. (2010). Elementare Teilchen: Moderne Physik von den Atomen bis zum Standard Modell. Berlin: Springer Verlag.

Povh B., Rith K., Scholz C. & Zetsche F. (2006). Teilchen und Kerne. Berlin: Springer Verlag.

Linksammlung

„Discover the Cosmos"-Portal: ► http://portal.discoverthecosmos.eu/de

Hacker, G.: Grundlagen der Teilchenphysik: ► http://www.solstice.de/grundl_d_tph/titelseite.html

Informationen vom CERN: ► http://hsshep.web.cern.ch/hsshep/PARTADV/greek/ParticleAdventure_org.html

Informationen vom DESY zum Thema Teilchenphysik: ► http://kworkquark.desy.de

International Masterclass on Particle Physics (Informationen und Übungen zur Vertiefung der Teilchenphysikkenntnisse): ► http://www.physicsmasterclasses.org und ► http://www.teilchenwelt.de

Particle Adventure: ► http://www.particleadventure.org/

Particle Data Group, Sammlung aller Ergebnisse im Bereich der Teilchenphysik: ► http://pdg.lbl.gov

Literatur

CERN ATLAS und CMS Experiment: ► https://atlas.cern und ► https://home.cern/science/experiments/cms

CERN 2005 The ALEPH, DELPHI, L3, OPAL and SLD Collaborations, the LEP Electroweak Working Group, the SLD Electroweak and Heavy Flavour Groups: **Phys. Rept. 427 (2006) 257–454** (► http://cdsweb.cern.ch/record/892831/files/phep-2005-041.pdf)

Demtröder, W (2010). Experimentalphysik IV. Berlin: Springer Verlag.

Excellence Cluster Universe 2013, ► http://www.universe-cluster.de

Astronomie im Unterricht

Andreas Müller

E. Kircher et al. (Hrsg.), *Physikdidaktik | Methoden und Inhalte*,
https://doi.org/10.1007/978-3-662-59496-4_9

Die Astronomie und Kosmologie eignen sich hervorragend, um Schülerinnen und Schüler für die Konzepte und Methoden der Naturwissenschaften, insbesondere der Physik, zu begeistern. In diesem Kapitel soll es um ausgewählte Themen und Verfahren gehen, die sich für den Einsatz in der Schule bewährt haben und die in manchen Bundesländern auch im Lehrplan stehen. Es wird ein Überblick über Längenskalen, astronomische Objekte und Nomenklatur, Sternentwicklung, besonders motivierende Themen wie Schwarze Löcher, Exoplaneten sowie die Entstehung und Entwicklung des Universums gegeben. Eine Zusammenstellung der offenen Fragen in der Astronomie und der Kosmologie plus einige Rechenbeispiele für den Unterricht mit Lösungen runden das Kapitel ab (◘ Abb. 9.1). Die Astronomie ist eine sehr umfangreiche, moderne Disziplin. Bitte beachten Sie daher unbedingt die angebotenen Weblinks und die weiterführende Literatur.

Begriffe Astronomie und Astrophysik

Die Begriffe „Astrophysik" und „Astronomie" werden in der Fachwissenschaft synonym verwendet, wobei die Astronomie als Oberbegriff betrachtet werden kann, der auch kulturhistorische Aspekte der Astronomie, Astrochronologie und Kosmologie einbezieht. Die Astronomie als „Mutter der Naturwissenschaften" beschäftigt sich mit der Entstehung und Entwicklung des Universums und seiner Teile, also z. B. Galaxienhaufen, Galaxien, Sterne, Planeten und dem interstellaren Medium (Gas und Staub). Ein Grundlagenwissen im Fach Astronomie hilft, unsere Existenz im Universum besser einordnen zu können.

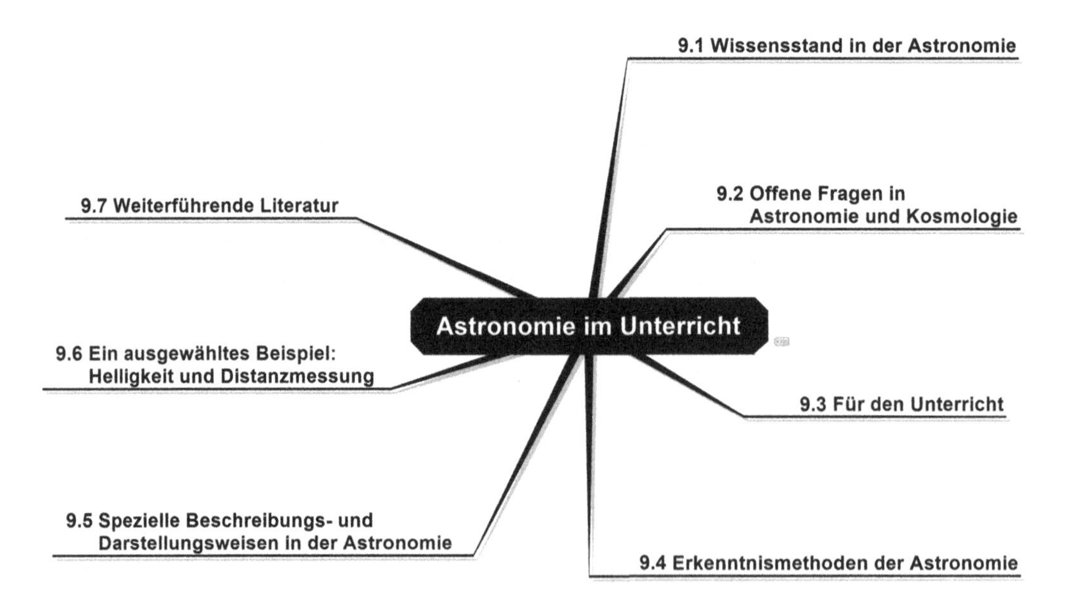

◘ **Abb. 9.1** Übersicht über die Teilkapitel

Woher kommen wir? Wie ist unser Sonnensystem mit der Erde entstanden? Welche Zukunft erwartet die Erde, die Sonne, das Sonnensystem und das Universum als Ganzes? Als jahrtausendealte Wissenschaft sollten Inhalte aus der Astronomie daher unbedingt so früh wie möglich in den Schulunterricht einfließen. Möglichkeiten bieten sich schon im Grundschulalter, z. B. indem das Thema „Stern von Bethlehem" auch naturwissenschaftlich beleuchtet wird. Je älter die Schüler sind, umso mehr kann man sich anspruchsvolleren Themen wie der Sternentwicklung und sogar Kosmologie widmen. Dieses Kapitel soll dazu Impulse setzen. Der Text gibt nur eine Einführung in grundlegende Aspekte; Quellen zur Vertiefung sind in der Marginalspalte dokumentiert.

9.1 Wissensstand in der Astronomie

Aus didaktischer Sicht ist eine schöne Hinführung zum Thema „Astronomie" die kosmische Zeitreise, auf die wir uns immer begeben, wenn wir den Sternenhimmel betrachten. Dadurch, dass die Lichtgeschwindigkeit endlich ist (ca. 300.000 km/s im Vakuum), blicken wir umso tiefer in die Vergangenheit, je weiter die Objekte entfernt sind. So können wir auch auf wichtige Phasen der Entstehung des Universums zurückblicken. Im Folgenden werden wir eine solche Zeitreise unternehmen, die uns zurückführt bis zur Entstehung des Universums im Urknall.

Die erste Station unserer kosmischen Zeitreise soll der Mond sein. Kosmisch betrachtet steht er uns mit einem mittleren Abstand von rund 380.000 km relativ nahe. Das (reflektierte Sonnen-)Licht benötigt von der Mondoberfläche bis zum Beobachter auf der Erde gut eine Sekunde. Das heißt, wenn wir den Mond anschauen, sehen wir ihn nicht, wie er gerade ist, sondern wie er vor gut einer Sekunde *war* (◘ Abb. 9.2).

Die Sonne ist noch weiter von der Erde entfernt, im Mittel 150 Mio. km, eine Größe, die die Astronomen die *Astronomische Einheit* (engl. *astronomical unit,* AU) nennen. Das Sonnenlicht benötigt von der Sonnenoberfläche bis zur Erde ca. acht Minuten. Mit anderen Worten: Die Sonne befindet sich in einer Entfernung von acht Lichtminuten. Der 2006 zum Zwergplaneten umklassifizierte Pluto ist schon einige Lichtstunden entfernt, sodass sein Licht einige Stunden bis zu uns unterwegs ist. Das am weitesten entfernte Objekt, das von Menschenhand gefertigt wurde, sind die 1977 gestarteten Voyager-Sonden. Die Radiowellen, die sie zur Kommunikation mit der Erde aussenden, sind 18 h unterwegs. Sie befinden sich derzeit am Rand des Sonnensystems, weit hinter Pluto, an der sog. Heliopause, wo die Strahlung der Sonne kaum noch spürbar ist.

Lesenswert: Die Goldene Schallplatte an Bord der Voyager-Sonde ▶ http://voyager.jpl.nasa.gov/spacecraft/goldenrec.html

Der nächste Stern nach der Sonne ist Proxima Centauri (Alpha Centauri C), von uns aus gelegen in dem Sternbild Centaurus am

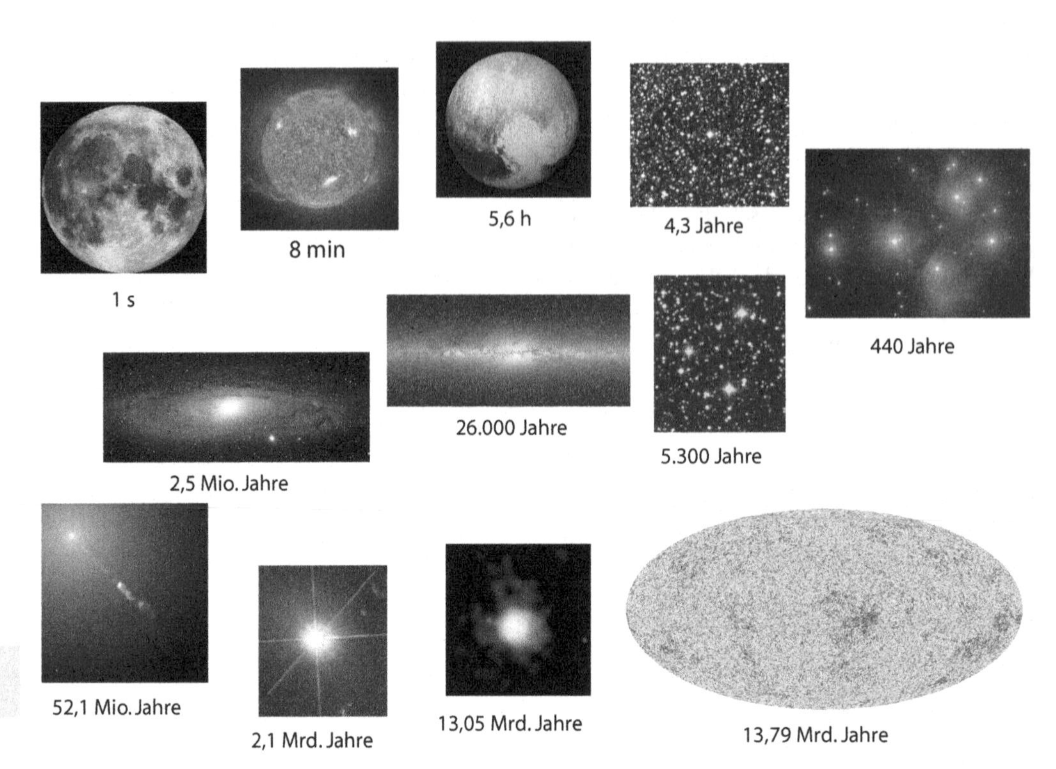

Abb. 9.2 Zeitreise zum Urknall: Je weiter das astronomische Objekt entfernt ist, desto mehr schauen wir als Beobachter in die Vergangenheit des Universums. (Fotos: aus A. Müller, „Raum und Zeit", Springer Spektrum 2013; Einzelbilder: Mond: Galileo-Mission, NASA/JPL 2002; Sonne: SOHO 1997; Pluto: New Horizons, NASA 2015; Proxima Centauri: Infrarotaufnahme des Digitized Sky Survey, U.K. Schmidt, STScI, USA. Plejaden: NASA/ESA/AURA, CalTech, HST 2004; offener Sternhaufen NGC 129: Digital Sky Survey ► www.seds.org; Milchstraße: 2MASS, The Micron All Sky Survey Image Mosaic, Infrared Processing and Analysis Center/CalTech & University of Massachusetts, USA; Andromeda-Galaxie: Bill Schoening, Vanessa Harvey/REU program/NOAO/AURA/NSF; Galaxie M87: NASA/ESA/HST 2000; Quasar 3C273: NASA/ESA/HST 2003; GRB090423: NASA/Swift, Stefan Immler 2009. Karte der Hintergrundstrahlung: NASA/WMAP Science Team 2002)

Südhimmel. Er befindet sich nahe an seinem Hauptstern Alpha Centauri A in einer Entfernung von rund vier Lichtjahren. Nehmen wir an, es gebe eine intelligente Lebensform, der wir eine SMS per Radiosignal schicken würden, so dauerte es vier Jahre, bis sie unsere Nachricht erhielte. Antwortete sie uns sogleich per SMS, so verstrichen weitere vier Jahre, bis wir die SMS von Proxima erhielten. An diesem Beispiel des nächsten Sterns nach der Sonne erkennen wir bereits, wie zeitaufwendig die interstellare Kommunikation ist. Die Plejaden sind ein recht populärer offener Sternhaufen im Sternbild Stier. Sie sind rund 440 Lichtjahre entfernt. Ungefähr zu der Zeit, als sich ihr Licht, das wir heute empfangen, auf den Weg machte, blickte der Begründer der modernen Astronomie, Galileo Galilei (1564–1642), gerade zum ersten Mal durch ein Fernrohr, um kosmische Objekte am Himmel zu beobachten. Das war im Jahr 1609; aus diesem Grund feierten die Astronomen im Jahr 2009 weltweit das Internationale Jahr der Astronomie. Erinnern Sie sich an den Fund der Gletschermumie „Ötzi“ im Jahr 1991 in den Ötztaler Alpen? Als er vor etwa 5300 Jahren in einen tödlichen Überfall verwickelt wurde, machte sich das Licht des offenen Sternhaufen NGC 129 auf den Weg.

Die Distanz der bisher besprochenen Objekte ist noch so gering, dass sie sich alle in unserer Heimatgalaxie, der Milchstraße, befinden. Das Milchstraßenband windet sich einmal um die Erdkugel, sodass wir es am Nord- und Südhimmel sehen können. Die Milchstraße ist ein „riesiges Sternenkarussell“, eine scheibenförmige Galaxie, in der rund 200 Mrd. Sterne um ein gemeinsames Zentrum rotieren. Unser Sonnensystem befindet sich am Rand dieser Scheibe in einer Entfernung von 26.000 Lichtjahren zum Zentrum der Milchstraße. Als sich dort das Licht auf den Weg zum Sonnensystem machte, waren auf der Erde noch Steinzeitmenschen wie der Cro-Magnon-Mensch unterwegs. Verlassen wir nun unsere Heimatgalaxie und wenden uns der *Extragalaktik* zu, also den kosmischen Objekten jenseits der Milchstraße. Die Milchstraße bildet zusammen mit anderen Galaxien eine durch die Gravitation zusammengehaltene Ansammlung von größeren und kleineren Galaxien, die die *Lokale Gruppe* genannt wird. Zu ihr gehören kleinere, irreguläre Galaxien, wie die Große und die Kleine Magellan'sche Wolke, die wir von der Erde aus als auffällige Wölkchen am Südhimmel mit bloßem Auge erkennen können. Dominiert wird die Lokale Gruppe von den massereichsten Galaxien. Das sind die Milchstraße und die Andromeda-Galaxie. Letztere befindet sich im Sternbild Andromeda in einer Entfernung von rund 2,5 Mio. Lichtjahren. Sie ist übrigens das am weitesten entfernte Objekt, das wir noch mit bloßem Auge als unscheinbar, verwaschenes Fleckchen am Himmel sehen können. Die Lokale Gruppe steuert geradewegs auf ein massereiches, viel größeres Gebilde zu, weil sie davon gravitativ angezogen wird.

NGC bezeichnet den „New General Catalogue of Nebulae and Clusters of Stars“, einem Katalog, der 7840 Sternhaufen, Nebel und Galaxien umfasst

Der ESA-Satellit Gaia misst u. a. Positionen von ca. 1 % der Sterne in der Milchstraße: ► http://sci.esa.int/gaia/

Das ist der Virgo-Galaxienhaufen im Sternbild Jungfrau (Virgo), dessen Zentralgalaxie M87 ein wahrer Gigant unter den Galaxien ist. Sie befindet sich in einer Entfernung von 52 Mio. Lichtjahren. Als sich das Licht in M87 auf den Weg machte, war das ungefähr die Epoche zwischen der Kreidezeit und Tertiär auf der Erde, als die Dinosaurier ausstarben. Deren Auslöschung wurde offenbar durch einen 10–15 km großen Asteroiden hervorgerufen, der auf der Yukatán-Halbinsel in Mexiko einschlug. M87 ist eine vollkommen andere Galaxie als unsere Milchstraße. Sie ist nicht scheibenförmig, sondern kugelförmig, mit einem hellen Zentrum. Sie gehört zur Klasse der aktiven Galaxien, in deren Kern ein supermassereiches Schwarzes Loch mit 6,6 Mrd. Sonnenmassen sitzt. Noch bevor die in einer rotierenden Akkretionsscheibe einfallende Materie vom Schwarzen Loch verschluckt wird, wird sie durch magnetische

Das „M“ in M87 steht für einen weiteren Standardkatalog in der Astronomie, den Messier-Katalog, benannt nach Charles Messier (1730–1817). Der Katalog umfasst 110 Objekte, vor allem Sternüberreste, Sternhaufen, Nebel und Galaxien

Effekte in unmittelbarer Nähe des sogar rotierenden Lochs auf große Geschwindigkeiten beschleunigt. Dabei bilden sich zwei fast lichtschnelle Materiestrahlen aus, die sog. „Jets", die einige tausend Lichtjahre Länge erreichen. Jets stehen immer senkrecht auf der Materiescheibe. Somit schießt das Schwarze Loch Materie aus seiner Heimatgalaxie heraus und sorgt für eine Durchmischung der kosmischen Materie auf einer großen Längenskala.

Quasare und aktive Galaxien

In noch viel größeren Entfernungen zur Erde – wir reden nun von Milliarden Lichtjahren – befinden sich typischerweise weitere aktive Galaxien, wie die *Quasare*. Genauer gesagt handelt es sich bei Quasaren um aktive Galaxienkerne, die in den Zentren von Wirtsgalaxien unterschiedlichen Typs sitzen können. Es handelt sich dabei ebenfalls um aktive, supermassereiche Schwarze Löcher, die Materie aufsammeln (*Akkretion*). In der Umgebung des Lochs heizt sich die Materie zu enormen Temperaturen auf, weil sie sich vor dem „Nadelöhr" aufstaut und es zu Reibungseffekten kommt. Bei Temperaturen von Millionen bis zehn Mio. Grad gibt dieses heiße Plasma Wärmestrahlung ab, die im Röntgenbereich maximal emittiert. Deshalb können Astronomen die vielen Schwarzen Löcher im Kosmos am besten mit Röntgenteleskopen aufstöbern. Der Quasar 3C273 ist bereits etwa zwei Milliarden Lichtjahre entfernt und befindet sich von uns aus gesehen auch im Sternbild Jungfrau.

Gammastrahlenausbrüche

Zu den am weitesten entfernten Einzelobjekten, die die Astronomen beobachten können, gehören *Sternexplosionen*. Das ist plausibel, sind explodierende Sterne doch die hellsten Quellen, die sogar die Helligkeit ihrer Heimatgalaxien überstrahlen können. Eine spezielle Klasse von Sternexplosionen werden Gammastrahlenausbrüche (engl. *gamma-ray bursts*, GRBs) genannt. Sie entstehen entweder, wenn ein massereicher Stern explodiert, oder wenn zwei kompakte Sternüberreste (Neutronensterne, stellare Schwarze Löcher), die sich zuvor umkreisten, miteinander verschmelzen. GRBs emittieren ebenfalls zwei scharf gebündelte Materiestrahlen, die ganz ähnlich aussehen wie bei M87, aber kürzer sind. Sie können jedoch noch schneller werden als bei den aktiven Galaxien (Lorentz-Faktoren von 100–1000). Schauen wir auf der Erde zufällig ziemlich genau in diesen Strahl hinein, werden wir von stark Doppler-blauverschobener Strahlung getroffen, die Astronomen als Gammastrahlen beobachten. Eines dieser Objekte war GRB 090423. Sein Katalogname verrät, dass es am 23. April 2009 entdeckt wurde. Diese heftige Sternexplosion ereignete sich vor rund 13 Mrd. Jahren, also in einer Zeit, als unser Sonnensystem noch nicht existierte.

Die kosmische Hintergrundstrahlung

Damals war das Universum noch ein anderes: Es war kleiner, sodass die ersten Galaxien in ihm viel näher beieinander standen, und es war heißer. Kosmologen wissen nämlich, dass sich die mittlere Temperatur im Universum mit zunehmender Expansion immer mehr absenkt. Können wir diese kosmische

Reise zu den frühesten, kosmischen Epochen noch toppen? Ja, denn das Älteste, was Astronomen beobachten, ist die *kosmische Hintergrundstrahlung*. Sie wurde 1965 von den Radioastronomen Arno Penzias und Robert Wilson zufällig entdeckt. Eigentlich wollten sie mit ihrer fast hausgroßen Hornantenne Radioquellen der Milchstraße beobachten, fanden jedoch ein rätselhaftes Signal in ihrer Antenne, das unabhängig davon war, an welche Stelle am Himmel ihre Antenne zeigte. Penzias und Wilson hatten die kosmische Hintergrundstrahlung entdeckt, die sich etwa 380.000 Jahre nach dem Urknall, also vor fast 13,8 Mrd. Jahren, auf den Weg machte. Zu dieser Zeit gab es weder Sterne noch Galaxien. Woher kam also die merkwürdige Strahlung? Sender der kosmischen Hintergrundstrahlung war die fein verteilte Urmaterie, die zu 75 % aus Wasserstoff und zu 25 % aus Helium plus einigen „Spurenelemente" bestand. Vor Ort hatte sie eine Temperatur von ca. 3000 Grad. Derartige Materie macht das, was wir auch auf der Erde alltäglich beobachten können: Sie gibt Wärmestrahlung ab. Kommt diese Wärmestrahlung allerdings nach ihre Milliarden Jahre dauernden Reise auf der Erde an, so hat sie sich verändert. Da sich der Kosmos ausdehnt, wurden auch die elektromagnetischen Wellen der ursprünglich 3000 Grad heißen Hintergrundstrahlung ausgedehnt. Sie liegen nun bei höheren Wellenlängen und damit geringeren Strahlungsenergie und Strahlungstemperaturen. Irdische Beobachter messen sie bei nur 2,7 K – die Strahlung hat sich bei ihrer langen kosmischen Reise ungefähr um den Faktor 1100 abgekühlt. Daher beobachten Astronomen das Strahlungsmaximum der Hintergrundstrahlung im Bereich der Mikrowellen (deshalb auch die engl. Bezeichnung *cosmic microwave background*, CMB). Die Hintergrundstrahlung ist sehr geeignet, um über ihre Strahlungstemperatur (Planck'sches Strahlungsgesetz) die mittlere Temperatur im Kosmos zu messen.

Penzias und Wilson erhielten im Jahr 1978 für ihre spektakuläre Entdeckung den Nobelpreis für Physik. Das sollte nicht der letzte Nobelpreis für die Erforschung der kosmischen Hintergrundstrahlung bleiben: Die US-amerikanische Weltraumbehörde NASA entschied sich, einen Satelliten zu starten, der die kosmische Hintergrundstrahlung noch genauer und am ganzen Himmel kartieren sollte. Die Mission Cosmic Background Explorer (COBE) wurde gestartet und lieferte Anfang der 1990er-Jahre fulminante Messdaten. Ein besonderes Problem bei der Messung der Hintergrundstrahlung ist, dass sie von allen kosmischen Quellen, die in den vielen Milliarden Jahren seit der Entsendung der Hintergrundstrahlung durch die Urmaterie entstanden sind, überdeckt wird. In müheseliger Kleinarbeit müssen die CMB-Kosmologen sämtliche Vordergrundquellen und auch die Bewegung des Sonnensystems gegenüber der Hintergrundstrahlung (ein Doppler-Effekt, der *Dipol-Anisotropie* genannt wird) herausrechnen. Erst

Entsprechend ist die kosmologische Rotverschiebung der Hintergrundstrahlung $z = 1100$

Website zu Nobelpreisen mit vielen Details: ► www.nobelprize.org

dann erhalten sie eine Karte der Hintergrundstrahlung am ganzen Himmel inklusive Nord- und Südhimmel (engl. *CMB all-sky map*). COBE lieferte weltweit die Erste dieser Karten und zeigte eine merkwürdige Temperaturverteilung der Hintergrundstrahlung am ganzen Himmel (◘ Abb. 9.3).

Sehr empfehlenswerte WMAP-Website der NASA: ► http://map.gsfc.nasa.gov/

Einige Bereiche lagen etwas über der Temperatur von 2,7 K, und andere lagen leicht darunter. Die Abweichungen waren allerdings winzig und betrugen nur einige 10^{-5} K. Das war kein Messfehler oder reine Statistik, sondern ein physikalischer Effekt. Diese sog. *Anisotropien* kommen daher, weil das Strahlungsfeld mit der Materieverteilung im frühen Universum wechselwirkte. Dort, wo die Materie schon zu höheren Dichten „verklumpte", wurde die Strahlung durch die Gravitation dieser „Klumpen" stärker verändert als bei den weniger dichten Regionen. Der entsprechende relativistische Effekt heißt „Gravitationsrotverschiebung", weil durch den Einfluss der Masse der „Klumpen" die Strahlung Energie verliert, also „gerötet" wird.

Die Messungen und Analysen von COBE wurden mit höherer Präzision von der NASA-Mission Wilkinson Anisotropy Probe (WMAP) und der ESA-Mission Planck wiederholt. Beide Missionen lieferten vor allem wichtige Messdaten, um zu verstehen, was in den frühesten Phasen der kosmischen Expansion, nur wenige Sekundenbruchteile nach dem Urknall, geschah. Dabei kam es nach der gängigen Lehrmeinung zu einer heftigen Ausdehnungsphase, der „Inflation". Sie erklärt, weshalb die CMB-Karte so gleichförmig ist und erst an Temperaturunterschieden im Bereich von 10^{-5} K Anisotropien zeigt.

Die aktuelle kosmologische Forschung ist insbesondere an der Polarisation der kosmischen Hintergrundstrahlung interessiert. Sie tritt beispielsweise auf, weil die Hintergrundphotonen an den Elektronen im Clustergas gestreut werden. Anfang 2014 werden hierzu die Resultate von der Planck-Mission erwartet.

Zu den wesentlichen Entdeckungen der Planck-Mission, die im März 2013 von der ESA mit großem öffentlichen Interesse bekannt gegeben wurden, gehört die bislang genauste CMB-Karte, die bislang produziert wurde.

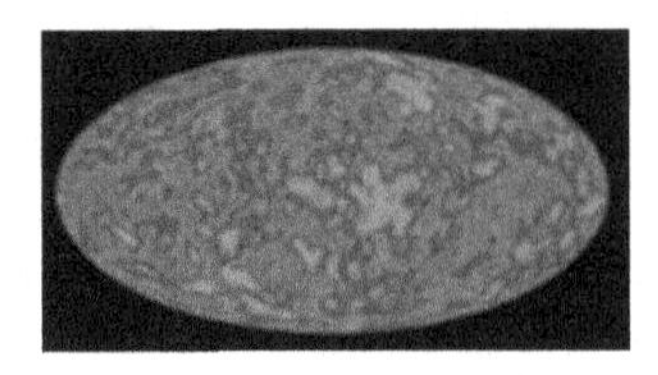

◘ **Abb. 9.3** Himmelskarte der kosmischen Hintergrundstrahlung. Die Schattierungen stehen für geringe Temperaturabweichungen von 2,7 K. (Foto: Cosmic Background Explorer Team, NASA, 1989–1993). Farbabbildung unter: ► http://aether.lbl.gov/www/projects/cobe/COBE_Home/DMR_Images.html)

Über die Anpassung an ein kosmologisches Modell folgt aus der CMB-Karte, wie alt das Universum ist, woraus es sich zusammensetzt, wie schnell es expandiert, was während seiner frühen Entwicklung geschah und was in den späteren Phasen kosmischer Entwicklung passierte. Kosmologen können darin lesen wie in einem Fingerabdruck. Die Planck-Mission fand einen etwas höheren Anteil der Dunklen Materie als die Neun-Jahres-Analyse WMAP9, dafür etwas weniger Anteil bei der Dunklen Energie und eine etwas geringere Hubble-Konstante H_0, wodurch sich die Schätzung für das Weltalter auf nunmehr 13,8 Mrd. Jahre erhöhte. Die beobachtete kosmische Hintergrundstrahlung ist einer der Belege dafür, dass der frühe Kosmos klein, dicht und heiß war. Sie spricht dafür, dass es tatsächlich einen Urknall („Big Bang") gegeben haben muss.

9.2 Offene Fragen in Astronomie und Kosmologie

Die Erzählung dieser Zeitreise erweckt den Eindruck, dass wir bereits über ein recht vollständiges astronomisches Fachwissen verfügen, das von unserer direkten kosmischen Umgebung bis zum Urknall zurückreicht. Der Umfang all dieser Erkenntnisse ist sicherlich beeindruckend. Dennoch gibt es viele ungeklärte Fragen, und zwar auf allen Gebieten der Astronomie von der Erforschung des Erde-Mond-Systems über das Sonnensystem, die Sterne und Milchstraße bis hin zu den fernen Galaxien, Galaxienhaufen und schließlich dem Urknall.

Im Blog von Andreas Müller gibt es den Beitrag „Die zehn größten Rätsel der Astronomie" unter ▶ http://www.scilogs.de/kosmo/blog/einsteins-kosmos/allgemein/2008-10-29/die-10-gr-ten-r-tsel-der-astronomie

Eines der zentralen und nach wie vor rätselhaften Ergebnisse der Kosmologie wurde mit der Planck-Mission bestätigt: 95 % des gesamten Energie-Masse-Budgets im lokalen Kosmos machen Dunkle Materie und Dunkle Energie aus. Doch woraus Dunkle Materie und Dunkle Energie bestehen, ist für die Astronomen und Physiker ein großes Rätsel.

Astronomen finden Spuren Dunkler Materie nicht nur in der Hintergrundstrahlung. Historisch entdeckten sie diese zum einen im heißen Gas inmitten von Galaxienhaufen und zum anderen im Halo (d. h. in den Randbereichen) einzelner Galaxien. Die Rotation von Sternen in den Scheiben der Spiralgalaxien kann offenbar nur durch *eine neue Materieform* erklärt werden, die nicht leuchtet, aber gravitativ wechselwirkt. Bei der Dunklen Materie besteht die Hoffnung, dass sie durch ein neues, bislang unentdecktes Teilchen erklärt werden kann. Es wäre eine Art schweres „Geschwisterteilchen" zum Neutrino. Diese Teilchen werden WIMPs genannt, ein englisches Akronym, das für *Weakly Interacting Massive Particles* steht; auf Deutsch: schwach wechselwirkende, schwere Teilchen. Die Teilchenphysiker

Dunkle Materie Planck-Messungen und Resultate im Blog von Andreas Müller unter ▶ http://www.scilogs.de/kosmo/blog/einsteins-kosmos/allgemein/2013-03-21/planck-mission-der-esa-neue-karte-der-hintergrundstrahlung

unternehmen weltweit große Anstrengungen, um die Dunkle-Materie-Teilchen direkt nachzuweisen. Das Messprinzip beruht auf der Idee, dass die potenziellen Teilchen der Dunklen Materie auch auf die Erde fliegen und in einem Detektor nachgewiesen werden können, z. B. weil sie bei einem Stoß mit Atomen Energie im Detektor deponieren und sich so der Detektor aufheizt. Das Problem dabei ist nur, dass die Dunkle-Materie-Teilchen Material – wie die Neutrinos – zum größten Teil ohne große Reaktion durchdringen. Entsprechend schwierig und aufwendig gestaltet sich die Suche nach den vermuteten Teilchen, deren direkter Nachweis bis heute nicht gelang. Die aktuellen Experimente zur direkten Suche nach Dunkler Materie sind u. a. CRESST, XENON1T, LUX, CoGeNT. Noch sind die Experimentatoren damit beschäftigt, ihre Detektoren genauer zu verstehen.

Web: ► www.cresst.de
► xenon.astro.columbia.edu/
► http://luxdarkmatter.org

So bereiten insbesondere Hintergrundsignale Probleme, die gar nicht von Dunkler Materie ausgelöst werden, sondern von Radioaktivität oder Neutronen. Solche Effekte müssen erkannt und heraussepariert werden. Derzeit (Stand Sommer 2018) wurde noch keine Evidenz für ein WIMP gefunden. Die Teilchenphysiker diskutieren sogar, ob ein viel leichteres Dunkle-Materie-Teilchen wie das Axion existieren könnte. Am Max-Planck-Institut für Physik wurde zur Axionen-Suche das neue MADMAX-Experiment initiiert. WIMPs haben 10–1000 GeV Ruhemasse, aber Axionen vielleicht nur 10^{-5} eV – zum Vergleich: Das Proton hat eine Ruhemasse von ca. 1 GeV.

9

Eine weitere Möglichkeit zum Aufspüren der Dunklen Materie besteht darin, dass es zu einem Dunkle-Materie-Teilchen auch ein Dunkle-Materie-Antiteilchen geben könnte. Treffen Teilchen und Antiteilchen zusammen, so vernichten sie sich in einem Annihilation genannten Prozess und erzeugen Strahlungsquanten. Bei einigen GeV Ruhemasse liegt die Energie dieser Strahlung im Bereich der Gammastrahlung, also bei sehr hohen Energien. Das Gammastrahlen-Weltraumteleskop Fermi-LAT der NASA machte sich bereits auf die Suche nach dieser Vernichtungsstrahlung Dunkler Materie – leider bislang ohne Erfolg.

Supersymmetrie (SUSY)

Neben diesen experimentellen Anstrengungen müssen die Theoretiker teilchenphysikalische Modelle entwickeln, die eine Existenz der *Dunkle-Materie-Teilchen* erklären (► Abschn. 8.1.7).

Nach dem Standardmodell der Teilchenphysik sind die fundamentalen Bausteine der Materie sechs verschiedene Quarks (Up, Down, Strange, Charm, Bottom, Top) und sechs verschiedene Leptonen (Elektron, Myon, Tau-Teilchen, Elektron-Neutrino, Myon-Neutrino, Tau-Neutrino). Im Standardmodell der Teilchenphysik sind Dunkle-Materie-Teilchen nicht enthalten; sie sind „neue Physik". Eine mögliche Erweiterung des Standardmodells führt eine neue Symmetrie ein, die Supersymmetrie (SUSY) genannt wird. Eine Erklärung für Dunkle Materie besteht darin, dass es sich dabei um neue, supersymmetrische Teilchen handelt, die bislang nicht experimentell nachgewiesen werden konnten. Die Supersymmetrie führt zu jedem bekannten Teilchen einen neuen supersymmetrischen Spiegelpartner ein. So heißt beispielsweise der Spiegelpartner zum Elektron Selektron und zum Quark ist es das Squark. Zum Photon ist es das Photino. Unter allen SUSY-Teilchen muss eines das leichteste sein. Von diesem leichtesten, supersymmetrischen Teilchen (engl. *lightest, supersymmetric particle,* LSP) nimmt man an, dass es stabil ist und daher besonders leicht gefunden werden sollte. Dennoch blieb die Suche nach SUSY-Teilchen bislang erfolglos (Abschn. 8.1.8).

Eines der großen Rätsel der Astronomie ist die *Entstehung von Leben.* Wir kennen bislang nur eine Lebensform, nämlich das Leben auf der Erde, das vor allem auf der Kohlenstoffchemie basiert. Das irdische Leben betrat die „kosmische Bühne" verhältnismäßig spät, vergleichen wir die Zeit seines Auftretens mit dem Alter des Universums. Warum ist das so? Und wäre es denkbar, dass sich Leben auch auf eine gänzlich andere Art – vielleicht auch schon viel früher als auf der Erde – entwickeln konnte? Darüber ist noch wenig bekannt. Die Astronomen machen zurzeit große Fortschritte, um Planeten außerhalb des Sonnensystems aufzuspüren. Von diesen sog. extrasolaren Planeten oder Exoplaneten kennt man zurzeit ca. 3800 (Stand Juli 2018). Entscheidende Fortschritte gab es mit dem Weltraumteleskop Kepler der NASA, das viele neue Kandidaten für Planeten nachwies. Es gelang sogar, einige Systeme zu finden, in denen gleich mehrere Planeten um einen Stern kreisen. Dabei wurden Sterne gefunden, die vollkommen anders sind als die Sonne; viel größer oder viel kleiner. Interessant ist es, dann die Verhältnisse in solch anderen Systemen zu untersuchen und die Bedingungen für eine möglicherweise andere Form von Leben zu studieren. Trotz dieser Erfolge stehen die Forscher hier noch am Anfang. Die Exoplanetenforschung, Exobiologie und Exochemie sind Disziplinen, die im 21. Jahrhundert einen großen Aufschwung erleben.

Leben
Web: kepler.nasa.gov
► http://exoplanet.eu/
► www.eso.org

Das sieht auch die Europäische Weltraumbehörde ESA so, die als Sieger des Cosmic-Vision-Programms die Forschungsmission „Jupiter Icy Moon Explorer", kurz JUICE, auserkoren hat. Dabei geht es um die Erforschung der Jupitermonde Kallisto und Europa, die unter ihrer eisigen Oberfläche Verhältnisse bieten könnten wie in der irdischen Tiefsee. JUICE soll klären, ob es Spuren von Leben auf den Jupitermonden geben soll. Geplanter Start ist das Jahr 2022 und Ankunft am Jupiter erst 2029.

Juno (NASA): ► https://www.nasa.gov/juno/
JUICE (ESA): ► http://sci.esa.int/juice/

Ein weiteres ungeklärtes Phänomen erscheint uns eigentlich so selbstverständlich, dass wir uns gar keine Gedanken darüber machen: die Existenz der Materie. Teilchenphysiker und Star-Trek-Fans wissen, dass es zu jedem Teilchen ein Antiteilchen gibt. Kommen sie zusammen, so vernichten sie sich zu energiereicher, elektromagnetischer Strahlung. Offenbar ist Antimaterie

Web: ► www.belle2.org

recht selten anzutreffen, denn wir nehmen im Prinzip keine Vernichtungsstrahlung wahr. Aber warum gibt es mehr Materie als Antimaterie im Universum? Eigentlich, so lehren teilchenphysikalische Modelle, sollten Teilchen und Antiteilchen im frühen Kosmos mit derselben Häufigkeit gebildet worden sein. Aber irgendetwas geschah im frühen Universum, das diese Materie-Antimaterie-Symmetrie brach. Was genau der Grund dafür ist, ist bis heute unbekannt. Teilchenphysiker versuchen das u. a. mit dem Belle-Experiment in Japan und mit dem AMS-Experiment auf der Internationalen Raumstation ISS zu enträtseln.

Schwarze Löcher gehören zu den faszinierendsten und außergewöhnlichsten Objekten, die das Universum zu bieten hat. Sie verschlucken Licht und in ihrer Nähe geschehen seltsame Dinge mit Raum und Zeit. Schwarze Löcher sind zwar komplexe Gebilde, die sich mit der Allgemeinen Relativitätstheorie beschreiben lassen. Dennoch sind ihre grundlegenden Eigenschaften leicht zu vermitteln, und sie sind didaktisch hervorragend geeignet, um Schülerinnen und Schüler für Naturwissenschaften zu interessieren. Die Astronomen kommen nicht ohne Schwarze Löcher aus, erklären sie doch viele punktförmige Röntgenquellen in der Milchstraße und den Weiten des Weltalls genauso wie kompakte, massereiche Objekte. So befindet sich das größte Schwarze Loch der Milchstraße in ihrem Zentrum und weist eine Masse von rund vier Mio. Sonnenmassen auf. Ein Objekt so massereich wie vier Mio. Sonnen in einem Gebiet nicht größer als das Sonnensystem? Eine derart hohe Massenkonzentration lässt sich derzeit nur mit dem Modell „Schwarzes Loch" erklären.

Woher kommen die Schwarzen Löcher?

Woher kommen die Löcher? Stellarastronomen führen ihre Existenz auf Sternexplosionen zurück. Die massereichsten Sterne explodieren in Supernovae (Typ II) oder Gammastrahlenausbrüchen und lassen ein verhältnismäßig leichtes Schwarzes Loch mit vielleicht 3–15 Sonnenmassen zurück. Diese Löcher wechselwirken mit ihrer Umgebung, verschlucken typischerweise Materie und Licht und werden dadurch schwerer und größer (◘ Abb. 9.4).

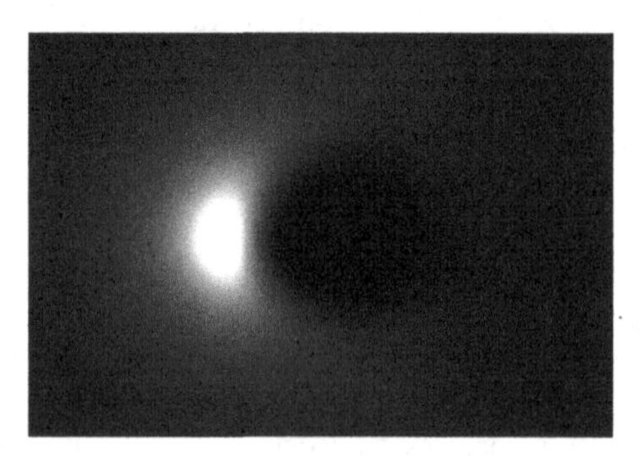

◘ **Abb. 9.4** Simulation einer leuchtenden Gasscheibe um ein Schwarzes Loch. (Aus A. Müller, „Schwarze Löcher", Spektrum Akademischer Verlag 2009)

Von den supermassereichen Schwarzen Löchern nimmt man an, dass sie in einer Milliarden Jahre dauernden Wachstumsphase gewachsen sind, indem sie Materie aus ihrer Umgebung aufsammelten (Akkretion). Woher kamen die ursprünglichen, ersten Schwarzen Löcher im Kosmos? Wie konnten sie so schnell wachsen? Auch diesen Fragen, gehen die Kosmologen nach, aber fanden bisher keine zufrieden stellende Antwort.

Weitere Rätsel um die Schwarzen Löcher

Um die Schwarzen Löcher ranken weitere Rätsel. Sie sind Objekte der Allgemeinen Relativitätstheorie, nämlich Lösungen der tensoriellen Feldgleichung, die Albert Einstein 1915 veröffentlichte. Betrachtet man die Allgemeine Relativitätstheorie genauer, so stellt sich heraus, dass sie unquantisiert ist, d. h. nicht die mikrophysikalischen Gesetze der Quantenphysik berücksichtigt. Einsteins Theorie besagt, dass tief im Innern eines Schwarzen Loches und auch im Urknall Singularitäten existieren. In den 1960er-Jahren fanden die englischen Theoretiker Stephen Hawking und Roger Penrose mathematische Sätze – die Singularitätentheoreme. Sie besagen, dass unter recht allgemeinen Voraussetzungen echte Singularitäten (Krümmungssingularitäten, d. h. Orte unendlicher Krümmung der Raumzeit) in der Natur existieren *müssen*. Dennoch gibt es bis heute eine wissenschaftliche Diskussion, ob das tatsächlich so ist oder ob man die *Singularitätentheoreme* einer Prüfung unterziehen muss. Beobachtungen von kosmischen Kandidaten für Schwarze Löcher werden dabei helfen zu entscheiden, ob man wirklich auf eine Singularität schließen muss.

Gravitationswellen: ▶ http://ligo.caltech.edu/
▶ https://www.aei.mpg.de/

Neue Impulse versprechen sich die Astronomen dabei von der Detektion von Gravitationswellen (▶ Kap. 14). Diese „Erschütterungen der Raumzeit", die sich durch beschleunigte Massen lichtschnell ausbreiten, könnten Singularitäten tatsächlich verraten. Und dass es wiederum Gravitationswellen geben muss, folgerten Astronomen schon indirekt über einen bestimmten Doppelpulsar (PSR 1913 + 16, dem „Hulse-Taylor-Pulsar"), bei dem sich die Pulsare aufgrund des Energieverlusts durch die Abstrahlung von Gravitationswellen immer mehr annähern. 2015 wurden erstmals Gravitationswellen direkt mit den LIGO-Detektoren in den USA gemessen, was mit dem Physik-Nobelpreis 2017 gewürdigt wurde.

Gibt es mehr als drei Raumdimensionen?

Gibt es mehr als drei Raumdimensionen? Bislang gibt es dafür keine experimentellen Belege. Die „Stringtheorie" kommt nicht ohne räumliche Zusatzdimensionen aus. Ihr zufolge gibt es vielleicht sechs oder sieben weitere Raumdimensionen, die allerdings erst bei kleinen Längenskalen, d. h. kurzen Abständen, in Erscheinung treten. Experimentell ist gesichert, dass bei mikroskopischen Abständen bis in den Bereich von zehn Mikrometern keine Extradimensionen nachgewiesen werden konnten. Ob sie bei noch kürzeren Abständen, schlimmstenfalls erst bei der Planck-Länge von 10^{-35} Metern, auftreten, ist unklar.

Damit zusammen hängt auch die Frage nach der Existenz von Paralleluniversen („Branenwelten"). Sie könnten sozusagen direkt um die Ecke lauern, sollten Paralleluniversum und unser Universum über eine räumliche Extradimension voneinander getrennt sein. So etwas klingt abenteuerlich und fast nach Science Fiction; dennoch ist es bisher nicht auszuschließen.

All diese Rätsel zeigen Schülern und Studenten, dass das naturwissenschaftliche Weltbild *alles andere als abgeschlossen,* sondern vorläufig ist. Schon morgen könnte eine unerklärliche Beobachtung eine bislang bewährte Theorie ins Wanken bringen – dieses Hand-in-Hand-Gehen bzw. die gegenseitige Kontrolle von Theorie und Experiment ist den meisten Schülern nicht geläufig. Sie erleben Wissenschaft vielmehr als abgeschlossenes Weltbild, das mit vielen Fakten scheinbar unverrückbar untermauert wird. Es wäre ein angemessenes Bildungsziel, wenn Schülerinnen und Schüler die Vorläufigkeit und Widerlegbarkeit wissenschaftlicher Erkenntnis klar wird. Auch das kann junge Leute motivieren, sich für die naturwissenschaftliche Forschung zu interessieren und sie vielleicht sogar bei ihrer Berufswahl zu berücksichtigen.

9.3 Für den Unterricht

Fünf Themen: Orientierung am Himmel, das Sonnensystem, die Sonne, Sterne und großräumige Struktur

In der Astronomie gibt es viele spannende Phänomene, die sich für eine exemplarische Behandlung im Unterricht eignen und die wendungsreiche Entdeckungsgeschichte des Wissens dokumentieren können. Falls es möglich ist, der Vermittlung astronomischer Lerninhalte viel Zeit zu widmen, so ist es ein mustergültiges Vorgehen, das Unterrichtskonzept in folgende fünf Themen zu unterteilen: Orientierung am Himmel, das Sonnensystem, die Sonne, Sterne und großräumige Struktur. Dieser Ansatz wird in der Lehrplanalternative Astrophysik in Bayern verfolgt und kommt in der Jahrgangsstufe 12 zum Einsatz.

Buchempfehlung: Dieter Beckmann, „Astrophysik", Verlag C. C. Buchner, 2011

Im ersten Unterrichtsteil geht es um *Himmelsbeobachtung und Sternbilder.* Hierbei werden Grundlagen der Himmelskunde, insbesondere Koordinatensysteme, behandelt – es können auch kulturhistorische Aspekte der Astronomie einfließen. Im zweiten Teil „Sonnensystem" geht es um *Planeten, Kometen und Kleinkörper* – aber nicht um *die Sonne,* die erst im dritten Teil genauer vorgestellt wird. Die Verallgemeinerung vom speziellen Stern „Sonne" zu *Sternen im Allgemeinen* im vierten Unterrichtsteil ist sehr lehrreich, auch um die Unterschiede unseres Heimatgestirns zu den Myriaden anderen Sternen zu sehen. Der umfangreichste und komplizierteste Themenblock ist der letzte, fünfte Teil über *großräumige Strukturen.* Hierbei geht es um Kosmologie, also um die Anordnung von Galaxien und Galaxienhaufen auf größten Längenskalen und die Entstehung und Entwicklung des

Universums. Um eine Übersicht über Astronomie und Kosmologie anzubieten empfiehlt sich diese Konzeption der fünf Themen auch dann, wenn weniger Zeit zur Verfügung steht.

Zur Astronomie, Kosmologie, Physik und Raumfahrt bietet der Youtube-Kanal „Urknall, Weltall und das Leben" eine Fülle von Erklärvideos und mitgeschnittener Live-Vorträge. Der Kanal wurde 2014 von Josef M. Gaßner, Harald Lesch und dem Komplett-Media Verlag in München initiiert und erfreut sich insbesondere auch bei der jungen Generation großer Beliebtheit. Die Videos sind kategorisiert, sodass gezielt nach bestimmten Themen gesucht werden kann. Von Schwarze Löcher, außerirdisches Leben, Dunkle Materie, Dunkle Energie, Astroteilchenphysik, Grundlagenphysik über aktuelle Beobachtungstipps, Porträts berühmter Wissenschaftler bis zur verständlichen Präsentation und Kommentierung von Wissenschaftsnews finden Interessierte alles. Neue Videos erscheinen zwei-bis dreimal wöchentlich.

Youtube-Kanal „Urknall, Weltall und das Leben" mit vielen Videos zur Astronomie und Physik: ▶ https://www.youtube.com/user/UrknallWeltallLeben

Es ist naheliegend, die Erkenntnisse aus der modernen Forschung direkt in ein Schulprogramm und Lehrerfortbildungen einfließen zu lassen – selbstverständlich in einer „leicht verdaulichen" Form und präsentiert von kommunikativen Wissenschaftlerinnen und Wissenschaftlern.

Lehrerfortbildungen zur „Lehrplanalternative Astrophysik" im Speziellen bzw. zur Astronomie und Physik im Allgemeinen werden von vielen Einrichtungen angeboten, u. a. vom „Haus der Astronomie" in Heidelberg, von der „ESO-Supernova" in Garching, von der „Akademie für Lehrerfortbildung und Personalführung" in Dillingen an der Donau und von Exzellenzclustern.

Web:
▶ https://www.haus-der-astronomie.de
▶ https://supernova.eso.org
▶ https://alp.dillingen.de
▶ www.origins-cluster.de

Die Wissenschaftsgeschichte bietet ebenfalls Ansatzpunkte zur Gestaltung eines attraktiven Unterrichts. Ein historisches Beispiel ist Leben und Werk von Albert Einstein, das den Schüler zurückversetzt in die Welt um die Wende zum 20. Jahrhundert. Es ist sehr lehrreich, Einsteins Wirken vor dem Hintergrund des damaligen naturwissenschaftlichen Kenntnisstands und der gesellschaftlich-politischen Lage zu betrachten. Die Grundzüge über das damalige Verständnis von Licht und Einsteins Arbeiten in der Speziellen Relativitätstheorie sind recht anschaulich vermittelbar.

Ein Beispiel, das die Lückenhaftigkeit und Vorläufigkeit des naturwissenschaftlichen Wissens illustriert, ist die Stellarastronomie. Die Physik der Sterne ist ein reichhaltiger Themenkomplex. Hinführen zum Thema kann man mit unserem Heimatgestirn, der Sonne. Die astronomische Beobachtung von Sternen führt schnell auf die Diskussion der Sternhelligkeiten und -farben sowie auf Fachbegriffe wie die Spektralklassen und das Hertzsprung-Russell-Diagramm (HRD). Ein physikalisch interessanter Ausflug ist die Entwicklung der Sonne und ihr Entwicklungspfad im HRD – ein Thema, das unmittelbar alle Erdbewohner angeht, wollen wir doch wissen, wie lange uns die

Literatur: Biografie „Albert Einstein" von Thomas Bührke (dtv 2004)

Sonne Energie spenden und ob sie irdischem Leben gefährlich werden wird. Eine Überleitung von der Sonne im Speziellen zu Sternen im Allgemeinen ist eine didaktisch sehr ratsame Strategie, um Schülern etwas für die Sternentwicklung in Abhängigkeit von der Sternmasse und das Ende von Sternen als Weiße Zwerge, Neutronensterne oder Schwarze Löcher zu vermitteln. Hierbei trifft man auf Erkenntnislücken, weil z. B. die Details der Sternexplosionen in der astrophysikalischen Forschung nach wie vor nicht geklärt sind. Auch ist es eine spannende Frage, was mit Materie geschieht, wenn man sie immer mehr komprimiert. Das Pauli-Prinzip wird wichtig und sorgt für neue Druckarten („Entartungsdruck"), die einen sterbenden Stern stabilisieren können. Materie wandelt sich komplett um, wird beispielsweise „neutronisiert", wie es beim Kollaps zu einem Neutronenstern geschieht. Gänzlich unklar ist aber, was bei weiterer Verdichtung geschieht. Es bildet sich ein Schwarzes Loch, das offenbar nur noch eine Masseeigenschaft besitzt, aber bei dem man nicht mehr sagen kann, in welcher Form die Materie im Innern des Lochs vorliegt. Schüler sind fasziniert von diesen Grenzen des Wissens, und es ist ein lehrreiches Unternehmen, auf der Basis von physikalischen Gesetzen zu spekulieren, was z. B. beim Kollaps auf ein Schwarzes Loch geschieht.

Literatur: „Supernovae und kosmische Gammablitze – Ursachen und Folgen von Sternexplosionen" von Hans-Thomas Janka (Spektrum Akademischer Verlag 2011) „Schwarze Löcher – Die dunklen Fallen der Raumzeit" von Andreas Müller (Spektrum Akademischer Verlag 2009)

Weitere Hilfsmittel, um den Unterricht zu gestalten, finden sich im Internet:

- Hervorragendes Bild- und Filmmaterial zur Astronomie unter „Astronomy Picture of the Day": ▶ http://apod.nasa.gov
- Astronomie-Lexikon von Andreas Müller: ▶ https://www.spektrum.de/lexikon/astronomie/
- Aktuelle Meldungen aus der Astronomie und Raumfahrt: ▶ www.spektrum.de/astronomie
- Weblogs u. a. für Astronomie, Raumfahrt und Physik: ▶ https://scilogs.spektrum.de
- Wissenschaft in die Schulen (WiS): ▶ www.wissenschaft-schulen.de
- Lehrer online: ▶ www.lehrer-online.de
- Deutsche Wikipedia: ▶ http://de.wikipedia.org

9.4 Erkenntnismethoden der Astronomie

Die Kultusministerkonferenz der Länder hat 2004 die „Erkenntnisgewinnung" als einen der vier Kompetenzbereiche für den mittleren Schulabschluss ausgewiesen. In der Astronomie gibt es eine ganze Reihe von interessanten Verfahrensweisen, von denen einige Beispiele in diesem Kapitel beschrieben werden. Dazu gibt es auch spezifische Darstellungsformen des Wissens (Wissensrepräsentationen), die dann der Inhalt für das nächste Kapitel sind.

Die Astronomie bietet ein reichhaltiges Arsenal an Methoden und kann an vielen attraktiven Beispielen aufzeigen, wie neue naturwissenschaftliche Erkenntnisse gewonnen werden. Besonders lehrreich ist das folgende Verfahren, das zur Entdeckung von Planeten außerhalb des Sonnensystems zum Einsatz kommt: Die Radialgeschwindigkeits- oder Doppler-Whobble-Methode zur Entdeckung von Exoplaneten.

Die Doppler-Whobble-Methode zur Entdeckung von Exoplaneten

Planeten um Sterne außerhalb des Sonnensystems, sog. extrasolare Planeten oder kurz Exoplaneten, sind nicht direkt sichtbar. Dies liegt daran, dass der Planet ein relativ kleiner Körper ist und deshalb seine Größe am Himmel (die sog. „scheinbare Größe") winzig ist. Das wird umso schlimmer, je weiter der Planet entfernt ist. Erschwerend kommt hinzu, dass der helle Heimatstern des Exoplaneten den oder die Planeten im gleichen System überstrahlt und damit „unsichtbar" macht. Dennoch können solche Exoplaneten entdeckt werden.

ESO-Bilder und Informationen zu Exoplaneten: ▶ http://eso.org/public/images/archive/category/exoplanets/

Bei der Doppler-Whobble-Methode macht man sich zunutze, dass die Planeten nicht einfach um einen „feststehenden" Stern kreisen. Alle beteiligten Körper kreisen um den gemeinsamen Schwerpunkt. Auch der zentrale Stern tanzt geringfügig hin und her.

Wenn wir als Beobachter nicht gerade senkrecht auf die dabei resultierende Bahnebene des Sterns schauen, so werden wir eine Bewegungskomponente entlang der Sichtlinie feststellen – entweder auf uns zu oder von uns weg. Durch den Doppler-Effekt verändert sich deshalb die Strahlung des Sterns. Sie wird abwechselnd röter, wenn sich der Stern von uns entfernt, und blauer, wenn sich der Stern der Erde nähert. Der Doppler-Effekt verschiebt entsprechend periodisch die Spektrallinien, die der Stern im Spektrum aufweist.

Im Jahr 1995 entdeckten die Schweizer Astronomen Michel Mayor und Didier Queloz den ersten Planeten außerhalb des Sonnensystems mit dieser Doppler-Whobble-Methode (Physik-Nobelpreis 2019). Es handelte sich um den Exoplaneten 51 Pegasi b, der um den Stern 51 Pegasi (51 Peg) kreist. Der Hauptstern ist vom Spektraltyp G und wird in nur gut vier Tagen von seinem Exoplaneten umrundet. Zur Erde hat dieses System einen Abstand von 51 Lichtjahren. Der Exoplanet ist mit einer halben Jupitermasse recht schwer. Gerade das hat zusammen mit der kurzen Umlaufzeit die Entdeckung von 51 Peg b sehr begünstigt.

Zusätzlich ist es ratsam, alternative Methoden zum Doppler-Whobble vorzustellen, wie die Transitmethode (◘ Abb. 9.5)und die Lensing-Methode. Dabei lassen sich Stärken und Schwächen der verschiedenen Verfahren diskutieren und die Zielsetzung deutlich machen, Ergebnisse in der Physik durch eine Kombination verschiedener Methoden abzusichern. Insgesamt kommen die Astronomen derzeit (Stand Juli 2018) auf rund 3800 Kandidaten für Exoplaneten, von denen mittlerweile etwa zwei Drittel mit der Transitmethode entdeckt wurden – Tendenz rasch ansteigend!

PLATO-Mission der ESA: ▶ http://sci.esa.int/plato/

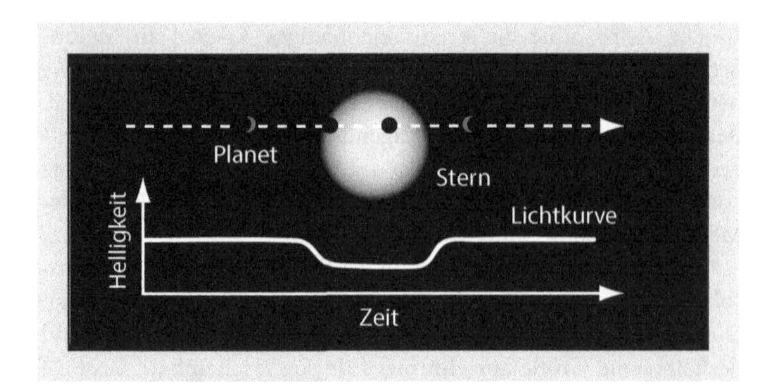

Abb. 9.5 Illustration der Bedeckungs- oder Transitmethode. Ein vorüberziehender Exoplanet verdunkelt zeitweise seinen Stern. (Quelle: ESO)

9.5 Spezielle Beschreibungs- und Darstellungsweisen in der Astronomie

In diesem Abschnitt stellen wir exemplarisch ausgewählte Darstellungen vor. Dies kann auch einen Beitrag zum Ausbau der Kommunikationskompetenz liefern, speziell zu der Fähigkeit, Informationen sach- und fachbezogen zu erschließen und auszutauschen (vgl. KMK 2004).

9.5.1 Das Hertzsprung-Russell-Diagramm

Bei dem Hertzsprung-Russell-Diagramm (HRD) handelt es sich um ein fundamentales Diagramm der Stellarphysik. In einer zweidimensionalen Auftragung wird die Leuchtkraft eines Sterns über dessen Effektivtemperatur oder alternativ über dem Spektraltyp dargestellt (Abb. 9.6).

Das HRD ist ein Zustandsdiagramm, das Auskunft über den Entwicklungszustand eines Sterns gibt

Es ist zu beachten, dass in der Darstellung üblicherweise die höchste Temperatur bzw. der heißeste Spektraltyp (O) ganz links angeordnet ist. Historisch geht das HRD auf die Astronomen Ejnar Hertzsprung (1873–1967) und Henry Noris Russell (1877–1923) zurück, die allerdings andere stellare Zustandsgrößen verwendeten, nämlich absolute, visuelle Helligkeit über Farbindex (z. B. B–V, Differenz aus Helligkeit im blauen und visuellen Frequenzband). Diese sind aber zu Leuchtkraft bzw. Temperatur proportional, sodass sich daher das HRD in seiner Gestalt nicht verändert. Heute nennt man diese ursprüngliche Darstellung Farben-Helligkeits-Diagramm. Das HRD ist ein Zustandsdiagramm, das Auskunft über den Entwicklungszustand eines Sterns gibt. Damit ist es ein wesentliches Werkzeug, das die Art und die Entwicklung von Sternen aufzeigt. Man kann aus der Position eines Sterns im HRD ziemlich eindeutig seinen Zustand

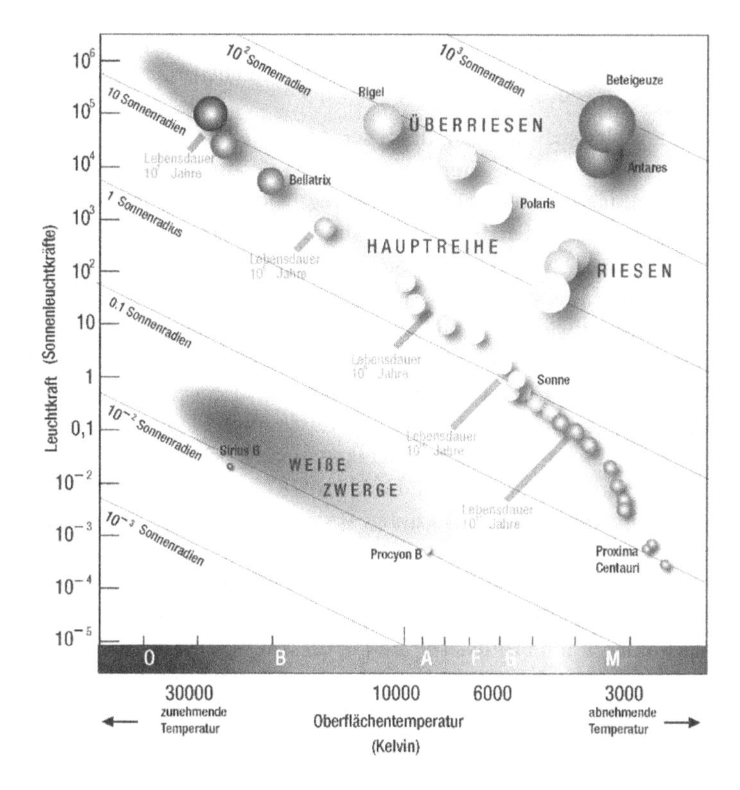

Abb. 9.6 Hertzsprung-Russell-Diagramm der Sterne mit der von links oben nach rechts unten verlaufenden Hauptreihe und Gebieten spezieller Sterntypen. Die Positionen einiger bekannter Sterne, u. a. der Sonne, sind eingetragen. (Bild: Exzellenzcluster Universe 2013; nach einer Vorlage der University of Berkeley)

charakterisieren und somit Sterne klassifizieren. Es gibt z. B. eindeutig zugeordnete Gebiete im HRD für Protosterne, Rote Riesen, Rote Zwerge und Weiße Zwerge.

Die Hauptreihe: Sterne befinden sich im hydrostatischen Gleichgewicht

Besonders deutlich ist eine charakteristische Linie, die von besonders vielen Sternen bevölkert wird: die Hauptreihe (engl. *main sequence*). Hier befinden sich Sterne im hydrostatischen Gleichgewicht und betreiben Kernfusion von Wasserstoff. Gerade entstandene Sterne, die Protosterne, zünden die Fusionsreaktionen und „wandern" auf die Hauptreihe. Man nennt sie daher Alter-Null-Hauptreihensterne oder ZAMS-Sterne (ZAMS: *Zero-age Main Sequence*). Die Sonne ist ebenfalls ein typischer Hauptreihenstern. Die Stellarphysiker können mit einfachen Modellen viele Eigenschaften von Sternen ableiten und z. B. Masse-Radius-Beziehungen, Masse-Leuchtkraft-Beziehungen oder Masse-Temperatur-Beziehungen bestimmen. Sie belegen, dass die Masse der etwa von rechts unten nach links oben verlaufenden Hauptreihe im HRD nach links zunimmt: Hellere Hauptreihensterne sind also auch schwerer. Nun kann man hervorragend

Entwicklungspfade im HRD nachzeichnen und bekommt so eine Vorstellung davon, wie sich Sterne im Laufe ihres „Lebens" entwickeln.

Der wesentliche Parameter der Sternentwicklung ist die Sternmasse

Es stellt sich heraus, dass der wesentliche Parameter der Sternentwicklung die Sternmasse ist. Sie bestimmt die Zentraltemperatur im Sterninnern und regelt die thermonuklearen Fusionsprozesse. Letztendlich bestimmen gerade diese Prozesse das Schicksal am Ende der Sternentwicklung. Weitere charakteristische Linien im HRD sind der Instabilitätsast, den pulsierende Sterne wie die Cepheiden und RR-Lyrae-Sterne besiedeln, und die Hayashi-Linie. Letztere markiert voll konvektive Sterne, die nur in ihrer Randregion radiativ sind, d. h. Energie durch Strahlung transportieren, und nur durch ihre Masse und chemische Zusammensetzung charakterisiert sind. Die Hayashi-Linie repräsentiert eine steile Linie im HRD, die näherungsweise von rechts oben nach links unten verläuft. Sie ist nur numerisch berechenbar und wurde von dem japanischen Astronomen C. Hayashi entdeckt. Rechts von der Hayashi-Linie gibt es keine Sterne im sog. hydrostatischen Gleichgewicht. Die jungen, noch kontrahierenden Protosterne sind in diesem Bereich zu finden.

Massearme Sterne, wie die Sonne, können ihren Zustand recht lange beibehalten und haben typische Lebensdauern im Bereich von Milliarden Jahren. Im Innern läuft vor allem die pp-Reaktion ab, eine Fusion von Wasserstoffkernen zu Heliumkernen. Marginal relevant ist der CNO-Zyklus, der ebenfalls im Wesentlichen Helium produziert. Nach einer Phase des Aufblähens zu einem Roten Riesen steht am Ende der Sternentwicklung massearmer Sterne ein kompaktes Objekt: ein Weißer Zwerg.

Hingegen haben massereiche Sterne kürzere Lebensdauern von einigen Millionen Jahren. Sie sind so heiß, dass zahlreiche Prozesse in ihren Schalen ablaufen (Schalenbrennen) und sie viel schwerere Elemente bis maximal zum Element Eisen (Ordnungszahl 26) fusionieren können. Noch schwerere Elemente können nur in den r-Prozessen und p-Prozessen der Supernovae Typ II, in den s-Prozessen bei sog. AGB-Sternen oder in der Verschmelzung von Neutronensternen gebildet werden.

9.5.2 Die Himmelskarte

Wenn wir den Himmel betrachten, sehen wir immer nur einen Ausschnitt des ganzen von der Erde aus sichtbaren Himmels. Was wir gerade sehen, hängt sehr davon ab, wo wir uns auf der Erde befinden. Am Nordpol sehen wir nur den Nordhimmel; am Südpol nur den Südhimmel, mit völlig anderen Sternbildern, die wir niemals von der Nordhalbkugel aus beobachten können. Bei mittleren Breiten kommt es zu Variationen, und man

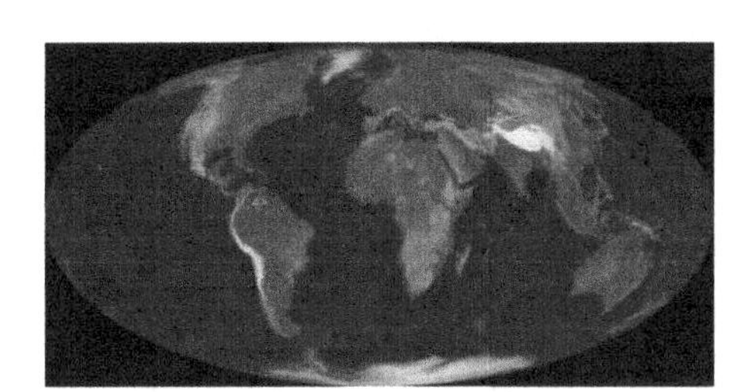

Abb. 9.7 Resultat einer Mollweide-Projektion der kugelförmigen Erdoberfläche auf eine Ellipse. (Foto: Lars H. Rohwedder 2006, wikipedia)

sieht manchmal auch Sternbilder der jeweils komplementären Hemisphäre.

Die gesamte Himmelssphäre wird von zwei Raumdimensionen aufgespannt, und wir können durch die Angabe zweier Winkel (z. B. Rektaszension und Deklination) die Position am Himmel genau festlegen. Diese Himmelssphäre ist allerdings eine gekrümmte Oberfläche. Himmelskarten sind flach wie eine Tischplatte. Man kann sehr elegant die Himmelssphäre durch eine sog. Mollweide-Projektion auf eine ovale, ellipsenförmige Karte abbilden (Abb. 9.7). Diese Verfahren finden auch Anwendung bei Erdkarten in der Geografie.

Als Koordinatensystem verwendet man in der Astronomie dann üblicherweise galaktische Koordinaten. Sie sind angepasst an die scheibenförmige Milchstraße, unsere Heimatgalaxie. Analog zur Geografie unterscheidet man galaktische Länge und galaktische Breite. Sind beide null, so befindet man sich auf der Himmelskarte im Zentrum der Milchstraße. Bei höheren galaktischen Breiten kommt es zu Abweichungen von der galaktischen Scheibe „nach oben oder unten". In der galaktischen Scheibe tummeln sich fast alle Sterne der Milchstraße sowie Gas und Staub. Diese Darstellung wird auch bei der kosmischen Hintergrundstrahlung verwendet, um die Temperaturverteilung dieser Strahlung am ganzen Himmel zu visualisieren (Abb. 9.3).

9.5.3 Falschfarbenfoto aus der Röntgenastronomie

Mit unseren menschlichen Augen nehmen wir Farben wahr, die ausschließlich im optischen Bereich liegen. Wir sehen das Licht und assoziieren damit Farbempfindungen von Rot, Orange, Gelb, Grün, Blau bis Violett. Diese Regenbogenfarben stellen natürlich nur einen Teil des gesamten elektromagnetischen Spektrums dar. Astronomen sind allerdings an allen Strahlungsformen interessiert, weil jede davon Informationen über eine kosmische Quelle enthält. Die Anfänge der Astronomie waren optisch

Falschfarbenbilder in der Astronomie und der Astrophysik
RGB: Rot, Grün, Blau

(optische Astronomie); sukzessiv wurden jedoch die anderen Beobachtungsfenster geöffnet. So entstanden die Teildisziplinen Radioastronomie, Infrarotastronomie, Ultraviolettastronomie, Röntgenastronomie und Gammaastronomie. Inzwischen geht die moderne Astronomie sogar über die elektromagnetischen Wellen hinaus, weil es möglich geworden ist, Teilchen zu beobachten, die aus der Tiefe des Weltalls zu uns gelangen. Dazu gehören die Neutrinos (Neutrinoastronomie), kosmische Strahlung (Hochenergieastrophysik) und neuerdings die Gravitationswellenastronomie (▶ Kap. 14). Mit diesen für das menschliche Auge prinzipiell unbeobachtbaren Strahlungsformen und Teilchen hat der Astronom ein Darstellungsproblem, denn wie kann er z. B. das Bild einer Röntgenquelle betrachten, wenn er doch mit seinen Augen unempfindlich ist für Röntgenstrahlung? Die Lösung stellt gerade das *Falschfarbenbild* dar. Doch was ist eigentlich falsch an der Farbe? Der Trick besteht ganz einfach darin, jeder Wellenlänge außerhalb des sichtbaren Bereichs wieder eine für uns sichtbare Farbe aus der Palette von Rot bis Violett zuzuordnen. Das macht man am besten so, dass Blau wieder der kleinsten Wellenlänge (höchsten Strahlungsenergie) und Rot der größten Wellenlänge (kleinsten Strahlungsenergie) zugeordnet werden. Nach der Farbtheorie (subtraktive und additive Farbmischung) entsteht dann beim Betrachten des „gefälschten" Gesamtbildes genau der Farbeindruck wie im sichtbaren Bereich.

In der Astronomie und Astrophysik werden Falschfarbenbilder nicht nur bei Beobachtungsdaten eingesetzt, sondern natürlich auch bei Simulationsdaten, die Hochleistungscomputer berechnet haben. So kann man einen RGB-Wert nicht nur einer Wellenlänge außerhalb des sichtbaren Bereichs zuordnen, sondern auch einer Temperatur, einem Materiedichtewert oder einem magnetischen Druck. Das wird bei der Visualisierung simulierter Daten beispielsweise in der Hydrodynamik und Magnetohydrodynamik benutzt. Falschfarbenbilder gibt es also nicht nur in der Astronomie, sondern auch beispielsweise in der Elastomechanik (Spannungsverteilungen im Material), in der medizinischen Diagnostik (Kernspintomografie), in der Meteorologie (Niederschlagswahrscheinlichkeiten) u.v.m.

9.6 Ein ausgewähltes Beispiel für den Unterricht: Helligkeit und Distanzmessung

Je weiter eine Lichtquelle von uns entfernt ist, umso dunkler erscheint sie. Das liegt daran, dass sich das Licht der Quelle auf einer Kugelfläche verteilt, die mit dem Abstandsquadrat anwächst. Verdoppelt man die Entfernung der Lichtquelle, so nimmt ihre Intensität um das Vierfache ab. Das gilt auf jeden Fall im uns vertrauten dreidimensionalen (Euklidischen) Raum. Als Einstieg könnten sich dies die Schüler anhand eines Experiments mit einer Glühlampe oder Kerze klar machen und sie aus unterschiedlichen Entfernungen fotografieren.

Unterscheidung: scheinbare Helligkeit und absolute Helligkeit

Die Astronomen unterscheiden bei einem Himmelsobjekt die scheinbare Helligkeit m von der absoluten Helligkeit M. Die scheinbare Helligkeit m nimmt mit der Entfernung ab, wohingegen die absolute Helligkeit ein fester Wert ist, nämlich die Helligkeit in einer Entfernung von 10 pc. Dabei ist pc die Längeneinheit Parsec (Parallaxensekunde) für die gilt: 1 pc = 3,26 Lichtjahre = $3{,}09 \cdot 10^{16}$ m.

Historisch bedingt unterschieden die Himmelsforscher Helligkeiten zunächst in sechs Größenklassen. Das erste Messinstrument war das menschliche Auge, das sicherlich nicht voll ausgereift ist für astronomische Beobachtungen. Die hellsten Sterne definierte man mit der 1. Größe, die lichtschwächsten, gerade noch mit dem Auge sichtbaren als Sterne 6. Größe. Im Zuge besserer astronomischer Instrumente wurde diese Skala deutlich erweitert. So weisen die leuchtschwächsten Objekte – Z. B. extrem weit entfernte Galaxien, die mit den besten modernen Teleskopen noch sichtbar sind – etwa 30. Größe auf!

Das menschliche Auge ist ein logarithmischer Strahlungsdetektor, daher ist die natürliche Helligkeitsskala logarithmisch und nicht linear. Der britische Astronom Norman Robert Pogson (1829–1891) führte 1856 ein logarithmisches Gesetz ein, das den Zusammenhang zwischen scheinbarer Helligkeit m, der Magnitude und dem Strahlungsfluss F wiedergibt. Dabei zeigte sich, dass das Verhältnis der Strahlungsflüsse aufeinander folgender Größenklassen immer konstant ist, etwa 2,512. Mit der obigen Definition, dass die absolute Helligkeit M bei einem Abstand r von 10 pc zu messen sei, folgt eine Gleichung, der sog. Distanzmodul:

$$m - M = -2{,}5\ \log\left[F(r)/F(10)\right] = 5\ \log\left(r/10\text{pc}\right)$$

Wichtige Anwendung ist die Entfernungsbestimmung kosmischer Objekte

Bei bekannten zwei von den drei Größen m, M und r lässt sich die dritte anhand Umstellen der Gleichung berechnen. Eine besonders wichtige Anwendung ist die Entfernungsbestimmung kosmischer Objekte. Die scheinbare Helligkeit m ist immer bekannt, weil Astronomen sie am Himmel direkt messen. Das entsprechende Verfahren heißt Photometrie, wörtlich so viel wie Messung des Flusses der Photonen. In der Regel werden die Helligkeiten in der Einheit mag oder ^{m} für Magnitude angegeben. Die scheinbaren Helligkeiten einiger kosmischer Nachbarn:

- Sonne: $m = -26{,}8$ mag
- Vollmond: $m = -12{,}5$ mag
- Sirius, der hellste Stern am Himmel im Sternbild Canis Major (dt. Großer Hund): $m = -1{,}46$ mag

Gelingt es dem Astronomen nun, die absolute Helligkeit M aufgrund theoretischer Modelle einzugrenzen, so kann er über beobachtete, scheinbare Helligkeit m und Distanzmodul direkt die Entfernung r des leuchtenden Objekts ableiten. Diese Prozedur wird bei sog. Standardkerzen angewandt. Die Astronomen suchen dabei kosmische Quellen, deren intrinsische Helligkeit (die Helligkeit „vor Ort" der Quelle) sie in irgendeiner Form ableiten können. Prominente Beispiele für Standardkerzen sind Cepheiden, variable Sterne mit sich periodisch verändernder Helligkeit, und Supernova vom Typ Ia, die immer eine gleiche Maximalhelligkeit erreichen.

Die absoluten Helligkeiten der folgenden Himmelskörper betragen:

- Sonne: $M = 4{,}87$ mag
- Sirius: $M = 1{,}43$ mag
- Supernova Ia: $M = -19{,}7$ mag.

Aufgabe

a) Berechne mit dem Distanzmodul die Entfernung der Sonne und von Sirius.
b) Wie weit muss eine Supernova Ia entfernt sein, damit sie uns so hell erscheint wie die Sonne?

Lösung:

a) Wir stellen die Gleichung nach r um und erhalten:

$$r = 10\text{pc} \cdot 10^{0{,}2(\text{m}-\text{M})}$$
$$r_{\text{sonne}} = 10\text{ pc} \cdot 10^{-0{,}2 \cdot 31{,}67} = 4{,}63 \cdot 10^{-6}\text{pc} = 143\text{ Mio. Km} \approx 1\text{ AU}$$
$$r_{\text{Sirius}} = 10\text{ pc} \cdot 10^{-0{,}2 \cdot 2{,}89} = 10 \cdot 0{,}26\text{ pc} = 2{,}6\text{ pc} = 8{,}5\text{ Lj}$$

Diese Angaben entsprechen in etwa den Literaturwerten für die jeweilige Entfernung. Eine astronomische Einheit (engl. *astronomical unit,* kurz AU) ist gerade die mittlere Entfernung der Erde von der Sonne.

b) Wir verwenden die absolute Helligkeit einer Supernova Ia $M = -19{,}7$ mag und die scheinbare Helligkeit der Sonne $m = -26{,}8$ mag und setzen diese ein, um r auszurechnen:

$$r = 10\text{ pc} \cdot 10^{0{,}2\,(m-M)} = 10\text{ pc} \cdot 10^{-0{,}2 \cdot 7{,}1} = 0{,}38\text{ pc} = 1{,}24\text{ Lj}$$

Dieses Ergebnis zeigt, dass eine Supernova unglaublich hell ist, denn sie würde in gut einem Lichtjahr Entfernung so hell erscheinen wie unsere Sonne, die nur 150 Mio. Kilometer entfernt ist.

Weiterführende Literatur

Zusätzlich zu den bisher genannten Büchern und Internetlinks sind folgende Quellen sehr zu empfehlen:

Thema „Himmelsbeobachtung und Sternbilder"

Gerhard Fasching (1993). Sternbilder und ihre Mythen. Wien, New York: Springer.

Uwe Reichert (2005). Die Himmelsscheibe von Nebra. Zeitschrift „Sterne und Weltraum", 16–21, Jan/Feb 7

Eckhard Slawik, Uwe Reichert (1997). Atlas der Sternbilder. Heidelberg: Spektrum.

Thema „Sterne"

Achim Weiß (2008). Sterne – Was ihr Licht über die Materie im Kosmos verrät. Heidelberg: Spektrum Akademischer Verlag.

Thema „Kosmologie"

Andreas Müller (2012). Raum und Zeit: Vom Weltall zu den Extradimensionen – Von der Sanduhr zum Spinschaum. Heidelberg: Spektrum Akademischer Verlag.

Umfassende Buchreihe: Reihe „Astrophysik Aktuell" des Springer-Verlags: ▶ http://www.springer.com/series/8367

Anregungen für Experimente

M. O'Hare, B. Brandau, H.-G. Holl, H. Schickert (2009). Wie man mit einem Schokoriegel die Lichtgeschwindigkeit misst und andere nützliche Experimente für den Hausgebrauch. Frankfurt: Fischer.

Schülerlabore und Schulausflüge

TUMlab im Deutschen Museum, München: ▶ www.tumlab.de

ESO-Supernova, Garching: ▶ https://supernova.eso.org/germany/

Quellen für Unterrichtsmaterialien

Website der Europäischen Weltraumbehörde mit Infomaterial für Lehrkräfte: ▶ https://www.esa.int/Education

Visualisierung und Veranschaulichung der Relativitätstheorie. Online-Artikel, Bilder, Filme und Bastelbögen der Arbeitsgruppe Physikdidaktik der Universität Hildesheim: http://www.tempolimit-lichtgeschwindigkeit.de

Bild- und Videomaterial

Astronomische Abbildungen der Europäischen Südsternwarte (ESO): ▶ http://www.eso.org/public/germany/images/

Aufnahmen des Hubble Space Telescope (HST) der NASA/ESA: ▶ http://hubblesite.org/news

Bilderarchiv des Röntgenteleskops Chandra (NASA): ▶ http://chandra.harvard.edu/photo/category.html

Online-Suchmaschine für Filme, Videos und Animationen (auch mit zahlreichen Kanälen zu astronomischen Themen): ▶ http://www.youtube.com/

Zeitschriften

Sterne und Weltraum, monatlich erscheinende, populärwissenschaftliche Zeitschrift für Astronomie und Raumfahrt. Heidelberg: Spektrum Verlag: ► https://www.spektrum.de/magazin/sterne-und-weltraum/

Literatur

Exzellenzcluster Universe 2013
KMK 2004
Müller, A. (2009) Schwarze Löcher, Spektrum Akademischer Verlag
Müller, A. (2013) Raum und Zeit, Springer Spektrum

Chaos und Strukturbildung

Volkhard Nordmeier und Hans-Joachim Schlichting

E. Kircher et al. (Hrsg.), *Physikdidaktik | Methoden und Inhalte*,
https://doi.org/10.1007/978-3-662-59496-4_10

Übersicht

Die nichtlineare Physik hat sich zu einem etablierten Forschungsbereich entwickelt. Sie hilft bei der Beschreibung und beim Verständnis von komplexen Systemen und faszinierenden Phänomenen (z. B. Sandrippen am Strand, Konvektionszellen in Flüssigkeiten). Solche Beispiele zeigen aber auch, dass eine Beschränkung auf lineare Zusammenhänge, wie sie für die klassische Physik, aber auch für die Quantenmechanik typisch ist, zahlreiche Sachverhalte nicht erklären kann. Chaos, viele Formen der Selbstorganisation oder Fraktale sind solche Themenbereiche. In diesem Kapitel werden Möglichkeiten skizziert, grundlegende Phänomene, Fragestellungen und experimentelle Untersuchungen der nichtlinearen Physik in den Physikunterricht aufzunehmen. Bezüge zu den Bildungsstandards für den Mittleren Abschluss im Fach Physik und zu den einheitlichen Prüfungsanforderungen der Abiturprüfung (EPA) werden aufgezeigt.

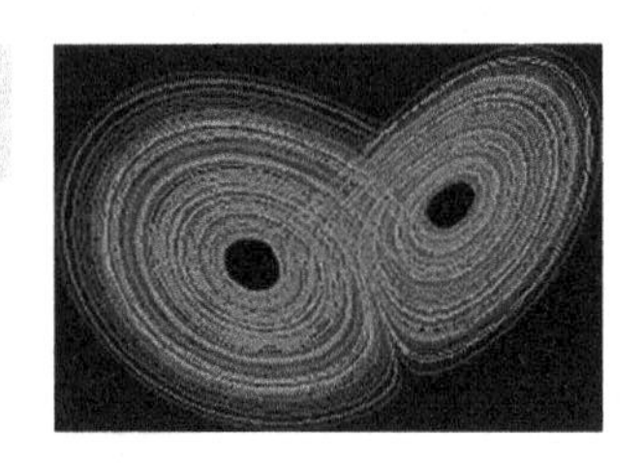

Lorenz-Attraktor

Argumente für die Aufnahme von Elementen der nichtlinearen Physik in der Schule

Die nichtlineare Physik hat sich in wenigen Jahrzehnten zu einem etablierten Forschungsbereich entwickelt. Sie trägt der Tatsache Rechnung, dass die Beschränkung auf lineare Zusammenhänge, wie sie für die klassische Physik, aber auch für die Quantenmechanik typisch ist, zahlreichen Phänomenen und Problemen nicht gerecht wird. Strukturbildung, Komplexität, Selbstorganisation, Chaos, Fraktale … sind nur einige Themenbereiche der modernen Naturwissenschaften, die sich nur mithilfe der nichtlinearen Physik beschreiben lassen.

Auch die Schulphysik ist davon nicht unberührt geblieben. Neuere Lehrpläne (Schwarzenberger und Nordmeier 2005), Schulbücher (z. B. Boysen et al. 2000) und Zeitschriften (z. B. UP 2006) schlagen Zugänge zur nichtlinearen Physik vor. In entsprechenden Studien wurden unterschiedliche Ansätze für den Physikunterricht erprobt und evaluiert (vgl. z. B. Bell 2003; Haupt und Nordmeier 2014; Komorek 1998; Korneck 1998). Ohne eine tiefergehende Bewertung vornehmen zu wollen, sprechen für die Aufnahme von Elementen der nichtlinearen Physik in der Schule zumindest folgende Argumente:

- Durch die Auseinandersetzung mit Problemen der nichtlinearen Physik besteht die Möglichkeit, die Schulphysik näher an die aktuelle Forschung und an interessante Probleme der wissenschaftlich-technischen und natürlichen Welt heranzubringen.

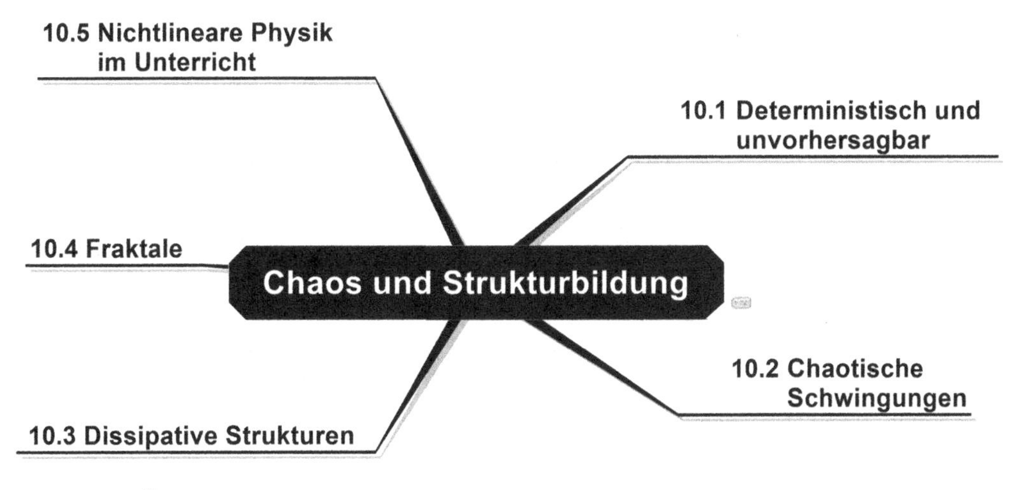

Abb. 10.1 Übersicht über die Teilkapitel

- Bislang ausgeklammerte Fragen wie etwa:
  - Wie kommt es zur selbstorganisierten Entstehung, Aufrechterhaltung und Stabilisierung komplexer Systeme (Strukturen) in der belebten und unbelebten Natur?
  - Wie lassen sich solche Strukturbildungsvorgänge modellhaft erfassen?
  - Welcher Zusammenhang besteht zwischen Form und Funktion komplexer Systeme?
  - Inwieweit lässt sich das Verhalten komplexer Systeme vorhersagen?

  können an einfachen Beispielen zugänglich gemacht werden.

Im Folgenden werden Möglichkeiten skizziert, grundlegende Phänomene, Fragestellungen und experimentelle Untersuchungen der nichtlinearen Physik in den Physikunterricht aufzunehmen (Abb. 10.1).

10.1 Deterministisch und unvorhersagbar

Nichtlineare Physik und Chaos

Eine der größten Herausforderungen der nichtlinearen Physik ist die Beschreibung von Systemen, deren Verhalten im Einzelnen unvorhersagbar ist. Dabei spielt der Zufall eine entscheidende Rolle.

Fadenpendel

Dazu ein Beispiel: Es genügt, die Dynamik eines (mit kleiner Amplitude) frei schwingenden Fadenpendels durch eine Bewegungsgleichung zu erfassen und die Anfangsbedingungen (Startpunkt und Startgeschwindigkeit) zu einem bestimmten Zeitpunkt festzustellen, um durch bloße Rechnung Ort und Geschwindigkeit des Pendels zu jedem beliebigen anderen Zeitpunkt vorherzusagen.

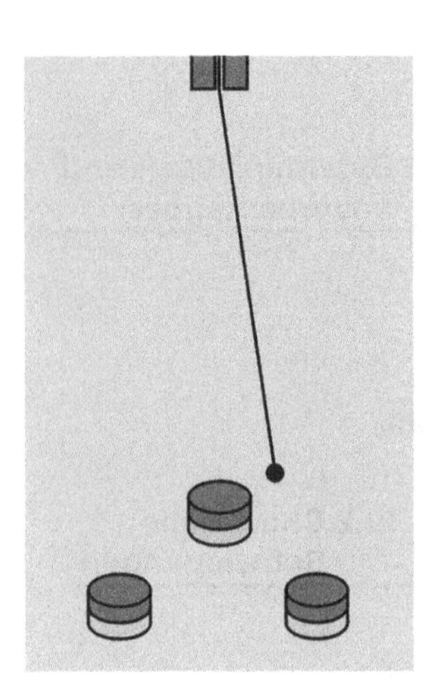

Magnetpendel
Schematische Darstellung: Ein Pendelkörper schwingt über Dauermagneten

Nimmt man eine kleine Modifikation vor, indem man den eisernen Pendelkörper über drei Dauermagneten schwingen lässt, so wird sein Verhalten unvorhersagbar. Das Pendel verhält sich dann ähnlich wie eine Kugel in einem System mit drei verschiedenen Mulden. Wenn sie am Rand einer dieser Mulden losgelassen wird, kommt sie an deren tiefsten Punkt zur Ruhe. Startet die Kugel jedoch von einer höheren Position, so scheitert die Vorhersage, in welcher der Mulden sie schließlich landet. Anschaulich kann man sich dieses Verhalten dadurch klarmachen, dass die Kugel über die „Wasserscheiden" zwischen den einzelnen Mulden hinwegrollt. Dabei kann es von winzigen Unterschieden in der Geschwindigkeit abhängen, ob die Kugel eine Scheide noch überwindet oder zurückrollt. Deshalb kann der Start aus der gleichen Position zu völlig verschiedenen Zielen führen. Wie genau man die Anfangsbedingungen auch zu reproduzieren versucht, es bleibt stets eine Unschärfe. Nur bei unendlicher Präzision, die in der Realität nicht zu verwirklichen ist, wäre das Endverhalten reproduzierbar. Man sagt von solchen Systemen, dass ihr Verhalten *sensitiv* von den Anfangsbedingungen abhängt.

Einzugsbereiche der einzelnen Magnete eines Magnetpendels

Man kann sich folgendermaßen ein Bild von den komplexen Verhaltensmöglichkeiten dieses Systems machen: Mithilfe der Newton'schen Bewegungsgleichungen wird für jeden möglichen Startpunkt der Zielmagnet berechnet, über dem das Pendel zur Ruhe kommt. Um das Verhalten grafisch abzubilden, werden den Zielmagneten z. B. die Farben Blau, Gelb und Rot zugeordnet. Die Startpunkte werden jeweils mit der Farbe des Zielmagneten eingefärbt. Auf diese Weise ergibt sich – entgegen der naiven Erwartung – eine sehr komplexe „Landkarte" der Einzugsbereiche der drei Magneten. Das bedeutet, dass kleinste Abweichungen in den Anfangsbedingungen zu völlig verschiedenen Trajektorien (Bahnen) und Endpunkten führen können. Beträgt der anfängliche Unterschied zwischen zwei fast gleichen Bahnen d, so wächst er nach einer für das jeweilige System charakteristischen Zeit t auf $10\,d$. Nach der doppelten Zeit $2\,t$ hat sich die Unschärfe schon auf $100\,d$ verstärkt, nach $3\,t$ auf $1000\,d$ usw. Bei einem anfänglichen Unterschied von nur einem Atomdurchmesser beträgt die Unschärfe nach $10\,t$ schon etwa 100 m! Je kleiner t ist, desto schneller macht sich die Abweichung bemerkbar.

Bezüglich ihrer Anfangsbedingungen verhalten sich sensitive Systeme gewissermaßen wie Mikroverstärker, die mikroskopisch kleine Unterschiede exponentiell vergrößern und zu makroskopischen Unterschieden anwachsen lassen. Es ist also „völlig unnütz, die Genauigkeit (mit der die Anfangsbedingungen festgestellt werden) zu vergrößern oder sie sogar zum Unendlichen tendieren zu lassen. Es bleibt bei völliger Ungewissheit, sie verringert sich nicht in dem Maß, in dem die Genauigkeit zunimmt" (Prigogine et al. 1991, S. 55).

Laplace'scher Dämon

Dass bestimmte Systeme *in ihrem Verhalten nicht vorhersagbar* sind, ist den Physikern schon lange bekannt. So bemerkt schon der erste deutsche Experimentalphysiker Georg Christoph Lichtenberg (1742–1799), dass man die „Durchgänge der Venus voraussagen (kann), aber nicht die Witterung und ob heute in Petersburg die Sonne scheinen wird" (Lichtenberg 1980, S. 281). Beunruhigt war man dadurch allerdings nicht. Denn man schrieb die faktische Unvorhersagbarkeit des Wetters und anderer komplexer Systeme der menschlichen Unzulänglichkeit zu, aufgrund der unüberschaubaren Zahl von Variablen die Anfangsbedingungen zu bestimmen. Pierre Simon Laplace (1749–1827) glaubte, dass dies jedoch für einen *Dämon* mit einer genügend präzisen Beobachtungsgabe und übermenschlichen rechnerischen Fähigkeiten kein Problem und damit die Vorhersage im Prinzip möglich sein sollte. Das obige Beispiel des Pendels zeigt jedoch, dass es an der Komplexität nicht liegen kann. Auch extrem einfache Systeme können unvorhersagbar sein, weil sie aufgrund ihrer Nichtlinearität sensitiv sind.

Im Folgenden werden einige Systeme beschrieben, an denen die nichtlinearen Eigenschaften mit einfachen Mitteln experimentell und/oder theoretisch untersucht werden können.

10.2 Chaotische Schwingungen

Chaotische Systeme

Besonders interessant sind Systeme, deren Verhalten unvorhersagbar *bleibt*. Das ist nur dann möglich, wenn das System nicht zur Ruhe kommt, also entweder keine Reibung auftritt oder das System angetrieben wird, sodass die durch Reibung dissipierte Energie immer wieder ersetzt wird.

Reibungsfreie Systeme gibt es in der Realität kaum. Das Sonnensystem mit seinen die Sonne periodisch umkreisenden Planeten kann näherungsweise als reibungsfrei angesehen werden. Henri Poincaré (1854–1912) zeigte bereits gegen Ende des 19. Jahrhunderts, dass sich ein System von nur drei Himmelkörpern chaotisch verhalten kann. Die entsprechenden Rechnungen können heute mithilfe eines einfachen Computerprogramms durchgeführt werden (siehe z. B. Köhler et al. 2001).

Chaotische Pendel und physikalisches Spielzeug

Für irdische Verhältnisse sind dissipative Systeme realistischer. Für die Belange des Physikunterrichts besonders geeignet sind Spielzeuge, an denen sich die wesentlichen Aspekte des nichtlinearen Verhaltens zumindest qualitativ erarbeiten lassen (Rodewald und Schlichting 1986; Schlichting 1988b, 1990, 1992a). Darüber hinaus gibt es angetriebene chaotische Pendel, die auch quantitative Untersuchungen gestatten (vgl. Backhaus und Schlichting 1987; Euler 1995; Worg 1993). Einige dieser Oszillatoren werden im Folgenden kurz beschrieben.

10.2.1 Das exzentrische Drehpendel

Chaotisches Pohl'sches Rad Schematische Darstellung des exzentrischen Drehpendels

Ein nichtlineares, exzentrisches Drehpendel kann auf einfache Weise mit einem Pohl'schen Rad hergestellt werden. Dazu muss der an einer Spiralfeder befestigte schwingende Stab mit einer Zusatzmasse versehen werden, bis er kopflastig wird und sich im Gleichgewichtszustand zur einen oder anderen Seite neigt. (Das Gravitationspotenzial spaltet sich auf.) An diesem Drehpendel können wesentliche Grundlagen der nichtlinearen Physik erarbeitet werden.

Dieses System ist mehrfach in der fachdidaktischen Literatur beschrieben worden, nachdem es zunächst experimentell (Luchner und Worg 1986) und (durch Aufstellung und numerische Lösung der nichtlinearen Differenzialgleichung) theoretisch (Backhaus und Schlichting 1990) untersucht worden ist.

Das Verhalten des Systems wird in Form eines Ordnungsparameters beschrieben (hier: Winkelausschläge des Pendels aufgrund eines bei passender Frequenz und Amplitude erfolgenden Antriebs). Als Kontrollparameter eignet sich besonders die (durch eine Wirbelstrombremse definiert variierbare) Dämpfung des Systems.

Feigenbaum-Szenario

Bei geeigneter Wahl der Parameter und Anfangsbedingungen erhält man zunächst eine reguläre Schwingung. Vermindert man die Dämpfungsstromstärke, so tritt bei einem bestimmten Wert ein neues Verhalten auf (◘ Abb. 10.2. Die Symmetrie wird gebrochen, indem sich das Verhalten nunmehr erst nach zwei Perioden wiederholt. Man spricht von Periodenverdopplung, die sich im Wechsel zweier Amplituden bemerkbar macht. Bei weiterer Verminderung der Dämpfung kommt es abermals zu einer *Periodenverdopplung:* Es treten vier verschiedene Amplituden auf, ehe sich das Verhalten wiederholt. Nach weiteren Periodenverdopplungen stellt sich schließlich ein nichtperiodisches, chaotisches Verhalten ein. Dieser, auch Feigenbaum-Szenario

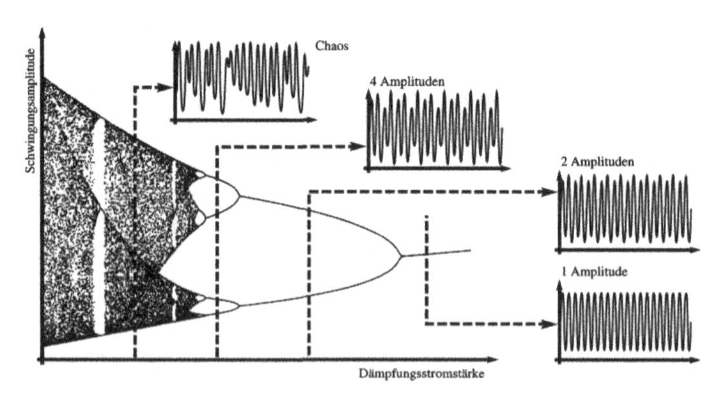

◘ Abb. 10.2 Feigenbaumszenario des chaotischen Drehpendels: Schwingungsamplitude in Abhängigkeit der Dämpfungsstromstärke

genannte, geordnete und reproduzierbare Übergang des Systems von einem regulären zu einem völlig chaotischen Verhalten ist typisch für dissipative Systeme. Daneben gibt es weitere Übergangsszenarien, die auch beim Drehpendel zu beobachten sind. Alle diese verschiedenen Verhaltensweisen werden durch die das System beschreibende nichtlineare Differenzialgleichung erfasst.

Zustandsraum

Betrachtet man die zeitliche Entwicklung der Pendelbewegung im *Zustandsraum* des Systems, einem abstrakten Parameterraum, der im Falle des Drehpendels durch den Auslenkungswinkel, die Winkelgeschwindigkeit und die Phase der Anregung (bzw. die Zeit) aufgespannt wird, so wickelt sich die Trajektorie des Systems zu einer Spirale auf. Die Periodizität der Anregung wird dadurch berücksichtigt, dass man die Phase zyklisch aufträgt. So läuft die Spiralbahn auf einem Torus um. Es ist üblich, die Komplexität dadurch zu reduzieren, dass die Phase bzw. die Zeit herausprojiziert wird und so eine zweidimensionale Darstellung entsteht. Eine reguläre Schwingung läuft dann auf eine geschlossene Kurve (Grenzzyklus) im zweidimensionalen Zustandsraum (Phasenraum) hinaus. Den Torus oder Grenzzyklus bezeichnet man auch als *Attraktor* des Systems, weil diese Figur das Systemverhalten gewissermaßen anzieht, von welchen Anfangsbedingungen auch immer der Start erfolgt.

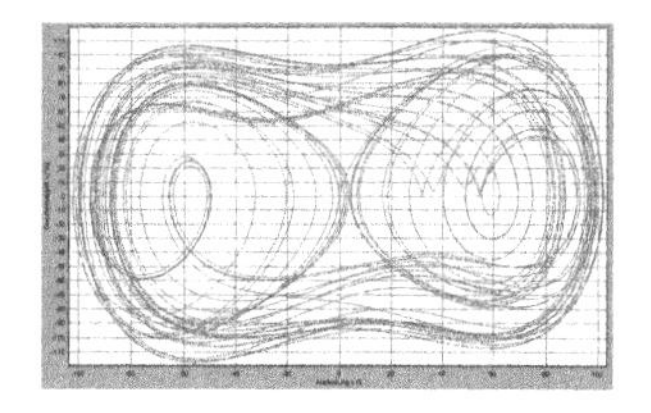

Zweidimensionaler Phasenraum mit Auslenkungswinkel und Winkelgeschwindigkeit

Attraktor

Die Periodenverdopplung kommt im Attraktor durch zusätzliche Schleifen zum Ausdruck, ehe sich die Kurve wieder schließt. Auch das chaotische Verhalten kann durch einen sog. *chaotischen* oder *seltsamen Attraktor* charakterisiert werden. Trotz ihrer Irregularität und Unvorhersagbarkeit verhalten sich die Trajektorien nicht stochastisch, sondern ziehen sich auf einen kompakten Bereich im Zustandsraum zusammen. Da sich aufgrund der Eindeutigkeit der Lösung der Differenzialgleichung die Trajektorien nicht schneiden dürfen, entstehen sehr feine, blätterteigartige *fraktale* Strukturen.

10.2.2 Das chaotische Überschlagspendel

Das Überschlagspendel besteht aus einem physikalischen Pendel, das starr an der Achse eines schwachen, mit Wechselspannung betriebenen Gleichstrommotors befestigt ist (Boysen et al. 2000; Nordmeier und Jonas 2006). Der mit einer geeigneten Frequenz und Amplitude betriebene Motor versucht, dem zweiten Oszillator seine Schwingung aufzuprägen. Je nach Verhältnis der Frequenzen der Schwingung kommt es zu regulären oder chaotischen Bewegungen des Pendels. Auch für dieses System lassen sich ähnliche Untersuchungen durchführen wie beim Drehpendel. In ◻ Abb. 10.3 sind einige typische Ergebnisse dargestellt.

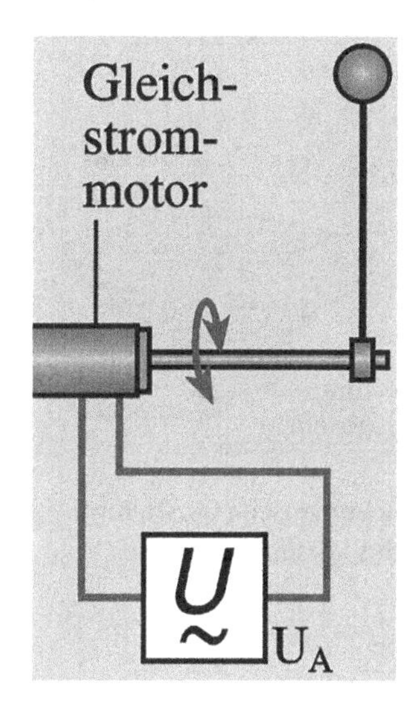

Schematische Darstellung des Überschlagspendels mit Antrieb

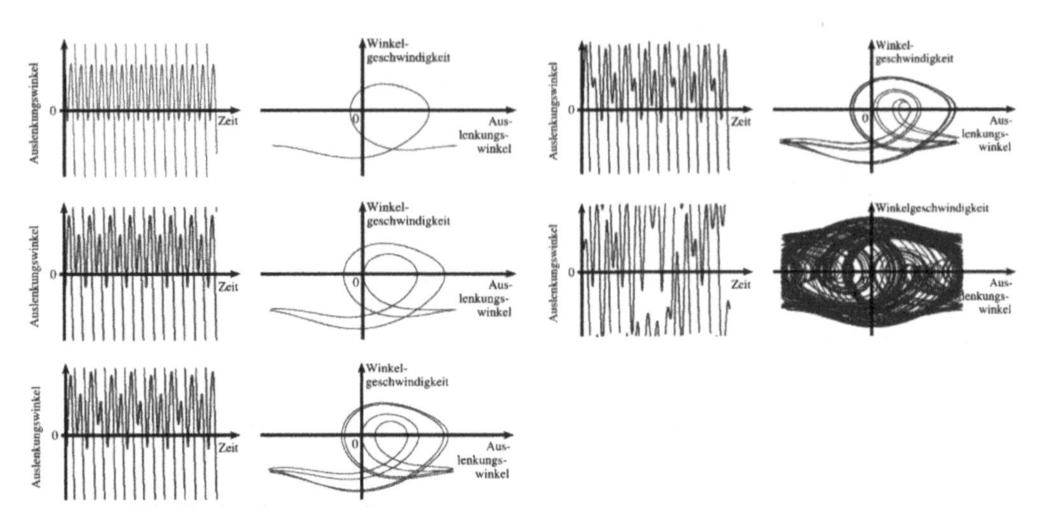

■ **Abb. 10.3** Überschlagspendel: Zeitreihe und zweidimensionaler Phasenraum. Reguläre Zyklen und Übergang zum Chaos bei Erhöhung der Anregungsamplituden

10.2.3 Der chaotische Prellball

Chaotisch hüpfender Ball

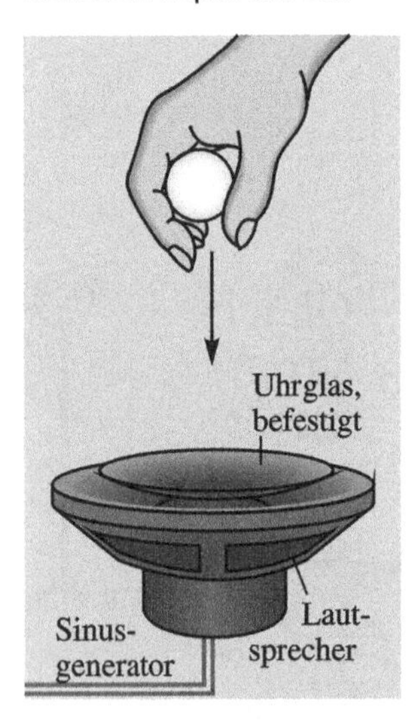

Schematische Darstellung des Versuchsaufbaus

Auf einer sinusförmig schwingenden Lautsprechermembran lässt man einen Tischtennisball hüpfen. Je nach Stoßfrequenz und Amplitude kommt es zu regulären oder chaotischen Bewegungen (vgl. Buttkus et al. 1993).

Die Bewegung des Balls kann wiederum mithilfe einer einfachen nichtlinearen Differenzialgleichung beschrieben und numerisch simuliert werden. Als Ordnungsparameter bietet sich die Steighöhe des Balles an, die in Abhängigkeit der Schwingungsamplitude der Membran oder der Antriebsfrequenz als Kontrollparameter untersucht wird. Es stellt sich ebenfalls ein für chaotische Systeme typisches Bifurkationsszenario ein.

Die Stöße des Balls auf der Membran werden mithilfe eines Mikrofons auf einen Kanal eines Zweikanal-Speicher-Oszilloskops übertragen. Auf dem zweiten Kanal wird das Signal des Sinusgenerators aufgezeichnet, der die Membran in Bewegung hält (■ Abb. 10.4). So können sowohl die beiden Signale über der Zeit getrennt als auch im *x-y*-Modus gegeneinander auftragen werden. Im ersten Fall erhält man die für reguläres bzw. chaotisches Verhalten typischen Zeitreihen. Im zweiten Fall zeigt sich eine Art Attraktor, der im regulären Schwingungsbereich durch einfach oder mehrfach geschlossene Kurven und bei chaotischen Bewegungen durch ein kompaktes, irreguläres Gebilde gekennzeichnet ist.

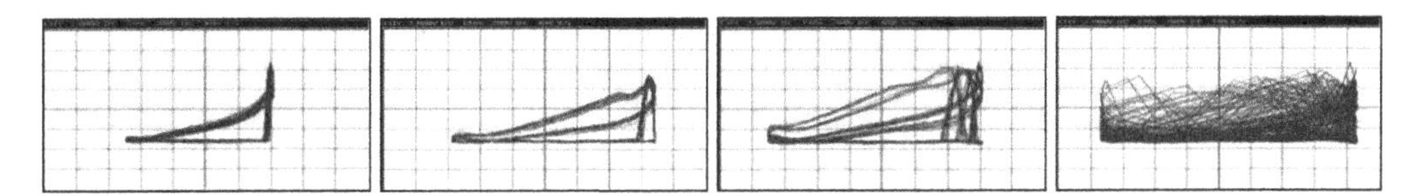

Abb. 10.4 Schwingungsmoden: Einer-, Zweier- Viererzyklus und chaotische Bewegung im *x*-*y*-Modus

10.2.4 Elektromagnetische Schwinger

Chaotischer RCL-Schwingkreis

Ein einfach zu realisierender elektrodynamischer chaotischer Oszillator ist der RCL-Serienschwingkreis, in dem eine Kapazitätsdiode das nichtlineare Element bildet. Die Kapazität variiert nichtlinear mit der anliegenden Spannung. Der Schwingkreis wird mittels eines Frequenzgenerators in der Nähe der Resonanzfrequenz des Schwingkreises periodisch angetrieben (Abb. 10.5).

Eine mathematische Beschreibung erhält man, wenn man in der Schwingungsgleichung des Systems einen nichtlinearen Ausdruck für die Kapazität einsetzt, der sich aufgrund eines einfachen Modells ergibt (Wierzioch 1988). Experimentell lässt sich das Verhalten unmittelbar mithilfe eines Oszilloskops aufzeichnen. Wie der Vergleich der berechneten und experimentell ermittelten Zeitreihen zeigt, ergibt sich eine frappierend gute Übereinstimmung von Experiment und Theorie.

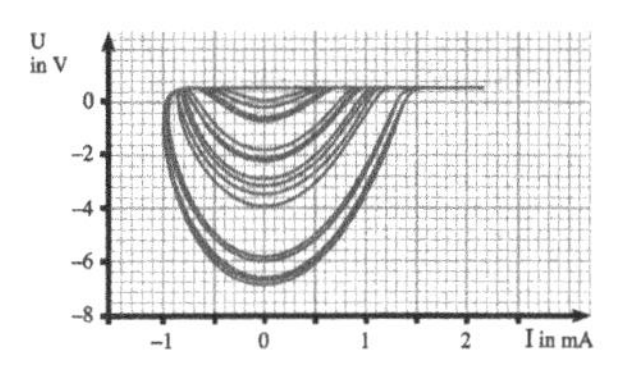

Phasendiagramm einer chaotischen Schwingung

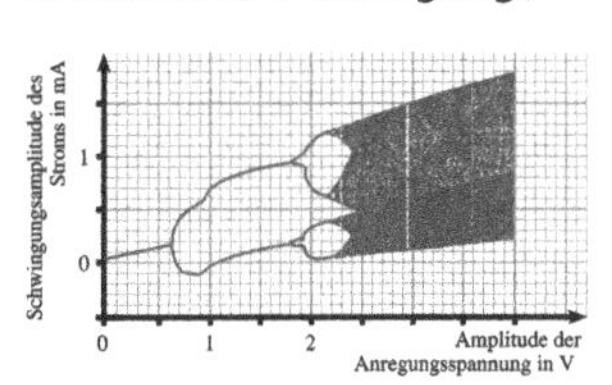

Feigenbaum-Diagramm des RCL-Schwingkreises

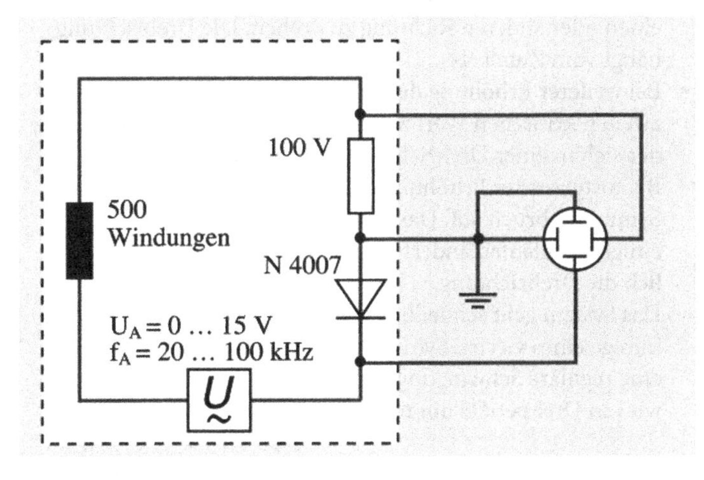

Abb. 10.5 Schaltskizze zum chaotischen RCL-Schwingkreis

10.2.5 Chaotisches Wasserrad

Chaotisches Wasserrad

Im Unterschied zu den bisher skizzierten Systemen besitzt das chaotische Wasserrad keinen periodischen, sondern einen kontinuierlichen Antrieb, sodass ihm von außen kein Zeitrhythmus aufgeprägt werden kann. Es muss seinen „Rhythmus" selbst finden, indem es die erzwungenen Bewegungen mit den Systemparametern und dem Energieangebot „autonom" in Einklang bringt.

Das Wasserrad im Experiment

Das Wasserrad besteht aus dem Laufrad eines Fahrrads, das sich um eine horizontal gelagerte Achse drehen kann und dessen Felge mit drehbar gelagerten, nach oben offenen Behältern versehen ist. Die Behälter besitzen ein kleines Loch im Boden, durch das Wasser abfließen kann. Wenn die Behälter von oben beregnet werden, wird das Rad aufgrund unterschiedlicher Wasserstände exzentrisch und kann sich in die eine oder andere Richtung drehen (vgl. Nordmeier und Schlichting 2003).

Betrachtet man die Drehgeschwindigkeit als Ordnungsparameter und die Wasserzuflussrate als Kontrollparameter, so ergibt sich durch Variation der Zuflussrate das folgende Szenario:

Schematischer Aufbau

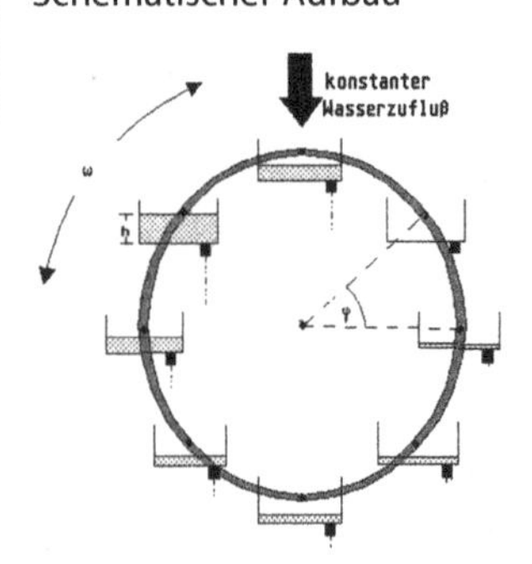

- Beginnt man mit einer sehr kleinen Zuflussrate, so bleibt das Wasserrad zunächst in Ruhe. Selbst wenn das Rad kurz angestoßen wird, bildet sich die Störung sehr schnell wieder zurück.
- Erst wenn die Zuflussrate einen ersten kritischen Wert erreicht, wird das Rad instabil, und es kommt zum Symmetriebruch. Das vorher ruhende Rad beginnt, sich in der einen oder anderen Richtung zu drehen. Die Drehrichtung hängt vom Zufall ab.
- Bei weiterer Erhöhung der Zuflussrate kommt es bei einem zweiten kritischen Wert zu einem erneuten Symmetriebruch, der sich in einer Drehrichtungsumkehr äußert.
- Bei fortgesetzter Erhöhung der Zuflussrate tritt ein dritter Symmetriebruch auf. Das Rad dreht sich chaotisch: Nach einigen Umläufen ändert sich jeweils unvorhersehbar plötzlich die Drehrichtung.

Symmetriebrüche

- Das System geht schließlich bei extrem hoher Zuflussrate infolge eines vierten Symmetriebruchs nach dem Chaos in eine reguläre Schwingung über, das Wasserrad schwingt nun wie ein Drehpendel hin und her.

Die Bewegungsgleichung des Systems lässt sich unter der Voraussetzung, dass man die Behälter kontinuierlich über die Radfelge verteilt ansieht, mithilfe der Newton'schen Bewegungsgleichung herleiten. Es handelt sich um eine nichtlineare Differenzialgleichung, die mithilfe einer linearen Koordinatentransformation in ein System von drei Differenzialgleichungen überführt werden kann, das als *Lorenz-System* bekannt ist (Nordmeier und Schlichting 2003).

Lorenz-Gleichungen

$$\dot{x} = \sigma \cdot (y - x)$$
$$\dot{y} = R \cdot x - y - x \cdot y$$
$$\dot{z} = x \cdot y - b \cdot z$$

Im Zustandsraum, der durch die drei Variablen des Systems aufgespannt wird, erkennt man, dass auch die chaotische Bewegung zu einem kompakten Gebilde, dem für dieses System typischen *Lorenz-Attraktor,* führt.

Lorenz-Attraktor

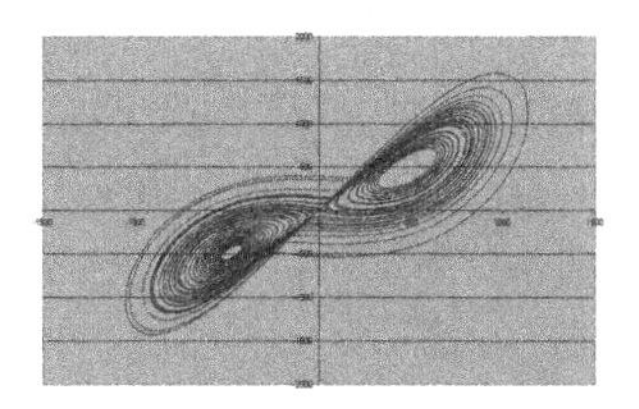

10.2.6 Der tropfende Wasserhahn

Chaotisch tropfender Wasserhahn

Der „tropfende Wasserhahn" gehört zu den ersten Systemen, die als mögliche Realisationen chaotischer Systeme vorgeschlagen wurden (Rössler 1977). Es zeigt sich nämlich, dass die Tropfenfolge eines nicht völlig zugedrehten Wasserhahns nicht nur regelmäßig, sondern auch völlig chaotisch erfolgen kann. Im Unterschied zu den bisher skizzierten Systemen ist dem tropfenden Wasserhahn die Dynamik, die zu diesem Verhalten führt, nicht unmittelbar anzusehen. Erst eine nähere Betrachtung der Dynamik des Tropfvorgangs zeigt, dass es sich hier um die Kopplung zweier Schwingungsvorgänge handelt (◻ Abb. 10.6).

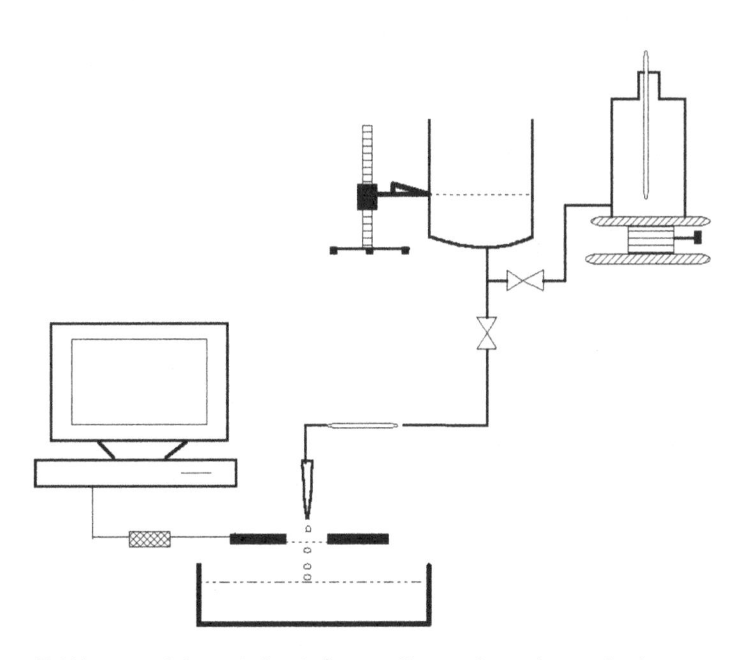

◻ Abb. 10.6 Schematischer Aufbau zur Untersuchung des tropfenden Wasserhahns

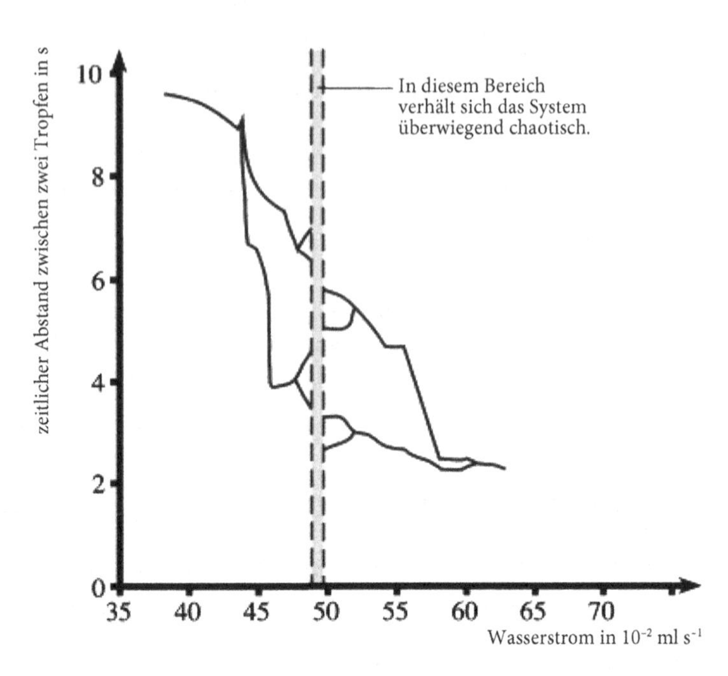

Abb. 10.7 Bifurkationsdiagramm des chaotisch tropfenden Wasserhahns

Die eine Schwingung besteht aus dem Anschwellen und Ablösen des Tropfens, die zweite aus dem gedämpften Zurückschnellen des Resttropfens (Buttkus et al. 1995).

Als Ordnungsparameter für das Tropfphänomen bietet sich der Abstand zweier aufeinander folgender Tropfen an, der sich mithilfe zweier Lichtschranken messen lässt. Als Kontrollparameter kommt die Fließrate des nachströmenden Wassers infrage, die proportional zur Wasserhöhe in einem Behälter ist, aus dem das Wasser heraustropft. Das Experiment läuft auf die Messung der Tropfabstände bei verschiedenen Wasserhöhen hinaus. Je nach der Fließrate erhält man eine reguläre oder chaotische Tropffolge, die bei genauerer Untersuchung durch ein Feigenbaumszenario ineinander übergehen.

Durch geschicktes Zählen der Tropfen können nicht nur einzelne reguläre und chaotische Bereiche ausgemacht, sondern darüber hinaus kann ein relativ detaillierter Überblick über das Gesamtverhalten in Form zweier gegenläufiger „Feigenbäume" gewonnen werden (Abb. 10.7).

10.3 Dissipative Strukturen

Nichtlineare Physik und dissipative Strukturbildung

Die eigentliche Bedeutung der nichtlinearen Physik besteht darin, dass sie wesentliche Aspekte der Realität zu beschreiben vermag, die in der bisherigen Physik und vor allem in der

Schulphysik nicht thematisiert wurden. Will man beispielsweise wenigstens im Prinzip verstehen, wie es zu den regelmäßigen Dünen und Sandrippeln in Wüstengebieten oder an Sandstränden kommt, wie die baumartigen Einzugsbereiche von Flüssen entstehen, wie sich Muster von Konvektionszellen in Flüssigkeiten und Gasen stabilisieren, dann kommt man um ein Studium einfacher nichtlinearer Zusammenhänge nicht herum. Eine modellhafte Erfassung nichtlinearer Vorgänge bietet ihrerseits die Grundlage für einen zumindest qualitativen Zugang zu Strukturbildungsvorgängen in der belebten Natur.

Energie und Entropie

Um die Gemeinsamkeiten der in den unterschiedlichsten Substraten und Kontexten der belebten und unbelebten Natur auftretenden Strukturbildungsvorgänge auf einheitlicher Grundlage diskutieren zu können, schlagen wir einen thermodynamischen Zugang vor, der auf den Konzepten der *Energie* und *Entropie* basiert (Schlichting 2000). Die thermodynamischen Größen der Energie und Entropie sind auf keine spezielle Disziplin der Physik und Naturwissenschaft beschränkt. Indem sie die Aufmerksamkeit auf Systeme und ihre Wechselwirkungen lenken, ermöglichen sie, mechanische, elektrodynamische, thermodynamische usw. Vorgänge unter einem einheitlichen Gesichtspunkt zu erfassen und darauf aufbauend komplexe Verhaltensweisen zu beschreiben.

Energieentwertung

Ausgangspunkt ist die Erfahrung im alltäglichen Umgang mit der Energie, dass sie auf ähnliche Weise verbraucht wird wie Wasser im Haushalt. Trotz quantitativer Erhaltung tritt eine qualitative Veränderung auf. Diese Erfahrung lässt sich durch das Konzept der Energieentwertung erfassen, wonach *jeder von selbst ablaufende Vorgang mit einer Entwertung von Energie einhergeht, die darin besteht, dass der Vorgang nicht von selbst in umgekehrter Richtung abläuft.*

Irreversibilität

Dahinter steckt die *Irreversibilität* realer Vorgänge, wonach physikalische Systeme dazu tendieren, ins thermodynamische Gleichgewicht überzugehen. In umgekehrter Richtung kann ein Vorgang demnach nur dann ablaufen, wenn gleichzeitig ein irreversibler Vorgang (in natürlicher Richtung) abläuft, sodass die mit der Umkehr verbundene „Energieaufwertung" mindestens ausgeglichen wird.

2. Hauptsatz der Thermodynamik

Aus diesem im 2. Hauptsatz der Thermodynamik verallgemeinerten Prinzip ergibt sich, dass mit Energieentwertung einhergehende irreversible Vorgänge insofern als „Antrieb" genutzt werden können, als damit stets andere *Vorgänge zurückgespult und damit in die Lage versetzt werden, erneut abzulaufen.* Mit anderen Worten: Ein ins thermodynamische Gleichgewicht übergehendes System, wie z. B. ein unter Druck stehender Dampf, der aus einem Kessel ausströmt, kann ein anderes System, wie z. B. eine Turbine, die in diesen Dampfstrahl gestellt wird, aus dem thermodynamischen Gleichgewicht heraustreiben.

10.3.1 Bénardkonvektion als dissipative Struktur

Bénardkonvektion

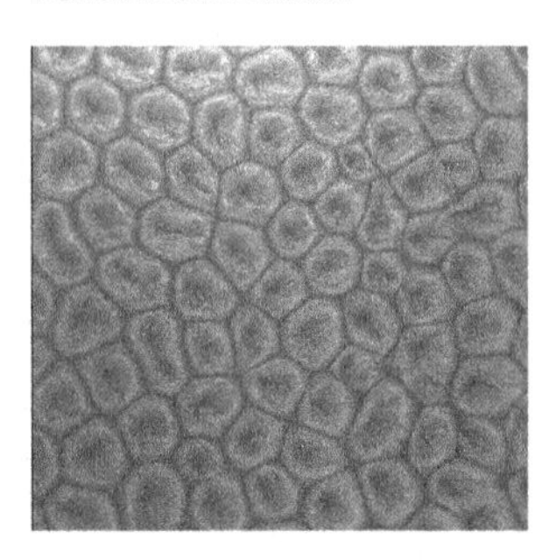

Konvektionszellen in einer von unten beheizten Flüssigkeit

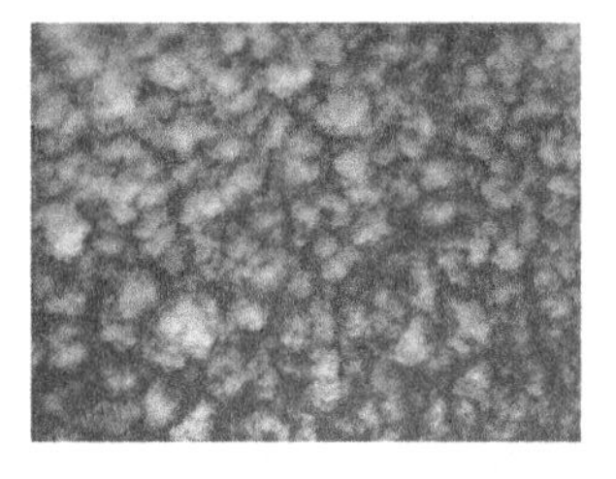

Konvektionszellen in Wolken

Eine brennende Kerze stellt ein System dar, das durch Dissipation von hochwertiger chemischer Energie ins thermodynamische Gleichgewicht übergeht. Erwärmt man z. B. mithilfe der Kerzenflamme eine Flüssigkeit, so wird diese aus dem thermodynamischen Gleichgewicht herausgetrieben. Dabei können sich spontan Konvektionszellen ausbilden (vgl. z. B. Schlichting 2000). Im Experiment eignet sich besonders gut Silikonöl, dem zur Visualisierung der entstehenden Strukturen etwas Kupferpulver beigemischt wird. Obwohl dieses Muster – nachdem es einmal entstanden ist – auch bei (nicht zu großen) Störungen sein Aussehen beibehält, befindet es sich – mikroskopisch gesehen – in ständiger Bewegung. Im Zentrum einer jeden Zelle quillt Flüssigkeit empor, und an den Grenzen zu den Nachbarzellen sinkt sie wieder ab.

Die thermisch zugeführte Energie bewirkt – trotz innerer Reibung in der Flüssigkeit und der damit verbundenen Tendenz, zur Ruhe zu kommen –, dass das System in einem Zustand fernab vom thermodynamischen Gleichgewicht gehalten wird. Da die Energie des Systems im zeitlichen Mittel konstant bleibt, muss die dem System ständig zugeführte Energie in gleichem Maße wieder abgegeben werden. Das geschieht vor allem an der Flüssigkeitsoberfläche, an der sich die hochquellende Flüssigkeit abkühlt. Die einzige Veränderung, die im Gesamtsystem (Kerze, Flüssigkeit und Umgebung) zurückbleibt, ist die Entwertung bzw. Dissipation von thermischer Energie, die bei hoher Temperatur zugeführt und bei Umgebungstemperatur abgegeben wird.

Energiedissipation

Strukturen, die wie dieses Zellenmuster durch Dissipation von Energie geschaffen und aufrechterhalten werden, nennt man *dissipative Strukturen* (vgl. auch Schlichting 2000).

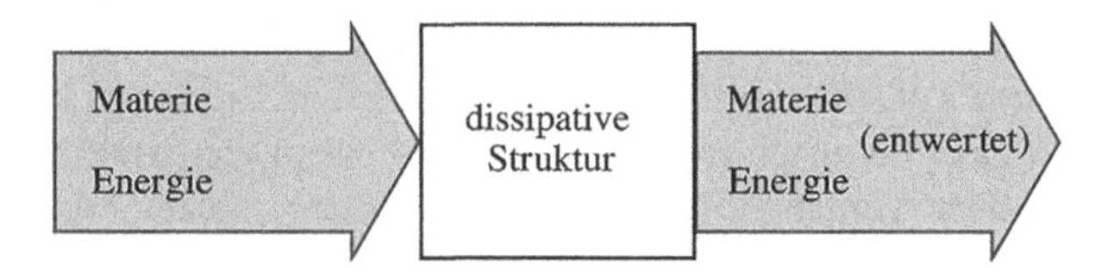

Dissipative Struktur

Selbstorganisation

Ein wesentliches Merkmal dissipativer Strukturen ist die Selbstorganisation, die u. a. darin zum Ausdruck kommt, dass das System zufallsbedingte Störungen zu „erkennen“ und abzubauen vermag. Diese Fähigkeit lässt sich auf der Ebene der physikalischen Beschreibung auf die Nichtlinearität der dem Systemverhalten zugrunde liegenden Differentialgleichungen zurückführen.

Symmetriebruch

Auch der Symmetriebruch, der mit der Entstehung der Struktur einhergeht, ist ein typisch nichtlinearer Effekt. Solange der auf die Flüssigkeit übertragene Energiestrom ein kritisches Maß nicht überschreitet, bleibt die Flüssigkeit in der Nähe des thermodynamischen Gleichgewichts. Die Energie durchströmt das System durch Wärmeleitung. Am kritischen Punkt wird die Flüssigkeitsschicht instabil, zufällige Fluktuationen werden verstärkt und führen schließlich zum Zellenmuster. Die dem Symmetriebruch zugrunde liegende phasenübergangsähnliche Zustandsänderung lässt sich an zahlreichen Beispielen modellhaft erfassen (Schlichting 1988a; Boysen et al. 2000, S. 96).

Bei erneuter Steigerung des Energiestroms kommt es bei einem weiteren kritischen Punkt abermals zu einem Symmetriebruch. Die Zellen verlieren ihre Individualität, indem sie in irregulärem Wechsel vergehen und wieder entstehen. Das System verhält sich chaotisch.

Vielteilchensysteme

Die Bénardkonvektion wird durch das als Lorenz-System bekannte Differenzialgleichungssystem beschrieben, das auch dem chaotischen Wasserrad zugrunde liegt. Die regulären und irregulären Bewegungen des Wasserrades können daher als einfaches mechanisches Modell für die einzelnen Konvektionszellen dienen (Nordmeier und Schlichting 2003). Dieser Zusammenhang verdankt sich der für dissipative Strukturen typischen Reduktion der Freiheitsgrade. Indem sich die zahllosen Elemente des Vielteilchensystems in ein einheitliches kollektives Verhalten einfinden, wird das System (abgesehen von Fluktuationen) so einfach wie ein mechanisches System.

Die Bénardkonvektion kann als Paradigma zur Erschließung zahlreicher Vorgänge in der Realität dienen. Von der Strukturierung von Wolkensystemen über geologische Vorgänge im flüssigen Erdinneren bis hin zur Granulation der Sonne reichen die Beispiele, in denen ähnliche Strukturbildungsprozesse stattfinden.

10.3.2 Sand als dissipative Struktur

Strukturbildung bei Granulaten

Sandrippel: durch Wind strukturierter Sand

Sand und andere Granulate können durch relativ unspezifische Zufuhr von mechanischer Energie zu einem kollektiven Verhalten angeregt werden, das in äußerst komplexen und ästhetisch ansprechenden dissipativen Strukturen zum Ausdruck kommt.

Von den zahlreichen auch mit Schulmitteln zu verwirklichenden Möglichkeiten (vgl. z. B. Nordmeier 2006; Nordmeier und Schlichting 2006, 2008; Schlichting und Nordmeier 1996) sei hier nur das Beispiel der Strukturbildung von Bärlappsporen genannt, die mithilfe einer Lautsprechermembran in Schwingung versetzt werden. Entstehung und Aufrechterhaltung der Struktur in diesem trockenen Substrat kann in unmittelbarem Zusammenhang mit der Strukturbildung in der geheizten Ölschicht diskutiert werden. Es lassen sich vergleichbare Symmetriebrüche und andere Effekte der Selbstorganisation beobachten.

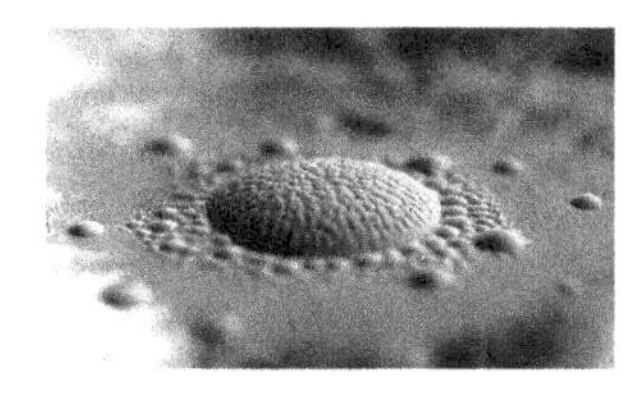

Strukturierte Bärlappsporen auf einer schwingenden Platte

Die körnigen Elemente der Granulate erlauben es darüber hinaus, dass ihr kollektives Verhalten auf der Grundlage eines einfachen mechanischen Modells von Stoßprozessen und des schiefen Wurfes in einem Simulationsprogramm erfasst wird. Dadurch können wesentliche Aspekte der Strukturbildung zum Ausdruck gebracht und ein anschauliches Verständnis der zugrunde liegenden nichtlinearen „Mechanismen" vermittelt werden (Schlichting und Nordmeier 1996).

Auch das Selbstorganisationsverhalten von granularer Materie ist nicht nur für das Verständnis dieses zwischen Flüssigkeit und Festkörper angesiedelten Substrats von Bedeutung, sondern kann aufgrund der leichten experimentellen und theoretischen Zugänglichkeit als Modell für zahlreiche Strukturbildungsvorgänge in der Umwelt dienen.

10.3.3 Dissipative Strukturbildung bei der Entstehung von Flussnetzwerken

Durch abfließendes Wasser hervorgerufene Muster im Sand

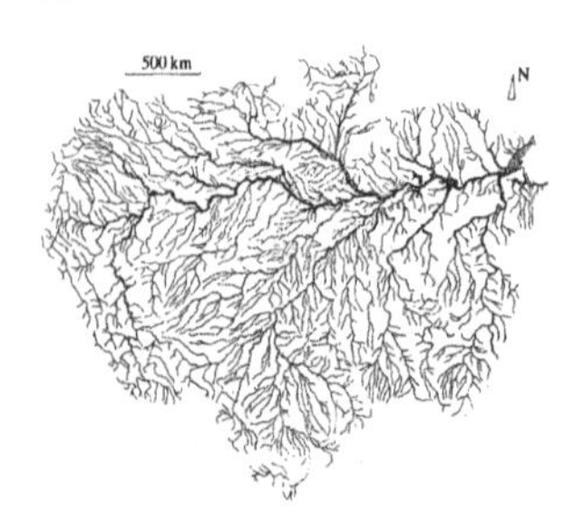

Der Amazonas als reales Flussnetzwerk

Wenn nach einem Regenguss oder bei Ebbe im Watt Wasser zur tiefsten Stelle fließt, entstehen hierarchisch verzweigte, fraktale Strukturen, die an Adern, Bäume, Wurzelwerk oder Netzwerke von Flüssen erinnern. Im Rahmen des an den obigen Beispielen skizzierten thermodynamischen Zugangs lassen sich die Entstehung und Aufrechterhaltung dieser Strukturen auf einem für die Schulphysik angemessenen Niveau erschließen (vgl. Schlichting und Nordmeier 2000).

Betrachten wir als System eine gleichmäßig beregnete, geneigte Fläche, die an einer bestimmten Stelle einen Abfluss besitzt. Im stationären Gleichgewicht fließt dem System im Mittel genauso viel Wasser zu, wie durch den Abfluss wieder abfließt. Dabei wird die potenzielle Energie des Wassers vor allem durch Reibung mit dem Untergrund dissipiert. Durch das abfließende Wasser versucht das System, ins thermodynamische Gleichgewicht überzugehen. Durch den Wasserzufluss wird es daran gehindert, dass das Gleichgewicht tatsächlich erreicht wird. Das System kommt aber dem Gleichgewicht so nahe wie möglich.

Für derartige *Fließgleichgewichte* hat Ilya Prigogine einen Satz bewiesen, wonach die Energiedissipationsrate minimal ist (Prinzip der minimalen Entropieproduktionsrate). Man kann dieses Minimalprinzip benutzen, um mithilfe einer Computersimulation das Muster zu ermitteln, das das System ausbilden wird, wenn es sich auf das stationäre Fließgleichgewicht zu entwickelt (Schlichting und Nordmeier 2000). Dazu konstruiert man zunächst ein zufälliges Flussnetzwerk, wie es vielleicht zu Beginn entsteht, wenn die ersten Tropfen gefallen sind und sich zu kleinsten Flussabschnitten vereinigen. Dann verfolgt man, wie sich unter der Bedingung der minimalen Energiedissipationsrate das Netzwerk auf eine optimale Struktur hin entfaltet. Wie die Computersimulation eines derartigen Flussnetzwerkes zeigt, weist das Muster dieser Struktur große Ähnlichkeit mit realen natürlichen Flussnetzwerken auf.

Fließgleichgewichte

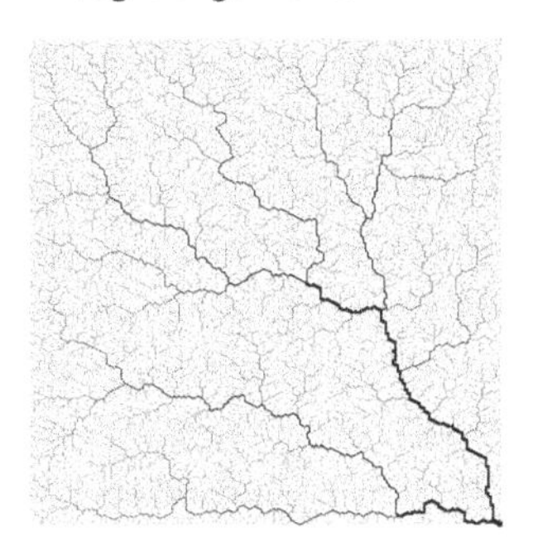

Simulation eines Flussnetzwerkes

10.4 Fraktale

Wie die selbstorganisierte Ausbildung eines Flussnetzwerkes und zahlreiche andere Beispiele zeigen, tendiert die Natur zur Ausbildung „nichtlinearer" Strukturen. Demgegenüber ist die menschliche Anschauung auf vielfache Weise durch eine lineare Sehweise geprägt. Straßen und Eisenbahntrassen werden gemäß dem Ideal der Geraden entworfen, selbst natürliche Flussläufe wurden lange Zeit diesem Ideal durch Begradigung untergeordnet. Die Gestalt unserer Häuser entspringt der Idee des Quaders, und würde der Mensch nicht durch ökonomische Zwänge dazu veranlasst, bei der Gestaltung von Kraftfahrzeugen den naturgegebenen Zusammenhängen zwischen Form und Strömungswiderstand Rechnung zu tragen, so würden die Straßen heute vermutlich von Quadern oder Würfeln befahren.

Nichtlineare Physik und fraktale Geometrie

Obwohl diese Sehweise insbesondere im Bereich technischer und naturwissenschaftlicher Errungenschaften vor allem aufgrund einer leichten Berechenbarkeit über Jahrhunderte hinweg sehr erfolgreich war, stößt sie doch bei der Modellierung komplexer Systeme auf ihre Grenzen. Viele Strukturen lassen sich mit den Grundelementen der euklidischen Geometrie nur sehr unzureichend beschreiben und genügen insbesondere nicht mehr den in den letzten Jahrzehnten gewachsenen mathematisch-geometrischen Anforderungen im Bereich der nichtlinearen Physik. Die trivial erscheinende Aussage Benoit B. Mandelbrots: „Wolken sind keine Kugeln, Berge keine Kegel, Küstenlinien keine Kreise. Die Rinde ist nicht glatt – und auch der Blitz bahnt sich seinen Weg nicht gerade" (Mandelbrot 1987) wird erstmalig ernst genommen und unter dem Namen „fraktale Geometrie der Natur" zum mathematisch-wissenschaftlichen Programm. Insbesondere in der Mathematik und der Physik etablierte sich die Theorie der Fraktale als ein effizientes und wirkungsvolles Instrument zur naturwissenschaftlichen Beschreibung komplexer Strukturbildungsphänomene aus der belebten oder unbelebten Natur bzw. nichtlinearer dynamischer Systeme. Der Begriff des Fraktals ist heute sogar Bestandteil der Alltagssprache geworden.

Indem das Konzept des Fraktals die äußere Struktur komplexer Systeme nicht nur als wesentliches Merkmal zur Kenntnis nimmt, sondern Zusammenhänge zwischen (äußerer) Struktur und (innerer) Funktion zu erfassen versucht, werden neue wissenschaftliche Problemstellungen und alternative Zugänge zu den Gegenständen insbesondere auch der belebten Natur eröffnet.

Der Physikunterricht kann davon zumindest auf zweierlei Weise profitieren. Zum einen wird ein unmittelbarerer Zugang zu den Gegenständen der natürlichen Umwelt ermöglicht, als es die über die linearisierten Idealgestalten der klassischen Physik möglich war. Zum anderen werden aktuelle Problembereiche und neue Fragestellungen aus der Perspektive des Physikunterrichts thematisiert, die dem Interesse der Lernenden entgegenkommen.

10.4.1 Elemente der fraktalen Geometrie

Obwohl sich die fraktale Geometrie auf unmittelbar wahrnehmbare reale Strukturen (wie Adersysteme, Wolken, Pflanzen, Landschaftsformen) oder durch numerische Verfahren visualisierbare abstrakte Strukturen (Koch-Kurve, Mandelbrotmenge, chaotische Attraktoren) bezieht, wird der Zugang oft durch die euklidisch geprägte Anschauung erschwert. Hinzu kommt, dass die Aspekte, die durch Fraktale erfasst werden, bislang entweder überhaupt nicht wahrgenommen wurden oder als wissenschaftlich irrelevant galten. Insofern muss das Problembewusstsein für die Fraktale überhaupt erst ausgebildet werden.

Fraktale Dimension und Selbstähnlichkeit

Was sind Fraktale? Anschaulich gesprochen, versucht man mit dem Konzept des Fraktals die *Strukturiertheit, Zerklüftung, Unebenheit* usw. von realen und abstrakten Gegenständen zu erfassen. Mathematisch geschieht das dadurch, dass man die Eigenschaften von Fraktalen mithilfe von mengen- und maßtheoretischen Konzepten beschreibt. Demnach handelt es sich um Objekte, die neben der topologischen Dimension D^T eine fraktale Dimension D, d. h. eine positive reelle Maßzahl mit $D > D^T$ besitzen, die gewissermaßen zwischen den topologischen Dimensionen interpoliert und auf diese Weise eine quantitative Unterscheidung beispielsweise zwischen einer „Zick-Zack-Kurve" und einer Geraden, also Objekten derselben topologischen Dimension, erlaubt. Hinzu kommt, dass Fraktale in den meisten Fällen skaleninvariante bzw. selbstähnliche Gebilde darstellen.

Interpretationen

Es existieren verschiedene Ansätze, fraktalen Mengen eine fraktale Dimension zuzuordnen (vgl. Nordmeier 1999). Neben dem Grad an Rauigkeit, Kompliziertheit oder Irregularität beschreibt die fraktale Dimension auch den Raumbedarf des betrachteten Fraktals. Zugleich stellt die fraktale Dimension aber auch ein Maß für die Massenverteilung oder die Inhomogenität der Substanz dieser Gebilde dar. Für Fraktale, die zudem Selbstähnlichkeiten aufweisen, beschreibt die fraktale Dimension den

Grad an inneren Korrelationen. Im geometrischen Sinne gibt sie beispielsweise im Bereich $1 < D < 2$ an, wie flächig sich eine Kurve gestaltet. Gilt z. B. $D \approx D^T = 1$, so besitzt die Kurve kaum Struktur, sie ähnelt einer Strecke. Je größer nun D mit $D > D^T$ wird, desto strukturierter wird die Form der Kurve, eine mögliche Approximation durch Streckenzüge wird immer schwieriger. Erreicht D schließlich fast den Wert $D \approx D^T + 1 = 2$, so besitzt die Kurve eine so flächig strukturierte Form, dass sie als ein Objekt mit der topologischen Dimension „Zwei" verstanden werden kann, die Kurve wird fast zur Fläche.

Die fraktale Dimension vermittelt also zwischen den uns bekannten ganzzahligen topologischen Dimensionen und kann rationale oder auch irrationale Zahlenwerte annehmen. Im Folgenden sollen exemplarisch zwei einfache Bestimmungsmethoden der fraktalen Dimension – die *Zirkel-* und die *Box-Dimension* – skizziert werden, mit deren Hilfe die äußere Struktur von Fraktalen analysiert werden kann (vgl. auch Nordmeier 1999; Peitgen et al. 1992; Schlichting 1992b). Zur Untersuchung fraktaler Attraktoren bedarf es andersartiger Analysemethoden, wie z. B. der *Korrelations-* oder der *punktweisen Dimension* (vgl. Nordmeier und Schlichting 1996).

▪ Fraktale Zirkel-Dimension

Zirkel-Dimension

Wie berechnet sich nun die „Zerklüftung" eines Fraktals? Eine mögliche Methode – die *Zirkelmethode* – basiert auf einem einfachen Phänomen: Will man den Umfang eines fraktalen Objektes messen, so stellt man fest, dass dieser in Abhängigkeit des verwendeten Maßstabes variiert: je kleiner der Maßstab, desto größer der Umfang – und umgekehrt. Das Verhältnis von Maßstab und Umfang offenbart dabei die Fraktalität der Struktur: In Analogie zur Entfernungsmessung auf einer Landkarte lässt sich der Umfang eines Fraktals z. B. mithilfe eines Stechzirkels approximieren: Man stellt den Zirkel auf eine bestimmte Weite ein, wählt einen beliebigen (aber festen) Startpunkt auf dem Rand der Figur und beginnt nun, die Umrandung polygonartig abzutasten.

Zählt man die Anzahl der notwenigen „Einstiche" N, die in Abhängigkeit der Zirkelweite ℓ notwendig sind, um das Objekt vollständig zu umfahren, so ergibt sich bei doppeltlogarithmischer Auftragung des reziproken Wertes der Zirkelweite und der Anzahl der Stiche ein linearer Zusammenhang: $N(\ell) \sim \ell^{-D}$. Dieser Zusammenhang lässt sich also durch ein Potenzgesetz beschreiben. Trägt man die Zirkelweite ℓ und den entsprechenden Umfang $L = \ell \cdot N(\ell)$ doppeltlogarithmisch auf, kann man auch aus diesem Diagramm die fraktale Dimension anhand der Steigung des Graphen bestimmen: $L \sim \ell^{1-D}$ (▪ Abb. 10.8).

Schematische Darstellung

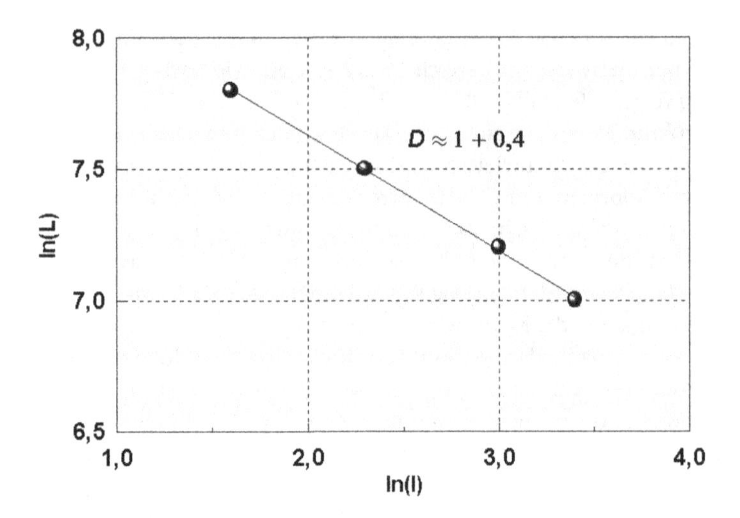

Abb. 10.8 Bestimmung der Zirkel-Dimension. L ist der Umfang des Objekts, ℓ die Zirkelweite. Hier ergibt sich: $D \approx 1,4$

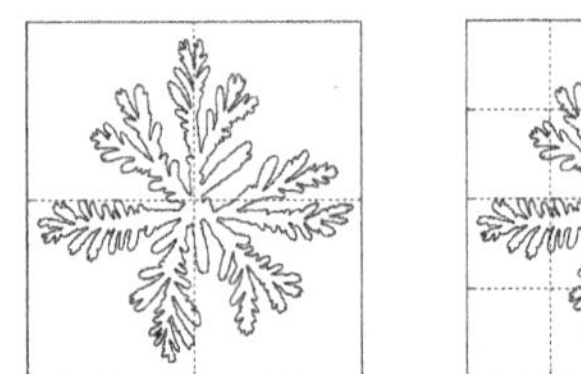
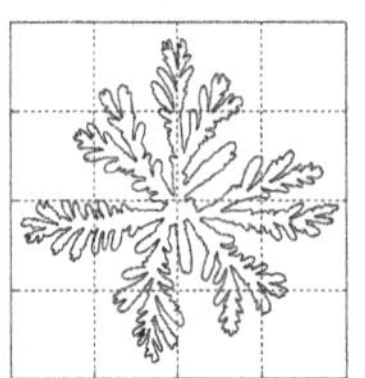

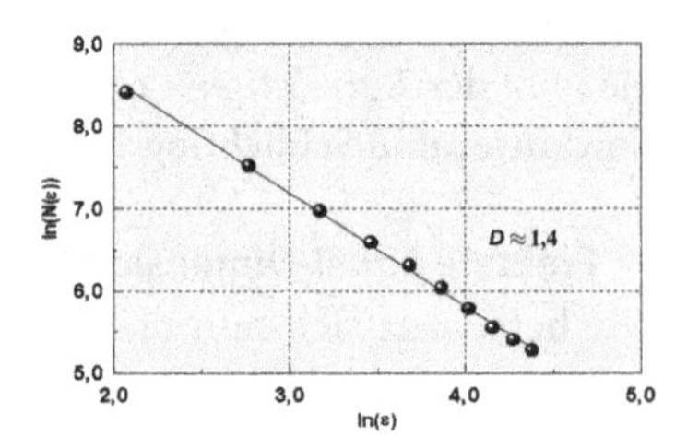

Abb. 10.9 Methode zur Bestimmung der fraktalen Box-Dimension: Ein Fraktal wird mittels unterschiedlicher Gitter überdeckt, aus der Steigung des Graphen lässt sich bei doppeltlogarithmischer Auftragung von Gitterweite und Anzahl überdeckter Anteile die fraktale Dimension ablesen. Hier ergibt sich: $D \approx 1,4$

- **Fraktale Box-Dimension**

Box-Dimension

Überdeckt man ein fraktales Muster mit quadratischen Gittern und bestimmt die Anzahl N der durch das Objekt belegten oder berührten Gitterplätze in Abhängigkeit der Maschenweite ε, so ergibt sich auch hier ein Potenzgesetz: $N(\varepsilon) \sim \varepsilon^{-D}$. Auch diese sog. *Box-Dimension* ist ein Maß für die Rauigkeit oder Zerklüftung des untersuchten Gebildes (Abb. 10.9).

Im mathematischen Sinne liefern die beschriebenen Methoden gleichwertige Ergebnisse. Die äußere Umrandung der analysierten Figur besitzt eine fraktale Dimension. Hier ergibt sich: $D \approx 1,4$.

10.4.2 Fraktale als physikalische Objekte

Im Gegensatz zu den mathematischen Fraktalen, die oftmals als statische Objekte klassifiziert werden, bezieht sich ein physikalisches Fraktal eher auf den prozesshaften, dynamischen Charakter eines Systems: Das im tatsächlichen (z. B. bei den *Wachstumsfraktalen*) wie im mathematischen Sinne (z. B. bei der Struktur eines chaotischen Attraktors) sichtbare fraktale Muster offenbart sich gleichsam als physikalisch deutbare Verhaltensweise des Systems. Das Fraktal als gerade wahrgenommener Systemzustand oder „Momentaufnahme" eines fortwährenden Entstehungsprozesses lässt sich also als eine Art Abbild physikalischer Gesetzmäßigkeiten interpretieren, die z. B. das für nichtlineare Strukturbildungsphänomene charakteristische Verhältnis von *Zufall und Notwendigkeit* widerspiegelt (vgl. Schlichting 1994). In Analogie dazu macht bei den mathematischen Gebilden nicht die momentane Erscheinung oder Darstellung, sondern der bis ins Unendliche fortgesetzt gedachte Konstruktionsprozess den wesentlichen Aspekt eines Fraktals aus.

Experimente zu Wachstumsfraktalen

Beispiele für physikalische Fraktale, die mit einfachen Mitteln experimentell erzeugt werden können, sind die spontanen Strukturbildungen bei Wachstumsfraktalen, wie z. B. bei schnellen elektrischen Entladungen (beim Blitz oder den sog. *Lichtenberg-Figuren)*, die feingliederigen Aggregationen bei der *elektrolytischen Anlagerung*, die verzweigten Muster beim *viskosen Verästeln* oder die *Fettbäumchen* (vgl. Komorek et al. 1998; Nordmeier 1993, 1999; Schlichting 1992b).

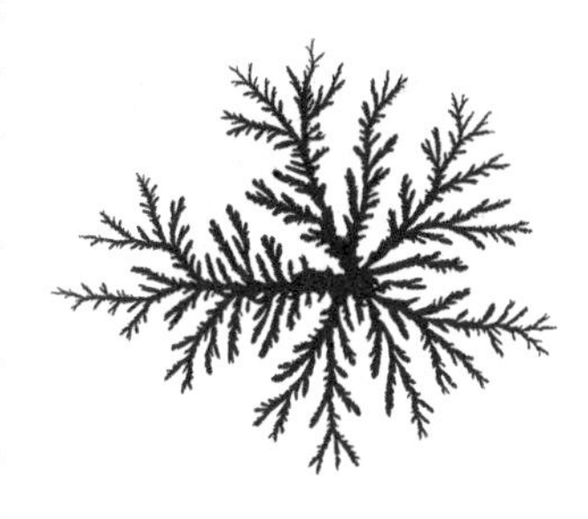

Beim Viskosen Verästeln eintsteht ein physikalisches Wachstumsfraktal

▪ Fettbäumchen

Fettbäumchen

Wird zwischen zwei Plexiglasplatten eine stark viskose Flüssigkeit (z. B. Glycerin oder flüssige Seife) eingeschlossen, so „wachsen" beim Auseinanderziehen der beiden Scheiben fraktale *Fettbäumchen* in Form verzweigter Luftkanäle in das zurückweichende Fluid hinein. Für dieses einfache Experiment benötigt man lediglich zwei dünne Glas- oder Plexiglasplatten (ca. 10 cm × 8 cm), die aufeinander gelegt und an einem Rand mit Klebeband verbunden werden; die Klebekante fungiert als „Scharnier". Ähnliche Muster entstehen beim *Foliendruck:* Wird auf eine mit Farbe (z. B. Abtönfarbe) betropfte Folie ein Blatt Papier gedrückt und wieder abgezogen, so ergeben sich je nach verwendeter Farbe und Drucktechnik unterschiedlich fein verästelte, fraktale Strukturen. Mithilfe einer mit einem Farbklecks versehenen Plexiglasscheibe lassen sich auch „fraktale Stempel" erzeugen (vgl. Nordmeier 1999).

▪ Viskoses Verästeln

Viskoses Verästeln

Durchdringt oder verdrängt eine wenig viskose Flüssigkeit (z. B. zur Sichtbarmachung eingefärbtes Wasser) eine Flüssigkeit mit höherer Viskosität (z. B. flüssige Seife oder Glycerin), so entstehen fraktal verzweigte Kanalnetzwerke. Diese Musterbildung wird als *viskoses Verästeln* bezeichnet.

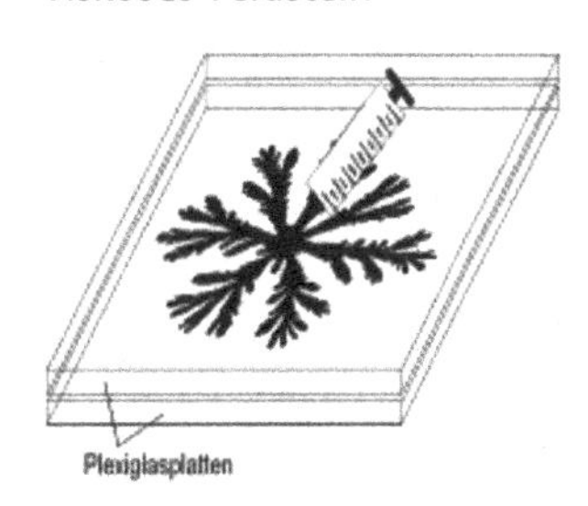

Schematische Darstellung einer Hele-Shaw-Zelle

Ein einfacher Versuchsaufbau – die *Hele-Shaw-Zelle* – besteht aus zwei Plexiglasscheiben, zwischen die mithilfe von Einwegspritzen nacheinander verschieden viskose Flüssigkeiten gepresst werden (vgl. Nordmeier 1999; Schlichting 1992b).

- **Elektrolytische Anlagerung**

Elektrolytische Anlagerung

Die Ausbildung fraktaler Strukturen kann auch dort beobachtet werden, wo sich Metalle bei der Elektrolyse von Salzlösungen an der Kathode niederschlagen, wie bei der sog. *elektrolytischen Anlagerung.*

In einem einfachen radialsymmetrischen Aufbau wird dazu eine am Innenrand mit einer Elektrode (z. B. Drahtschlaufe, Anode) versehene Petrischale mit einer ionischen Lösung befüllt (z. B. Kupfer- oder Zinksulfat) und in der Mitte der Flüssigkeit eine Metallspitze als Kathode positioniert. Durch Anlegen einer Gleichspannung von einigen Volt (5 V bis 15 V, je nach Größe der Petrischale) lassen sich bereits nach kurzer Zeit kleinste Anlagerungen an der Kathode beobachten: die Kationen (z. B. Zn^{2+}) wandern zur Kathode und lagern sich dort an (vgl. Nordmeier 1993, 1999).

10.4.3 Fraktale als nichtlineare Systeme

Fraktale Attraktoren

Im Rahmen der Chaosforschung kommt der geometrischen Visualisierung und Analyse chaotischer Attraktoren im sog. Zustandsraum (▶ Abschn. 10.2.1) eine wesentliche Bedeutung zu. Dabei lassen insbesondere die bei der Existenz *fraktaler Attraktoren* berechenbaren topologischen Maßzahlen elementare Eigenschaften und Charakteristika der Dynamik solcher Systeme erkennen (vgl. z. B. Nordmeier und Schlichting 1996).

Die Verwendung des Konzepts *Fraktal* geht also insofern über die reine Beschreibung einer geometrischen Struktur hinaus, als aus den strukturellen Eigenschaften bereits detaillierte Aussagen über das zugrunde liegende Systemverhalten gewonnen werden können.

Die Idee einer Beschreibung komplexer naturwissenschaftlicher Phänomene als Fraktale steht also in unmittelbarem Zusammenhang mit den Prinzipien und Gesetzmäßigen, die im Rahmen der Erforschung dynamischer Systeme im Bereich der *Chaostheorie* oder der *Synergetik* zu einer neuen Sehweise in den Naturwissenschaften und insbesondere in der Physik – der *nichtlinearen Physik* – geführt haben.

Mithilfe des Begriffs „Fraktal" lassen sich auch raum-zeitliche Phänomene erfassen, deren Strukturen oder sichtbare (geometrische) Muster als „ausgefranst", „nicht gerade" oder als „Strukturen mit „unendlich" feinen Details" (vgl. Schroeder 1994) beschrieben werden.

Die Unterscheidung „linear/nichtlinear" lässt sich damit um den Gegensatz „geradlinig, glatt/fraktal" erweitern.

» Gemeinsam ist Chaostheorie und fraktaler Geometrie, dass sie der Welt des *Nichtlinearen* Geltung verschaffen. Lineare Modelle kennen kein Chaos, und deshalb greift das lineare Denken oft zu kurz, wenn es um die Annäherung an natürliche Komplexität geht. (Peitgen et al. 1992, viii)

10.4.4 Fraktale als Thema des Physikunterrichts

Ein generisches Fraktalkonzept

Im Kontext eines generischen Fraktal-Konzeptes (Nordmeier 1999) lassen sich Wachstumsfraktale als dynamische, synergetische Strukturbildungsprozesse verstehen und unter morphologischen Gesichtspunkten beschreiben. Dieser Ansatz ermöglicht es, im Sinne einer ganzheitlichen naturwissenschaftlichen Sichtweise elementare Zusammenhänge zwischen Struktur (fraktale Geometrie), Funktion (Wachstums- und Transportprozess) und Morphologie (Gattung) herzustellen. Als Ergebnis resultiert ein Zugang zu fraktalen Wachstumsphänomenen, *der mathematisch-geometrische, phänomenologische, physikalisch-theoretische, morphologische und systemtheoretische Bedeutungsebenen* fraktaler Strukturbildung konzeptuell verknüpft.

- **Mathematisch-geometrische Aspekte**

Fraktale als geometrische Muster

Die äußere Form von Wachstumsfraktalen lässt sich mithilfe der fraktalen Geometrie analysieren. Die fraktale Dimension stellt ein universelles Maß dar: Fraktale, die sich global ähneln (bzgl. ihrer geometrischen Gestalt), besitzen in etwa auch die gleiche fraktale Dimension. Die lokalen Eigenschaften, wie z. B. die exakte Ausprägung eines Teilausschnittes, können dagegen Unterschiede aufweisen. Wachstumsfraktale, die in vielfältiger Weise und in vielen Größenordnungen ähnlich hierarchisch verzweigte Verästelungen ausprägen, sind im statistischen Sinne selbstähnlich bzw. skaleninvariant.

- **Phänomenologische Aspekte**

Fraktale als reale Phänomene und im Experiment

Wachstumsfraktale lassen sich anhand einfacher Anschauungsobjekte und vielfältiger Experimente untersuchen. Viele Experimente eignen sich für eine erste qualitative Erforschung der Bedeutung der Fraktalität und zum Auffinden relevanter physikalischer Größen sowie deren Wirkungszusammenhänge (vgl. Nordmeier 1999).

- **Physikalisch-theoretische Aspekte**

Fraktale modelliert als physikalische Prozesse

Modelliert man Wachstumsfraktale als dynamische Systeme, so kann die jeweilige Strukturbildung als Transportprozess in einem Gradientenfeld beschrieben werden. Die Dynamik an der Grenzfront genügt dann der Laplace-Gleichung (■ Tab. 10.1). Es findet eine raum-zeitliche Strukturbildung statt, die kennzeichnend ist für das Zusammenwirken von *Gesetz und Zufall:* Nach deterministischen Gesetzmäßigkeiten fortschreitende Grenzfronten werden nach statistischen Gesetzmäßigkeiten instabil. Zufällige Fluktuationen oder kleinste Störungen an der Grenzfront verstärken sich selbst, und der weitere Verlauf des Wachstums findet bevorzugt an diesen Stellen statt. Die numerische Simulation der Strukturbildung stützt sich dabei stark auf statistische Elemente (s. u.).

Die in ■ Tab. 10.1 skizzierten Zusammenhänge lassen sich weitergehend elementarisieren und anhand einfacher Simulationen visualisieren (■ Abb. 10.10 und 10.11).

▪ Morphologische Aspekte

Die Verknüpfung der mathematisch-geometrischen und der physikalischen Aspekte gelingt generisch: Fraktale Muster als gattungshafte Morphologien offenbaren funktionale Zusammenhänge

■ Tab. 10.1 Im Vergleich sind die grundlegenden physikalischen Gesetzmäßigkeiten zur Modellierung fraktaler Wachstumsphänomene wie z. B. der elektrolytischen Anlagerung, des viskosen Verästelns oder der schnellen elektrischen Entladungen dargestellt

Elektrolytische Anlagerung	Viskoses Verästeln	Elektrische Entladungen
Konzentration: c Elektrisches Potenzial: U	Druck: p	Elektrostatisches Potenzial: U
Anlagerungsrate: $v \sim -grad\ c$ $v \sim E \sim -gradU$	Strömungsgeschwindigkeit: $v \sim -grad\ p$	Ausbreitungsgeschwindigkeit: $V \sim \mid E \mid^n \sim \mid -\text{grad}\ U \mid^n$
Kontinuität, Inkompressibilität und Stationarität: $\text{div}\ v = 0$		
Laplace-Gleichung:		
$\nabla^2 c = 0$ u. $\nabla^2 U = 0$	$\nabla^2 p = 0$	$\nabla^2 U = 0$

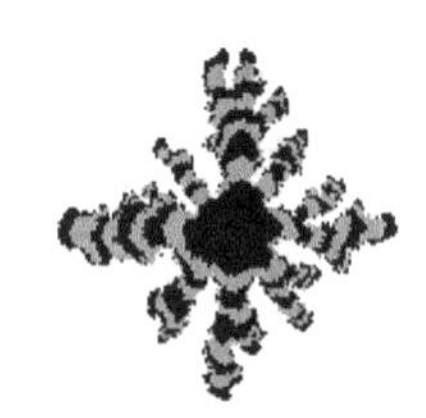

■ Abb. 10.10 Dargestellt sind verschiedene Wachstumsstadien eines mithilfe des erweiterten sog. DLA-Modells simulierten Hele-Shaw-Fraktals

Abb. 10.11 Wachstumsfraktale unterschiedlicher Herkunft mit nahezu gleich großen fraktalen Dimensionen. Links: Eisen-Mangan-Abscheidung auf einem Solnhofener Plattenkalk; Mitte: Hele-Shaw-Fraktal; Rechts: *Bacillus-subtilis*-Kolonie

zwischen der Gestalt bzw. der äußeren Form und dem physikalischen Entstehungsprozess. Die äußere Erscheinungsform eines Fraktals, insbesondere auch die zeitliche Aufrechterhaltung seiner Struktur, spiegelt die zugrunde liegenden selbstorganisierten Strukturbildungsmechanismen wider.

So verschieden die jeweiligen (mikroskopischen) physikalischen Bedingungen bei der Entstehung fraktaler Muster auch sein mögen, die gewählte und makroskopisch sichtbare Morphologie deutet unabhängig vom betrachteten System auf universelle und allgemeingültige Prinzipien bei der dissipativen Strukturbildung hin. Darüber hinaus wird die Universalität morphologischer Aspekte im Rahmen einer interdisziplinären Betrachtung fraktaler Strukturen deutlich: Überall bilden sich unter prinzipiell ähnlichen Randbedingungen auch ähnliche Morphologien aus. So lässt sich die oftmals beobachtete *Selbstähnlichkeit* von Wachstumsfraktalen gleichsam als ein makroskopisch manifestierter Ausdruck der gewählten Morphologie verstehen.

▪ Systemtheoretische Aspekte

Fraktale als nichtlineare komplexe Systeme

Wachstumsfraktale als Inbegriff des Nichtlinearen können im Rahmen einer synergetischen Betrachtungsweise als selbstorganisierte (irreversible) Strukturbildungsprozesse in offenen, energiedurchflossenen dissipativen Systemen interpretiert werden. Im Fließgleichgewicht folgen sie dem *Prigogine'schen* Ökonomieprinzip, fernab des thermodynamischen Gleichgewichtes sind sie transient chaotisch. Bezüglich des Energie- bzw. des Materietransportes verhalten sich fraktale Wachstumsstrukturen in beiden Fällen „optimal“: Die jeweils ausgeprägte Morphologie repräsentiert die vom System unter den gegebenen Randbedingungen realisierte optimale Struktur. Dies wird besonders deutlich im Bereich der belebten Natur: Die fraktal strukturierten Organe wie beispielsweise Lunge, Leber, Adergeflecht oder auch pflanzliche Wurzel- oder Geästnetzwerke stellen Optimierungen dar, die sich im Laufe der evolutionären Entwicklung herausgebildet haben (Sernetz 2000). Die Organe lassen sich im Sinne fraktaler Grenzflächen als stark „zerklüftete" Oberflächen deuten, diese Eigenschaft wirkt sich insbesondere auf die Bedingungen und Möglichkeiten des metabolischen Austausches mit der Umgebung aus (vgl. Schlichting et al. 1993).

Diese unterschiedlichen Aspekte eröffnen differenzierte und vielschichtige Zugänge zu Wachstumsfraktalen als komplexe physikalische Phänomene, die über den Ansatz der mathematischen Beschreibung im Sinne der *fraktalen Geometrie* hinausgehen. Als Teilgebiet der nichtlinearen Physik können Wachstumsfraktale so auch im Physikunterricht thematisiert und bereits mit einfachen schulischen Mitteln experimentell erforscht werden.

10.5 Nichtlineare Physik im Unterricht

Durch die Kultusministerkonferenz (KMK) wurden 2004 nicht nur die Bildungsstandards für den Mittleren Abschluss im Fach Physik verabschiedet (KMK 2005), sondern auch die bis heute gültige Neufassung der Einheitlichen Prüfungsanforderungen in der Abiturprüfung (EPA 2004) beschlossen. In der EPA wurde erstmals auch der gewachsenen Bedeutung des Themenfelds der nichtlinearen Physik Rechnung getragen, indem es gleichrangig neben traditionelle Inhalte des Physikunterrichts wie z. B. Thermodynamik, Relativitätstheorie oder Elektronik gestellt wurde. Die Bundesländer sind seitdem in den Neufassungen der Rahmenlehrpläne für das Fach Physik diesem Schritt in unterschiedlichem Maße gefolgt (vgl. Schwarzenberger und Nordmeier 2005). In unterschiedlichem Umfang hat die nichtlineare Physik auch Eingang in den Physikunterricht gefunden (Haupt und Nordmeier 2014). Eine Erhebung im Rahmen einer Bedarfsanalyse zur unterrichtlichen Aufbereitung der nichtlinearen Physik in der Schule (ebd.) kam aber zu dem Ergebnis, dass ein großer Anteil (70 %) der befragten Lehrer*innen angab, dass für eine experimentelle Umsetzung im Unterricht nicht ausreichend Materialien zur Verfügung stehen. Im Projekt *NiliPhEx* (Nichtlineare Physik Experimentierset) wurden daher inzwischen Experimentiersets entwickelt und an 60 Schulen im gesamten Bundesgebiet erfolgreich erprobt. Die Experimentieranleitungen inkl. Materialisten sowie weiterführende Literatur und Weblinks dazu finden sich unter: ► https://didaktik.physik.fu-berlin.de/projekte/niliphex.

Die zentrale Zielstellung der EPA für das Fach Physik lautet gemäß KMK: „Die Anforderungen [..] sind so zu gestalten, dass ein möglichst breites Spektrum von Qualifikationen und Kompetenzen an geeigneten Inhalten überprüft werden kann" (EPA 2004, S. 3). Die zu erwerbenden und im Abitur nachzuweisenden

Kompetenzen werden für das Fach Physik vier Bereichen zugeordnet (EPA 2004, 3 ff):

1. physikalisches Wissen erwerben, wiedergeben und nutzen
2. Erkenntnismethoden der Physik sowie Fachmethoden beschreiben und nutzen
3. in Physik und über Physik kommunizieren
4. über die Bezüge der Physik reflektieren

Diese vier Kompetenzbereiche finden sich ebenfalls in den Bildungsstandards der KMK für den Mittleren Bildungsabschluss (KMK 2005): *Fachwissen, Erkenntnisgewinnung, Kommunikation* und *Bewertung*.

Als ein für den Kompetenzerwerb in vielerlei Hinsicht besonders geeigneter Inhaltsbereich erweist sich die nichtlineare Physik, in der EPA bezeichnet als „Chaos (nichtlineare Systeme)". Diese Einschätzung wird durch Expert*innen-Befragungen gestützt (Komorek et al. 2002 S. 38–41; Haupt und Nordmeier 2014). Die befragten Expert*innen aus Fachwissenschaft, Fachdidaktik und Schulpraxis bescheinigen der „Chaosphysik" ein hohes Maß an gesellschaftlicher Relevanz und einen hohen Bildungswert, u. a. bedingt durch ihre Interdisziplinarität und Anwendbarkeit bei der Modellierung komplexer (realer) Systeme. Ein besonderer Beitrag der Nichtlinearen Physik wird darin gesehen, Einsichten in naturwissenschaftliche Denk- und Arbeitsweisen zu ermöglichen. Dies kommt insbesondere den curricularen Anforderungen entgegen, die in den KMK-Bildungsstandards im Bereich der Erkenntnisgewinnung formuliert sind (KMK 2005). Zur Erreichung dieser Standards bietet die Nichtlineare Physik zahlreiche Inhalte und Lerngelegenheiten auch für experimentelle Untersuchungen, die die Kompetenzentwicklung von Schüler*innen in diesem Sinne fördern können.

In den vorherigen Abschnitten dieses Kapitels wurden fachliche Aspekte, Fragestellungen und experimentelle Untersuchungsmethoden, inhaltliche Elementarisierungen zu grundlegenden Phänomenen sowie anwendungsbezogene Aspekte der nichtlinearen Physik vorgestellt, die für einen kompetenzorientierten Unterricht ein besonderes Potenzial bieten. Viele dieser Beispiele adressieren fundamentale wissenschaftliche Denk- und Arbeitsweisen der Physik, andere gehen sogar über traditionelle Sichtweisen auf die Natur hinaus und stellen tradierte Vorstellungen z. B. über die Rolle des Zufalls, der Kausalität und der Vorhersagbarkeit infrage. Durch zahlreiche Möglichkeiten des forschenden Lernens, durch Einsicht in neue Arbeitsweisen wie Zeitreihenanalysen oder Visualisierungen im Zustandsraum, durch das Kennenlernen von Möglichkeiten und Grenzen der Steuerung oder der Vorhersage des Verhaltens chaotischer oder sich selbst organisierender Systeme oder durch das

Erproben spezifischer naturwissenschaftlicher Denkweisen können so grundlegende Kompetenzen im Bereich der *Erkenntnisgewinnung* erworben werden.

Der Kompetenzbereich Erkenntnisgewinnung (engl. *Scientific Inquiry*) „[…] *refers to characteristics of the scientific enterprise and processes through which scientific knowledge is acquired*“ (Schwartz et al. 2004) und ist ein wesentlicher Teil der naturwissenschaftlichen Grundbildung (*Scientific Literacy*, Bybee 2002). Nach dem Kompetenzmodell von Mayer (2007) lässt sich Erkenntnisgewinnung in drei zentrale Bereiche unterteilen: *Praktische Arbeitstechniken (Practical Works), wissenschaftliche Erkenntnismethoden (Scientific Inquiry)* und die *Charakteristika der Naturwissenschaften* (Nature of Science; in dt. „Natur der Naturwissenschaften“). Die Nichtlineare Physik bietet, wie oben gezeigt, insbesondere vielseitige experimentelle Zugänge, über die die Schüler*innen selbst forschend neue Erkenntnisse generieren können. Dabei können sie auch relativ authentisch erleben, wie Wissenschaftler*innen zu Erkenntnissen kommen (vgl. Höttecke 2013). Darüber hinaus eröffnet die Nichtlineare Physik u. a. durch ästhetisch ansprechende Strukturbildungsprozesse ganz neue Zugänge zur Physik.

Zur theoretischen Modellierung und zur Messung von Teilkompetenzen naturwissenschaftlicher Erkenntnisgewinnung wurden inzwischen auch Kompetenzstrukturmodelle entwickelt (vgl. z. B. Mayer 2007; Mayer et al. 2008; Nawrath et al. 2011; Straube 2016). Im Bereich der experimentellen Untersuchungen umfassen diese Modelle immer Fähigkeiten und Fertigkeiten zur Planung, Durchführung und Auswertung von Experimenten. Im Kompetenzmodell nach Mayer (2007) und Mayer et al. (2008), bei dem das wissenschaftliche Denken als Problemlöseprozess aufgefasst wird, umfasst der Bereich *naturwissenschaftliche Untersuchungen* die Teilkompetenzen *Fragestellung formulieren, Hypothese generieren, Planung einer Durchführung* sowie *Deutung der Ergebnisse.* Der Kompetenzbereich Planung und Durchführung wird durch ein fünfstufiges Niveaumodell modelliert (Mayer et al. 2008):

1. eine Variable identifizieren
2. veränderte und zu messende Variable in Beziehung setzen
3. Kontrollvariablen/Konstanthaltung der Versuchsbedingungen berücksichtigen
4. Stichprobe, Messwiederholung und Versuchsdauer berücksichtigen
5. Untersuchungsmethoden reflektieren (Genauigkeit, Fehler abwägen)

Das Verstehen und Anwenden der für die Physik grundlegenden Konzepte der Variablen und der Variablenkontrolle ist nach diesem Kompetenzmodell für die Planung und Durchführung wissenschaftlicher Untersuchungen also von zentraler Bedeutung. Zugänge zu diesem Konzept bieten die Inhalte der nichtlinearen Physik in fundamentaler Weise, denn das Systemverhalten komplexer Systeme wird i. d. R. über Kontroll- und Ordnungsparameter modelliert (vgl. ► Abschn. 10.2, 10.3). Bei experimentellen (oder numerischen) Untersuchungen wird also jeweils nur eine Variable verändert bzw. kontrolliert, und in Abhängigkeit davon zeigt sich ein spezifisches Systemverhalten. Beispielsweise variieren bei chaotischen Systemen die Winkelausschläge eines Überschlagspendels oder des Pohl'schen Drehpendels mit Unwucht (bei konstanter Anregungsamplitude und -frequenz) in Abhängigkeit des Kontrollparameters „Dämpfung" des Systems (z. B. durch eine Wirbelstrombremse definiert variierbar). Ähnlich lassen sich die Übergänge bei der Entstehung dissipativer Strukturen durch die Schüler*innen experimentell erforschen und durch Kontrollvariablen beschreiben bzw. steuern.

Literatur

Backhaus, U., Schlichting, H.J. (1987): Ein Karussell mit chaotischen Möglichkeiten. Praxis der Naturwissenschaften. Physik 36/7, 14–22.

Backhaus, U., Schlichting, H.J. (1990): Auf der Suche nach Ordnung im Chaos. Der mathematische und naturwissenschaftliche Unterricht 43/8, 456–466.

Bell, T. (2003): Strukturprinzipien der Selbstregulation. Komplexe Systeme, Elementarisierungen und Lernprozessstudien für den Unterricht der Sekundarstufe II. Berlin: Logos Verlag.

Boysen, G. et al. (2000): Oberstufe Physik. (Sachsen-Anhalt 11). Berlin: Cornelsen Verlag.

Buttkus, B., Nordmeier, V., Schlichting, H. J. (1993): Der chaotische Prellball. In: Deutsche Physikalische Gesellschaft (Hrsg.): Didaktik der Physik. Vorträge der Frühjahrstagung der DPG Esslingen 1993, 455–461.

Buttkus, B., Schlichting, H. J., Nordmeier, V. (1995): Tropfendes Wasser als chaotisches System. Physik in der Schule 33/2, 67–71.

Bybee, R.W. (2002): Scientific Literacy – Mythos oder Realität. In Gräber, W., Nentwig, P., Koballa, T. & Evans, R. (Hrsg.), Scientific Literacy. Der Beitrag der Naturwissenschaften zur Allgemeinen Bildung, 21–43. Opladen: Leske + Budrich.

EPA (2004): Einheitliche Prüfungsanforderungen in der Abiturprüfung Physik. Beschluss der Kultusministerkonferenz v. 1.12.1989 i.d.F. vom 5.2.2004.

Euler, M. (1995): Synergetik für Fußgänger I – Selbsterregte Schwingungen in mechanischen und elektronischen Systemen. Physik in der Schule Nr. 5, S. 189–194. Synergetik für Fußgänger II – Laseranalogie und Selbstorganisationsprozesse bei selbsterregten Schwingern. Physik in der Schule Nr. 6, 237–242.

Haupt, J., Nordmeier, V. (2014): Ergebnisse einer Bedarfsanalyse zur unterrichtlichen Aufbereitung der Nichtlinearen Physik. In Nordmeier, V.; Grötzebauch, H. (Hrsg.): PhyDid B, Didaktik der Physik, Beiträge zur DPG-Frühjahrstagung, Frankfurt.

Höttecke, D. (2013): Forschend-entdeckenden Unterricht authentisch gestalten – ein Problemaufriss. In: Bernholt, S. (Hrsg.): Gesellschaft für Didaktik der Chemie und Physik. 33. Jahrestagung der Gesellschaft für Didaktik der Chemie und Physik 2012, 63–79.

KMK (2005): Sekretariat der Ständigen Konferenz der Kultusminister der Länder in der Bundesrepublik Deutschland: Bildungsstandards im Fach Physik für den Mittleren Schulabschluss. Beschluss vom 16.12.2004. München: Wolter Kluwer.

Komorek, M. (1998): Elementarisierung und Lernprozesse im Bereich des deterministischen Chaos. Kiel: IPN-Materialien.

Komorek, M., Duit, R., Schnegelberger, M. (Hrsg.) (1998): Fraktale im Unterricht. Zur didaktischen Bedeutung des Fraktalbegriffs. Kiel: IPN-Materialien.

Komorek, M., Wendorff, L., Duit, R. (2002): Expertenbefragung zum Bildungswert der nichtlinearen Physik; in: ZfDN Nr. 8, 33–51.

Korneck, F. (1998): Die Strömungsdynamik als Zugang zur nichtlinearen Dynamik. Aachen: Shaker Verlag.

Köhler, M., Nordmeier, V., Schlichting, H.J. (2001): Chaos im Sonnensystem. In V. Nordmeier, (Red.): Didaktik der Physik – Bremen 2001. Berlin: Lehmanns Media.

Lichtenberg, G. Ch. (1980): Schriften und Briefe Band II. München: Hanser.

Luchner, K., Worg, R. (1986): Chaotische Schwingungen. Praxis der Naturwissenschaften – Physik 35/4, 9.

Mandelbrot, B.B. (1987): Die fraktale Geometrie der Natur. Basel: Birkhäuser Verlag.

Mayer, J. (2007). Erkenntnisgewinnung als wissenschaftliches Problemlösen. In Krüger, D. & Vogt, H. (Hrsg.), Theorien in der biologiedidaktischen Forschung. Ein Handbuch für Lehramtsstudenten und Doktoranden, 177–184. Berlin, Heidelberg: Springer-Verlag Berlin Heidelberg.

Mayer, J.; Grube, C., Möller, A. (2008): Kompetenzmodell naturwissenschaftlicher Erkenntnisgewinnung. In: Klee, R.; Harms, U. (Hrsg.): Ausbildung und Professionalisierung von Lehrkräften, 63–79.

Nawrath, D.; Maiseyenka, V., Schecker, H. (2011): Experimentelle Kompetenz – Ein Modell für die Unterrichtspraxis. In: Praxis der Naturwissenschaften – Physik in der Schule, 60(6), 42–48.

Nordmeier, V. (1993): Fraktale Strukturbildung – Einfache Experimente für den Physikunterricht. In: Physik in der Schule, 4/31, 152.

Nordmeier, V. (1999): Zugänge zur nichtlinearen Physik am Beispiel fraktaler Wachstumsphänomene. Ein generisches Fraktal-Konzept. Münster: LIT-Verlag.

Nordmeier, V. (2006): Dünen und Sandrippel – Strukturbildungsphänomene in der Natur. In: Praxis der Naturwissenschaften – Physik 3/55, 13–18.

Nordmeier, V., Jonas, O. (2006): Neue Wege ins Chaos – Experimente mit dem ‚Universalpendel'. In V. Nordmeier & A. Oberländer (Hrsg.): Didaktik der Physik – Kassel 2006. Berlin: Lehmanns Media.

Nordmeier, V., Schlichting, H. J. (1996): Auf der Suche nach Strukturen komplexer Phänomene. (Themenheft Komplexe Systeme). Praxis der Naturwissenschaften – Physik 1/45, 22–28.

Nordmeier, V., Schlichting, H. J. (2003): Nichtlinearität und Strukturbildung. Chaos für die Schule. In: Physik in unserer Zeit 1/34, 32–39.

Nordmeier, V., Schlichting, H. J. (2006): Einfache Experimente zur Selbstorganisation – Strukturbildung von Sand und anderen Granulaten. In: Unterricht Physik 17/94, 28–31.

Nordmeier, V., Schlichting, H. J. (2008): Physik beim Frühstück. Unterricht Physik 19/105-106, 12–16.

Peitgen, H.-O., Jürgens, H., Saupe, D. (1992): Bausteine des Chaos – Fraktale. Berlin: Klett-Cotta/Springer-Verlag.

Prigogine, I. et al. (1991): Anfänge. Berlin: Merve.

Rössler, O. E. (1977): In H. Haken (Hrsg.) Synergetics: A Workshop. Berlin u. a.: Springer Verlag.
Rodewald, B., Schlichting, H.J. (1986): Prinzipien der Synergetik – erarbeitet an Spielzeugen. Praxis der Naturwissenschaft- Physik 35/4, 33–41.
Schlichting, H.J. (1988a): Freihandversuche zu Phasenübergängen. Physik und Didaktik 16/2, 163–170.
Schlichting, H.J. (1988b): Komplexes Verhalten modelliert anhand einfacher Spielzeuge. Physik und Didaktik 17/3, 231–244.
Schlichting, H.J. (1990): Physikalische Phänomene am Dampf-Jet-Boot. Praxis der Naturwissenschaften – Physik 39/8, 19–23.
Schlichting, H.J. (1992a): Geduld oder Physik – ein einfaches Spielzeug mit physikalischen Aspekten. Praxis der Naturwissenschaften – Physik 41/2, 5–8.
Schlichting, H.J. (1992b): Schöne fraktale Welt- Annäherungen an ein neues Konzept der Naturwissenschaften. Der mathematische und naturwissenschaftliche Unterricht, 45/4, 202–214.
Schlichting, H.J. (1994): Auf der Grenze liegen immer die seltsamsten Geschöpfe – Nichtlineare Systeme aus der Perspektive ihrer fraktalen Grenzen. Der Mathematische und Naturwissenschaftliche Unterricht 47/8, 451–463.
Schlichting, H. J. (2000): Energieentwertung – ein qualitativer Zugang zur Irreversibilität. Praxis der Naturwissenschaften – Physik 49/2, 2–6; ders.: Von der Energieentwertung zur Entropie. Praxis der Naturwissenschaften – Physik 49/2, 7–11; ders.: Von der Dissipation zur Dissipativen Struktur. Praxis der Naturwissenschaften – Physik 49/2, 12–16.
Schlichting, H.J., Nordmeier, V. (1996): Strukturen im Sand. Kollektives Verhalten und Selbstorganisation bei Granulaten. Der mathematische und naturwissenschaftliche Unterricht 49/6, 323–332.
Schlichting, H.J., Nordmeier, V. (2000): Thermodynamik und Strukturbildung am Beispiel der Entstehung eines Flussnetzwerkes. Der mathematische und naturwissenschaftliche Unterricht – MNU, 53/8, 450–454.
Schlichting, H.J., Nordmeier, V., Buttkus, B. (1993): Wie fraktal ist der Mensch? – Anmerkungen zur Problematik des tierischen und menschlichen Stoffwechsels aus der Sicht der fraktalen Geometrie. In: Physik in der Schule, 9/31, 310–312.
Schroeder, M. (1994): Fraktale, Chaos und Selbstähnlichkeit. Heidelberg: Spektrum Akademischer Verlag.
Schwarzenberger, P., V. Nordmeier (2005): Chaos im Physikunterricht. In V. Nordmeier & V. Oberländer (Hrsg.). Didaktik der Physik – Berlin 2005. Berlin: Lehmanns Media.
Schwartz, R.S., Lederman, N.G., Crawford, B.A. (2004). Developing Views of Nature of Science in an Authentic Contex: An Explicit Approach to Bridging the Gap Between Nature of Science and Scientific Inquiry. Science Teacher Education, 600–645.
Sernetz, M. (2000): Die fraktale Geometrie des Lebendigen. Spektrum der Wissenschaft, 7, 72–79.
Straube, P. (2016): Modellierung und Erfassung von Kompetenzen naturwissenschaftlicher Erkenntnisgewinnung bei (Lehramts-)Studierenden im Fach Physik, Dissertation. Berlin: Logos-Verlag.
UP (2006): Chaos & Struktur (Themenheft). Unterricht Physik 17/94.
Wierzioch, W. (1988): Ein Schwingkreis spielt verrückt. In W. Kuhn (Hrsg.): Vorträge der Frühjahrstagung der DPG Gießen 1988, 292–298.
Worg, R. (1993): Deterministisches Chaos. Mannheim: Wissenschaftsverlag.

Wege in die Nanowelt: Skalierungs- und Strukturprinzipien, Werkzeuge der Erkenntnisgewinnung, Modelle und Experimente

Manfred Euler

E. Kircher et al. (Hrsg.), *Physikdidaktik | Methoden und Inhalte*,
https://doi.org/10.1007/978-3-662-59496-4_11

Nanotechnologie gilt als die Schlüsseldisziplin des 21. Jahrhunderts. Das Querschnittsfeld baut auf Grundlagenwissen vor allem aus Physik, Chemie und Biologie auf und erschließt mit geeigneten Werkzeugen vielfältige neue technologische Anwendungsfelder. Ein grundlegendes Verstehen der beteiligten Strukturprinzipien wird durch die Komplexität und Andersartigkeit der Nanowelt erschwert. Viele der vertrauten Vorstellungen der klassischen Physik, die sich in unserer Alltagswelt bewährt haben, versagen. Dennoch ist es möglich, an diese Erfahrungen anzuknüpfen, um die wesentlichen Konzepte begreifbar zu machen. Die im Beitrag skizzierten Wege in die Nanowelt nutzen geeignete Transformationen und Korrespondenzen und veranschaulichen relevante Methoden und Funktionsprinzipien durch Modellexperimente und Analogien (◘ Abb. 11.1). Die Reflexion der Modelle vor dem jeweiligen fachlichen Hintergrund unterstützt die Lernenden dabei, die epistemische Distanz zu Nanosystemen zu vermindern und ihre Besonderheiten zu erschließen. Die ausgewählten Beispiele fokussieren auf Aspekte der Nanophysik sowie der Nanobiophysik. In Bezug auf die Erfüllung von Bildungsstandards hat die Behandlung von Nanothemen im Unterricht das Potenzial, grundlegende und weitgehend authentische Einblicke in naturwissenschaftliche ebenso wie in technische Arbeitsweisen zu vermitteln, um die bestehenden Gemeinsamkeiten, aber auch die Unterschiede zu verdeutlichen. Dies ist vor allem im Hinblick auf Entscheidungsprozesse zur beruflichen Orientierung der Jugendlichen wesentlich.

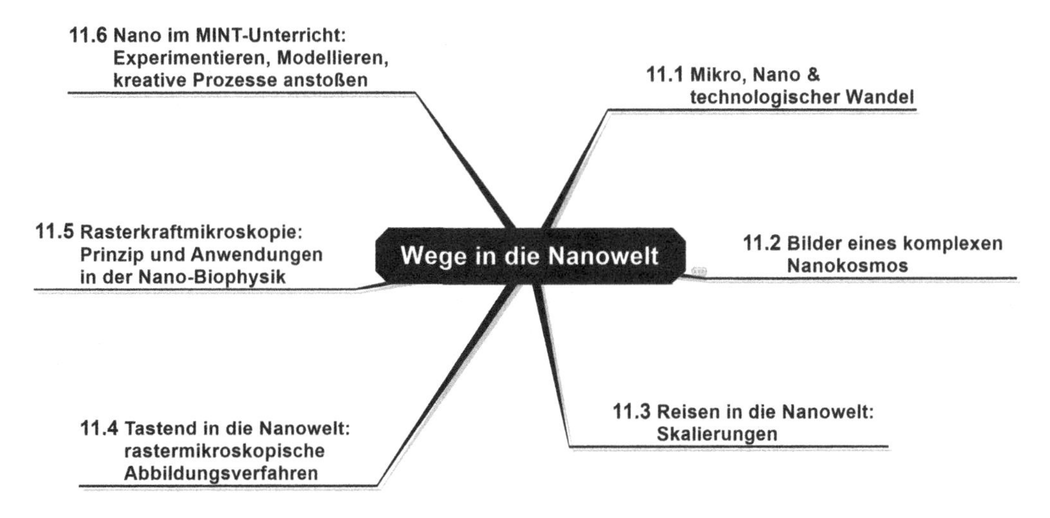

◘ **Abb. 11.1** Übersicht über die Teilkapitel

11.1 Mikro, Nano und technologischer Wandel

Anders als bei den großen technologischen Revolutionen der Vergangenheit sind es heute vor allem die kreativen Ideen im Kleinen, die bedeutsame Innovationen vorantreiben. Mit Techniken der Mikrostrukturierung lassen sich Systeme im Mikrometerbereich mit vielfältigen elektronischen, mechanischen, optischen oder fluidischen Funktionen schaffen. In der Nanotechnologie erreicht die Miniaturisierung ihre molekulare und atomare Grenze. Während Mikrosysteme noch weitgehend analog zu geeignet verkleinerten klassischen Makrosystemen arbeiten, kommt es auf der Nanometerskala vor allem aufgrund quantenmechanischer Effekte zu Eigenschaften, die neuartige technologische Möglichkeiten eröffnen.

Nanowissenschaft und Nanotechnologie: Charakterisierung, Modellierung, Herstellung und Anwendung von atomaren und molekularen Systemen in der Größenordnung von Nanometern

Nanowissenschaft und Nanotechnologie gelten als die Schlüsseldisziplinen des 21. Jahrhunderts. Als typisches Querschnittsfeld baut dieser Bereich auf Grundlagenwissen vor allem aus Physik, Chemie und Biologie auf und erschließt mit geeigneten Werkzeugen und Verfahren vielfältige technologische Anwendungsfelder. Die Erwartungen sind hoch: Mit Erkenntnissen aus der Nanowelt lassen sich viele bestehende Technologien verbessern und verlässlicher, effizienter und ressourcenschonender gestalten. In der Computertechnik verspricht man sich von der Verkleinerung in den Nanobereich und der Nutzung von Quanteneffekten einen gigantischen Sprung der Rechenleistung, der weitreichende Möglichkeiten vor allem im Bereich der Vernetzung und der künstlichen Intelligenz eröffnet. Es ist bereits jetzt absehbar, dass mit neuen Quantentechnologien abhörsichere Kommunikationsnetzwerke aufgebaut werden können. In den Lebenswissenschaften ermöglichen Nanowerkzeuge ein besseres Verständnis komplexer biologischer Prozesse. Das Lernen von der Natur erreicht auf der Ebene von Nanomaschinen und -systemen eine neue Qualität. Es wird die Biotechnologie und die Medizin verändern, aber auch zu neuen Entwicklungen in ganz anderen Bereichen führen, etwa zu biologisch inspirierten Materialien mit intelligenten, adaptiven Eigenschaften.

Nanotechnologien & Anwendungsfelder
Materialwissenschaft
Elektronik
Informationstechnik
Energie, Umwelt
Verkehr
Biotechnologie
Pharmazie
Medizin
Nanowissenschaft
Physik/Chemie/Biologie

Querschnittsdisziplin Nanowissenschaft und Anwendungen

All diese beispielhaften Entwicklungen bergen neben faszinierenden Potenzialen auch Risiken. Die Nanotechnologie wird unsere Lebenswelt ebenso verändern, wie es derzeit durch die Entwicklungen in der Informations- und Kommunikationstechnologie bereits geschieht. Der aufgeschlossene, mündige, wissenschaftlich-technisch gebildete Bürger ist gefragt, der die Chancen von Innovationen nutzt und ihre Risiken abwägt. Dementsprechend bestehen große Herausforderungen an das schulische sowie das lebenslange Lernen.

Strukturen und Prozesse auf der Nanometerskala sind nicht unserer unmittelbaren Wahrnehmung und Anschauung zugänglich. Ein grundlegendes Verstehen der beteiligten Strukturprinzipien wird durch die Komplexität und Andersartigkeit der Nanowelt erschwert. Viele der vertrauten Vorstellungen der klassischen Physik, die sich in unserer Alltagswelt bewährt haben, versagen. Dennoch ist es möglich, an Erfahrungen aus der klassischen Physik anzuknüpfen, um die wesentlichen Konzepte begreifbar zu machen. Die im Folgenden skizzierten Wege in die Nanowelt nutzen geeignete Transformationen und Korrespondenzen und veranschaulichen relevante Methoden und Funktionsprinzipien über Modellexperimente und Analogien. Die Reflexion der Modelle vor dem jeweiligen fachlichen Hintergrund unterstützt die Lernenden dabei, die epistemische Distanz zu Nanosystemen zu vermindern und ihre Besonderheiten zu erschließen. Die Beispiele fokussieren auf Aspekte der Nanophysik sowie der Nanobiophysik.

11.2 Bilder eines komplexen Nanokosmos

Atome galten noch zu Beginn des letzten Jahrhunderts als hypothetische Gebilde. Erst Einsteins Deutung der Brown'schen Molekularbewegung lieferte einen indirekten Nachweis ihrer Existenz: Das unter dem Mikroskop sichtbare Zittern größerer Teilchen einer Suspension resultiert aus der unregelmäßigen Folge von Stößen mit erheblich kleineren Atomen, die sich in heftiger thermischer Bewegung befinden. Heute macht das Rastertunnelmikroskop (STM) Materieteilchen sichtbar. Es erlaubt sogar, individuelle Atome zu positionieren (Eigler und Schweizer 1990). Der sog. Quantenpferch, bestehend aus einer kreisförmigen Anordnung von Fe-Atomen auf einer Cu-Oberfläche, zeigt ein so hergestelltes Nanosystem (Crommie et al. 1993). Diese und ähnliche Bilder haben in viele Lehrbücher Einzug gehalten. Doch was genau zeigen sie? Sieht man tatsächlich Atome als „Materieklumpen"? Sind Elektronen etwa wellenartig verschmiert, wie es das Bild des Quantenpferchs bei oberflächlicher Betrachtung zu suggerieren scheint?

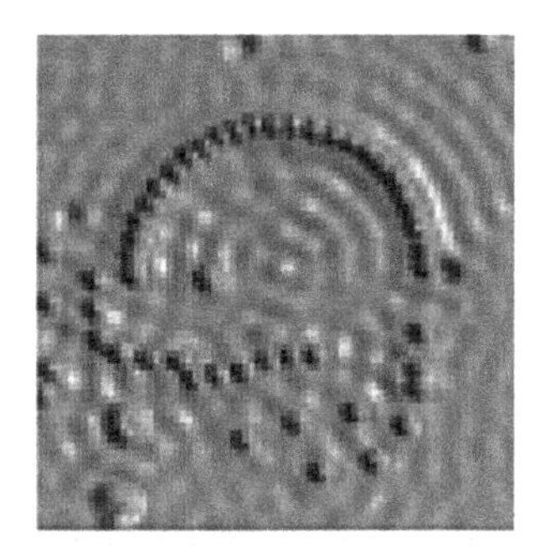

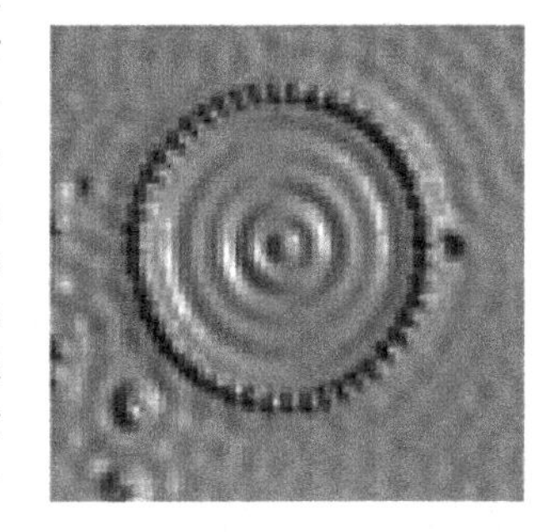

Atome werden im Rastertunnelmikroskop (STM) sichtbar und begreifbar: Aufbau einer kreisförmigen Struktur von Fe-Atomen auf einem Cu-Kristall (Eigler, IBM). Diese als *Quantum Corral* (Quantenpferch) bezeichnete Struktur demonstriert die Möglichkeit des Designs von Nanosystemen Atom für Atom

Die Erfindung des STM kann als die eigentliche Geburtsstunde der experimentellen Nanowissenschaft gelten (Gerber und Lang 2006). Bildgebende rastermikroskopische Verfahren haben die Fenster zur Nanowelt weit geöffnet. Mit der Entwicklung weiterer Abbildungs- und Manipulationstechniken vollzieht sich eine rasante Entwicklung des Gebiets. Die damit einhergehende Visualisierung eines faszinierend vielfältigen, wandlungsfähigen, kreativen Nanokosmos unterstreicht, wie sehr unsere Fähigkeit, Komplexes und Abstraktes zu verstehen und für Anwendungen zu erschießen, mit Bildern und Verankerungen in der konkreten

Erfahrungswelt verbunden ist (▣ Abb. 11.2). Auch hier bestätigt sich, dass es keine Einsicht ohne innere Bilder gibt.

Bilder und ihre dynamischen Wandlungsprozesse spielen eine zentrale Rolle bei der Entwicklung mentaler Modelle sowohl im Alltag als auch in der Wissenschaft. In physikalischen Lernprozessen erfüllen sie eine Brückenfunktion zwischen konkreter Anschauung und abstrakten Prinzipien. Sie unterstützen den Transfer von Erfahrungen zwischen der Makro- und der Nanowelt und helfen, neue Ideen zu generieren. Für den Forschungsprozess sind entsprechende kreative Transformationen nicht minder bedeutsam. Freilich stehen Bilder nie isoliert; sie bedürfen einer geeigneten theoretischen Einbettung. Entsprechend basiert das vorliegende didaktische Konzept auf einer reflektierten Nutzung von Metaphern, Bildern und Modellen. Dabei sind die aus der Lehr-Lern-Forschung hinlänglich bekannten Probleme zu berücksichtigen:

- Schüler haben naiv-realistische Vorstellungen von Atomen, die sie als verkleinerte materielle Objekte der klassischen Erfahrungswelt ansehen (z. B. Kügelchen, Mini-Planetensysteme, hybride Welle-Teilchen-Modelle).
- Die Abgrenzung zwischen Modell und Wirklichkeit wird oft nicht eingehalten bzw. ist den Lernenden häufig nicht bewusst.
- Makro-Eigenschaften (Farbe, Gestalt, Festigkeit, Elastizität, Temperaturausdehnung) werden unreflektiert auf die Teilchen des Modells übertragen.

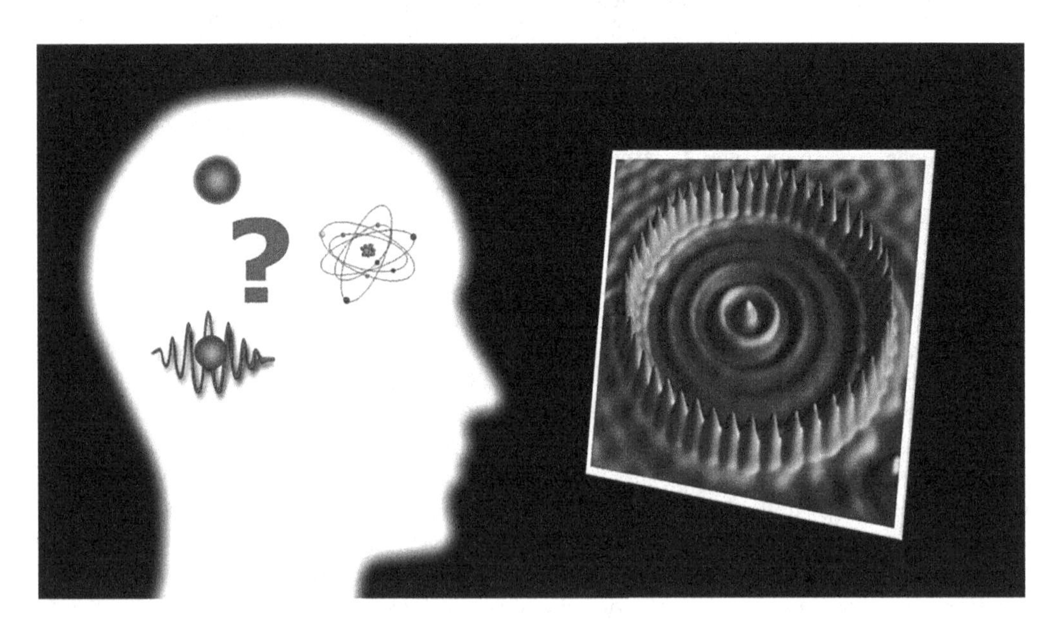

▣ **Abb. 11.2** Widerstreitende Bilder. Wie lassen sich die dargestellten Strukturen mit unterschiedlichen Modellen von Atomen in den Köpfen der Lernenden in Einklang bringen?

- Teilchen- und Feldaspekte werden in der Beschreibung und Modellbildung nicht klar unterschieden.
- Der Übergang vom einzelnen Atom oder Molekül zu den emergenten, kollektiven Makro-Eigenschaften des Systems wird im Unterricht und in den Lehrplänen nicht oder nur unzureichend thematisiert. Er stellt das Abstraktionsvermögen der Lernenden vor große Herausforderungen und bedarf daher besonderer Aufmerksamkeit.

Trotz faszinierender Visualisierungen der schönen neuen Nanowelt werden die beschriebenen tief verwurzelten Verständnisprobleme, die aus der konzeptuellen Distanz zur Alltagswelt resultieren, nicht obsolet. Im Gegenteil, die visuelle Prägnanz der bildlichen Darstellung begünstigt eher naiv-realistische Interpretationen.

STM-Bilder sind jedoch keine fotorealistischen Abbildungen einer Szene. Sie sind „verbildlichte Theorie", die Messwerte grafisch visualisiert. Die erkennbaren Strukturen zeigen eine seltsam hybride Quantenwirklichkeit, die wir mit einem Gemisch von Teilchen- und Wellenmodellen alltagssprachlich beschreiben. Die Fe-Atome des Rings sind als lokalisierte Objekte erkennbar (◘ Abb. 11.2). Das Kreiswellenmuster resultiert aus den Welleneigenschaften der auf das Innere des Pferchs quasi eingesperrten Leitungselektronen der Cu-Oberfläche. Die Wellenfunktionen der an den Fe-Atomen gestreuten Elektronen überlagern sich (Fiete und Heller 2003). Die Dichtefunktion ihrer Aufenthaltswahrscheinlichkeit bildet stehende Wellen, die den frequenzabhängigen Eigenschwingungen eines Trommelfells gleichen.

Je nach den Randbedingungen werden verschiedene Aspekte der komplexen Nanowirklichkeit erkennbar. Um die prinzipielle Unmöglichkeit einer naiv-klassischen Verbildlichung der Nanowelt nachvollziehen zu können, bedarf es orientierender Einsichten in die zugrunde liegenden theoretischen Konzepte und experimentellen Methoden. Dies soll im Folgenden anhand verschiedener Analogexperimente skizziert werden, die wichtige Abbildungs- und Messwerkzeuge der Nanowissenschaft mit Low-Cost-Technologien modellieren.

Von oben nach unten und zurück: Modellierung von Bottom-up- und Top-down-Prozessen

Die verwendeten Modelle unterstützen den Weg „*top-down*" von den uns vertrauten Dimensionen des Alltags nach unten auf die Nanometer-Skala. Der umgekehrte Weg „*bottom-up*" schließt sich an. Wie wird aus dem Zusammenwirken kleiner und kleinster Systeme schließlich das Große? Hier werden Konzepte wie Strukturbildung und Selbstorganisation mit Beispielen aus der Biophysik auf der Nanoskala beleuchtet. Sie demonstrieren das Phänomen der Emergenz, das Entstehen neuer Systemeigenschaften abhängig von Parametern wie Größe,

Zahl der Komponenten, Art und Stärke der Wechselwirkung, Vernetzungsgrad. Emergenz ist ein universelles Phänomen. Es eröffnet Perspektiven auf weitere Wissensfelder über die Physik hinaus, vor allem auf die Lebenswissenschaften. Leider wird dieser Bereich im derzeitigen naturwissenschaftlichen Unterricht trotz seiner Bedeutung kaum umfassend thematisiert.

11.3 Reisen in die Nanowelt: Skalierungen

Ein vorläufiger, aber trag- und ausbaufähiger Theorierahmen lässt sich über die Reflexion von Verkleinerungen gewinnen, nach dem Motto „Reisen in die Nanowelt: Was ist ähnlich, was anders als in der Alltagswelt?" Dahinter steht die Idee der Skalierung. Inwieweit sind Erfahrungen der klassisch-makroskopischen Welt durch geeignete Transformationen physikalischer Größen in die Mikrowelt übertragbar? Wie weit lassen sich Systeme verkleinern? Welche Veränderungen sind zu beachten? Wo stößt man auf Grenzen, an denen neue Strukturprinzipien relevant werden?

11.3.1 Hören in der Zwergenwelt

Als Ausgangspunkt der Diskussion bewährt sich eine kritische Analyse des literarischen Urbilds dieser fiktionalen Reisen in eine verkleinerte Mikro- oder Nanowelt (Euler 2001). Im Roman *Gullivers Reisen* wird eine naiv-isometrisch skalierte Zwergenwelt beschrieben, ein um den Faktor 12 maßstäblich verkleinertes Abbild unserer Makro-Welt. Vieles, was sich der Autor ausmalt, ist so nicht möglich. Die Welt der Liliputaner muss aus physikalischen Gründen anders sein. Wir beschränken uns auf die Betrachtung von Hören und Sehen.

Das Urbild für Reisen in eine Zwergenwelt

Gulliver ist sehr sprachbegabt, und ihm gelingt es, so der Roman, binnen weniger Wochen die Sprache der Liliputaner zu erlernen. Wie würde sich ein solcher Zwerg anhören, wenn man annimmt, dass seine Sprache ebenso wie bei uns produziert und verarbeitet wird (◘ Abb. 11.3)? Sprache basiert physikalisch auf den Schwingungen der Stimmbänder und der Resonanz von Hohlräumen. Bei einer Verkleinerung der geometrischen Abmessungen um den Faktor 12 wird die Wellenlänge der Eigenschwingungen proportional verkleinert und ihre Frequenz wird reziprok um den gleichen Faktor vergrößert. Durch die resultierende Verschiebung der Tonhöhen nach oben erwarten wir eine Art Mickymaus-Effekt, wie er bei Trickfilmen oder zu schnell laufenden Schallplatten auftritt.

Die Grundfrequenzen unserer Sprache liegen je nach Geschlecht und Alter im Bereich von ca. 110 Hz bis 250 Hz. Eine Multiplikation der Frequenzen mit dem Liliput-Skalenfaktor 12

Abb. 11.3 Kann Gulliver die Liliputaner-Sprache verstehen?

entspricht musikalisch einer Transposition, einer Verschiebung des Sprachspektrums um 3,6 Oktaven nach oben. Ob ein Mensch in der Lage ist, Sprache bei einer Tonhöhe von mehr als 1,3 kHz zu verstehen, ist mit der Sprachausgabe von Computern oder Smartphones im Unterricht oder Heimexperiment leicht experimentell zu klären. Mit geeigneter Sound-Software kann man eine Transposition der Sprachsignale unter Beibehaltung der Sprechgeschwindigkeit durchführen. Das frequenzverschobene Signal ist gut hörbar. Man erkennt Sprachmelodie und Rhythmus, doch der Sprachinhalt bleibt unverständlich. Wesentliche Informationen sind bei der Verarbeitung im Gehör verlorengegangen. Offenbar ist unser Gehirn für eine sprachliche Decodierung von Signalen jenseits von 1 kHz nicht ausgelegt. Gulliver hätte keine Chance, die Sprache der Liliputaner zu verarbeiten. Eine schlechte Botschaft für alle mehr oder weniger guten Hollywood-Filme, die mit der Idee von geschrumpften Personen und ihren Abenteuern Kasse machen. Warum genau unser Gehirn mit dem Decodieren von skalierter Sprache überfordert ist, wird im Abschnitt über die Nano-Biophysik des Hörens noch zu klären sein (▶ Abschn. 11.5.5).

Nanoteilchen mit größenabhängiger Farbe

Die reziproke Skalierung von Frequenzen mit den Abmessungen von Strukturen wird in der Nanotechnologie beim Design von Materialien mit kontinuierlich abstimmbaren Farben verwendet. Das Farbspektrum der üblichen Pigmentfarben lässt sich nur durch ihre chemische Zusammensetzung verändern. Kleinste Metall- oder Halbleiterpartikel zeigen jedoch Farbeffekte, die sich abhängig von der Teilchengröße kontinuierlich durchstimmen lassen. Sie beruhen auf der Anregung kollektiver elektronischer Schwingungen (Plasmonen) in den Teilchen. Dies eröffnet neue Möglichkeiten im Design von Materialien mit „maßgeschneidertem“ Verhalten bei der Emission, Absorption oder Streuung von Licht. Sonnencremes nutzen Nanoteilchen, um die schädliche UV-Strahlung zu absorbieren. Bereits in der Antike hat man durch die Zugabe von Goldsalzen Gläser gefärbt. Heute weiß man, dass die resultierende Farbe von der Größe kolloidaler Goldteilchen in der Glasschmelze abhängt.

11.3.2 Augen für die Zwergenwelt

Die Einsicht, dass bei einer Verkleinerung der Systemabmessungen die relevanten Wellenlängen proportional zu verkleinern sind, leitet zu den Grenzen der optischen Abbildung mit Linsensystemen über. Die Zwerge, so der Roman, sollen aufgrund der Kleinheit ihrer Augen besonders gut sehen können. Da sie über den gleichen Typ von Linsenaugen wie wir verfügen, trifft jedoch das Gegenteil zu. Wegen Beugungseffekten an den verkleinerten Pupillen würden die Liliputaner schlechter sehen, und zwar zwölfmal so unscharf wie wir. Am Beispiel der Skalierung optischer Abbildungssysteme lassen sich Einsichten gewinnen, die auch für den Übergang in die Nanowelt mit ihrer prinzipiellen Andersartigkeit richtungsweisend sind.

Im Alltag kommen wir gut mit der Vorstellung zurecht, dass sich Licht geradlinig ausbreitet. Das Modell „Lichtstrahl" ist eine mathematische Idealisierung, die davon ausgeht, dass man die Breite von Lichtbündeln theoretisch immer weiter verkleinern kann. In der geometrischen Optik ist die Breite des Lichtbündels proportional zur Breite des Spalts, der das Bündel eingrenzt. Die Grenze dieses Modells ist buchstäblich mit den Händen begreifbar. Man schickt dazu das Licht eines Laserpointers durch den Spalt zwischen zwei Fingern oder zwei Rasierklingen, dessen Breite man sukzessive vermindert. Zunächst wird erwartungsgemäß das Bündel schmaler. Mit abnehmender Spaltbreite zeigen sich helle und dunkle Streifen, deren Abstände immer größer werden. Kurz bevor der Spalt sich vollständig schließt, wird das Lichtbündel weit aufgefächert.

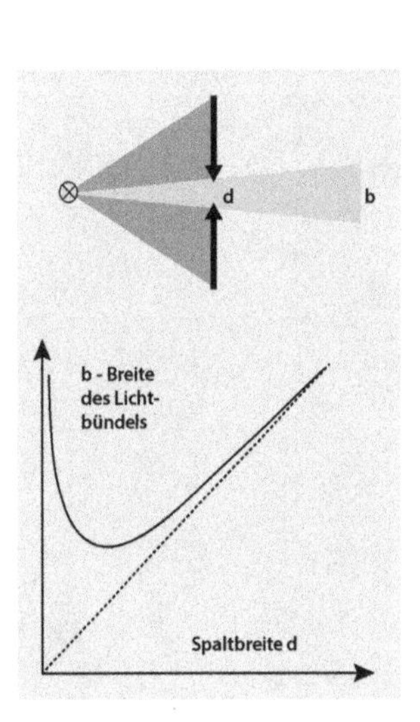

Die Verkleinerung der Breite eines Lichtbündels stößt durch Beugungseffekte an eine Grenze

Diese im Rahmen der Strahlenoptik unerklärbare Aufweitung wird im Wellenmodell verständlich. Die innere raumzeitliche Struktur des Lichts, sein Wellencharakter im Bereich von einigen hundert Nanometern, führt zu Beugungseffekten, die einer Verkleinerung entgegenwirken. Die Verbreiterung des Lichtbündels durch Beugung ist proportional zur Wellenlänge des Lichts und umgekehrt proportional zur Spaltbreite. Zwei gegenläufige Strukturprinzipien stoßen bei der Skalierung aufeinander und definieren eine minimale Größe im Bereich der Lichtwellenlänge λ. Dies ist auch die Größenordnung von

Strukturen, die in der gewöhnlichen Lichtmikroskopie gerade noch aufgelöst werden. Nach dem Abbé-Kriterium liegt der minimale Abstand Δx zweier unterscheidbarer Punktquellen bei $\Delta x \approx \lambda/2$ (Novotny 2007).

Abbildungssysteme für die Mikro- bzw. Nanowelt erfordern daher neue Designprinzipien. Die Komplexaugen der Insekten zeichnen den Weg vor. Viele kleine Einzelaugen bilden ein Raster, welches das Sehfeld abtastet. Das Einzelauge arbeitet nach dem Lichtwellenleiterprinzip und koppelt Licht aus einem bestimmten Raumwinkelbereich ein. Damit lassen sich auch Objekte im Nahbereich abbilden, ohne dass – wie bei unseren Augen – die Brennweite der Augenlinse verändert werden muss. Eine ähnliche Idee liegt auch den Abbildungsverfahren im Nanobereich zugrunde. Eine Sonde tastet Nanostrukturen in der unmittelbaren Nachbarschaft ab. Anders als die Linse einer Kamera erfasst sie nicht das optische Fernfeld, sondern das Nahfeld der abzubildenden Objekte, das wie ein Fernsehbild sequenziell Zeile für Zeile durch Verschieben der Sonde abgerastert wird.

11.4 Tastend in die Nanowelt: rastermikroskopische Abbildungsverfahren

11.4.1 Die Blackbox erkunden und modellieren: Bohrs Spazierstock als Werkzeug der Erkenntnisgewinnung

Lange vor der Erfindung dieser Verfahren der Rastermikroskopie hat Niels Bohr, einer der Begründer der Quantenphysik, in einer bemerkenswerten Metapher beschrieben, wie wir als makroskopische Wesen uns Modelle der unsichtbaren Nanowelt der Quanten und Atome machen, deren Eigenschaften sich der klassisch geprägten Anschauung weitgehend entziehen. Das Erforschen gleicht dem Vorgehen eines Blinden, der sich mit einem Stock tastend orientiert, um so ein Bild seiner Umgebung zu erstellen. Als Tastwerkzeug kann der Stock auf verschiedene Weise benutzt werden. Wird er fest ergriffen, dann ist er Teil des Beobachter-Systems und verlagert die Kontaktstelle zur Außenwelt in die Spitze. Wird er lose gehalten, dann sind die Bewegungen des Stocks fühlbar. Der feste Modus ermöglicht exakte Lokalisierung; im losen Modus lässt sich der übertragene Impuls erfassen. Während in der klassischen Welt komplementäre Größen wie Ort und Impuls von Teilchen gleichzeitig scharf messbar sind, ist das in der Quantenwelt nicht möglich. Die Spazierstockmetapher illustriert die Freiheit der Wahl der zu messenden Größen sowie den Aspektcharakter des jeweils erfassten Wirklichkeitsausschnitts (Klein 1963). Für Bohr war diese Metapher mehr als nur ein pädagogisches Instrument. Es verweist auf die Begrenztheit unserer Erkenntnisprozesse der Natur, aus der wir hervorgehen und deren Wesen wir sozusagen von innen heraus zu ergründen suchen. Bohr hat sicher nicht ahnen können, dass das Modell des aktiven Spazierstocks als Werkzeug der Erkenntnisgewinnung eine Blaupause für Bildgebungsverfahren der Nanotechnologie abgibt.

Ein Blinder ertastet und modelliert die Umgebung. Ein zutreffendes Bild der Erkenntnisgewinnung in der Nanowelt

Auch ohne Prinzipien der Quantenphysik zu kennen, ist es mit einem Abtastmodell möglich, wichtige Einsichten in die bildgebenden Verfahren zu gewinnen sowie in die Probleme, Unsichtbares zu visualisieren. Ein Blackbox-Ansatz hat sich für den frühen Einstieg im Unterricht bewährt. Schüler erhalten einen schwarzen Kasten, dessen Innenleben mit einem Tuch verhüllt ist. Ein in der Ebene verschiebbarer Griffel erlaubt es, die im Inneren verborgenen Strukturen auf einer ebenen Oberfläche zu ertasten. Die so über die Griffelsonde als Werkzeug erfühlten Formen sollen dann in ein Bild umgesetzt werden. Dazu bedarf es geeigneter Modellannahmen, die systematisch getestet werden. Die Verschiedenheit der entstehenden Bilder verblüfft. Was man zeichnet, hängt neben dem darstellerischen Geschick auch von der Messmethode ab, z. B. von der Größe und der Form der Griffelspitze, die von Box zu Box variiert. Die Griffelsonde verändert systematisch die Darstellung der verborgenen „wirklichen" Struktur, die schließlich enthüllt wird, um das Bild mit den nun sichtbaren Gegebenheiten zu vergleichen.

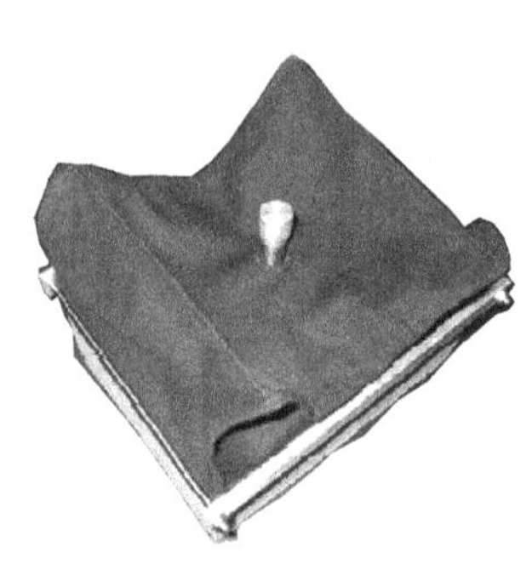

Nanowelt als Blackbox: Systematisches Ertasten, Visualisieren und Modellieren macht Aspekte der verborgenen Strukturen sichtbar

Das Erkunden des Inhalts der Blackbox vermittelt spielerisch den hypothetischen Charakter des naturwissenschaftlichen Arbeitens im Wechselspiel von Theorie und Experiment, von dem Aufstellen von Hypothesen und ihrer experimentellen Prüfung. Anders jedoch als in diesem Modell, das schließlich in eine transparente Whitebox verwandelt wird, die ihren Inhalt preisgibt, lässt sich das Wesen der verborgenen physikalischen Realität nur innerhalb gewisser Grenzen iterativ enthüllen. Was man „sieht" bzw. interpretiert, hängt von den theoretischen Annahmen sowie von den zur Verfügung stehenden Instrumenten ab.

Das Blackbox-Modell bewährt sich im frühen naturwissenschaftlichen Unterricht zur erfahrungsbasierten Einführung in die kritisch-realistischen naturwissenschaftliche Methodik, die sich im Zusammenwirken von Theorie und Experiment entfaltet. Das einfache Modell hat aber auch Schwächen. Atome werden in der Blackbox durch Objekte wie Murmeln oder Tischtennisbälle simuliert. Das mechanische Abtasten der Strukturen leistet rein mechanischen Atomvorstellungen Vorschub. Doch die Methode ist ausbaufähig in Bezug auf die Modellierung von Quanteneffekten. Wie die nachfolgenden Abschnitte ausführen, lassen sich durch Veränderungen der Sonde sowie durch grafische Auswertung quantenmechanische Phänomene in einem klassischen Bildgebungssystem simulieren. Unter anderem gewinnt man dabei Einsichten in das Prinzip der Nahfeldabbildung. Seine Realisierung im Rastertunnelmikroskop hat die Entwicklung zahlreicher neuer Bildgebungsverfahren auf der Nanometerskala angestoßen.

11.4.2 Rastertunnelmikroskopie: Prinzip und Nahfeldabbildung im akustischen Modell

Die rastermikroskopischen Scanning-Verfahren der Nanowissenschaft setzen das Prinzip des aktiv tastenden Spazierstocks auf diverse Weisen um. Je nach Wechselwirkungsmechanismus kommen verschiedenartige Typen von Sonden zum Einsatz. Beim Rastertunnelmikroskop (STM) tastet eine spitzenförmige Sonde, die in den drei Raumrichtungen durch piezokeramische Stellelemente verschiebbar ist, die zu untersuchende Oberfläche zeilenweise ab (◘ Abb. 11.4). Die feine Spitze der Sonde endet in einem Einzelatom. Wird zwischen Sonde und Probe eine Spannung angelegt, dann kann bei ausreichender Nähe bereits ohne direkten mechanischen Kontakt ein Strom fließen. Dies ist ein Quanteneffekt, der auf den Welleneigenschaften der Elektronen beruht: Elektronen durchtunneln die Energiebarriere (Binnig et al. 1982).

Der Tunneleffekt lässt sich anschaulich im Wellenbild deuten. Die Wellenfunktionen von Atomen der Sondenspitze und der Probe überlappen zunehmend bei Annäherung. Abhängig vom Grad der Überlappung fließt zwischen besetzten Zuständen der

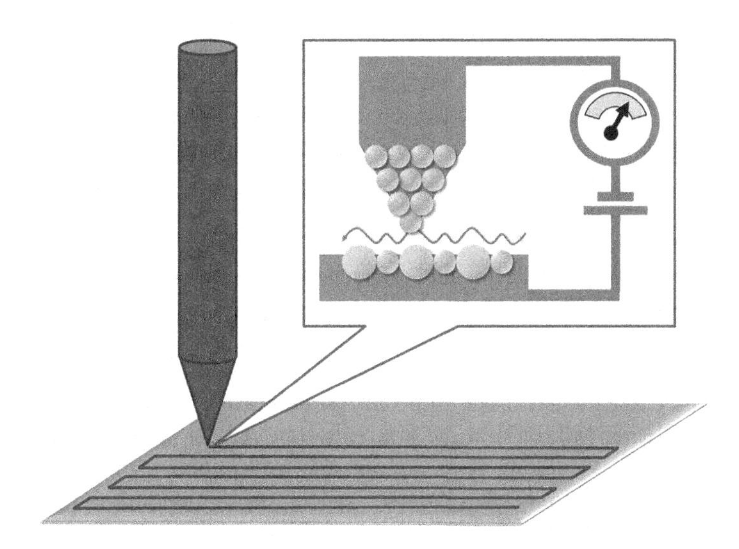

◘ **Abb. 11.4** Prinzip des Rastertunnelmikroskops (*Scanning Tunneling Microscope*, STM)

Spitze und unbesetzten Zuständen der Probenoberfläche (oder umgekehrt, je nach Polung) ein Strom, dessen Stärke mit Verringerung des Abstandes exponentiell zunimmt.

Analog zum tastenden Stock kann das STM je nach Betriebsart strukturelle oder dynamische Informationen erfassen. Der Topografie-Modus arbeitet mit konstantem Tunnelstrom. Dafür sorgt ein Regelkreis, der den Abstand zwischen Sonde und Oberfläche so anpasst, dass der Strom konstant bleibt. So folgt die Bewegung der Spitze der Oberflächentopografie. Der ortsabhängige Verlauf der Spannung, die den Anstand der Spitze regelt, bildet diese Topografie wie in einer Landkarte ab. Im Spektroskopie-Modus, auf dessen Betrachtung wir uns hier beschränken, wird der Abstand der Sonde zur Probe konstant gehalten. Es werden ortsabhängig die Veränderungen des Tunnelstroms in Abhängigkeit von der angelegten Spannung gemessen. Die Messwerte geben Aufschluss über die energieabhängige Dichte der lokalen elektronischen Zustände an der Oberfläche. Sie werden per Computer in ein Bild umgesetzt.

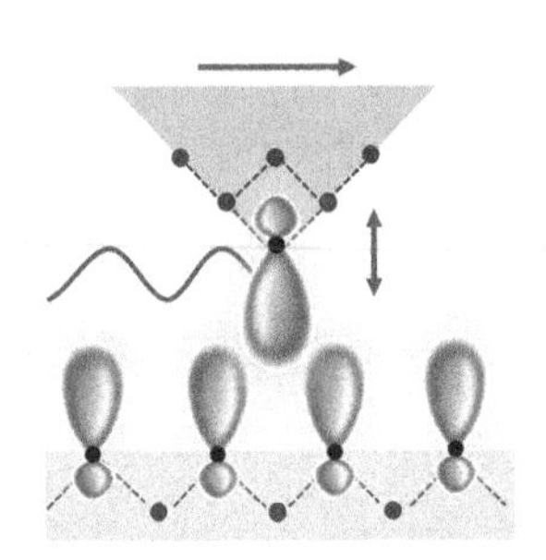

Der Tunnelstrom reagiert auf überlappende elektronische Wahrscheinlichkeitsfelder an der STM-Spitze hier visualisiert durch Orbitalbilder

Trotz des abstrakten Charakters der STM-Abbildungen als „verbildlichte“ Quantentheorie existieren Korrespondenzen zu klassischen Wellenerscheinungen. Analogien zwischen Materie- und klassischen Wellen helfen hier weiter. Das Überlappen der Zustandsdichten zwischen Sonden- und Oberflächenatomen entspricht in der klassischen Welt einer Resonanz. Unser Gehör nutzt Resonanzen auf vielfältige Weisen zum Nachweis von Schallsignalen und zur Orientierung in einer von Wellenphänomenen dominierten akustischen Welt. Ähnlichkeiten zur Ortung von Schallquellen beim Hören erlauben es, die Besonderheiten der STM im Spektroskopie-Modus in Funktionsmodelle umzusetzen, um das Abbildungsprinzip auch ohne tiefere quantentheoretische Kenntnisse begreifbar zu machen.

Die Korrespondenz zwischen Materie- und Schallwellen führt unmittelbar zur Idee der akustischen Nahfeldabbildung analog der STM-Spektroskopie (Euler 2012a). Die akustische Abtastung einer Reihe von Joghurtflaschen in der Abbildung demonstriert das Prinzip (■ Abb. 11.5). Die akustische Sonde besteht aus einer mit einem dünnen Metallrohr verlängerten Ohrhörerkapsel, die für das manuelle Scannen an Lego-Rädern befestigt ist. Nach Abstimmung auf die Resonanzfrequenz der Flaschen ($f_0 \approx 2{,}4$ kHz) ist es möglich, die Lage der einzelnen Resonatoren mit dem Gehör zu orten. Für Messzwecke lässt sich eine einfache akustische Impedanzsonde herstellen, indem man ein kleines Mikrofon in die Röhrenwand nahe der Öffnung einbaut. Die Abbildung zeigt die mit dem Mikrofoneingang eines Computers gemessenen Signale, wobei die Sonde mit konstanter Geschwindigkeit über die Flaschen gefahren wird. Das

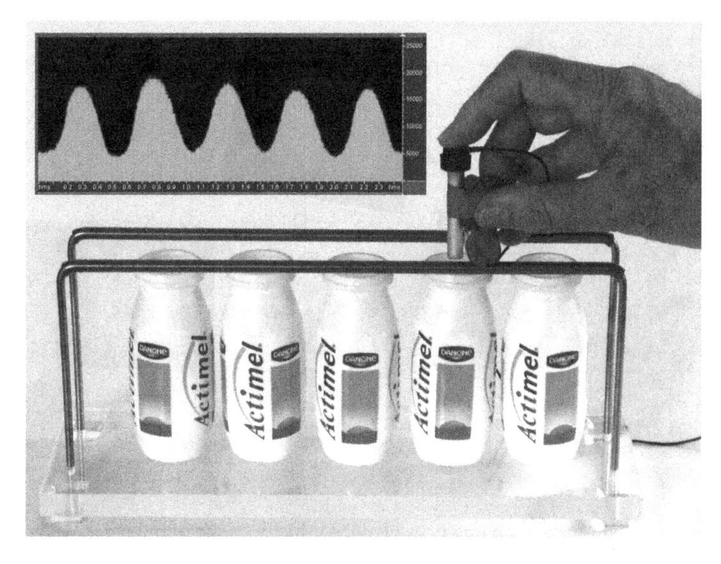

Abb. 11.5 Demonstrationsmodell zur eindimensionalen Abtastung der akustischen Resonanz von Joghurtflaschen

Resonanzmaximum zeigt die Position der Flaschen an. Dies entspricht dem Lokalisieren einzelner Atome mit der STM-Spitze.

Die akustischen Scans zeigen Strukturen im cm-Bereich, die wesentlich kleiner als die verwendete Wellenlänge sind ($\lambda \approx 15$ cm). Bei konventionellen optischen Abbildungen mit Linsensystemen ist das aufgrund der oben beschriebenen Beugungseffekte nicht möglich. Das einfache akustische Modell demonstriert die Besonderheit der Nahfeldabbildung: Das Nahfeld des Schalls an der Sondenspitze ist für die Resonanzanregung verantwortlich. Es grenzt die Wechselwirkung auf einen Bruchteil der Wellenlänge ein. Der Bildaufbau über zeilenweises Abtasten gestattet die Auflösung von Details weit unterhalb der Beugungsgrenze. Das Experiment ist als Smartphone-Applikation für Schülerprojekte geeignet (Thees et al. 2017).

11.4.3 Computergestützte Abtastung und Visualisierung von Messdaten

Das eindimensionale Modell lässt sich unter Verwendung eines Grafiktabletts zu einem computergestützten Abbildungssystem erweitern, das die Daten der zeilenweisen 2D-Abtastung speichert und grafisch ausgibt (Abb. 11.6). Die Abbildung zeigt schematisch den Aufbau sowie die Wandlung der Datenmatrix in verschiedene visuelle Darstellungen. Die Grafikausgabe von verbreiteten Programmen für Tabellenkalkulation wie Excel oder

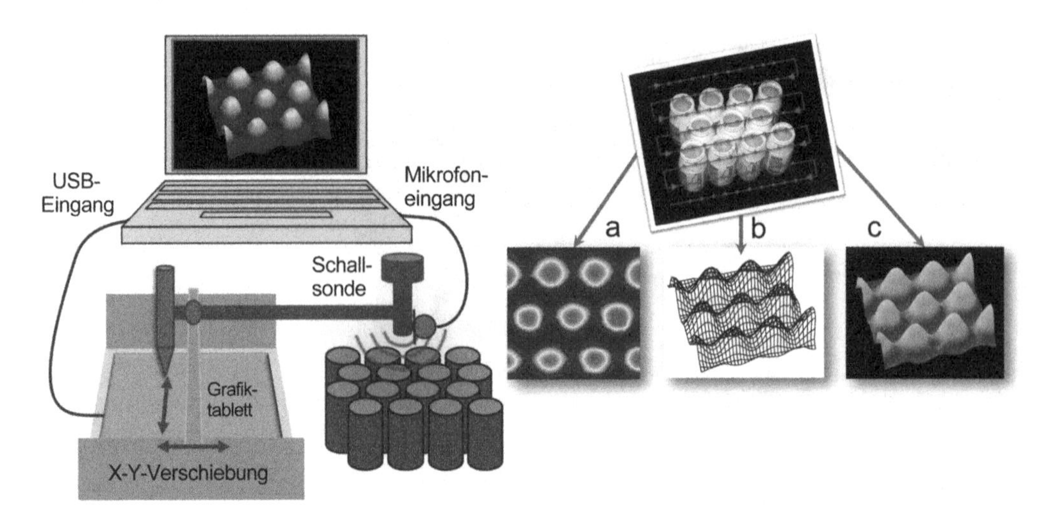

Abb. 11.6 Akustische Abbildungen von Joghurtflaschen und verschiedene visuelle Präsentationen der Messdaten: **a** Kontur-Plot; **b** Gitter-Plot; **c** 3D-Darstellung

SigmaPlot kann dafür verwendet werden. Der akustische Scan einer hexagonalen Anordnung von Joghurtflaschen bestätigt die nahezu perfekte Übereinstimmung mit STM-Bildern. Ein unvoreingenommener Beobachter kann nicht entscheiden, ob Flaschen oder Atome gezeigt werden.

Im Gegensatz zur Nanowelt ist es möglich, das Bild mit dem realen System zu vergleichen. Die sichtbaren Hügel stehen nicht für die topografische Kontur von festen materiellen Objekten; sie stellen die Stärke der resonanten Antworten dynamischer akustischer Systeme dar. Die Maxima befinden sich im Zentrum der Flaschenöffnung, wo die Sonde am besten an die Resonanz ankoppelt. Das Modell demonstriert die Unzulänglichkeit einer naiv-realistischen, stofflichen Interpretation der Darstellung. Die atomaren Strukturen in STM-Bildern zeigen keine statischen Materieklumpen, sondern dynamische Systeme, die sich durch elektronische Wechselwirkungsprozesse mit der Sonde bemerkbar machen.

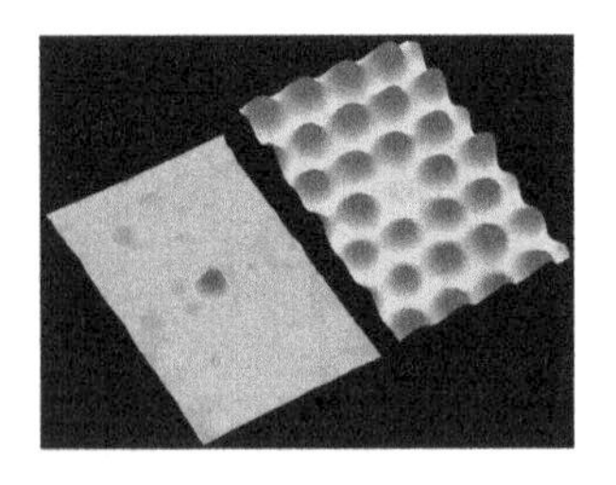

Simulation eines Gitters mit Fremdatom durch eine teilweise mit Wasser gefüllte Joghurtflasche

Das akustische Modell ermöglicht auch die Simulation von Fremdatomen. Die in der Randspalte gezeigte Fehlstelle kommt nicht durch eine fehlende, sondern durch eine teilweise mit Wasser gefüllte Flasche zustande. Die Füllung verändert die Eigenfrequenz. Die so verstimmte Flasche bleibt verborgen. Eine Anpassung der Sondenfrequenz macht diese Fehlstelle selektiv sichtbar. Die durch das Füllen verschobenen akustischen Resonanzen entsprechen der elektronischen Signatur eines Fremdatoms. Das Abstimmen der Frequenz entspricht der Wahl einer geeigneten Tunnelspannung in der STM-Spektroskopie, um energieselektiv elektronische Zustände einer bestimmten Atomsorte nachzuweisen. Auf diese Weise werden die Fe-Atome im Quantenpferch selektiv dargestellt, während die Cu-Atome des Substrats im Bild unsichtbar bleiben.

11.4.4 Der Sound der Nanowelt: Ein klassisches Modell des Quantenpferchs

Die akustische Analogie ist tragfähig, und die Methode der akustischen Nahfeldabbildung lässt sich für fortgeschrittene Überlegungen und Experimente erweitern. Die Ähnlichkeiten von Schall- und Tunnelsonde beruhen auf der Analogie zwischen zeitunabhängiger Schrödinger-Gleichung und akustischer Wellengleichung. Wie ein STM im Spektroskopie-Modus arbeiten die akustischen Scans mit festem Sondenabstand. Der wählbaren akustischen Frequenz entspricht die Energie der Elektronen, die durch die Tunnelspannung gewählt wird. Der differenzielle Tunnelstrom ($\mathrm{d}I/\mathrm{d}V$) bei fester Tunnelspannung ist ein Maß für die lokale Zustandsdichte. Die Messung entspricht einer lokalen Impedanzmessung für Elektronenwellen bei vorgegebener Energie (Barr et al. 2010). Entsprechend erfasst die Schallsonde die lokale akustische Impedanz bei vorgegebener Frequenz. Sie speist einen konstanten Schallfluss ein und registriert die lokalen Veränderungen im Schalldruck. Analog zur Elektrik ist die gemessene Schallleistung bei konstantem akustischem Strom (Schallfluss) proportional zum Widerstand (Betrag der akustischen Impedanz). Mittels dieser perfekten Analogie gelingt es sogar, den Quantenpferch akustisch zu simulieren.

Das akustische Modell muss erweitert werden, um die Streuung von Leitungselektronen in Oberflächenzuständen zu simulieren. Um die Abmessungen klein zu halten, erfolgt die Abbildung mit Ultraschall. Ein Schallgeber ($f = 36\,\mathrm{kHz}$) scannt die Struktur ab. Sie besteht aus einer Aluminiumplatte mit kreisförmig angeordneten Bohrungen. Dahinter befindet sich im Abstand von 2 cm eine weitere Platte. Der Kanal im Zwischenraum führt die Schallwellen und imitiert die Welleneigenschaften von Leitungselektronen in Oberflächenzuständen. Im Zentrum der Platte ist ein Mikrofon eingebaut, das den übertragenen Schall registriert (■ Abb. 11.7). Anders als zuvor wird eine Transmissionsmessung vorgenommen.

Die akustische Abtastung zeigt neben den ringförmig angeordneten Bohrungen ein Muster stehender, teils konzentrischer Wellen. Die Bohrungen stehen für die Fe-Atome des Quantenpferchs, die Leitungselektronen der Oberfläche streuen.

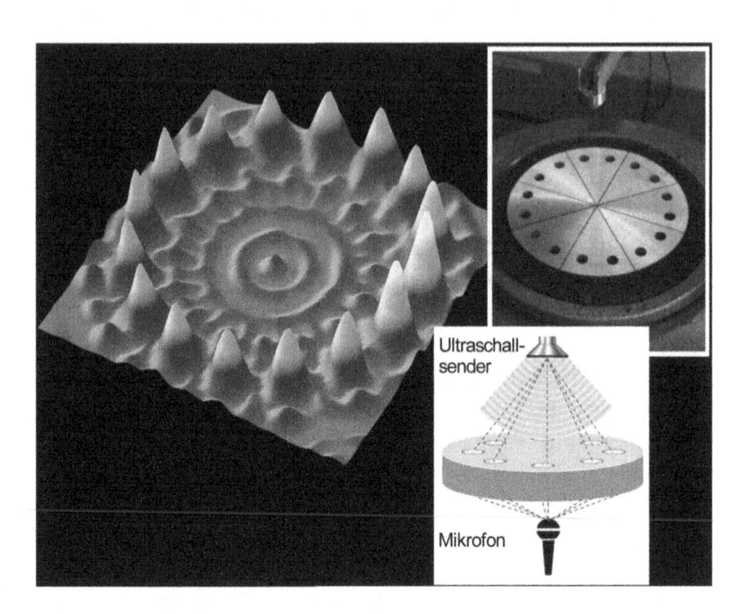

Abb. 11.7 Der akustische Pferch, ein klassisches Analogon des Quantenpferchs (links). Aufbau mit Ultraschallsender und -empfänger sowie schematische Ausbreitungspfade (rechts)

Das Interferenzmuster im Inneren kommt dadurch zustande, dass die Schallwellen auf verschiedenen Wegen über die einzelnen Bohrungen zum Mikrofon gelangen. Die jeweiligen Einzelbeiträge überlagern sich, und es kommt je nach Phasenlage zur Verstärkung oder Auslöschung. Die akustische Transmissionsmessung bildet die mehrfachen Streuprozesse der Leitungselektronen nach, die zum Interferenzmuster im Inneren des Pferchs führen. In dieser akustischen Analogie verlieren die STM-Bilder vollends ihre Seltsamkeit, denn die dargestellte Nanowirklichkeit mit ihrem hybriden Gemenge aus teilchen- und wellenartigen Mustern lässt sich in einem völlig transparenten makroskopischen System nachbilden. Die Nutzung von Analogien, verbunden mit ausreichendem theoretischem Hintergrund, hilft, die Strukturen des Nanosystems adäquat zu interpretieren. Es gibt zahlreiche Analogien zwischen klassischen und Quantensystemen (vgl. Dragoman und Dragoman 2004). Diese sind zumeist konzeptuell anspruchsvoll und kaum für den Einstieg geeignet. Die hier verwendeten Korrespondenzen zwischen klassischen Wellen und Materiewellen sind dagegen noch vergleichsweise einfach.

Mehr als eine Einbahnstraße: die produktive Rolle von Analogien für das Lernen und Verstehen

Für Lernen und Verstehen ist entscheidend, dass die Analogie nicht nur den epistemischen Graben auf dem Weg von der Alltags- zur Quantenwelt überbrückt, sondern auch in der umgekehrten Richtung tragfähig ist. Die Funktionsweise des STM, Atome im Nahfeld der Sonde aufgrund von Wellenphänomenen aufzuspüren und per Spektroskopie deren innere

Dynamik zu analysieren, besitzt ein Pendant in der akustischen Wahrnehmung. Unser Gehör kann im Nahfeld Objekte orten, wie ein einfaches Tracking-Experiment zur Verfolgung einer bewegten Schallquelle zeigt. Man verschließe ein Ohr mit der flachen Hand, erzeuge durch Reiben von Daumen und Zeigefinger der anderen Hand ein Geräusch in der Nähe des gegenüberliegenden Ohrs. Bereits mit nur einem Ohr ist es möglich, die Geräuschquelle zu lokalisieren und ihrem Weg akustisch zu folgen. Man benötigt also nicht immer zwei Ohren zum Richtungshören!

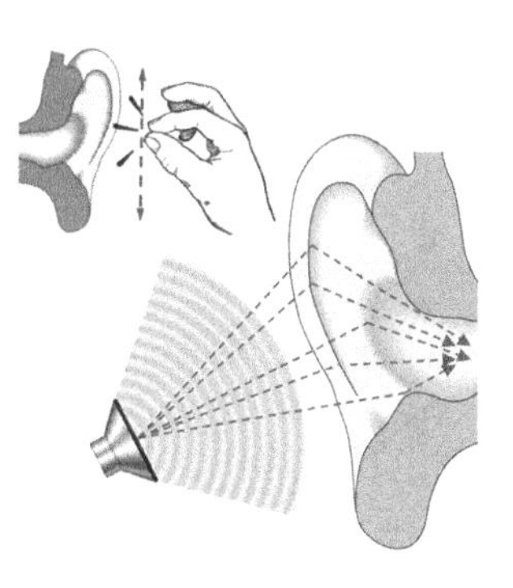

Die akustische Verfolgung einer Schallquelle im Nahfeld. Mehrfachstreuprozesse an der Ohrmuschel verändern die Klangfarbe

Die Übertragungscharakteristik des Außenohrs ermöglicht diese Lokalisierungsleistung mit nur einem Ohr. Schallwellen werden an der komplexen Topografie der Ohrmuschel gestreut und gelangen auf verschiedenen Pfaden zum Trommelfell. Je nach Gangunterschied überlagern sich die einzelnen Beiträge konstruktiv oder destruktiv. Abhängig von der Einfallsrichtung des Signals werden bestimmte Frequenzkomponenten ausgeblendet, und es verändert sich die Klangfarbe. Wir haben per Erfahrung gelernt, Änderungen von Lautstärke und Klangfarbe einer spektral reichen Schallquelle für deren Lokalisation zu nutzen. Allerdings ist das Hörsystem evolutionär so angelegt, dass wir diese Analyse unbewusst ausführen. Insofern fördern die Experimente und die Analogie zur akustischen Impedanz-Spektroskopie nicht nur Erkenntnisse über die Nanowelt, sondern auch über die vertraute Alltagswelt. Das Prinzip der Nahfeldabbildung via Wellen ist Teil unseres evolutionären Erbes.

Kontroversen über das Wesen von STM-Bildern

Die Präsentation von Aspekten der Quantenwirklichkeit in STM-Bildern hat zu zahlreichen Diskussionen und philosophischen Kontroversen über deren Wesen geführt, das über visuelle Erfahrungen und gewöhnliche Wahrnehmungsprozesse hinauszugehen scheint. Die Darstellungen werden daher gerne mit Werken abstrakter Kunst verglichen (Tumey 2009). Ähnlich dem Kubismus scheinen sie unterschiedliche Perspektiven auf ein Objekt in einem einzigen Bild zu vereinen. Die vorgestellten Analogien zeigen, dass die STM-Bildgebung durchaus im Einklang mit unseren Wahrnehmungsprozessen steht, allerdings nicht mit Seh-, sondern mit Hörerfahrungen. Fasst man Hören als ein inneres Sehen von raum-zeitlichen Mustern auf, dann erschließt sich, dass visuelle Präsentationen von STM-Daten mehr mit Hörbildern gemeinsam haben als mit gewöhnlichen Abbildungen. Anstatt vom Sehen der Atome im STM zu sprechen, erscheint es daher angemessener, an eine akustische Lokalisierung der Materieteilchen und an das Hineinhorchen in deren innere Dynamik zu denken (Euler 2013). Die Vorstellung, dass STM-Bilder unhörbare elektronische Klänge der Nanowelt visualisieren, mag ungewöhnlich erscheinen, doch sie trifft den Kern.

11.5 Rasterkraftmikroskopie: Prinzip und Anwendungen in der Nano-Biophysik

11.5.1 Funktionsmodelle der Rasterkraftmikroskopie für den Unterricht

Bringt man die Abtastspitze an einem elastischen Mikro-Balken an, so erhält man die Sonde eines Rasterkraftmikroskops (*Atomic Force Microscope*, AFM; Binnig et al. 1986). Es kann Kräfte über die optische Erfassung der Biegung des Balkens bis in den Bereich von Pikonewton (10^{-12} N) messen. Während der Betrieb des STM saubere Oberflächen und möglichst gutes Vakuum erfordert, ist das AFM weniger anspruchsvoll. Es kann daher auch zur Untersuchung biologischen Materials verwendet werden.

Die Konzeption von Funktionsmodellen für den Unterricht gestaltet sich einfacher als beim STM, denn die Arbeitsweise des AFM ist noch nahe an der klassischen Physik. Anders als der quantenmechanische Tunneleffekt ist das Prinzip der Kraftmessung über elastische Verformung von Körpern den Schülern aus dem Anfangsunterricht bekannt. Exemplarisch sei ein einfach nachzubauendes Modell für den Unterricht oder für Schülerprojekte gezeigt (◘ Abb. 11.8; Planinsic und Kovac 2008). Komponenten sind Lego-Steine, Plastilin, Blattfeder und Laserpointer. Die Abtastspitze bildet ein kleiner Magnet, der die Wechselwirkungskräfte zwischen Spitze und Probe simuliert.

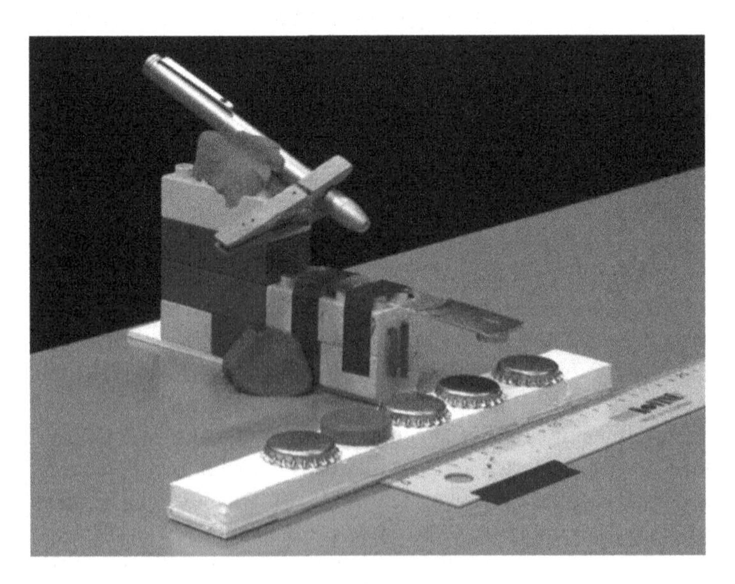

◘ **Abb. 11.8** Modell eines Rasterkraftmikroskops für den Unterricht (Planinsic und Kovac 2008)

Das sequenzielle Abtasten einer Reihe von magnetischen oder unmagnetischen Objekten führt zu einer Änderung der Blattfederbiegung, die über den Lichtzeiger verstärkt und aufgezeichnet wird.

Wie Bohrs Spazierstock und wie ein reales AFM kann auch das Modell auf verschiedene Weisen betrieben werden. Im statischen Kontakt-Modus wird die Probe Zeile für Zeile bei festgehaltenem Abstand abgetastet. Die Verbiegung des Balkens ist ein Maß für die Kräfte zwischen Spitze und Probe. Im dynamischen Schwingungs- oder auch Tapping-Modus wird der Balken in Schwingungen versetzt, und es werden Veränderungen des Schwingungsverhaltens durch lokale Kräfte analysiert. Im realen AFM geschieht der Schwingungsantrieb piezoelektrisch, im Modell erfolgt er elektromagnetisch. Eine Spule, verbunden mit einem Funktionsgenerator, erzeugt ein magnetisches Wechselfeld, das die Blattfeder antreibt. Die Wechselwirkung der Spitze mit Strukturen in der unmittelbaren Nähe verändert Amplitude und Phase der Schwingung.

Das Rasterkraftmikroskop (AFM) misst Kräfte zwischen Atomen im Pikonewton-Bereich

Neben der Abtastung der zweidimensionalen Kraftverteilung an Oberflächen erlaubt die AFM-Sonde auch Kraft-Dehnungs-Messungen an Einzelmolekülen. Diese Betriebsart heißt Kraftspektroskopie. Sie liefert wichtige Informationen zur Molekülmechanik und zum Entstehen neuer Eigenschaften von komplexen Molekülen aus dem Zusammenwirken der molekularen Bausteine und den Randbedingungen der Umgebung. Eine Einsicht in die Entfaltung komplexer Funktionen auf molekularer Ebene ist für ein tieferes Verständnis biologischer Prozesse unerlässlich. Daher wird exemplarisch die Kraftspektroskopie von Biomolekülen diskutiert und im Modellexperiment mit Alltagserfahrungen verbunden.

Die Ursache-Wirkungsbeziehung, die dem AFM zugrunde liegt, ist tief in unserer klassischen Erfahrungswelt als kausales mentales Schema verwurzelt: Je mehr Kraft wir anwenden, desto größer ist die resultierende Wirkung. Angenähert besteht für kleine Verformungen ein linearer Zusammenhang zwischen Kraft und Dehnung, ausgedrückt durch das vertraute Hookesche Gesetz. Dieses wird im Unterricht im Kontext der Längenänderung von Schraubenfedern diskutiert (bei genauerem Hinsehen ein Experiment, das auf Torsionselastizität beruht). Das elastische Verhalten von Biomolekülen wie Proteinen oder DNA-Fäden unterscheidet sich jedoch grundlegend von dem einer elastischen Schraubenfeder und verweist auf Prozesse, die im Physikunterricht bislang ausgeklammert wurden.

11.5.2 Kraftspektroskopie an Proteinen: komplexe Verwandlungen begreifen

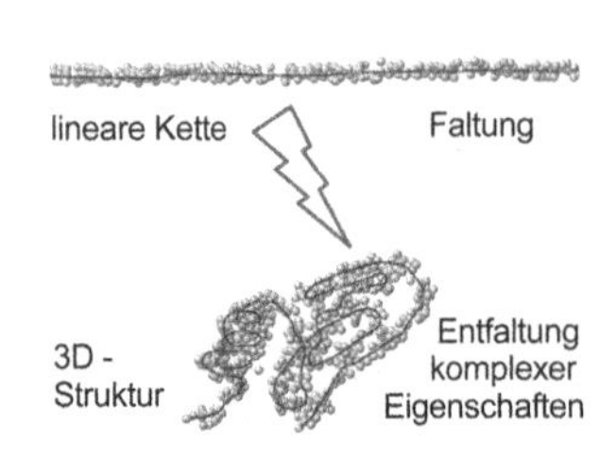

Schematische Darstellung der Proteinfaltung

Proteine erfüllen lebenswichtige passive und aktive Funktionen. Als Nanomaschinen verarbeiten sie Materie, Energie und Information

Proteine sind essenzielle Bestandteile aller lebenden Systeme. Diese Biopolymere bestehen aus einer Kette von mehreren hundert über Peptid-Bindungen verknüpften Aminosäure-Molekülen. Nach der Synthese faltet sich die Kette spontan zu einem dreidimensionalen Makromolekül. Der Faltungsprozess stellt ein kleines Wunder molekularer Selbstorganisation dar. Wenn die äußeren Randbedingungen (z. B. Temperatur, pH-Wert) stimmen, entfaltet sich ohne weiteres Zutun die dynamische räumliche Struktur der Makromoleküle. Sie bestimmt die Funktion im Organismus, z. B. als Strukturproteine, Enzyme, molekulare Schalter, Pumpen oder Motoren. Als „Nanomaschinen" verarbeiten Proteine Materie, Energie und Information und dienen so der Aufrechterhaltung lebenswichtiger Prozesse im Organismus auf zellulärer und subzellulärer Ebene. Ihre Funktion ist an die Struktur gebunden, und diese ist bereits als molekularer Code in der Abfolge der Aminosäure-Bausteine der Kette angelegt. Es bedarf geeigneter Randbedingungen, um die jeweiligen Funktionen zu entfalten und aufrecht zu erhalten. Die Maschinenmetapher entstammt der klassischen Begriffswelt. Sie darf nicht darüber hinwegtäuschen, dass die Arbeitsweise der Biomoleküle in einem Übergangsbereich nahe an der Quantenphysik anzusiedeln ist.

Das AFM im Kraftspektroskopie-Modus ermöglicht Kraft-Dehnungs-Messungen an Proteinen. Sie lassen Rückschlüsse auf die Faltungsprozesse und ihre Dynamik zu. Beispielhaft ist die Untersuchung von Titin-Molekülen im AFM (Rief et al. 1997). Titin ist ein hoch elastisches Riesenprotein, das für die Elastizität von Muskeln und ihre Zerreißfestigkeit bedeutsam ist. Es ist aus einer linearen Kette eines anderen globulären Proteins aufgebaut, dem Immunglobulin (Ig). Beim Ziehen des Moleküls ergibt sich ein nichtlinearer Kraftverlauf mit zahlreichen Kraftspitzen, die beim sukzessiven Entfalten von einzelnen Ig-Abschnitten auftreten. Trotz der Verlängerung des Moleküls sinkt die Kraft immer wieder ab. Das Protein wird abschnittweise verlängert, ohne dass es zerreißt ◘ Abb. 11.9.

Der Rückgang der Zugkraft ist verschieden von der monotonen Zunahme der Rückstellkraft beim Dehnen elastischer Federn. Die Elastizität von gewöhnlichen kristallinen Festkörpern wie Stahl beruht darauf, dass die atomaren Bausteine periodisch angeordnet sind. Bei Vergrößerung der Teilchenabstände muss Arbeit geleistet werden, welche die innere Energie erhöht. Diese Materialien kann man daher als „Energiefedern" charakterisieren. Die Elastizität weicher kondensierter Materie wie Gummi, mancher Kunststoffe (Elastomere) sowie von biologischem Gewebe hängt dagegen nicht primär von der

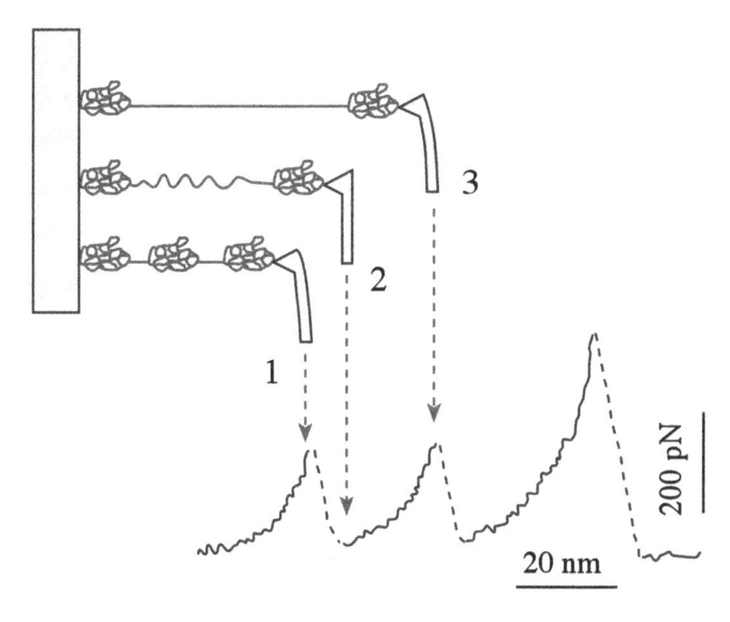

Abb. 11.9 Kraftspektroskopie mit dem AFM an einem Titin-Molekül (Bao und Suresh 2003)

Energie ab, sondern wird von der Entropie dominiert. Diese Stoffe enthalten langkettige ineinander verschlungene Moleküle, die man als „Entropiefedern" auffassen kann.

So wirkt die zum Strecken der Ig-Abschnitte benötigte Kraft temperaturabhängigen entropischen Prozessen entgegen, die das Kettenmolekül dynamisch in einem verknäulten Zustand möglichst hoher Entropie halten. Ähnlich den Gliedern einer geschüttelten Kette rotieren oder oszillieren kleinere Abschnitte des Moleküls, ohne dass in größerem Umfang Bindungskräfte betätigt werden. So steigt die entropische Kraft beim Entwirren des Knäuels aus dem Zustand hoher Entropie zunächst an und fällt dann nahezu auf null, obwohl eine weitere Dehnung erfolgt. Titin funktioniert wie eine seltsame, nichtlineare Entropiefeder, die bei Anspannung wiederholt weich wird. Sie wirkt wie ein molekularer Stoßdämpfer, der die bei der Dehnung zugeführte Energie stufenweise dissipiert. Auf diese Weise verhindern bei einem einzelnen Titin-Kettenmolekül viele Entropiefedern in Serie das Zerreißen der Energiefedern, der chemischen Bindungen des Kettengerüsts. Im Muskel erhöht das Zusammenwirken einer Vielzahl von Titin-Strukturproteinen dessen mechanische Belastbarkeit.

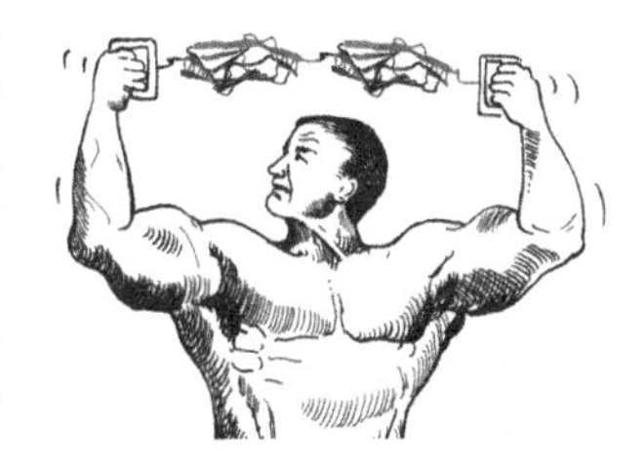

Das Muskel-Protein Titin verhält sich unter Zug wie eine seltsame nichtlineare Feder

Das überraschende superelastische Verhalten langkettiger Biomoleküle regt zu kreativen Ideen beim Design neuer biologisch inspirierter Materialien an. Spinnenseide zeigt beispielsweise ein ähnliches Verhalten (Porter und Vollrath 2007). Ihre Zerreißfestigkeit ist mit Stahl vergleichbar, doch sie lässt sich erheblich weiter dehnen, bevor sie zerreißt. Ihr elastisches Verhalten lässt sich mit dem im Anschluss vorgestellten, einfach nachzubauenden Extensometer im Projektunterricht untersuchen (Euler 2008a). Erkenntnisse aus der Nanowissenschaft finden Eingang in materialwissenschaftliche Innovationen.

11.5.3 Strukturbildung bei Gummibändern: Kraftspektroskopie in Aktion

Auf der Basis obiger theoretischer Vorüberlegungen lassen sich Prinzipien der Kraftspektroskopie an Proteinen im Modellexperiment erfahrbar machen. Das in ◘ Abb. 11.10 gezeigte AFM-Modell im Kraftspektroskopie-Modus besteht aus einem dünnen elastischen Balken als Kraftsensor. Die Probe ist an dem Balken und dem Stift eines Grafiktabletts befestigt und wird manuell gedehnt. Die kraftabhängige Verbiegung des Balkens bei Dehnung der Probe wird durch einen aufgeklebten Dehnungsmesstreifen elektrisch erfasst und zusammen mit der Position des Stiftes im Computer weiterverarbeitet. Der Low-Cost-Aufbau entspricht dem eines Extensometers, wie es in der Materialwissenschaft zur Messung von Elastizitätsmodul und Zerreißfestigkeit eingesetzt wird.

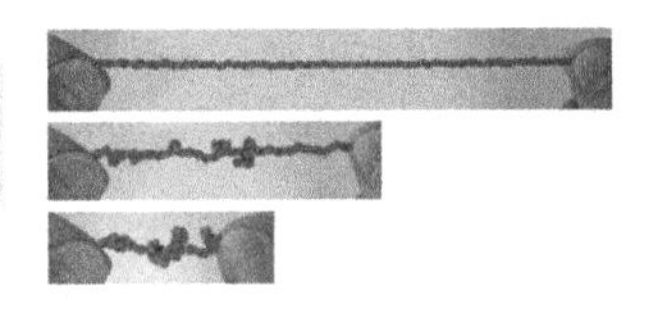

Strukturbildung an einem verdrillten Gummiring beim Vermindern der Zugkraft

Als makroskopisches Modell des Titin-Moleküls dient ein gewöhnlicher Gummiring. Jeder kennt aus spielerischer Erfahrung die vielfältigen Formen, die dieser annimmt, wenn man ihn verdrillt. Bei genauerer Beobachtung lassen sich Regelmäßigkeiten erkennen. Man beginnt mit einem angespannten Gummiring, den man mehrfach verdrillt. Verkürzt man dieses helixartig gewundene Band, dann entstehen bei einer gewissen Länge schleifenartige Objekte. Bei kompletter Entspannung faltet

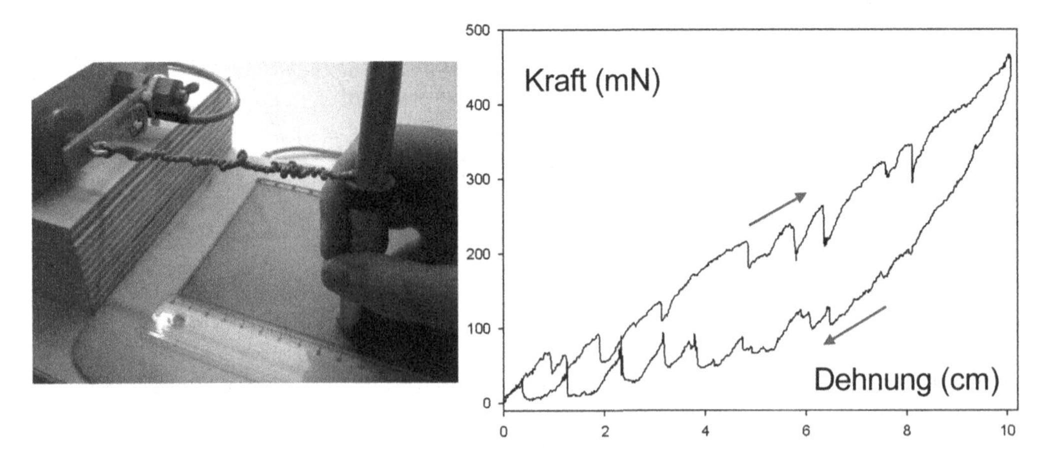

◘ **Abb. 11.10** Kraftspektroskopie an einem verdrillten Gummiband

sich das Gummiband zu einem knäuelartigen dreidimensionalen Gebilde. Spannt man das Band wieder an, dann verschwinden die Strukturen sukzessive. Bei langsamem Entspannen bilden sie sich erneut aus, und zwar auf reproduzierbare Weise. Man spürt bereits mit den Fingern, dass sich dabei die Kraft ruckartig ändert.

Diese qualitative Erfahrung lässt sich mittels Kraftspektroskopie am Grafiktablett-Extensometer quantitativ untersuchen (Euler 2008b). Die Zugkraft in Abhängigkeit von der Dehnung zeigt eine irreguläre sägezahnartige Abfolge von Kraftsprüngen sowohl bei Verlängerung als auch bei Verkürzung des verdrillten Bandes, die mit dem Entstehen oder Verschwinden der verknäulten dreidimensionalen Strukturen gekoppelt sind. Die Kraft hängt nicht nur von der Dehnung, sondern auch von der Geschichte des Prozesses ab. Der Verlauf der Kraftfunktion zeigt dementsprechend Hystereseverhalten, angedeutet durch Pfeile (◘ Abb. 11.10).

Der Kraftverlauf beim Anspannen ähnelt dem beim Auseinanderziehen der einzelnen Ig-Abschnitte des Titin-Moleküls. Die Verwandlungen des verdrillten Gummibands vermitteln eine anschauliche Vorstellung von den Faltungsprozessen, die bei den passenden Randbedingungen reproduzierbar verlaufen. Die Gummiband-Kraftspektroskopie macht Grundprinzipien molekularer Selbstorganisation buchstäblich greifbar. Sie bedürfen allerdings der konzeptuellen Einbettung, um deren umfassende Bedeutung zu begreifen. Die Experimente vermitteln grundlegende Einsichten in die Nanomechanik des Lebens, die auf der Gestalt von Biomolekülen und deren Verwandlungsprozessen gründet. Einschränkend ist anzumerken, dass das verdrillte Gummiband insofern ein unvollkommenes Modell der entropischen Elastizität darstellt, als es nur den statischen Aspekt der Entropie von Strukturen und nicht deren Dynamik simuliert.

11.5.4 Nanomechanik in Genetik und Epigenetik: Die Entfaltung von Komplexität und ihre Steuerung

In der Genetik spielt die Nanomechanik elastischer Fadenmoleküle ebenfalls eine zentrale Rolle (Schiessel 2003). Träger der genetischen Information ist die DNA-Doppelhelix. Das DNA-Molekül besteht aus zwei Strängen eines Zucker-Phosphat-Gerüsts, das strickleiterartig durch komplementäre Basenpaare verbunden ist. Die Abfolge der Basen, gruppiert in Basentripletts, stellt den genetischen Code dar. Er steuert die Proteinsynthese und damit auch die Entwicklung des gesamten Organismus. Allerdings ist diese Steuerung keine kausale Einbahnstraße, sondern in Rückkopplungsbeziehungen eingebunden. Prozesse im Organismus, seine Entwicklung, aber auch Umwelteinflüsse wirken wiederum auf die Ebene der Genetik zurück. Da auch Informationen jenseits des genetischen Codes einfließen, spricht man allgemeiner von epigenetischer Regulation. Dabei spielt die Nanomechanik der DNA eine wesentliche Rolle. Im Gegensatz zu den hochflexiblen Proteinfäden ist die DNA-Helix wesentlich starrer. In einem Kontinuum-Modell, das alle molekularen Details ausklammert, gleicht die Nanomechanik der DNA dem Verhalten eines dünnen elastischen Stabs, der Zug und Torsionskräften ausgesetzt ist.

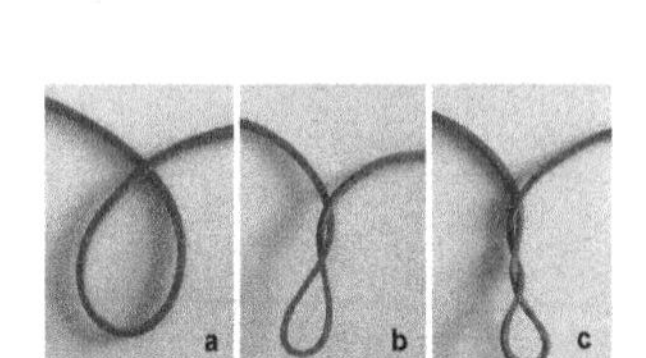

Schleifenbildung eines verdrillten Gummifades beim Verringern der Fadenspannung. Die Zahl der anfänglichen Drehungen entspricht der Zahl der Kontaktstellen

Wiederum liefert das Studium von Gummifäden Einsichten in die relevanten Basisprozesse (Euler 2010). Ein Gummifaden wird einmal vollständig um 360 Grad verdreht. Verringert man den Abstand der Fadenenden, krümmt sich der Faden spiralig ein, bis er eine komplette Schleife bildet. Dabei tritt der Faden mit sich selbst in Kontakt. Bei der Schleifenbildung wird die Verdrillung (Torsion) in eine Krümmung des Fadens umgewandelt. Seine Form stellt sich so ein, dass die Energie minimal wird. Bei einer Verdrillung um 720 Grad könnten sich theoretisch zwei Schleifen bilden. Es ist jedoch energetisch günstiger, wenn die Fäden sich an der Kontaktstelle ein weiteres Mal umeinander winden.

Diese mehrfach verschlungenen Strukturen werden bei der DNA als Supercoils bezeichnet. Es mag überraschen, dass die Modellierung molekularer Prozesse in der Genetik ein Verständnis der Mechanik elastischer Fäden erfordert. Tatsächlich nutzt die epigenetische Regulation mechanische Formänderungen von DNA-Molekülen und aggregierten Strukturen höherer Ordnung auf vielfältige Weisen auf verschiedenen Organisationsebenen.

Die DNA ist eines der längsten natürlich vorkommenden Moleküle. Das stellt die Natur vor ein Verpackungsproblem: Die DNA einer einzigen Zelle des Menschen hat bei einen Durchmesser von 2 nm eine Gesamtlänge von 2 m, der sie aufnehmende Zellkern ist aber nur einige Mikrometer klein. Die eigentliche Herausforderung ist nicht die Kleinheit des Kerns, sondern die sequenzielle Natur der gespeicherten Information. Die Verpackung muss eine adressierbare Entpackung zum Ablesen unterschiedlicher Abschnitte des genetischen Codes durch Transkriptionsprozesse ermöglichen, die zur Proteinsynthese führen. Die Schleifenbildung des Gummibands als ein mechanisches Basismodell für parameterabhängige Formänderungen veranschaulicht die Prinzipien des Verpackens und des Exponierens relevanter Abschnitte des genetischen Codes.

Ein Nano-Verpackungsproblem der DNA im Zellkern

Bei Organismen, die über Zellkerne verfügen, erfolgt die Kompaktifizierung der DNA-Fäden durch Schleifenbildung mehrfach. Dies führt zu einer Folge von Hierarchieebenen in der Verdichtung des genetischen Substrats (■ Abb. 11.11).

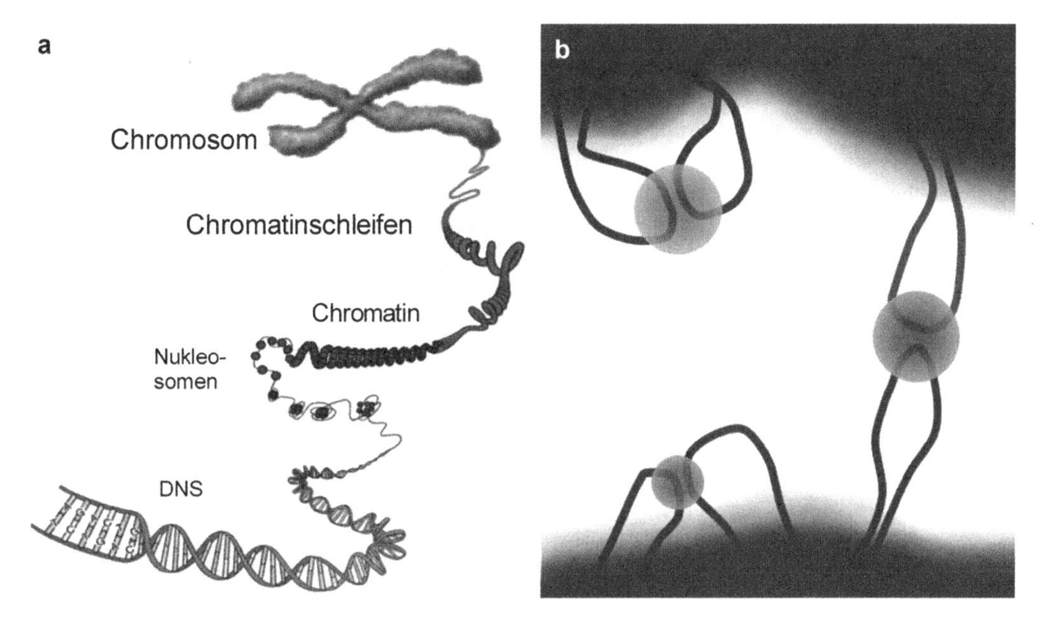

Abb. 11.11 Hierarchische Verpackung der genetischen Information in Chromatin-Schleifen (**a**). Die Transkriptionsprozesse lesen die genetische Information einzelner Chromatinabschnitte (**b**)

- Die DNA-Doppelhelix ist bereits inhärent gewunden und stellt die erste Organisationsebene dar.
- Auf der nächsten Ebene bildet die DNA Schleifen, die sich um kleine Proteinmoleküle (Histone) winden und eine perlschnuratige Struktur bilden, bestehend aus den Nukleosomen.
- Die Nukleosompakete kondensieren spiralig zu einem größeren Strang mit einem Durchmesser von etwa 30 nm.
- Der Strang bildet größere Chromatinschleifen und weitere Strukturen im 300-nm-Bereich.
- Diese falten sich schließlich zu den Chromosomen, die bei geeigneter Präparation und Färbung unter dem Mikroskop bei der Zellteilung sichtbar sind.

Für die Ablesung des genetischen Codes müssen Chromatinabschnitte im Zellkern so exponiert werden, dass sie für Transkriptionsprozesse zugänglich sind. Die Schleifenbildung des verdrillten Gummibands vermittelt eine mechanische Intuition davon, wie bestimmte Abschnitte des sequenziellen genetischen Codes sich für die Weiterverarbeitung präsentieren. Die exponierten Schleifen ragen in die Zwischenräume der kondensierten Chromatinbereiche. Die Information in Bereich maximaler Krümmung an der Spitze wird von der Transkriptionsmaschinerie im Interchromatinbereich abgelesen. Auf diese Weise ist es möglich, Information zu kombinieren, die auf entfernten DNA-Abschnitten oder auch auf verschiedenen Chromosomen vorliegt. Damit eröffnen sich nahezu unerschöpfliche Möglichkeiten für genetische Kombination, Regulation und Anpassung.

Intuitives Verstehen und epistemische Zugänglichkeit fördern: die produktive Rolle von Spielzeugmodellen und experimentellen Erfahrungen

Das Gummibandexperiment stellt eine Art Intuitionsmaschine dar. Es unterstützt bei der mentalen Erschließung basaler Prinzipien, die hinter einer Unmenge biochemische Details verborgen sind. Als Spielzeugmodell regt es die Vorstellungskraft an, stimuliert Modellbildungsprozesse und erhöht die epistemische Zugänglichkeit komplexer Zusammenhänge und Abläufe. Im vorliegenden Kontext verbindet es Mechanik und Genetik, zwei weit auseinanderliegende Wissenschaftsfelder. Es veranschaulicht, wie mechanische Eigenschaften auf der Nanometerskala bei der Orchestrierung von Lebensprozessen auf verschiedenen hierarchisch organisierten Ebenen mit biochemischen Vorgängen zusammenwirken.

Als Basismodell der Strukturbildungsprozesse, die sich selbst organisieren und unterhalten, kann man idealtypisch einen Rückkopplungskreis identifizieren. Er verbindet zwei Hierarchieebnen der Organisation: die Ebene der Biochemie und die Ebene der Mechanik. Mechanische Eigenschaften wie die Elastizität existieren nicht auf der Ebene von Atomen und kleinen Molekülen. Die elastischen Eigenschaften der DNA entstehen im Zusammenwirken ihrer molekularen Bausteine. Sie werden außerdem von der Umgebung beeinflusst. Biochemische Prozesse im Umfeld wirken auf die mechanischen Eigenschaften der DNA/Chromatin-Stränge zurück und verändern deren mechanische Struktur. Der Kreis schließt sich, indem die durch die mechanische Formänderung ermöglichten Transkriptionsprozesse neue biochemische Prozesse anstoßen.

Prinzipien der Nanostrukturierung: Bottom-up- und Top-down-Prozesse

Das Rückkopplungsprinzip ist universell und unterliegt Strukturbildungsprozessen auf ganz unterschiedlichen Substraten. Lebende Systeme strukturieren sich so über viele Organisationsebenen hinweg. Ausgehend vom Zusammenwirken von Strukturen auf der Nanoskala entwickeln sie makroskopische Eigenschaften (Bottom-up-Strukturbildung). In technischen Mikro- und Nano-Systemen ist die Nutzung derartiger Strukturierungsprinzipien bislang nur in ersten Ansätzen gelungen. Hier ist man auf Methoden der Top-down-Strukturierung angewiesen. Für die Informationstechnologie kann man mittlerweile Strukturen auf Halbleiteroberflächen im Bereich weniger Nanometer herstellen (vgl. Produktion von Computerbauelementen).

11.5.5 Nano-Prozesse hören: Das Ohr als natürliches Nanosensorsystem

Entgegen der Erwartung sind dynamische Prozesse auf der Nanometerskala durchaus wahrnehmbar. Unser Gehör ist so empfindlich, dass wir fast das Auftreffen von Atomen auf das Trommelfell als thermisches Rauschen wahrnehmen könnten. Seine enorme Leistungsfähigkeit als Schallempfänger beruht auf dem orchestrierten Zusammenwirken natürlicher Nanosensorsysteme. Ähnlich einer seriellen Anordnung von Rasterkraftmikroskopen tasten die Spitzen mechanischer Sinneszellen Schwingungsmuster ab, die sich entlang einer Membran im Innenohr ausbreiten.

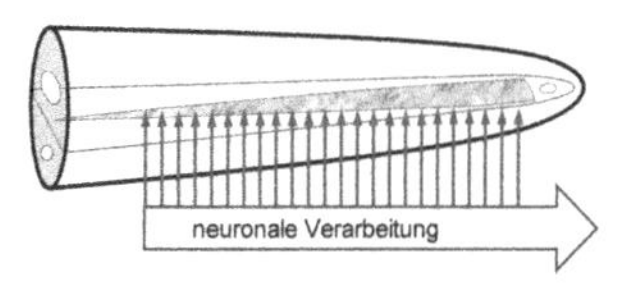

Mechanische Sensorzellen im Innenohr tasten ähnlich einer Reihe von Kraftmikroskopen Schwingungsmuster auf der Basilarmembran des Innenohrs ab

Am Anfang der Wandlungskette stehen mechanische Schwingungen. Schallsignale der Luft werden über Außen- und Mittelohr in das mit Flüssigkeit gefüllte Innenohr übertragen, wo sie Schwingungen an der Grenzfläche zwischen zwei Kanälen auslösen. Diese breiten sich als Wanderwellen entlang einer elastischen Trennwand aus, der Basilarmembran. Die Dispersion der Wanderwellen trennt die einzelnen Frequenzanteile. An der Hörschwelle sind wir in der Lage, Schwingungsamplituden der Basilarmembran im Sub-Nanometer-Bereich wahrzunehmen. Wir fokussieren nur auf die Wandlungs- und Funktionsprinzipien ohne auf die komplexen biophysikalischen Details einzugehen (vgl. dazu Euler 1996).

Die Wandlung von Schallsignalen erfolgt in mechanischen Sinneszellen, den Haarzellen (◘ Abb. 11.12). Ihre härchenartigen Fortsätze (Cilien) arbeiten ähnlich einem System von Kraftmikroskopen. Wie der winzige Balken eines Kraftmikroskops wird das Cilienbündel von den schallinduzierten Schwingungen der Basilarmembran verbogen. Die Verbiegung setzt weitere mechanische und elektrochemische Prozesse in Gang. Die einzelnen Cilien verhalten sich wie starre, am Fuß biegsam verankerte Stäbchen. Die Verbiegung des Cilienbündels als Ganzes bewirkt eine Scherbewegung zwischen den einzelnen Härchen (Karavitaki und Corey 2010). An deren Spitzen befinden sich fadenförmige Proteinmoleküle, die mit den benachbarten längeren Härchen verbunden sind und bei der Scherbewegung des Bündels in Richtung auf die Spitze angespannt werden. Dabei betätigen sie molekulare Schalter in den Spitzen, die sich wie eine mechanisch betätigte Schnapptür öffnen. Das führt zum Einströmen von K^+-Ionen in das Zellinnere, was eine elektrochemische Signalwandlungskette in Gang setzt. Es kommt zu einer Depolarisation des Membranpotenzials. Dadurch werden chemische Transmitterstoffe an den Synapsen freigesetzt, die Nervenimpulse auslösen. Diese werden von den einzelnen

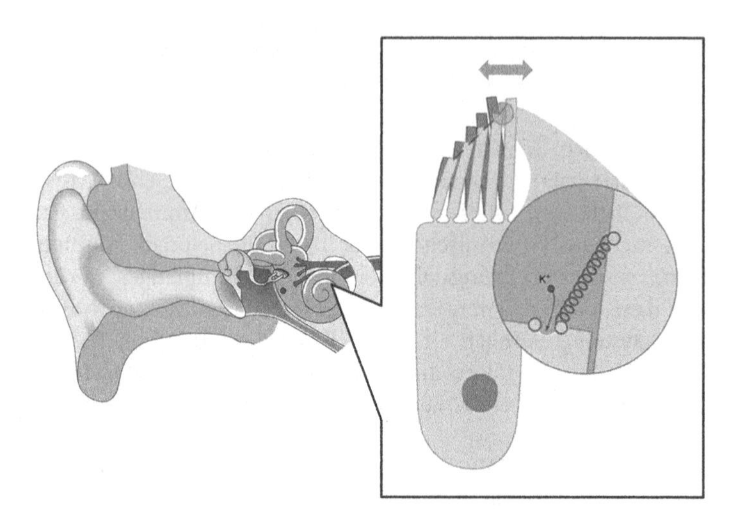

◘ Abb. 11.12 Haarzellen als mechanische Sensorzellen. Die Verbiegung eines Bündels von Sinneshärchen wird erfasst und elektrochemisch weiterverarbeitet

Fasern des Hörnervs ortsaufgelöst zur zentralen Verarbeitung weitergeleitet.

Auch Haarzellen können, wie das AFM, passiv und aktiv arbeiten. Neben ihrer passiven, sensorischen Funktion sind sie in der Lage, aktiv Kräfte zu generieren. Dies geschieht in zwei verschiedenen Typen von Haarzellen. Die inneren Haarzellen arbeiten sensorisch und wandeln Schwingungen in neuronale Impulse; die äußeren erfassen sensorisch die Schwingungsphase und pumpen phasengekoppelt Energie zyklisch in das System. Ihre mechanische Aktivität verstärkt so schwache akustische Signale und erhöht die Empfindlichkeit sowie die Trennschärfe des Ohrs. Im empfindlichsten Hörbereich bei ca. 3 kHz ist eine Schallintensität von $0{,}5 \cdot 10^{-16}\,\mathrm{W/cm^2}$ gerade wahrnehmbar. Bei einer Fläche des Gehörgangs von $1\,\mathrm{cm^2}$ entspricht die Hörschwelle dem Empfang einer Signalquelle mit einer Sendeleistung von 10 W in 1000 km Entfernung. An der Hörschwelle horchen wir in dynamische Prozesse der Nanowelt hinein: Schwingungsamplituden im Innenohr im Bereich von $10^{-10}\,\mathrm{m}$ reichen bereits für eine Hörwahrnehmung aus.

Das Gehör offenbart in der parallelen Anordnung von Sensor- und Motorsystemen und der resultierenden aktiven Verstärkung ein weiteres wichtiges Prinzip, wie sich aus dem Zusammenspiel von vielen kleinen Systemen eine möglichst große Wirkung ergibt. Eine erste plausible Vermutung ist die Annahme, dass viele Nanosysteme, die parallel arbeiten, auch viel bewirken. Nach diesem Prinzip arbeiten beispielsweise die molekularen Motoren im Muskel, die weitgehend unabhängig voneinander über viele kleine ruckartige Bewegungsschritte schließlich eine kontinuierliche makroskopische

Muskelkontraktion bewirken. Dies klärt die Verstärkerwirkung beim Gehör aber nur unvollständig. Die aktiv erzeugten Schwingungen der motorischen Haarzellen erfolgen nicht unabhängig voneinander, sondern ein kleiner Abschnitt der Basilarmembran schwingt kohärent. Die Oszillationen erfolgen im gleichen Takt. Dadurch wächst das Nutzsignal proportional zur Zahl N der kohärent schwingenden Systeme an und das Rauschen wird besser unterdrückt, da dieses nur mit $N^{1/2}$ anwächst.

Verstärkung durch Kohärenz: Das orchestrierte Zusammenwirken vieler Nanosysteme und die Emergenz makroskopischer Systemeigenschaften

Ein ähnlicher Synchronisierungseffekt erfolgt auch in der neuronalen Verarbeitung. Im niederfrequenten Bereich (unter ca. 1 kHz) erfolgen die von einem periodischen mechanischen Reiz in der Sensorzelle ausgelösten Impulssalven weitgehend im Gleichtakt mit der Periodizität der Anregung (Euler 2006, 2012b). Die neuronalen Impulsmuster bilden so die periodische Struktur des akustischen Signals in Realzeit ab. In unserem Gehirn ist dieses sog. Periodizitätsprinzip zentral für die Verarbeitung von Sprache. Es versagt jenseits von 1 kHz, da die Güte der Synchronisierung mit zunehmender Frequenz nachlässt. Dies löst rückblickend die Frage, warum Gulliver die Sprache der Liliput-Menschen prinzipiell nicht erlernen kann. Seine neuronalen Prozesse sind zu langsam, um im Gleichschritt mit dem akustischen Reiz zu bleiben.

11.6 Nano im MINT-Unterricht: Experimentieren, Modellieren, kreative Prozesse anstoßen

Die griechischen Naturphilosophen waren die ersten, die auf spekulativem Wege zur Atomvorstellung gelangten. Für Demokrit sind Atome die primäre Realität. Alles andere entsteht aus ihrer Anordnung und Bewegung. Die Vision der frühen Atomisten bildet heute die Grundlage neuer Technologien. Die Entwicklung der Nanowissenschaft hat Werkzeuge geschaffen, um Systeme auf der Nanometerskala herzustellen, deren Eigenschaften zu untersuchen und gezielt zu beeinflussen. All das eröffnet neue Möglichkeiten sowohl in den klassischen Technologiefeldern als auch im Bereich der Biotechnologie und der Medizin. Die Nanotechnologie ist bei Schülerinnen und Schülern positiv besetzt und stößt auf breites Interesse, nicht zuletzt auch durch die Produkte, die sie hervorgebracht hat und die unsere Lebenswelt grundlegend verändern. Insofern sind die Voraussetzungen für eine Integration der Themen in den Unterricht günstig. Gleichzeitig ist es nötig, neben den Chancen auch die Risiken neuer Technologien adäquat zu thematisieren, um die Lernenden für einen reflektierten und verantwortungsvollen Umgang zu sensibilisieren.

Für den Unterricht in den MINT-Fächern ergeben sich vielfache Anknüpfungspunkte, aber auch Herausforderungen. Letztere sind bedingt vor allem durch die interdisziplinäre Verortung des Feldes sowie durch die Universalität der Struktur- und Funktionsprinzipien, die häufig den Rahmen der traditionellen Fachsystematik sprengen. In Bezug auf die Erfüllung von Bildungsstandards hat die Behandlung von Nanothemen im Unterricht das Potenzial, grundlegende und weitgehend authentische Einblicke in naturwissenschaftliche ebenso wie in technische Arbeitsweisen zu vermitteln, um die bestehenden Gemeinsamkeiten, aber auch die Unterschiede zu verdeutlichen (Euler 2018). Dies erscheint vor allem im Hinblick auf Entscheidungsprozesse zur beruflichen Orientierung der Jugendlichen wesentlich.

Primäres Ziel der Naturwissenschaften ist es, neues Wissen zu generieren. Technik ist fokussiert auf die Schaffung von Produkten und deren Anpassung und Optimierung in Hinblick auf gesellschaftliche Bedürfnisse. Beide Bereiche sind eng verzahnt (◘ Abb. 11.13). Die Wissenschaft entwickelt und nutzt Instrumente und Methoden, die auf technischen Systemen basieren. Technik baut auf dem Wissen und den neuen Instrumenten auf, welche durch Entwicklungen der Wissenschaft ermöglicht werden.

Idealtypisch lassen sich die Arbeitsweisen im Zusammenspiel von Experimentieren und Modellieren in ein zyklisches Modell einbetten, das auch dem Konzept des forschend-entwickelnden

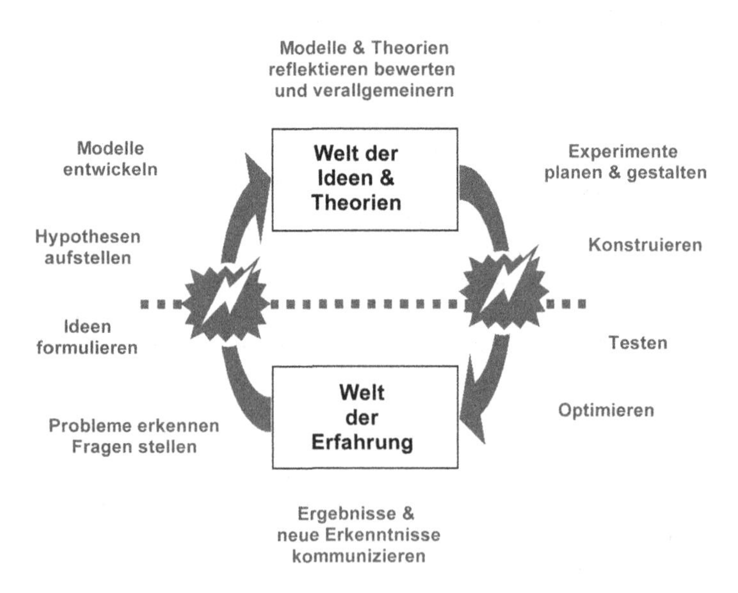

◘ **Abb. 11.13** Naturwissenschaftliches und technisches Arbeiten. Das zyklische Modell von Forschen und Entwickeln liegt auch dem Design entsprechender Unterrichtsmodelle zugrunde

Unterrichts zugrunde liegt (Engeln et al. 2013; Minner et al. 2010). Es hat in vielfältigen Variationen in die didaktische Literatur zu „Inquiry Based Teaching/Learning" Eingang gefunden (vgl. z. B. Eisenkraft 2003). Es verbindet die Welt der Erfahrung mit der Welt der Ideen. Beide gehören unterschiedlichen Ebenen der Wirklichkeit an, angedeutet durch die gepunktete Trennlinie. Zwischen beiden vermitteln kreative Prozesse sowohl in Auf- als auch in Abwärtsrichtung. Der Zyklus entspricht weitgehend auch dem Modell von Prozessen physikalischer Erkenntnisgewinnung, wie es bereits Einstein formuliert hat, und das insbesondere auf die wichtige Rolle der schwer fassbaren kreativen Prozesse verweist (Holton 1998).

Unter kognitionspsychologischer Perspektive spiegelt das generative Modell das Ineinandergreifen verschiedener Wissensformen, die sich (nicht nur mit Blick auf die Physik) folgendermaßen in komplementärer Weise beschreiben lassen (Sloman 1996):

- das logisch-analytische formale Wissen
- das modell- und erfahrungsbasierte prozedurale analogische Wissen

Der erste Bereich steht für die formale Strenge, die Abstraktheit und damit einhergehend für die besondere Schwierigkeit der Physik in den Augen vieler Schülerinnen und Schüler. Der zweite Bereich umfasst unser unmittelbares, intuitives Verstehen. Er steht für Direktheit und Einfachheit des Schließens, erlaubt schnelle Schlüsse und Verknüpfungen, ist aber extrem anfällig für Fehlurteile und Fehlvorstellungen.

Experimente erfüllen vielfältige Funktionen. Das gilt sowohl für die Forschung als auch für den Unterricht. Während in der traditionellen Sichtweise von Wissenschaft Experimente als bloße Testinstanzen für Modelle und Theorien angesehen werden, können sie ein produktives Eigenleben entwickeln und Erkenntnisprozesse in eine erfolgversprechende Richtung lenken (vgl. Euler 2004). Der Beitrag baut auf dieser generativen Funktion des im Kontext experimenteller Handlungen erworbenen prozeduralen Wissens auf. Experimente, Modelle und Analogien spielen eine zentrale Rolle, um relevante Strukturprinzipien der Nanowelt zu erschließen. Die Experimente machen das Unanschauliche anschaulich und das Abstrakte konkret. Das in den experimentellen Verfahren repräsentierte prozedurale Wissen hilft dabei, unterschiedliche Erfahrungsbereiche zu verknüpfen. Es unterstützt so den Wissenstransfer. Die Reflexion der Modelle und der Analogien hinsichtlich ihrer Möglichkeiten und ihrer Grenzen darf allerdings bei der Umsetzung nicht fehlen. Um Reflexions-, Bewertungs- und Transferprozesse anzuregen ist die theoretische Einbettung der Experimente zentral. Das erfordert eine geeignete instruktionale Unterstützung durch die Lehrkraft. Der Beitrag kann diesbezüglich nur kursorische Hinweise zum konzeptuellen Hintergrund liefern. Der Unterricht muss ein adäquates Umfeld schaffen, das einerseits am Vorwissen anknüpft und andererseits die Lernenden zur konzeptuellen Reflexion und Reorganisation anregt und sie auf dem Weg der Abstraktion unterstützt.

Mögen die Experimente und ihre Adaption im Unterricht möglichst viele Schülerinnen und Schüler dazu anregen, sich mit Prinzipien der Nanowelt und Entwicklung der Nanotechnologien kreativ und reflektiert auseinanderzusetzen, um an einer humanen und nachhaltigen Gestaltung unserer Zukunft teilzuhaben.

Literatur

Bao, G., Suresh, S. (2003). Cell and molecular mechanics of biological materials. Nature Materials 2, 715–725

Barr, M., Zalatel, M., Heller, E. (2010). Quantum Corral Resonance Widths: Lossy Scattering as Acoustics. Nano Lett. 10, 3253–3260

Binnig, G., Rohrer, H., Gerber, C., Weibel, E. (1982). Tunneling through a controllable vacuum gap. Appl. Phys. Lett. 40, 178–180

Binnig, G., Quate, C., Gerber, C. (1986). Atomic Force Microscope. Phys.Rev. Lett. 56, 930–933

Crommie, M.F., Lutz, C.P., Eigler, D.M. (1993). Confinement of electrons to quantum corrals on a metal surface. Science 262, 218–220

Dragoman, D., Dragoman, M. (2004). Quantum-Classical Analogies. Berlin: Springer

Eigler, D., Schweizer, E. (1990). Positioning single atoms with ascanning tunnelling microscope. Nature 344, 524–526

Eisenkraft, A. (2003). Expanding the 5E model. The Science Teacher 70(6), 56–59

Engeln, K., Euler, M., Maaß, K. (2013). Inquiry-based learning in mathematics and science: a comparative baseline study of teachers' beliefs and practices across 12 European countries. ZDM – The International Journal on Mathematics Education 45(6), 823–836

Euler, M. (1996). Biophysik des Gehörs. Teil I: Von der passiven zur aktiven Wahrnehmung. Biologie in unserer Zeit 26, 163–172

Euler, M. (2001). Mikrowelten: Eine Reise in die Mikrosystemtechnik. Teltow: VDI/VDE-Technologiezentrum

Euler, M. (2004). The role of experiments in the teaching and learning of physics. Research on Physics Education, Varenna Couse CLVI, Amsterdam, IOS Press, 175–221

Euler, M. (2006). Hands-on Synchronization: An Adaptive Clockwork Universe. The Physics Teacher 44, 28–33

Euler, M. (2008a). Hooke's law and material science projects: exploring energy and entropy springs. Physics Education 43, 57–61

Euler, M. (2008b). Hands-on force spectroscopy: weird springs and protein folding. Physics Education. 43, 305–308

Euler, M. (2010). Nanomechanik des Lebens zum Anfassen. Spiele mit Gummibändern. Physik in unserer Zeit, 41, 300–304

Euler, M. (2012a). Near-Field Imaging with Sound: An Acoustic STM Model. The PhysicsTeacher 50, 349–351

Euler, M. (2012b). Gekoppelte Uhren, Geistertöne und Gedankenblitze. Physik in unserer Zeit 43, 40–44

Euler, M. (2013). The sounds of nanoscience: acoustic STM analogues. Physics Education 48, 563–569

Euler, M. (2018). Empowering the Engines of Knowing and Creativity: Learning From Experiments. In: Sokołowska D., Michelini M. (eds) The Role of Laboratory Work in Improving Physics Teaching and Learning. Springer, Cham, 3–14

Fiete, G., Heller, E. (2003). Confinement of electrons to quantum corrals on a metal surface. Rev. mod. phys. 75, 933–948

Gerber, C., Lang, H.P. (2006). How the doors to the nanoworld were opened. Nature Nanotechnology 1, 3–5

Holton, G. (1998). The Advancement of Science and Its Burdens. Cambridge: Harvard UP

Karavitaki, K., Corey, D. (2010). Sliding Adhesion Confers Coherent Motion to Hair CellStereocilia and Parallel Gating to Transduction Channels. The Journal of Neuroscience 30, 9051–9063

Klein, O. (1963). Glimpses of Niels Bohr as Scientist and Thinker. In: Rozendaal S, ed. Niels Bohr. His life and work as seen by his friends and colleagues. Amsterdam: North-Holland, 74–93

Minner, D.D., Levy, A.J., Century, J. (2010). Inquiry-based science instruction—what is it and does it matter? Results from a research synthesis years 1984 to 2002. J. Res. Sci. Teach. 47, 474–496

Novotny, L. (2007). The History of Near-field Optics. Progress in Optics 50, 137–184

Porter, D., Vollrath, F. (2007). Nanoscale Toughness of Spider Silk. Nanotoday 2(3), 6

Planinsic, G., Kovac, J. (2008). Nano goes to school: a teaching model of the atomic force microscope. Physics Education 43, 37–45

Rief, M., Gautel, M., Oesterhelt, F., Fernandez, J.M., Gaub, H.E. (1997). Reversible unfolding of individual titin immunoglobulin domains by AFM. Science, 276, 1109–12

Schiessel, H. (2003). The Physics of Chromatin. J. Phys.: Condens. Matter 15, R699–R774

Sloman, S. (1996). The empirical case for two systems of reasoning. Psychological Bulletin 119, 3–22

Thees, M., Hochberg, K., Kuhn, J., Aeschlimann, M. (2017). Adaptation of acoustic model experiments of STM via smartphones and tablets. The Physics Teacher 55, 436–437

Tumey, C. (2009). Truth and Beauty at the Nanoscale. Leonardo 42(2), 151–155

Biophysik

Joachim Rädler, Matthias Rief, Günther Woehlke und Wolfgang Zinth

E. Kircher et al. (Hrsg.), *Physikdidaktik | Methoden und Inhalte*,
https://doi.org/10.1007/978-3-662-59496-4_12

Übersicht

Die Biophysik ist ein relativ junges Arbeitsgebiet der Physik, das Erklärungen für Vorgänge in lebenden Systemen sucht. Eine große Herausforderung liegt darin, ein quantitatives Verständnis über das komplexe Zusammenspiel von biologischen Molekülen zu entwickeln und Prinzipien aufzuklären, nach denen sich biologische Systeme organisieren und lebenswichtige Funktionen erfüllen. Die interdisziplinäre Forschung der Biophysik zeichnet sich durch ihren quantitativen, messtechnischen Ansatz aus. Sie hat auch immer wieder technologische Neuentwicklungen hervorgebracht, z. B. bildgebende Verfahren, die heute in der Medizin verwendet werden.

Dieses Kapitel geht exemplarisch auf wichtige Forschungsbereiche der Biophysik ein. Dazu gehören „Struktur biologischer Moleküle", „Biophysik der Zelle", „Molekulare Maschinen", „Hochentwickelte Prozesse" (Nervenleitung und Photosynthese). Auch eingesetzte Forschungsmethoden werden angesprochen, und es kommen fachspezifische Darstellungsformen zum Einsatz.

Entwicklung der Biophysik

Die Biophysik ist ein relativ junges Arbeitsgebiet der Physik, das physikalische Erklärungen für Vorgänge in lebenden Systemen sucht. Historisch gesehen liegen die Anfänge der Biophysik in der Erforschung der Biomechanik, der Blutströmung, und der Physiologie des Hörens, Sehens und der Nervenleitung. Die moderne Biophysik befasst sich mit Fragestellungen auf molekularer Ebene. Die große Herausforderung liegt darin, ein quantitatives Verständnis über das komplexe Zusammenspiel von biologischen Molekülen zu entwickeln und Grundprinzipien aufzuklären, nach denen sich diese zu biologischen Systemen organisieren und damit die Fähigkeit erlangen, lebenswichtige Funktionen zu erfüllen. Naturgemäß gibt es viele Berührungspunkte mit den angrenzenden Disziplinen der Medizin, Molekularbiologie, Biochemie und physikalischen Chemie. Die Biophysik hebt sich in diesem interdisziplinären Forschungsumfeld zum einen durch ihren quantitativen, messtechnischen Ansatz hervor. So hat die Biophysik auch immer wieder technologische Neuentwicklungen hervorgebracht wie bildgebende Verfahren, wie sie heute in der Medizin verwendet werden, oder Nachweismethoden, die in der Molekularbiologie etabliert sind. Zum anderen definiert sich die Biophysik über ihre physikalische Fragestellung an biologische Systeme mit dem Anspruch, theoretische Modelle und experimentelle Daten quantitativ in Einklang zu bringen.

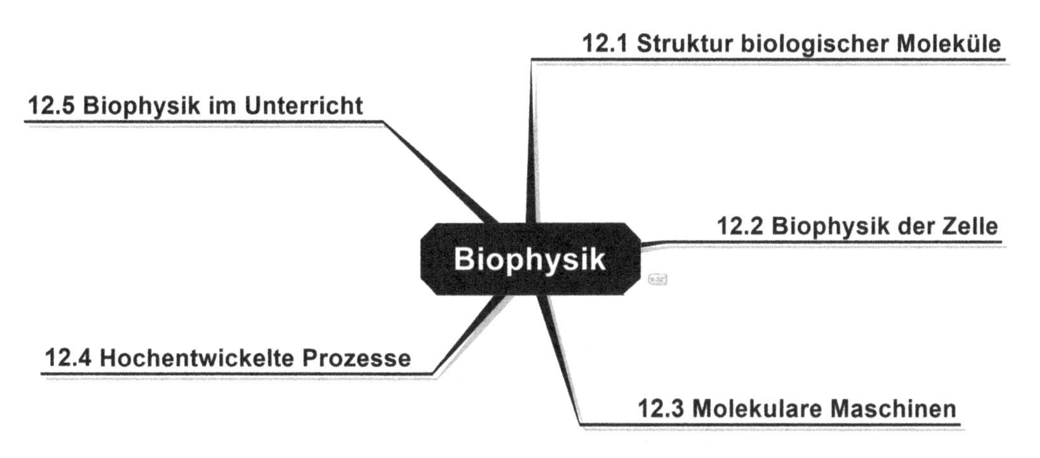

Abb. 12.1 Übersicht über die Teilkapitel

Biophysik im Unterricht

Das Arbeitsgebiet des Biophysikers ist so breit, wie biologische Phänomene vielfältig sind. Dieser Umstand macht eine umfassende Behandlung im Unterricht praktisch unmöglich. Dennoch gibt es zentrale biophysikalische Inhalte, die schülergemäß vereinfacht und in sehr anschaulicher und dennoch anspruchsvoller Weise vermittelt werden können. Der didaktische Anspruch sollte dabei auf der Hervorhebung der physikalischen Zusammenhänge liegen. Dabei spielt das Experiment auch im Biophysikunterricht eine wichtige Rolle.

In diesem Beitrag soll ein Überblick über Grundlagen und Fragestellungen der Biophysik gegeben werden. Dabei wird exemplarisch einem grundlagenorientierten Aufbau der molekularen Biophysik gefolgt. Es werden Aspekte der molekularen Struktur biologischer Systeme angesprochen, grundlegende Wechselwirkungen und Prozessabläufe, aber auch hochentwickelte Vorgänge, bei denen die physikalischen Aspekte große Bedeutung erlangen (Abb. 12.1). Dabei werden die wesentlichen in der Schule vermittelbaren Inhalte besonders hervorgehoben. In eingeschobenen Infoboxen werden biophysikalische Techniken gesondert dargestellt.

12.1 Struktur biologischer Moleküle

Aufbau einer Zelle

Der zentrale Baustein belebter Materie ist die Zelle (Abb. 12.2). Ein Streifzug durch die Bestandteile der Zelle, die Organellen und ihre Funktion, führt zwanglos zu zentralen Fragestellungen der Biophysik: *Struktur, Transport (Zytoskelett), Energiekonversion (Mitochondrien), Informationsspeicherung (Zellkern), Raumteilung (Membranen)* und *Signaltransduktion.* All diese Funktionen werden von molekularen Maschinen erfüllt.

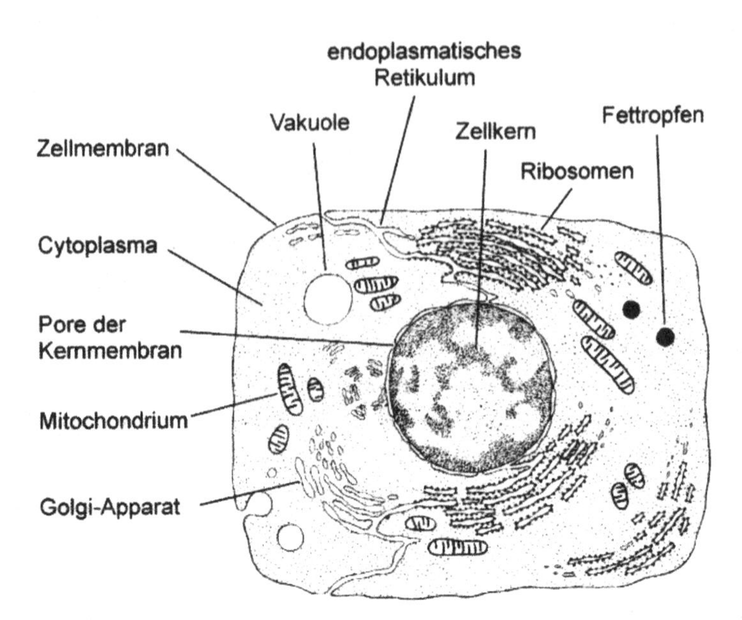

Abb. 12.2 Schematische Darstellung einer Zelle (Pfützner 2003)

12.1.1 Bausteine des Lebens

Proteine
Nucleinsäuren
Zucker
Lipide

Organische Materie ist im Wesentlichen aus einer kleinen Anzahl von leichten chemischen Elementen (C, H, O, N) aufgebaut. Interessanterweise ist auch die Zahl der biochemischen Verbindungen auf wenige große Stoffklassen begrenzt. Diese sind: Proteine, Nucleinsäuren, Zucker und Lipide. Alle genannten Stoffklassen kommen als Polymere vor.

12.1.2 Zwischenmolekulare Kräfte und Reaktionen

Für den Aufbau von molekularen Strukturen sind natürlich die Kräfte zwischen den Teilchen von grundlegender Bedeutung. In der Biophysik treten die bekannten Wechselwirkungen aus der Molekülphysik auf. Zu berücksichtigen sind allerdings die speziellen Eigenschaften biologischer Systeme und speziell die in der Biologie vorherrschenden Flüssigkeiten und Strukturelemente. Dabei sind einige wichtige Charakteristika zu beachten, die nachfolgend kurz skizziert werden.

Die stärksten Wechselwirkungen in biologischen Systemen sind durch *chemische Bindungen* zwischen den Atomen eines Moleküls bestimmt. Die Bindungsenergien sind aus der organischen Chemie bekannt: bei Einfachbindungen um 350 kJ/mol,

Doppelbindungen im 700-kJ/mol-Bereich. Chemische Bindungen sind gerichtet, die Abstände der Atome in der Bindung liegen bei ca. 0,15 nm.

Dagegen sind *elektrostatische Wechselwirkungen* zwischen geladenen Gruppen oft wesentlich schwächer. Dies ist durch die hohe Dielektrizitätskonstante des Wassers bedingt. Für die elektrostatische Kraft F_C (Coulomb-Kraft) bzw. für die potenzielle Energie W_C zwischen zwei Ladungen q_1 und q_2 im Abstand r in einem Medium mit Dielektrizitätskonstante ε gilt:

$$F_C = \frac{1}{\varepsilon} \frac{1}{4\pi\varepsilon_0} \frac{q_1 \cdot q_2}{r^2}; \quad W_C = \frac{1}{\varepsilon} \frac{1}{4\pi\varepsilon_0} \frac{q_1 \cdot q_2}{r} \qquad \textbf{(12.1)}$$

Als Beispiel für die Schule kann man hier die Kräfte bzw. potenziellen Energien für verschiedene Lösungsmittel (Wasser mit $\varepsilon = 80$ oder Lipide mit $\varepsilon \approx 2$) berechnen. Die Bedeutung der elektrostatischen Wechselwirkungen speziell für biologische Systeme liegt in der großen Reichweite, der Abstimmung durch die Wahl der Ladung auf den Ionen, durch die Dielektrizitätskonstante der Umgebung, und in der Möglichkeit einer Abschirmung (Debye'sche Abschirmung, die durch die Leitfähigkeit der Umgebung, z. B. durch die Wahl der Ionenkonzentration, verändert werden kann).

Wasserstoffbrückenbindungen sind gerichtete Wechselwirkungen zwischen elektronegativen H-Brücken-Akzeptoren und H-Brücken-Donatoren, bei denen Partialladungen auftreten und bei denen ein Wasserstoffatom gemeinsam von Donator und Akzeptor verwendet wird. Typische Abstände zwischen Donator und Akzeptor betragen ca. 0,15–0,3 nm, Energien liegen im Bereich von 5–15 kJ/mol.

Van-der-Waals-Wechselwirkungen treten in biologischer Materie wie in vielen anderen molekularen Systemen auf (■ Abb. 12.3). Diese Wechselwirkung wird durch induzierte Dipole vermittelt und zeigt eine $1/r^6$Abstandsabhängigkeit des anziehenden Teils auf. Die Wechselwirkung ist nur bei kleinen Abständen (bis ca. 0,4 nm) bedeutend und auch hier relativ

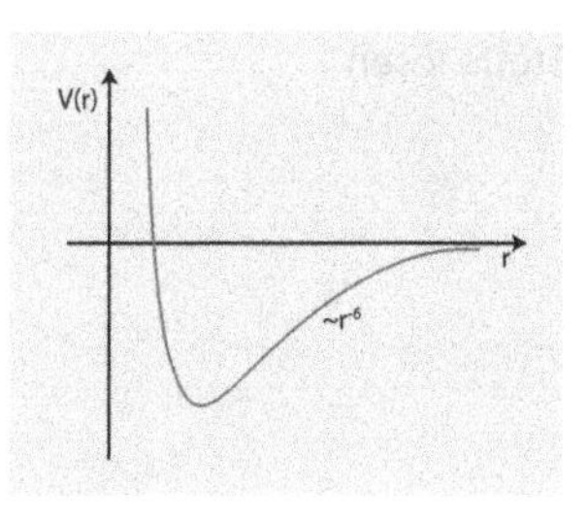

Van-der-Waals-Wechselwirkung

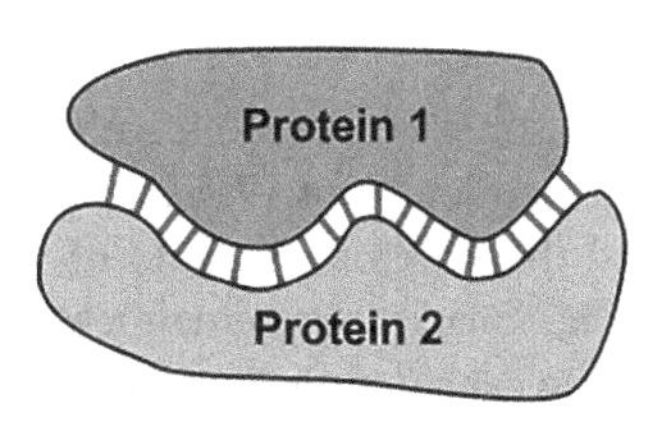

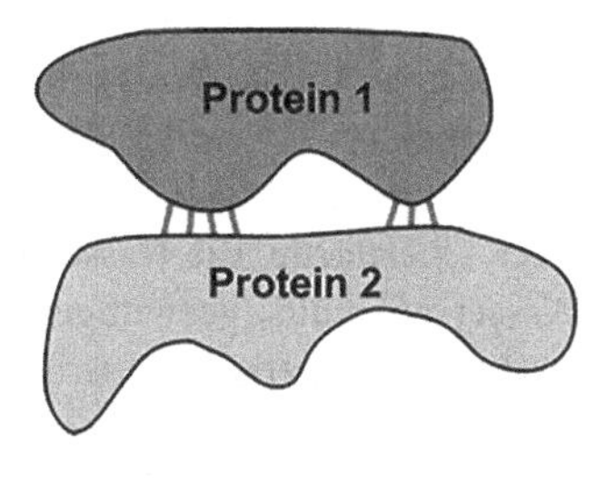

■ **Abb. 12.3** Van-der-Waals-Wechselwirkungen zwischen Proteinen hängen sehr stark von der Oberflächenstruktur ab. Bei passenden Oberflächen der wechselwirkenden Proteine kann die an sich schwache Van-der-Waals-Wechselwirkung bedeutend werden

schwach (ca. 3 kJ/mol). Bei der Van-der-Waals-Wechselwirkung zwischen größeren Biomolekülen kann jedoch diese im Einzelfall schwache Wechselwirkung trotzdem bedeutend werden, wenn durch die Passung der Oberflächen der interagierenden Biomoleküle zahlreiche Van-der-Waals-Wechselwirkungen gleichzeitig auftreten.

▪ Wasser – ohne Wasser kein Leben

Wasser beeinflusst die elektrostatische Wechselwirkung

Wasser spielt in lebenden Zellen mit einem typischen Gewichtsanteil von 70 % eine dominante Rolle. Diese ist nicht nur der hohen Häufigkeit der Wassermoleküle und des wässrigen Mediums in der Zelle zu verdanken, sondern auch den speziellen Eigenschaften von Wasser als Lösungsmittel. Diese speziellen Eigenschaften bestimmen die biologischen Strukturen fundamental. Das Wassermolekül – H_2O – ist relativ klein (Bindungsabstand zwischen H- und O-Atomen ca. 0,1 nm), es ist gewinkelt und besitzt aufgrund des elektronegativen Sauerstoffatoms ein Dipolmoment von 1,85 Debye. Wasser ist somit ein stark polares Lösungsmittel. Dies führt zu der ungewöhnlich großen Dielektrizitätskonstante $\varepsilon = 80$ (bei Zimmertemperatur), die wiederum sehr stark elektrostatische Wechselwirkungen verändert (▶ Gl. 12.1). Die zweite herausragende Eigenschaft von Wasser liegt in der Möglichkeit, mehrere Wasserstoffbrückenbindungen pro Molekül einzugehen und diese Wasserstoffbrückenbindungen in sehr schneller Folge auf der Zeitskala von Pikosekunden zu brechen und wieder neu zu bilden. In flüssigem Wasser ist somit ein hohes Maß an Unordnung (große Entropie) vorhanden.

12

Wasser kann sehr gut polare Stoffe lösen

Wasser zeigt im gefrorenen Zustand oder in der Nähe von weniger polaren Strukturen eine sehr geordnete Struktur, und die Entropie ist verglichen zur reinen Flüssigkeit Wasser erheblich reduziert. Die Eigenschaften der Polarität und die Möglichkeit, Wasserstoffbrücken zu binden (Protizität), führen dazu, dass Wasser sehr gut polare Stoffe lösen kann. Daher rührt auch der Name *hydrophile Moleküle* für polare Medien. In diesem Fall wird die Struktur des Wassers in der Umgebung dieser hydrophilen Moleküle nur wenig von der stark ungeordneten Struktur im reinen Wasser abweichen.

Unpolare Moleküle, wie gesättigte Kohlenwasserstoffe oder aromatische Moleküle, lösen sich hingegen kaum in Wasser. An ihrer Oberfläche, die wasserabstoßend (hydrophob) ist, sind die Wassermoleküle gezwungen, spezielle Strukturen einzunehmen, die energetisch günstig sind. Diese sehr definierten Strukturen besitzen aber i. Allg. eine kleine Entropie. Bei der Lösung hydrophober Substanzen in Wasser gibt es ein wichtiges Zusammenspiel zwischen anziehender Wirkung der verschiedenen Moleküle und der Änderung der Entropie im wässrigen Medium.

12.1.3 Freie Energie – Leben im Wechselspiel von Enthalpie und Entropie

Chemische Reaktionen und chemische Energie

Wärmelehre, die Thermodynamik, ist in der Biophysik von besonderem Interesse. Da dieses Gebiet nur sehr eingeschränkt im Rahmen des Schulunterrichtes vermittelt wird, muss zumindest eine qualitative Vermittlung der wesentlichen Begriffe wie *Entropie, Enthalpie, freie Enthalpie* eingeplant werden. Den Schülerinnen und Schülern sollte es möglich werden, die *Energielandschaft* eines biologischen Vorganges zu verstehen und die dort ablaufenden spontanen Vorgänge zu erkennen. Der Lebenszyklus von Zellen findet i. Allg. unter Atmosphärenbedingungen statt, d. h. bei konstantem Druck p und konstanter Temperatur T. Beides ist durch die Umgebung bestimmt. Unter diesen Bedingungen einer isobaren ($\Delta p = 0$) und isothermen ($\Delta T = 0$) Zustandsänderung werden thermodynamische Vorgänge durch die Enthalpieänderung ΔH und die Entropieänderung ΔS bestimmt. Der Wärmeumsatz ΔQ des so abgeschlossenen Systems wird dann zu $\Delta Q = \Delta H$. Spontane (irreversible) Prozesse laufen dann gemäß des 2. Hauptsatzes der Thermodynamik mit einer Entropieänderung $\Delta S > \Delta Q / T = \Delta H / T$ ab. Für diese Prozesse ist die relevante thermodynamische Größe die *„freie Enthalpie G"* (*free energy*).

Die freie Enthalpie G ist die richtige Größe, um Zustandsänderungen bei konstantem Druck und konstanter Temperatur zu charakterisieren

Die freie Enthalpie strebt in spontanen Prozessen zu einem Minimum. Insgesamt gilt:

Freie Enthalpie

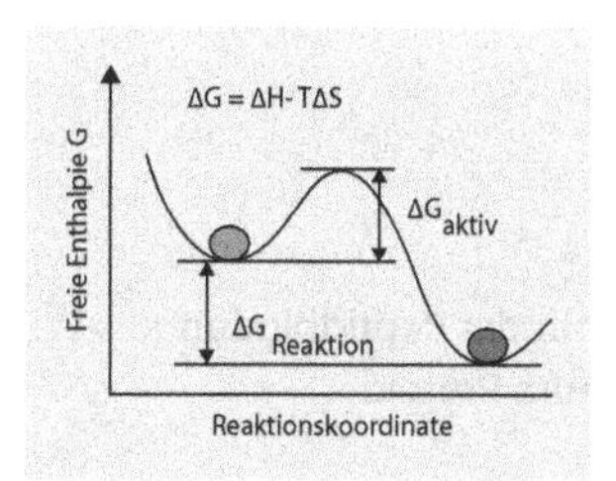

$$\Delta G = \Delta H - T\Delta S < 0 \tag{12.2}$$

Als Beispiel kann hier die Bildung von Öltröpfchen in Wasser herangezogen werden. Wir wissen, dass die hydrophoben Ölteilchen in Wasser von einer geordneten Oberflächenschicht der Wassermoleküle umgeben sind. Dies ergibt einen Beitrag zur Entropie, der negativ und proportional zur Oberfläche F_{Ob} des Wassermoleküls ist:

$$\Delta S_{\mathrm{Ob,H_2O}} = \Delta\sigma_{\mathrm{\ddot{O}l,H_2O}} \cdot F_{\mathrm{ob}}$$

Freie Enthalpie und Entropie sind wichtige Orientierungsgrößen

Da sich die Bindungsenthalpie zwischen Öl und Wassermolekülen nicht sehr stark ändert (der anziehende Teil der Van-der-Waals-Wechselwirkung ist relativ ähnlich), wird ein Minimum der freien Enthalpie dann erreicht, wenn die Oberfläche zwischen Wasser und Öl minimal ist. Ölmoleküle lagern sich in Wasser zu Tropfen zusammen. Spontan werden sich kleine Öltröpfchen in Wasser zusammenfinden, um mit großen kugelförmigen Öltröpfchen das Minimum an ΔG zu erreichen. Eine Modellrechnung mit realistischen Zahlenwerten für die Wechselwirkung zwischen Öl und Öl sowie Öl und Wasser und die Entropieänderung kann von Schülern als Übungsbeispiel durchgeführt werden. Es ist einfach möglich, dabei die Rolle der freien Enthalpie und der Entropie bei verschiedenen Temperaturen zu demonstrieren. Weitere Aspekte dieses Themas sollten im Zusammenhang mit hydrophoben Wechselwirkungen bei der Bildung von Membranstrukturen und bei der Faltung von Proteinen in der Schule diskutiert werden.

12.1.4 Proteine – Maschinen des Lebens

Proteine – lineare Ketten von Aminosäuren

20 natürliche Aminosäuren

Proteinfaltung dauert etwa 1 s

Proteine sind die *Multifunktionswerkzeuge* der Zellen, die wichtigste Funktionen des Lebens wie Stoffwechsel, Synthese, Auf- und Abbau von Biomolekülen, Strukturbildung, Materialtransport und Bewegungen von Zellen ermöglichen und oft auch diese Vorgänge kontrollieren. Ein Protein besteht aus einer linearen Anordnung von Bausteinen, den Aminosäuren, die aus einem Baukasten von 20 Typen gewählt sind. Die genaue Reihenfolge dieser 20 unterschiedlichen Aminosäuretypen im Protein ist für dessen Struktur und Funktion von fundamentaler Bedeutung. Die Abfolge der Aminosäuren ist durch den genetischen Code in der DNA festgelegt. Weiterhin können bei verschiedenen Proteinen durch den Einbau von Ionen oder spezieller anderer *prosthetischer* Gruppen (z. B. Farbstoffe, Redoxmoleküle, Coenzyme) oder durch eine Modifikation der Aminosäurenseitenketten spezielle Funktionalitäten erreicht werden. In Zellen können Proteine bis zu mehrere 10^4 Aminosäuren enthalten, typische Längen der häufigsten Proteine liegen aber bei einigen 100 Aminosäuren. Sehr kurze Aminosäurenketten werden auch Peptide genannt.

Mit der Peptidbindung zum Protein

In der Biophysik werden komplexe Strukturen anschaulich dargestellt

Der Ramachandran-Plot gibt eine Orientierung

Die Abfolge der Aminosäuren in der Kette legt ganz wesentlich die Struktur eines Proteins fest. Im Allgemeinen ist die Funktion des Proteins nur durch seine korrekte, klar definierte Struktur – die native Struktur – sichergestellt. Die 20 Bausteine sind L-α-Aminosäuren, die sich in der Seitenkette (Rest R gebunden ans C_α-Atom) unterscheiden. Lediglich die Aminosäure Prolin unterscheidet sich von den anderen Aminosäuren durch eine Anbindung der Seitenkette an zwei Atome des *Proteinrückgrats*. Dies Kettenbildung erfolgt durch Verknüpfen des Carboxylrestes der Aminosäure i mit dem Aminorest der Aminosäure $i+1$ unter Wasserabspaltung (■ Abb. 12.4). Diese Peptidbindungen stellen das Rückgrat der Aminosäurenkette her. Da eine Peptidbindung einen partiellen Doppelbindungscharakter aufweist, kann man davon ausgehen, dass die grau markierten Teile der Aminosäurenkette relativ starre Flächen bilden (■ Abb. 12.4). Die Änderung der Proteinstruktur wird also ganz wesentlich durch die Rotation um die verbleibenden Einfachbindungen am C_α-Atom, also durch die hier vorliegenden Winkel φ und ψ, bestimmt sein. Hier könnte in der Schule der zugehörige

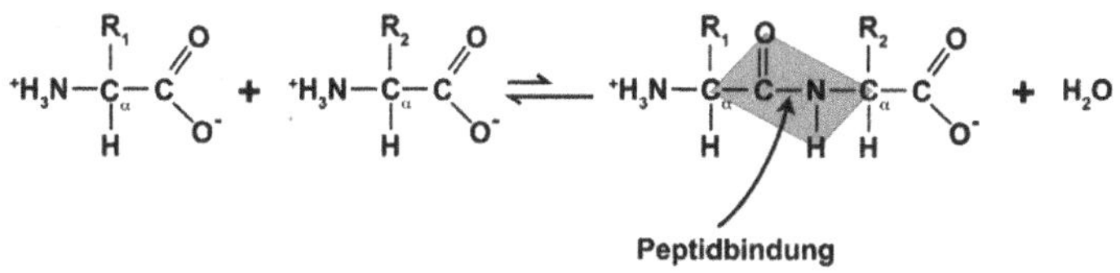

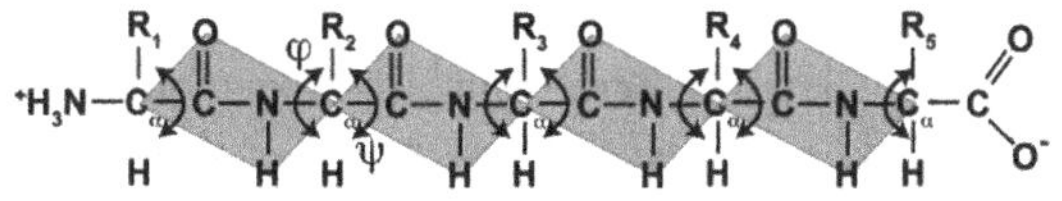

■ Abb. 12.4 Über eine Peptidbindung werden die Aminosäuren von Proteinen oder Peptiden zu linearen Ketten aneinandergekoppelt. Die grau markierten Bereiche bilden relativ starre Flächen. Die Änderung der Proteinstruktur wird daher ganz wesentlich durch die Rotation um die Winkel φ und ψ zu den Cα Atomen bestimmt

Ramachandran-Plot (Mäntele 2012) diskutiert werden und welche Bereiche aufgrund *sterischer Wechselwirkungen* (d. h. vor allem aufgrund räumlicher Ausdehnungen) nicht gebildet werden können. An einem Kalottenmodell (Modell mit Kugelteilen) könnte dabei auch erläutert werden, dass selbst wenige Werte von φ und ψ zu einer praktisch unbegrenzten Anzahl von Anordnungen einer längeren Aminosäurenkette führen.

Die Biophysik muss die Vielfalt der Möglichkeiten ordnen

Die Struktur eines Proteins wird hierarchisch eingeteilt in Primärstruktur (die lineare Abfolge der Aminosäuren) und Sekundärstruktur (die räumliche Anordnung der Aminosäuren durch Wasserstoffbrücken zwischen den NH- und CO-Gruppen der Proteinrückgrats). α-Helix- und β-Faltblattstrukturen sind die wichtigsten Vertreter einer Sekundärstruktur. Die Tertiärstruktur beschreibt die räumliche Anordnung einer kompletten Aminosäurenkette, während höhere Strukturen die Anordnung von verschiedenen Ketten zu großen geordneten Proteinkomplexen beschreiben. Als *Domäne* wird ein Proteinteil bezeichnet, der selbstständig eine definierte Tertiärstruktur annehmen kann und typischerweise einige Dutzend bis einige Hundert Aminosäurereste umfasst.

Kenntnisse über den strukturellen Aufbau kann man über die Röntgenstreuung gewinnen (Infobox 12.1: Röntgenbeugung und Proteinkristallografie).

12.1.5 Proteinfaltung und Konformationsänderungen

Die Funktion der Proteine wird durch deren Struktur, d. h. durch die räumliche Anordnung der verschiedenen Aminosäuren zueinander, bestimmt. Struktur und Strukturänderung, die

Polypeptidketten falten sich zu funktionellen Proteinen

Proteinfaltung dauert etwa 1 s

Ein wichtiges Konzept in der Biophysik: Durch den Faltungstrichter zur nativen Struktur

Noch Forschungsbedarf zum Prozess der Proteinfaltung

Bindungsmöglichkeiten für spezielle Moleküle an die Seitenketten, die Wechselwirkungen an der Oberfläche des Proteins und seine Form spielen hier eine wesentliche Rolle. Die Synthese von Proteinen in der Zelle, d. h. der Aufbau der Aminosäurenkette, erfolgt in den Ribosomen. Hier wird die korrekte lineare Abfolge der Aminosäure – codiert in der DNA, überschrieben in der mRNA – in den selektiven Anbau weiterer Aminosäuren umgesetzt. Nach der Synthese ist die räumliche Struktur des Proteins noch nicht korrekt hergestellt. Im Allgemeinen gibt es zu diesem Zeitpunkt eine Vielzahl verschiedener Anordnungen der Aminosäureketten, die in keiner Weise die Funktion des intakten Proteins erfüllen. Durch einfaches Austesten aller möglichen Anordnungen kann die Kette praktisch nie die geordnete Struktur finden, da die Zahl der möglichen falschen Anordnungen zu hoch ist. Mit einfachen statistischen Überlegungen kann man im Unterricht abschätzen, wie viele Anordnungen in Prinzip in diesem *Random-coil*-Zustand möglich sind, und man kann zu dem Schluss gelangen, dass selbst bei mittleren Proteingrößen (ca. 100 Aminosäuren) eine Faltung durch Probieren länger als das Alter des Universums dauern würde (Levinthal-Paradoxon). Eine Faltung innerhalb einer Sekunde, wie sie in der Natur abläuft, erfordert eine gerichtete Reaktion, die z. B. durch einen *Faltungstrichter* ermöglicht wird.

Ein *Faltungstrichter* (■ Abb. 12.5) ist eine multidimensionale *Energielandschaft*, in der es eine Abfolge von Konformationsänderungen hin zum gefalteten Zustand gibt, der in den energetisch günstigsten Zustand führt. Dieser *native* Zustand entspricht dem *Minimum der freien Enthalpie*. Auf dem Weg zum gefalteten Zustand werden die Wechselwirkungen zwischen verschiedenen Teilen der Aminosäurenkette optimiert. Die Zahl der Wasserstoffbrücken zwischen den CO- und NH-Gruppen des Proteinrückgrats werden maximiert, Bindungen zwischen den Seitenketten hergestellt, hydrophobe Wechselwirkungen mit der Umgebung (Wasser, Lipid, Membranen) zur energetischen Optimierung herangezogen. So werden das globale Minimum der freien Enthalpie G und die korrekte Struktur und damit die Funktion des Proteins erreicht.

Häufig erfolgt die Faltung spontan, in anderen Fällen spielen jedoch unterstützende Proteine (Chaperone) eine wichtige Rolle. Fehlfaltungen können z. B. zu Aggregation von Proteinen in Amyloiden führen, die zu Erkrankungen (Amyloidosen wie Parkinson, Alzheimer oder BSE) führen können. Der

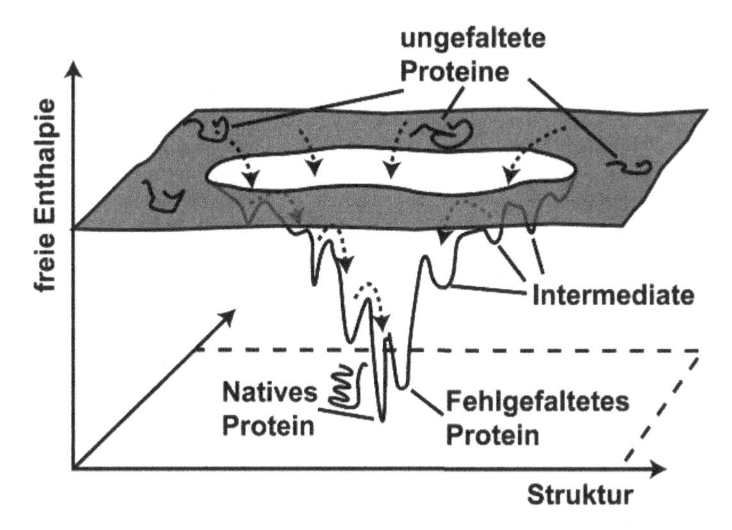

Abb. 12.5 Die Faltung der zunächst ungeordneten Aminosäurenkette in ein funktionelles natives Protein mit einer genau definierten dreidimensionalen Struktur kann man sich in einer trichterförmigen *Energielandschaft, dem Faltungstrichter,* vorstellen

Proteinfaltungsprozess kann bisher noch nicht theoretisch vorhergesagt werden. Das heißt, es ist noch nicht möglich, allein aus der Sequenz der Aminosäuren die korrekte Struktur und die Funktion des Proteins zu berechnen. Damit ist auch die Inversion dieses Problems, das *De-novo-Design* eines Proteins, das eine spezielle Funktion ausführen soll, heute noch nicht möglich.

Ein Durchbruch in der Erforschung der Proteine erfolgte Anfang der 1960er-Jahre des 20. Jahrhunderts, als es gelang, durch Röntgenstrukturanalyse die räumliche Anordnung der Atome in einem Protein zu bestimmen (Infobox 12.1: Röntgenbeugung und Proteinkristallografie). Seit dieser Zeit sind für viele Tausend Proteine die Strukturen aufgeklärt worden und somit ein Verständnis biologischer Vorgänge auf atomarer Ebene erreicht worden. In den letzten Jahren haben Strukturbestimmungen durch die Kombination mehrdimensionaler NMR mit moleküldynamischen Rechnungen auch für nichtkristallisierbare Proteine Strukturinformationen mit atomarer Präzision geliefert.

Aufschlüsse über die Energiezustände der Moleküle bekommt man über die Spektroskopie (Infobox 12.2)

Röntgenstreuung liefert Informationen über Molekülstrukturen

Infobox 12.1: Röntgenbeugung und Proteinkristallografie

Die Proteinkristallografie hat die Aufklärung der 3D-Strukturen von fast 100.000 Proteinen ermöglicht. Voraussetzung ist dabei, dass das Protein zuvor isoliert, gereinigt und kristallisiert werden kann. An einem Synchrotron wird der Kristall mit einem stark gebündelten Röntgenstrahl bestrahlt und auf einem Detektor hinter der Probe das Beugungsmuster des Kristalls aufgenommen. Jeder „Reflex" im Beugungsbild erfüllt die *Bragg-Bedingung* (◘ Abb. 12.6):

$$2 \cdot d \cdot \cos(\alpha) = n\lambda$$

Die Streuamplitude ist dabei die Fourier-Transformierte der Elektronendichte des Kristalls. Gemessen wird die Intensität, d. h. das Betragsquadrat der Streuamplitude. Ein Beugungsbild allein kann aber nicht direkt in die 3D-Struktur zurückgerechnet werden, da nur die Intensität und nicht die Phase der gebeugten Röntgenstrahlen gemessen wird. Einen Ausweg bietet z. B. die Messung eines weiteren Beugungsbildes nach Behandlung mit Schwermetallen, die sich im Kristall einlagern und Referenzzentren bilden. Aufgrund der geringen Wellenlänge der Röntgenstrahlung von wenigen 10^{-10} m kann eine atomare Auflösung der Position aller Atome in einem Protein erreicht werden.

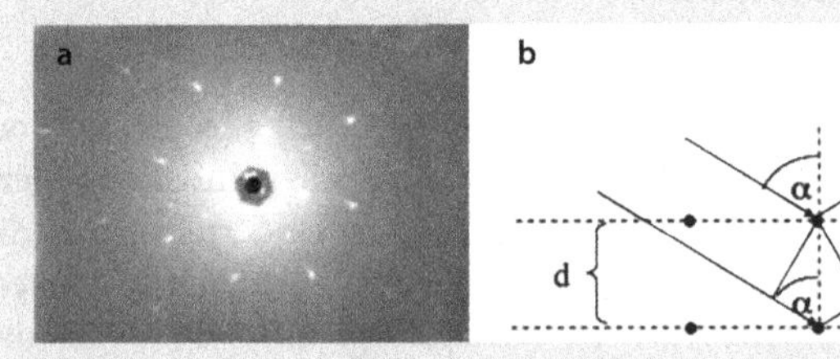

◘ **Abb. 12.6** **a**) Röntgenbeugung; **b**) Bragg'sche Bedingung

12

Spektroskopie: direkte Information zu molekularen Energien

Infobox 12.2: Spektroskopie

In der Biophysik ist Licht ein wichtiges Hilfsmittel für molekulare Untersuchungen. Es erlaubt Strukturen zu sehen oder vergrößert in der Mikroskopie sichtbar zu machen. Außerdem werden mithilfe der Spektroskopie Energiezustände im Molekül gemessen, Moleküle über ihre „spektralen Fingerabdrücke" identifiziert und Veränderungen während einer Reaktion charakterisiert. Energiezustände durch die elektronische Anregung von Molekülen liegen i. Allg. im Bereich weniger Elektronenvolt (durchgezogenes Niveaus S_0–S_3 in ◘ Abb. 12.7 unten links). Schwingungen der Atome im Molekül führen zu Energiezuständen im Bereich 10–500 meV (◘ Abb. 12.7, unten links, gestrichelt). Diese Zustände können durch Absorptions- oder Emissionsspektroskopie beobachtet werden (◘ Abb. 12.7). In der Emissionsspektroskopie wird das beim Übergang von einem angeregten Zustand in einen energetisch niedrigeren Zustand emittierte Licht spektral aufgespalten und so die Übergangsfrequenzen (Energiedifferenzen) gemessen. Fluoreszenzspektroskopie hat in

den letzten Jahren durch die gezielte Kombination von speziellen Fluoreszenzfarbstoffen mit biologischen Markergruppen große Bedeutung in den Biowissenschaften erlangt.
In der Absorptionsspektroskopie beobachtet man die Übergänge in höhere Energiezustände eines Moleküls. Als Beispiel für einen optischen Übergang sind UV-Absorptionsspektren eines DNA-Basenpaares aus zwei Thymin-Molekülen vor und nach Belichtung mit UV-Licht gezeigt (◘ Abb. 12.7, rechts). Bei längerer Belichtung verschwindet zuerst die UV-Absorption des ursprünglichen Paares TpT. Es baut sich das Reaktionsprodukt T(6–4)T auf, das bei weiterer Belichtung wiederum verändert wird und in das T(Dewar)T-Molekül übergeht.

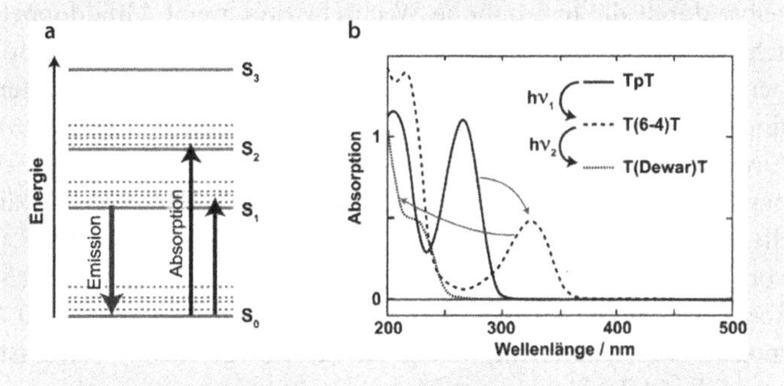

◘ **Abb. 12.7** a) Prinzip der Spektroskopie; b) Absorptionsspektrum eines DNA-Basenpaares

12.2 Biophysik der Zelle

12.2.1 Membranen

Membranen teilen den Raum in Teilräume (Kompartimente), in denen sich Stoffe anreichern und Reaktionen effizienter ablaufen können. Sie trennen das Innere einer Zelle vom äußeren Milieu und umhüllen auch im Inneren der Zelle zahlreiche Organellen. Eine zentrale Funktion der Membran ist die Kontrolle des Stofftransports. Lipidmembranen sind für Ionen und hydrophile Moleküle undurchlässig (impermeabel), während kleine hydrophobe Moleküle die Membran passieren können. Für die impermeablen Ionen können Membranen ein Konzentrationsgefälle aufrechterhalten, eine Funktion, die in der neuronalen Signalübertragung, der Photosynthese und der Energieumwandlung in Zellen von Bedeutung ist. Zahlreiche Proteine sind in die flüssigen Membranen eingebettet oder angelagert, sodass Informationen von außen nach innen oder umgekehrt übertragen werden und viele enzymatische Reaktionen in vorstrukturierter Weise ablaufen können. Die zentralen Fragen zur Physik der Membranen betreffen

Membranen kontrollieren den Stofftransport

und sind wichtig für den Aufbau von Konzentrationsgefällen

- die Struktur (Konzept der Selbstorganisation und Flüssig-Mosaik-Modell),
- die elektrostatischen Eigenschaften (die Membrane als Kondensator) und
- die Transporteigenschaften (die Membran als semipermeable Barriere).

Die Membran besteht aus amphiphilen Molekülen, den Lipiden, die aus einer hydrophilen Kopfgruppe und hydrophoben Fettsäureketten zusammengesetzt sind. Die Lipide bilden von selbst durch die hydrophobe Wechselwirkung eine Lipiddoppelschicht (Selbstorganisation), in der die hydrophilen Kopfgruppen zum Wasser gerichtet sind; die hydrophoben Fettsäureketten finden sich im Inneren der Membran zusammen (◘ Abb. 12.8). Ein Lipid ist nicht kovalent in der Membran verankert, und es besteht eine endliche Wahrscheinlichkeit, dass ein Lipidmolekül die Membran verlässt. Die sich daraus ergebene Konzentration von freien Lipidmolekülen in Lösung wird als *kritische Micellkonzentration* bezeichnet und beträgt nicht mehr als ca. 10^{-9} mol/l, was verdeutlicht, wie groß der energetische Vorteil ist, wenn die Moleküle zu einer Membran assoziieren.

Selbstorganisation von Lipiden

Insbesondere sind aber die Lipidmoleküle frei, in der Membranschicht ihre Plätze zu vertauschen. Verfolgt man die Bewegung eines einzelnen Lipidmoleküls, was heute mithilfe von Fluoreszenzsonden möglich ist, so beobachtet man einen Zufallspfad in der Ebene. Man sagt, die Lipide diffundieren frei in der Membranebene (Infobox 12.5: Diffusion und Brown'sche Bewegung).

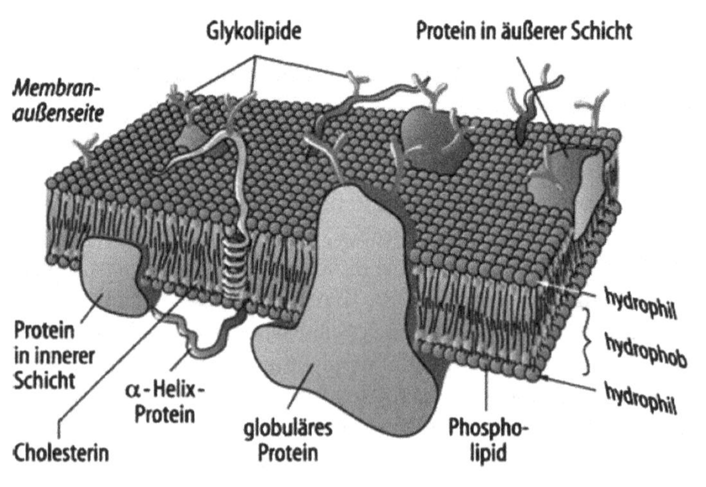

◘ **Abb. 12.8** Darstellung der Flüssig-Mosaik-Struktur der Lipidmembran (Schünemann 2005, S. 8)

Nach dem Modell von Nicholsen und Singer gilt auch für Proteine, die in die Membran eingebettet sind, dass sie frei diffundieren können, die Lipide also eine Art mobiler Matrix darstellen. Somit ist die Struktur der Zellmembran formal die eines Flüssigkristalls, welcher eine Ordnungsform darstellt, die *in einigen Freiheitsgraden kristalline, langreichweitige Ordnung aufweisen* und *in anderen Freiheitsgraden ungeordnet* sind. Beispiele für Flüssigkristalle sind beispielsweise LCD-Anzeigen.

Die Membran ist flüssigkristallin

Für die theoretischen Betrachtungen helfen Analogien aus der Mechanik elastischer Körper

Vom mechanischen Standpunkt aus gesehen folgt daraus, dass die Membran in der Ebene wie eine Flüssigkeit kein Schermodul besitzt, wohl aber ein Elastizitäts- und Biegemodul. Diese mechanischen Begriffe können an makroskopischen Modellen erläutert werden. Das Flächenelastizitätsmodul verbindet Flächendehnung und Membranspannung, vergleichbar mit einer dünnen Gummihaut (Luftballon) oder einem Trampolin. Das Biegemodul verbindet Biegung und Drehmoment, wie es aus der Mechanik des sich durch äußere Kraft biegenden Balkens bekannt ist. Interessant ist, dass aufgrund der Tatsache, dass die Lipidmembran eine Doppelschicht bildet, sich eine spontane Krümmung ausbilden kann. Dies ist dann der Fall, wenn die Anzahl Lipidmoleküle innen und außen nicht gleich ist. Die spontane Krümmung bestimmt wesentlich die Form einer geschlossenen Lipidmembran (Vesikel) für ein gegebenes Volumen-Oberflächen-Verhältnis. In der Natur werden solche, durch asymmetrische Verteilung oder Anlagerung von Proteinen verursachte, lokale Krümmungen genutzt, um gezielt Formveränderungen herbeizuführen. Ein Beispiel ist die Endocytose, also die Aufnahme bzw. Abspaltung einer nach Innen gerichteten kugelförmigen Einstülpung der Membran.

Infobox: 12.3: Optische Fluoreszenzmikroskopie
Seit der Erfindung des Lichtmikroskops im 17. Jahrhundert können mikroskopische Strukturen vergrößert abgebildet werden. Allerdings bedarf es für biologische Proben *Färbetechniken,* da die Absorption im sichtbaren Spektrum in der Regel gering ist. Durch Phasenkontrasttechnik kann eine durchsichtige, aber optisch dichtere Struktur, wie ein Lipid-Vesikel, durch Ausnutzung von Phasenverschiebung und Interferenz sichtbar gemacht werden. Die Fluoreszenzmikroskopie nutzt fluoreszierende Farbstoffe, die Licht absorbieren und mit einer größeren Wellenlänge wieder emittieren. Es können Objekte detektiert werden, die mit nur wenigen Farbstoffmolekülen markiert sind. Die optische Auflösung bleibt durch die Wellennatur des Lichts und den endlichen Öffnungswinkel des abbildenden Objektivs auf typischerweise 0,2 μm begrenzt. Nur unter besonderen Bedingungen, z. B. wenn die Fluoreszenz einzelner Moleküle beobachtet wird, kann eine wesentlich genauere Ortsbestimmung mit optischer Mikroskopie erreicht werden (Superresolution) (■ Abb. 12.9).

Optische Fluoreszenzmikroskopie und Elektronenmikroskopie helfen bei der Analyse von Zellstrukturen

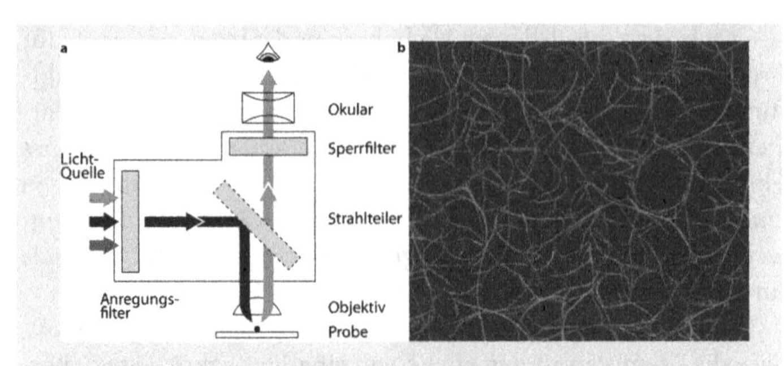

Abb. 12.9 a) Schematischer Aufbau eines Fluoreszenzmikroskops; b) Fluoreszenzaufnahme von Aktinfilamenten (Bild: A. Bausch)

12.2.2 Filamente und makromolekulare Netze

Die Betrachtung zur Struktur der Zellmembran wäre nicht vollständig, ohne die enge Verbindung mit dem Cytoskelett der Zelle einerseits und der extrazellulären Matrix andererseits (Verbundmembran) anzusprechen. Aber wie können diese filigranen Substrukturen von Zellen überhaupt sichtbar gemacht werden? Die Fluoreszenz- und Elektronenmikroskopie sind die wichtigsten abbildenden Techniken (Infobox: 12.3: Optische Fluoreszenzmikroskopie sowie Infobox 12.4: Elektronenmikroskopie).

Infobox 12.4: Elektronenmikroskopie

In einem Elektronenmikroskop werden mit einer Glühkathode Elektronen erzeugt und durch elektrische Hochspannung beschleunigt. Der scharfe Elektronenstrahl lässt sich wie ein optischer Strahl zur Abbildung von mikroskopischen und nanoskopischen Objekten benutzen. Dabei übernehmen Ringspulen mit ausgedehnten magnetischen Feldern die Rolle von magnetischen Linsen, die den Elektronenstrahl wie eine optische Sammellinse fokussieren. Aufgrund des Welle-Teilchen-Dualismus ist das Auflösungsvermögen durch die Welleneigenschaften des Elektrons begrenzt, wobei die Wellenlänge des Elektrons durch die De-Broglie-Beziehung $\lambda = h / p$ gegeben ist (h: Planck'sches Wirkungsquantum, p: Impuls).

Die Bildgebung geschieht entweder durch Färbung der Probe mit Elektronenstrahlabsorbern, Transmissions-Elektronenmikroskopie (TEM) oder indem die Probe mit dem Elektronenstrahl abgerastert und die Intensität der rückgestreuten Elektronen aufgezeichnet wird (Rasterelektronenmikroskopie REM; Abb. 12.10).

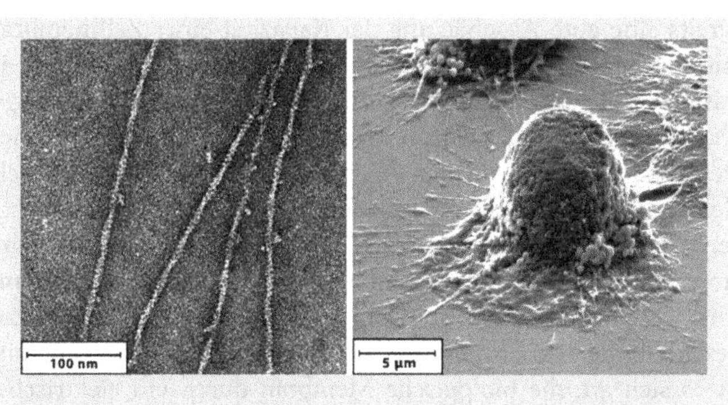

Abb. 12.10 Beispiel einer TEM-Aufnahme von Aktinfilamenten (links) und eines REM-Bildes eine Zelle (Bilder: D. Brack, C. Veigl, P. Paulitschke)

Im Unterricht lassen sich mit den abbildenden Techniken auch die klassische Optik und die Elektrodynamik wiederholen und vertiefen. Anregungen hierzu finden sich in den ISB-Handreichungen zur Biophysik (Staatsinstitut für Schulqualität und Bildungsforschung 2009).

Filamente und makromolekulare Netzwerke haben mit der Membran gemeinsam, dass sie sich ebenfalls durch nicht kovalente Bindungen zusammenfügen. Filamente entstehen, wenn sich globuläre Proteine hintereinander (linear) zu elastischen Stäben aneinanderreihen, wie dies beispielsweise das Protein *Aktin* tut (Infobox: 12.3: Optische Fluoreszenzmikroskopie). Diese Stäbe verleihen der Zelle ihre Form, die Fähigkeit, mechanische Kräfte zur Fortbewegung auszuüben, und sie bilden Leitstränge für den Transport von Stoffen im Inneren der Zelle.

Ein zweites wichtiges Filamentsystem besteht aus kleinen Hohlröhrchen, die von zylindrisch angeordneten Proteinreihen gebildet werden. Diese *Mikrotubuli* sind aufgrund ihrer Hohlzylinderstruktur weniger biegsam als Aktinfilamente. In ein und derselben Zelle kommen meistens beide Systeme vor und werden je nach zellulärer Anforderung verwendet. In ▶ Abschn. 12.3.2 Molekulare Motoren ist dies an einem Beispiel weiter ausgeführt.

12.2.3 Ionentransport durch Membranen

Kapazität einer Zellmembran

Zur Untersuchung der elektrischen Eigenschaften von Membranen kann eine künstliche Lipidmembran über eine kleine Öffnung einer Teflonfolie gespannt werden, die zwei Elektrolytlösungen voneinander trennt. Legt man eine elektrische Spannung an, so lässt sich leicht feststellen, dass sich die Membran wie ein Kondensator verhält. Mit den bekannten Abmessungen der Lipiddoppelschicht und einer Dielektrizitätskonstante $\varepsilon = 2{,}1$ für die ölähnlichen Lipidketten erhält man bereits eine gute Abschätzung der Kapazität einer Zellmembran mit gegebener Fläche. Eine Besonderheit der Lipidmembran in wässriger Elektrolytlösung ist die Tatsache, dass die Ladungsverschiebung durch gelöste Salz-Ionen erfolgt. Während sich die eine Ionensorte auf der Oberfläche der Membran sammelt, bleiben die entgegengesetzt geladenen Ionen in Lösung und bilden eine diffuse Ladungswolke, welche die Ladung der Membran abschirmt. Dieses Phänomen der Ladungsabschirmung wird durch die *Poisson-Boltzmann*-Gleichung beschrieben. Zur Beschreibung experimenteller Strom-Spannungs-Kurven bietet es sich an, die biologische Membran durch ein elektrisches Ersatzschaltbild zu repräsentieren. In diesem Fall muss die Debye-Kapazität mit der eigentlichen Kapazität der Membran in Serie geschaltet werden. Die Membran hat aber auch eine endliche Durchlässigkeit, die sich beim Anlegen einer Spannung als Leckstrom bemerkbar macht. Im entsprechenden Ersatzschaltbild wird dies durch einen parallel geschalteten Ohm'schen Widerstand dargestellt (◘ Abb. 12.11).

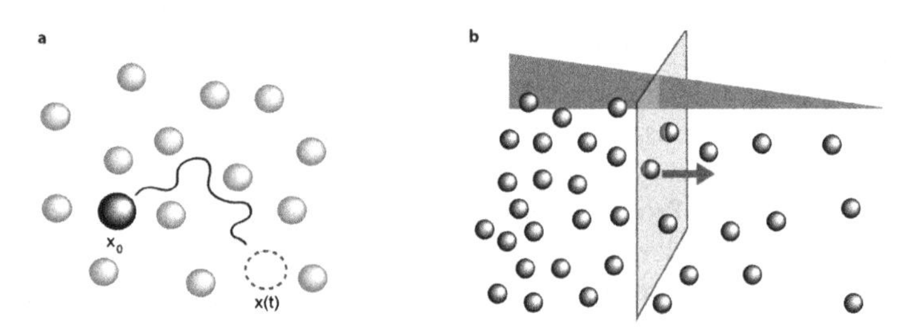

◘ **Abb. 12.11** **a**) Brown'sche Bewegung, **b**) Diffusion

Infobox 12.5: Diffusion und Brown'sche Bewegung

Ein Molekül oder mikroskopisches Partikel, welches sich in einem homogenen Bad kleiner Moleküle befindet, wird durch permanente Stöße in eine Zufallsbewegung versetzt, die Brown'sche Bewegung. Nach einer Zeit *t* können wir nur noch Wahrscheinlichkeitsaussagen über den Ort des Moleküls machen. Dabei gilt, dass der Mittelwert der Entfernung zum Ursprungsort sich nicht verändert:

$$\langle x - x_0 \rangle = 0$$

aber das mittlere Abstandsquadrat mit der Zeit wächst:

$$\left\langle (x - x_0)^2 \right\rangle = 2nDt$$

wobei *n* die Dimension des Raums ist, in dem sich das Molekül bewegt, und *D* die Diffusionskonstante (für ein Protein, das in oder auf einer Membran diffundiert, ist $n = 2$). Die Diffusionskonstante ist nach der Einstein-Relation mit dem Reibungskoeffizienten *f* des Moleküls in der Lösung verknüpft:

$$\mathrm{D} = \mathrm{kT/f}$$

wobei für eine Kugel mit Radius *R* in einem Medium der Viskosität η der Reibungskoeffizient durch die Stokes-Formel gegeben ist:

$$f=6\pi r$$

In einer Situation, in der die Konzentration eines gelösten Moleküls nicht homogen verteilt ist, verursacht Diffusion einen Teilchenstrom J:

$$J=-D\frac{dc(x)}{dx}$$

(1. Fick'sches Gesetz).

Der Transport von Molekülen durch eine Membran entspricht definitionsgemäß einem Teilchenstrom. Als passiver Transport wird bezeichnet, wenn ein Teilchen durch thermische Bewegung zufällig über die Energiebarriere, welche die Membran darstellt, hinübergelangt.

Gesetzmäßigkeiten der Physik beschreiben den Teilchenstrom durch Membrane

Befinden sich nun auf einer Seite der Membran mehr Teilchen einer Sorte, so wird es zu einem Nettostrom J von der höheren zur niedrigeren Konzentration kommen. Die Proportionalitätskonstante nennt man Permeabilität $J=P\ (c_2-c_1)$. Die Permeabilität P hängt exponentiell von der Höhe der Energiebarriere ab, ein Zusammenhang, der unmittelbar erklärt, für welche Moleküle die Membran permeabel ist und für welche nicht. Insbesondere findet man, dass die Energiebarriere für Ionen sehr hoch ist, da die elektrostatische Selbstenergie von der dielektrischen Konstanten wie $1/\varepsilon$ abhängt. Im Inneren der Membran tritt bei $\varepsilon \approx 2$ eine sehr viel höhere Selbstenergie auf als in der wässrigen Umgebung mit $\varepsilon \approx 80$. Dies gilt auch für die sehr kleinen Protonen. Die Permeabilität der Membran für Protonen ist 100.000-mal kleiner als die für die nicht geladenen Wassermoleküle. Auf diese Weise kann über eine Lipidmembran ein Protonengradient aufrechterhalten werden. Da die Protonen elektrisch geladen sind, entspricht ein Protonengradient im Gleichgewicht einer elektrischen Potenzialdifferenz, dem Nernst-Potenzial:

$$\Phi_{Nernst}=U_2-U_1=\frac{k_BT}{e}\ln\frac{c_1}{c_2}$$

12.2.4 Ionenkanäle und Pumpen

Es gibt eine Vielzahl von Transmembranproteinen, die den Transport spezifischer Moleküle durch die Membran ermöglichen. Die einfachste Form sind porenähnliche Ionenkanäle. Diese sind in der Regel selektiv (nur für bestimme Moleküle passierbar) und regulierbar, d. h. die Permeabilität hängt von äußeren Parametern, wie z. B. von der Membranspannung, ab. Daneben gibt es auch aktive Transporter, Ionenpumpen, die Ionen unter Verbrauch von chemischer Energie von einer Seite der Membran auf die andere transportieren. Wichtig für die Aufrechterhaltung des Ruhepotenzials in Nervenzellen ist beispielsweise die Natrium-Kalium-Pumpe, die pro Verbrauch von einem Molekül ATP (▶ Abschn. 12.3) drei Natrium-Ionen in die eine Richtung und zwei Kalium-Ionen in die entgegengesetzte Richtung transportiert.

Auch umgekehrt kann ein Ionengradient in chemische Energie umgesetzt werden. Die ATP-Synthase ist eine membranständige Proteinmaschine, die – getrieben durch einen Protonengradienten – das hochenergetische Molekül ATP synthetisiert.

12.3 Molekulare Maschinen

12.3.1 Enzymatische Reaktionen

Enzyme sind wichtig für biologische Reaktionen

Die Biophysik gibt Antworten zu der spannenden Frage, wie lebende Systeme agieren können. Hier sind Proteine von zentraler Bedeutung, die chemische Reaktionen und mechanische Konformationsänderungen koppeln können. Friedrich Wilhelm Kühne erfand 1878 den Begriff *Enzym* für Substanzen, die chemische Reaktionen vermitteln oder beschleunigen (katalysieren) können. Durch eine Vielzahl moderner Methoden, die maßgeblich von Biophysikern entwickelt wurden, hat sich das Bild von Enzymen jedoch stark erweitert. Es sei hier als Beispiel die Hydrolyse von Adenosintriphosphat, kurz ATP, angeführt. Die chemische Reaktion:

$$\mathrm{ATP} + \mathrm{H_2O} \rightleftharpoons \mathrm{ADP} + \mathrm{Phosphat}$$

wird von verschiedenen Enzymen – ATP-Hydrolasen – katalysiert. Die freie Enthalpie dieser Reaktion ist gegeben durch:

$$\Delta G = \Delta G_0' - kT \ln \frac{[ADP] \cdot [P_i]}{[ATP]}$$

und ist exergon im Sinne von Gl. 12.2. Die Konzentration in einer prototypischen Zelle ist bei Körpertemperatur etwa 50 kJ/mol, entsprechend etwa 20 kT. Aufgrund der Tatsache, dass die Hydrolyse von ATP Energie für endergone Reaktionen wie Biosynthesen, den Aufbau von Ionengradienten über Membranen und mechanische Arbeit liefern kann, wurde ATP auch als *Energiewährung der Zelle* bezeichnet. Es ist ein eminent wichtiges Biomolekül. Beispielsweise werden in einem menschlichen Organismus jeden Tag ca. 50 kg ATP umgesetzt.

Als *molekulare Maschinen* bezeichnet man nun ATP-umsetzende Enzyme, bei denen die ATP-Hydrolyse mit einem energieverbrauchenden Prozess gekoppelt ist. Es wird immer klarer, dass Enzyme im Zuge der katalysierten Reaktion Konformationsänderungen erfahren, die von kleineren Verschiebungen einzelner Aminosäureseitenketten bis zu Bewegungen ganzer Domänen reichen.

12.3.2 Molekulare Motoren

In biologischen Systemen finden sich molekulare Maschinen, die Bewegung verursachen, sog. molekulare Motoren. Sie sind Grundlage der Muskelkontraktion, die sich aus einer Vielzahl molekularer Bewegungsereignisse ergibt, welche sich zu einer makroskopisch sichtbaren Bewegung aufsummieren. Die Erforschung der Physik des Muskels hat eine lange Tradition in der Biomechanik, und die Untersuchung der molekularen Grundlagen gehört zu den Bereichen aktueller Forschung in der Biophysik. Im Folgenden wird der Fokus auf molekulare Linearmotoren gelegt, die sich entlang von Filamenten des Zellskeletts (► Abschn. 12.2.2) bewegen. Die Muskelkontraktion lässt sich auf derartige Linearmotoren zurückführen, aber auch beim Geißelschlag höherer Zellen oder bei Transportphänomenen innerhalb von Zellen spielen sie die Hauptrolle.

Physik des Muskels

Mikroskopische Bewegungsereignisse mit Videotechnik erfassen

Seit einigen Jahren lassen sich die mikroskopischen Bewegungsereignisse mit videomikroskopischen Techniken direkt zeigen und vermessen. Ein relativ simpler Versuchsaufbau besteht aus einem mikroskopischen Deckglas, an das molekulare Motoren geheftet werden und somit genau umgekehrt wie im Lebewesen agieren. Die Anheftung an die Glasoberfläche kann zum Teil unspezifisch erfolgen oder durch ausgeklügelte Verbindungsmoleküle. Nach Zugabe der passenden und fluoreszenzmarkierten Cytoskelettfilamente und der chemischen Energiequelle (ATP) kann man deren Bewegung unmittelbar beobachten und die Geschwindigkeit der Motoren bestimmen (◘ Abb. 12.12).

▪ Diffusion und aktiver Transport

Die biologische Notwendigkeit für molekulare Motoren ist für Schüler leicht aus einer Betrachtung der Transportzeiten zu ersehen. Im Falle eines durch freie Diffusion getriebenen Transports benötigt z. B. ein K^+-Ion weniger als 1 ms, um das Innere einer Bakterienzelle (ca. 1 µm) zu durchqueren, für eine Säugetierzelle (ca. 20 µm Durchmesser) schon etwa 1–2 s. In einem Axon eines Motoneurons, das vom Hirn aus das Rückenmark

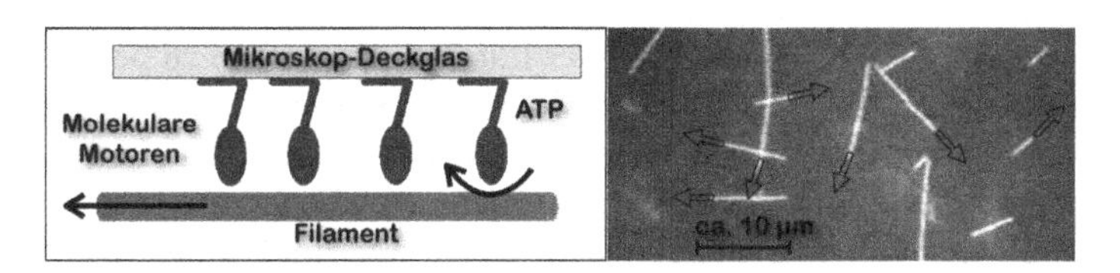

◘ **Abb. 12.12** Prinzip des Multimotor-Bewegungstests. Molekulare Motoren werden auf das Deckglas geheftet und in Gegenwart von chemischer Energie in Form von ATP und fluoreszierenden Cytoskelettfilamenten (hier: Mikrotubuli) beobachtet

innerviert, würde ein Ion Jahre benötigen. Für biologische Makromoleküle mit einem größeren Stokes-Radius sind diese Zeiten nochmals erheblich länger und können die Lebenszeit eines Menschen leicht übersteigen. Ein molekularer Motor hingegen, der sich mit 1 μm/s fortbewegen kann, kann ein etwa 1 m langes Motoneuron in 10^6 s (etwa 11 Tage) durchwandern.

■ Die Energiequelle molekularer Motoren

Sobald Schülerinnen und Schüler mit dem Energiebegriff vertraut sind, lässt sich die Frage verfolgen, woher die Energie für die Bewegung stammt. Zur Beantwortung dieser Frage kann folgender Gedankengang diskutiert werden: Ein molekularer Motor ist offenbar eine Maschine, die der Diffusion und Brown'schen Molekularbewegung entkommt, indem sie sich gerichtet entlang eines Cytoskelettfilamentes hangeln kann.

Nach dem 2. Hauptsatz der Thermodynamik benötigt dieser Prozess Energie. Molekulare Motoren benutzen hierfür die Energie der Hydrolyse von ATP. Wie erwähnt wird bei der Hydrolyse von Adenosintriphosphat in Adenosindiphosphat und Phosphat eine Energiemenge von etwa 50 kJ/mol frei. Es bietet sich eine Umrechnung in molekulare Maßstäbe an. Als Abschätzung für die thermische Energie von Teilchen verwendet man in der Physik die Beziehung:

$$< E_{\mathrm{th}} > = k_{\mathrm{B}} \cdot T$$

Demnach beträgt die thermische Energie bei Körpertemperatur (37 °C):

$$k_{\mathrm{B}}T = 1,38 \cdot 10^{-23}\mathrm{J/K} \cdot 310\mathrm{K} = 4,3 \cdot 10^{-21}\mathrm{J}$$

Ein Mol enthält $N_A = 6{,}022 \cdot 10^{23}$ Teilchen, also entsprechen

$$50\ \mathrm{kJ/mol} = 19{,}3\ \mathrm{k_B} \cdot T$$

Für die unten stehende Überlegung ist ferner folgende Umrechnung nützlich: 1 J = 1 N · m, sodass 50 kJ/mol demnach etwa $8{,}3 \cdot 10^{-20}$ N · m pro ATP-Molekül-Hydrolyse entsprechen (oder 83 pN · nm; der Sinn dieser Einheiten erschließt sich unten).

Diese Größenordnungen sind schwer vorstellbar und lassen sich am besten verdeutlichen, indem man berechnet, wie viele ATP-Moleküle von molekularen Motoren im Muskel benutzt werden müssen, um einen Eimer mit 10 l Wasser 1 m zu heben (98,1 N · m, ca. $2 \cdot 10^{21}$ ATP-Moleküle). Die Frage, wie man sich die Umsetzung von ATP-Hydrolyse in mechanische Bewegung vorzustellen habe, reicht weit in die Biochemie hinein. Die Kenntnis von molekularen Strukturen und kinetischen Eigenschaften ist in den letzten 10–20 Jahren enorm gewachsen, kann aber in einer Unterrichtseinheit Biophysik nur auf das Wesentliche beschränkt werden.

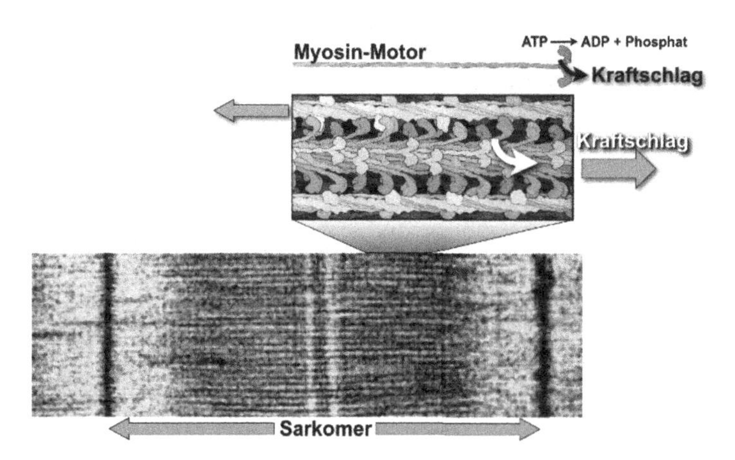

■ **Abb. 12.13** Elektronenmikroskopische Aufnahme eines Sarkomers und Lage des molekularen Motors Myosin (Huxley 1972 301–387; s. auch ► http://www.rcsb.org/pdb/101/motm.do?momID=18)

■ Quergestreifter Muskel und Aktomyosin

Mechanismus der Muskelkontraktion

Seit den 1950er-Jahren ist der Mechanismus der Muskelkontraktion im Grundsatz verstanden. Zwei ineinander verzahnte Filamentsysteme gleiten durch die Wirkung eines molekularen Motors ineinander (■ Abb. 12.13). Eines dieser Filamentsysteme ist der Stator und wird Aktinfilament oder dünnes Filament genannt. Das andere – dickes Filament benannt – enthält den molekularen Motor Myosin. Es ist so konstruiert, dass im Zuge der ATP-Umsetzung ein lang gezogener Fortsatz des Proteins wie ein Hebel bewegt wird. Im Internet sind Filme zu den molekularen Ereignissen verfügbar.

■ Mikrotubuli-Motoren: Beispiel Kinesin

Mikrotubuli
Kinesine

Andere molekulare Motoren benutzen ein anderes zelluläres Filamentsystem, die Mikrotubuli. Sie sind, wie der Name verrät, kleine Röhren, die aus hintereinander angeordneten Proteinuntereinheiten aufgebaut sind. Die Tubulin-Untereinheiten haben im Filament Abstände von 8 nm, die sich molekulare Motoren vom Kinesin-Typ zunutze machen (■ Abb. 12.14). Kinesine sind aus zwei identischen Proteinketten aufgebaut, die jeweils eine Motorfunktion mitbringen. Sie arbeiten so zusammen, dass immer eines der Köpfchen fest am Mikrotubulus verbunden ist, während sich das andere nach vorne bewegt. Die ATP-Hydrolyseenergie sorgt dafür, dass dieser Prozess gerichtet in Schritten von 8 nm abläuft und das Motorprotein eine Kraft erzeugen kann. Die Auflösung derartig kleiner Schritte war eine Glanzleistung, die den Einsatz besonderer mikroskopischer Techniken erforderte, die im Folgenden kurz beschrieben werden.

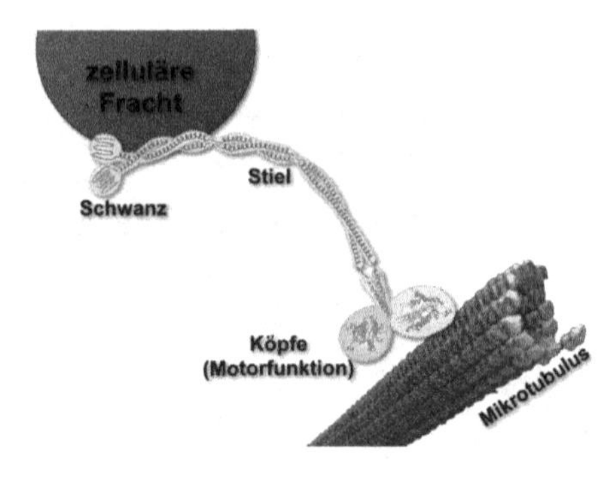

Abb. 12.14 Modell des molekularen Motors Kinesin mit Mikrotubuli und zellulärer Fracht

12

▪ Laserfalle und Verhältnis von chemischer zu mechanischer Energie

Der Schlüssel zur Auflösung nanometergenauer Positionsbestimmungen war der Einsatz optischer Pinzetten, auch *Laserfallen* genannt. Dabei wird in ein Mikroskop Laserlicht eingekoppelt, das durch das Objektiv stark fokussiert wird. In der Nähe des Fokus befindet sich eine kleine Glaskugel. Das Licht wird an der Glaskugel gebrochen und abgelenkt. Dies ändert den Impuls der Photonen und erzeugt eine Kraft, die die Kugel hin zum Fokus, d. h. zum Ort höchster Lichtintensität, zieht. Dieser Vorgang kann Schülern mit einfachen Modellen verständlich gemacht werden (Infobox 12.6: Prinzip einer Laserfalle). So ist es möglich, die Wechselwirkung von Licht und Materie eindrucksvoll zu demonstrieren. Wichtig für das Experiment an Motorproteinen ist nun Folgendes: Motorproteine werden an die Glaskugel angeheftet und bauen bei Bewegung eine Kraft auf, die der optischen Pinzette entgegenwirkt und die Glaskugel auslenkt. Die Auslenkung wird über Positionsdetektoren zeitaufgelöst aufgezeichnet. Die Beispielkurve

Optische Pinzetten und „Laserfallen"

Infobox 12.6: Prinzip einer Laserfalle

Fällt Licht auf eine Glaskugel, so wird es abgelenkt. Dabei wird die Ausbreitungsrichtung des Lichtes geändert. Die Photonen erfahren dabei eine Impulsänderung. Pro Photon ist dies:

$$\hbar\Delta\vec{k} = \hbar\vec{k}_{\text{Licht, ein}} - \hbar\vec{k}_{\text{Licht, aus}} = \hbar\vec{k}_{\text{Kugel}}$$

Dieser Impulsübertrag wird dabei von der ablenkenden Kugel aufgenommen. Auf diese wird dadurch eine Kraft ausgeübt, die umso höher ist, je höher die Lichtintensität (Photonenflussdichte) ist. In einem Lichtfeld mit inhomogener Intensitätsverteilung wird eine Kugel mit höherem Brechungsindex als die umgebende Flüssigkeit hin zum Ort höchster Intensität geführt (▪ Abb. 12.15).

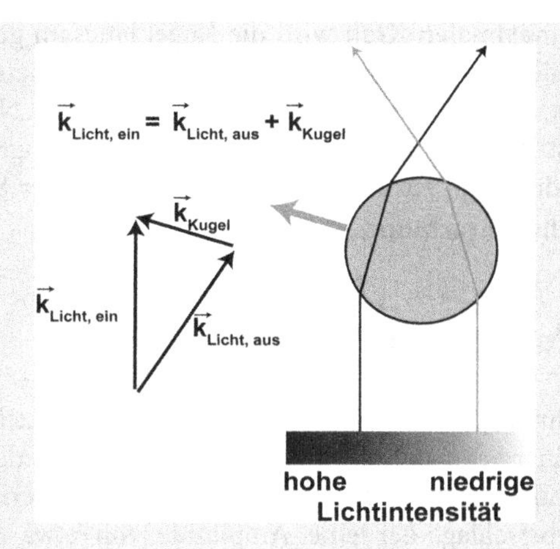

■ **Abb. 12.15** Kraftmessung mit Laserfalle

Prinzip der optischen Pinzette: Ein inhomogener Infrarot-Laserstrahl wird auf eine Glasperle fokussiert. Die vom Motorprotein verursachte Auslenkung wird zeitaufgelöst nanometergenau verfolgt.
Die Auslenkung der Glaskugel kann über eine Kalibrierung der Federkonstanten der optischen Pinzette einer Kraft zugeordnet werden (Hooke'sches Gesetz). Man sieht dann (rechte Achse in ■ Abb. 12.16), dass der vermessene molekulare Motor etwa 4,5 pN Kraft ausüben konnte. Mittelwerte verschiedener Arbeitsgruppen liegen im Bereich von etwa 5–6 pN, sodass man nach der Formel „Kraft mal Weg" auf eine Arbeit von ca. 5 pN · 8 nm = 40 pN · m kommt, die Kinesin verrichten kann (s. Beispiel). Dies liegt in der Größenordnung der o. g. Energie einer ATP-Hydrolyse, was eine erstaunliche Effizienz der Energiekopplung nahelegt.

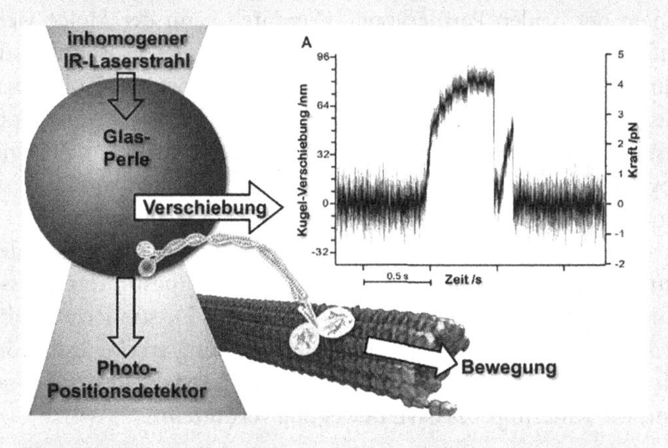

■ **Abb. 12.16** Kraftmessung mit der optischen Pinzette

von Kinesin in Infobox 12.6 zeigt, wie die Kugel nach und nach eine immer größer werdende Rückstellkraft erfährt und hierdurch langsamer wird (Tangente zur Zeitverschiebungskurve).

Nahe der maximalen Kraft wird die Kugel langsam genug, dass ein Verweilen auf Plateaus erkennbar wird. Die genaue Analyse zeigt, dass diese einen Abstand von 8 nm haben. Nach einer Weile lässt der molekulare Motor los, und die Kugel fällt ins Zentrum der Falle zurück. Interessant ist an dieser Stelle eine energetische Betrachtung.

12.3.3 Vergleichende Aspekte

Myosin und Kinesin im Vergleich

Wie beschrieben, benutzen sowohl Myosin als auch Kinesin dieselbe Energiequelle, obwohl sie sich an verschiedenen Filamenten entlang bewegen. Myosin vollzieht den oben beschriebenen Hebelschlag, der eine Amplitude von etwa 5 nm hat. Kinesin setzt die Hydrolyseenergie ebenfalls in eine Strukturänderung um. Hier ist es aber kein Hebelschlag, sondern eher ein reversibles Andocken eines kurzen Proteinabschnitts, der den Partnerkopf des fest mikrotubuligebundenen Kopfes in die Bewegungsrichtung verlegt.

Der andere Unterschied zwischen beiden ist mechanistischer Art: Myosin versetzt dem Aktinfilament nur einen sehr kurzzeitigen Kraftschlag, der nur 1–2 % der Zeit dauert, die vergeht bis ein ATP-Molekül umgesetzt wurde. Das Verhältnis der Dauer des Kraftschlags zur Dauer eines kompletten chemischen Zyklus wurde *duty ratio* genannt, was im Deutschen mit Tastgrad oder Aussteuergrad zu übersetzen wäre, aber ungebräuchlich ist. Im Gegensatz zum Muskelmyosin bindet Kinesin, das ein Paar von Motorköpfchen aufweist, über mehrere Reaktionszyklen hinweg immer mit einem der beiden Partnerköpfe. Hierdurch kann der Motor viele aufeinander folgende Schritte vollziehen; man sagt, er ist *prozessiv*. Für die *duty ratio* bedeutet dies, dass jeder der beiden Köpfe einen Tastgrad von 50 % aufweist, wobei sich die beiden Partnerköpfe fast perfekt ineinander geschachtelt im fest gebundenen Zustand abwechseln. Nur in etwa einem von hundert Schritten kommt es zu Unregelmäßigkeiten, durch die der Motor vom Filament abfällt.

Interessanterweise ist dieses Verhalten – prozessives oder kurzzeitiges Schlagen – nicht typisch für eine bestimmte Klasse von Motorproteinen (Myosine oder Kinesine), sondern an die zelluläre Funktion angepasst. Es gibt dem Langstreckentransport dienende Myosinmotoren, die ebenfalls paarig aufgebaut sind und wie Kinesin prozessive Bewegung vermitteln.

12.4 Hochentwickelte Prozesse

In der Biologie finden sich viele Prozesse, die im Laufe der Evolution in höheren Lebensformen besonders perfektioniert wurden. Hier sollen Nervenleitung und die Photosynthese kurz besprochen werden. Beide Themen werden in den meisten Standardwerken zur Biophysik besprochen.

12.4.1 Nervenleitung (neuronale Signalübertragung)

Nervenleitung

Die rasche und verlustfreie Übertragung von Signalen und die Optimierung der Sinneswahrnehmungen ist ein offensichtlicher Vorteil im Kampf um das Dasein. Eine interessante Eingangsüberlegung ist, welche Formen von Signalübertragung es in der Natur gibt und welche Übertragungsgeschwindigkeiten damit verbunden sind.

Signalübertragung durch Botenstoffe

Die Signalübertragung durch Botenstoffe (Hormone) ist sehr langsam. Breiteten sich die Hormone durch reine Diffusion aus, so bräuchte die Verteilung der Moleküle über die Länge von 1 m viele Tage. Die Übertragung von Botenstoffe im zirkulierenden Blutsystem (z. B. Adrenalin) benötigt dagegen nur ca. 2 s.

Elektrische Reizweiterleitung

Die elektrische Erregung von Nervenzellen hingegen breitet sich mit ca. 10–100 m/s aus und braucht im besten Fall gerade einmal 10 ms/m. Zum Verständnis der neuronalen Signalübertragung ist es ganz wesentlich, diese Übertragungsform von der des elektrischen Stroms in einem metallischen Leiter zu unterscheiden. In den Nervenzellen wird entlang der sehr langen Axone eine Erregung weitergeleitet, aber keine Ladung entlang des Axons transportiert. Die Erregung lässt sich als elektrische Spannung zwischen der Innen- und der Außenseite der Membran des Axons abgreifen und sehr genau messen.

Wie bereits besprochen, ist mit einem Konzentrationsunterschied von Ionen eine elektrische Spannung, das *Nernst-Potenzial*, verbunden. Dieser Ionengradient wird zunächst durch aktive Ionenpumpen aufgebaut und kann durch spannungsabhängige Kanäle wieder kurzgeschlossen werden. Im Axon arbeiten nun zwei Ionensorten, Natrium (Na^+) und Kalium (K^+), gegeneinander. Die Na^+-K^+-Pumpe sorgt für einen Überschuss von Natrium außen und Kalium innen. Im Fließgleichgewicht ergibt sich beim *Tintenfisch-Axon* ein Ruhepotenzial von ca. −60 mV. Bei der Erregung kommt es zur Öffnung von Na^+-Kanälen und einem Einfließen von Na^+-Ionen. Zeitlich verzögertes Öffnen von K^+-Kanälen führt dazu, dass K^+-Ionen nach außen fließen. Dadurch kommt es zwischenzeitlich zu einer Depolarisation und Repolarisation der Membranspannung. Den zeitlichen Verlauf der Membranspannung nennt man das Aktionspotenzial.

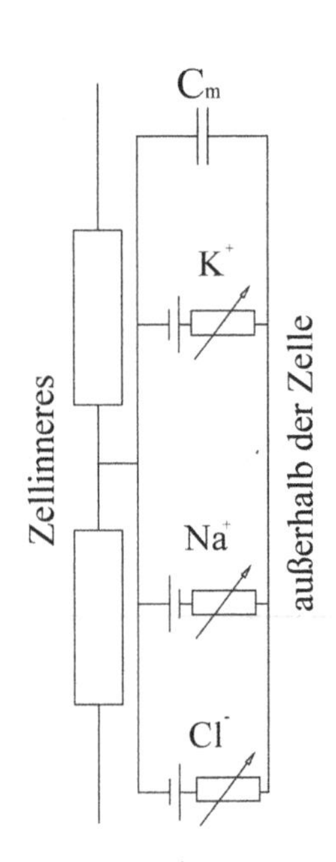

Ersatzschaltbild einer Längeneinheit der Zellmembran

Durch ihre berühmten Messungen am Tintenfisch-Axon gelang es Huxley und Hodgkin, die Strombeiträge der beteiligten Ionen separat zu messen. Ihre Messungen legten die Existenz von spannungsabhängigen Ionenkanälen nahe.

Mithilfe eines Ersatzschaltbildes der Nervenleitung und eines phänomenologischen Ansatzes für die Ionenkanäle konnte der Verlauf des Aktionspotenzials mit großer Genauigkeit beschrieben werden. Ein Erfolg, der 1963 mit dem Nobelpreis für Medizin honoriert wurde. Eine genaue Behandlung des Modells geht weit über den Schulstoff hinaus. Dennoch kann das grundsätzliche Problem auch von Schülern begriffen werden. Es müssen die Ströme von drei Ionensorten beschrieben werden, wobei ein Modell für die Leitfähigkeit der spannungsabhängigen Ionenkanäle als Funktion der Membranspannung notwendig ist. Dieser Satz von nichtlinearen, gekoppelten Gleichungen ist nur numerisch zu behandeln, liefert dann aber das beobachtete Schwellenwertverhalten und die Konstanz der Form des zeitlichen Verlaufs unabhängig von der Anregungsstärke (*Alles-oder-Nichts*-Reaktion).

Die raum-zeitliche Ausbreitung des neuronalen Signals lässt sich zunächst am Beispiel eines passiven Leiters in Analogie zum Koaxialkabel erklären. Schon Lord Kelvin erkannte, dass die Ausbreitung der Membranspannung einer Diffusionsgleichung folgt mit der Diffusionskonstante $D=\lambda^2/\tau$, charakteristischer Länge $\lambda=R_m/R_i$ und der charakteristischen Zeit $\tau=C_m\ R_m$, dabei sind C_m und R_m die Kapazität und der Ohm'sche Widerstand der Membran und R_i der Innenwiderstand des Axons.

12.4.2 Photosynthese

Lichtsammlerkomplexe leiten die Anregungsenergie weiter

Die molekularen Maschinen aus ► Abschn. 12.3 benötigen chemische Energie in Form von ATP. Dieses Molekül wird durch die ATP-Synthase aus einem Konzentrationsgradienten von H^+-Ionen aufgebaut. In höheren Lebensformen wird der Protonengradient durch Atmung erzeugt. In der Photosynthese erfolgt der Aufbau eines Protonengradienten durch Photonen. In beiden Fällen treiben Elektronentransferketten den Protonentransport. Die Tatsache, dass zwischen dem energieerzeugenden Elektronentransferprozess und der ATP-Produktion ein Protonengradient als energetischer Zwischenspeicher geschaltet ist, wird als *Mitchell-Hypothese* bezeichnet. Auch das erzeugte ATP ist ein kurzzeicn der *Dunkelreaktion* vermögen Pflanzen die chemische Energie für lange Zeit durch den Aufbau von Glucose zu speichern. In der Photosynthese laufen folgende Prozesse in sehr kurzer Zeit hintereinander ab (■ Abb. 12.17): zuerst Absorption von Photonen durch Chlorophyllmoleküle einer Antenne, dann das Sammeln der Anregungsenergie und die Übertragung auf das *Reaktionszentrum*. Hier erfolgen eine extrem schnelle

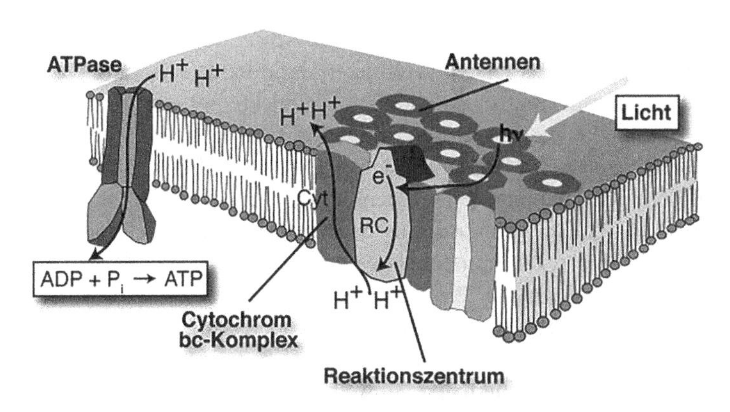

Abb. 12.17 Schema der wesentlichen Energiewandlungsschritte der bakteriellen Photosynthese von der Lichtabsorption in den Antennen, zu Ladungstrennung und Elektronentransport im Reaktionszentrum, der Umwandlung in einen Protonengradienten und dessen Nutzung zur Synthese von ATP

Ladungstrennung, dann eine schnelle (wenige Pikosekunden) und sehr effiziente Weitergabe des Elektrons über eine Transferkette aus organischen Molekülen hin zu einem Chinon-Molekül. Abschließend wird der Transport von Protonen über die Membran ausgelöst. Für ein Elektron werden zwei Protonen transportiert. Der dabei hergestellte Protonengradient dient dann zur Synthese von ATP.

Die Photosynthese bietet auch die Möglichkeit, das Problem der Umwandlung von Energieformen i. A. zu thematisieren und dabei Bezüge zu technischen Verfahren der Energieerzeugung und Energieeffizienz zu ziehen. Es ist faszinierend, dass die Natur das universelle Problem der Konversion von Sonnenenergie in chemische Energie mehrfach in unterschiedlichen Organismen (Cyanobakterien, Algen, Pflanzenzellen) gelöst hat und hier immer wieder dieselben Grundprinzipien und -strukturen eingesetzt hat. Die Tatsache, dass bei der oxygenen Photosynthese Sauerstoff freigesetzt wird, ist eines der bedeutendsten Prozesse in der Evolution. Sie führt die Schüler zu der Erkenntnis, dass Verbesserungen in der Energiekonversion eines Systems zu gravierenden Auswirkungen auf das gesamte Leben auf der Erde haben können.

12.5 Biophysik im Unterricht

12.5.1 Über Physik und Biologie im Physikunterricht

Physik: Phänomene werden mit physikalischen Gesetzmäßigkeiten beschrieben und erklärt

Im Unterricht der Primar- und Sekundarstufe I wird die Physik i. Allg. an makroskopischen Objekten der Lebenswelt thematisiert, häufig von technischen Anwendungen ausgehend oder in technischen Anwendungen mündend. Für raum-zeitliche Veränderungen physikalischer Objekte werden *Erklärungen und Prognosen* gesucht, die in mehreren Stufen erfolgen können (▶ Kap. 3): Ausgehend von Experimenten und verbalen Beschreibungen von Phänomenen, wird die Entwicklung von Modellvorstellungen und die mathematische Darstellung von gesetzmäßigen Zusammenhängen angestrebt.

Biologie: Vielfalt der Lebewesen, Beschreibungen, Systematisierungen, Gesetzmäßigkeiten

Der traditionelle Biologieunterricht befasst sich mit der *Beschreibung* und Systematisierung der Vielfalt der Lebewesen in den verschiedenen Entwicklungsphasen, mit Gesetzmäßigkeiten für Leben in verschiedenen Umwelten – z. B. Tiere und Pflanzen in den verschiedenen Jahreszeiten – sowie auch mit der Biologie des Menschen, mit Aufklärung und Empfehlungen und für menschliches Verhalten.

Nach der neuzeitlichen Erforschung der Mikrowelt durch Physiker und Chemiker wurde versucht, die Ergebnisse auch auf lebende Systeme anzuwenden, insbesondere auf die Erklärung menschlicher Fähigkeiten (Sehvorgang, Hörvorgang …). An Forschungsinstituten und Universitäten entwickelte sich in den vergangenen Jahrzehnten zunächst die Biochemie, in neuerer Zeit die Biophysik. Die Darstellung ausgewählter Forschungsergebnisse und Forschungsmethoden wurden vor allem für den Unterricht in der Sekundarstufe II für notwendig erachtet, d. h. Biophysik wurde in Lehrplänen aufgenommen (z. B. in Bayern 2009).

Probleme: unterschiedliche Fachsprachen und Trennung der beiden Fächer

Für die Biophysik im Unterricht gibt es zwei Probleme: die unterschiedlichen Fachsprachen in Physik und Biologie einerseits und die bisher vorherrschenden Fächerkombinationen in der Lehrerausbildung (Mathematik + Physik/Chemie + Biologie) andererseits. Das erfordert derzeit die Kooperation von Physik- und Biologielehrern in der Vorbereitung und Durchführung des Unterrichts sowie fachliche und didaktisch-methodische Lehrerfort- und Lehrerweiterbildung.

12.5.2 Experimente und Analogversuche im Unterricht

Warum soll man komplexe biologische Systeme mit physikalischen Methoden betrachten, und welchen Erklärungswert können physikalische Verfahren erreichen?

Biophysikalische Messungen an isolierten oder rekonstituierten Systemen

Hierzu zwei Überlegungen: Zum einen besteht jede biologische Materie aus Molekülen, von denen wir wissen, dass sie mit den Gesetzen der Physik beschrieben werden können. So kann beispielsweise einer biologischen Substanz, wie dem Glaskörper des Auges, ein optischer Brechungsindex zugeordnet werden.

Zum Zweiten sind physikalische Betrachtungen in der Biologie immer dann möglich, wenn quantitative Messungen zu reproduzierbaren Ergebnissen führen. Dies gelingt insbesondere, wenn *biophysikalische Messungen an isolierten oder rekonstituierten Systemen* vorgenommen werden, deren Zusammensetzung und experimentelle Randbedingungen man gut kennt. Experimentelle Techniken erlauben es heute beispielsweise, Elektroden an lebende Zellen anzulegen, die Kräfte eines Motorproteins zu messen oder den Elektronentransport in Bakteriorhodopsin zu verfolgen. Ein weiteres Beispiel ist die Kapazitätsmessung an einer künstlichen Lipiddoppelschicht.

Aber auch an lebenden Zellen ist ein physikalisches Experiment sinnvoll, wie das Beispiel des sehr genau messbaren Aktionspotenzials einer Nervenzelle zeigt. Die spannende Herausforderung hier ist das elektrische Signal der Zelle mit den bekannten Grundgleichungen für elektrische Ströme in Verbindung zu bringen. Dies ist mit dem *Hodgkin-Huxley*-Modell (▶ Abschn. 12.4) gelungen, welches mit einem molekular begründeten Ersatzschaltbild das beobachtete Phänomen wiedergibt und somit biophysikalisch erklärt.

Das erreichte physikalische Verständnis von Biologie macht einen großen Teil der Faszination der Biophysik aus.

Großes Zukunftspotenzial der Biophysik

In der Biophysik gibt es auch immer wieder Überraschungen und Entdeckungen neuer Phänomene, für die es in der uns bekannten unbelebten Welt keine Parallele gibt. Oft stellt sich die Frage nach der Physik des Lebens, d. h. wie grundlegende biologische Vorgängen durch die moderne Physik erklärt werden. Diese der Biologie zugrunde liegende und möglicherweise großenteils noch zu entdeckende Physik hat ein großes Zukunftspotenzial. Die reichhaltigen Eigenschaften nichtlinearer Systeme, die im Zusammenhang mit der Nervenerregung erforscht wurden, aber auch die *thermische Ratsche* als Modell für die Bewegung von Motorproteinen, sind gute Beispiele für eine durch die Biologie inspirierte Physik.

Zur quantitativen Beschreibung biologischer Sachverhalte werden in der Biophysik vereinfachende physikalische Modelle aufgestellt. Wenn diese in Einklang mit den Beobachtungen stehen, können sie die Vorgänge nicht nur erklären, sondern auch für ähnliche Bedingungen Vorhersagen treffen. Dabei ist es offensichtlich, dass die Modelle gerade für biologische Systeme in der Regel grobe Vereinfachungen der realen Gegebenheiten darstellen. Das elektrische Ersatzschaltbild einer Membran oder die Reduktion von Proteinen auf mechanische Federn haben notwendigerweise ihre Grenzen. Ein wichtiges didaktisches Element im Unterricht sollte daher das Erlernen des kritischen Umgangs mit Modellen sein (▶ Kap. 11).

Biophysik soll ein tieferes Verständnis für lebende Systeme vermitteln

Die Biophysik soll ein tieferes Verständnis dafür vermitteln, wie lebende Systeme funktionieren. Beispiele für die Denkweise in biologischen Modellen finden sich in dem englischsprachigen Lehrbuch von Rob Phillips, zu dem es auch eine gute Internetseite mit weiterem Lehrmaterial gibt (Phillips et al. 2010).

12.5.3 Schwierigkeiten beim Lernen der Biophysik

Herausforderungen eines Unterrichts zur Biophysik

Können sich die Schüler in die mikroskopische Welt der biologischen Moleküle hineinversetzen?

Im Deutschen Museum München wurde dies durch eine begehbare Rekonstruktion einer Zelle versucht. Entscheidend ist aber die Fähigkeit, *bei verschiedenen physikalischen Größen über viele Größenordnungen* hinweg zu denken.

Denken über sehr kleine Dimensionen, komplexe räumliche Anordnungen und Anwenden verschiedener Energiebetrachtungen

Der Durchmesser eines Bakteriums (1 µm) ist nur zwei Größenordnungen kleiner als die gerade noch mit bloßem Auge wahrnehmbare Breite eines Haares (etwa 100 µm). Mit der Welt der Proteine beginnt eine weitere Stufe auf einer Skala von 10 nm, d. h. 100-mal kleiner. Da sich diese Größenordnung unserer Erfahrung entzieht, ist es wichtig, die Schüler zum Denken in den Energie- und Längenskalen der Biophysik zu bringen. Dabei ist es nützlich, sich Referenzpunkte zu suchen, beispielsweise der Durchmesser der DNA Doppelhelix (2 nm) oder die Dicke einer Lipidmembran (4 nm). Als Eckwert für Energieäquivalente ist die Hydrolyse von ATP unter physiologischen Bedingungen nützlich und entspricht etwa 20 kT oder 500 meV. Der Transport eines Protons über die Membran der Mitochondrien kostet 8 kT oder 1/3 ATP-Äquivalent. In der Photosynthese entspricht einem Photon ca. 6 ATP Energie (für grünes Licht) und die vollständige Oxidierung eines Glucosemoleküls liefert der Zelle ca. 48 ATP-Äquivalente.

Begriffsvielfalt

Ein Problem bei der Vermittlung der Biophysik in der Schule ist die für Schüler anfangs überlastende Vielzahl neuer Namen und Begriffe, insbesondere aus der Biochemie und Biologie.

Es ist in der Tat eine Herausforderung, neben der mathematischen Sprache der Physik auch die Terminologie der Biologie zu erlernen. Für die Biophysik ist aber ein korrekter Umgang mit der biologischen Terminologie ebenso notwendig wie der korrekte Gebrauch der physikalischen Gesetzmäßigkeiten. Eine strukturierte Einführung in die Begrifflichkeiten und ein Hinweis für das Wesentliche können Schülerinnen und Schülern helfen, die jeweilige biophysikalische Fragestellung im biologischen Kontext zu verstehen.

In diesem Zusammenhang ist zu bemerken, dass viele der in der Biologie bekannten Interaktionen und zusätzlichen biologischen Komponenten in der biophysikalischen Modellierung als in erster Näherung vernachlässigbar ausgeblendet werden.

12.6 Zusammenfassende Bemerkungen

Die Biophysik ist ein interessantes, wichtiges Fachgebiet für den Schulunterricht, bei dem auf Vorwissen aus den verschiedensten naturwissenschaftlichen Unterrichtsinhalten der Sekundarstufe I zurückgegriffen werden kann.

Biophysik baut auf klassischer Physik auf

Atom- und Molekülphysik spielen eine wichtige Rolle

Die Biophysik baut in fachlicher Hinsicht in großen Teilen auf der klassischen Physik auf. Die Lehrkraft kann auf Vorwissen aus der Mechanik, Elektrizitätslehre, Optik und Wellenlehre zurückgreifen. Dies ermöglicht der Lehrkraft, bekannten Stoff zu wiederholen und in einem neuen Kontext zu vertiefen. Auch Atom- und Molekülphysik spielen eine wichtige Rolle beim Verständnis von biomolekularen Anregungen oder dem Elektronentransport. Es können quantenmechanische Aspekte im Rahmen der Photosynthese und der biophysikalischen Methoden, wie beispielsweise der Fluoreszenzmikroskopie (diskrete Energieniveaus von Atomen und Molekülen) oder der Elektronenmikroskopie (Welle-Teilchen-Dualismus) behandelt werden. Darüber hinaus bietet Biophysik die Möglichkeit, *Moleküle als reale Objekte zu begreifen* (z. B. haben DNA-Stränge eine makroskopische Länge bis in den Bereich von vielen Millimetern). Ein Vorteil des Schwerpunkts Biophysik im Unterricht ist, dass es – im Vergleich zu anderen Themenbereichen der modernen Physik – Möglichkeiten für experimentelle Demonstrationen gibt.

Beispiele sind Lipid-Monolagen an der Wasser-Luft-Grenzfläche, Seifenexperimente, elektrische Leitfähigkeit von Elektrolyten, Messungen der Membrankapazität, Elektrophorese, Mikroskopie, Absorptions- und Fluoreszenzmikroskopie.

Die Biophysik bietet die Möglichkeit, auf eine sehr anschauliche und begeisternde Weise der Frage nachzugehen: „Wie lassen sich biologische Strukturen und Vorgänge mit den Gesetzen der Physik erklären?" Das Fach lebt vom interdisziplinären Charakter und der Faszination, komplexe biologische Phänomene auf oftmals erstaunlich einfache physikalische Konzepte zurückzuführen. Es erlaubt, sowohl klassische Inhalte der Physik vertieft zu behandeln, aber auch Schwerpunkte auf biologische Aspekte zu legen.

Weiterführende Hinweise

Es gibt nur wenige Anleitungen für ausgearbeitete Versuche. Spezialliteratur zur Biophysik im Unterricht mit didaktischen Hinweisen gibt es bisher in kleiner Zahl (s. Dietrich und Wiesner 2013 sowie die „Handreichung zur Biophysik", Staatsinstitut für Schulqualität und Bildungsforschung 2009). Eine Liste weiterführender deutschsprachiger Biophysik-Lehrbücher ist unten zu finden. Es ist zu beachten, dass diese Literatur in der Regel für Biophysik Vorlesungen im Rahmen von Bachelor- oder Masterstudiengängen konzipiert wurden. Für den Schulunterricht sehr gut geeignet sind die Lehrbücher von Mäntele (1988) sowie von Schünemann (2000). Ein Beispiel für eine Sammlung von Schulexperimenten zum Thema „Physik weicher Materie" ist in der Linksammlung zu finden.

Die Autoren bedanken sich für eine informative Diskussion mit Frau StR Angelika Matzke.

Adam, G., Läuger, P., Stark, G. (2009). Physikalische Chemie und Biophysik. Springer DE.
Alberts, B., Bray, D., Lewis, J., Raff, M., Roberts, K., & Watson, J. D. (1994). Molecular biology of the cell. Garland, New York.
Cotterill, R. (2008). Biophysik, Berlin: Wiley-VCH.
Daume, M. (1993). Molekulare Biophysik. Braunschweig: Vieweg.
Glaser, R. (1996). Biophysik. Heidelberg: Spektrum-Akademischer Verlag.
Goldstein, R. E., Nelson, P. C., Powers, T. R. (2005). Teaching biological physics. Physics today. 58(3), 46–51.
Mäntele, W. (2012). Biophysik. Stuttgart: Ulmer, UTB.
Markl Biologie Schülerbuch Oberstufe Stuttgart: Klett Verlag.
Merkel, R, Sackmann, E. (2010). Lehrbuch der Biophysik. Berlin: Wiley VCH.
Pfützner, H. (2003). Angewandte Biophysik. Berlin: Springer

Linksammlung

Auf folgenden Internetseiten findet man Angebote für Schüler und Lehrer mit Informationen rund um die Biophysik.

- http://jacobs.physik.uni-saarland.de/lab-in-a-box/startseite.htm (Internetseite mit Schulexperimenten zum Thema Materialien)
- http://www.biophy.de (Internetseite zum Lehrbuch Merkel/Sackmann: Biophysik)
- https://www.isb.bayern.de/gymnasium/materialien/g/grundlagen-der-biophysik/
- http://www.rcsb.org/pdb/101/motm.do?momID=18

Literatur

Huxley H. E. (1972). Sarkomer. In: Geoffrey Bourne. The Structure and Function of Muscle, vol. 1, New York and London: Academic Press, 301–387.
Mäntele, W. (2012). Biophysik. Stuttgart: Ulmer, UTB.
Pfützner, H. (2003). Angewandte Biophysik. Berlin: Springer
Phillips, R., & Quake, S. R. (2006). The biological frontier of physics. Physics Today, 59, 38.
Phillips, R., Kondev, J., Theriot, J., Garcia, H., & Chasan, B. (2010). Physical biology of the cell. American Journal of Physics, 78, 1230.
Schünemann, V. (2005). Biophysik eine Einführung. Berlin: Springer.
Staatsinstitut für Schulqualität und Bildungsforschung (Hrsg.) (2009). Handreichung: Grundlagen der Biophysik- Handreichung für den Unterricht in der gymnasialen Oberstufe. Briggs Verlag.

Die Physik des Klimawandels: Verstehen und Handeln

Cecilia Scorza, Harald Lesch, Moritz Strähle und Dominika Boneberg

E. Kircher et al. (Hrsg.), *Physikdidaktik | Methoden und Inhalte*,
https://doi.org/10.1007/978-3-662-59496-4_13

Der Klimawandel ist die größte globale Herausforderung der Menschheit im 21. Jahrhundert und damit ein relevantes Thema für die Schülerinnen und Schüler von heute. Ohne Zweifel steht fest, dass der Mensch den größten Anteil an der Erderwärmung verursacht. Da der Klimawandel sehr schnell voranschreitet, werden sich weder Flora und Fauna noch die Menschen so schnell an die veränderten Umweltbedingungen anpassen können. In diesem Kapitel werden die physikalischen Prozesse vorgestellt, die das globale Klimasystem der Erde und den Klimawandel steuern. Stichwörter sind: Energiequelle, Energiebilanz, thermischer Energietransport und thermisches Gleichgewicht, Wärmestrahlung, Treibhauseffekt, Wetter und Klima, Temperaturgradient und Wärmekapazität. Mindestens genauso wichtig, wie die Physik des Klimawandels zu verstehen, ist die Bereitschaft, notwendige Maßnahmen umzusetzen. Deshalb zielt das Kapitel auch darauf ab, Projekte zu initiieren, die nicht nur in der Schule Wirkung zeigen, sondern auch das Privatleben der Schülerinnen und Schüler prägen.

Der Klimawandel ist die größte globale Herausforderung der Menschheit im 21. Jahrhundert. Obwohl es in der Geschichte unseres 4,5 Mrd. Jahre alten Planeten immer zu Klimaschwankungen kam, steht ohne Zweifel fest, dass der Mensch den größten Anteil an der aktuellen Erderwärmung verursacht. Gerade die hohe Geschwindigkeit, mit der der Klimawandel voranschreitet, stellt ein enormes Problem dar. Weder die Flora und Fauna noch die Menschen können sich so schnell an die veränderten Umweltbedingungen anpassen. Der Klimawandel ist das Thema dieses Jahrhunderts und damit auch wichtiger Bestandteil und Gegenstand der Zukunft unserer Schüler von heute.

Eine komplexe Herausforderung

Das globale Klimasystem und damit auch der Klimawandel sind ein Zusammenspiel verschiedener physikalischer Prozesse. Diese, und auch die daraus resultierenden Folgen, werden in diesem Kapitel präsentiert (◘ Abb. 13.1). Die wichtigsten Stichwörter sind hier: Energie, Energiequelle, Energiebilanz, thermischer Energietransport und thermisches Gleichgewicht, Wärmestrahlung, Absorptionsverhalten atmosphärischer Gase, Treibhauseffekt, Wetter und Klima, Temperaturgradient und Wärmekapazität. Querbezüge zwischen diesen Themen unterstützen die Vorstellung des komplexen und verflochtenen Charakters des Klimawandels. Aufgrund der vielen Anknüpfungspunkte ist dieses Thema ideal, um fächerübergreifend in der Schule zu arbeiten.

Verstehen und Bereitschaft zu Handeln

Mindestens so wichtig wie das grundlegende Verständnis des Klimawandelphänomens ist die Notwendigkeit zu handeln. Doch nur wer die wissenschaftlichen Hintergründe kennt, kann dies

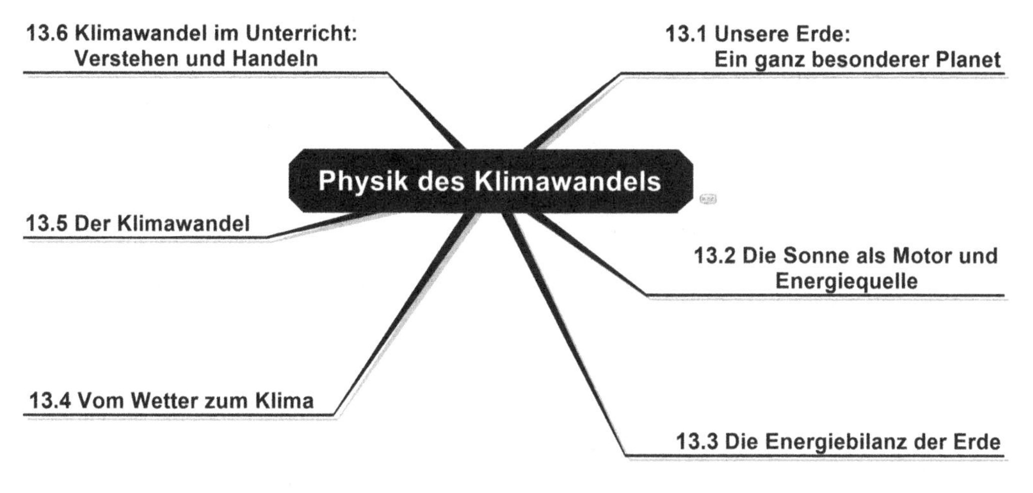

Abb. 13.1 Übersicht über die Teilkapitel

auch begründet und verantwortlich tun. Es gilt hier vor allem zu verstehen, dass wir völlig anderes mit unserer Umwelt und deren Rohstoffen und Ressourcen umgehen müssen. Innerhalb von nur zwei Jahrhunderten haben wir mit schweren Eingriffen ein Gleichgewicht gestört, das eine lebendige Vielfalt auf unserem Heimatplaneten ermöglichte. Aufgabe des Unterrichts ist es daher nicht nur, ein Verständnis für die physikalischen Prozesse hinter dem Klimawandel zu vermitteln, sondern auch, den Schülern Handlungsmöglichkeiten anzubieten. Aus diesem Grund ist das Kapitel auch daran orientiert, mögliche Schulprojekte zu initiieren, die nicht nur Wirkung in der Schule zeigen, sondern auch das individuelle und private Leben der Schüler prägen. Wir haben keine Zeit zu verlieren!

13.1 Unsere Erde: Ein ganz besonderer Planet

Besondere Merkmale

Die Erde ist derzeit der einzige Planet im Sonnensystem, von dem wir wissen, dass sich komplexes Leben über Milliarden Jahre hinweg entwickelt und erhalten hat. Seit der ersten Entdeckung von Planeten außerhalb des Sonnensystems im Jahr 1995 wurden fast über 4000 Exoplaneten entdeckt (Stand: Januar 2020). Jedoch nur etwa ein Dutzend gelten als potenziell lebensfreundlich. Daraus folgt, dass Planeten, auf denen Leben möglich erscheint, selten sind und ganz besondere Eigenschaften besitzen müssen. Die Erkenntnis, wie viele scheinbar zufällige Ereignisse zusammenkommen müssen, damit ein Planet wie die Erde entsteht, zeigt, wie besonders unser Heimatplanet wirklich ist! Deshalb beginnt unsere Beschreibung mit den astronomischen Besonderheiten.

Wir befinden uns in einem ruhigen Ort der Galaxis

Ein „ruhiger" Ort für unseren Planeten

Die Sonne ist einer der ca. 200 Mrd. Sterne der Milchstraße. Unser Sonnensystem befindet sich in einer ruhigen, ziemlich leeren Region der Heimatgalaxie (◘ Abb. 13.2), weit entfernt von Gebieten mit hoher Sternendichte und damit von Sternen, die als Supernova explodieren und mit ihrer Gammastrahlung das Leben auf der Erde hätten vernichten könnten.

Die Erde befindet sich in der Lebenszone des Sonnensystems

Lebenszone im Sonnensystem

Unser Sonnensystem besteht aus vier Gesteinsplaneten (Merkur, Venus, Erde und Mars) und vier riesigen Gasplaneten (Jupiter, Saturn, Uranus und Neptun). Ein Maß für die Lebensfreundlichkeit eines Planeten ist seine Entfernung zum zentralen Stern: Befindet sich der Planet in der Lebenszone des Sterns, dort, wo Wasser in flüssiger Form existieren kann, steigert dies die Chance, dass sich Leben entwickeln kann. Im Sonnensystem erstreckt sich die Lebenszone zwischen Venus und Mars (◘ Abb. 13.3), die Erde befindet sich also mitten drin.

Die Entstehung der Erde und des Sonnensystems

Trotz aller Unterschiede zwischen den Planeten des Sonnensystems wissen wir heute, dass alle Planeten zusammen

◘ **Abb. 13.2** Lage des Sonnensystems in der Lebenszone der Galaxis. (Quelle: Mandaro/Anpassung Scorza)

Abb. 13.3 Die Gesteinsplaneten (Merkur, Venus, Erde und Mars) und die Gasplaneten (Jupiter, Saturn, Uranus und Neptun). Die Erde befindet sich in mitten der Lebenszone. (Quelle: NASA/verändert Scorza)

Abb. 13.4 Die Entstehung des Sonnensystems. (Quelle: NASA)

mit der Sonne vor etwa 4,5 Mrd. Jahren aus derselben Gas- und Staubscheibe (sog. protoplanetare Scheibe) entstanden sind (Abb. 13.4). Diese formte sich aus Restmaterie einer Supernova-Explosion, in der alle Elemente des Periodensystems, die im Kern des Sterns über Kernfusion und während der Supernova-Explosion erzeugt wurden, vorhanden waren.

Entstehung der Planeten

Als Erstes entstanden die Gasplaneten Jupiter, Saturn, Uranus und Neptun in der protoplanetaren Scheibe. Da sie sich weit weg von der Sonne befinden, konnten sie aufgrund der niedrigen Temperaturen sehr schnell große Mengen an Gas um ihre großen Gesteinskerne binden. Danach formten sich aus feinem Staub die Kerne der inneren Gesteinsplaneten, die anschließend über Kollisionen zur Planetengröße anwuchsen. Dieser Entstehungsprozess dauerte ca. 100 Mio. Jahren.

■ Nur die Erde behielt ihr Wasser!

Wasser auf der Erde

Aufgrund der vielen heftigen Kollisionen in der frühen Entstehungsphase des Sonnensystems sind alle Gesteinsplaneten als sehr heiße, glühende Kugeln entstanden. Einmal abgekühlt, waren sie deshalb trocken. Woher kam dann das Wasser? Wasser gab es bereits in der protoplanetaren Scheibe, aber nur in Gebieten weit entfernt von der Sonne. Das kostbare Element sammelte sich in Eisform u. a. in porösen Asteroiden, die sich jenseits der Marsbahn befanden, und in weit entfernten Kometen.

Danach geschah es: Kurz nach der Entstehung der Planeten wurden aufgrund von Wanderbewegungen der Gasriesen Jupiter und Saturn innerhalb der Scheibe viele wasserhaltige Asteroiden aus ihren Bahnen herauskatapultiert. Einige schlugen auf den Oberflächen der inneren Gesteinsplaneten ein und brachten ihnen so das Wasser. Das Deuterium/Wasserstoff-(D/H-)Verhältnis der Asteroiden, das ähnlich dem Erdwasser ist, ist ein starker Hinweis auf die ursprüngliche Quelle des irdischen Wassers.

Es ist anzunehmen, dass Venus, Erde und Mars zuerst Wasser in Form von Wasserdampf ansammelten. Bedingt durch ihre Nähe zur Sonne wurde der Wasserdampf in der Venusatmosphäre von der UV-Strahlung der Sonne gespalten, und die flüchtige Wasserstoffkomponente entwich ins All. Der Mars konnte den Wasserdampf aufgrund seiner zu kleinen Masse und Anziehungskraft nicht halten. Nur auf der Erde sammelte sich im Laufe der Zeit immer mehr Wasserdampf in der Atmosphäre. Hierdurch erhöhte sich der atmosphärische Druck, und als die Erdoberfläche weiter abkühlte, fiel das Wasser als Regen auf die Oberfläche. Auf diese Weise entstanden auf der Erde die Meere und Ozeane. Große Mengen an CO_2 wurden in der Atmosphäre vom Regen ausgespült und auf dem Meeresboden in Form von Kalkgestein gelagert. So hat der Regen die Atmosphäre der Erde lebensfreundlicher gemacht.

■ Wie der Mond die Erde veränderte

Unser Mond entstand vor 4,5 Mrd. Jahren aus der Kollision der Erde mit einem Protoplaneten, der doppelt so schwer war wie der Mars und den Namen Theia bekam. Aus dem Zusammenprall sammelte sich Material um die Erde und ballte sich binnen kurzer Zeit zusammen. Daraus entstand der Mond.

Der Mond hat die Erde stark beeinflusst

Bevor der Mond entstand, rotierte die Erde einmal in 3–4 h, und ihre Drehachse taumelte hin und her. Das hätte Folgen gehabt: Auf einer Erde, die sich so schnell dreht, würden

Winde mit bis zu 500 km pro Stunde über die Oberfläche hinwegfegen. Dank unseres Trabanten verlangsamte die Erde ihre Rotation auf die heutigen 24 h pro Tag. Die Drehachse wurde durch den Mond stabilisiert und leicht geneigt, auf 23,5° in Bezug zur Ekliptik. Diese Neigung verursacht die Jahreszeiten und schwächt die Wetterschwankungen der Erde ab.

▪ Die Erde besitzt einen Schutzschild: ihr Magnetfeld

Viele Planeten haben ein schwaches Magnetfeld. Die Erde dagegen hat ein starkes, dynamisches Magnetfeld, das durch innere Prozesse aufrechterhalten wird (◘ Abb. 13.5). Bei diesem wird, ganz ähnlich wie bei einem Dynamo, Bewegungsenergie in elektromagnetische Energie umgewandelt. Der Grund ist, dass die Hitze im Erdinneren seit über 4 Mrd. Jahren mehrere Tausend Grad heißen, eisenhaltigen Gesteinsbrei aufsteigen lässt. Ströme aus diesem flüssigen Eisen bilden Elektromagneten. Die Erdrotation und die dadurch hervorgerufene Corioliskraft geben den Eisenteilchen einen Drall und zwingen sie, auf Spiralbahnen parallel zur Erdachse zu fließen. Man spricht hier auch von einem „Geodynamo“.

Das Magnetfeld hat eine wichtige Schutzfunktion

Warum besitzt ausgerechnet die Erde ein so starkes und dynamisches Magnetfeld? Höchstwahrscheinlich spielt die Einschlagsenergie des Monderzeugers Theia eine wichtige Rolle. Sein Eisenkern versank beim Zusammenprall praktisch komplett ins Zentrum der Erde, ist damit mitverantwortlich für die Hitze im Erdinneren und erlaubte somit den Aufbau eines magnetischen Feldes. Ohne diesen Schutzschild wäre die Erdoberfläche dem Sonnenwind, der kosmischen Strahlung und

◘ **Abb. 13.5** Das Magnetfeld der Erde. (Quelle: NASA)

deren hochenergetischen zerstörerischen Teilchen schutzlos ausgeliefert.

All diese Prozesse und Umstände machten aus einer trockenen, schnell rotierenden und schutzlosen Ur-Erde einen bewohnbaren Planeten!

13.2 Die Sonne als Motor und Energiequelle

Die Sonne ist, wie alle Sterne, ein massereicher, selbstleuchtender Himmelskörper aus sehr heißem ionisiertem Gas (Plasma). Bedingt durch den enormen Druck der Gasmassen beträgt die Temperatur des inneren Kerns der Sonne 15 Mio. K. Bei diesen hohen Temperaturen findet Kernfusion statt: Aus Wasserstoffkernen (Protonen) bilden sich zunächst Heliumkerne und in weiteren Verschmelzungsschritten dann massereichere Kerne. Etwa 0,7 % der Gesamtmasse der neuen Heliumkerne wird entsprechend der Einstein'schen Formel $E = mc^2$ in Energie umgewandelt. Wenn die Sonne pro Sekunde 500 Mio. t Wasserstoff in Helium verwandelt, werden davon 3,5 Mio. t in Energie umgewandelt und ausgestrahlt.

Die Sonne ist unsere wichtigste Energiequelle

Die Sonnenstrahlung besteht aus elektromagnetischen Wellen (Gammastrahlung, Röntgenstrahlung, Ultraviolettstrahlung, sichtbares Licht, Infrarotstrahlung und Radiowellen) und aus Teilchen (v. a. Protonen, Elektronen und Heliumatomkerne), dem sog. Sonnenwind. Aufgrund ihrer Oberflächentemperatur von etwa 5700 °C strahlt jedoch die Sonne überwiegend im kurzwelligen, sichtbaren Wellenlängenbereich, und zwar mit einem Maximum im gelb-grünen Bereich.

13.2.1 Wie viel Energie bekommt die Erde von der Sonne?

Die Energie der Sonne wird in alle Richtungen gleichmäßig abgestrahlt. Wie viel davon bei einem bestimmten Planeten ankommt, hängt von dessen Entfernung zur Sonne ab.

Solarkonstante $S_0 = 1{,}36\ \mathrm{kW/m^2}$

Als *Solarkonstante* S_0 bezeichnet man die langjährig gemittelte Strahlungsintensität, die von der Sonne bei mittlerem Abstand Erde–Sonne ohne den Einfluss der Atmosphäre senkrecht zur Strahlrichtung auf der Erde ankommt. Messungen ergaben, dass in einer Fläche von 1 m^2 oberhalb der Erdatmosphäre eine Strahlungsleistung von 1,36 kW auftrifft (◘ Abb. 13.6).

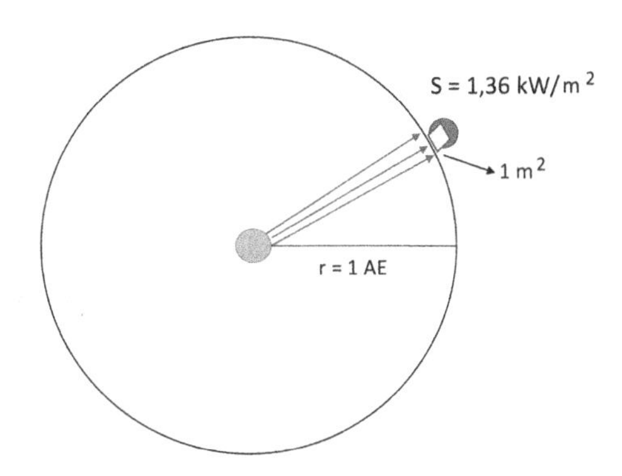

Abb. 13.6 Die Messung der Solarkonstante auf der Erde. (Quelle: Scorza)

13.3 Die Energiebilanz der Erde

13.3.1 Ein Planet wird bestrahlt

Der thermische Energietransport von der Sonne zur Erde findet über Wärmestrahlung, d. h. über elektromagnetische Wellen statt (Abb. 13.7). Die kurzwellige, sichtbare (VIS) Sonnenstrahlung wird kaum durch die atmosphärischen Gase absorbiert. Sie erreicht fast ungehindert den Erdboden, der dadurch erwärmt wird. Beim Abkühlen wird sie vom Erdboden als langwellige Wärmestrahlung (IR) in die Atmosphäre remittiert, wo sie von den atmosphärischen Gasen absorbiert wird und die Luftschichten erwärmt.

Einstrahlung und Abstrahlung

Mit einem einfachen Modell (nach Buchal und Schönwiese 2010) kann der Einfluss der Erdatmosphäre auf Einstrahlung und Abstrahlung unseres Erdkörpers beschrieben werden. Dazu betrachten wir zunächst eine fiktive Erde ohne Lufthülle.

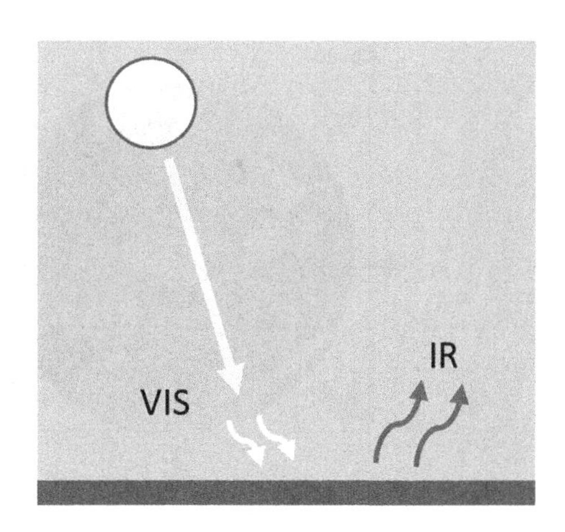

Abb. 13.7 Der Weg der Sonnenstrahlung. (Quelle: Scorza)

Wie sieht die Strahlungsbilanz einer solchen Erde aus? (Die Strahlungsbilanz vergleicht die einfallende und abgestrahlte Strahlungsenergie.)

Im Langzeitmittel muss die Wärmestrahlung, die die Erde ins All abstrahlt, exakt der aufgenommenen Sonnenenergie entsprechen (◘ Abb. 13.8). Die Erde befindet sich im sog. *Strahlungsgleichgewicht*. Wäre dies nicht der Fall und würde die Erde z. B. mehr Energie aufnehmen, als sie abstrahlt, so würde sie sich immer weiter erwärmen und somit aber auch immer mehr Wärmestrahlung abstrahlen. Diese Erwärmung würde so lange stattfinden, bis eingestrahlte und abgestrahlte Energie wieder gleichauf sind und die Erde sich wieder im Strahlungsgleichgewicht befindet.

Einstrahlung und Abstrahlung

Die von der Sonne senkrecht eingestrahlte Energie beträgt auf der Erde $S_0 = 1368\,\mathrm{W/m^2}$ (Solarkonstante, ▸ Abschn. 13.2). Die beleuchtete Halbkugel wird aber zu den Polen hin zunehmend flacher bestrahlt. Mit anderen Worten: Pro Quadratmeter Oberfläche trifft immer weniger Energie auf, je näher wir dem Nord- bzw. Südpol kommen. Die andere Halbkugel liegt derweil im Dunkeln. Gemittelt über die gesamte Erdoberfläche und über den Verlauf eines Tages, wird pro Quadratmeter Erde also deutlich weniger Energie eingestrahlt. Diese kann man abschätzen, indem man das Verhältnis von Querschnittsfläche $Q = \pi \cdot r^2$ (wird senkrecht bestrahlt) zu Erdoberfläche $O = 4\pi \cdot r^2$ bestimmt. Dies ist offensichtlich genau ein Viertel. Somit ergibt sich für die mittlere Intensität der Sonnenstrahlung:

$$I_S = \frac{1368}{4}\frac{\mathrm{W}}{\mathrm{m}^2} = 342\frac{\mathrm{W}}{\mathrm{m}^2}$$

13

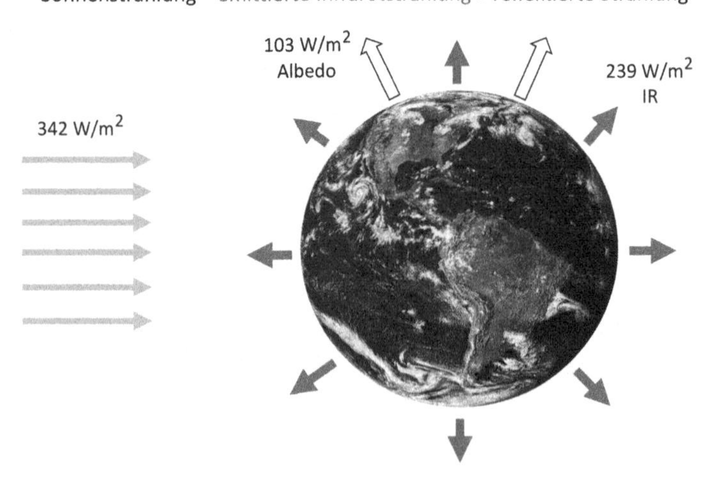

◘ **Abb. 13.8** Die Energiebilanz der Erde. (Quelle: Scorza/NASA-Bild)

Im Strahlungsgleichgewicht muss diese solare Einstrahlung auf die Erdoberfläche wieder vollständig als langwellige Wärmestrahlung ins All abgestrahlt werden.

Die Erde im Strahlungsgleichgewicht

Zurück zur fiktiven Felsenerde. Die mittlere Temperatur auf einer solchen Erde lässt sich mit dem Stefan-Boltzmann-Gesetz abschätzen:

$$I = \sigma \cdot T^4$$

Das Gesetz beschreibt, mit welcher Intensität (W/m^2) ein Körper bei einer bestimmten Temperatur abstrahlt. Je heißer ein Körper, desto mehr Wärmestrahlung gibt er ab, und zwar proportional zur vierten Potenz seiner Temperatur. Bei doppelter Temperatur (in Kelvin gemessen) strahlt ein Körper also 16-mal mehr Energie pro Sekunde ab. $\sigma = 5{,}67 \cdot 10^{-8} \frac{\mathrm{W}}{\mathrm{m}^2 K^4}$, die sog. Strahlungskonstante, ist der Umrechnungsfaktor zwischen Temperatur und Leistung.

Von den eingestrahlten $342\,\mathrm{W}/\mathrm{m}^2$werden ca. 30 % direkt ins All zurückgeworfen. Dieses Rückstrahlvermögen von Oberflächen nennt man Albedo α, und es ist z. B. bei Eis besonders hoch. Es ergibt sich also für die von Sonne auf die Erde übertragene Energie pro Sekunde und pro Quadratmeter:

$$I_{\mathrm{S}\to\mathrm{E}} = (1 - \alpha) \cdot I_{\mathrm{S}} = 239\,\mathrm{W}$$

Modellrechnung für eine fiktive Felsenerde

Die mittlere Abstrahlungsleistung der Erdoberfläche I_{E} ist aufgrund des Strahlungsgleichgewichtes gleich groß:

$$I_{\mathrm{S}\to\mathrm{E}} = I_{\mathrm{E}} = \sigma \cdot T^4$$

Diese Gleichung wird nach T aufgelöst:

$$T = \sqrt[4]{\frac{(1-\alpha)\cdot I_{\mathrm{S}}}{\sigma}} = \sqrt[4]{\frac{239\frac{\mathrm{W}}{\mathrm{m}^2}}{5{,}67\cdot 10^{-8}\frac{\mathrm{W}}{\mathrm{K}^4}}} = 255\mathrm{K} = -18\,^\circ\mathrm{C}$$

Auf unserer fiktiven Felsenerde würde also im Mittel eine Temperatur von $-18\,^\circ$C herrschen!

Änderungen in der Intensität der Sonneneinstrahlung I_{S} oder Änderungen in der Albedo α wirken sich also immer direkt auf die Temperatur aus. Würde I_{S} und damit auch $I_{\mathrm{S}\to\mathrm{E}}$ aus irgendeinem Grund zunehmen, so würde die Temperatur der Erde zunehmen, bis das Strahlungsgleichgewicht bei einer neuen Gleichgewichtstemperatur wiederhergestellt wäre.

13.3.2 Die Rolle der Atmosphäre und der Treibhauseffekt

Ohne seine wärmende Atmosphäre wäre unser heute blauer Planet also eine weiße Eiskugel mit einer durchschnittlichen

Temperatur von −18 °C. Was aber würde mit einer Atmosphäre, die die Wärmestrahlung der Erdoberfläche teilweise absorbieren und auch in Richtung Erdoberfläche zurückstrahlen würde, passieren?

Einfluss der Atmosphäre

Gehen wir also einmal davon aus, dass die Atmosphäre zwar die gesamte relativ kurzwellige Sonnenstrahlung I_S durchlässt, aber einen großen Teil der remittierten Infrarot-Wärmestrahlung der Erdoberfläche I_E absorbieren würde, sagen wir 80 %. Dadurch steigt die Temperatur der Atmosphäre, und sie beginnt nun ihrerseits, die aufgenommene Wärme in Richtung Erdoberfläche ($I_{Atm \to E}$) bzw. in Richtung Weltall ($I_{Atm \to W}$) abzustrahlen. Da die Atmosphäre in keine Richtung bevorzugt abstrahlt, gilt:

$$I_{Atm \to E} = I_{Atm \to W}$$

Das neue Strahlungsmodell sieht jetzt wie folgt aus (Abb. 13.9):

Die einfallende solare Strahlung beträgt nach wie vor $I_S = 342\,\mathrm{W/m^2}$.

Direkt diffus reflektiert wird der Anteil α, den wir wieder mit 0,3 ansetzen, dem entspricht eine Strahlung von $I_{ref} = 103\,\mathrm{W/m^2}$. Die Erdoberfläche absorbiert also den Anteil $(1 - \alpha) : I_{S \to E} = 239\,\mathrm{W/m^2}$.

Diese von der Erdoberfläche absorbierte Strahlung wird in diesem Modell nun komplett in Form von Wärmestrahlung nach oben abgestrahlt (I_E). Hiervon werden 80 % von der Atmosphäre absorbiert: $I_{E \to Atm} = 0{,}8 \cdot I_E$.

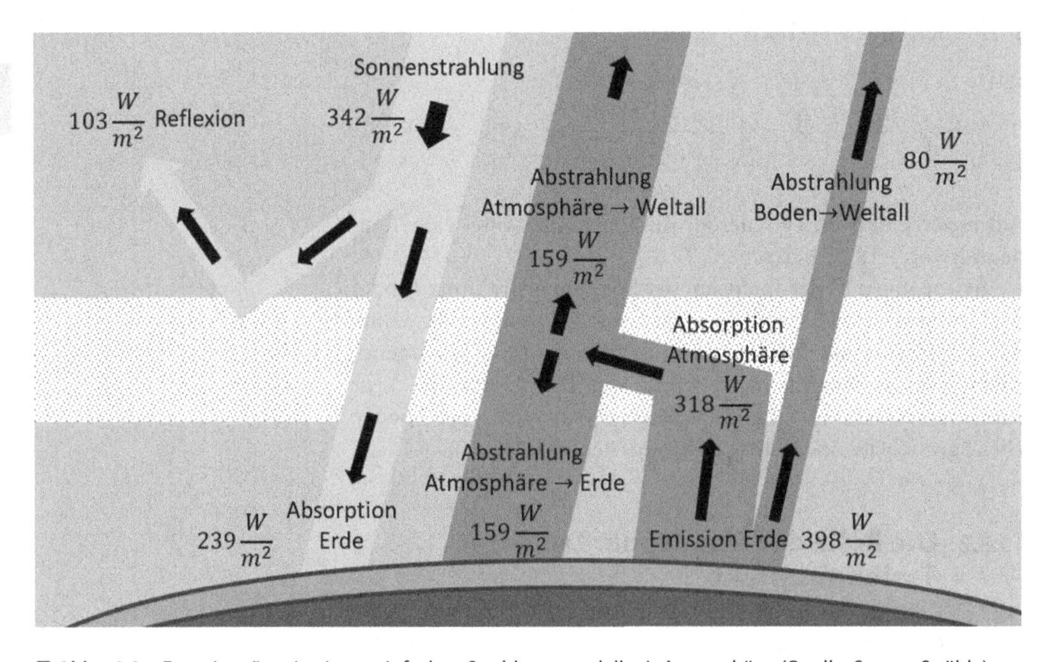

Abb. 13.9 Energieströme in einem einfachen Strahlungsmodell mit Atmosphäre. (Quelle: Scorza, Strähle)

Da sich die Atmosphäre aber nicht immer weiter erwärmt und sich auch hier ein Strahlungsgleichgewicht einstellt, wird diese Energie auch wieder abgestrahlt. Dies geschieht, wie wir oben schon angesprochen haben, nach oben und nach unten zu gleichen Teilen. Es folgt also:

$$I_{\mathrm{E}\to\mathrm{Atm}} = I_{\mathrm{Atm}\to\mathrm{E}} + I_{\mathrm{Atm}\to\mathrm{W}} = 2 \cdot I_{\mathrm{Atm}\to\mathrm{E}} = 0{,}8 \cdot I_{\mathrm{E}}$$

Was dieses Modell grundlegend von dem der Felsenerde unterscheidet, ist, dass die von der Erde abgestrahlte Wärmestrahlung I_E nun nicht mehr nur von absorbierten solaren Einstrahlung $I_{\mathrm{S}\to\mathrm{E}}$ gespeist wird, sondern auch von der Abstrahlung aus der Atmosphäre. Es gilt also: $I_\mathrm{E} = I_{\mathrm{S}\to\mathrm{E}} + I_{\mathrm{Atm}\to\mathrm{E}}$.

Umgestellt und eingesetzt in die letzte Gleichung ergibt sich: $2 \cdot (I_\mathrm{E} - I_{\mathrm{S}\to\mathrm{E}}) = 0{,}8 \cdot I_\mathrm{E}$ und damit:

Strahlungsbilanz mit Atmosphäre

$$I_\mathrm{E} = \frac{2}{2-0{,}8} I_{\mathrm{S}\to\mathrm{E}} = \frac{2}{2-0{,}8} 239 \frac{\mathrm{W}}{\mathrm{m}^2} = 398 \frac{\mathrm{W}}{\mathrm{m}^2}$$

Dies mag überraschen, denn die Erde strahlt damit mehr Energie ab, als sie direkt von der Sonne aufnimmt ($239 \frac{\mathrm{W}}{\mathrm{m}^2}$). Dies hängt mit der Wirkung der Atmosphäre zusammen: Die Sonnenenergie wird auf Umwegen über die Erdoberfläche in der Atmosphäre gespeichert und dann, ebenfalls von der Sonne angetrieben, hin und her geschickt. Die in der Atmosphäre gespeicherte Wärmestrahlung kommt damit als Strahlungsquelle für den Erdboden noch hinzu. Die Atmosphäre wird also von der Sonne so lange mit Energie aufgeladen (und hierbei das System Erde-Atmosphäre immer weiter aufgeheizt), bis sich ein Strahlungsgleichgewicht einstellt. Dies ist vergleichbar mit dem Anschieben eines Güterwagens auf einem kreisförmigen Gleis: Solange die Reibungsverluste die Antriebsleistung nicht gänzlich aufzehren, werden die Wagen immer schneller, d. h. ihre kinetische Energie nimmt ständig zu.

Diese neue Energiebilanz liefert für die Temperatur der Erdoberfläche:

$$T = \sqrt[4]{\frac{398}{5{,}67 * 10^{-8}}}\,\mathrm{K} = 289\,\mathrm{K} = 16\,°\mathrm{C}$$

Im Vergleich zur Felsenerde (ohne absorbierende Atmosphäre) bewirkt also eine Lufthülle, die die Wärmestrahlung der Erde zu 80 % absorbiert, eine Rückstrahlung, die die Erde in unserem einfachen Strahlungsmodell um 34 °C erwärmt. Der hier dargestellte Prozess ist der sog. natürliche Treibhauseffekt, der das Klima maßgeblich beeinflusst und ohne den wohl kein Leben auf der Erde möglich wäre.

Natürlicher Treibhauseffekt durch die Atmosphäre

Und nun kommt der Mensch ins Spiel: Die Temperatur auf der Erde hängt von der Fähigkeit der Atmosphäre ab, die Wärmestrahlung der Erdoberfläche zu absorbieren (und damit auch zu remittieren). Was passiert nun, wenn der Mensch diese Fähigkeit erhöht?

Gehen wir einmal davon aus, dass durch Abgase die CO_2 -Konzentration in der Atmosphäre angestiegen ist und diese nunmehr 85 % statt der oben angenommenen 80 % der Wärmestrahlung der Erde absorbiert. Wir erhalten:

$$I_{\mathrm{E}} = \frac{2}{2 - 0{,}85} I_{\mathrm{S}\to\mathrm{E}} = \frac{2}{2 - 0{,}85} 239 \frac{\mathrm{W}}{\mathrm{m}^2} = 416 \frac{\mathrm{W}}{\mathrm{m}^2}$$

und damit:

$$T = \sqrt[4]{\frac{416}{5{,}67 * 10^{-8}}}\,\mathrm{K} = 289\,\mathrm{K} = 19\,^{\circ}\mathrm{C}$$

Das bedeutet eine Erhöhung der Temperatur der Erdoberfläche um 3 °C!

Der anthropogene Treibhauseffekt: Temperaturerhöhung durch höhere CO_2-Konzentration

Man könnte unser Strahlungsmodell nun schrittweise verbessern und beispielsweise ein Temperaturprofil simulieren, d. h. die Strahlung würde in unterschiedlicher Höhe unterschiedlich stark absorbiert, oder man könnte die Atmosphäre auch ein wenig von der einfallenden Sonnenstrahlung absorbieren lassen, so wie es mit der Ozonschicht in unserer Atmosphäre ja auch tatsächlich geschieht. Und außerdem könnte man den Einfluss der Wolken, des Wasserdampfs und der Schmutzpartikel (Aerosole) in der Luft berücksichtigen. Das macht man am besten in groß angelegten Simulationen, die auch die Dynamik des Luftmeeres über unseren Köpfen richtig darstellen. Doch wie weit wir unser Modell auch verbessern, die oben dargestellten Zusammenhänge behalten ihre unanfechtbare Gültigkeit:

Ein grundlegender Zusammenhang

Je mehr Wärmestrahlung unsere Atmosphäre absorbiert, desto wärmer wird es auf der Erde!

Die Absorptionsfähigkeit der Atmosphäre ist also *die* Stellschraube, in der die ganze Problematik des Klimawandels verborgen liegt. Und diese Stellschraube dreht sich aktuell langsam immer weiter nach oben.

▪ Wie funktioniert der Treibhauseffekt?

In der Realität sorgt der oben beschriebene natürliche Treibhauseffekt so dafür, dass die globale Mitteltemperatur der Erde von −18 °C auf ca. 15 °C erhöht wird. Hierdurch wird flüssiges Wasser und damit Leben auf der Erde ermöglicht.

Details zum Treibhauseffekt

Die chemische Zusammensetzung der Atmosphäre spielt für den Treibhaueffekt eine große Rolle. Im Fall der Erde sind die Hauptbestandteile Stickstoff (78,1 %), Sauerstoff (20,9 %) und Argon (0,93 %) dafür nicht relevant, da sie die Wärmestrahlung des Erdbodens nicht absorbieren. Die in geringen Mengen vorkommenden Spurengase Wasserdampf, Kohlendioxid, Methan und Distickstoffoxid haben hingegen diese Fähigkeit und können Energie aus Wärmestrahlung (Infrarotstrahlung) aufnehmen.

Einfach dargestellt, werden geeignete Moleküle durch eintreffende Strahlung in Schwingungen versetzt. Sie sind somit in der Lage, die Strahlungsenergie zu absorbieren und in Schwingungsenergie umzuwandeln. Diese Energie kann wiederum auf andere Gasteilchen in Form von Bewegungsenergie übertragen werden – das Gas erwärmt sich.

Dies funktioniert allerdings nur, wenn die elektrische Ladung über das Molekül hinweg ungleich verteilt ist, d. h. wenn es wie ein ständiger oder vorübergehender elektrischer Dipol wirkt. Nur dann kann die eintreffende elektromagnetische Welle (die ein sich sehr schnell änderndes elektrisches Feld erzeugt) mittels der Coulomb-Kraft den Dipol zum Schwingen anregen. Wasser ist ein ständiger Dipol, und Wasserdampf ist das wirksamste Gas zur Absorption von Wärmestrahlung. Kohlendioxid entwickelt ein vorübergehendes Dipolmoment durch Biegeschwingungen (◘ Abb. 13.10). Ähnliches gilt für Methan, Stickoxide und Fluorkohlenwasserstoffe.

Moleküle, die Wärmestrahlung absorbieren

Die Infrarotstrahlung, die vom Boden beim Abkühlen remittiert wird, liegt energetisch im Bereich von Schwingungsübergängen in Molekülen, also zwischen dem optischen (in dem elektronische Anregungen innerhalb Atomen stattfinden) und dem oberen Mikrowellenbereich (in dem Rotationen von Molekülen angeregt werden). Sichtbare Strahlung mit einer höheren Energie, wechselwirkt kaum mit den Molekülen der Atmosphäre.

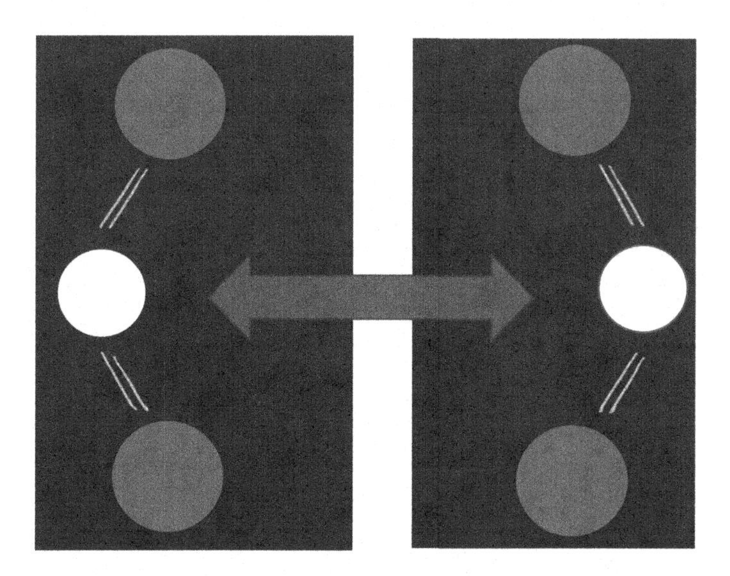

◘ Abb. 13.10 Das CO_2-Molekül bildet keinen permanenten Dipol. Nur, wenn das Molekül sich biegt, wird ein zeitlicher Dipol erzeugt. (Quelle: Scorza)

13.4 Vom Wetter zum Klima

13.4.1 Der Unterschied zwischen Wetter und Klima

Grundlegend für ein Verständnis, wie die Handlungen des Menschen das Klima beeinflussen, ist ein Überblick über das Klimasystem der Erde. Eine klare Trennung der Begriffe Klima und Wetter ist dabei essenziell:

Wetter

Der aktuelle Zustand der Erdatmosphäre zu einer bestimmten Zeit an einem bestimmten Ort wird als *Wetter* bezeichnet. Wetter spielt sich auf Zeitskalen von Stunden bis Wochen – also in relativ kurzen Zeiträumen (◘ Tab. 13.1) ab und wird beispielsweise von der Sonnenstrahlung, Hoch- und Tiefdruckgebieten, Konvektion und Niederschlag bestimmt.

Witterung

Als *Witterung* wird das über mehrere Tage bestehende Wettergeschehen bezeichnet.

Klima

Das *Klima* hingegen bezeichnet das langjährige, gemittelte Wettergeschehen an einem Ort *(average weather)*, üblicherweise über einen Zeitraum von mindestens 30 bis hin zu mehreren Tausend Jahren. Kurzzeitige Ausschläge oder Anomalien sind somit nicht entscheidend.

13.4.2 Das Klimasystem der Erde

Hauptkomponenten des Klimasystems

Das Klima der Erde wird vor allem durch den Einfallswinkel der Sonnenstrahlung auf der Erdoberfläche und durch die

◘ **Tab. 13.1** Unterscheidung von Wetter, Witterung und Klima anhand der zeitlichen Größenordnung atmosphärischer Phänomene (Quelle: Scorza)

Charakteristische Zeit	Zeitskala Jahre,Stunden	Atmosphärische phänomene
Mikroturbulenz	Minuten – Sekunden	Staubteufel Windbö Hitzeflimmern
Wetter	Tage – Stunden	Tiefdruckgebeit Tropischer Sturm Schönwetter Wolken(Cumulus)
Witterung	Wochen – Monaten	Kalter Winter
Klima	Jahre 10^4(12.500 J) 10^2(200 J) 10^2(100 J)	Holozänes Klimaoptimum Kliene Eiszeit Gletscherrückzug im 20 Jahrhundert

Wechselwirkungen zwischen den Hauptkomponenten des Klimasystems bestimmt (Hupfer 1998). Diese sind:
- die Hydrosphäre (Ozean, Seen, Flüsse)
- die Atmosphäre
- die Kryosphäre (Eis und Schnee)
- die Biosphäre (auf dem Land und im Ozean)
- die Pedosphäre und Lithosphäre (Böden und festes Gestein)

Diese Komponenten haben unterschiedliche Reaktionsgeschwindigkeiten auf Änderungen und sind so maßgeblich für die Dynamik des Klimasystems. Wir betrachten sie nun jeweils kurz:

▪ Die Rolle der Ozeane (Hydrosphäre) bei der Mäßigung des Klimas

Ozeane sind klimawirksam

Im Klimasystem der Erde spielen die Ozeane eine wesentliche Rolle. Sie bedecken etwa zwei Drittel der Erdoberfläche und nehmen einen Großteil der einfallenden Sonnenstrahlung auf (bis zu 93,4 %). Die Ozeane mäßigen das Klima und die Temperaturschwankungen der Luft, da sie in ständigem Austausch mit der Atmosphäre stehen und viel Wärme speichern können. Die oberen 200 m der Meere werden durch Wind und Wellen durchmischt und befinden sich in regem Luft- und Wärmeaustausch mit der Atmosphäre. Die Ozeane speichern nicht nur Wärme, sondern auch CO_2, und helfen somit, den Treibhauseffekt zu mildern.

Meeresströmungen

Weil nur das Wasser verdunstet, nicht aber das Salz, bilden sich Schichten von dichterem Salzwasser. Diese sinken unter die salzärmeren ab. In den nördlichen Breiten der Labrador- und der Grönlandsee sinken gleichzeitig sehr kalte Wassermassen ab und strömen in 2000 bis 3000 m Tiefe Richtung Süden. Beide Effekte setzen Strömungen in Bewegung und bewirken u. a., dass der aus der Karibik kommende warme nordatlantische Zweig des Golfstroms Europa erreicht und dort für ein mäßiges Klima sorgt. Verglichen mit der anderen Seite des Atlantiks, beispielsweise in Kanada, wäre es ohne dem Golfstrom in Europa im Schnitt fünf bis zehn Grad kälter (Caesar et al. 2018).

▪ Die wechselhafte Atmosphäre

Die Atmosphäre ist instabil

Die Atmosphäre ist das instabilste und sich am schnellsten ändernde Subsystem des Klimasystems. Und vor allem ihre unterste Schicht, die Troposphäre, ist der Ort des sich rapide ändernden Wettergeschehens. Hier werden Unterschiede zwischen warmen und kalten Luftmassen schnell ausgeglichen. Aufeinandertreffende Luftmassen können zu heftigen Wetterreaktionen führen, z. B. zu Stürmen, Gewittern, Starkniederschlägen usw.

Innertropische Konvergenzzone (ITC)

Da warme Luft eine geringere Dichte als kalte Luft hat, steigt diese in Höhen von 10–15 km auf. Dieser Prozess ist besonders effektiv, wenn die Sonne möglichst im Zenit, also senkrecht über dem Erdboden steht. Das geschieht in einer erdumspannenden Zone entlang des Äquators, die als Innertropische Konvergenzzone (ITC) bezeichnet wird (◘ Abb. 13.11). Da mit zunehmender Höhe die Luft immer kälter wird, verliert sie zunehmend an Fähigkeit, Feuchtigkeit zu speichern. Dies führt zur Wolkenbildung. Deshalb ist die ITC von starken Niederschlägen, Gewittern und in Extremfällen von Unwettern wie Zyklonen und Hurrikans geprägt.

■ Die Rolle der Wolken im Klimasystem

Wolken sind ein entscheidender Faktor im Klimasystem. Man unterscheidet Wolken nach der Höhe, in der sie vorkommen, und nach ihrer Form. Die einzelnen Wolkenformen reflektieren die Solarstrahlung unterschiedlich stark. Die meisten hohen und flachen Wolken befinden sich über den Landmassen der Tropen. Sie sind für die Sonnenstrahlung sehr durchlässig und sorgen für die Erwärmung des Bodens.

Einflüsse von Wolken

Tiefe Wolken reflektieren dagegen die Sonnenstrahlung stark, erhöhen somit die Albedo der Erde und sorgen für Abkühlung (◘ Abb. 13.12). Wie ► Abschn. 13.3 bereits erläutert, wird die langwellige Strahlung von der Erdoberfläche oder der Atmosphäre selbst zum Teil absorbiert und zu gleichen Teilen in Richtung Weltraum wie in Richtung Boden remittiert.

Die Wirkung von niedrigen Wolken ist direkt erfahrbar: Eine Wolkendecke, die sich vor die Sonne schiebt, verursacht eine Absenkung der Temperatur am Boden. In einer Winternacht

◘ **Abb. 13.11** Auf Satellitenbildern ist die ITCZ deutlich als ein Wolkenband zu erkennen. (Quelle: NASA)

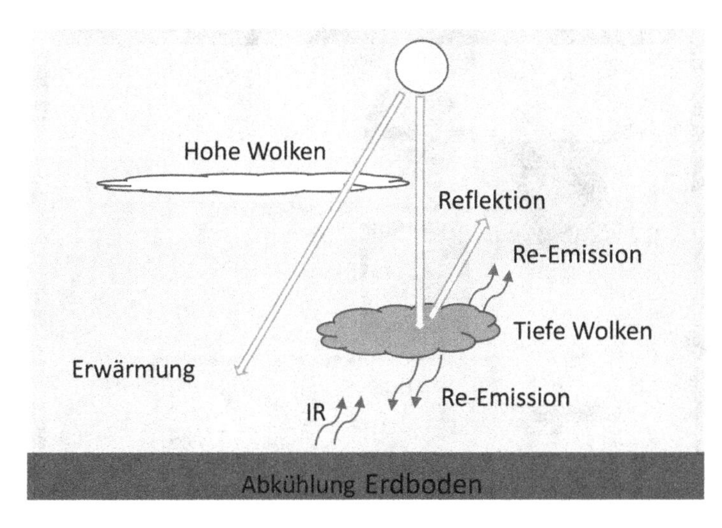

Abb. 13.12 Wirkung der hohen und niedrigen Wolken bei der Übertragung und Absorption von Strahlung. (Quelle: Scorza)

verhindert eine Wolkendecke die Wärmeabstrahlung in den Weltraum; im Vergleich zu einer sternklaren wolkenlosen Winternacht wird es deutlich wärmer.

Die Rolle der Kryosphäre und die Strahlungsbilanz

Kryosphäre und die Strahlungsbilanz

In der Strahlungsbilanz der Erde spielen Eis- und Schneeflächen eine bedeutende Rolle, da beide ein viel höheres Reflexionsvermögen (Albedo) aufweisen als Boden und Wasser. Während die Ozeane und der Erdboden eine Albedo von 10–20 % haben und entsprechend bis zu 80–90 % der einfallenden Sonnenstrahlen absorbieren und in Wärme (Infrarotstrahlung) umwandeln, liegt die Albedo bei Eis und Schnee bei 50–90 %.

Albedo-Effekt

Ein einfaches Experiment mit einem Strahler und zwei Aluminiumblöcken, einer weiß bemalt und der zweite mit Ruß bedeckt, verdeutlicht den Albedo-Effekt (Abb. 13.13). In die Aluminiumblöcke wird jeweils ein Thermometer gesteckt. Der eine stellt die Erde im normalen Zustand, der zweite die fast völlig vereiste „Schneeball-Erde“ dar. Wird ein Strahler oder eine Lampe so über ihnen platziert, dass beide Körper mit gleicher Intensität bestrahlt werden, stellt sich beim weißen Körper eine deutlich niedrigere Gleichgewichtstemperatur ein.

Die Wirkung von weißen Flächen kann sich natürlich auch in umgekehrter Richtung bemerkbar machen: Abschmelzende Eis- und Schneeflächen vermindern die Reflexion und verstärken damit die Erwärmung der Luft, des Wassers und des Bodens, wodurch der Abschmelzvorgang weiter beschleunigt wird. In der Physik spricht man von einem Rückkopplungsprozess (▶ Abschn. 13.5.2).

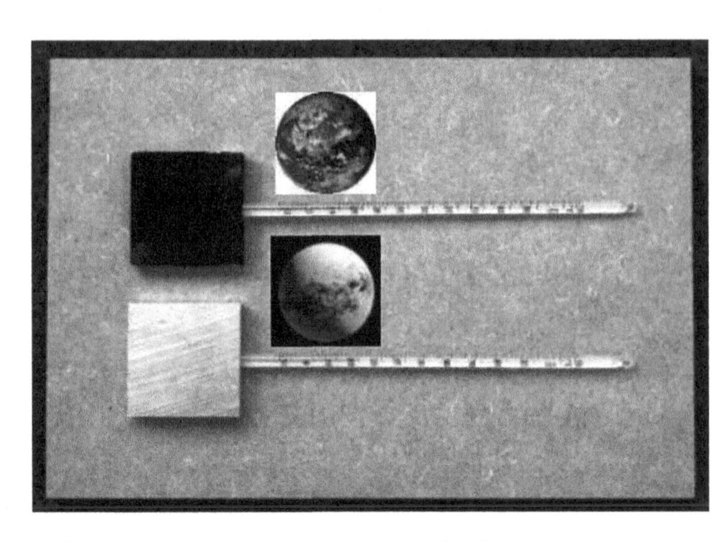

Abb. 13.13 Experiment zur Messung der Albedo. (Quelle: O. Fischer)

Pedosphäre und Lithosphäre

Die Pedosphäre und Lithosphäre im Klimasystem

Es wurde mehrmals erwähnt, dass der Energieaustausch vom Boden zur Atmosphäre über die Abgabe von Strahlungsenergie (Infrarotstrahlung) stattfindet. Dieser Effekt ist bei dunklen Böden stärker als bei hellen Böden, da sie mehr Strahlung absorbieren.

Eine andere Form der Energieabgabe, die latente Wärme, geschieht über die Verdunstung von Wasser in Bodennähe: Dem umgebenden Boden und der Luft wird Energie entzogen, die im Wasserdampf in die Atmosphäre gelangt und dort beim Kondensieren wieder frei wird.

Die Rolle der Biosphäre und die CO_2 Konzentration

Der Einfluss der Biosphäre auf das Klima ist durch den Gasaustausch mit der Atmosphäre, vor allem vom Kohlendioxidkreislauf, bestimmt. Ursprünglich bestand die Atmosphäre der Erde überwiegend aus Kohlendioxid und Stickstoff. Durch die primitiven Algen der Urmeere kam über Photosynthese Sauerstoff hinzu, was höher entwickeltes Leben ermöglichte.

Biosphäre und CO_2

Die klimatische Bedeutung der Biosphäre liegt vor allem in ihrem Einfluss auf die Chemie der Atmosphäre und damit auf den Treibhauseffekt: Mittels Photosynthese entziehen die Pflanzen der Atmosphäre ständig Kohlendioxid, und auch die Konzentration von Methan und Distickstoffoxid, die in der Atmosphäre ebenfalls als Treibhausgase wirken, wird teilweise durch Prozesse in der Biosphäre gesteuert. Das Treibhausgas Methan entsteht auf natürliche Weise vor allem durch anaerobe Zersetzung von organischem Material. Zudem erhöht eine Pflanzendecke im Vergleich zum unbedeckten Erdboden die Albedo.

13.4.3 Wetter- und Klimamodelle

In der heutigen Zeit leiten Meteorologen die Wetterprognose aus den Rechenergebnissen sog. Wettermodelle ab. Dabei wird von einem Hochleistungsrechner aus einem gegebenen Anfangszustand der Atmosphäre mithilfe von Gleichungen der Zustand zu einem späteren Zeitpunkt berechnet. Der Anfangszustand ergibt sich aus den Stationsbeobachtungen, Messungen mit Bojen, Schiffen, Flugzeugen und Wetterballons sowie aus Satelliten- und Radardaten. Ziel ist es, eine möglichst genaue Vorhersage des lokalen Wettergeschehens zu machen.

Wettermodelle

Das Problem an den Wetterberechnungen ist, dass die Atmosphäre ein komplexes System mit teilweise chaotischem Verhalten ist. Dies bedeutet, dass der zukünftige Zustand der Atmosphäre stark von den nicht exakt bestimmbaren Anfangsbedingungen abhängt. Modellrechnungen werden deshalb mit zunehmender Vorhersagezeit immer unsicherer. Im Allgemeinen gilt jedoch, dass das Wetter derzeit im Mittel etwa sieben Tage vorhersagbar ist.

Wetterberechnungen

Im Gegensatz dazu bestimmen die Klimasimulationen die Reaktion des Systems auf veränderte Antriebe (die Energie im System und die Energieflüsse da drin). Während die Prognose eines Wettermodells für einen bestimmten Zeitpunkt direkt durch Beobachtung überprüft werden kann, wird das Ergebnis einer Klimasimulation nur jeweils für längere Zeiträume (mindestens 30 Jahre) mit gemittelten Wetterwerten verglichen.

Klimasimulationen

13.5 Der Klimawandel

13.5.1 Der anthropogene Treibhauseffekt

Die Erde ist vor rund 4,5 Mrd. Jahren entstanden. In dieser langen Zeit gab es immer wieder Klimaschwankungen und große Veränderungen auf dem Planeten. Seit dem Beginn des Holozäns vor rund 12.000 Jahren und damit seit der letzten Eiszeit ist unser Klima, verglichen mit früheren Zeitabschnitten, relativ stabil (■ Abb. 13.14). Seit 1980 aber ist ein signifikanter Anstieg der mittleren Atmosphärentemperatur zu beobachten. Heute herrscht in der Klimaforschung der Konsens (zusammengefasste Indizien aus über 34.000 wissenschaftlichen Publikationen), dass der aktuelle Klimawandel zum überwiegenden Teil durch die Aktivitäten des Menschen zustande kommt (IPCC 2007a).

Dabei spielt insbesondere Kohlendioxid eine ausschlaggebende Rolle für den anthropogenen Treibhauseffekt. Global betrachtet ist dieses Treibhausgas die Ursache für mehr als 60 % des durch menschlichen Handeln verstärkten Treibhauseffekts. Dies lässt sich folgendermaßen erkennen: In den 10.000 Jahren

CO_2 spielt eine besondere Rolle für den anthropogenen Treibhauseffekt

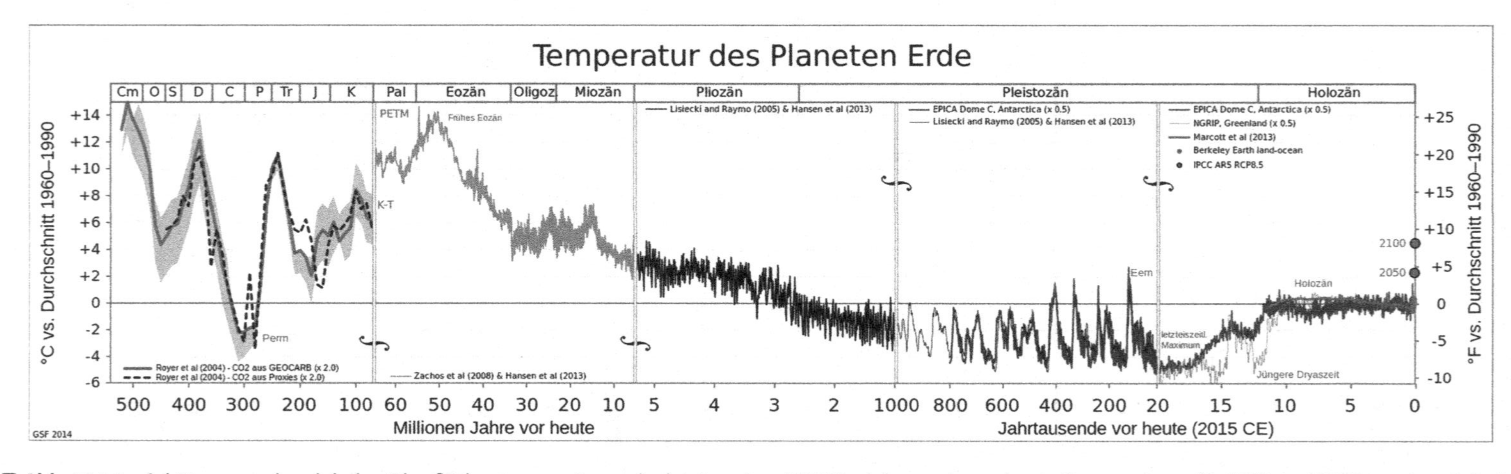

Abb. 13.14 Schätzungen der globalen Oberflächentemperaturen der letzten etwa 540 Mio. Jahre und errechnete Temperaturen für 2050 und 2100 aus dem 5. Sachstandsbericht des IPCC. (Quelle: IPCC 2013)

vor der industriellen Revolution war der CO_2-Gehalt in der Erdatmosphäre relativ konstant (mit Schwankungen um weniger als 10 %). Seit 1800 jedoch nahm die Konzentration von etwa 280 ppm um mehr als 40 %, auf heute über 400 ppm zu und liegt damit höher als zu irgendeinem in den letzten 650.000 Jahren (ppm steht für *parts per million,* also die Anzahl an CO_2-Molekülen pro Million Moleküle trockener Luft).

Der Hauptgrund hierfür ist, dass der Mensch zur Erzeugung nutzbarer Energie kohlenstoffhaltige fossile Brennstoffe verbrennt und dabei unter Sauerstoffzufuhr u. a. Kohlenstoffdioxid freigesetzt wird. Zunächst geschah dies hauptsächlich in Europa und Nordamerika, später auch in Russland, China, Indien und Brasilien. Im Jahr 2017 wurde die größte jemals gemessene Menge an CO_2 innerhalb eines Jahres durch den Menschen freigesetzt: 32,5 Gigatonnen. Im Vergleich zum Jahr 1990 (das das Referenzjahr aus dem Kyoto-Protokoll darstellt) stellt das eine Erhöhung der Emissionen um 65 % dar.

Kohlenstoffhaltige fossile Brennstoffe werden genutzt

Dies stellt einen einschneidenden Rückschritt dar. Blieb der CO_2-Ausstoß in den Vorjahren relativ konstant, stellt der Wert für 2017 eine erneute Steigerung um rund zwei Prozent dar. Einer der größten Verursacher dieses Problems ist unter anderem China – das Land mit den weltweit höchsten Treibhausgasemissionen (Earth System Science Data Discussions 2017)

Sonnenaktivität und globale Erwärmung sind entkoppelt

◘ Abb. 13.15 zeigt den globalen Anstieg der Kohlendioxidkonzentration in den letzten rund 150 Jahren. Der von Skeptikern des anthropogenen Klimawandels oft vorgebrachte Einwand, die Schwankungen der Sonnenflecken, mit ihren erhöhten

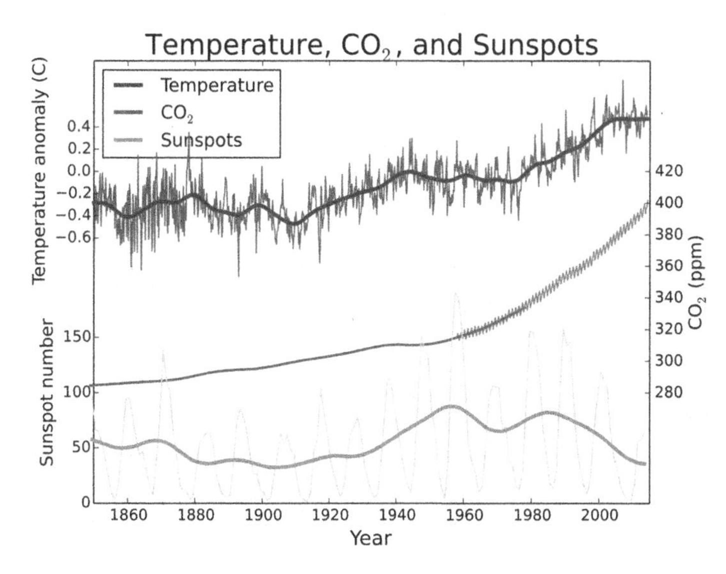

◘ **Abb. 13.15** Temperatur- und CO_2-Anstieg. (Quelle: Leland McInnes, englische Wikipedia)

Strahlungswerten, wären für den messbaren Temperaturanstieg der letzten vier Jahrzehnte verantwortlich, kann eindeutig widerlegt werden. Die Sonnenaktivität sinkt, während die Temperatur und der Kohlendioxidgehalt der Atmosphäre steigen. Sonnenaktivität und globale Erwärmung sind entkoppelt, sie entwickeln sich gegenteilig.

13.5.2 Rückkopplung- und Verstärkungseffekte

Wasserdampf spielt ebenfalls eine wichtige Rolle

Wasserdampf ist das stärkste natürliche Treibhausgas. Er hat jedoch nur eine sehr kurze Verweildauer in der Erdatmosphäre, hält sich dort meist nur für einige Tage und kehrt dann als Regen (oder wegen der höheren Aufnahmefähigkeit der Atmosphäre vermehrt auch als Starkregen) zurück auf die Erde. Insgesamt ist sein Beitrag zum natürlichen Treibhauseffekt ca. zwei- bis dreimal so hoch wie der von CO_2. Im Gegensatz zu CO_2 stellt Wasserdampf allerdings keine direkte Ursache für die vom Menschen verursachte Verstärkung des Treibhauseffekts dar (der anthropogene Treibhauseffekt kommt ja nicht durch den vermehrten Ausstoß von Wasserdampf zustande). Allerdings verdunstet durch die Erwärmung der Erdatmosphäre durch andere Treibhausgase vermehrt Wasser, und je heißer es daher wird, desto höher ist die Wasserdampfkonzentration in der Atmosphäre. Dies verstärkt den Treibhauseffekt, was wiederum zu höherer Erderwärmung führt. Hinzu kommt außerdem, dass die Atmosphäre umso mehr Wasserdampf aufnehmen kann, je wärmer sie wird. Wasserdampf wirkt also wie ein Verstärker des vom Menschen induzierten Treibhauseffektes.

Rückkopplungsprozesse sind auch zu bedenken

Diese *Rückkopplungsprozesse* stellen den eigentlichen „Knackpunkt“ des Klimawandels dar. Es geschieht etwas, und das Klimasystem reagiert darauf mit Veränderungen. Die natürlichen Vorgänge im Wechselspiel der Atmosphäre, der Meere und Ozeane, der Eismassen und der Biosphäre vollzogen sich schon immer, auch in Zeiten, als es noch keine Menschen gab. In Abhängigkeit von der Landmassenverteilung, Vulkanismus und verschiedener astronomischer Parameter änderte sich das Klima ständig – der Wandel des Klimas ist also völlig natürlich. In den letzten Jahrzehnten allerdings wurde die Konzentrationen an Molekülen in der Atmosphäre, die die Fähigkeit haben, Wärmestrahlung zu absorbieren, drastisch durch anthropogene Einflüsse erhöht. Mitten hinein in ein vernetztes, vielschichtiges und deshalb komplexes natürliches Geschehen verändert der Mensch die Rand- und Anfangsbedingungen der Atmosphäre durch den Abbau fossiler Ressourcen. Kohlenstoff, der vor Hunderten von Millionen Jahren tief im Boden versteckt war, wird durch Kohle-, Öl- und Gasförderung zunächst an die Erdoberfläche und durch Verbrennungsprozesse in die Atmosphäre gebracht. Auf diese allmähliche Veränderung reagieren alle natürlichen Systeme durch Rückkopplungen, und zwar ganz natürlich.

Vier wichtige Rückkopplungsprozesse

Hier die vier offensichtlichsten Rückkopplungsprozesse:

1. Die globale Erwärmung führt zum Abschmelzen von Eisflächen und verringert so die Albedo der Erde. Die Erde absorbiert somit einen größeren Anteil der Sonnenstrahlung, was die globale Erwärmung weiter vorantreibt.
2. Die Temperatur der Ozeane steigt durch die globale Erwärmung. Da aber die Aufnahmefähigkeit für Kohlendioxid mit zunehmender Wassertemperatur sinkt, erhöht sich die CO_2-Konzentration in der Atmosphäre, was den Treibhauseffekt und damit die globale Erwärmung weiter verstärkt (► Abschn. 13.3.2).
3. Durch die globale Erwärmung taut der Permafrost in weiten Teilen Sibiriens und Kanadas auf. Hierdurch treten große Mengen Methan in die Atmosphäre ein, welches wiederum den Treibhauseffekt verstärkt.
4. Wie bereits erwähnt, steigt bei zunehmender Erwärmung die Konzentration von Wasserdampf in der Atmosphäre, welcher als Treibhausgas den Treibhauseffekt weiter verstärkt.

13.5.3 Auswirkungen des Klimawandels

Vielschichtige Folgen

Die Komponenten des Klimasystems und deren gegenseitige Wechselwirkungen werden durch die Verstärkung des Treibhauseffekts massiv verändert. Einige Auswirkungen des Klimawandels beruhen auf einfachen physikalischen Zusammenhängen, etwa der Anstieg des Meeresspiegels, die Versauerung der Ozeane, die Verringerung der Albedo. Andere stellen nichtlineare, rückgekoppelte, komplexe Folgen dar, wie die Veränderung der Meeresströmungen und des Wasserdampfgehalts der Atmosphäre (Rahmstorf und Richardson 2007). Wie bereits erwähnt, ist der atmosphärische Wasserdampf das stärkste Treibhausgas; er erhöht die Wärmeaufnahmefähigkeit (und somit auch die Abstrahlung in Richtung Erdoberfläche) der Atmosphäre und trägt so zur globalen Erwärmung bei. Bei erhöhter Luftfeuchtigkeit steigt zudem die Wahrscheinlichkeit für Extremwetterereignisse (Gewitter, Hagel, Sturm und Hurrikan).

Erwärmung von Eis

Die Erwärmung von Eis auf dem Festland (Grönland, Antarktis, Himalaya) führt zu Schmelzwasser, das in die Ozeane fließt und dort den Meeresspiegel erhöht (Church und White 2006). Zugleich verschwinden helle Fläche und dadurch wichtige Reflektoren an der Oberfläche (Albedo), was zu einer Aufheizung der festen Oberfläche und zur Verdunstung von Wasser führt (◘ Tab. 13.2).

Tab. 13.2 Übersicht der Veränderungen der Subkomponenten des Klimas durch die globale Erwärmung

Subkomponente des Klimas	Veränderungen	Auswirkungen
Hydrosphäre (Ozean, Seen, Flüsse)	Meeresanstieg, wärmere Gewässer	Überflutung von Küstengebieten, Massensterben von Fischen, Algen und anderen Meerestieren
Atmosphäre	Heiße trockene Luft, in einigen Regionen verstärkte Erosion, in anderen Regionen mehr Wasserdampf und dadurch mehr Wolkenentstehung	Hitzewellen mit erheblichen Schäden an Flora und Fauna sowie Auswirkungen auf die Menschen, Starkregen mit Überflutungen
Kryosphäre (Eis und Schnee)	Eis- und Schneeschmelze, Verringerung der Albedo	Die Erde absorbiert mehr Sonnenstrahlung und heizt sich weiter auf
Biosphäre (auf dem Land und im Ozean)	Pflanzen und Algen verschwinden durch Waldbrand und Hitze.	Weniger CO_2 wird durch Photosynthese absorbiert und in O_2 verwandelt
Pedosphäre und Lithosphäre (Böden und festes Gestein)	Freisetzung dunkler Flächen durch das Schmelzen von Eis und Schnee	Stärkere Absorption der Sonnenstrahlung, Anstieg der Lufttemperatur

Meeresspiegel steigt und Engpässe bei der Wasserversorgung

Der Anstieg des Meeresspiegels ist eines der drohenden Risiken für die Menschheit. Im Jahr 2300 könnte er drei Meter betragen (IPCC 2007b). Niedrig liegende Küstengebiete und -städte würden überflutet werden, darunter die am dichtesten bewohnten Regionen der Erde. 22 der 50 größten Städte der Welt sind Küstenstädte, darunter Mumbai, Tokio, Shanghai, Hongkong und New York. Bei einer Erwärmung von zwei Grad wird der Meeresspiegelanstieg rund 10 Mio. Menschen in den Küstengebieten betreffen, bei drei Grad werden es rund 200 Mio. sein und bei vier Grad rund 300 Mio. Und bei einer Erwärmung von vier Grad werden die großen Gletscher im Himalaya verschwinden, womit ein Viertel der chinesischen Bevölkerung und rund 300 Mio. Inder ihre Wasserversorgung verlieren. Im Mittelmeerraum und im südlichen Afrika wird die Wasserversorgung um die Hälfte reduziert sein (IPCC 2007d, 2007e).

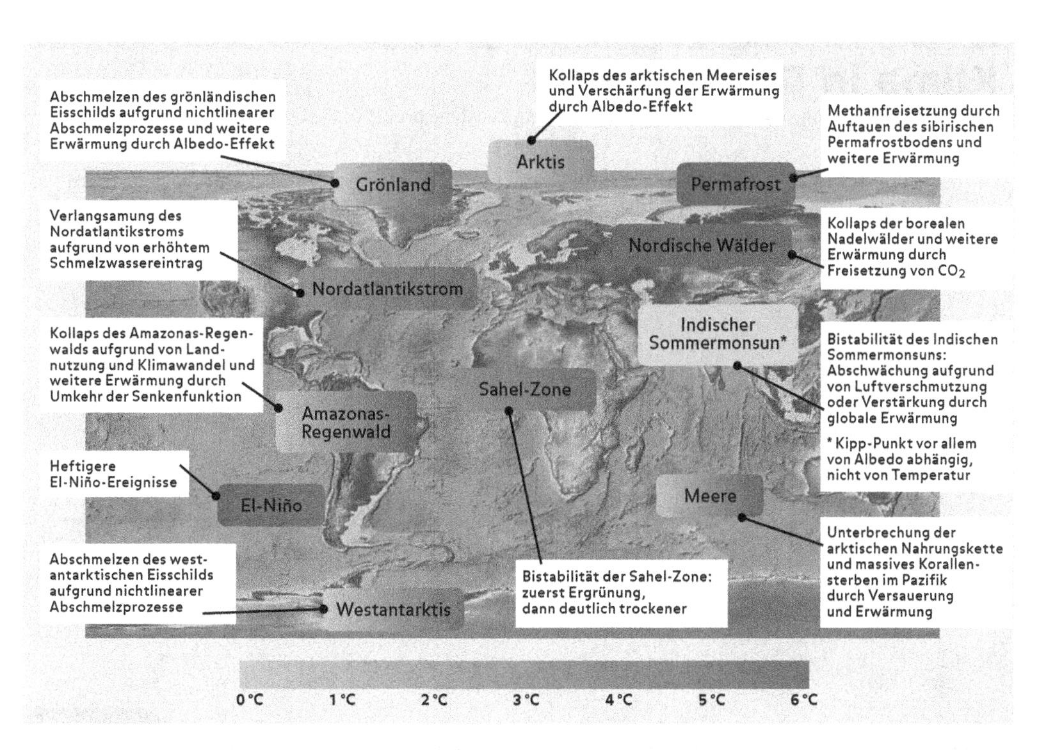

Abb. 13.16 Globale Folgen des Klimawandels. (Quelle: Globaler Klimawandel, Germanwatch nach Lenton et al. 2008)

Einige Kipppunkte gelten als Achillesferse des Klimasystems. Sollten sie erreicht werden, drohen Auswirkungen. Abb. 13.16 zeigt einige davon.

Klimawandel in Deutschland

Der Klimawandel hat längst Deutschland erreicht: Unüblich hohe Temperaturen führen zu Dürren, die die Landwirtschaft massiv beeinträchtigen, und Waldbrände häufen sich (wie im Sommer 2018). Fische ersticken in zu warmen Flüssen, und es gibt immer häufiger heftige Regenfälle, die auf die verstärkte Verdunstung von Wasser im Mittelmeer zurückzuführen sind, das durch Luftströmungen nach Süddeutschland gelangt.

Im weltweiten Vergleich ist für Deutschland sogar ein noch deutlicherer Temperaturtrend zu beobachten: Abb. 13.17, in der das Temperaturmittel von 1880 bis heute dargestellt ist, zeigt, wie drastisch sich die Erwärmung in den letzten 40 Jahren vollzogen hat. Lesch und Kamphausen (2016) präsentieren eine sehr vollständige Übersicht zum Klimawandel und seine Auswirkungen.

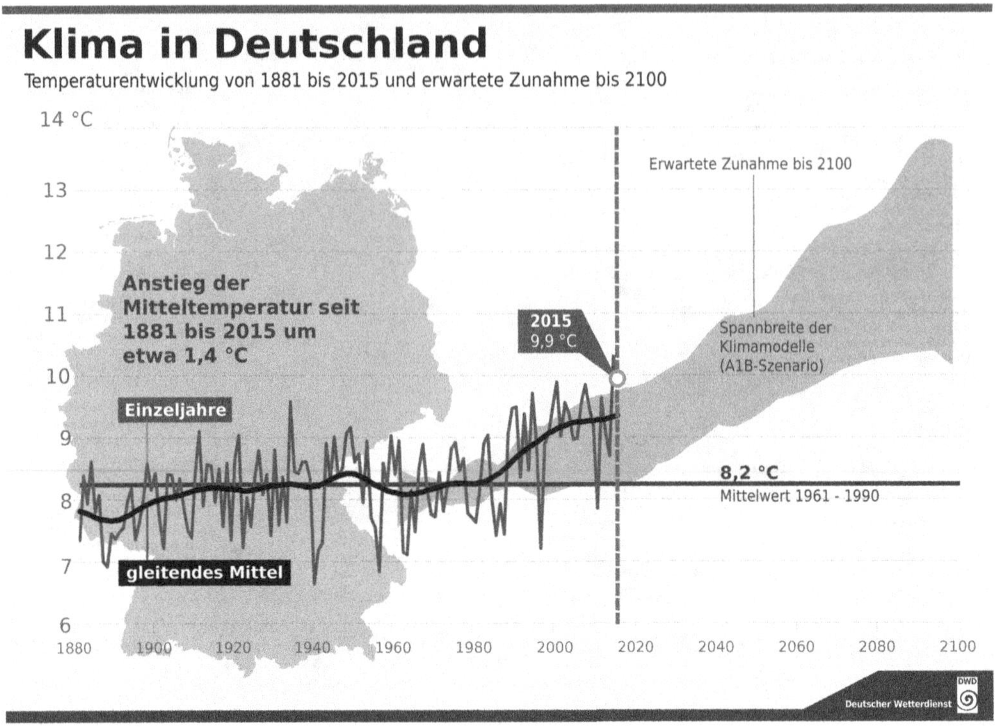

Abb. 13.17 Klimaveränderung in Deutschland von 1881–2110 (Extrapolation). (Quelle: Klimapressekonferenz des Deutschen Wetterdienstes (DWD) 2016.)

13.6 Klimawandel im Unterricht: Verstehen und Handeln

Psychologische Barrieren, die uns vom Handeln abhalten

Auf der letzten Weltklimakonferenz in Paris (COP21) wurde ein Klimaschutzabkommen mit dem verbindlichen Ziel vereinbart, die Erderwärmung auf 2 °C zu begrenzen. Um diese Obergrenze einzuhalten, muss die Emission der Treibhausgase möglichst ab sofort reduziert werden. Würde dieser Umschwung erst im Jahr 2025 beginnen, blieben keine zehn Jahre, um die Emissionen komplett auf null herunterzufahren (Abb. 13.18).

Wirtschaftliche Interessen
In unseren Breitengraden nehmen nur wenige Menschen den Klimawandel als echtes Problem wahr

Fest steht, und so legt es auch das Abkommen fest, dass die Weltgemeinschaft in der zweiten Hälfte des Jahrhunderts treibhausgasneutral werden muss, wenn dieses Ziel erreicht werden soll. Der weltweite Verbrauch von Kohle, Erdgas und Öl nimmt aber, trotz der Klimaschutzbemühungen einiger Länder, weiter zu. Vor allem wirtschaftliche Interessen verhindern in vielen Fällen die Umsetzung des Klimaabkommens. Hinzu kommt, dass laut Umfragen von Umweltpsychologen in unseren

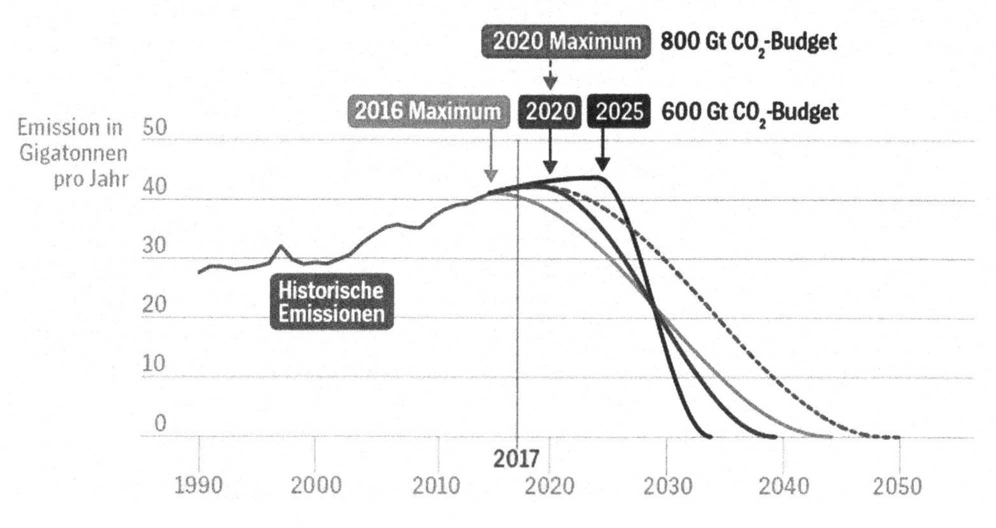

Abb. 13.18 Quellen: Three years to safeguard our climate, C. Figueres (2017)

Breitengraden nur wenige Menschen den Klimawandel als echtes Problem wahrnehmen oder als Bedrohung empfinden. Wir verstehen die Ursachen des Klimawandels, wissen auch, dass er gerade stattfindet, kennen sogar die Folgen, handeln aber nicht.

Was können Lehrerinnen und Lehrer in Deutschland tun, um Schüler zu motivieren, sich aktiv an der Bekämpfung des Klimawandels zu beteiligen? Was für eine Botschaft können sie in der Schule vermitteln und wie? Bevor wir über Inhalte und didaktische Methoden reden, sollte zuerst verstanden werden, warum das Wissen um den Klimawandel für viele Menschen im Alltag keine Rolle spielt, welche psychologischen Barrieren Menschen vom Handeln abhalten (Swim et al. 2011; van der Linden et al. 2015) und was wir in der Schule tun können, um diese Haltung zu ändern.

Risiken und Konsequenzen werden nicht erkannt

1. *Risiken und Konsequenzen werden nicht erkannt:* Anscheinend ist für den überwiegenden Teil der Menschen noch unklar, was der Klimawandel auch für sie bedeutet. Der Klimawandel scheint zeitlich und räumlich weit entfernt, „keiner rechnet hier mit verheerenden Katastrophen" (Zitat von Dr. Gerhard Hartmuth, Umweltpsychologe am Helmholtz-Zentrum für Umweltforschung in Leipzig). Die Menschen verbinden kein akutes Risiko damit. Wenn dies so ist, dann müssen die unmittelbaren, regionalen und lokalen Auswirkungen des Klimawandels im Unterricht diskutiert werden. Denn wer zum Handeln angeregt werden

soll, muss fühlen, sehen und mit der Realität direkt konfrontiert werden.

Eigene Einflussmöglichkeiten werden unterschätzt

2. *Der eigene Einfluss wird unterschätzt:* Manche verstecken sich hinter dem Argument, dass, solange z. B. die USA und China ihren CO_2 Ausstoß nicht reduzieren und Millionen Autofahrer den Klimawandel beschleunigen, jegliche individuelle Anstrengung sinnlos sei. Das Gefühl, allein nichts ausrichten zu können zieht uns aus der Verantwortung – die Problematik wird an die Politik delegiert.

Gewohnheiten sind resistent

3. *Gewohnheiten:* Tief sitzende Verhaltensweisen sind ebenso ein Hindernis umweltbewussten Handelns. Wir spulen jeden Tag ein Programm ab, sei es die Fahrt zur Schule oder zur Arbeit, ein Coffee-to-go unterwegs oder der Shopping Ausflug am Samstag. Daran etwas zu ändern ist schwierig, aber möglich. Alltagshandlungen sollten hinterfragt werden: „Wie viel CO_2 kostet das?".

13.6.1 Konkretes Handeln: Was tun?

Vorgehen in vier Schritten

Mit Berücksichtigung der oben beschriebenen Hürden kann in der Schule nun, sei es im Unterricht oder im Rahmen von Projekten, gehandelt werden. Folgender Ablauf ist denkbar:

- **1. Den Klimawandel verstehen**

Verstehen

Die Schüler erkunden und verstehen die wissenschaftlichen Ursachen des Klimawandels. Die theoretischen Aspekte können anschaulich unterstützt von Experimenten vermittelt werden. Hierbei soll das Handbuch „Der Klimawandel: Verstehen und Handeln" (Scorza et al. 2018) mit den dazugehörigen Experimenten eine Hilfestellung sein (Download über ► www.Klimawandel-Schule.de).

- **2. Konkrete Beispiele zu den Auswirkungen des Klimawandels in der Region und in Deutschland recherchieren und diskutieren**

Beispiele recherchieren und diskutieren

Die Umweltministerien der Länder bieten in ihren Portalen Information über lokale Veränderungen und Auswirkungen des Klimawandels an (Abweichungen der Lufttemperatur vom 30-Jahres-Mittel, Niederschläge, Grundwasserknappheit für die Landwirtschaft, Auftreten von Stürmen und Hitzewellen). Weiterhin bietet sich die Arbeit mit aktuellen Zeitungsartikeln etc. zum Thema an. Auch könnten z. B. Landwirte interviewt werden, um direkt von Betroffenen zu erfahren, wie sich die Natur in den letzten Jahren verändert hat und was für sie die Folgen eines „weiter so" wären.

3. Die Notwendigkeit zum individuellen Handeln wecken

Handlungsbereitschaft wecken

Die Schüler reflektieren den CO_2 -Ausstoß in Deutschland vor dem Hintergrund des Klimaabkommens von Paris. Soll der Anstieg der Erdtemperatur auf zwei Grad begrenzt werden, dürfen bis zum Jahr 2050 insgesamt maximal 890 Mrd. t CO_2 in die Atmosphäre ausgestoßen werden. Für Deutschland sind das insgesamt 9,9 Mrd. t, was im Mittel 300 Mio. t pro Jahr bis 2050 entspricht. Im Jahr 2017 hat aber Deutschland nach Zahlen des Umweltbundesamts insgesamt 905 Mio. t CO_2 ausgestoßen, so viel wie der gesamte weltweite Flugverkehr! Der Ausstoß von CO_2 in Deutschland muss also reduziert werden. Dies kann mit erneuerbaren Energiequellen allein nicht gelöst werden, sondern hängt auch ganz allgemein mit unserem Lebensstandard zusammen. Wenn alle Menschen der Welt mit dem Lebensstandard Deutschlands leben würden, benötigten wir drei Erden!

Um aus der psychologischen Lähmung heraus zu kommen, kann in der Schule über vorbildliche Projekte berichtet werden, in denen kleine Gruppen von Schülern Großes bewirkt haben. Zusätzlich können große Visionen entworfen werden: Wie wäre es, wenn wir zeigen würden, dass der Wohlstand eines Landes auf erneuerbaren Energien basieren kann und Deutschland ein Vorbild für die ganze Welt wird?

4. Handeln

Handlungsmöglichkeiten aufzeigen

Nun folgt dann die entscheidende Frage: Was können wir tun? Wie kann ich, oder wie können wir gemeinsam als Gruppe, den CO_2-Ausstoß senken? Hier nur einige Ansatzpunkte. Viele weitere Anregungen, Umsetzungs- und Projektideen, sowie Materialien sind im Internet auf ▶ www.klimawandel-schule.de oder im Buch „Wenn nicht jetzt, wann dann" (Lesch und Kamphausen 2018) zu finden.

Im Durchschnitt verursacht jeder Einwohner Deutschlands 9,32 t CO_2 pro Jahr, die auf 2,0 t gesenkt werden müssen. Um dieser Frage nachzugehen, kann eine Grafik des Umweltbundesamtes analysiert und diskutiert werden (◘ Abb. 13.19).

In den Branchen Energiewirtschaft (44 %), verarbeitendes Gewerbe (14 %) und Industrieprozesse (6 %) können wir indirekt über Politik (oder als Unternehmer) etwas bewirken. Im Bereich Haushalt und Verkehr/Mobilität (insgesamt 36 %) haben wir jedoch einen direkten Einfluss über unser individuelles Verhalten (Bals 2002; Bals et al. 2008).

Weiter kann beispielsweise mit einem CO_2-Rechner (im Internet zu finden) gearbeitet werden. Die Erstellung von Info-Grafiken, in denen z. B. die CO_2-Emission eines Hamburgers, einer Curry-Wurst und eines Tellers Spaghetti mit Tomatensoße verglichen werden, stellt ein schönes Projekt dar.

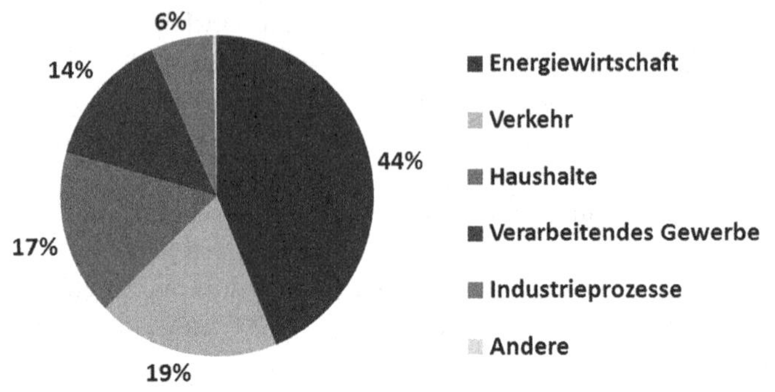

Abb. 13.19 CO_2–Ausstoß unterteilt in Bereiche. (Quelle: Umweltbundesamt 2014)

So schleichen sich dann auch andere Denkweisen und Verhaltensmuster in den Alltag ein.

Jedes Jahr fliegen Tausende deutsche Abiturienten über die Ozeane, momentan gerne nach Neuseeland oder Australien – bei einem Ausstoß von zehn Tonnen CO_2 pro Passagier und pro Flug. Alternativen zu solchen Fernreisen kann in den 11. und 12. Klassen diskutiert werden: Wie wäre es, Deutschland oder Osteuropa zu erkunden oder ein Freiwilliges Soziales Jahr in der Nähe zu machen?

Im Buch „Wenn nicht jetzt, wann dann?" (Lesch und Kamphausen 2018) präsentieren die Autoren zahlreiche Beispiele, wie wir mit Widersprüchen bezüglich unseres Verhaltens umgehen können, und erörtern Handlungsmöglichkeiten und Ideen für ein gedeihliches Zusammenleben.

10 Klimaretter-Tipps für Schüler

▪ 10 Klimaretter-Tipps für Schüler

Das Umweltministerium von Thüringen hat ein „Klimaretter-Sparbuch Thüringen" veröffentlicht, das eine Liste hilfreicher Klimaretter-Tipps beinhaltet (Thüringer Ministerium für Umwelt, Energie und Naturschutz 2016). Hier eine an Schüler angepasste Version:

1. Nutze Deine Muskelkraft, bleib fit zu Fuß oder mit dem Fahrrad, nutze den Nahverkehr und lass das Auto stehen. Zusätzlich sparst Du jedes Jahr mehrere Tonnen CO_2, wenn Du ohne Flugreisen auskommst!
2. Wechsele zu einem Stromanbieter, der 100 % Ökostrom anbietet, dies verbessert Deine CO_2-Bilanz nicht nur maßgeblich, es fördert auch die Energiewende!
3. Werde Teilzeitvegetarier. Das ist gesund und lecker und verbraucht viel weniger Ressourcen, u. a. Wasser und Land,

als fleischreiche Ernährung. Nach einer britischen Studie verursachen Viel-Fleisch-Esser das 2,5-Fache an CO_2 im Vergleich zu einem Veganer. Die Emissionen aus der Landwirtschaft sind nach der Energiewirtschaft und dem Mobilitätssektor (84,5 %) der zweitgrößte Verursacher von Treibhausgasen in Deutschland. Das liegt vor allem am Methanausstoß der Kühe für die Fleisch- und Milchproduktion und dem Einsatz von Düngern.

4. Der Konsum regionaler, saisonaler und biologischer Lebensmittel verbessert die Bilanz zusätzlich und ist dabei boden- und umweltschonend sowie tierfreundlich. Ganz nebenbei würden weniger Lastwagen über die Autobahnen Europas fahren.
5. Heize planvoll. Eine Faustregel besagt: Wenn die Temperatur nur um 1 °C gesenkt wird, spart das rund 6 % Energie. Die Raumtemperatur sollte nachts aber nicht auf weniger als 15–16 °C gesenkt werden.
6. Kauf mit Bedacht gezielt nur Dinge, an denen Du lange Freude haben wirst.
7. Prüfe, ob Du und deine Familie wirklich ein Auto benötigen. Wenn Du/sie um eine Nutzung nicht herumkommen, prüfe, ob Größe, Verbrauch und Ausstattung für den Nutzen angemessen sind.
8. Lasse Dein angelegtes Geld nur für Dinge arbeiten, die gut für Mensch und Natur sind, und wechsele wenn nötig die Bank. Geldanlagen und Girokonten gibt es auch bei ökologisch-ethischen Geldinstituten, die transparent zeigen, wofür Ihr Geld verwendet wird.
9. Schöner wohnen: Die beste CO_2-Bilanz erreichst Du in gut gedämmten, kleinen Wohnungen mit modernen Heiz- und Beleuchtungstechniken. Wenn Deine Eltern Hausbesitzer sind, lohnt sich der Austausch der Heizungspumpe. Je früher sie diese auf den aktuellen Stand bringen, umso weniger Energie geht verloren.
10. Wasche richtig! Der Verzicht auf Vorwäsche und Trockner und das Waschen bei 40 statt 60 °C (bei 2–3 Ladungen pro Woche) spart Dir bis zu 250 kg CO_2 im Jahr und jede Menge Stromkosten!

13.6.2 Übersicht der Kompetenzen zur Physik des Klimawandels: Verstehen und Handeln

Kompetenzentwicklung

Die in ◘ Tab. 13.3 genannten Kompetenzen lassen sich durch die in ▶ Abschn. 13.6.1 beschriebenen Inhalte ansprechen.

■ Tab. 13.3 Kompetenzen zur Physik des Klimawandels

Fachliche Inhalte
- Grundprinzipien: - *Prinzip der Energieerhaltung* und *Systeme im Gleich- und Ungleichgewicht:* z. B. Energiefluss und Strahlungsgleichgewicht bei der Berechnung der Gleichgewichtstemperatur der Erde - *Wechselwirkung von Strahlung mit Materie und Teilchenmodell:* z. B. bei der Absorption von IR-Strahlung durch CO_2-Moleküle - Zentrale Begriffe und Gesetze sowie theoretische Basis: – *Energiequelle, Energiebilanz, thermischer Energietransport* und *thermisches Gleichgewicht* - *elektromagnetische Strahlung* und i. B. *Wärmestrahlung, Stefan-Boltzmann-Gesetz* - Energieaufnahme von Molekülen, Absorptionsverhalten atmosphärischer Gase, *Treibhauseffekt* - Grundlegendes zu den Begriffen und zur Unterscheidung von *Wetter* und *Klima, Temperaturgradient* - Wärmekapazität und Wasser als *Wärmespeicher*
Fachmethoden
- Grundzüge physikalischen Vorgehens und der physikalischen Erkenntnisgewinnung: - Berechnung der Leuchtkraft der Sonne: *Messung* der Solarkonstante im Experiment, *Modellierung* der Gesamtstrahlungsleistung der Sonne mit einer imaginären Kugel, *Mathematisierung* und Berechnung der Leuchtkraft - Bestimmung der Gleichgewichtstemperatur der Erde: *Messung* der Solarkonstante im Experiment, *Idealisierung* mit der Bildung des zeitlichen und räumlichen Mittelwertes der Sonneneinstrahlung auf die Erde, *Modellierung* der Energieströme im System Erde und *Anwendung physikalischer Gesetzmäßigkeiten* (Stefan-Boltzmann-Gesetz) zur Bestimmung der Gleichgewichtstemperatur der Erde - *Einordnung von gewonnenen Ergebnissen in Modellstrukturen* (z. B. Ergebnisse zum Strahlungsgleichgewicht der Erde in ein Erdmodell ohne/mit Atmosphäre bzw. einer Atmosphäre mit erhöhtem CO_2 -Gehalt)
Darstellung und Kommunikation
- Darstellung von Energietransport in Energieflussdiagrammen - Auswertung von historischen und prognostizierten Temperaturverläufen - Diskussion der Ursachen, Zusammenhänge und Folgen des Klimawandels unter physikalischen Gesichtspunkten - Fachlich fundierte Argumentation und Auseinandersetzung mit Argumenten die gegen einen anthropogen induzierten Klimawandel sprechen
Reflexion und Handlungsbezug
- *Ursachen* des anthropogenen Treibhauseffekts und Einfluss verschiedener Faktoren auf die Spannbreite der Vorhersagen von Klimamodellen - *Folgen* des Klimawandels auf gesellschaftlicher Ebene - Persönliche, wissenschaftliche, politische und gesellschaftliche *Handlungsmöglichkeiten* zur Erreichung von Klimazielen

Literatur

Bals, C. (2002): Zukunftsfähige Gestaltung der Globalisierung. Am Beispiel einer Strategie für eine nachhaltige Klimapolitik. In: Zur Lage der Welt 2002. Fischer Verlag

Bals et al. (2008): Die Welt am Scheideweg. Wie retten wir das Klima? Rowohlt Verlag

Buchal und Schönwiese, 2010, Klima: Die Erde und ihre Atmosphäre in Wandel der Zeiten, Jülich/Frankfurt, Heraeus-Stiftung, Helmholtz-Gemeinschaft Deutscher Forschungszentren

Caesar, L. Rahmstorf, S., Robinson, A., Feulner, G., Saba, V. (2018): Observed fingerprint of a weakening Atlantic Ocean overturning circulation. *Nature* [▶ https://doi.org/10.1038/s41586-018-0006-5]
Church, John A. und Neil J. White (2006): A 20th century acceleration in global sea-level rise, in: Geophysical Research Letters, Vol. 33, L01602
Hupfer, P (1998): Klima und Klimasystem, in Lozan, J.L., H. Graßl und P. Hupfer: Warnsignal Klima. Wissenschaftliche Fakten, Hamburg, S. 17–24
IPCC (2007a): Climate Change 2007 – „The Physical Science Basis". ▶ http://www.ipcc.ch/publications_and_data/ar4/wg1/en/contents
IPCC (2007b): Climate Change 2007 – „Impacts, Adaptation and Vulnerability". ▶ http://www.ipcc-wg2.org/
IPCC (2007c): Klimaänderungen 2007: Zusammenfassungen für politische Entscheidungsträger. ▶ http://www.proclim.ch/4dcgi/proclim/de/Media?555
IPCC (2007d): Climate Change 2007. Synthesis Report. Contribution of Working Groups I, II and III to the Fourth Assessment Report of the Intergovernmental Panel on Climate Change. ▶ http://www.ipcc.ch/publications_and_data/publications_ipcc_fourth_assessment_report_synthesis_report.htm
IPCC 2013: Summary for Policymakers. In: *Climate Change 2013: The Physical Science Basis. Contribution of Working Group I to the Fifth Assessment Report of the Intergovernmental Panel on Climate Change* [Stocker, T.F., D. Qin, G.-K. Plattner, M. Tignor, S.K. Allen, J. Boschung, A. Nauels, Y. Xia, V. Bex and P.M. Midgley (eds.)]. Cambridge University Press, Cambridge, United Kingdom and New York, NY, USA, pp. 1–30, ▶ https://doi.org/10.1017/cbo9781107415324.004
Klima-Pressekonferenz des Deutschen Wetterdienstes (DWD) 2016: ▶ https://www.dwd.de/DE/presse/pressekonferenzen/DE/2016/PK_08_03_2016/pressekonferenz.html
Lenton, T.M. et al (2008): Tipping Elements in the Earth's Climate System. In: PNAS. Vol. 105
Lesch, Kamphausen, 2016: Die Menschheit schafft sich ab, Komplettmedia
Lesch, Kamphausen, 2018: Wenn nicht jetzt, wann dann?, Komplettmedia
Rahmstorf, Schellnhuber, 2007: Der Klimawandel, Verlag C.H. Beck, München 2006; 144 S
Rahmstorf, S. und Katherine Richardson, K. (2007): Wie bedroht sind die Ozeane? Fischer Taschenbuch Verlag
Scorza, Lesch, Strähle, Boneberg, Nielbock 2018: Der Klimawandel: Verstehen und Handeln, Publikation der Fakultät für Physik der LMU
Swim, Janet K., Stern, Paul C., Doherty, Thomas J., Clayton, Susan, Reser, Joseph P., Weber, Elke U., Gifford, Robert, Howard, George S. Psychology's contributions to understanding and addressing global climate change. American Psychologist, Vol 66(4), May-Jun 2011, 241–250
Three years to safeguard our climate, C. Figueres (2017), Nature, Vol 546, 593
Thüringer Ministerium für Umwelt, Energie und Naturschutz 2016, Klimaretter-Sparbuch Thüringen, Herausgeber Thüringer Ministerium für Umwelt, Energie und Naturschutz ▶ www.umwelt.thueringen.de
Umweltbundesamt 2014, in Schwerpunkte 2014, Heft, Herausgeber: Umweltbundesamt, ▶ www.umweltbundesamt.de
van der Linden S.L, Laserowitz A.A, Feinberg G.D, Maibach E.D, in Journal Plos Medizine, Special Issue Climate Change and Health, Febraury 25 2015, ▶ https://doi.org/10.1371/journal.pone.0118489

Gravitationswellen

Andreas Müller

E. Kircher et al. (Hrsg.), *Physikdidaktik | Methoden und Inhalte*,
https://doi.org/10.1007/978-3-662-59496-4_14

Das Thema Gravitationswellen ist ein brandneues Gebiet der modernen Physik, das in Schulen nicht fehlen darf. Die von Albert Einstein vorhergesagte Wellenform wird von beschleunigten Massen erzeugt. Eine Beobachtung von Gravitationswellen eröffnet eine vollkommen neue Sicht auf unser Universum. Quellen werden sichtbar, die zuvor mit elektromagnetischen Wellen nicht zu sehen waren. Leider sind die Raumzeitwellen äußerst schwer direkt nachzuweisen. Das gelang erst 2015 und wurde schon 2017 mit dem Physik-Nobelpreis gewürdigt. Die jetzt messbaren Gravitationswellen läuten eine spannende, neue Forschungsepoche ein. Astrophysiker hoffen damit viele Rätsel zu lösen, die um Neutronensterne, Schwarze Löcher, Galaxienentwicklung und den Urknall ranken. Dieses Kapitel stellt den Durchbruch, die Messmethode und weitere Resultate des jungen Forschungsgebiets vor. Am Ende folgen einfache Rechenbeispiele mit Lösungen, wertvolle Weblinks und ein Ausblick auf die Gravitationswellenforschung.

Die Jahrhundertmessung und ihre Folgen

Fast genau einhundert Jahre, nachdem Albert Einstein die Existenz von Gravitationswellen auf der Grundlage seiner Allgemeinen Relativitätstheorie vorhersagte, wurden im Jahr 2015 zum ersten Mal Gravitationswellen direkt nachgewiesen. Direkt, d. h., dass gemessen werden konnte, wie eine Apparatur durch die Gravitationswelle verbogen wird. Der Durchbruch gelang mit den beiden Laserinterferometern von LIGO in den USA. Zwei Schwarze Löcher, die in den Tiefen des Weltalls umeinander kreisten, kollidierten schließlich miteinander und sandten winzige Verzerrungen der Raumzeit ins All. Die Wellen, die sich mit Lichtgeschwindigkeit ausbreiten, erschütterten nach einer mehr als eine Milliarde Jahre dauernden Reise die irdischen Detektoren. Schon nach Sekundenbruchteilen war die Erschütterung vorbei. Danach wurden weitere Signale beobachtet, wieder von verschmelzenden Schwarzen Löchern, aber mittlerweile auch von zwei Neutronensternen, die zusammenstießen.

Die Anforderungen an die Messtechnik sind enorm, weil die Experimentatoren Abstandsänderungen im subatomaren Bereich nachweisen müssen. Mit messbaren Gravitationswellen steht den Astronomen nun ein vollkommen neues Beobachtungsfenster in das Weltall zur Verfügung. Sie können nun Objekte und Vorgänge „sehen“, die ihnen bislang verborgen waren. Deshalb wurden die Jahrzehnte währenden Anstrengungen der LIGO-Virgo-Kollaboration 2017 mit dem Physik-Nobelpreis gewürdigt.

Diese Entdeckung kann nicht hoch genug eingeschätzt werden, weil sie Astronomen und Grundlagenforschern vollkommen neue Möglichkeiten eröffnet. Die Gravitationswellenphysik hat das Potenzial viele drängende Fragen der modernen

Abb. 14.1 Übersicht über die Teilkapitel

Physik und Astronomie zu lösen. Deshalb soll das Wesentliche über Gravitationswellen in diesem Kapitel vorgestellt werden (Abb. 14.1).

14.1 Was sind Gravitationswellen?

Albert Einstein formulierte 1915 mit der Allgemeinen Relativitätstheorie (ART) eine neue Theorie der Gravitation. Bis heute ist seine Gravitationsphysik das Beste, was wir haben, um Gravitationsphänomene zu beschreiben und zu verstehen. Die ART hat sich vielfach in Experimenten bewährt. Zu den Tests zählen die Periheldrehung des Merkurs, die Lichtablenkung am Sonnenrand, die Gravitationsrotverschiebung von Licht, Laufzeitverzögerung von Licht (Shapiro-Effekt), die Messung der gravitativen Zeitdilatation (Hafele-Keating-Experiment) und der Mitnahmeeffekt einer rotierenden Raumzeit (Lense-Thirring-Effekt). Der letzte Clou war nun der direkte Nachweis von Gravitationswellen.

Konzeptionell erklärte Einstein das Wesen der Gravitation völlig anders als die Schwerkraft von Newton. Schon in der Speziellen Relativitätstheorie (SRT) etablierten Einstein und Minkowski das Konzept der Raumzeit. Dieses vierdimensionale Kontinuum wird aus den drei Raumdimensionen Länge, Breite und Höhe sowie der Zeit als vierter Dimension aufgespannt. Raum und Zeit sind nicht unabhängig voneinander. Die Raumzeit der SRT ist die Minkowski-Lösung, die aufgrund der Abwesenheit von Massen nicht gekrümmt, also flach ist. Die ART macht nun quantitativ klare Aussagen, wie Energieformen und Massen eine Raumzeit krümmen. Die Feldgleichung der ART drückt genau das aus, indem sie Masse und Energie in Gestalt des Energie-Impuls-Tensors T („rechte Seite" der Feldgleichung) mit der gekrümmten Raumzeit in Form des Einstein-Tensors G („linke Seite" der Feldgleichung) verknüpft. In der Kosmologie gibt es noch einen Zusatzterm, der die kosmologische Konstante Λ enthält.

Die Feldgleichung ist eine tensorielle Gleichung. Eigentlich handelt es sich um zehn gekoppelte, partielle und nichtlineare Differenzialgleichungen. Es ist grundsätzlich nicht möglich, dass Mathematiker für ein solches System eine vollständige, allgemeine Lösung finden; Theoretiker können nur spezielle Lösungen entdecken, z. B. die Schwarzschild-Lösung, die die gekrümmte Raumzeit von Punktmassen beschreibt, oder die Friedmann-Lösung, die das dynamische und expandierende Universum beschreibt.

Um Gravitationswellen abzustrahlen, muss die Konfiguration Abweichungen von der Kugelsymmetrie aufweisen, weil nach dem Birkhoff-Theorem alle kugelsymmetrischen Lösungen im Vakuum statisch sind

1916 machte Einstein einen Ansatz, die Feldgleichung zu linearisieren (Einstein 1916). Gewissermaßen betrachtete er die flache Minkowski-Raumzeit, die geringfügig gestört wird. Als Analogie mag eine nahezu glatte Oberfläche eines Teichs dienen, die in diesem Bild der flachen Minkowski-Raumzeit entspricht. Auf dem Teich gibt es kleine, wellenförmige Störungen, nämlich winzige Abweichungen von der Krümmung null. Einstein gelang es, aus der linearisierten Feldgleichung eine Wellengleichung abzuleiten. Er fand die Gleichung, die Gravitationswellen beschreibt. Sie entstehen immer dann, wenn Massen beschleunigt werden. Aus der Wellengleichung geht auch hervor, dass sich Gravitationswellen mit der Vakuumlichtgeschwindigkeit c ausbreiten, also rund 300.000 km pro Sekunde oder eine Milliarde Kilometer pro Stunde. Sie sind genauso schnell wie elektromagnetische Wellen, jedoch durchdringungsfähiger als Neutrinos.

Leistung von Gravitationswellen

Einstein war 1916 auch in der Lage, die von Gravitationswellen abgestrahlte Leistung (Energie pro Zeit) – die sog. Gravitationswellenleuchtkraft – zu bestimmen. Das ist seine berühmte Quadrupolformel. In einem weiteren Schritt folgen aus der Leistung typische Amplituden von Gravitationswellen (► Abschn. 14.6). Sie sind aberwitzig gering, selbst für starke Quellen. Der Grund ist eine ungünstige Kombination von fundamentalen Naturkonstanten: Bei der abgestrahlten Leistung steht die Gravitationskonstante G im Zähler und die Lichtgeschwindigkeit c in der fünften Potenz im Nenner. Grundsätzlich sind Gravitationswellenleuchtkräfte um diesen

Vorfaktor unterdrückt! Das erklärt auch, weshalb wir im Alltag nichts von Gravitationswellen bemerken. Natürlich werden ständig irgendwo Massen beschleunigt, und es wimmelt um uns herum von Gravitationswellen verschiedenster Quellen. Aber die Verzerrungen der Raumzeit liegen im subatomaren Bereich, sodass sie uns verborgen bleiben. Das ist vielleicht auch gut so. Stellen Sie sich vor, wie irritierend es wäre zu sehen, wenn die Gesichtszüge Ihres Gesprächspartners entgleisen, weil er gerade von Gravitationswellen durchgeknetet wird. Nur extrem empfindliche Apparaturen wie die Laserinterferometer erlauben es, die subtilen Raumzeit-Schwankungen zu detektieren. 2015 war die Empfindlichkeitsschwelle endlich erreicht.

Gravitation ist ein Tensorfeld und damit assoziiert mit einem Austauschteilchenmit Spin $S=2$. Der Winkel von 45 Grad folgt, weil ein Strahlungsfeld mit Spin S zwei unabhängige, linear polarisierte Zustände hat, die um den Winkel 90 Grad/S verdreht sind

Trifft eine Gravitationswelle auf eine ringförmige Anordnung aus Testmassen, so wird der Ring charakteristisch verformt (◘ Abb. 14.2). Zunächst einmal sind Gravitationswellen Transversalwellen, d. h., dass die Verformung nur senkrecht zur Ausbreitungsrichtung stattfindet.

Aus Einsteins Wellengleichung folgt, dass es zwei unabhängige Schwingungsformen von Gravitationswellen gibt. Sie heißen Plus- (+) und Kreuz-Polarisation (x) und sind um 45 Grad gegeneinander verdreht. Wie bei elektromagnetischen Wellen können aus Überlagerungen dieser linear polarisierten Wellen zirkular und elliptisch polarisierte Gravitationswellen resultieren.

Gravitationswelle trifft Erde

Die Quetschung und Stauchung, die der Massenring erfährt, ist sehr gering. Natürlich hängt es davon ab, wie stark die Quelle der Gravitationswellen ist. Weiterhin entscheidet ihr Abstand darüber, wie heftig die Verformung am Ort des Empfängers ausfällt (► Abschn. 14.6). Typische relative Längenänderungen $\Delta L/L$ (dimensionslos) liegen im Bereich von 10^{-21}. Wird unsere Erde mit dem Durchmesser von rund 10^7 m von solch einer Gravitationswelle getroffen, wird die Erdkugel nur um den Abstand $10^{-21} \cdot 10^7\,\mathrm{m} = 10^{-14}\,\mathrm{m}$ gedehnt und gestaucht, also zehn Atomkerndurchmesser! Um entsprechend viele Zehnerpotenzen kleiner ist die Dehnung und Stauchung eines Längenmaßstabs von einem Meter. Damit ist unmittelbar einsichtig, dass die Detektoren zum Nachweis von Gravitationswellen groß sein müssen – je größer, desto leichter lässt sich ihre Verformung nachweisen.

Welleneffekte

Alle bekannten Welleneffekte gelten auch für Gravitationswellen: Brechung, Doppler-Effekt, kosmologische Rotverschiebung, Gravitationsrotverschiebung. Letzteres bedeutet insbesondere, dass Gravitationswellen von Ereignishorizonten eingefangen werden.

Pioniere Joseph Weber und Heinz Billing

Nach Einsteins niederschmetternder Berechnung erschien es aussichtslos, Gravitationswellen jemals direkt messen zu können. Joseph Weber aus Maryland (USA) versuchte sich nach Einsteins

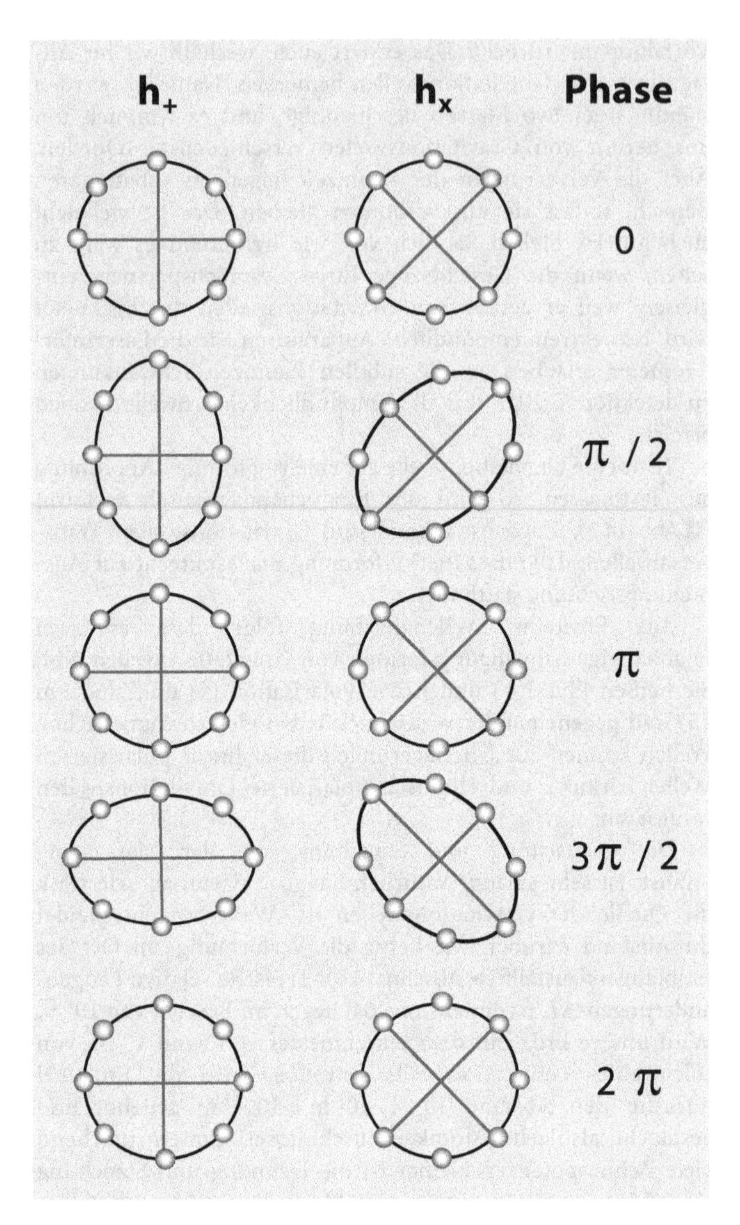

Abb. 14.2 Eine ringförmige Anordnung aus Testmassen wird von einer senkrecht auf die Papierebene einlaufenden, linear polarisierten Gravitationswelle verformt. Die linke Spalte zeigt die Plus- und die rechts die Kreuz-Polarisation, die gegeneinander in der Papierebene um 45 Grad verdreht sind. Von oben nach unten variiert die Phase der Welle und durchläuft von 0 nach 2π einen Zyklus. Bei der Verformung bleibt die Fläche des Kreises bzw. der Ellipse gleich groß. (Quelle: Müller 2017)

Tods Ende der 1950er-Jahre daran. Er verwendete zylinderförmige Resonanzdetektoren *(„Weber bar“)*, bei denen die winzigen Verformungen mit piezo-elektrischen Messgeräten auf deren Oberfläche detektiert werden sollten. 1969 publizierte Weber eine Erfolgsmeldung, Gravitationswellen gemessen zu haben. Aber das konnte nie reproduziert werden – u. a. der deutsche Pionier Heinz Billing baute das Experiment mit seiner Gruppe am Max-Planck-Institut für Physik und Astrophysik in München nach, doch er sah nichts.

14.2 Doppelsternsysteme

Quellen

Beschleunigte Massen emittieren Gravitationswellen. Im Prinzip erzeugen wir selbst Gravitationswellen, wenn wir wild mit den Armen rudern, aber eine Berechnung mit Einsteins Formel macht schnell klar, dass diese Wellen weit unterhalb der Nachweisschwelle liegen. Eine rotierende Hantel strahlt Gravitationswellen ab, die ebenfalls viel zu schwach sind. Es stellte sich heraus, dass messbare Quellen nur im Kosmos zu finden sind: Sternexplosionen, kompakte Sternüberreste, supermassereiche Schwarze Löcher in Galaxienkernen und der Urknall selbst.

Abgestrahlte Energie und Annäherung von Doppelsternen

Die Doppelsternsysteme der Astronomie gehören zu den natürlichen und kontinuierlich abstrahlenden Quellen für Gravitationswellen. Wie alle Wellen transportieren auch Gravitationswellen Energie. Sie stammt von der Quelle. Damit bleibt die Abstrahlung von Gravitationswellen nicht folgenlos für die Quelle. Ein Doppelsternsystem muss durch diesen Energieverlust enger werden. Nach den Kepler-Gesetzen nimmt dann aber die Bahngeschwindigkeit zu – siehe Merkur, der schneller um die Sonne kreist als die Erde. Diese Beschleunigung erhöht die Umlauf- und damit Gravitationswellenfrequenz sowie die Leistung der abgestrahlten Gravitationswellen, was wiederum den Energieverlust erhöht. Es ist ein sich selbst verstärkender Prozess ohne Happyend für den Doppelstern. Denn irgendwann sind sich die beiden Körper so nah, dass sie kollidieren. Für die Planeten im Sonnensystem ist die Gravitationswellenemission ein winziger Effekt. Die beschleunigte Erde strahlt nur 200 W in Form von Gravitationswellen ab (Berechnung in ▶ Abschn. 14.6) – ungefähr der Brennwert eines Müsliriegels in einer halben Stunde. Nur kompakte Massen wie Neutronensterne oder Schwarze Löcher, die viel Masse auf wenig Raum vereinen und enorme Beschleunigungen auf ihren Bahnen erfahren, sind effiziente Quellen von Gravitationswellen.

Hulse-Taylor-Pulsar

Im Jahr 1974 geschah ein absoluter Glücksfall für die Gravitationswellenforschung. Joseph Taylor und sein Doktorand Russell Hulse entdeckten mit dem Arecibo-Radioteleskop in Puerto Rico ein enges Doppelsystem aus zwei Neutronensternen. Beide haben ungefähr 1,4 Sonnenmassen und sind 22.500 Lichtjahre von der Erde entfernt. Sie umkreisen sich einmal in nur sieben Stunden und 45 min auf einer stark elliptischen Bahn mit einem Abstand zwischen 1,1 und 4,8 Sonnenradien. Einer von beiden ist als Radiopulsar beobachtbar, d. h. alle 59 Millisekunden wird die Erde von Radiopulsen getroffen („Leuchtturmeffekt"). Aber der andere Neutronenstern ist unsichtbar und verrät sich nur indirekt über die Pulsmodulation des Pulsars aufgrund des Doppler-Effekts. Das Objekt PSR B1913+16 wird auch „Hulse-Taylor-Pulsar" genannt.

Die Radioastronomen beobachteten, dass sich über die Jahre die Ankunftszeiten der Pulse verändern (■ Abb. 14.3). Offenbar kommen sich die beiden Neutronensterne immer näher – und zwar um exakt das Ausmaß, das wir aufgrund des Energieverlusts durch abgestrahlte Gravitationswellen erwarten würden! Das System bewies damit indirekt die Existenz von Einsteins Gravitationswellen, was 1993 mit dem Physik-Nobelpreis für Hulse und Taylor gewürdigt wurde.

Astronomen extrapolierten aus der Periodenabnahme, dass die beiden Neutronensterne in ungefähr 300 Mio. Jahren zusammenstoßen und verschmelzen werden (Müller 2017).

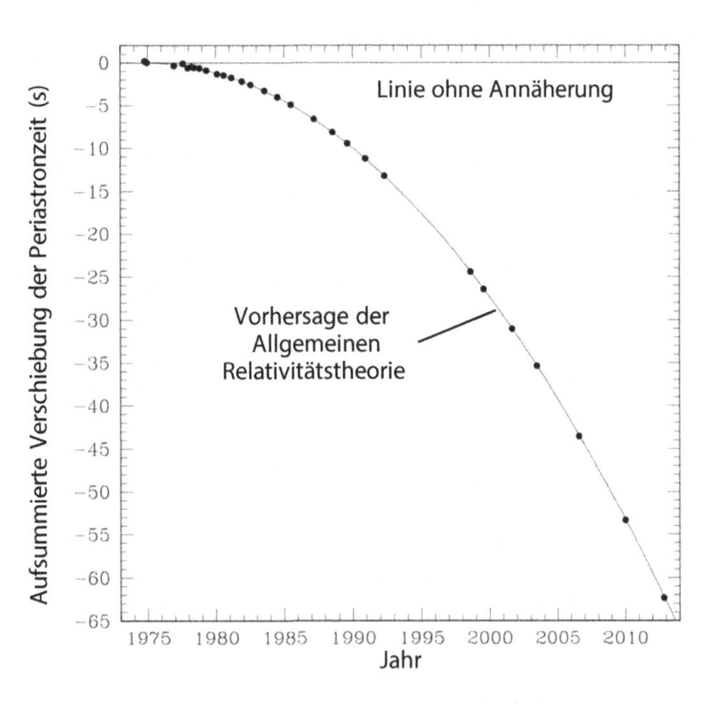

■ Abb. 14.3 Abnahme der Umlaufzeit im Hulse-Taylor-Pulsarsystem von 1974 bis 2013. Die schwarzen Messpunkte liegen auf der von der Einstein'schen Theorie vorhergesagten Kurve, die sich aufgrund des Energieverlusts durch die Abstrahlung von Gravitationswellen ergibt. (Quelle: Weisberg und Huang 2016, mit deutscher Beschriftung nach Müller 2017)

Chirp-Signal

Die zeitliche Entwicklung von Amplitude und Frequenz einer Gravitationswelle, die von einem Doppelsternsystem abgestrahlt wird, hat eine charakteristische Wellenform und heißt *Chirp-Signal* (engl. *to chirp*, zirpen). Von links nach rechts nehmen Amplitude und Frequenz der Gravitationswelle zunächst zu (◘ Abb. 14.4). Dies ist die Annäherungsphase der beiden Körper (engl. *inspiral*). Bei Erreichen der Maximalfrequenz sind sich die beiden Objekte so nah gekommen, dass sie sich berühren: Die Kollision oder Verschmelzung setzt ein (engl. *merger*). Dabei zeigt sich ein wirres Muster von Gravitationswellen in der Kollision. Wenn jedoch beide zusammengestoßen sind, wird keine Masse mehr auf einer Bahnbewegung beschleunigt. Deshalb klingt das Gravitationswellensignal exponentiell gedämpft ab und verschwindet (engl. *ring-down*).

Methodischer Durchbruch mit Computern in 2005

Natürlich ist es wichtig, dass Theoretiker solche Signalformen so genau wie möglich auf dem Computer berechnen können, damit die Experimentatoren wissen, wonach sie in den Daten suchen müssen. Im Jahr 2005 gab es einen großen Fortschritt bei der Simulation der Chirp-Signale von Doppelsystemen aus Schwarzen Löchern. Gleich zwei neue Methoden wurden entwickelt, um die Bewegung von einem Schwarzen Loch, das ja ein Objekt mit einer „Unendlichkeit im Innern" – der Krümmungssingularität – darstellt, zu beschreiben. Diese beiden Verfahren namens *Puncture*-Methode und *Excision*-Methode erlaubten es erstmalig, dem Verschmelzungsprozess zweier Schwarzer Löcher von Anfang bis Ende durchzurechnen und zu visualisieren. Insbesondere der kritische Übergangsbereich, wo sich die Ereignishorizonte annähern, verformen

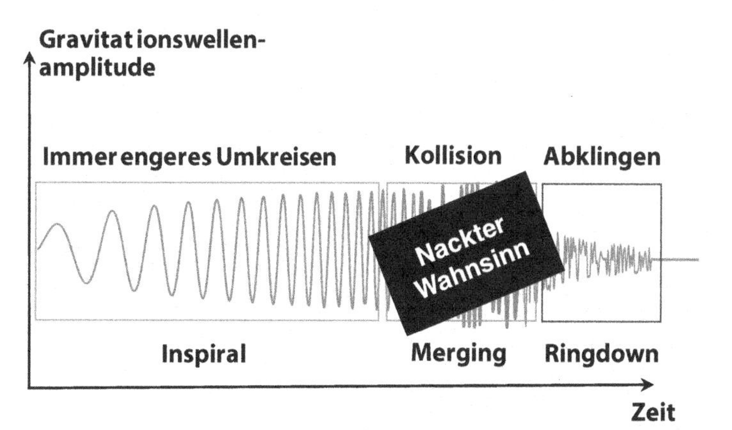

◘ **Abb. 14.4** Zeitliche Entwicklung der Gravitationswellenamplitude eines Doppelsternsystems. Nach der Annäherung *(Inspiral)* folgt die Kollision *(Merging)* und das schnelle Abklingen des Signals *(Ring-down)*. Der Verschmelzungsakt wurde zensiert. (Quelle: Müller 2017)

und verschmelzen wurde zugänglich. Theoretiker simulierten das auf Supercomputern für einen großen Parameterbereich, um die charakteristischen Wellenformen für eine Vielzahl von Systemen zu kennen, z. B. zwei Schwarze Löcher gleicher Masse; großes Loch trifft auf kleines Loch; nicht rotierendes Loch kollidiert mit rotierendem Loch etc. Insgesamt standen nach einiger Zeit die Gravitationswellenformen von 250.000 unterschiedlichen Fällen zur Verfügung. Nicht alles musste mit Supercomputern aufwendig simuliert werden; einige Lösungen wurden mit semiklassischen Berechnungen interpoliert, die nicht ganz so kostspielig sind. Die simulierten „künstlichen" Wellenformen werden dann mit den beobachteten Wellenformen verglichen. Das ist ein kompliziertes und aufwendiges Verfahren der Datenanalyse, weil echte Signale durch das Rauschen und andere Quellen überdeckt werden.

14.3 Laserinterferometer

Michelson-Interferometer

Das Gravitationswellen-Laserinterferometer beruht auf der Bauweise von Michelson-Interferometern, die schon im 19. Jahrhundert zum Einsatz kamen (◘ Abb. 14.5). Die Idee, Interferometer zur Detektion von Gravitationswellen zu benutzen, geht auf die 1960er-Jahre zurück (Gertsenshtein und Pustovoit Gertsenshtein und Pustovoit 1962) und wurde Anfang der

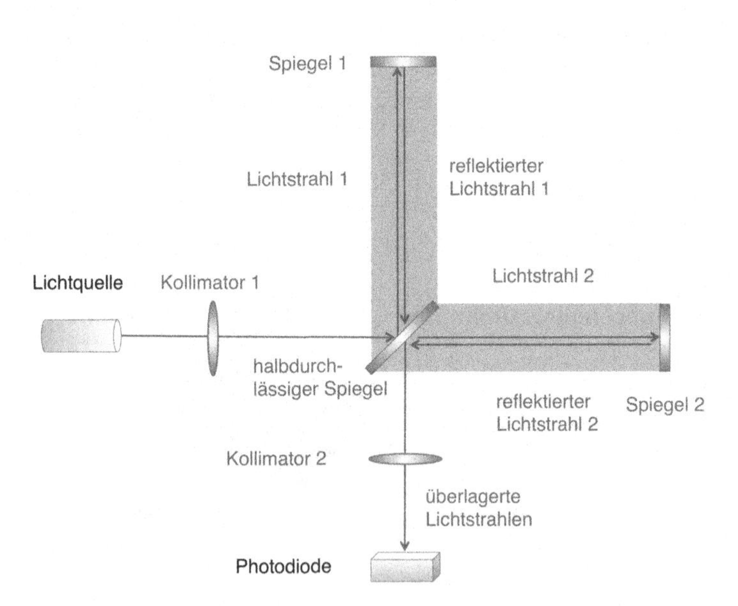

◘ Abb. 14.5 Das L-förmige Michelson-Interferometer ist die Grundlage von modernen Gravitationswellen-Laserinterferometern. Unter Ausnutzung der Interferenz von Lichtwellen werden winzige Abstandsänderungen gemessen, die Gravitationswellen hervorrufen. (Quelle: Müller 2017)

1970er-Jahre an drei Orten der Welt experimentell realisiert: Von Rainer Weiss am MIT in den USA, von Ronald Drever an der Universität Glasgow (später Caltech) und von Heinz Billing am MPI in München.

Buchtipp zur Geschichte von LIGO: Levin (2016)

Zur Funktionsweise: Die Strahlung einer Lichtquelle, heutzutage typischerweise eines Lasers, wird auf einen halbdurchlässigen Spiegel (Strahlteiler) geschickt und spaltet sich dort in Teilwellenzüge auf. Die Teilwellen laufen jeweils für sich auf einen totalreflektierenden Spiegel. Die Anordnung aus Strahlteiler und den beiden Endspiegeln bildet die charakteristische L-Form des Interferometers. Für Gravitationswellen-Detektoren sollte jede Achse des Ls – Interferometerarm genannt – sehr groß sein. Bei modernen Gravitationswellen-Laserinterferometern sind das einige Kilometer!

Welle trifft Interferometer

Wir nehmen nun den vereinfachten Fall an, dass eine linear polarisierte Gravitationswelle mit Plus-Polarisation (+) nun genau senkrecht auf die von dem L aufgespannte Ebene des Interferometers trifft. Jeder Interferometerarm wird nun entsprechend der ◘ Abb. 14.2 gedehnt und gestaucht. Diese winzigen Abstandsänderungen sind tatsächlich messbar. Achtung: Gravitationswellen verzerren das Raum*zeit*-Gefüge. Tatsächlich passiert auch etwas mit der Zeit. Ansonsten könnte man ja mittels Gravitationswellen eine feste Laufstrecke dehnen und ein Phänomen mit Überlichtgeschwindigkeit realisieren.

Konstruktive und destruktive Interferenz

Bei der Erklärung der Vorgänge am Interferometer kommt das Wellenmodell von Licht zum Einsatz. Nach der Reflexion am total reflektierenden Spiegel kehren die Teilwellen zum Strahlteiler zurück und überlagern sich dort. Experimentatoren können die Abstände der Spiegel gerade so einstellen, dass ein Wellenberg der einen Teilwelle auf einen Wellenberg der anderen Teilwelle trifft und im nächsten Moment ein Wellental auf ein Wellental. Die beiden Teilwellen verstärken sich dann, und am Ausgang des Interferometers sieht man ein helles Lichtsignal (konstruktive Interferenz). Verschiebt man nun einen der Spiegel um eine halbe Wellenlänge, dann trifft Wellenberg auf Wellental. Die beiden Teilwellenzüge löschen sich aus (destruktive Interferenz), und am Ausgang herrscht daher Dunkelheit. Genau so stellen die Wissenschaftler die Gravitationswellen-Laserinterferometer ein. Trifft eine Gravitationswelle die Anordnung, verändert sie die Spiegelabstände und damit die Interferenzbedingung: Plötzlich sehen die Experimentatoren ein Lichtsignal am Ausgang, das den Durchgang der Welle verrät.

„Rauschen"

Natürlich gibt es noch eine Reihe von anderen Effekten, die die Spiegelabstände verändern, aber leider nichts mit der Gravitationswelle zu tun haben. Sie verfälschen den Messprozess und stellen Störquellen dar (◘ Abb. 14.6). Gravitationswellenphysiker fassen diese Störungen als „Rauschen" zusammen und unterscheiden verschiedene Rauschquellen.

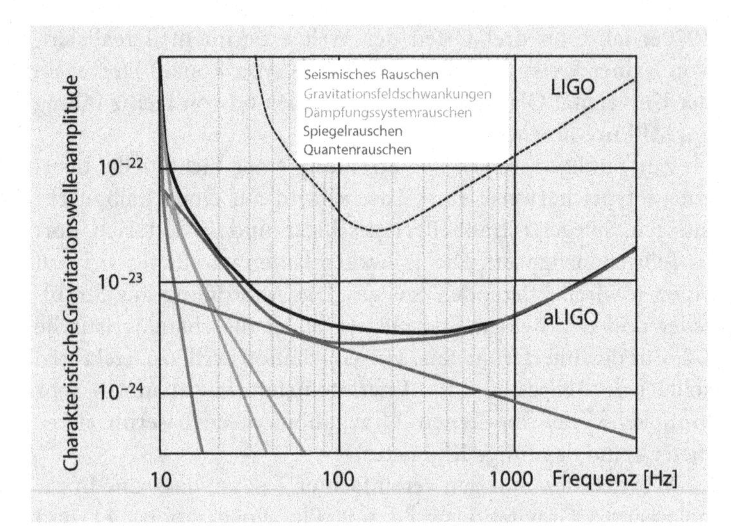

Abb. 14.6 Empfindlichkeitskurve von LIGO und *advanced* LIGO (aLIGO), des verbesserten Instruments, wie es im Sommer 2015 verfügbar war. Bei 100 Hz war aLIGO zehnmal empfindlicher als LIGO. Farblich hervorgehoben sind die frequenzabhängigen Störungen: seismisches Rauschen durch Schwankungen des Bodens, thermisches Rauschen der Spiegel sowie Quantenrauschen, u. a. durch Strahlungsdruck. (Quelle: Müller 2017, nach LIGO Laboratory 2015)

Auch mit Schülerinnen und Schülern kann man gut erarbeiten, welche Störungen den Spiegelabstand verändern. Dazu gehören:

- Stöße durch Luftbewegungen und Wind. Das lässt sich reduzieren, indem die Interferometerarme und Spiegel in Röhren platziert werden, die durch Vakuumpumpen so gut es geht von Luft befreit werden.
- Seismisches Rauschen, das alle mechanischen Schwingungen subsummiert, z. B. Erdbeben, vorbeifahrende Fahrzeuge. Die Aufhängung wird zur Reduktion dieses Effekts mehrfach entkoppelt. Die Spiegel sind sozusagen frei aufgehängt.
- Thermisches Rauschen, nämlich die winzigen Wärmebewegungen der Moleküle und Atome im Spiegelmaterial. Deshalb werden die Spiegel gekühlt.
- Quantenrauschen. Licht hat einen Impuls und überträgt damit winzig kleine Stöße auf die Spiegel, insbesondere vom Laser. Der Effekt dieses Strahlungsdrucks ist aberwitzig gering, aber stört die Messungen.
- Auch die Vielzahl von Gravitationswellen, die den Detektor treffen, stören in ihrer Gesamtheit die eine bestimmte Gravitationswellenform, die der Experimentator herausfiltern möchte.

Alle diese Störeffekte sind natürlich abhängig von der Frequenz. Die Überlagerung aller Störungen offenbart ein Frequenzfenster im Bereich von einigen zehn bis einigen hundert Hertz, bei denen irdische Laserinterferometer maximal empfindlich sind.

Die derzeit in Betrieb befindlichen Gravitationswellen-Laserinterferometer sind:

- *Laser Interferometer Gravitational Wave Observatory* (LIGO), zwei baugleiche Laserinterferometer in Hanford (LHO) und Livingston (LLO) in den USA mit jeweils vier Kilometern Armlänge. Frequenzband: 30 bis 7000 Hz. In Betrieb seit 2002.
- *GEO600* in Deutschland, in der Nähe von Hannover, mit 600 m Armlänge. Frequenzband: 50 bis 2000 Hz. In Betrieb seit 2002.
- *Virgo*, nahe Pisa in Italien mit vier Kilometern Armlänge. Frequenzband: 10 bis 10.000 Hz. In Betrieb seit 2007.

Gut, dass immer mehr Laserinterferometer zeitgleich an Beobachtungskampagnen teilnehmen. Denn erst mindestens drei Detektoren ermöglichen es, den Ort der Gravitationswellenquelle am Himmel nahezu punktgenau festzulegen. Mehr als drei Messstationen verbessern natürlich die Statistik und sind auch erstrebenswert. Darüber hinaus ist es sinnvoll, die Detektoren auf der nördlichen und südlichen Hemisphäre zu verteilen, um den gesamten Himmel gut abzudecken.

14.4 Durchbruch im Jahr 2015

Von den ersten Prototypen der Gravitationswellen-Laserinterferometer in den 1970er-Jahren bis zum Durchbruch mit LIGO im September 2015 war es ein langer Weg. Die Experimentatoren verbesserten die Hardware (Laser, Spiegel) und steigerten die Empfindlichkeit der Detektoren immer mehr. 2015 erreichten sie endlich die notwendige Schwelle, um im Frequenzbereich von wenigen hundert Hertz Gravitationswellenfrequenz ein Signal aufzuspüren. Genau hier sind die erdgebundenen Detektoren am empfindlichsten. Entscheidende Beiträge zum LIGO-Erfolg kamen vom deutschen Prototypen GEO600, bei dem viele Technologien getestet wurden, um sie später in den größeren Interferometern einzubauen. Zwei wesentliche Punkte verbesserten 2015 die Empfindlichkeit, wie Nobelpreisträger Rainer Weiss in einem Interview (Müller 2017) erklärte: Erstens wurde ein neues, viel besseres Isolationssystem gegen seismische Störungen eingebaut. Und zweitens haben die LIGO-Forscher ein besseres Dämpfungssystem für die Spiegel installiert. Es milderte sowohl das seismische als auch das thermische Rauschen und war ein Beitrag

Exklusive Interviews, u. a. mit Rainer Weiss und Marco Drago (Müller 2017)

der schottischen Gruppe, die es zuvor bei GEO600 testete. Eine Steigerung der Detektorempfindlichkeit bedeutet immer auch, dass mit dem Interferometer tiefer ins All gehorcht werden kann. Es wird damit auch wahrscheinlicher ein Raumzeitbeben einzufangen.

Marco Drago (AEI) entdeckte das entscheidende Signal am 14.09.2015

Dr. Marco Drago, damals junger Postdoc am Max-Planck-Institut für Gravitationsphysik in Hannover, hatte am 14. September 2015 die Messdaten von LIGO im Blick. Während die Kollegen vor Ort von LIGO in den USA schliefen, weil es früher Morgen war, schaute Drago als Mitglied des LIGO-Virgo-Konsortiums um die Mittagszeit in Deutschland auf seinen Computer. Er schlug plötzlich Alarm und zeigte ein mustergültiges, sehr starkes Signal an, das deutlich über dem Rauschen erkennbar war. Es sah genauso aus wie das Chirp-Signal eines verschmelzenden Doppelsternsystems (▶ Abschn. 14.2).

Das erste, starke Signal GW150914

Die Forscher benennen Gravitationswellenereignisse nach ihrem Beobachtungsdatum, entsprechend heißt das Durchbruchsignal GW150914 – Tag, Monat und Jahr sind von rechts nach links zu lesen: 14. September 2015. Der Vergleich der beobachteten Wellenform von GW150914 mit den simulierten Profilen aus der Datenbank ergab, dass das Signal von zwei Schwarzen Löchern mit 29 und 36 Sonnenmassen stammen musste, die in einer fulminanten Kollision miteinander zu einem größeren Schwarzen Loch verschmolzen waren (Abbott et al. 2016). Aus dem Abklingen der Wellenform *(ring-down)* folgte, dass das Überbleibsel 62 Sonnenmassen haben muss (◘ Abb. 14.7). Die LIGO-Analysten konnten auch herausfinden, dass das resultierende Loch rotieren muss, und zwar mit 67 % des Maximalwerts.

$1\,\mathrm{J} = 10^7\,\mathrm{erg}$
Typische Leuchtkraft einer Supernova Typ II ist 10^{51} erg/s

Wie kommt es, dass die Summe der Ausgangsmassen um drei Sonnenmassen von der Endmasse abweicht? Gravitationswellen transportieren Energie, die irgendwo herkommen muss. Die drei Sonnenmassen wurden in Form von Gravitationswellen abgestrahlt. Gemäß $E = mc^2$ gehört zu drei Sonnenmassen eine gigantische Energie, die in nur rund einer Zehntelsekunde abgestrahlt wurde. Entsprechend hoch ist die Leuchtkraft (Energie pro Zeit) des Ereignisses. Wir können das zu 10^{49} W oder 10^{56} erg/s abschätzen. Die abgestrahlte Gravitationswellenleuchtkraft war höher als alles, was die Menschheit bislang beobachten konnte! Eine Supernova oder ein Gammablitz sind nichts gegen diesen Gravitationswellenausbruch, der elektromagnetisch vollkommen dunkel blieb.

Youtube-Link mit Pressekonferenz zu GW150914: ▶ https://youtu.be/aEPIwEJmZyE

Mithilfe von drei Messstationen lässt sich die Position eines Handys punktgenau orten – bei Gravitationswellen ist es genauso. Dummerweise waren nur zwei Gravitationswellendetektoren in Betrieb, als die Welle von GW150914 die Erde

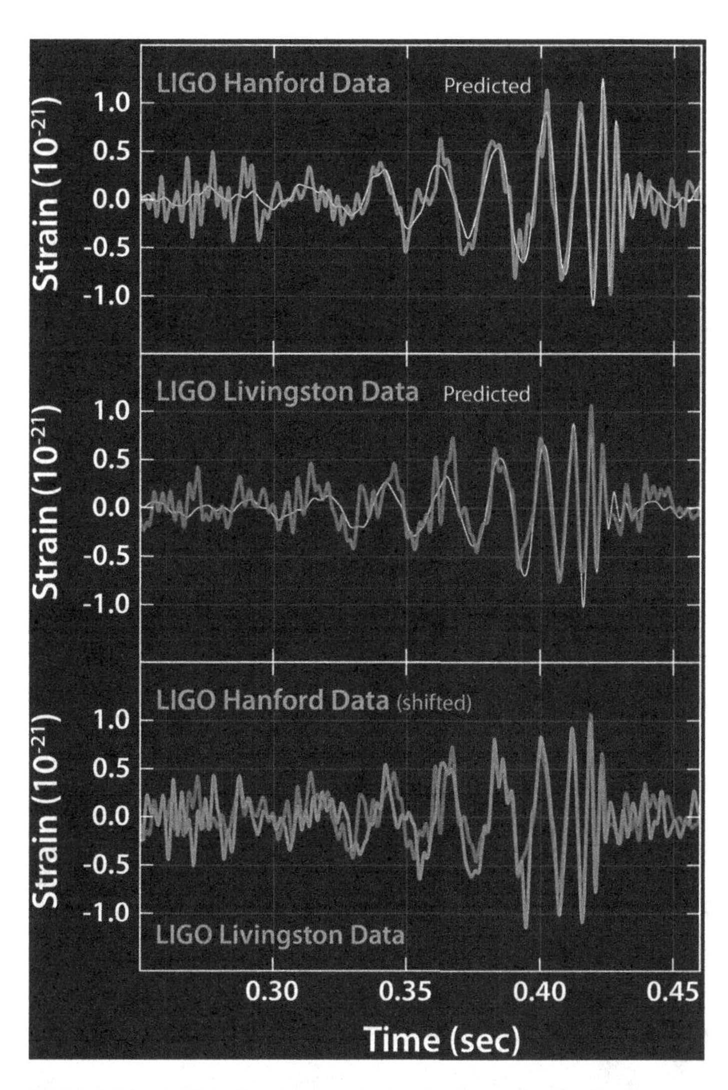

Abb. 14.7 Zeitliche Entwicklung der Gravitationswellenamplitude *(strain)* des Durchbruchsignals GW150914. Es wurde am 14. September 2015 von beiden LIGO-Laserinterferometern in Hanford (oben) und Livingston (Mitte) gemessen. Es hat genau die Wellenform eines Chirp-Signals von einem Doppelsternsystem. Es entstand durch die Verschmelzung zweier Schwarzer Löcher. Nach Korrektur der unterschiedlichen Ankunftszeiten liegen beide Signale direkt aufeinander (unten). (Quelle: Caltech/MIT/LIGO Lab)

traf, nämlich die beiden LIGO-Interferometer in den USA. GEO600 war zu dem Zeitpunkt leider nicht eingeschaltet. Das kommt bei jedem Detektor vor, etwa, weil Wartungsarbeiten oder Upgrades durchgeführt werden müssen.

Woher kam die Welle?

Die Stärke des elektrischen Felds E nimmt auch linear mit der Distanz ab, aber Astronomen messen Intensitäten $I \sim E^2$, sodass die Helligkeit quadratisch mit dem Abstand von der Quelle abnimmt.

Je nachdem, wo die Quelle am Himmel sitzt, können sich die Ankunftszeiten der Welle (Lichtlaufzeiten) verzögern. Es ist auch denkbar, dass das Signal bei beiden Detektoren gleichzeitig eintrifft, wenn nämlich die gedachte Linie zur Quelle (Sehstrahl) senkrecht auf der Verbindungslinie der Detektoren steht. Im Fall von GW150914 kam das Signal mit sieben Millisekunden Zeitunterschied an. Der genaue Ort der Quelle lässt sich daher nur auf einen deformierten Kreis, einer „Banane" am Himmel, einschränken (◘ Abb. 14.8). Die Große Magellan'sche Wolke liegt mitten in der großen Banane – darunter die Kleine Magellan'sche Wolke. Die beiden Satellitengalaxien der Milchstraße sind 170.000 bzw. 200.000 Lichtjahre von der Erde entfernt, und man könnte glauben, dass die beiden Schwarzen Löcher vielleicht in der Großen Magellan'schen Wolke verschmolzen waren. Den LIGO-Forschern war schnell klar: Das kann nicht sein! Denn aus der charakteristischen

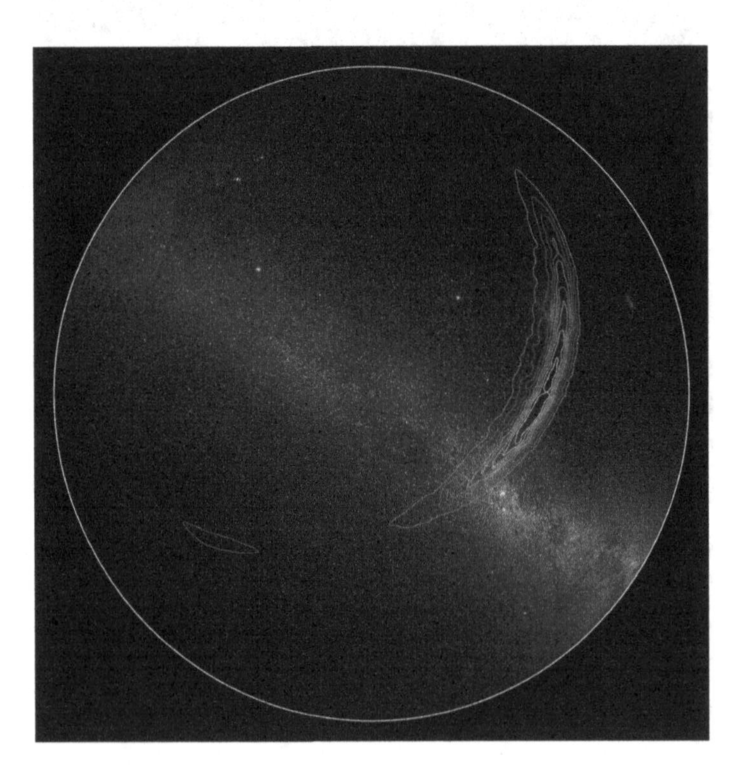

◘ **Abb. 14.8** Eingrenzung des Orts der Quelle von GW150914 am Himmel. Der optische Ausschnitt des Himmels mit einem Teil des Milchstraßenbands und den Magellan'schen Wolken wurde mit farbigen Konturlinien überblendet. Sie geben an, dass sich zu 90 % Wahrscheinlichkeit die beiden Schwarzen Löcher innerhalb der lilafarbenen Konturlinien befanden und zu zehn Prozent innerhalb der gelben. (Quelle: LIGO und Foto der Milchstraße von Axel Mellinger)

Wellenform des Signals konnten sie ja die Lochmassen ableiten. Aus der Theorie folgt, wie stark die maximale Amplitude des Verschmelzungsakts vor Ort war. Aus dem Spiegelzittern in den LIGO-Interferometern ist direkt die hier auf der Erde ankommende Amplitude messbar. Nun nimmt der Ausschlag der Welle *linear* mit der Entfernung ab – genauso wie die Amplitude des elektrischen Felds. So hatten die LIGO-Forscher eine Entfernung der Quelle von atemberaubenden 1,3 Mrd. Lichtjahren ableiten können. Das entspricht einer kosmologischen Rotverschiebung $z=0{,}1$. Vielleicht geschah die Kollision in Richtung der Großen Magellan'schen Wolke, aber weit, weit dahinter.

Die Gravitationswellenforscher informierten ihre Kollegen in der Astronomie und Teilchenphysik über die möglichen Orte der Quelle. Die Hoffnung: Hatten Sie zufällig zur gleichen Zeit ihre Teleskope auf die Quelle von GW150914 ausgerichtet und etwas aufgezeichnet, z. B. einen Strahlungsblitz? Oder gab es ein Nachleuchten des Kollisionsereignisses? Wurden Neutrinos ausgesandt? Leider konnten 25 Teams weltweit nichts finden, weder astronomische Teleskope noch die Neutrinodetektoren IceCube und Antares. GW150914 blieb bis heute ein dunkles Ereignis, dass nur als extrem heftige Erschütterung in der Raumzeit „hörbar" war.

Doch die Gravitationswellenforscher mussten zum Glück nicht lange auf weitere Signale warten. Schon an Weihnachten 2015 bebten erneut die LIGO-Spiegel. Die Datenanalyse dieses zweiten (statistisch signifikanten; ◘ Abb. 14.9) Signals

Weitere Signale s. auch Übersicht in ► Abschn. 14.8

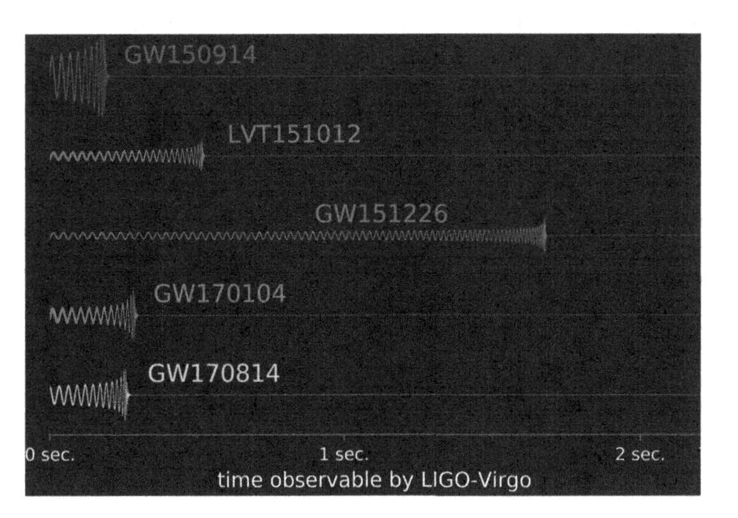

◘ **Abb. 14.9** Galerie aller bislang mit LIGO gemessenen Chirp-Signale von verschmelzenden Schwarzen Löchern. Um sie vergleichen zu können, sind sie in Amplitude und Dauer gleich skaliert. (Quelle: LIGO/University of Oregon/Ben Farr)

GW151226 wurde auch als Zusammenstoß von zwei Schwarzen Löchern interpretiert, diesmal allerdings nur mit 14 und acht Sonnenmassen. Für die LIGO-Forscher war es aufgrund der kleineren Lochmassen viel schwieriger, das Signal aus dem Rauschen herauszukitzeln, weil es viel schwächer war. Allerdings konnten die Wissenschaftler bei GW151226 eine Sekunde lang dem finalen Todestanz der beiden Löcher „zuhören", was etwa 55 Umläufen der beiden Schwerkraftfallen entspricht. Zufällig geschah die Verschmelzung mit 1,4 Mrd. Lichtjahren in ähnlicher Entfernung zur Erde wie das Durchbruchsignal.

Vier weitere Signale folgten, immer von verschmelzenden Schwarzen Löchern (◘ Abb. 14.9). Die Wellenformen unterscheiden sich in den Maximalamplituden und dauerten unterschiedlich lange an. Das Signal LVT151012 vom 12. Oktober 2015 war statistisch weniger signifikant, aber die Astronomen gehen davon aus, dass es auch zwei kollidierte Schwarze Löcher waren. (Deshalb erhielt es nicht das Präfix GW für *gravitational wave,* sondern LVT für *LIGO-Virgo trigger.*) Das Durchbruchsignal GW150914 blieb bislang das stärkste von allen.

Start des Virgo-Detektors im August 2017
Was ist mit GEO600?

Im August 2017 ging das italienische Gravitationswellen-Laserinterferometer Virgo an den Start, das sich in der Nähe von Pisa befindet. Es hat ebenfalls vier Kilometer Armlänge und bei 100 Hz Gravitationswellenfrequenz eine rund fünfmal schlechtere Empfindlichkeit als die LIGO-Detektoren. In gemeinsamen Messkampagnen horchen alle Laserinterferometer nach Gravitationswellen. Das deutsche Interferometer GEO600 misst zwar schon seit 2002, ist aber leider auch weniger empfindlich als LIGO und hat zudem ein schmaleres Frequenzfenster – ein kleiner Unterschied, der leider über Erfolg und Misserfolg entscheidet. Mit drei Detektoren – LIGO in Hanford, LIGO in Livingston und Virgo bei Pisa – war es endlich möglich, den Ort der Quellen am Himmel genauer zu bestimmen. Das Ereignis GW170814 aus zwei kollidierenden Löchern mit ungefähr 30 und 25 Sonnenmassen bestätigt das auf beeindruckende Weise. Die Unsicherheit des Quellorts, die mit zwei Detektoren noch „Bananenform" hatte, schrumpfte nun mit drei Interferometern auf ein „Kiwi" (◘ Abb. 14.10). Kurioserweise war die Messung von Virgo allein nicht signifikant genug, aber im Verbund mit den beiden LIGO-Interferometern war die Dreifach-Koinzidenz signifikant. Zufällig lag die Quelle von GW170814 in der Richtung, wo Virgo maximal empfindlich war.

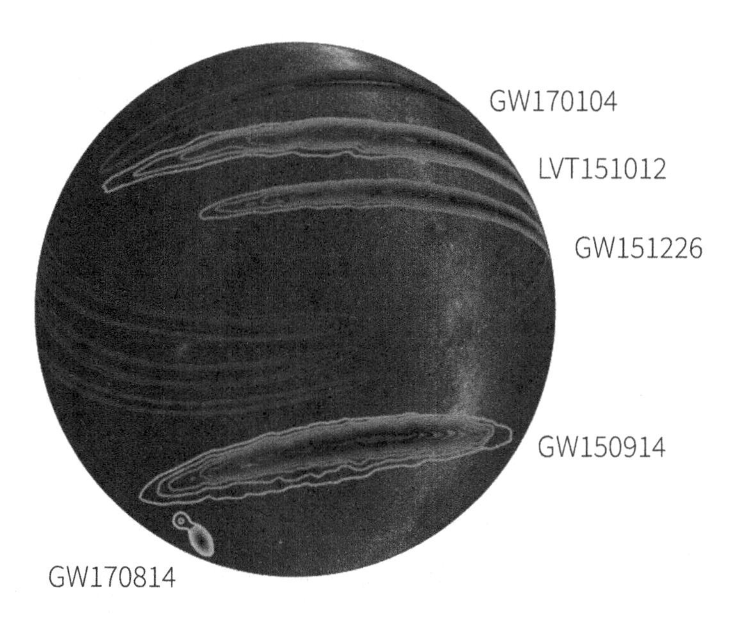

Abb. 14.10 Konturlinien für die Orte der kollidierten Schwarzen Löcher am Himmel. Als Virgo ab August 2017 mit messen konnte, schrumpften die „Bananen" zu einer „Kiwi" beim Signal GW170814. (Quelle: LIGO/Caltech/MIT/Leo Singer mit Foto der Milchstraße von Axel Mellinger)

14.5 Kollidierende Neutronensterne

Am 3. Oktober 2017, dem Tag der Deutschen Einheit, wurde bekannt gegeben, dass die LIGO-Forscher Rainer Weiss (MIT), Kip Thorne (Caltech) und Barry Barish (Caltech) den Physik-Nobelpreis 2017 erhalten werden. Sie hatten das LIGO-Projekt gegründet (Weiss, Thorne), dafür gesorgt, dass es über Jahrzehnte weitergeführt werden konnte und somit dem Projekt zum entscheidenden Erfolg verholfen. Die LIGO-Forscher hätten sich entspannt auf ihren Lorbeeren ausruhen können, aber schon dreizehn Tage später – am 16. Oktober 2017 – verblüfften sie die Weltöffentlichkeit mit einer neuen, spektakulären Entdeckung: Zum ersten Mal war es gelungen, das Gravitationswellensignal von zwei verschmelzenden Neutronensternen zu verfolgen (Abbott et al. 2017) – und nicht Schwarzen Löchern! Das ist deshalb brisant, weil beim Zusammenstoß dieser materiellen Körper *auf jeden Fall* elektromagnetische Strahlung frei wird. Schon lange vorher hatten Astronomen solche Ereignisse in Verdacht, dass sie kurzzeitige Gammablitze (*gamma-ray bursts*, GRBs) auslösen. Nun präsentierte sich diese Kollision als wahrhaftiges Feuerwerk am Himmel. Zunächst wurde mit LIGO und Virgo das Beben der Raumzeit registriert, das die beiden Sternleichen als Gravitationswellenereignis GW170817 erzeugten. Knapp zwei Sekunden später sprach schon automatisch der NASA-Satellit Fermi an, der den Gammablitz sah. Insgesamt verfolgten rund 70 erdgebundene und weltraumgestützte Observatorien in allen möglichen Bereichen des elektromagnetischen Spektrums den fatalen Neutronenstern-Unfall. Wochen später glimmte das Ereignis noch nach, wie Infrarot- und Radiowellen-Beobachtungen zeigten. GW170817 markiert den Beginn einer neuen Ära der Astronomie, die als *Multi-Messenger Astronomy* bezeichnet wird. Mit drei Gravitationswellendetektoren war der Ort der Quelle gut zu bestimmen: Die linsenförmige Galaxie NGC 4993 in 130 Mio. Lichtjahren Distanz war die Heimat der Neutronensternkollision (◘ Abb. 14.11). Damit war das die zur Erde am nächsten stehende Quelle eines Gammablitzes, die jemals beobachtet wurde. Karsten Danzmann, Direktor am Max-Planck-Institut für Gravitationsphysik in Hannover, erklärte in einem Interview (Reichert 2017), dass Virgo das Ereignis nur indirekt gemessen hatte. Das italienische Interferometer war zufällig gerade so orientiert, dass die Quelle in der Richtung lag, in

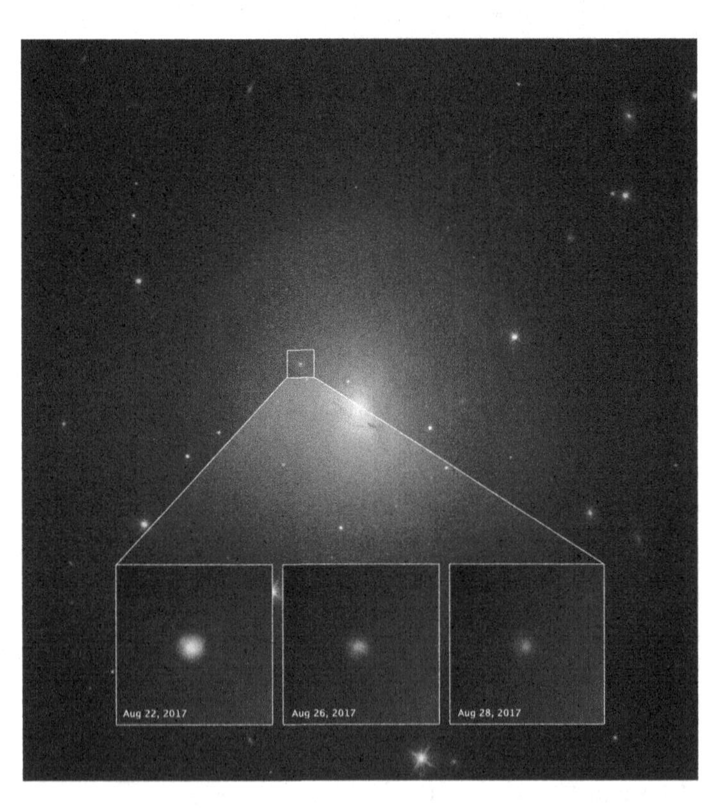

◘ Abb. 14.11 So sah einige Tage nach der Kollision der Neutronensterne das optische Nachglimmen von GW170817 aus, das das Weltraumteleskop Hubble in der Galaxie NGC 4993 fotografierte. (Quelle: HST/NASA/ESA)

der Virgo im Prinzip „taub" ist – nämlich auf der Winkelhalbierenden der beiden Interferometerarme. Virgo „hörte" also nichts, aber es war anhand der LIGO-Messungen klar, dass es mit seiner Empfindlichkeit etwas hätte hören müssen – damit stand die Richtung der Quelle indirekt fest.

Gravitationskollaps, Gammablitz, Kilonova, Nachleuchten

Was da während und nach dem Zusammenstoß der Neutronensterne geschah, ist doch recht komplexe Physik. Zunächst verformten starke Gezeitenkräfte die beiden Neutronensterne in eine eher längliche, bananenartige Form. Dann verschmolzen sie miteinander, und im Gravitationskollaps bildete sich (sehr wahrscheinlich) ein Schwarzes Loch. Das Gravitationswellensignal entstand im Kollaps. Erst danach schoss das schnell rotierende Überbleibsel relativistisch schnelle Materiestrahlen ins All. Sie stießen auf die umgebende Materie, wurden abgebremst und gaben Synchrotronstrahlung ab. Die prompte Emission davon war der Gammablitz, der jedoch erst fast zwei Sekunden nach dem Raumzeitbeben die Erde traf. Das Tage und Wochen danach sichtbare Nachleuten hat mit Kernphysik zu tun: In dem neutronenreichen Milieu fangen bereits existierende Atomkerne Neutronen ein (r-Prozesse, wobei r für *rapid,* steht). Schnell übersättigen sie mit Neutronen, sodass radioaktive Betazerfälle einsetzen. Das tagelange Nachglimmen von GW170817 ist radioaktiven Ursprungs! Dies ist die *Kilonova,* die ihrem Namen dem Umstand verdankt, dass sie etwas tausendfach heller als eine normale Nova ist (Smartt et al. 2017).

Wie schwer wird ein Neutronenstern?

Seit vielen Jahren befinden sich die Astrophysiker in einem Dilemma: Sie wissen nicht genau, wie groß die Maximalmasse eines Neutronensterns bzw. die Minimalmasse eines stellaren Schwarzen Lochs ist, die beide aus dem Kollaps eines massereichen Stern mit mehr als acht Sonnenmassen hervorgehen können. Die Physik im Innern eines Neutronensterns ist so kompliziert, dass sie nur mit vereinfachten Modellen beschreiben kann, was mit der Materie im Innern geschieht. Klar ist, dass der Entartungsdruck der Neutronen aufgrund des Pauli-Prinzips für Fermionen die Neutronensternmaterie vor dem Kollaps bewahrt. Aber die Details der *Zustandsgleichung* für Materie sind nicht genau bekannt. Findet z. B. ein Phasenübergang statt, bei dem die Neutronen aufgebrochen werden, sodass Quarks und Gluonen frei vorliegen (Quark-Gluon-Plasma)? Oder gibt es Umwandlungen in Strange-Quarks? Je dichter man die Materie im Neutronenstern zusammendrücken kann, umso schwerer ist er. Astroteilchenphysiker gehen davon aus, dass im tiefsten Innern mehrfache Kernmateriedichte erreicht wird. Daher ist es wichtig, dass Astronomen aus ihren Beobachtungen so genau wie möglich die Neutronensternmasse bestimmen: Bislang waren sie nicht schwerer als zwei Sonnenmassen. Bei den Schwarzen Löchern wurden Kandidaten mit drei Sonnenmassen entdeckt. Der kritische Bereich liegt also zwischen zwei und drei Sonnenmassen.

Neutronenstern oder Schwarzes Loch?

GW170817 gibt den Forschern Rätsel auf. Dummerweise liegt die Masse des resultierenden Objekts, das aus der Verschmelzung hervorging, genau zwischen zwei und drei Sonnenmassen. Somit ist nicht ganz klar, ob in der Kollision ein schnell rotierender, massereicher Neutronenstern oder ein schnell rotierendes, aber leichtes Schwarzes Loch entstand. Die Astronomen favorisieren ein Schwarzes Loch. Grundsätzlich lassen sich die Eigenschaften des Überbleibsels aus dem Ringdown-Teil der Wellenform extrahieren. Leider ist bislang eine eindeutige Aussage nicht möglich.

Ursprung schwerer Elemente

Das „Nachglimmen" zeigte, dass bei solchen Verschmelzungsvorgängen von Neutronensternen vor allem schwere chemische Elemente gebildet werden – fast alles jenseits von Niob mit der Ordnungszahl 41, u. a. auch Platin, Gold, Blei und Uran. Somit ist das Forschungsfeld der nuklearen Astrophysik mit GW170817 einen großen Schritt weitergekommen. Aktuell ist nicht bekannt, wie hoch der Beitrag von Neutronensternpaarunfällen ist, weil auch Supernovae Typ II schwere Elemente produzieren.

Bildung von Neutronensternpaaren

Wie schaffen es eigentlich die Neutronensterne, die Supernova zu überstehen und sogar als Paar zusammenzubleiben? Oder fand das Paar erst zusammen, nachdem schon einer in einer Supernova entstanden war? Darüber gab die Sternexplosion *iPTF 14gqr (SN 2014ft)* Aufschluss, die 2014 beobachtet wurde (De et al. 2018). Die Supernova war zum Erstaunen der Astronomen nicht besonders hell und relativ schnell vorbei. Die Forscher interpretieren dies so, dass ein unsichtbarer Begleiter – ein weiterer Neutronenstern – die in der Explosion ausgeworfene Materie zu sich zog. Somit war für die zweite Explosion weniger Kollapsmaterie – im Prinzip nur ein „nackter" Sternkern – vorhanden, sodass der Helligkeitsausbruch nicht so ausgeprägt war.

14.6 Ausgewählte Beispiele für den Unterricht

In diesem Abschnitt werden ausgewählte Rechenbeispiele vorgestellt, die an anderer Stelle (Müller 2017) detaillierter besprochen werden und weitere Referenzen enthalten.

▪ Aufgabe 1: Längenänderungen durch Gravitationswellen

Die relative, dimensionslose Längenänderung einer typischen, kosmischen Gravitationswelle beträgt $\Delta L/L = 10^{-21}$. Berechne daraus die absolute Dehnung/Stauchung ΔL für

a) eine Person, die zwei Meter groß ist,

b) einen Interferometerarm von LIGO,
c) einen Interferometerarm von LISA.

Vergleiche die Ergebnisse mit bekannten Längenskalen.

Lösung Aufgabe 1:
a) $\Delta L = 10^{-21} \cdot 2\ \text{m} = 2 \cdot 10^{-21}$ m. Die Dehnung bzw. Stauchung entspricht etwa einem Millionstel Atomkerndurchmesser.
b) $\Delta L = 10^{-21} \cdot 4\ \text{km} = 4 \cdot 10^{-18}$ m. Die Dehnung bzw. Stauchung entspricht etwa einem Tausendstel Atomkerndurchmesser.
c) $\Delta L = 10^{-21} \cdot 10^{6}\ \text{km} = 10^{-12}$ m. Die Dehnung bzw. Stauchung entspricht etwa einem Hundertstel Atomdurchmesser.

▪ Aufgabe 2: Gravitationswellenleistung eines rotierenden Stabs

Ein Stab der Masse m und der Länge l, dessen Durchmesser d gegenüber l vernachlässigbar sei, $d \ll l$, rotiert mit der Winkelgeschwindigkeit Ω von einer Umdrehung pro Sekunde. Die Rotationsachse stimmt mit der Mittelsenkrechten des Stabs überein. Berechne für einen Stab mit $l = 2$ m und $m = 10$ kg die Gravitationswellen abgestrahlte Leistung gemäß

$$L^{\text{Stab}}{}_{\text{GW}} = 8/45 \cdot G/c^5 \cdot m^2 \cdot l^4 \cdot \Omega^6$$

wobei G die Gravitationskonstante und c die Vakuumlichtgeschwindigkeit sind.

Lösung Aufgabe 2:

$$L^{\text{Stab}}{}_{\text{GW}} = 10^{-46}\,\text{W} = 10^{-39}\,\text{erg/s, wobei 1 erg} = 10^{-7}\,\text{J}$$

▪ Aufgabe 3: Gravitationswellen eines Doppelsternsystems

Wir betrachten nun die Leistung L_{DS} und dimensionslose Amplitude h ($\Delta L/L$ aus Aufgabe 1) von Gravitationswellen, die ein Doppelsternsystem abstrahlt. Das System besteht aus zwei Objekten der Massen $M_1 = 29\ \text{M}_\odot$ und $M_2 = 36\ \text{M}_\odot$ (wie bei GW150914), die sich im Abstand $a = 10$ AU umkreisen. Es gilt:
$1\ \text{M}_\odot = 2 \cdot 10^{30}$ kg und $1\ \text{AU} = 1{,}5 \cdot 10^{11}$ m
a) Wie groß ist die Keplerfrequenz f_{Kep} der beiden Sterne?
b) Wie groß ist die in Gravitationswellen abgestrahlte Leistung L_{DS} des Doppelsternsystems? Benutze, dass auf einer Kreisbahn (Exzentrizität $e = 0$) für die abgestrahlte Leistung der beiden Massen näherungsweise gilt (Peters und Mathews 1963):

$$L_{DS} = (32/5) \cdot \left(G^{7/3}/c^5\right) \cdot \left[(M_1 \cdot M_2)^2/(M_1 + M_2)^{2/3}\right] \cdot \omega^{10/3}$$

Hierbei entspricht die Gravitationswellenkreisfrequenz ω gerade der doppelten Keplerfrequenz Ω_{Kep}, also $\omega = 2\Omega_{Kep} = 2\pi \cdot f$, weil nach jedem halben Umlauf die beiden Massen „hintereinander stehen".

c) Wie groß ist die abgestrahlte Leistung im System Sonne-Erde?
d) Berechne die dimensionslose Amplitude h der Gravitationswellen, unter der Annahme, dass sich das Doppelsternsystem in einer Milliarde Lichtjahren (vgl. GW150914) Entfernung r befindet. Benutze, dass sich für monochromatische Gravitationswellen die Amplitude h berechnet gemäß:

$$h = (G \cdot L_{DS})^{1/2} \cdot (\pi^2 \cdot c^3)^{-1/2} \cdot (f \cdot r)^{-1}$$

Lösung Aufgabe 3:
a) $f_{Kep} = \Omega_{Kep}/2\pi = 1/2\pi \cdot [2G\,(M_1 + M_2)/a^3]^{1/2} = 8 \cdot 10^{-9}$ Hz
b) $L_{DS} = 1{,}6 \cdot 10^{16}$ W
c) $L_{DS} = 200$ W für das System Sonne–Erde.
d) $h = 4 \cdot 10^{-28}$ (Überprüfe Dimensionslosigkeit)

In Müller (2017) befindet sich eine Tabelle mit vielen Zahlenbeispielen für solche Systeme. Dazu können Excel-Tabellen beim Autor angefordert werden.

14.7 Ausblick

Neue Fragen

Eine neue Ära der Gravitationswellenastronomie hat begonnen. Schon jetzt haben die direkt gemessenen Wellenformen alle Erwartungen übertroffen. In kurzer Zeit setzten sie neue Impulse für viele Forschungsfelder, wie die Fundamentalphysik, relativistische Astrophysik, Stellarphysik und nukleare Astrophysik. Aber die detektierten Gravitationswellen werfen auch viele neue Fragen auf, u. a. diese:

- Welche Massen können Neutronensterne höchstens haben? Und woraus genau besteht ihre Sternmaterie?
- Welche Masse hat das leichteste Schwarze Loch?
- Woher kommen Schwarze Löcher mit 30 Sonnenmassen, die im Ereignis GW150914 miteinander verschmolzen waren? Zuvor kannten Astrophysiker nur Löcher mit 15–20 Sonnenmassen. Gemessene Gravitationswellen fordern die Theorie der Sternentwicklung heraus.
- Wie groß ist der Anteil schwerer Elemente, die in Neutronensternverschmelzungen entstehen, gegenüber denen, die sich in Supernovae Typ II bilden?
- Entstehen im Gravitationskollaps massereicher Sterne wirklich klassische Schwarze Löcher der Relativitätstheorie, die einen Ereignishorizont und eine Krümmungssingularität

aufweisen? Bislang sind die gemessenen Wellenformen damit vollkommen in Einklang. Neue Erkenntnisse versprechen sich die Theoretiker aus der Analyse des Ringdown-Teils der Signale – genauer, der sog. quasinormalen Moden –, in denen Informationen über die Eigenschaften („Haare") der Schwarzen Löcher stecken.

- Können Schwarze Löcher die rätselhafte Dunkle Materie erklären? Diese These, die auch von Nobelpreisträger Adam Riess mit vorangetrieben wurde, hatte die Community in Aufruhr versetzt. Die Idee: Die Gesamtheit von kosmischen Schwarzen Löchern im Massebereich zwischen 20 und 100 Sonnenmassen würde als Dunkle Materie in Erscheinung treten (Bird et al. 2016). Sie würden weder Photonen noch Neutrinos abgeben und wären somit praktisch dunkel. Mittlerweile ist die Euphorie um diesen Ansatz abgeklungen.

Erwartete Entdeckungen

Die nächsten, bedeutsamen Entdeckungen mithilfe von Gravitationswellen liegen wahrscheinlich in der Kosmologie:

- Entfernungen werden in der Astronomie über Helligkeiten (Photometrie) oder über die Verschiebung von Spektrallinien (Spektroskopie) gemessen. Die Methode ist fehleranfällig. Schon in den 1980er-Jahren schlug Bernhard Schutz vor, Abstände mittels Gravitationswellen zu bestimmen, weil die Wellenamplitude mit dem Abstand linear abfällt. Gravitationswellen sind durchdringungsfähiger als Neutrinos und werden so gut wie überhaupt nicht von Materie absorbiert. In Analogie zu den Standardkerzen der elektromagnetischen Astronomie wurden „Standardsirenen" eingeführt (Schutz 1986). Der Clou: Solche Quellen von Gravitationswellen gestatten eine viel genauere Messung der Hubble-Konstanten H_0 und auch deren Veränderung mit der kosmologischen Rotverschiebung. Hierin steckt das Potenzial, das Mysterium der Dunklen Energie zu lösen. Braucht die moderne Kosmologie wirklich eine kosmologische Konstante Λ, wie aktuell favorisiert?
- In den Anfängen der Gravitationswellenforschung hatten die Astronomen vor allem Sternexplosionen als natürliche Quellen von Raumzeit-Beben auf dem Schirm. Die Ernüchterung kam in den 1980er-Jahren, als klar wurde, dass Kernkollaps-Supernovae gar nicht so starke Quellen sind (Müller 1982). Mit den nun gemessenen Gravitationswellen wurden immer wieder kollidierende Doppelsternsysteme aufgespürt. Eine Supernova in der Milchstraße steht nun schon lange auf der Wunschliste – und ist seit 400 Jahren überfällig! Pro Jahrhundert und pro Galaxie ereignen sich nur zwei bis drei Kernkollaps-Supernovae. Hoffentlich sind die Laserinterferometer auch eingeschaltet, wenn eine hochgeht.

Detektorempfindlichkeiten im Vergleich:
► gwplotter.com

Für die wichtigen Forschungsfragen steht schon die nächste Generation von Gravitationswellendetektoren in den Startlöchern. Das ist die Planung (Stand Okt. 2018) für die kommenden Instrumente der Gravitationswellenastronomie:

- Die Wiederaufnahme von Messungen der LIGO-Virgo-Kollaboration ist für Anfang 2019 mit dem Beobachtungslauf O3 geplant, der etwa ein Jahr dauern soll (Castelvecchi 2018).
- Die LIGO-Virgo-Kollaboration hat ebenfalls Pläne zur Verbesserung der LIGO-Detektoren. Sie möchte die empfindlicheren Ausbaustufen *LIGO A+* ab 2019, *LIGO Voyager* ab 2027 und *LIGO Cosmic Explorer* ab 2035 umsetzen. Neben einer Verbesserung der Laser- und Spiegeleigenschaften sowie der Dämpfung geht es bei der letztgenannten Version darum, die Armlänge auf 40 km zu verzehnfachen!
- Seit einigen Jahren ist eine vollkommen neue Methode im Testeinsatz, um Gravitationswellen nachzuweisen: die *Pulsar Timing Arrays* (PTAs). Es sind Netzwerke von Radioantennen, die die Ankunftszeiten der Pulse von Radiopulsaren extrem präzise überwachen. Die Idee: Läuft eine Gravitationswelle durch die Sichtlinie zwischen Pulsar und Erde, so bringt sie kurzzeitig den Pulsar aus seinem Takt. Aufgrund der enormen Entfernungen der Pulsare von einigen tausend bis zehntausend Lichtjahren sind solche Detektoren für extrem niederfrequente Gravitationswellen im Bereich von 10^{-9} bis 10^{-6} Hz empfindlich. Damit würde diese Messtechnik einen Zugriff auf ganze andere Quellen erlauben: sich umkreisende supermassereiche Schwarze Löcher in Galaxienzentren oder sogar die Raumzeitschwingungen des Urknalls – den sog. stochastischen Gravitationswellenhintergrund, der vermutlich über den gesamten Frequenzbereich auftritt. Derzeit gibt es drei große PTA-Netzwerke in Europa, Australien und Nordamerika, bald ein viertes in China. Bislang wurde noch keine Quelle mit PTAs nachgewiesen.
- Ab 2019 soll das japanische Gravitationswellen-Laserinterferometer KAGRA mit drei Kilometern Armlänge in Betrieb gehen. Seine Spezialität: Der Kryodetektor besitzt Saphirspiegel, die auf nur 20 K gekühlt werden können. Das thermische Rauschen kann somit besonders gut unterdrückt werden.
- Im Rahmen einer europäischen Förderinitiative planen Forscher mit Beteiligung des Max-Planck-Instituts für Gravitationsphysik das *Einstein-Teleskop* (ET). Das unterirdische Laserinterferometer soll eine dreieckige Form mit zehn Kilometer Armlänge bekommen. Geplant ist eine Empfindlichkeit im Bereich von 2–10.000 Hz. Der Starttermin ist noch nicht festgelegt.

- Im Jahr 2024 soll eine Dependance von LIGO in Indien *(LIGO India)* angeschaltet werden. Für die Messstatistik und Quellenlokalisation ist es immer sinnvoll, weitere Detektoren zu haben. Hinzu kommt die günstige geografische Lage zur Abdeckung des Himmels mit einem weltweiten Verbund.
- Für 2034 plant die Europäische Weltraumorganisation ESA den Start eines Weltraum-Interferometers namens LISA *(Laser Interferometer Gravitational Wave Space Antenna)*. Die Vorbereitungsmission LISA Pathfinder (LPF) hatte 2016 alle Erwartungen übertroffen. Die Metallwürfel im Innern des Testsatelliten konnten auf 10^{-15} m genau lokalisiert werden – diese Präzision ist erforderlich, um das Zittern der Raumzeit im All aufzuspüren. Bei der endgültigen Mission von LISA bilden drei Satelliten ein gleichseitiges Dreieck der Seitenlänge von einer Million Kilometer. Dieses „Superdreieck" wird dem Erde-Mond-System in rund 70 Mio. Kilometern Abstand hinterherfliegen. Seismisches Rauschen wird da draußen kein Problem sein, sodass LISA im besonders niederfrequenten Bereich zwischen 0,0001 und einem Hertz empfindlich sein wird. Das Weltrauminstrument soll Doppelsystemen aus Weißen Zwergen und supermassereichen Schwarzen Löchern beim „Brummen" zuhören. Für die Paare aus kleineren Schwarzen Löchern wird es auch interessant. Denn LISA kann sie „brummen hören", wenn sie noch einen viel größeren Bahnorbit haben. Damit erlaubt LISA eine Art Preview auf Ereignisse wie GW150914. Es stehen rosige Zeiten bevor, weil die Forscher erwarten, über das Zittern der Raumzeit im Prinzip alle Schwarzen Löcher des Universums finden zu können.

14.8 Quellen und weiterführende Literatur

Tabellarische Übersicht über Gravitationswellensignale

Tab. 14.1 zeigt die bislang bekannten elf Quellen, deren Gravitationswellen direkt nachgewiesen werden konnten. Das LIGO-Virgo-Team stellte diesen Katalog im November 2018 vor, wobei vier Neuzugänge (fett markiert) dazu kamen. Es waren alles Chirp-Signale von verschmelzenden Doppelsystemen, von denen in zehn Fällen Schwarze Löcher kollidierten (SL-SL) und in einem Fall zwei Neutronensterne (NS-NS). Die Massen M_1 und M_2 gehören zu den Ausgangsobjekten; M_{final} ist die Endmasse des Relikts. Der Rotationswert ist der spezifische Drehimpuls des Lochs, dessen Betrag zwischen 0 und 1 variiert. In der letzten Spalte steht die kosmologische Rotverschiebung z, die ein Maß für die Entfernung der Quelle ist.

Tab. 14.1 Bislang nachgewiesene Quellen von Gravitationswellen. (Literaturquelle: The LIGO Scientific Collaboration and the Virgo Collaboration 2018)

Ereignis	M_1 ($M_\odot$)	M_2 ($M_\odot$)	M_{final} ($M_\odot$)	Rotationswert	Signallaufzeit (Jahre)	z
GW150914 (SL-SL)	35,6	30,6	63,1	0,69	$1{,}2 \cdot 10^9$	0,09
GW151012 (SL-SL)	23,3	13,6	35,7	0,67	$2{,}6 \cdot 10^9$	0,21
GW151226 (SL-SL)	13,7	7,7	20,5	0,74	$1{,}2 \cdot 10^9$	0,09
GW170104 (SL-SL)	31,0	20,1	49,1	0,66	$2{,}4 \cdot 10^9$	0,19
GW170608 (SL-SL)	10,9	7,6	17,8	0,69	$0{,}9 \cdot 10^9$	0,07
GW170729 (SL-SL)	50,6	34,3	**80,3**	**0,81**	$5{,}0 \cdot 10^9$	**0,48**
GW170809 (SL-SL)	35,2	23,8	56,4	0,70	$2{,}5 \cdot 10^9$	0,20
GW170814 (SL-SL)	30,7	25,3	53,4	0,72	$1{,}6 \cdot 10^9$	0,12
GW170817 (NS-NS)	1,46	1,27	<2,8	<0,89	$0{,}13 \cdot 10^9$	0,01
GW170818 (SL-SL)	35,5	26,8	59,8	0,67	$2{,}5 \cdot 10^9$	0,20
GW170823 (SL-SL)	39,6	29,4	65,6	0,71	$3{,}9 \cdot 10^9$	0,34

▪ Zu den einzelnen Quellen

GW150914 war das Durchbruchsignal vom 14. September 2015. Das zweite Signal hieß ursprünglich LVT151012 und wurde in der neuen Analyse statistisch signifikant, sodass es das Präfix GW erhielt. GW151226 war das dritte und letzte Signal des ersten Beobachtungslaufs O1. GW170104 war das erste Signal des zweiten Beobachtungslaufs O2. Die bei GW170608 kollidierten Schwarzen Löcher waren am leichtesten. Das Ereignis GW170729 brach alle Rekorde: Das übrig geblieben Schwarze Loch hatte die größte Endmasse, größte Entfernung sowie schnellste Lochrotation, und es wurde die größte Leuchtkraft in Gravitationswellen frei. Das Signal GW170809 war das Erste, das mit dem dritten Detektor Virgo in Italien verfolgt werden konnte. Bei GW170814 gelang der erste Test der Polarisation von Gravitationswellen. GW170817 ist die Perle unter den elf Signalen. Es ist das Einzige, bei dem zwei Neutronensterne kollidierten und das als Multimessenger-Ereignis auch elektromagnetisch verfolgt werden konnte. Es war außerdem dasjenige, das am genausten am Himmel lokalisiert werden konnte. GW170823 war das bisher letzte Signal des Beobachtungslauf O2. Der dritte Beobachtungslauf O3 begann im Februar 2019.

Weiterführende Literatur

Weblinks mit News, Bild- und Videomaterial:

Arbeitsgruppe Prof. Dr. Hans-Thomas Janka, Max-Planck-Institut für Astrophysik, Garching: ▶ https://wwwmpa.mpa-garching.mpg.de/~thj/
Arbeitsgruppe Prof. Dr. Luciano Rezzolla, Universität Frankfurt: ▶ https://relastro.uni-frankfurt.de
GEO600: ▶ http://www.geo600.org/2337/de
LIGO: ▶ https://www.ligo.caltech.edu
LIGO Veröffentlichungen: ▶ https://www.ligo.caltech.edu/page/detection-companion-papers
LISA: ▶ https://www.elisascience.org
Virgo: ▶ http://www.virgo-gw.eu
Web-Tool zur Darstellung von Empfindlichkeiten verschiedener Gravitationswellen-Detektoren inklusive Quellen: ▶ http://gwplotter.com/

Zeitschriften

Monatlich erscheinende, populärwissenschaftliche Zeitschriften der Spektrum der Wissenschaft Verlagsgesellschaft mbH, Heidelberg, einer Einheit der Verlagsgruppe Springer Nature:
Sterne und Weltraum: ▶ https://www.spektrum.de/magazin/sterne-und-weltraum/
Spektrum der Wissenschaft: ▶ https://www.spektrum.de/magazin/spektrum-der-wissenschaft/

Literatur

Abbott, B. P. et al. (LIGO Scientific Collaboration and Virgo Collaboration) (2016). Observation of Gravitational Waves from a Binary Black Hole Merger. Phys. Rev. Lett. 116, 061102 (2016)
Abbott, B. P. et al. (LIGO Scientific Collaboration and Virgo Collaboration) (2017). GW170817: Observation of Gravitational Waves from a Binary Neutron Star Inspiral. Phys. Rev. Lett. 119, 161101
Bird, S. et al. (2016). Did LIGO detect dark matter? Phys. Rev. Lett. 116, 201301
Castelvecchi, D. (2018). Gravitationswellen. Am Puls der Raumzeit. Spektrum der Wissenschaft 10/2018, S. 60–67
De, K. et al. (2018). A hot and fast ultra-stripped supernova that likely formed a compact neutron star binary. Science 362, Issue 6411, pp. 201–206
Einstein, A. (1916). Näherungsweise Integration der Feldgleichungen der Gravitation Sitzungsberichte der Königlich Preußischen Akademie der Wissenschaften (Berlin), S. 688–696
Gertsenshtein und Pustovoit (1962). On the detection of low frequency gravitational waves. Russisch: Zh. Eksp. Teor. Fiz., Vol. 43, p. 605 (1962). Englisch: Sov. Phys. JETP, Vol. 16, p. 433 (1963)
Levin, J. (2016). Black Hole Blues and Other Songs from Outer Space. Bodley Head. ISBN-13: 978-1847921963
LIGO Laboratory (2015). ▶ https://www.osa-opn.org/home/articles/volume_26/march_2015/features/ligo_finally_poised_to_catch_elusive_gravitational/

Müller, E. (1982). Gravitational radiation from collapsing rotating stellar cores. Astronomy & Astrophysics, 114, 53

Müller, A. (2017). 10 Dinge, die Sie über Gravitationswellen wissen wollen. Heidelberg: Springer Verlag. ISBN-13: 978-3662544099

Peters, P. C. und Mathews, J. (1963). Gravitational Radiation from Point Masses in a Keplerian Orbit. Phys. Rev. 131, 435

Reichert, U. (2017). Interview mit Prof. Dr. Karsten Danzmann (AEI). Sterne und Weltraum 12/2017, S. 38–40

Schutz, B. F. (1986). Determining the Hubble Constant from Gravitational Wave Observations. Nature 323, S. 310–311

Smartt, S. J. et al. (2017): A Kilonova as the Electromagnetic Counterpart to a Gravitational-Wave Source. Nature 551, S. 75–79

The LIGO Scientific Collaboration and the Virgo Collaboration (2018): GWTC-1: A Gravitational-Wave Transient Catalog of Compact Binary Mergers Observed by LIGO and Virgo during the First and Second Observing Runs, Report LIGO-P1800307, ► https://arxiv.org/pdf/1811.12907.pdf

Weisberg, J. M., Huang, J. H. (2016). Relativistic Measurements from Timing the Binary Pulsar PSR B1913+16. The Astrophysical Journal 829, 55. ► https://arxiv.org/abs/1606.02744

Serviceteil

E. Kircher et al. (Hrsg.), *Physikdidaktik | Methoden und Inhalte*,
https://doi.org/10.1007/978-3-662-59496-4

Stichwortverzeichnis

A

B

C

D

E

F

G

H

I

J

K

Q

R

S

T

U

V

W

Z

Printed in the United States
By Bookmasters